电路基础

(中英文)

主　编　蒲晓湘
副主编　张园田　江仕洪　卓玛穷达

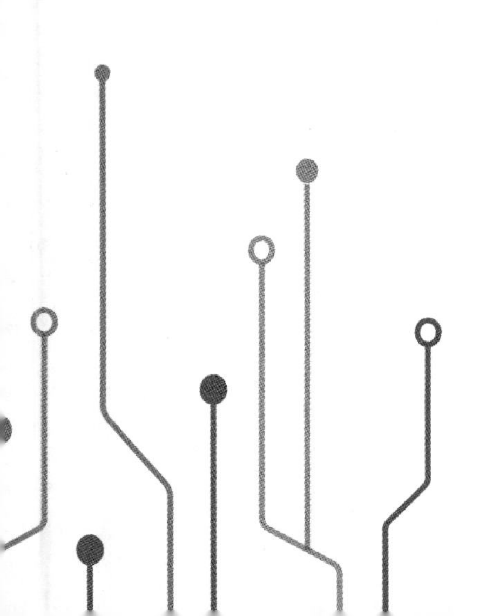
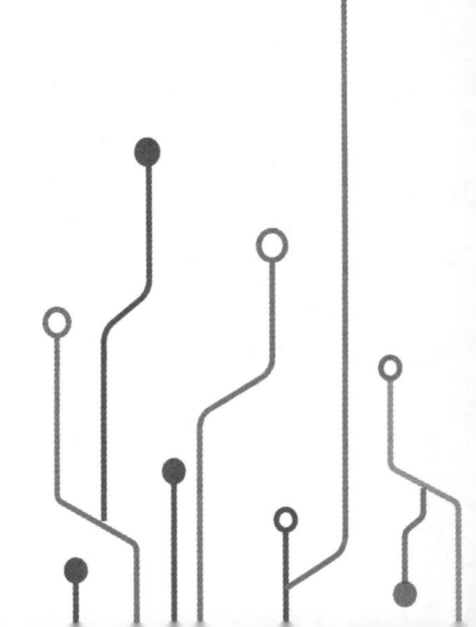

西安电子科技大学出版社

内 容 简 介

本书主要介绍电路的基本概念、直流电路、正弦交流电路、三相正弦交流电路、非正弦周期电流电路和线性电路过渡过程的时域分析。本书注重理论联系实际，突出基本概念和基本方法，解析大量经典例题，以便读者更好理解相关内容。

本书可作为高等职业院校电气、电子类专业或相近专业的“电路基础”课程的教材，也可作为参加电工类各工种职业资格考试的备考用书，还可作为对外培训用书。

This book mainly introduces the basic concepts of circuit, DC circuit, sinusoidal AC circuit, three-phase sinusoidal AC circuit, non-sinusoidal periodic current circuit, and time-domain analysis of transition process in linear circuit. This book focuses on theory with practice, highlighting the basic concepts and basic methods, and analyzes a large number of classic examples, so that the reader better understand the relevant contents.

This book can be used as a textbook for the “Fundamentals of Circuit” courses in electrical and electronic majors in higher vocational colleges or similar majors, as well as a reference book for Vocational Qualification Examination in various types of electrical engineering. It can also be used as an external training book.

图书在版编目（CIP）数据

电路基础 ：汉、英 / 蒲晓湘主编. -- 西安 ：西安电子科技大学出版社，2024. 11. -- ISBN 978-7-5606-7276-2

Ⅰ. TM13

中国国家版本馆 CIP 数据核字第 2024G9R580 号

策　　划　张紫薇　刘统军
责任编辑　汪　飞
出版发行　西安电子科技大学出版社(西安市太白南路 2 号)
电　　话　(029)88202421　88201467　　　邮　　编　710071
网　　址　www. xduph. com　　　电子邮箱　xdupfxb001@163. com
经　　销　新华书店
印刷单位　陕西天意印务有限责任公司
版　　次　2024 年 11 月第 1 版　2024 年 11 月第 1 次印刷
开　　本　787 毫米×1092 毫米　1/16　印张　24.25
字　　数　578 千字
定　　价　64.00 元
ISBN 978-7-5606-7276-2
XDUP 7578001-1

前　言 PREFACE

本书根据高等职业院校电子信息类等专业“电路基础”课程教学要求编写，其主要内容包括电路的基本概念、直流电路、正弦交流电路、三相正弦交流电路、非正弦周期电流电路、线性电路过渡过程的时域分析等。

本书的特点如下：

(1) 在内容的选择上，注重理论联系实际，以国内高素质技术技能型人才能力培养所需知识为基础，兼顾相关职业资格考试所需。

(2) 在内容的处理上，突出基本概念和基本方法，且采用通俗易懂的表述。本书例题经典，解题思路清晰，重在培养学生分析问题和解决问题的能力。

本书第 1 章由重庆电力高等专科学校张园田和西藏职业技术学院卓玛穷达编写，第 2、3、6 章由重庆电力高等专科学校蒲晓湘编写，第 4、5 章内容由蒲晓湘和深圳南天电力有限公司江仕洪编写。全书由蒲晓湘统稿。

在编写本书的过程中，我们参阅了大量现有的同类教材，在此对相关作者表示感谢。本书也得到了相关学校老师和相关企业人士的大力支持和帮助，在此深表谢意。

由于编者水平有限，书中难免存在不妥之处，敬请读者批评指正。

This book is prepared according to the basic teaching requirements of the course “Fundamentals of Circuit” for majors including electronic information in higher vocational colleges. The main contents of this book are the basic concepts of circuit, DC circuit, sinusoidal AC circuit, three-phase sinusoidal AC circuit, non-sinusoidal periodic current circuit, and the time-domain analysis of transtion process in linear circuit.

The characteristics of this book are as follow:

(1) In terms of content selection, this book focuses on the principle of integration theory with practice, compiled on the basis of the knowledge applied to high-quality technical professional cultivation, and also meets the practical need for related Vocational Qualification Examination.

(2) In terms of content processing, this book emphasizes basic concepts and fundamental methods that are explained in simple terms. There are typical examples throughout the book, with clear solutions, aimed at developing the analytical and problem-solving skills of students.

Chapter 1 was compiled by Zhang Yuantian of Chongqing Electric Power College and Dolma Chung-Dag of Xizang Vocational Technical College. Chapters 2, 3 and 6 were compiled by Pu

Xiaoxiang of Chongqing Electric Power College. Chapters 4 and 5 were compiled by Pu Xiaoxiang and Jiang Shihong of Shenzhen Nantian Electric Power Co., Ltd. The final compilation and editing of whole book was performed by Pu Xiaoxiang.

During the compilation of this book, we have referred to many existing similar teaching materials and would like to express our gratitude to the relevant authors. This book have also received great support and help from teachers of relevant schools and personnel of relevant enterprises. We would like to express our deepest gratitude to them.

Authors

June, 2024

CONTENTS 目　录

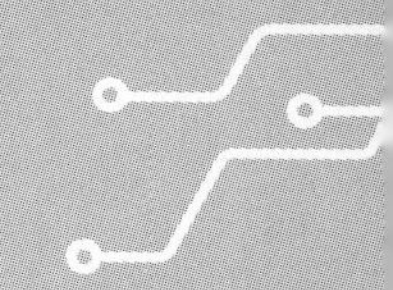

第 1 章　电路的基本概念

本章主要介绍电路的基本概念，包括电路模型、电路的主要物理量、组成电路的电路元件以及电路的基本定律等。

1.1　电　　路

1.1.1　实际电路

1. 电路的定义

根据需要把一些电子器件按照一定的方式用导线连接起来所构成的回路，称为电路。

图 1－1 所示为手电筒电路；图 1－2 示出了由发电机、升压变压器、输电线、降压变压器、用电器(电灯、电动机、电炉等)所构成的电力输电电路。在电视机、音响设备、通信系统、计算机和电力网络中，我们还可以看到各种各样的电路，它们称为实际电路。

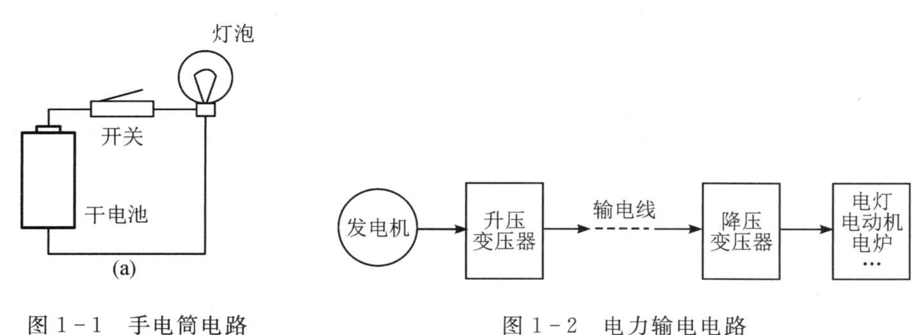

图 1－1　手电筒电路　　图 1－2　电力输电电路

2. 电路的组成

由图 1－1、图 1－2 可见，一个完整的电路主要由电源、负载和中间环节三部分组成。

将其他形式能量转换为电能的设备或器件称为电源，如干电池、发电机、蓄电池等。将电能转换为其他形式能量的用电设备或器件称为负载，如电灯、电动机、电炉等。连接电源和负载的部分称为中间环节，如变压器、开关、输电线等。中间环节起传输、分配和控制电能的作用。

3. 电路的作用

实际电路的功能各不相同，但它们的作用可归结为两点：

(1) 实现电能的传输和转换。例如：在图1-1所示电路中，开关一闭合，灯泡就发光发热，干电池把化学能转换成电能，灯泡又将电能转换成光能和热能；图1-2所示电路中，发电机把机械能转换为电能，再通过变压器、输电线路输送给用户，电动机又把电能转换为机械能，电灯把电能转换为光能、热能；等等。

(2) 实现信号的传递和处理。图1-3所示的扩音电路，话筒将声音变成电信号，电信号经过放大器的放大，并送到扬声器中再变成声音输出。话筒是输出信号的设备，称为信号源，相当于电源。扬声器是接收和转换信号的设备，也就是负载。

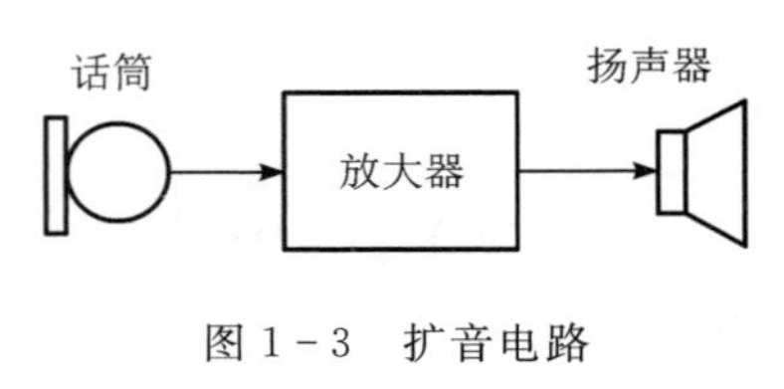

图1-3 扩音电路

1.1.2 电路模型

1. 理想电路元件

实际电路中电子器件品种繁多，其电磁性能较为复杂。为了能对实际电路进行定量分析，我们必须把其中的部件加以近似化、理想化，只考虑起主要作用的电磁现象，而忽略次要的电磁现象，或将一些电磁现象单独表示。例如，在图1-1中，灯泡不但发光发热而消耗电能，而且在其周围会产生一定的磁场，在误差允许的范围内，可以不考虑灯泡产生磁场的作用，而只考虑灯泡发光发热消耗电能的作用；干电池不仅对外提供电能，其内部也消耗电能，可以将其提供电能和消耗电能分别单独表示。

理想电路元件是指只反映一种电磁现象，并具有某种确定的电磁性能和精确的数学定义的电路元件。理想电路元件是实际器件的理想化模型。任何实际电子器件都可以用一种或多种理想电路元件来表示。

1）负载的理想模型

根据实际用电设备的特点，负载可分为耗能元件和储能元件，其对应的理想电路元件如下：

(1) 电阻元件：表示消耗电能的元件。

(2) 电感元件：因周围空间存在磁场而可以储存磁场能量的元件。

(3) 电容元件：因周围空间存在电场而可以储存电场能量的元件。

2）电源的理想模型

电源元件是指将其他形式的能量转变成电能的元件，其理想模型包括理想电压源和理想电流源两种。

3）中间环节的模型

中间环节有的复杂，有的简单。最简单的中间环节是导线。理想导线是指导线电阻为零的导线。

上述理想电路元件通过引出端互相连接。根据元件对外连接端子的数目，理想元件可分为二端、三端、四端元件等。有两个端子的元件称为二端元件，有三个及三个以上端子的元件称为多端元件。

2. 电路模型

用理想电路元件或它们的组合模拟实际器件，建立其模型，简称建模。同一器件或电路在不同的条件下应用不同的电路模型来表示。例如，一个线圈是由导线绕制而成的，除有电感外还有电阻，同时线圈匝间还有电容。在不同的工作条件下，线圈的电路模型不一样：在直流情况下，它的电路模型是电阻元件；在低频正弦激励下，它的电路模型是电阻元件与电感元件的串联；在高频正弦激励下，其电路模型中还应包含电容。所以，建立电路模型一般应指明它们的工作条件，如频率、电压、电流、温度范围等。

实际电路的电路模型是由一个或多个理想电路元件经理想导线连接起来的。这样画出来的图形叫电路图。

图 1-4(a)所示电路的电路模型如图 1-4(b)所示。电路中，灯泡的主要电磁性能是发光发热而消耗电能，它用电阻元件表示；干电池不仅对外提供电能，在其内部也消耗电能，用电压源和电阻串联组合表示。

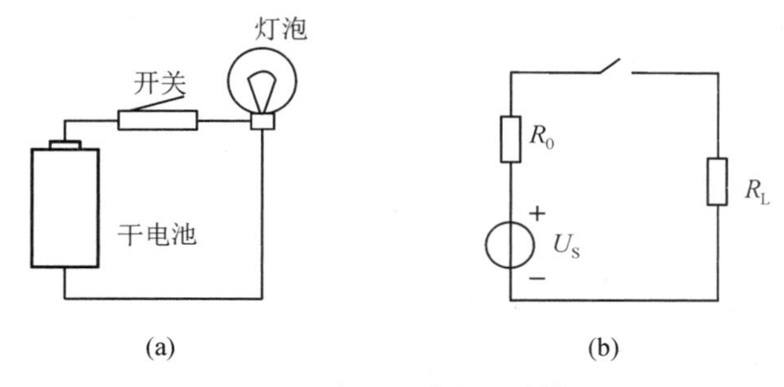

图 1-4　实际电路的电路模型

无论简单电路还是复杂电路，都可以通过电路模型来描述。电路模型虽然不可能和实际电路完全一致，但在一定条件下，电路模型可以代替实际电路，从而简化电路的分析和计算。本书讨论的电路均指由理想电路元件构成的电路模型。

1.2　电路的主要物理量

电路分析中，主要用到的物理量有电流、电压、电位、电动势、功率、电能、额定值等。

1.2.1　电流

1. 电流的形成

带电粒子(电子、离子等)有规则的定向移动就形成了电流。

2. 电流的大小和方向

电流的大小用电流强度来衡量，指单位时间内通过导体某一横截面的电荷量，用 i 表示。

设在 dt 时间内通过导体某一横截面的电荷量为 dq，则通过该截面的电流 i 为

$$i=\frac{\mathrm{d}q}{\mathrm{d}t} \tag{1-1}$$

电流是既有大小又有方向的物理量。习惯上规定，正电荷定向移动的方向为电流的正方向。

大小和方向随时间周期性变化且平均值为零的电流，称为交变电流，用小写字母 i 表示。

大小和方向都不随时间改变的电流，称为直流电流，用大写字母 I 表示，所以式(1-1)可改写为

$$I=\frac{q}{t} \tag{1-2}$$

3. 电流的单位

在国际单位制(SI)中，电流 i 的单位是安[培]，符号为 A。电荷量 q 的单位是库[仑]，符号为 C。当每秒均匀通过导体横截面的电荷量为 1 C 时，电流大小为 1 A。另外，电流常用的单位还有千安(kA)、毫安(mA)、微安(μA)等。它们之间的换算关系为

$$1\ \text{kA}=10^{3}\ \text{A},\quad 1\ \text{mA}=10^{-3}\ \text{A},\quad 1\ \mu\text{A}=10^{-6}\ \text{A}$$

4. 电流的参考方向

电流在电路元件中的实际方向只有两种可能，如图 1-5 所示，电流的实际方向不是从 a 端流向 b 端，就是从 b 端流向 a 端。在简单直流电路中，我们较容易判断电流的实际方向，但在复杂的直流电路以及交流电路中，我们就很难判断电流的实际方向。因为在交流电路中，电流的大小和方向不断随时间变化；在复杂的直流电路中，必须经过计算或实测才能确定电流的实际方向。为此，在分析电路时，特地引入参考方向这一概念。

在分析电路时，任意规定某一方向作为电流的正方向，称为参考方向。电流的参考方向有两种表示方法：第一种方法是用箭头表示，箭头的指向为电流的参考方向；第二种方法是用双下标表示，如电流 i_{ab} 的参考方向由 a 指向 b，如图 1-6 所示。

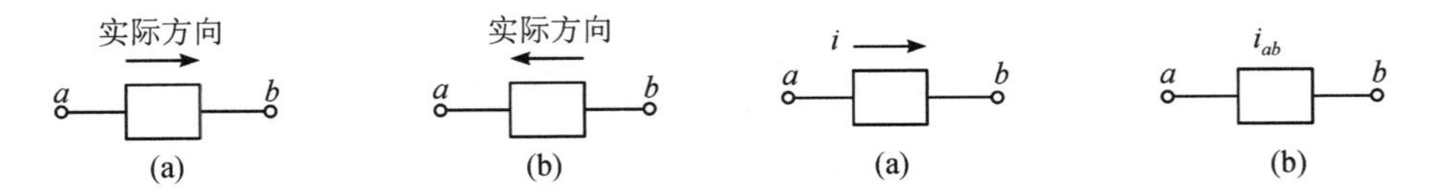

图 1-5 电流的实际方向　　图 1-6 电流的参考方向

如果电流用 i_{ba} 表示，则电流的参考方向由 b 指向 a，显然

$$i_{ab}=-i_{ba} \tag{1-3}$$

规定了参考方向以后，电流就是一个代数量，如果电流为正值，表明电流的实际方向和所规定的参考方向相同；如果电流为负值，表明电流的实际方向和所规定的参考方向相反。这样，利用电流的正负和所规定的参考方向可判断电流的实际方向，如图 1-7 所示。

注意: 在分析电路时，首先要规定电流的参考方向，并在规定的参考方向下分析计算，再通过电流的正负来判断电流的实际方向；参考方向可以任意规定且不影响计算结果，但在未规定参考方向的情况下，电流的正负号是没有意义的。

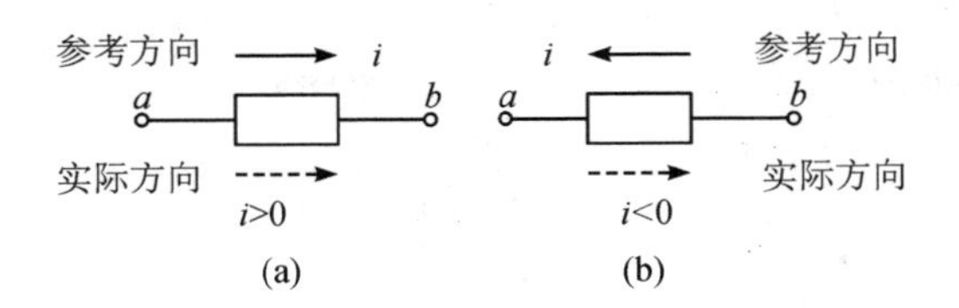

图 1-7　实际方向与参考方向的关系

1.2.2　电压

1. 电压的大小

电路中任意两点 a、b 间的电压是指电场力把单位正电荷由 a 点移到 b 点所减少的电能，用 u 表示。

设正电荷 $\mathrm{d}q$ 由 a 点移到 b 点所减少的电能为 $\mathrm{d}W$，则 a、b 两点间的电压为

$$u_{ab}=\frac{\mathrm{d}W}{\mathrm{d}q} \tag{1-4}$$

2. 电压的实际方向

电压和电流一样，也是既有大小又有方向的物理量。电压反映正电荷转移时减少的电能，电能减少意味着电位降低，即正电荷从高电位移到低电位，所以电压的实际方向是由高电位指向低电位或者说是电位降低的方向。

大小和方向都不随时间改变的电压称为直流电压，用大写字母 U 表示；大小和方向随时间按周期性变化的电压称为交流电压，用小写字母 u 表示。

3. 电压的单位

在国际单位制(SI)中，电压的单位是伏[特]，符号为 V。当 1 C 的电荷在电场力的作用下由一点转移到另一点减少的电能是 1 J 时，则这两点之间的电压就是 1 V。电压的常用单位还有 kV(千伏)、mV(毫伏)和 μV(微伏)等。它们之间的换算关系为

$$1\ \mathrm{kV}=10^{3}\ \mathrm{V},\quad 1\ \mathrm{mV}=10^{-3}\ \mathrm{V},\quad 1\ \mu\mathrm{V}=10^{-6}\ \mathrm{V}$$

4. 电压的参考方向

与电流类似，在分析电路时，一般先规定电压的参考方向。电压的参考方向通常有三种表示形式(如图 1-8 所示)：

(1) 用正负极表示。在电路图上标出正(+)、负(−)极，如图 1-8(a)所示，正极指向负极的方向就是电压的参考方向。

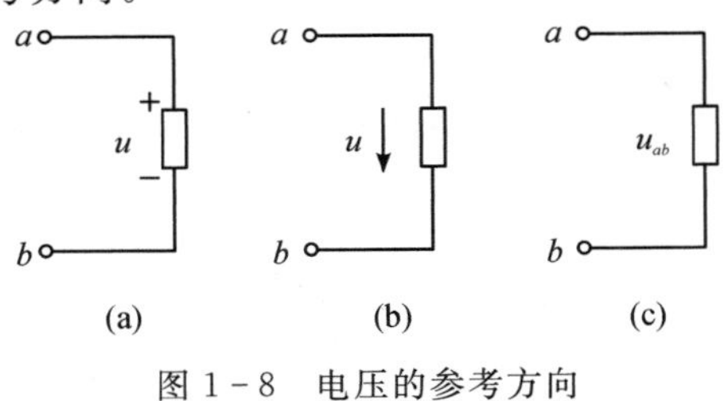

图 1-8　电压的参考方向

(2) 用箭头表示。在电路图上用箭头表示，如图 1-8(b)所示，顺着箭头方向即 a 至 b 的方向就是电压的参考方向。

(3) 用双下标表示。如图 1-8(c)所示，u_{ab} 表示电压的参考方向由第一个下标 a 至第二个下标 b。

电压的参考方向规定后，电压就是一个代数量。当电压的实际方向与参考方向一致时，电压为正值；当电压的实际方向与参考方向相反时，电压为负值。

5. 关联参考方向

任何电路的电压、电流的参考方向可以分别独立设定。但为了分析方便，常使同一个元件的电流参考方向与电压参考方向相同，即电流从该元件的电压正极流入，从负极流出。如果电压、电流的参考方向选取相同，则这两个参考方向称为关联参考方向，如图 1-9(a)所示；如果相反，则这两个参考方向称为非关联参考方向，如图 1-9(b)所示。

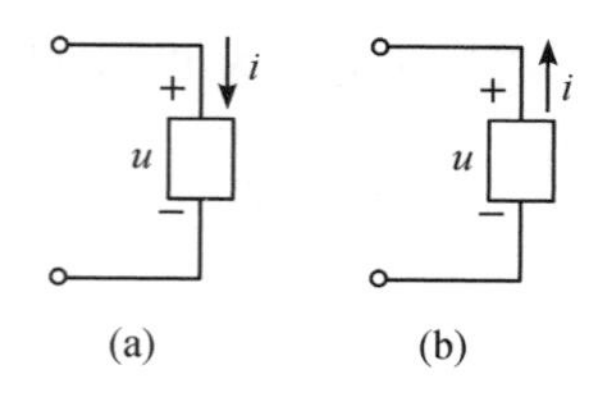

图 1-9 电压、电流的关联和非关联参考方向

【例 1-1】 电压、电流的参考方向如图 1-10 所示，N 和 N_1 两部分电路的电压、电流的参考方向是否关联？

解 N 电路中，由于电流从电压的正极流出，因此电压、电流的参考方向相反，为非关联参考方向；N_1 电路中，由于电流从电压的正极流入，因此电压、电流的参考方向相同，为关联参考方向。

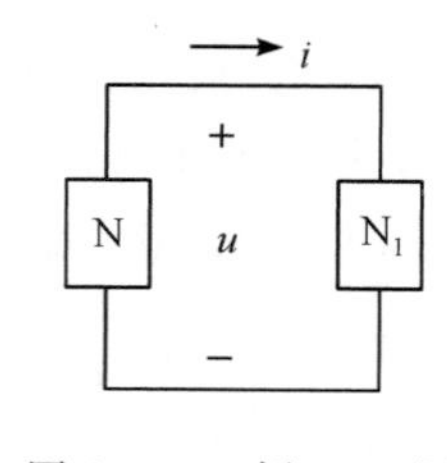

图 1-10 例 1-1 图

注意:

(1) 在分析电路时，首先要规定电压、电流的参考方向，并在电路图中标注出来。不标参考方向的电流或电压是没有意义的。

(2) 参考方向一经规定，在整个分析计算过程中就必须以此为准，不能变动。

(3) 参考方向可以任意规定且不影响计算结果。

(4) 电流和电压的参考方向可以分别独立规定，但为了分析问题方便，常规定元件的电压、电流的参考方向为关联参考方向。

1.2.3 电位

在进行电子电路的分析和电气设备的检修调试时，常常用到电位这一物理量。

1. 电位的定义

在电路中任意选一点 o 作为参考点，某点 a 到参考点 o 的电压称为 a 点的电位，在数值上等于电场力将单位正电荷从该点移动到参考点所做的功，用 φ 表示，a 点的电位用 φ_a 表示为

$$\varphi_a = \frac{W_{ao}}{q} \tag{1-5}$$

电位与电压同单位，在国际单位制(SI)中，电位的单位是伏[特]，符号为V。

参考点可以任意选择，但一个电路只能选一个参考点。规定参考点电位为零，即参考点就是零电位点。选定参考点后，电位为代数量。电路中电位比参考点高的，电位值为正；电位比参考点低的，电位值为负。

2. 电位与电压的关系

两点之间的电压等于对应两点电位之差，即

$$u_{ab} = \varphi_a - \varphi_b \tag{1-6}$$

式中，φ_a 为 a 点的电位，φ_b 为 b 点的电位。当 $\varphi_a > \varphi_b$，即 a 点的电位高于 b 点的电位时，$u_{ab}>0$；反之，$u_{ab}<0$。

在分析电路时，参考点的选择原则上是任意的，但实际中常选择大地、设备外壳或接地点作为参考点。选择大地作为参考点时，在电路图中用符号"⏚"表示，有些设备的外壳是接地的，凡是与外壳相连的各点，均是零电位点。有些设备的外壳不接地，则选择许多导线的公共点(也可是外壳)作为参考点，电路中用符号"⊥"表示。一个电路只能选一个参考点，参考点选择不同，则各点电位就不一样。电位的大小与参考点的选择有关，而电压与参考点的选择无关。

【例1-2】 如图1-11所示，已知4 C正电荷由 a 点均匀移动至 b 点，电场力做功8 J，由 b 点移动到 c 点，电场力做功12 J。

(1) 若以 b 点为参考点，求 a、b、c 点的电位和电压 U_{ab}、U_{bc}；

(2) 若以 c 点为参考点，再求以上各值。

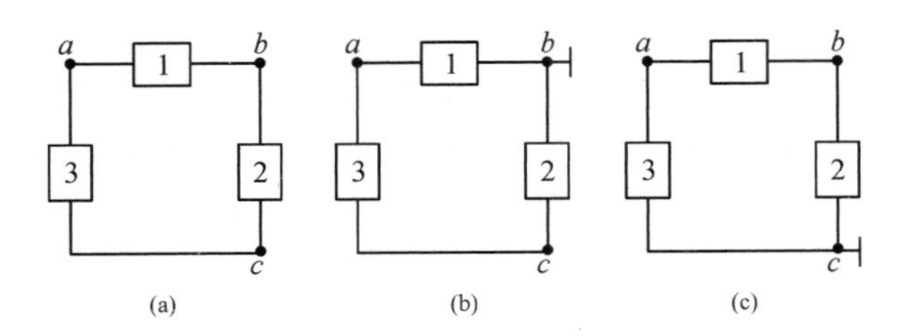

图1-11　例1-2图

解　(1) 以 b 点为参考点，则 $\varphi_b=0$。

由题干已知条件及电压的定义式可得

$$U_{ab} = \frac{W_{ab}}{q} = \frac{8}{4}\ \text{V} = 2\ \text{V}$$

$$U_{bc} = \frac{W_{bc}}{q} = \frac{12}{4}\ \text{V} = 3\ \text{V}$$

又由电压与电位的关系可得

$$U_{ab} = \varphi_a - \varphi_b$$

$$\varphi_a = U_{ab} + \varphi_b = 2\ \text{V} + 0\ \text{V} = 2\ \text{V}$$

$$U_{bc} = \varphi_b - \varphi_c$$

$$\varphi_c = \varphi_b - U_{bc} = 0\ \text{V} - 3\ \text{V} = -3\ \text{V}$$

(2) 若以 c 点为参考点，则 $\varphi_c=0$。

由于电位在数值上等于电场力将单位正电荷从该点移动到参考点所做的功，因此有

$$\varphi_a=\frac{W_{ac}}{q}=\frac{W_{ab}+W_{bc}}{q}=\frac{8+12}{4}\ \text{V}=5\ \text{V}$$

$$\varphi_b=\frac{W_{bc}}{q}=\frac{12}{4}\ \text{V}=3\ \text{V}$$

由电压与电位的关系可得

$$U_{ab}=\varphi_a-\varphi_b=5\ \text{V}-3\ \text{V}=2\ \text{V}$$

$$U_{bc}=\varphi_b-\varphi_c=3\ \text{V}-0\ \text{V}=3\ \text{V}$$

上例说明：电路中参考点可任意选择；参考点一经选定，电路中各点的电位值就是唯一的；当选择不同的参考点时，电路中各点电位将改变，但任意两点间电压保持不变，即两点间电压与参考点的选择无关。

1.2.4　电动势

1. 电动势的定义

电动势是描述电源对外做功的一个物理量。在电场力作用下，正电荷从高电位点运动至低电位点。为了在电路中形成连续的电流，在电源内部必须有力(如干电池中的化学力，发电机中的电磁力)把正电荷从低电位点推向高电位点，即把正电荷从电源负极移向正极。在此过程中，电源便把其他形式的能量转变成电能。电动势就是用来反映单位正电荷在电源的作用力下由电源负极转移电源正极时增加的电能，用符号 e 表示，即

$$e=\frac{\mathrm{d}W_{\mathrm{S}}}{\mathrm{d}q} \tag{1-7}$$

式中，$\mathrm{d}q$ 是转移的正电荷，$\mathrm{d}W_{\mathrm{S}}$ 是转移过程中正电荷增加的电能。增加电能意味着电位升高(正电荷从低电位点移到高电位点)，所以，电动势的实际方向规定为电位升高的方向。

电动势的 SI 单位和电压一样，都是伏[特]，符号为 V。常用的单位还有 kV(千伏)、mV(毫伏)和 μV(微伏)等。

2. 电动势与电压的关系

如果电动势的参考方向与电压的参考方向如图 1-12(a)所示，则电动势与电压之间的关系为 $u=e$。如果电动势的参考方向与电压的参考方向如图 1-12(b)所示，则电动势与电压之间的关系为 $u=-e$。

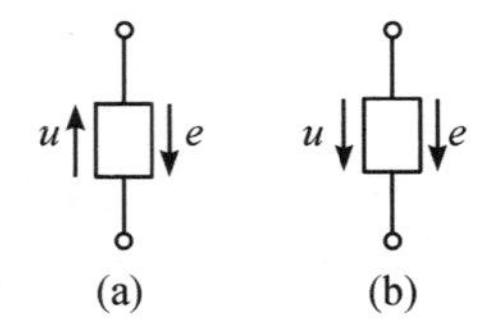

图 1-12　电压和电动势的参考方向

1.2.5　功率

在电路分析和计算中，功率是一个非常重要的物理量。任何电气设备和电路元件本身都有功率的限定值，如果功率超过限定值，则设备和元件将不能正常工作，甚至损坏。

1. 功率的定义

在电路中，设 a、b 两点之间的电压为 u，正电荷 $\mathrm{d}q$ 在电场力的作用下，从高电位点 a

移向低电位点 b，减少的电能为 $\mathrm{d}W$，则根据电压的定义式可得

$$\mathrm{d}W=u\,\mathrm{d}q$$

电能减少意味着电能转换成了其他形式的能量。电能转换的速率称为电功率，简称功率，用 p 表示，则

$$p=\frac{\mathrm{d}W}{\mathrm{d}t} \tag{1-8}$$

设电路中电压、电流的参考方向关联，由电流的定义 $i=\dfrac{\mathrm{d}q}{\mathrm{d}t}$ 可得

$$\mathrm{d}W=u\,\mathrm{d}q=ui\,\mathrm{d}t \tag{1-9}$$

因此

$$p=\frac{\mathrm{d}W}{\mathrm{d}t}=\frac{ui\,\mathrm{d}t}{\mathrm{d}t}=ui \tag{1-10}$$

直流时，功率不变，用大写字母 P 表示，即

$$P=UI \tag{1-11}$$

功率的 SI 单位为瓦[特]，符号为 W。当元件两端电压为 1 V，通过元件的电流为 1 A 时，该元件吸收的功率为 1 W。功率常用的单位还有 kW(千瓦)、MW(兆瓦)，它们的换算关系为

$$1\ \text{kW}=10^3\ \text{W},\ 1\ \text{MW}=10^6\ \text{W}$$

2. 功率的性质

计算功率时，如果电压、电流的参考方向为关联参考方向，则

$$p=ui \quad 或 \quad P=UI \tag{1-12}$$

如果电压、电流的参考方向为非关联参考方向，则

$$p=-ui \quad 或 \quad P=-UI \tag{1-13}$$

进行电路分析时，不仅要计算功率的大小，有时还要判断功率的性质，即某元件是提供功率还是消耗功率。由式(1-12)和式(1-13)得到的功率为正值时，即 $p>0$，说明该元件吸收(消耗)功率，该元件作为负载工作；若为负值，即 $p<0$，则说明该元件提供(产生)功率，该元件作为电源工作。

【例 1-3】 图 1-13 所示为直流电路，$U_1=10$ V，$U_2=-4$ V，$U_3=3$ V，$U_4=11$ V，$I=2$ A，求各元件的功率 P_1、P_2、P_3、P_4。

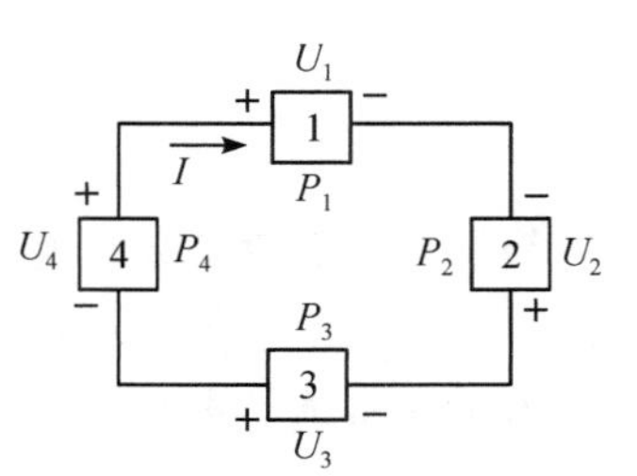

图 1-13　例 1-3 电路

解　元件 1 的电压、电流的参考方向为关联参考方向，则

$$P_1=U_1I=10\ \text{V}\times 1\ \text{A}=20\ \text{W}>0$$

元件 1 吸收功率。

元件 2、元件 3 和元件 4 的电压、电流的参考方向为非关联参考方向，则

$$P_2=-U_2I=-(-4)\ \text{V}\times 2\ \text{A}=8\ \text{W}>0$$
$$P_3=-U_3I=-3\ \text{V}\times 2\ \text{A}=-6\ \text{W}<0$$
$$P_4=-U_4I=-11\ \text{V}\times 2\ \text{A}=-22\ \text{W}<0$$

元件 2 吸收功率，元件 3、4 提供功率。

验算：提供的功率为 6 W＋22 W＝28 W，吸收的功率为 20 W＋8 W＝28 W，电路的功率平衡，计算正确。

1.2.6　电能

电路的作用之一就是实现能量的转换，电路在工作状态下总伴随着电能和其他形式能量的转换。

由式(1－8)可得，在 t_1 到 t_2 时间内，电路吸收(消耗)的电能为

$$W=\int_{t_1}^{t_2} p\,\mathrm{d}t \tag{1-14}$$

直流时

$$W=P(t_2-t_1) \tag{1-15}$$

电能的 SI 单位为焦[耳]，符号为 J，它等于 1 W 的用电设备在 1s 内消耗的电能。在工程上常采用 kW・h(千瓦时)，也叫度，作为电能的单位。它们之间的换算关系为

$$1\ \text{kW}\cdot\text{h}=1000\ \text{W}\times 3600\text{s}=3.6\times 10^6\ \text{J}=3.6\ \text{MJ}$$

1.2.7　额定值

一般来说，每一电气设备或器件在正常工作时都有一定的量值限额，这种限额称为额定值，它是我们使用电气设备或器件的依据。额定值包括额定电压、额定电流和额定功率等。这些电气设备或器件只有在额定值下才能正常、可靠地工作。使用时，如果电压过高则会损坏设备或器件，若电压过低则功率不足，设备或器件不能正常工作(如电灯变暗等)。额定值用带有下标 N 的字母表示，如额定电压和额定电流分别用 U_N 和 I_N 表示。

通常，电气设备的额定值都会在铭牌上标注出来。使用电气设备时，实际值等于额定值时的工作状态称为额定状态或满载；实际值大于额定值时的工作状态称为过载或超载；实际值小于额定值时的工作状态称为轻载或欠载。

1.3　基尔霍夫定律

基尔霍夫定律是分析电路的基本定律，它从电路结构上反映了电路中所有支路电压和电流所遵循的基本规律。基尔霍夫定律包括基尔霍夫电流定律和基尔霍夫电压定律。

为了说明基尔霍夫定律，先介绍电路的一些名词术语。

1.3.1　名词术语

下面以图 1－14 为例进行介绍，图中方框表示二端元件，各元件电流的参考方向如图中所示。

(1) 支路。电路中由元件组成的一条没有分支的电路称为支路。图 1－14 中元件 1、2、3 连成一条支路，元件 4、5 连成一条支路，元件 6、7 连成一条支路，元件 8 和元件 9 分别

构成一条支路。图中共有5条支路。

(2) 节点。3条及3条以上支路连接在一起的连接点称为节点，图1-14中共有c、e、g 3个节点。

(3) 回路。由支路构成的闭合路径称为回路。图1-14中，元件1、4、5、3、2组成一条回路，元件1、2、3、9、7、6也组成一条回路，等等。

(4) 网孔。平面电路中没有被支路穿过的回路称为网孔。图1-14中，元件1、4、5、3、2组成的回路称为网孔，但元件6、7、9、5、4组成的回路不是网孔。

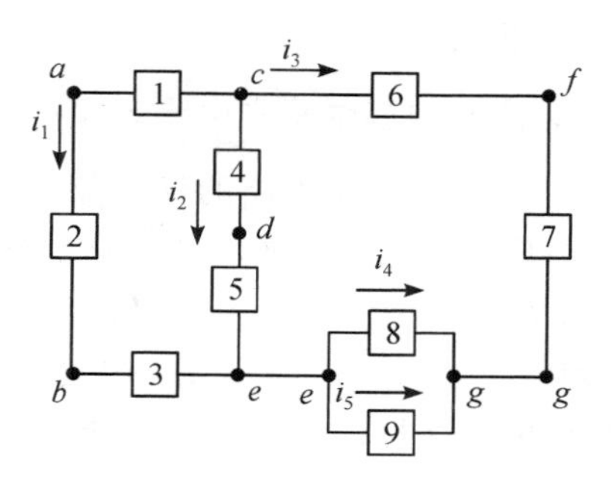

图1-14　电路名词说明

(5) 支路电流。流过支路的电流称为支路电流。图1-14中，i_1、i_2、i_3、i_4、i_5就是各支路的支路电流。

(6) 支路电压。支路两端之间的电压称为支路电压。图1-14中，u_{ce}、u_{cg}、u_{eg}就是支路电压。

1.3.2　基尔霍夫电流定律

1. 基尔霍夫电流定律的内容

基尔霍夫电流定律给出了电路中各个支路电流之间的约束关系，也叫基尔霍夫第一定律，简称KCL。

电路中的任何一个节点均不能堆积电荷，带一定电荷量的电荷流入某处，必须从该处流出，这一结论称为电流的连续性原理。KCL是电流的连续性原理在电路中的体现。

基尔霍夫电流定律的内容可表述为，在任何瞬间，流入任何电路中任一节点的支路电流之和等于流出该节点的支路电流之和。如图1-14所示，电路中的一个节点e，流入节点的电流为i_1和i_2，流出节点的电流为i_4和i_5，则

$$i_1+i_2=i_4+i_5$$

上式可整理成

$$i_1+i_2-i_4-i_5=0$$

于是基尔霍夫电流定律可以换一种更常用的描述：任何一个瞬间，流入任何电路中任一节点的各个支路电流的代数和为零。其数学表达式为

$$\sum i=0 \tag{1-16}$$

对于直流电路，KCL可写成

$$\sum I=0 \tag{1-17}$$

在以上两式中，按电流的参考方向列写方程，规定流入节点的电流取正号，流出节点的电流取负号。当然，也可用相反规定，其结果是一样的。

在应用KCL列写电流方程时，首先找节点，其次应选定与该节点相连的各支路电流的参考方向，接着规定流入(或流出)节点的电流为正，最后将电流代入式(1-16)或式

(1－17)即可。

2. 广义的基尔霍夫电流定律

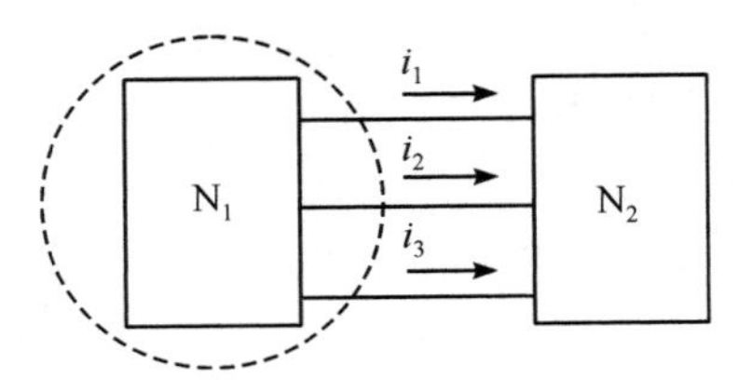

图 1－15　KCL 应用于假设的封闭面

KCL 不仅适于电路的任一节点，根据电流的连续性原理，它还可以推广到电路的任一假设的封闭面，即在任一瞬间，流入和流出该封闭面的电流代数和为零。如图 1－15 所示，电路 N_1 中有 3 条支路与其他电路连接，其流出的电流为 i_1、i_2 和 i_3，则 $i_1+i_2+i_3=0$。

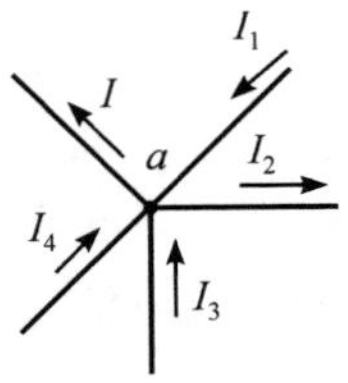

【例 1－4】 如图 1－16 所示，已知 $I_1=10$ A，$I_2=5$ A，$I_3=3$ A，$I_4=-2$ A，求 I。

图 1－16　例 1－4 图

解　(1) 如果规定流入节点的电流为正，流出为负，则根据 KCL 得

$$I_1-I_2+I_3+I_4-I=0 \text{ A}$$

所以

$$I=I_1-I_2+I_3+I_4=10 \text{ A}-5 \text{ A}+3 \text{ A}+(-2) \text{ A}=6 \text{ A}$$

(2) 如果规定流出节点的电流为正，流入为负，则根据 KCL 得

$$-I_1+I_2-I_3-I_4+I=0 \text{ A}$$

所以

$$I=I_1-I_2+I_3+I_4=10 \text{ A}-5 \text{ A}+3 \text{ A}+(-2) \text{ A}=6 \text{ A}$$

此例说明，在列写 KCL 方程时，规定流入的电流为正，或者规定流出的电流为正，并不影响计算结果。但是在同一个 KCL 方程中，规定必须一致。

KCL 适用于一切集总参数电路，KCL 与各元件的性质和工作状态无关。

1.3.3 基尔霍夫电压定律

1. 基尔霍夫电压定律的内容

基尔霍夫电压定律描述了电路中任一闭合回路内各段电压必须服从的约束关系，它与支路元件的性质无关。不管什么性质的元件，当它们连成回路时，各元件电压之间必须遵循基尔霍夫电压定律。基尔霍夫电压定律也叫基尔霍夫第二定律，简称 KVL。

基尔霍夫电压定律的内容可表述为：任何时刻，沿任何电路的任一回路绕行一周，各段电压的代数和为零。其数学表达式为

$$\sum u=0 \tag{1-18}$$

对于直流电路，KVL 可写成

$$\sum U=0 \tag{1-19}$$

在列写 KVL 电压方程时，首先找回路。其次应选定该回路中各元件电压的参考方向及回路绕行方向，一般选顺时针方向。当电压参考方向与回路绕行方向一致时，该电压项前取正号，否则取负号。最后将电压代入式(1－18)或式(1－19)即可。

如图 1-17 所示，沿节点 1、2、4、1 顺时针绕行一周，则

$$U_2+U_5-U_6=0$$

由上式可得

$$U_6=U_2+U_5$$

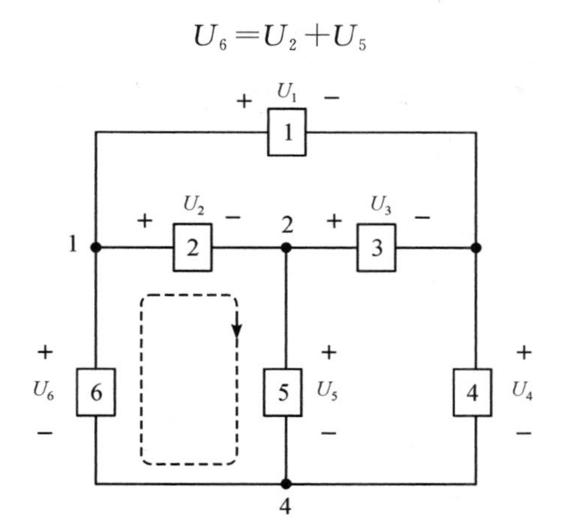

图 1-17　说明 KVL 的电路图

上式表明，节点 1、4 之间的电压是单值的，不论沿元件 6 还是沿元件 2 和元件 5 构成的路径，此两节点之间的电压是相等的。KVL 实质上是电压与路径无关这一性质的反映。

2. 广义的基尔霍夫电压定律

KVL 还可以推广到电路中的假想回路。如图 1-18 所示的假想回路 $abca$，其中 ab 段未画出支路，设其电压为 u，顺时针绕行一周，按图中规定的参考方向可列出

$$u+u_1-u_S=0$$

或

$$u=u_S-u_1$$

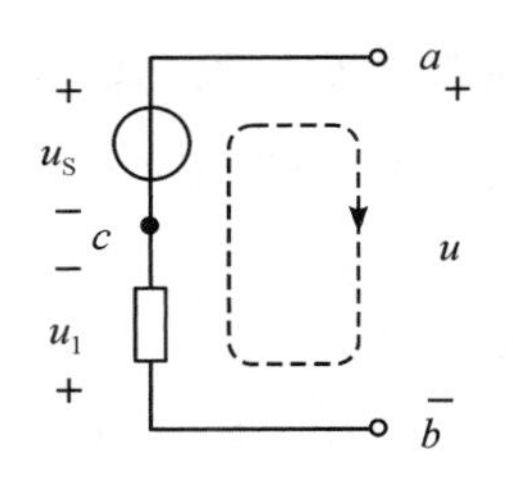

图 1-18　KVL 应用于假设的回路

即电路中任意两点间的电压等于这两点间沿任意路径各段电压的代数和。各段电压的参考方向与两点间的电压参考方向相同时取正，反之取负。

【例 1-5】　电路如图 1-19 所示，求 U_1 和 U_2。

解　在网孔 m_1 中，设回路绕行方向为顺时针方向，如图 1-19 的虚线所示，则

$$15\ \text{V}-7\ \text{V}-5\ \text{V}-U_1=0\ \text{V}$$

即

$$U_1=3\ \text{V}$$

在网孔 m_2 中，设回路绕行方向为顺时针方向，如图 1-19 的虚线所示，则

$$U_2-10\ \text{V}+7\ \text{V}=0\ \text{V}$$

即

$$U_2=3\ \text{V}$$

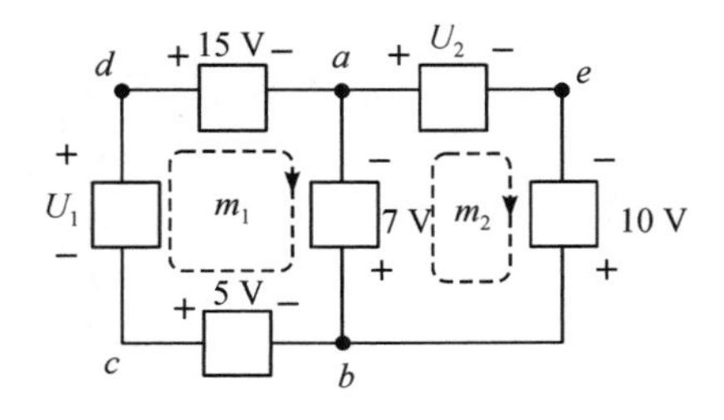

图 1-19　例 1-5 图

由此可见：KCL 规定了电路中任一节点的电流必须服从的约束关系；KCL 表明在每一节点上电荷是守恒的；KVL 规定了电路中任一回路的电压必须服从的约束关系，KVL 是

能量守恒的具体体现，电压与路径无关。KCL、KVL 仅与元件的相互连接方式有关，而与元件的性质无关，这种约束称为拓扑约束。无论元件是线性的还是非线性的，电路是直流的还是交流的，KCL 和 KVL 总成立。

1.4 电路元件

这里所提电路元件均指理想电路元件。本书讨论的对象不是实际电路而是实际电路的模型，且电路模型是由理想电路元件构成的。

1.4.1 电阻元件

1. 电阻

电阻表示导体对电流的阻碍作用，用 R 表示。导体的电阻越大，表示导体对电流的阻碍作用越大。电阻与导体的尺寸、材料、温度有关。其值为

$$R=\frac{\rho l}{S}$$

式中：ρ 是电阻材料的电阻率，单位是 $\Omega\cdot\mathrm{m}$；l 是为电阻材料的长度，单位是 m；S 是电阻材料的截面积，单位是 m^2。

2. 电阻元件

电阻元件是实际电阻器的理想化模型，是一种消耗电能的电路元件。像电灯、电炉、电烙铁等这类实际电阻器件，忽略次要电磁现象，只考虑电能转换成光能或热能的性质时，都可以用电阻元件作为其电路模型。

电阻元件是一个二端元件，它的特性可以用电压、电流的关系表示。由于电压和电流的 SI 单位分别是伏[特]、安[培]，所以电阻元件的电压电流关系也叫电阻元件的伏安特性。在 u-i 坐标平面上表示元件电压电流关系的曲线称为伏安特性曲线。

如果某电阻元件的伏安特性曲线是通过坐标原点的直线，那么这种电阻元件就称为线性电阻元件，不符合这个要求的电阻元件就称为非线性电阻元件。本书只讨论线性电阻元件。它的符号及伏安特性曲线如图 1-20 所示。

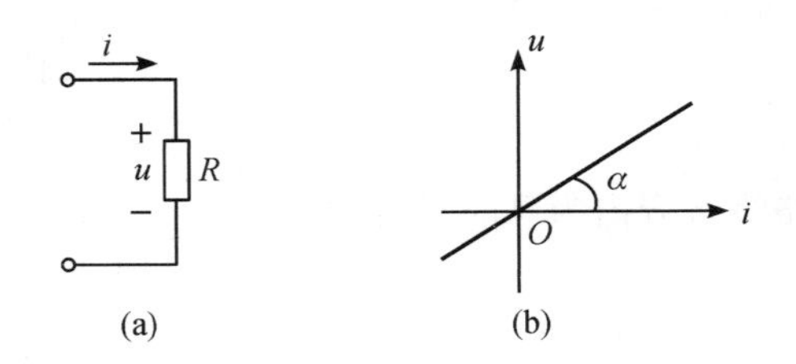

图 1-20　线性电阻元件的符号及其伏安特性曲线

3. 电阻元件的电压电流关系

在同一电路中，通过某段导体的电流与这段导体两端的电压成正比、与这段导体的电

阻成反比，这就是欧姆定律。线性电阻元件的伏安关系服从欧姆定律，在图1-20所示的关联参考方向的条件下，其表达式为

$$u=Ri \tag{1-20}$$

式中，R 为元件的电阻，表示元件对电流的阻碍作用。电压一定时，R 愈大，电流越小。线性电阻元件的电阻值 R 是一个正实常量。

电阻的SI单位是欧[姆]，符号为Ω。常用的单位还有kΩ(千欧)、MΩ(兆欧)等。

习惯上，我们常称电阻元件为电阻，故"电阻"(R)，既表示电路元件，也表示元件参数。

电阻的倒数是电导，用符号 G 表示，其定义式

$$G=\frac{1}{R} \tag{1-21}$$

电导的SI单位为西[门子]，符号为S。欧姆定律又可表示为

$$i=Gu \tag{1-22}$$

G 表示元件对电流的传导作用，电压一定时，G 愈大，电流越大。线性电阻元件的电导值 G 是一个正实常量。

当电压、电流的参考方向非关联时，电阻元件的伏安关系应写成

$$u=-Ri,\ i=-Gu \tag{1-23}$$

4. 电阻元件的功率

如图1-20所示，当电阻元件的电压、电流的参考方向关联时，其功率为

$$p=ui$$

因 $u=Ri$，所以有

$$p=ui=Ri^2=\frac{u^2}{R}$$

当电阻元件的电压、电流的参考方向非关联时，其功率为

$$p=-ui$$

因 $u=-Ri$，所以有

$$p=-ui=-(-iR)i=i^2R=\frac{u^2}{R}$$

因此，无论电阻元件的电压、电流的参考方向是否关联，都可以得到电阻元件吸收(消耗)功率的计算式，即

$$p=ui=Ri^2=\frac{u^2}{R}\ \text{或}\ p=ui=\frac{i^2}{G}=Gu^2 \tag{1-24}$$

由于 R 和 G 是一个正实常量，故功率 p 始终大于或等于零，电阻元件总是吸收(消耗)功率，所以线性电阻元件是一种耗能元件。

电阻元件在 t_1 到 t_2 这段时间内吸收(消耗)的电能 W 为

$$W=\int_{t_1}^{t_2}p\,\mathrm{d}t=\int_{t_1}^{t_2}ui\,\mathrm{d}t=\int_{t_1}^{t_2}Ri^2\,\mathrm{d}t=\int_{t_1}^{t_2}\frac{u^2}{R}\mathrm{d}t \tag{1-25}$$

直流时，有

$$W=P(t_2-t_1)=PT=RI^2T=\frac{U^2}{R}T \tag{1-26}$$

式中，$T=t_2-t_1$ 是电流通过电阻的总时间。

5. 短路与开路

如图 1-21 所示，线性电阻元件有两种特殊情况。一种情况是 R 为无限大(G 为零)，即断开状态，电压为任何有限值时，电流总为零，这时称为开路。开路时的伏安特性曲线在 u-i 平面上与电压轴重合。另一种情况是 R 为零(G 为无限大)，即电阻两端被导线短接，电流为任何有限值时，电压总为零，这时称为短路。短路时的伏安特性曲线在 u-i 平面上与电流轴重合。

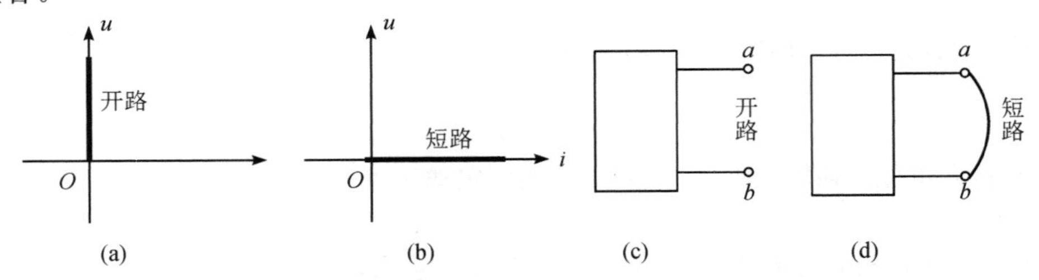

图 1-21　开路短路的伏安特性曲线及示意图

【例 1-6】 有一盏额定值为“220 V，100 W”的电灯。(1) 求电灯的电阻；(2) 求当接到 220 V 电压下，流过电灯的电流；(3) 如果每天电灯用 5 小时，那么一个月(按 30 天计算)用多少电？

解　(1) 由 $P=\dfrac{U^2}{R}$ 得

$$R=\frac{U^2}{P}=\frac{(220\ \text{V})^2}{100\ \text{W}}=484\ \Omega$$

(2) 由 $P=UI$ 得

$$I=\frac{P}{U}=\frac{100\ \text{W}}{220\ \text{V}}=0.455\ \text{A}$$

(3) 由于 $W=PT$，要求 W，需先求 T，因此有

$$T=5\times 3600\times 30\ \text{s}=540\ 000\ \text{s}$$

$$W=PT=100\ \text{W}\times 540\ 000\ \text{s}=54\ 000\ 000\ \text{J}=54\ \text{MJ}$$

在实际生活中，电能常以“度”为单位，即“千瓦时”，因为

$$1\ \text{kW}\cdot\text{h}=1000\ \text{W}\times 3600\ \text{s}=3.6\times 10^6\ \text{J}=3.6\ \text{MJ}$$

所以该电灯，每天使用 5 小时，一个月(30 天)的用电为

$$W=\frac{54}{3.6}\ \text{kW}\cdot\text{h}=15\ \text{kW}\cdot\text{h}=15\ 度$$

1.4.2　电感元件

1. 电感

电感是衡量线圈产生电磁感应能力的物理量。当线圈通过交变电流后，周围就会产生变化的磁场，并在线圈中形成感应磁场，感应磁场又会产生感应电流来抵制通过线圈中的电流。这种电流与线圈的相互作用关系称为电的感抗，简称电感，单位是亨利，符号为 H。

电感分为自感和互感，分别用 L 和 M 表示，单位都是亨利。当线圈中的电流变化时，周围的磁场也产生相应的变化，此变化的磁场在线圈自身中产生感应电动势，这就是自感；当两个线圈相互靠近时，一个线圈周围的磁场变化，将在另一个线圈中产生感应电动势，这就是互感。

2. 电感元件

电感元件是实际线圈的理想化模型，表示在线圈周围空间存在磁场且可以储存磁场能量的元件。假设用导线绕制的线圈如图 1-22(a)所示。当电流通过线圈时，在线圈内部及周围产生磁场，形成与线圈交链的磁链，并储存磁场能量。当忽略导线电阻及线圈匝与匝之间的电容时，实际线圈就可用一个理想的电感元件来模拟，电感元件的性能就是储存磁场能量。

电感元件是一个二端元件，电感元件的电流 i 与磁链 ψ 的方向符合右手螺旋法则(称关联参考方向)，电感元件的特性可以用磁链和电流的关系曲线即 ψ-i 平面上的曲线表示。由于磁链 ψ、电流 i 的 SI 单位分别是韦[伯]、安[培]，因此，磁链和电流的关系的曲线称为韦安特性曲线。

如果电感元件的韦安特性曲线是通过坐标原点的直线，如图 1-22(b)所示，那么这种电感元件就称为线性电感元件；不符合这个要求的电感元件就称为非线性电感元件，如图 1-22(c)所示。本书只讨论线性电感元件。

线性电感元件的磁链 ψ 与其电流 i 成正比，比例系数用 L 表示，称为电感，即

$$L=\frac{\psi}{i} \tag{1-27}$$

线性电感元件的 L 为常数。

电感元件又简称电感，故"电感"(L)既表示电路元件，也表示元件参数。电感的图形符号如图 1-22(d)所示。

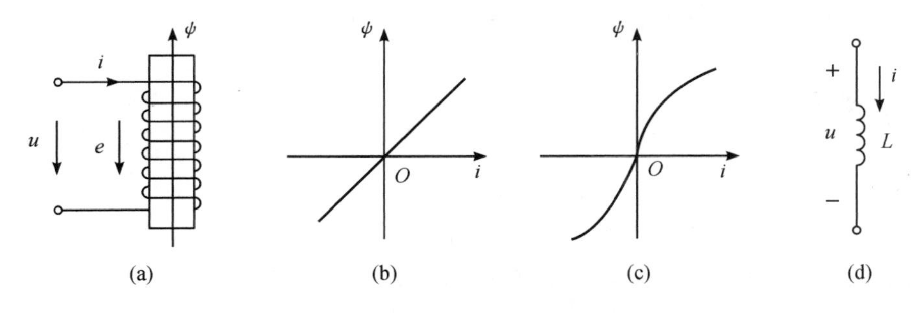

图 1-22　电感及电感的韦安特性曲线

3. 电感元件的电压与电流关系

由电磁感应定律可知，当电感元件的磁链 ψ 随产生它的电流 i 变化时，会在元件两端产生感应电压 u。若 ψ、i、u 的参考方向关联，则

$$u=\frac{\mathrm{d}\psi}{\mathrm{d}t}=L\frac{\mathrm{d}i}{\mathrm{d}t} \tag{1-28}$$

式(1-28)表明，电感元件的电压正比于电流的变化率。电流变化越快，电压越大；电流变化越慢，电压越小。在直流电路中，电感元件中的电流不变，所以电压为零，这时电感

元件相当于短路。

当 ψ、u、i 的参考方向非关联时，上述表达式前要加负号，即

$$u=-L\frac{\mathrm{d}i}{\mathrm{d}t}$$

4. 电感元件中的磁场能量

当电压和电流的参考方向关联时，电感元件吸收的功率为

$$p=ui=L\frac{\mathrm{d}i}{\mathrm{d}t}\times i$$

在 $\mathrm{d}t$ 时间内，电感元件吸收的能量为

$$W_L=p\,\mathrm{d}t=L\frac{\mathrm{d}i}{\mathrm{d}t}\times i\times\mathrm{d}t=Li\,\mathrm{d}i$$

当电流从零增大到 i 时，它吸收的能量总共为

$$W_L=\int_0^i Li\,\mathrm{d}i=\frac{1}{2}Li^2 \tag{1-29}$$

式中，如果 L、i 的单位分别为亨利(H)、安培(A)，则 W_L 的单位为焦耳(J)。

式(1-29)表明，电感的储能只与当时的电流值有关，因为储能不能跃变，所以电感电流不能跃变。电感元件所储存的能量随电流变化。当电流增加时，它从外部吸收能量并将其转变为磁场能量储存起来，储能就增加；当电流减少时，它向外部释放能量，储能就减少。电感元件能够释放的能量等于它所吸收的能量，它本身并不产生能量也不消耗能量，所以说电感元件是一种储能元件。

【例 1-7】 在图 1-23 所示电路中，已知 $L=2$ H，$i=4\mathrm{e}^{-3t}$ A，试求 u。

解 由电感的电压电流关系得

$$u_L=L\frac{\mathrm{d}i}{\mathrm{d}t}=2\ \mathrm{H}\times\frac{\mathrm{d}}{\mathrm{d}t}(4\mathrm{e}^{-3t}\ \mathrm{A})=-24\mathrm{e}^{-3t}\ \mathrm{V}$$

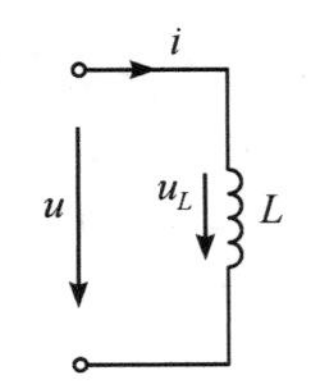

图 1-23 例 1-7 图

1.4.3 电容元件

1. 电容

电容是衡量导体容纳电荷本领的物理量，用字母 C 表示。

一般来说，电荷在电场中会受力而移动，如果导体之间有了介质，则会阻碍电荷移动而使得电荷累积在导体上，造成电荷的累积储存。

容纳电荷的容器即为电容器，是由两个电极及其间的介质材料构成的。介质材料是一种电介质，当被置于两块带有等量异性电荷的平行极板间的电场中时，由于极化而在介质表面产生极化电荷，使束缚在极板上的电荷相应增加，从而维持极板间的电位差不变。这就是电容器储能的原理。电容器中储存的电荷量 q 等于电容 C 与电极之间的电位差 u 的乘积，即

$$q=Cu \tag{1-30}$$

电容器具有充电和放电功能。

2. 电容元件

电容元件是实际电容器的理想化模型。图1-24(a)所示的是实际平行板电容器，该电容器通常由中间充满绝缘介质(如空气、云母等)的两块金属极板构成。电容器接上电源电压 u 后，两块极板上分别累积等量异种电荷 q，并在两极板间形成电场，储存电场能量。电源移去后，电荷可以继续累积在极板上，电场继续存在。此外，当电容器上电压变化时，介质中会存在介质损耗，而且介质不可能完全绝缘，存在漏电流。如果忽略介质损耗和漏电流，实际电容器就可用一个理想的电容元件来模拟。电容元件的用途就是储存电场能量。

电容元件是一个二端元件，u 表示电容元件两端的电压，q 表示电容元件每一极板上的电荷量，电容元件的特性可以用电荷量和电压的关系曲线(即 q-u 平面上的曲线)表示。由于电荷量 q、电压 u 的SI单位分别是库［仑］、伏［特］，因此，电荷量和电压的关系曲线称为库伏特性曲线。

如果电容元件的库伏特性曲线是通过坐标原点的直线，那么这种电容元件称为线性电容元件，不符合这个要求的电容元件称为非线性电容元件。线性电容元件的库伏特性曲线如图1-24(b)所示，非线性电容元件的库伏特性曲线如图1-24(c)所示。

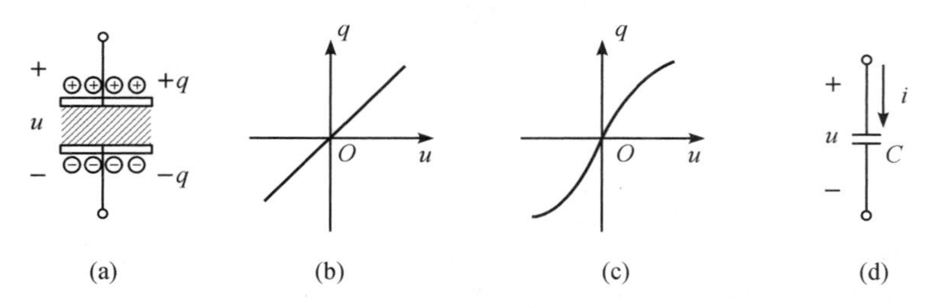

图1-24　电容及电容的库伏特性曲线

若电容元件电压的方向规定为由正极板指向负极板，线性电容元件的电荷量 q 与电压 u 成正比，比例系数便称为电容，用 C 表示，即

$$C=\frac{q}{u} \tag{1-31}$$

线性电容元件的 C 为常数。电容的SI单位是法(F)。电容常用的单位还有μF、pF等。它们的换算关系为

$$1\ \mu\text{F}=10^{-6}\ \text{F},\quad 1\ \text{pF}=10^{-12}\ \text{F}$$

电容元件又简称电容，故"电容"(C)既表示电路元件，也表示元件参数。其图形符号如图1-24(d)所示。除非特别指出，否则本书所涉及的电容元件都是线性电容元件。

3. 电压与电流关系

电容中的电流是由电容元件极板间电压 u 变化产生的。电压 u 变化，极板上的电荷量 q 随之变化，电荷的增加或减少必然在导线中引起电荷移动，电荷的移动便形成了电流。如果电流 i 与电压 u 的参考方向关联，如图1-24(d)所示，且在 $\mathrm{d}t$ 时间内，极板上改变的电荷量为 $\mathrm{d}q$，则由 $q=Cu$ 可得

$$i=\frac{\mathrm{d}q}{\mathrm{d}t}=C\frac{\mathrm{d}u}{\mathrm{d}t} \tag{1-32}$$

式(1－32)表明，电容元件的电流正比于电压的变化率。电压变化越快，电流越大；电压变化越慢，电流越小。在直流电路中电压不随时间变化，所以电流为零。直流电路中电容元件相当于开路，所以电容元件具有隔断直流的作用。

当 u、i 的参考方向非关联时，上述表达式前要冠以负号，即

$$i=-C\frac{\mathrm{d}u}{\mathrm{d}t} \tag{1-33}$$

不论是电感元件，还是电容元件，由于它们的电压与电流关系均为导数关系，因此，它们都称为动态元件。

4. 电容元件中的电场能量

在电容元件中，由极板上的电荷建立的电场能够储存电场能量，这些能量由电容元件从电路中吸收的电能转变而来。

当电压和电流的参考方向关联时，电容元件吸收的功率为

$$p=ui=Cu\frac{\mathrm{d}u}{\mathrm{d}t}$$

在 $\mathrm{d}t$ 时间内，电容元件吸收的能量为

$$\mathrm{d}W_C=p\,\mathrm{d}t=Cu\,\mathrm{d}u$$

当电压从零增大到 u 时，它吸收的总能量为

$$W_C=\int_0^u Cu\,\mathrm{d}u=\frac{1}{2}Cu^2 \tag{1-34}$$

式中，如果 C、u 的单位分别为 F 和 V，则 W_C 的单位为 J。

式(1－30)表明，电容的储能只与当时的电压值有关，与充电过程无关，因为储能不能跃变，所以电容电压不能跃变。电容元件所储存的能量随电压变化，当电压增加时，它的储能就增加(它从外部吸收能量)；当电压减少时，它的储能就减少(它向外部释放能量)。电容元件能够释放的能量等于它所吸收的能量，它本身并不消耗能量。所以说电容元件是一种储能元件。

1.4.4 电源元件

向电路提供能量的设备叫电源。实际电源(如电池、发电机等)将其他形式的能量转换成电能。理想电压源和理想电流源是实际电源理想化的电路模型，它们是有源二端元件。

1. 理想电压源

理想电压源的电压总保持为给定值或给定的时间函数，与通过它的电流无关。当理想电压源的电压不受电路中电流或电压的影响时，称为独立源。

常见的理想电压源有理想交流电压源和理想直流电压源两种。理想交流电压源的电压是给定的时间函数，用小写字母 u_S 表示；理想直流电压源的电压是常数，用大写字母 U_S 表示。它们的图形符号如图 1－25(a)、图 1－25(b)所示。

图 1－25 中，u_S、U_S 是理想电压源电压，“＋”“－”是参考极性。图 1－25(c)表示理想直流电压源的伏安特性曲线，该曲线是一条平行电流轴且纵坐标为 U_S 的直线，表明其端电压恒等于 U_S，与电流大小无关。图 1－25(d)表示理想交流电压源的伏安特性曲线。

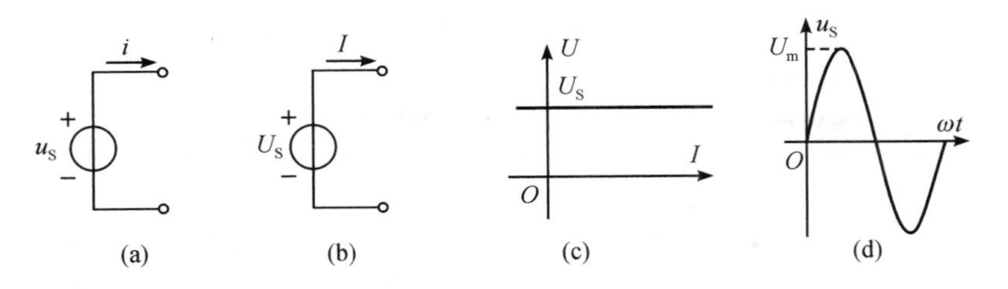

图1-25　理想电压源

当电流为零，即电压源开路时，其端电压仍为U_S。如果电压源的电压$u_S=0$ V，则该电压源的伏安特性曲线为与电流轴重合的直线，它相当于短路。

理想电压源有两个基本性质：① 它的电压是给定值或给定的时间函数，与通过它的电流无关；② 它的电流由电压源本身和与它相连接的外电路共同决定。

一般来说，电压源在电路中提供功率，但有时也从电路中吸收功率，例如手机电池工作时向外电路提供功率，而处于充电状态时，则从外电路吸收功率。电压源的功率情况可以根据电压、电流的参考方向，应用功率计算公式，由计算结果的正负判定。

【例1-8】　电压源的电压、电流的参考方向如图1-26所示，求电压源的功率，并说明功率的性质。

解　图1-26(a)中电压、电流的参考方向非关联，电压源的功率为

$$P=-UI=-2\ \text{V}\times(-2)\text{A}=4\ \text{W}>0$$

可见电压源吸收(消耗)功率。

图1-26(b)中电压、电流的参考方向关联，电压源的功率为

$$P=UI=(-3)\ \text{V}\times 3\ \text{A}=-9\ \text{W}<0$$

可见电压源提供(产生)功率。

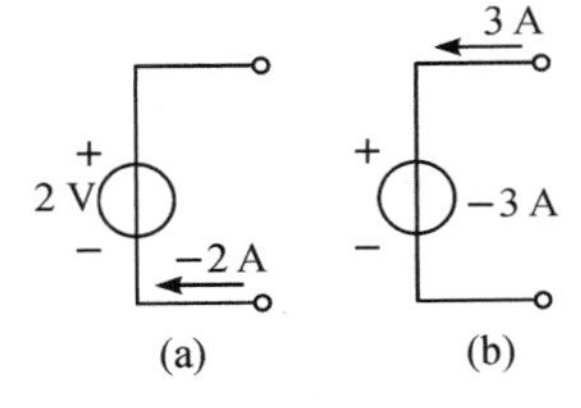

图1-26　例1-8图

2. 理想电流源

理想电流源的电流总保持为给定值或给定的时间函数，与它两端的电压无关。当理想电流源的端电流不受电路中电流或电压的影响时，称为独立源。

理想电流源的图形符号如图1-27(a)所示，其中i_S为电流源的电流，箭头是其参考方向。图1-27(b)为理想直流电流源的符号，其电流I_S为定值。图1-27(c)表示理想直流电流源的伏安特性曲线，是一条平行电压轴且横坐标为I_S的直线。图1-27(d)表示理想交流电流源的伏安特性曲线。如果电流源的电流$i_S=0$ A，则它相当于开路。

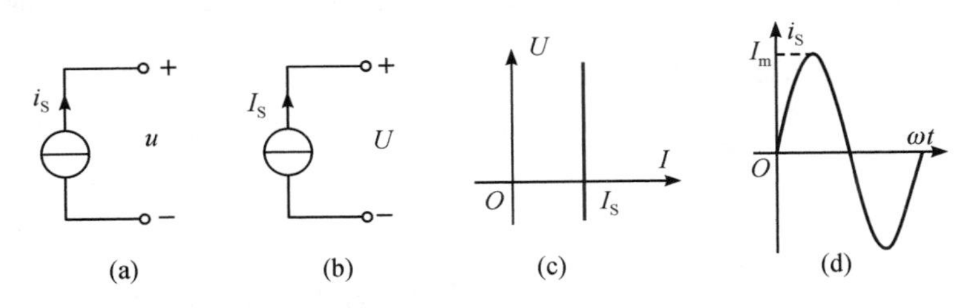

图1-27　理想电流源

理想电流源有两个基本性质：① 它的电流是给定值或给定的时间函数，与它两端的电

压无关；② 它两端的电压由电流源本身和与它相连接的外电路共同决定。

3. 实际直流电源的模型

实际上，理想的电源是不存在的。在电路中，一个实际电源在提供电能的同时，自身还消耗一定的电能。因此，实际电源的电路模型应由两部分组成：一部分是用来表征提供电能的理想电源元件，另一部分是用来表征消耗电能的电阻元件。由于理想电源元件有理想电压源和理想电流源，故实际电源电路模型也有两种，即电压源模型和电流源模型。

1）电压源模型

实际直流电源用理想电压源与电阻串联的组合作为其电路模型，这样的组合称为电压源模型，如图 1-28(a)所示。U_S 为电压源的电压，R_S 为实际直流电源的内阻，U 为实际直流电源的端电压，I 为实际直流电源的端电流。

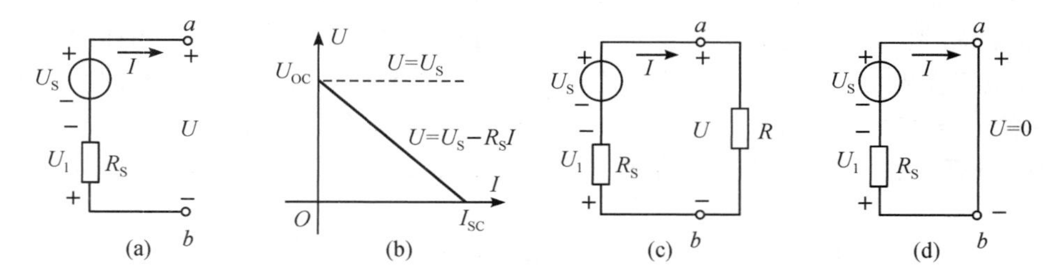

图 1-28　实际直流电源的电压源模型

在图 1-28(a)中，根据 KVL，有

$$U+U_1-U_S=0\ \text{V}$$

由欧姆定律得

$$U_1=R_SI$$

于是

$$U=U_S-R_SI \tag{1-35}$$

式(1-35)为实际直流电源的伏安特性。该电源的伏安特性曲线为一条直线，如图 1-28(b)所示。

当电压源模型开路时，如图 1-28(a)所示，$I=0$ A，输出电压为开路电压，用 U_{OC} 表示，且有 $U_{OC}=U_S$；当电压源模型加负载电阻 R 时，如图 1-28(c)所示，$I\neq 0$ A，内阻上有电压降，所以输出电压 $U<U_S$；当电压源模型短路时，如图 1-28(d)所示，输出电压 $U=0$ V，理想电压源的电压全部作用于内阻上，短路电流用 I_{SC} 表示，此时，$I_{SC}=\dfrac{U_S}{R_S}$最大，因此不允许将电压源的两端短路，否则电压源将因电流过大而烧毁。

显然，实际电源的内阻越小，内阻上产生的压降就越低，实际电源就越接近于理想电压源。

2）电流源模型

实际直流电源也可用理想电流源与电阻并联的组合来表示，这样的组合称为电流源模型。如图 1-29(a)所示，I_S 为电流源产生的定值电流，G_S 为实际直流电源的内电导，U、I 为实际直流电源的端电压、端电流。

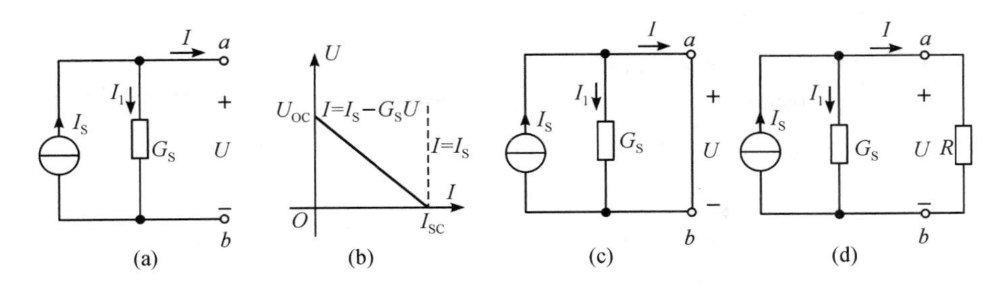

图 1－29　实际直流电源的电流源模型

在图 1－29(a) 中，根据 KCL，有

$$I+I_1-I_S=0\ \text{A}$$

由欧姆定律得

$$I_1=G_SU$$

所以

$$I=I_S-G_SU \tag{1-36}$$

式(1－36)为实际直流电源的伏安特性，该电源的伏安特性曲线为一条直线，如图 1－29(b)所示。

当电流源模型短路时，如图 1－29(c) 所示，输出电压为零，此时电流 I 为短路电流，用 I_{SC} 表示，且有 $I_{SC}=I_S$；当电流源模型加负载电阻 R 时，如图 1－29(d) 所示，内阻上有分流 I_1，I_S 不能全部输送出去，当负载电阻 R 增加时，内阻上电流 I_1 增加，输出电流 I 减少；当电流源模型开路时，如图 1－29(a) 所示，输出电流 I 为零，I_S 全部从内阻中通过，内阻上压降即开路电压 $U_{OC}=\dfrac{I_S}{G_S}$最大，因此，不允许将电流源的两端开路，否则电流源将因电压过大而损坏。

显然，实际直流电源的内电导越小，内部的分流就越小，就越接近于理想电流源。

【例 1－9】 直流电路如图 1－30 所示，计算电路在开关 S 断开与闭合两种情况下的电压 U_{ab}、U_{cd}。

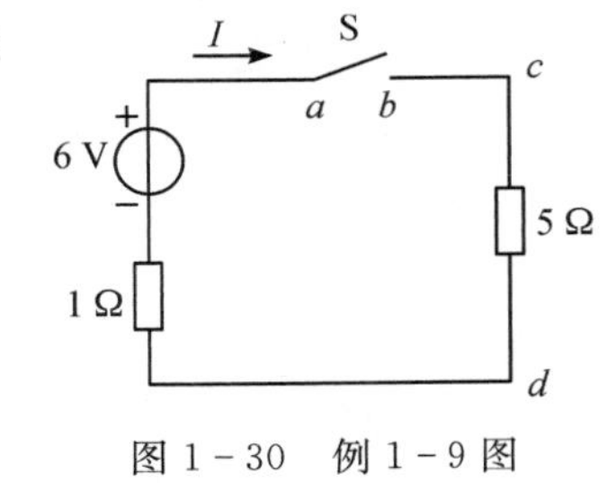

图 1－30　例 1－9 图

解　回路方向选择顺时针绕向时，由 KVL 可得

$$U_{ab}+I\times5\ \Omega+I\times1\ \Omega-6\ \text{V}=0$$

所以

$$U_{ab}=6\ \text{V}-6I$$

当 S 断开时，电流 $I=0$ A，各电阻电压均为零，故

$$U_{cd}=0\ \text{V},\ U_{ab}=6\ \text{V}$$

当 S 闭合时，开关闭合相当于短路，此时 $U_{ab}=0$ V。由回路 KVL 方程可得，电路中电流为

$$I=\frac{6}{5+1}\ \text{A}=1\ \text{A}$$

所以

$$U_{cd}=1\ \text{A}\times5\ \Omega=5\ \text{V}$$

【例 1－10】 直流电路如图 1－31 所示，已知 $R=2\ \Omega$，$U_S=10$ V，$I_S=3$ A，求 U_1、U_2

及各元件消耗或提供的功率。

解 电阻及电压源上电流为 I_S，则

$$U_2=R\times I_S=2\ \Omega\times 3\ \text{A}=6\ \text{V}$$

电流源电压由外电路决定，由KVL可得

$$U_1=U_2+U_S=6\ \text{V}+10\ \text{V}=16\ \text{V}$$

由于电阻和电压源的电压、电流的参考方向关联，因此

$$P_R=U_2I_S=3\ \text{A}\times 6\ \text{V}=18\ \text{W}>0$$

$$P_{U_S}=I_SU_S=3\ \text{A}\times 10\ \text{V}=30\ \text{W}>0$$

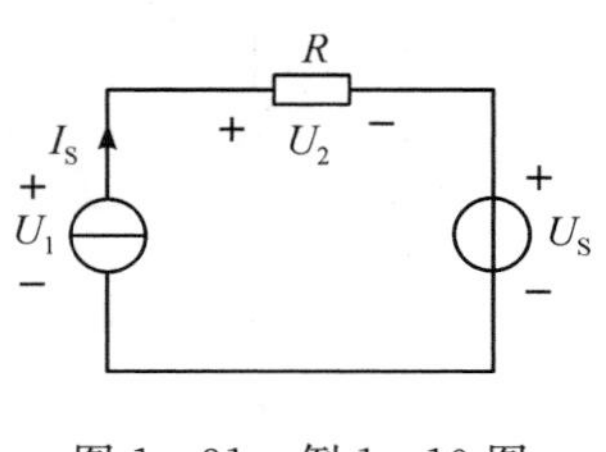

图 1-31 例 1-10 图

可见电阻和电压源均消耗功率。

由于电流源的电压、电流的参考方向非关联，因此

$$P_{I_S}=-U_1I_S=-16\ \text{V}\times 3\ \text{A}=-48\ \text{W}<0$$

可见电流源提供功率。

习 题 1

一、填空题

1-1 题1-1图电路中，________端电位高于________端电位，电流的实际方向是由________端流向________端。

1-2 已知 $U_{ab}=-6$ V，则 a 点电位比 b 点电位________。

1-3 有一只“220 V，100 W”的电灯泡，220 V是其________，100 W是其________。其额定电流为________，电阻为________。若将其接至220 V电压的电源上连续工作100 h，则消耗电能________ kW·h。

1-4 生活中常说用了多少度电，是指消耗的________。电路中某点的电位是该点________之间的电压。

1-5 1 kW·h电可供“220 V，40 W”的灯泡正常发光的时间为________h。

1-6 在非关联参考方向下，电阻为10 Ω，电压为2 V，电流为________A。

1-7 “100 Ω、1/4 W”的碳膜电阻，允许通过的最大电流为________；允许承受的最高电压为________。

1-8 在题1-8图所示电路中，U_{ab} 与 I 的关系为 $U_{ab}=$________。

1-9 在题1-9图所示电路中，当开关S闭合后，电流 $I=$________。

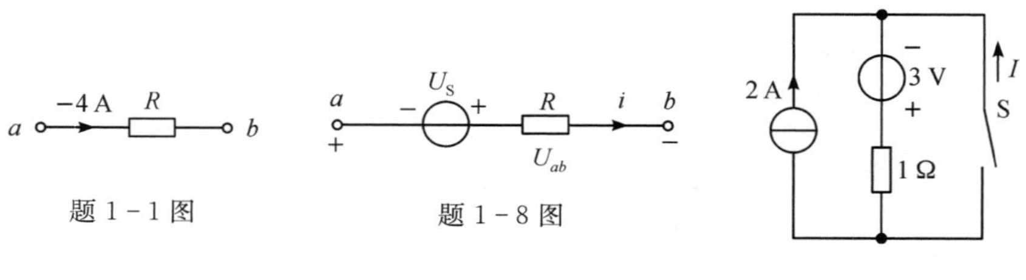

题1-1图 题1-8图 题1-9图

二、选择题

1-10 一只额定功率为 1 W，电阻值为 100 Ω 的电阻，允许通过的最大电流为（ ）。

A. 100 A B. 0.1 A C. 0.01 A D. 1 A

1-11 题 1-11 图中，a、b、c、d 四条曲线分别为 R_1、R_2、R_3、R_4 四个电阻的 I-U 曲线，若将四个电阻并联到电路中，则消耗功率最大的电阻是（ ）。

A. R_1 B. R_2 C. R_3 D. R_4

1-12 一电器的额定值为 $P_N=1$ W，$U_N=100$ V，现要接到 200 V 的直流电路上工作，问应选下列电阻中的哪一个与之串联才能使该电器正常工作（ ）。

A. 5 kΩ、2 W B. 10 kΩ、0.5 W

C. 20 kΩ、0.25 W D. 10 kΩ、1 W

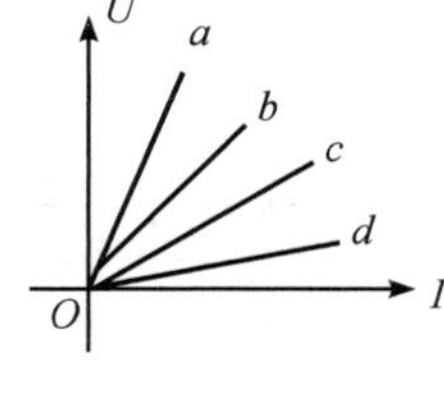

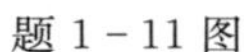
题 1-11 图

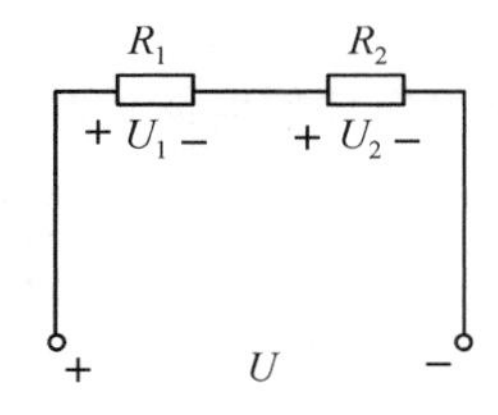

题 1-13 图

1-13 如题 1-13 图所示，测 R_2 两端电压发现 $U_2=U$，产生该现象的原因可能是（ ）。

A. R_1 短路 B. R_2 短路

C. R_1 断路 D. R_2 断路

三、分析计算题

1-14 各元件情况如题 1-14 图所示。

(1) 求元件 1 的功率并判定功率的性质。

(2) 求元件 2 的功率并判定功率的性质。

(3) 若元件 3 发出功率 10 W，求 U。

(4) 若元件 4 消耗功率 10 W，I。

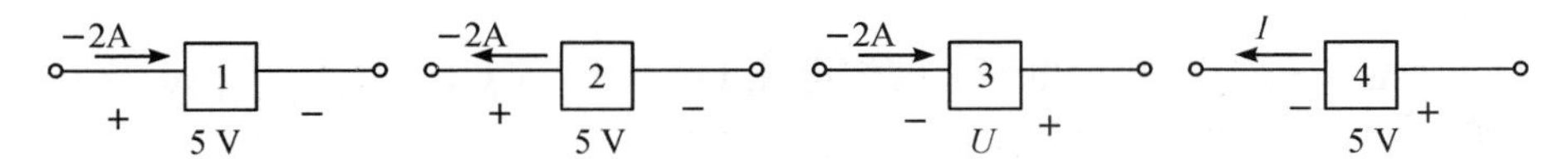

题 1-14 图

1-15 试分别求"220 V，15 W"的电灯，"220 V，100 W"的电灯，"220 V，2000 W"的电炉三者在额定电压情况下工作时的电阻。额定电压相同的电阻负载，功率越大，其电阻越大还是越小？

1-16 额定电压相同、额定功率不同的两个电阻负载通过的电流相同时，哪一个实际功率大？

1-17 求题 1-17 图中的 φ_a。

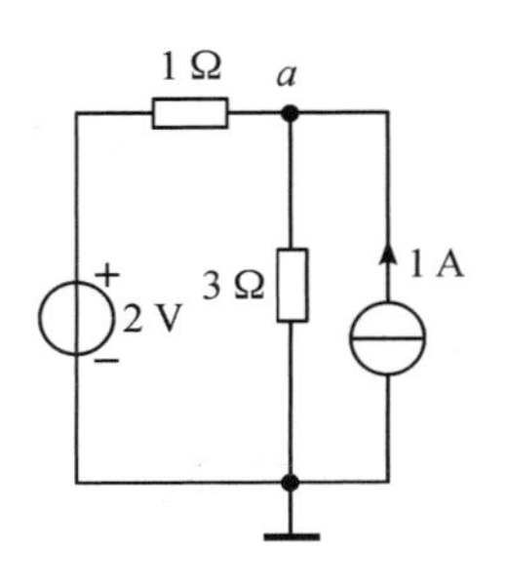

题 1-17 图

1－18　电路如题1－18图所示。(1) 用KCL求各元件电流；(2) 用KVL求各元件电压；(3) 求各元件功率。

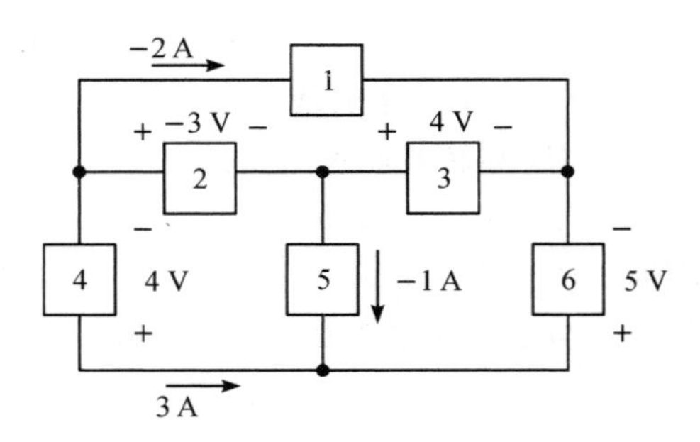

题1－18图

1－19　求题1－19图中理想电源的功率并判定功率的性质。

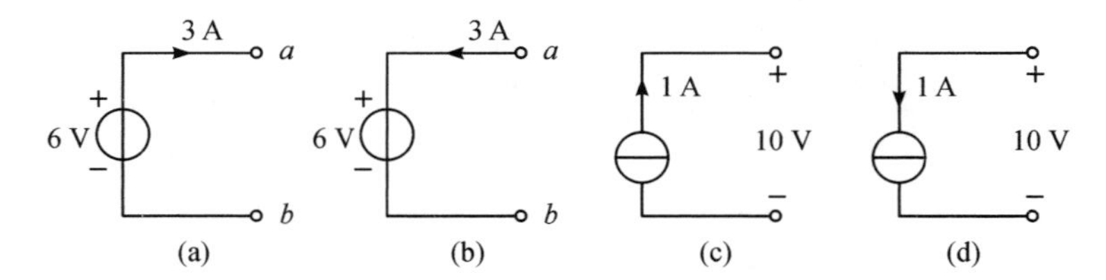

题1－19图

1－20　试列出题1－20图中的端口电压电流关系式。

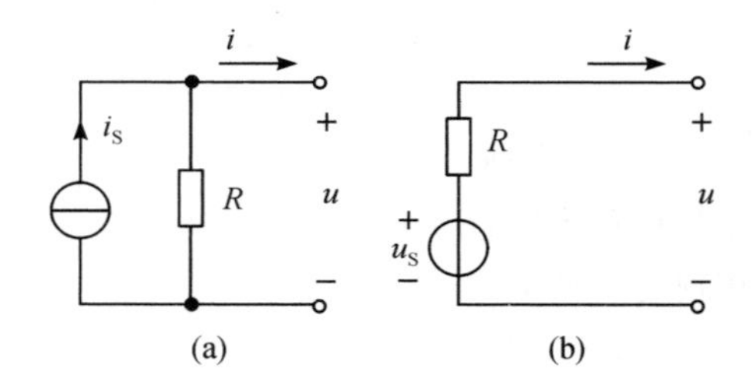

题1－20图

1－21　如题1－21图所示电路，已知电压 $U_{S1}=4$ V，$U_{S2}=2$ V，$U_{S3}=-6$ V，电流 $I_1=2$ A，$I_2=1$ A，电阻 $R_1=2$ Ω，$R_2=4$ Ω，求电压 U_{ab}。

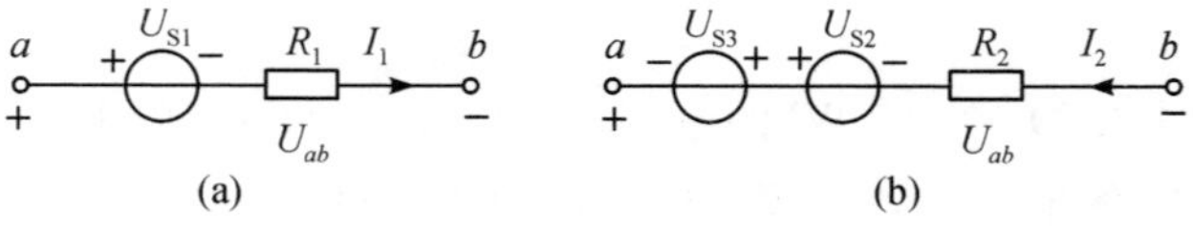

a　U_{S1}　R_1　I_1　b　U_{ab}

(a)

a　U_{S3}　U_{S2}　R_2　I_2　b　U_{ab}

(b)

题1－21图

1－22　题1－22图电路中电源 $U_{S1}=U_{S2}=U_{S3}=2$ V，$R_1=R_2=R_3=3$ Ω，求 U_{ab}、U_{bc}、U_{ca}。

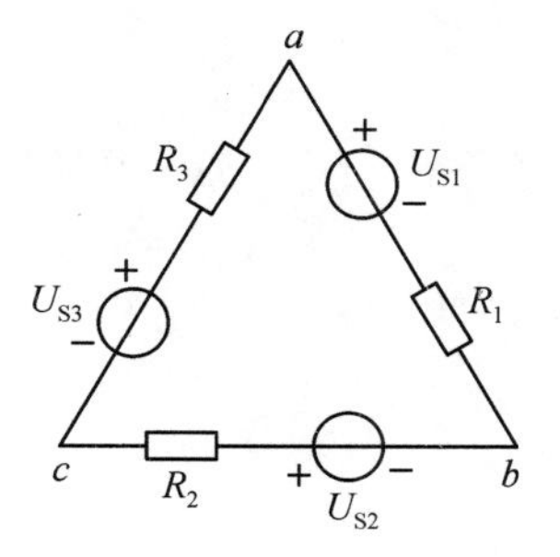

题 1-22 图

1-23　试求题 1-23 图中的 U_{ab}。

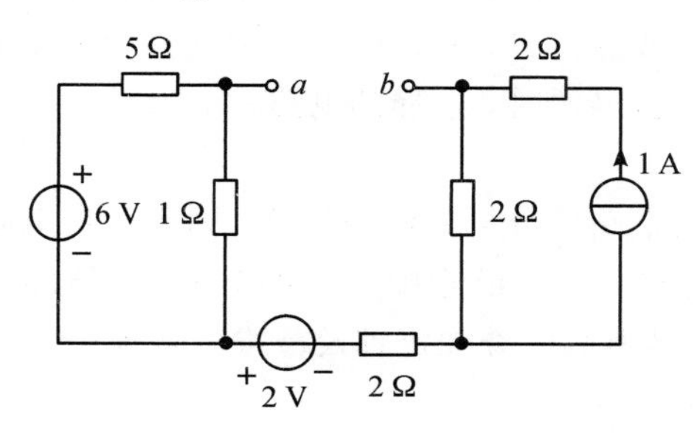

题 1-23 图

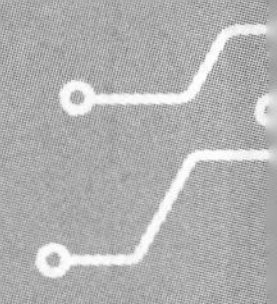

第2章　直流电路

由线性无源电路元件、理想电源组成的电路，称为线性电路。若线性电路中的无源电路元件均为线性电阻，则该电路称为线性电阻电路。当线性电阻电路中的电源都是直流电源时，这样的电路称为直流电阻电路，简称直流电路。

本章主要讨论线性直流电路的分析方法与计算。内容包括电阻的串并联等效变换，电阻的星形连接与三角形连接的等效变换，电源的串并联等效变换，支路电流法及节点电压法，叠加定理及戴维南定理。

2.1　电阻的串联和并联

2.1.1　等效变换

若一个电路只有两个端子与外电路相连，则称该电路为二端网络，又叫一端口网络，如图2-1所示。二端网络的两个端子之间的电压，称为端口电压；每个端子中流过的电流称为端口电流。对于二端网络，由KCL可得，从一个端子流进的电流一定等于从另一个端子流出的电流。

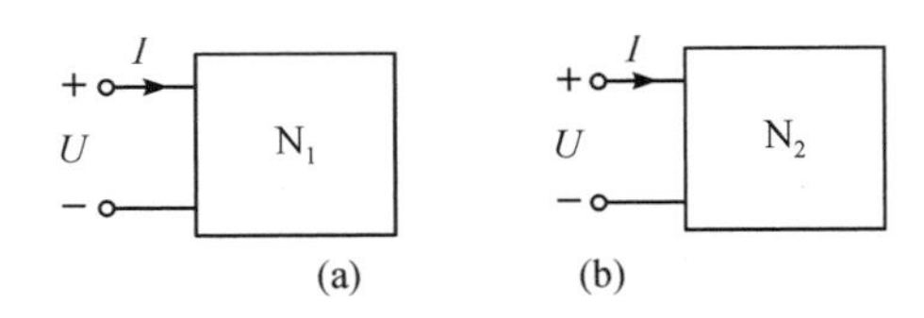

图2-1　等效电路

图2-1所示的二端网络N_1和N_2，其内部结构可能不同，但如果它们的端口电压U与端口电流I关系完全相同，则N_1和N_2就是等效网络，又叫等效电路。对外部电路而言，电路N_1和N_2可以相互替换，这种替换就称为等效变换。等效变换是电路分析中常使用的方法。利用等效变换，可以把由多个元件组成的复杂电路等效为只有少数几个元件甚至一个元件组成的简单电路，从而简化电路的分析。

注意: 等效变换中的“等效”，一定是对外部特性而言的。当电路中的某部分用等效电路替换后，被替换的这部分电路与等效电路是不同的，但没有被替换的部分的电压和电流关系应保持不变。

2.1.2 电阻的串联

1. 电阻串联的特点

电路中，若有两个或多个电阻元件首尾相接，中间没有任何分支，则这样的连接方式叫作电阻的串联，如图2-2(a)所示。电阻串联的特点是流过每一个电阻的电流都相同。

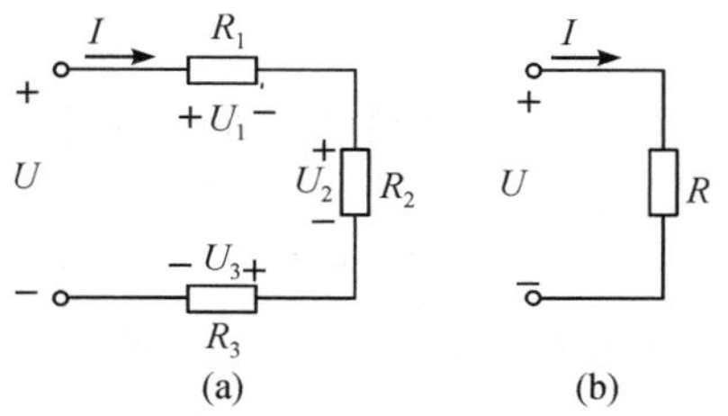

图2-2 电阻的串联

2. 等效电阻

图2-2(a)为R_1、R_2和R_3三个电阻的串联。各电阻上电压的参考方向如图所示。根据KVL，有

$$U=U_1+U_2+U_3=R_1I+R_2I+R_3I=(R_1+R_2+R_3)I \tag{2-1}$$

如果令

$$R=R_1+R_2+R_3 \tag{2-2}$$

则有

$$U=RI \tag{2-3}$$

式(2-3)表明，当电阻R接到同一电压U上时，电流为I，因此图2-2(a)的等效电路如图2-2(b)所示。式(2-2)中的R为R_1、R_2、R_3三个串联电阻的等效电阻，也称为输入电阻，即三个电阻串联，其等效电阻为三个电阻之和。

等效电阻的概念可推广到有n个电阻串联的电路。若有R_1，R_2，…，R_n共n个电阻相串联，其等效电阻R为各个串联电阻之和，即

$$R=R_1+R_2+\cdots+R_k+\cdots+R_n=\sum_{k=1}^{n}R_k \tag{2-4}$$

显然，$R>R_k(k=1, 2, \cdots, n)$，即串联电阻的等效电阻R大于任何一个串联的电阻R_k。

3. 电压与功率分配

电阻串联有分压的作用。由式(2-1)得，各串联电阻上分得的电压为

$$U_k=R_kI=R_k\frac{U}{R} \tag{2-5}$$

式(2-5)称为串联电阻的分压公式。各个串联电阻的电压U_k与电阻R_k成正比。电阻越大，分得的电压就越大，反之，则越小。

每个串联电阻的功率为

$$P_k=U_kI=\frac{R_k}{R}UI \tag{2-6}$$

式(2-6)表明，每个串联电阻的功率P_k与其电阻R_k成正比。

【例 2-1】 如图 2-3 所示，电阻 R_1 和 R_2 串联。当 $R_1=80\ \Omega$，$R_2=20\ \Omega$，总电压 $U=60$ V 时，求总电阻、U_1 和 U_2。

解 R_1 和 R_2 串联，总电阻为

$$R=R_1+R_2=20\ \Omega+80\ \Omega=100\ \Omega$$

电路中的电流为

$$I=\frac{U}{R}=\frac{60}{100}\ \text{A}=0.6\ \text{A}$$

由于串联电路电流处处相同，因此根据欧姆定律有

$$U_1=IR_1=0.6\ \text{A}\times 80\ \Omega=48\ \text{V}$$

$$U_2=IR_2=0.6\ \text{A}\times 20\ \Omega=12\ \text{V}$$

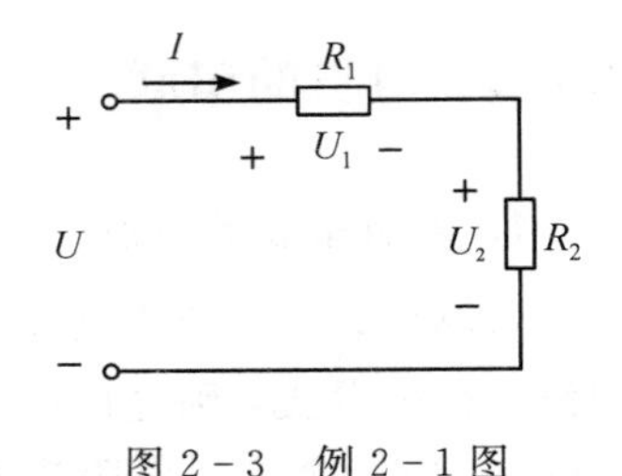

图 2-3　例 2-1 图

【例 2-2】 如图 2-4 所示，有一个直流电压表，量程为 $U_2=10$ V，满偏电流 $I=10$ mA。若要将其量程扩大为 30 V，应串联多大的电阻？

解 设应串联的电阻值为 R_1，当量程为 30 V 时，串联电阻 R_1 的分压为

$$U_1=30\ \text{V}-10\ \text{V}=20\ \text{V}$$

由于串联电路各电阻的电流相同，所以串入电阻 R_1 中的电流也为 10 mA，由欧姆定律得

$$R_1=\frac{U_1}{I}=\frac{20}{10\times 10^{-3}}\ \Omega=2000\ \Omega$$

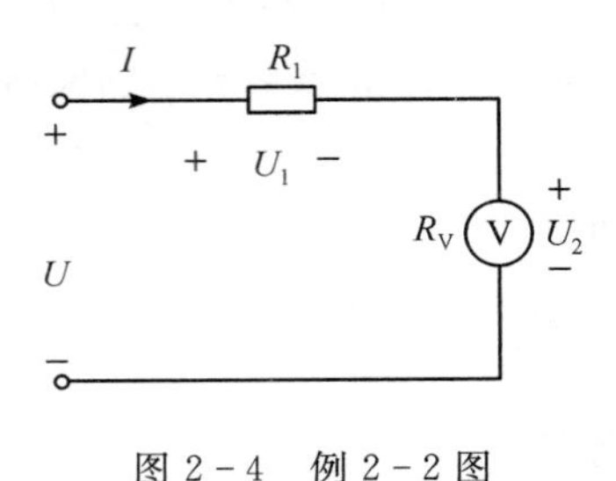

图 2-4　例 2-2 图

2.1.3　电阻的并联

1. 电阻并联的特点

电路中，若有两个或两个以上的电阻同时接在两个公共节点之间，如图 2-5(a)所示，这样的连接方式叫作电阻的并联。电阻并联的特点是各电阻两端的端电压相同。

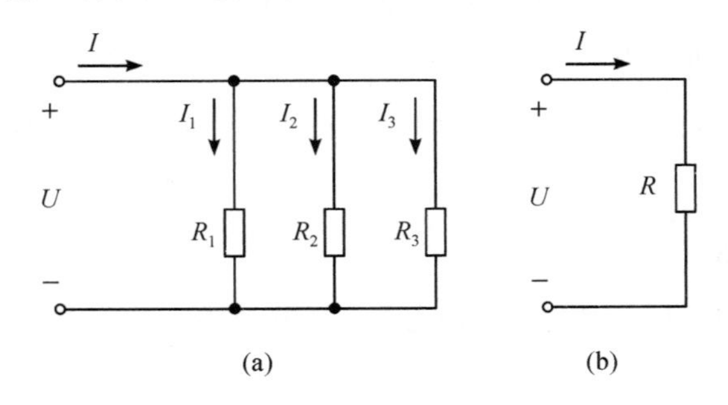

图 2-5　电阻的并联

2. 等效电阻

图 2-5(a)为 R_1、R_2 和 R_3 三个电阻的并联，各支路电流的参考方向如图所示。根据 KCL，总电流 I 等于三个并联支路的电流之和，即

$$I=I_1+I_2+I_3=\frac{U}{R_1}+\frac{U}{R_2}+\frac{U}{R_3}=\left(\frac{1}{R_1}+\frac{1}{R_2}+\frac{1}{R_3}\right)U \tag{2-7}$$

令

$$\frac{1}{R}=\frac{1}{R_1}+\frac{1}{R_2}+\frac{1}{R_3} \tag{2-8}$$

则有

$$I=\frac{1}{R}U \tag{2-9}$$

式(2-9)表明，当R接在端电压为U的电源上时，电流也为I，因此图2-5(b)所示电路是图2-5(a)的等效电路。式(2-8)所示电路中的R为三个并联电阻的等效电阻，即三个电阻并联时，等效电阻的倒数等于各个并联电阻的倒数和。

等效电阻的概念可以推广到有n个电阻并联的电路。若n个电阻R_1，R_2，…，R_n并联时，等效电阻R的倒数等于各个并联电阻的倒数和，即

$$\frac{1}{R}=\frac{1}{R_1}+\frac{1}{R_2}+\cdots+\frac{1}{R_k}+\cdots+\frac{1}{R_n}=\sum_{k=1}^{n}\frac{1}{R_k} \tag{2-10}$$

上式表明，$R<R_k(k=1, 2, \cdots, n)$，即n个并联电阻的等效电阻R小于任何一个并联的电阻R_k。并联的电阻越多，等效电阻越小。

根据电导与电阻的关系，式(2-10)也可表示为

$$G=G_1+G_2+\cdots+G_k+\cdots+G_n=\sum_{k=1}^{n}G_k \tag{2-11}$$

式(2-11)表明，多个电导并联时，等效电导G等于各个并联电导G_k之和。

3. 电流与功率分配

电阻并联有分流的作用。根据式(2-7)可得，各并联电阻上所分得的电流为

$$I_k=\frac{U}{R_k}=UG_k=\frac{G_k}{G}I \tag{2-12}$$

式(2-12)称为并联电阻的分流公式。可见各个并联电阻中分得的电流I_k与其电阻R_k成反比，与电导G_k成正比。

每个并联电阻的功率为

$$P_k=UI_k=\frac{U^2}{R_k}=U^2G_k \tag{2-13}$$

由上式可见，每个并联电阻的功率P_k与其电阻R_k成反比，与电导G_k成正比。

4. 两个电阻并联

如图2-6(a)所示，当两个电阻并联时，由式(2-10)可得

$$\frac{1}{R}=\frac{1}{R_1}+\frac{1}{R_2}$$

等效电阻为

$$R=\frac{R_1R_2}{R_1+R_2} \tag{2-14}$$

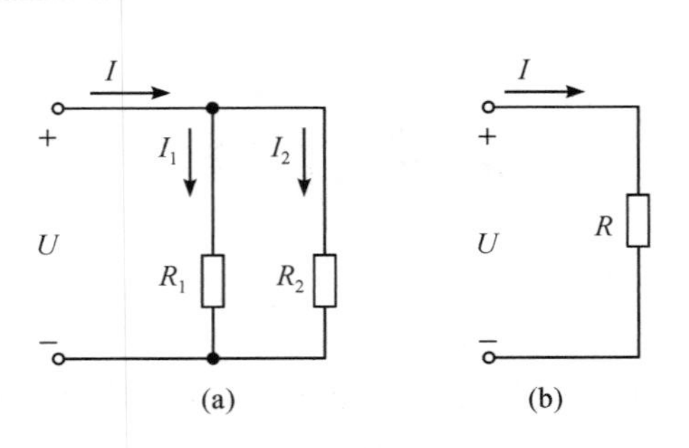

图 2-6 两个电阻的并联

当各电流的参考方向如图 2-6(a)所示时，两个并联电阻中的电流 I_1、I_2 分别为

$$\begin{cases} I_1 = \dfrac{U}{R_1} = \dfrac{1}{R_1} \times RI = \dfrac{R_2}{R_1 + R_2} I \\ I_2 = \dfrac{U}{R_2} = \dfrac{1}{R_2} \times RI = \dfrac{R_1}{R_1 + R_2} I \end{cases} \tag{2-15}$$

式(2-15)称为两个电阻并联的分流公式。注意该公式要与电流的参考方向一一对应，比如图 2-6(a)中，若电流 I_1 的参考方向与图示方向相反，则式(2-15)中 I_1 的计算公式前要加“—”号，即 $I_1 = -\dfrac{U}{R_1} = -\dfrac{1}{R_1} \times RI = -\dfrac{R_2}{R_1 + R_2} I$，以此类推。

【例 2-3】 图 2-6(a)中，已知 $R_1 = 500\ \Omega$，$R_2 = 600\ \Omega$，当总电流 $I = 1$ A 时，试求等效电阻及每个电阻中的电流。

解 由式(2-14)得两个电阻并联的等效电阻为

$$R = \frac{R_1 R_2}{R_1 + R_2} = \frac{600 \times 500}{600 + 500}\Omega = 272.7\ \Omega$$

由式(2-15)得两个电阻中的电流分别为

$$I_1 = \frac{R_2}{R_1 + R_2} I = \frac{600\ \Omega}{600\ \Omega + 500\ \Omega} \times 1\ \text{A} = 0.55\ \text{A}$$

$$I_2 = \frac{R_1}{R_1 + R_2} I = \frac{500\ \Omega}{600\ \Omega + 500\ \Omega} \times 1\ \text{A} = 0.45\ \text{A}$$

【例 2-4】 如图 2-7 所示，有一个直流电流表，量程为 10 mA，内阻为 $R_A = 10\ \Omega$，若要将其量程扩大为 100 mA，应并联多大的电阻？

解 设并联的电阻为 R_2，如图 2-7 所示。因电流表的量程为 10 mA，所以 $I_1 = 10$ mA，电流表两端电压为

$$U = R_A I_1 = 10\ \Omega \times 10 \times 10^{-3}\ \text{A} = 0.1\ \text{V}$$

当电流表的量程扩大为 100 mA，即 $I = 100$ mA 时，并联电阻 R_2 中的电流为

$$I_2 = I - I_1 = 100 \times 10^{-3}\ \text{A} - 10 \times 10^{-3}\ \text{A} = 0.09\ \text{A}$$

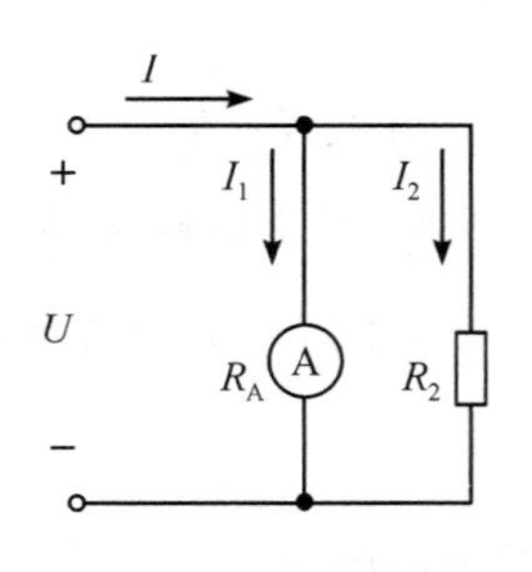

图 2-7 例 2-4 图

由于并联电路中各支路电压相同，所以 R_2 两端的电压也为 U，由欧姆定律得并联电阻 R_2 的大小为

$$R_2 = \frac{U}{I_2} = \frac{0.1}{0.09}\ \Omega = 1.1\ \Omega$$

2.1.4 电阻的混联

电路中既有电阻的串联又有电阻的并联，这种连接方式叫作电阻的混联，如图 2-8 所示。

有电阻混联的电路，求其等效电阻时，关键在于确定哪些电阻是串联，哪些是并联。图 2-8 中，R_1 和 R_2 串联后再与 R_3 并联，所以等效电阻为

$$R=\frac{(R_1+R_2)R_3}{(R_1+R_2)+R_3}$$

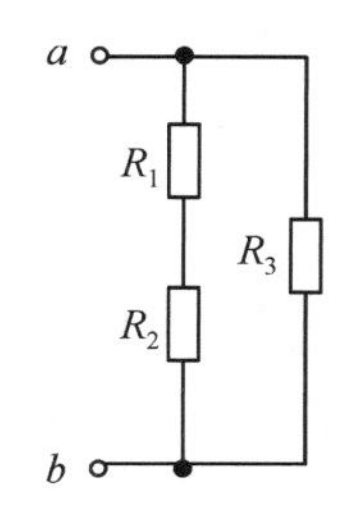

图 2-8 电阻的混联

当电阻的串并联关系不易确定时，常采用逐步等效的方法求其等效电阻，具体方法如下：

(1) 先确定电路中不同电位的各个节点，并标上节点序号。

(2) 在不改变原电路电阻连接关系的情况下，缩短或延长某部分导线，把电路中的某些等电位点连在一起，将相关的电阻改画成容易判断的串并联形式。

(3) 采用逐步等效的方法将电路一部分一部分地等效，注意各部分的等效电阻应连在相应的节点上，没有等效的电路部分保持不变。

【例 2-5】 求图 2-9(a)所示电路中 a、b 两端的等效电阻。

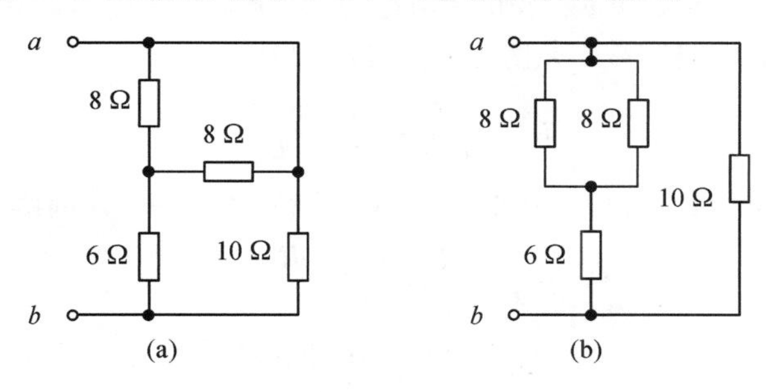

图 2-9 例 2-5 图

解 将图 2-9(a)改画成图 2-9(b)。不难看出，两个 8 Ω 的电阻并联后与 6 Ω 的电阻串联，然后与 10 Ω 的电阻并联，所以 a、b 两端的等效电阻为

$$R_{ab}=\frac{\left(\frac{8}{2}+6\right)\times 10}{\left(\frac{8}{2}+6\right)+10}\ \Omega=5\ \Omega$$

【例 2-6】 求图 2-10(a)所示电路中 a、b 两端的等效电阻。

解 (1) 除了端点 a、b 外，标出其余的节点 c、d，并将图 2-10(a)中 R_2 右端的两个等电位点画在一起，如图 2-10(b)所示。

(2) 图 2-10(b)中，R_1 和 R_2 并联、R_5 和 R_6 并联，等效电阻分别用 R_{12}、R_{56} 表示。R_{12} 连在节点 a 和 c 之间，R_{56} 连在节点 c 和 d 之间，其余的电阻不变，如图 2-10(c)所示，其中

$$R_{12}=\frac{R_1R_2}{R_1+R_2},\quad R_{56}=\frac{R_5R_6}{R_5+R_6}$$

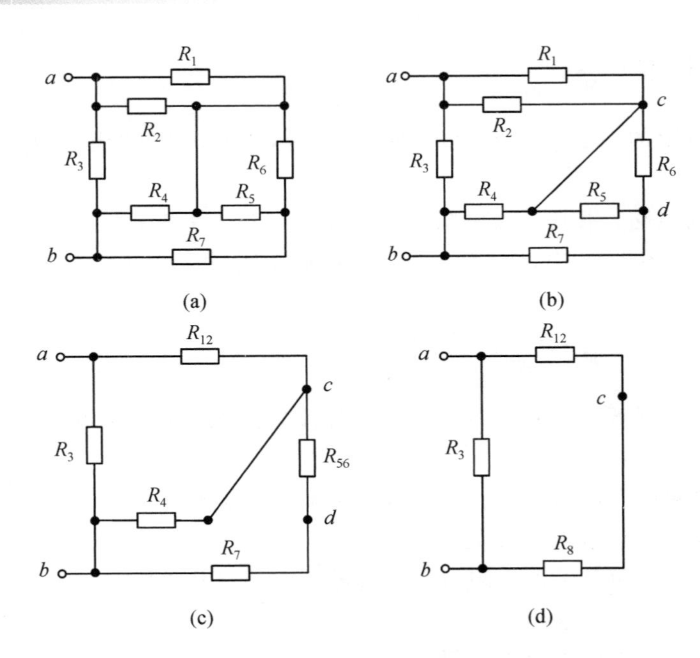

图 2-10　例 2-6 图

(3) 图 2-10(c)中，R_{56} 和 R_7 串联后与电阻 R_4 并联，等效电阻用 R_8 表示，且连在节点 b 和 c 之间，其余的电阻不变，如图 2-10(d)，其中

$$R_8=\frac{R_4(R_{56}+R_7)}{R_4+(R_{56}+R_7)}$$

(4) 图 2-10(d)中，R_{12} 和 R_8 串联后与 R_3 并联，所以 a、b 两端的等效电阻 R_{ab} 为

$$R_{ab}=\frac{R_3(R_{12}+R_8)}{R_3+(R_{12}+R_8)}$$

【例 2-7】 进行电工实验时，常用滑动变阻器接成分压器电路来调节负载电阻上的电压，如图 2-11(a)所示。其中 R_1 为滑动变阻器顶端与滑片触点之间的电阻，R_2 是滑片触点与滑动变阻器末端之间的电阻，R_L 是负载电阻。已知滑动变阻器的额定电阻 R 是 100 Ω、额定电流是 3 A。当 a、b 端的输入电压 $U_S=220$ V，且 $R_L=50$ Ω 时，问：(1) 当 $R_2=50$ Ω 时，输出电压是多少？(2) 当 $R_2=75$ Ω 时，输出电压是多少？滑动变阻器能否安全工作？

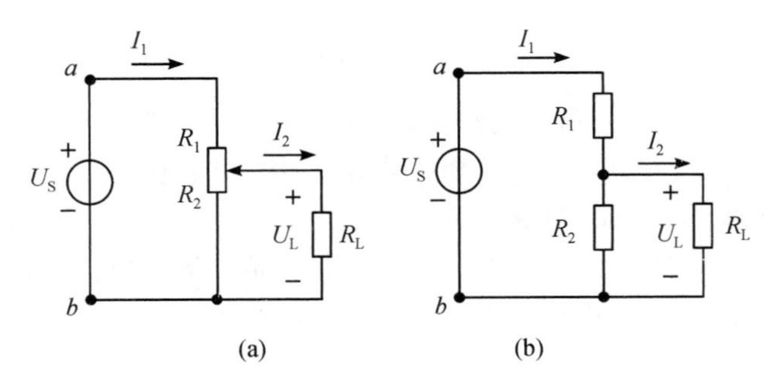

图 2-11　例 2-7

解 把图 2-11(a)所示电路改画成图 2-11(b)所示电路，可见，R_2 和 R_L 并联后再与 R_1 串联，所以 a、b 两端的等效电阻为

$$R_{ab}=R_1+\frac{R_2R_L}{R_2+R_L}$$

(1) 当 $R_2=50\ \Omega$ 时，a、b 两端的等效电阻为

$$R_{ab}=50\ \Omega+\frac{50\times50}{50+50}\ \Omega=75\ \Omega$$

电路中的电流

$$I_1=\frac{U_S}{R_{ab}}=\frac{220}{75}\ \text{A}\approx2.93\ \text{A}$$

由分流公式可得

$$I_2=\frac{R_2}{R_2+R_L}\times I_1=\frac{50\ \Omega}{50\ \Omega+50\ \Omega}\times2.93\ \text{A}\approx1.47\ \text{A}$$

负载电压即是输出电压，有

$$U_L=R_LI_2=50\ \Omega\times1.47\ \text{A}=73.5\ \text{V}$$

(2) 当 $R_2=75\ \Omega$ 时，a、b 两端的等效电阻为

$$R_{ab}=25\ \Omega+\frac{75\times50}{75+50}\ \Omega=55\ \Omega$$

电路中的电流 I_1 为

$$I_1=\frac{U_S}{R_{ab}}=\frac{220}{55}\ \text{A}=4\ \text{A}$$

电路中的电流 I_2 为

$$I_2=\frac{R_2}{R_2+R_L}\times I_1=\frac{75\ \Omega}{75\ \Omega+50\ \Omega}\times4\ \text{A}=2.4\ \text{A}$$

输出电压为

$$U_L=R_LI_2=50\ \Omega\times2.4\ \text{A}=120\ \text{V}$$

由于 $I_1=4$ A，大于滑动变阻器额定电流 3 A，所以 R_1 段电阻有被烧坏的危险。

2.2 电阻的星形连接与三角形连接

实际电路中，电阻的连接方式除了串联和并联外，还有两种连接方式，一种是星形连接，另一种是三角形连接。

2.2.1 星形连接与三角形连接

在图 2-12(a)中，三个电阻元件 R_a、R_b 和 R_c 的一端同时连在一个公共节点 o 上，另一端分别连接到电路的 a、b、c 三个端子上，这种连接方式叫电阻的星形连接，又叫 Y 连接或 T 形连接。

在图 2-12(b)中，三个电阻元件 R_{ab}、R_{bc} 和 R_{ca} 首尾相连，接成一个三角形，三角形

的三个顶点分别接在电路的 a、b、c 端子上，这种连接方式叫电阻的三角形连接，又叫△连接或 π 形连接。

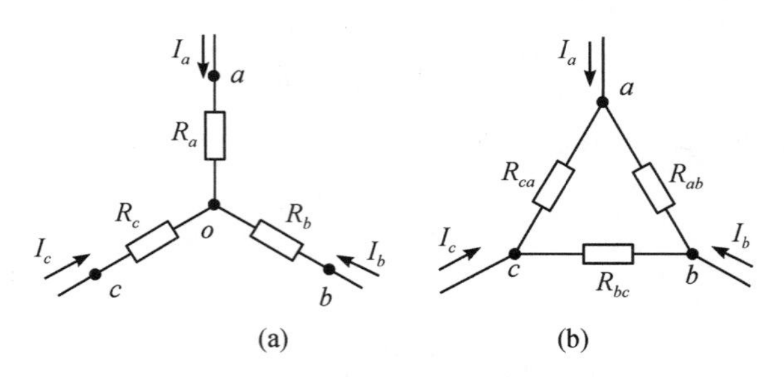

图 2-12 电阻的星形连接与三角形连接

2.2.2 星形连接与三角形连接的等效变换

根据等效变换的条件，若图 2-12(a)中的星形连接与图 2-12(b)中的三角形连接具有相同的端电压电流关系，即两种连接中三个端子之间的电压 U_{ab}、U_{bc}、U_{ca} 分别相同，且三个端电流 I_a、I_b、I_c 分别相等，则这两种连接方式对外部端子来说是等效的。由此，可求出两种连接方式等效变换的关系式(推导过程本书略)。

(1) 若将图 2-12(a)中的星形连接等效为图 2-12(b)中的三角形连接，即 Y→△，有

$$\begin{cases} R_{ab}=R_a+R_b+\dfrac{R_aR_b}{R_c} \\ R_{bc}=R_b+R_c+\dfrac{R_bR_c}{R_a} \\ R_{ca}=R_c+R_a+\dfrac{R_cR_a}{R_b} \end{cases} \tag{2-16}$$

如果星形连接中的电阻满足 $R_a=R_b=R_c=R_Y$，即在对称情况下，星形连接等效为三角形连接时，其中的每个电阻为

$$R_{ab}=R_{bc}=R_{ca}=3R_Y=R_{\triangle} \tag{2-17}$$

上式表明，等效变换后的三角形连接也是对称的，且每个电阻的阻值 $R_{\triangle}$ 是星形连接中电阻阻值 R_Y 的 3 倍。

(2) 若将图 2-12(b)中的三角形连接等效为图 2-12(a)中的星形连接时，即△→Y，有

$$\begin{cases} R_a=\dfrac{R_{ca}R_{ab}}{R_{ab}+R_{bc}+R_{ca}} \\ R_b=\dfrac{R_{ab}R_{bc}}{R_{ab}+R_{bc}+R_{ca}} \\ R_c=\dfrac{R_{bc}R_{ca}}{R_{ab}+R_{bc}+R_{ca}} \end{cases} \tag{2-18}$$

三角形连接中的电阻若满足 $R_{ab}=R_{bc}=R_{ca}=R_{\triangle}$ 时，即在对称情况下，有

$$R_a = R_b = R_c = \frac{1}{3}R_{\triangle} = R_Y \tag{2-19}$$

式(2－19)表明，等效变换后的星形连接也是对称的，且每个电阻的阻值 R_Y 是三角形连接时阻值 $R_{\triangle}$ 的 $\frac{1}{3}$。

【例 2－8】 图 2－13(a)中，已知 $R_1=10\ \Omega$，$R_2=5\ \Omega$，求 a、b 两端等效电阻。

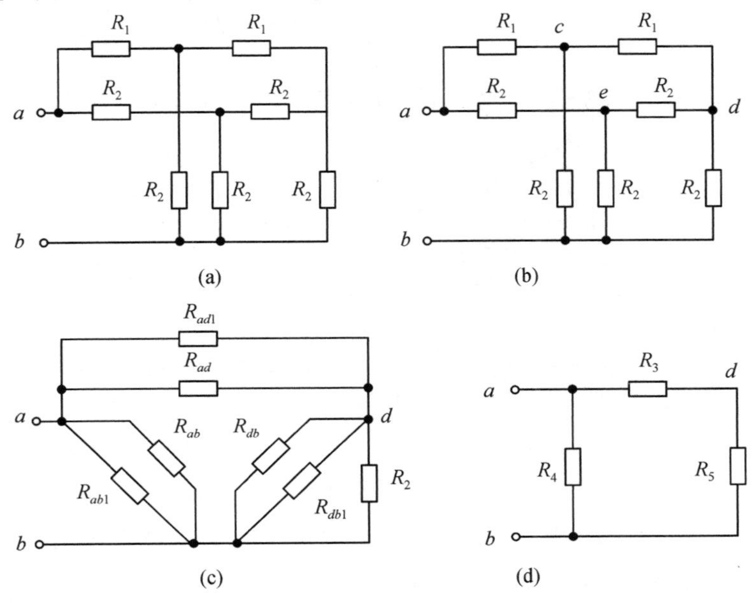

图 2－13 例 2－8 图

解 (1) 除了端点 a 和 b 点，标出其余的节点 c、d、e，如图 2－13(b)所示。图中有多个星形和三角形连接，其中以 e 点为中点的星形连接是一个对称的星形连接，先将其等效变换为三角形连接，等效电阻用 R_{ad}、R_{ab} 和 R_{db} 表示，见图 2－13(c)。由式(2－17)得

$$R_{ad} = R_{ab} = R_{db} = 3R_2 = 3\times 5\ \Omega = 15\ \Omega$$

(2) 选择图 2－13(b)中以 c 点为中点的星形连接，将其等效变换为三角形连接，等效电阻用 R_{ad1}、R_{ab1} 和 R_{db1} 表示，见图 2－13(c)。由式(2－16)得

$$R_{ad1} = R_1 + R_1 + \frac{R_1R_1}{R_2} = 10\ \Omega + 10\ \Omega + \frac{100}{5}\ \Omega = 40\ \Omega$$

$$R_{ab1} = R_1 + R_2 + \frac{R_1R_2}{R_1} = 10\ \Omega + 5\ \Omega + \frac{50}{10}\ \Omega = 20\ \Omega$$

$$R_{db1} = R_1 + R_2 + \frac{R_1R_2}{R_1} = 10\ \Omega + 5\ \Omega + \frac{50}{10}\ \Omega = 20\ \Omega$$

(3) 经过上述等效变换后，图 2－13(c)中的电阻 R_{ad} 与 R_{ad1} 并联，等效电阻用 R_3 表示；R_{ab} 与 R_{ab1} 并联，等效电阻用 R_4 表示；R_{db}、R_{db1} 和 R_2 三个电阻并联，等效电阻用 R_5 表示，如图 2－13(d)所示。其中

$$R_3 = \frac{R_{ad}R_{ad1}}{R_{ad}+R_{ad1}} = \frac{40\times 15}{40+15}\ \Omega = 10.9\ \Omega$$

$$R_4=\frac{R_{ab}R_{ab1}}{R_{ab}+R_{ab1}}=\frac{20\times 15}{20+15}\ \Omega=8.6\ \Omega$$

$$R_5=\frac{1}{\frac{1}{R_{db}}+\frac{1}{R_{db1}}+\frac{1}{R_2}}=\frac{1}{\frac{1}{15}+\frac{1}{20}+\frac{1}{5}}\ \Omega=3.2\ \Omega$$

所以 a、b 两端的等效电阻为

$$R=\frac{R_4(R_3+R_5)}{R_4+(R_3+R_5)}=\frac{8.6\times(10.9+3.2)}{8.6+(10.9+3.2)}\ \Omega=5.3\ \Omega$$

【例 2-9】 在图 2-14(a)中，求各电阻的电流 I、I_1、I_2、I_3、I_4 和 I_5。

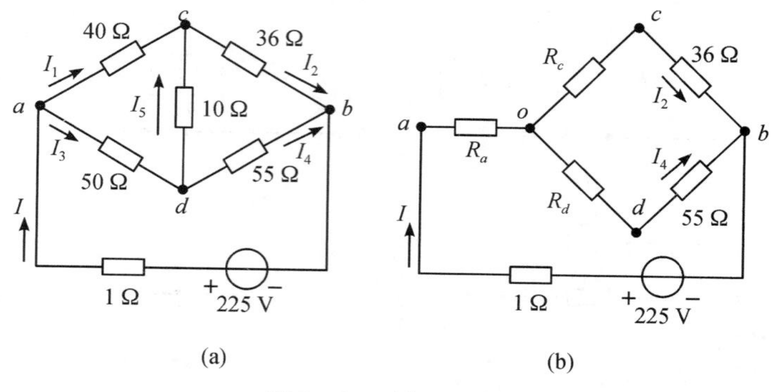

图 2-14　例 2-9 图

解　(1) 将图 2-14(a)中节点 a、c、d 点之间由 40 Ω、50 Ω 和 10 Ω 三个电阻组成的△连接等效变换为星形连接，等效电阻分别用 R_a、R_c 和 R_d 表示，如图 2-14(b)所示。由式(2-18)得

$$R_a=\frac{50\times 40}{10+50+40}\ \Omega=20\ \Omega$$

$$R_c=\frac{40\times 10}{10+50+40}\ \Omega=4\ \Omega$$

$$R_d=\frac{10\times 50}{10+50+40}\ \Omega=5\ \Omega$$

(2) 图 2-14(b)中，R_c 与 36 Ω 的电阻串联，R_d 与 55 Ω 的电阻串联，所以节点 o 与 b 之间的等效电阻 R_{ob} 为

$$R_{ob}=\frac{(R_c+36)(R_d+55)}{(R_c+36)+(R_d+55)}=\frac{40\times 60}{40+60}\ \Omega=24\ \Omega$$

节点 a 与 b 之间的等效电阻为

$$R_{ab}=R_a+R_{ob}=20\ \Omega+24\ \Omega=44\ \Omega$$

所以，电路中的电流 I 为

$$I=\frac{225\ \text{V}}{1\ \Omega+R_{ab}}=\frac{225\ \text{V}}{1\ \Omega+44\ \Omega}=5\ \text{A}$$

由分流公式得

$$I_2=\frac{R_d+55}{(R_c+36)+(R_d+55)}I=\frac{60\ \Omega}{40\ \Omega+60\ \Omega}\times 5\ \text{A}=3\ \text{A}$$

$$I_4=\frac{R_c+36}{(R_c+36)+(R_d+55)}I=\frac{40\ \Omega}{40\ \Omega+60\ \Omega}\times 5\ \text{A}=2\ \text{A}$$

节点 a 与 c 之间的电压

$$U_{ac}=R_aI+R_cI_2=20\ \Omega\times 5\ \text{A}+4\ \Omega\times 3\ \text{A}=112\ \text{V}$$

(3) 回到图 2-14(a)中，已知 U_{ac}，根据欧姆定律可求出电流 I_1，即

$$I_1=\frac{U_{ac}}{40\ \Omega}=\frac{112\ \text{V}}{40\ \Omega}=2.8\ \text{A}$$

在节点 a 和 d 之间，分别由 KCL 得

$$I_3=I-I_1=5\ \text{A}-2.8\ \text{A}=2.2\ \text{A}$$

$$I_5=I_3-I_4=2.2\ \text{A}-2\ \text{A}=0.2\ \text{A}$$

本题还有其他的解法，如将星形连接等效为三角形连接，读者可自行分析。

2.3 电源的等效

2.3.1 实际电源两种电路模型的等效变换

与理想电源不同，实际电源是含有内阻的。实际电源有电压源模型和电流源模型，如图 2-15 所示。

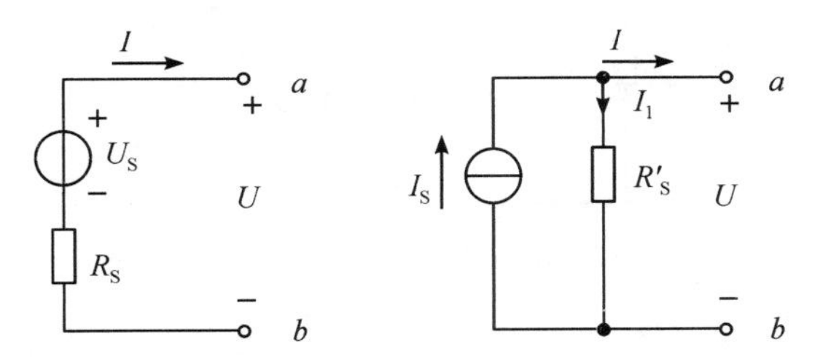

图 2-15 实际电源的两种模型

当图 2-15(a)和图 2-15(b)两种模型的端口电压和电流完全相同时，对外电路而言，两者为等效的电路模型。

由 KVL 得，图 2-15(a)的端口电压电流关系为

$$U=U_S-R_SI \tag{2-20}$$

图 2-15(b)的端口电压电流关系为

$$U=R'_S(I_S-I)=R'_SI_S-R'_SI \tag{2-21}$$

若图 2-15(a)和图 2-15(b)所示的电路为等效电路，根据等效变换的条件，有

$$\begin{cases}U_S=R'_SI_S\\R'_S=R_S\end{cases} \tag{2-22}$$

式(2-22)就是电压源模型和电流源模型等效变换必须满足的条件。

1. 电压源模型等效为电流源模型

若要将电压源模型等效为电流源模型，如图 2-16 所示，可根据式(2-22)算出等效电流源模型的各参数。其中，电流源电流的大小为 $I_S=\dfrac{U_S}{R_S}$，电流源电流的参考方向由电压源模型中电压源的负极指向正极，内阻不变，仍为 R_S。

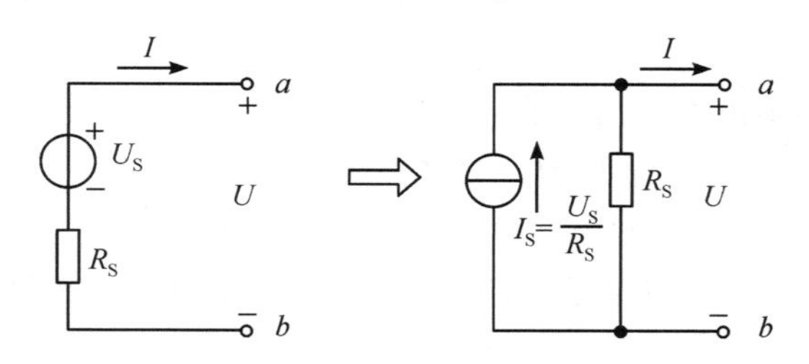

图 2-16　电压源模型等效为电流源模型

2. 电流源模型等效为电压源模型

若要将电流源模型等效为电压源模型，如图 2-17 所示，可利用式(2-22)算出等效电压源模型中的参数。其中，电压源的电压大小为 $U_S=R_SI_S$，电压源的正极为电流源模型中电流源电流流出的方向，内阻不变。

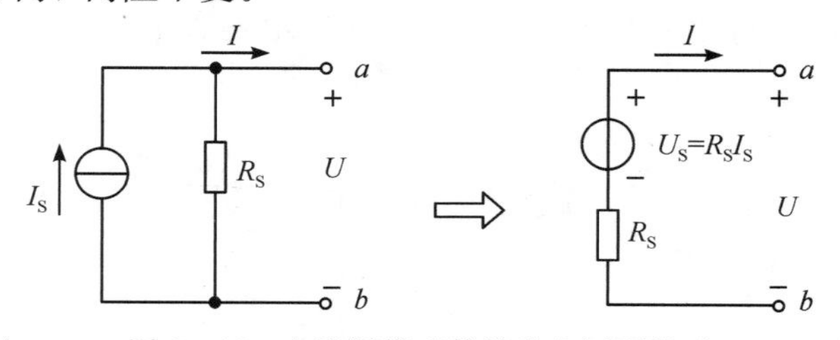

图 2-17　电流源模型等效为电压源模型

注意: (1) 一般情况下，这两种等效模型内部功率情况并不相同，但对于外电路，它们吸收或提供的功率总是一样的。

(2) 理想电压源与理想电流源之间没有等效变换关系。

【例 2-10】 求图 2-18(a)的等效电流源模型以及图 2-18(b)的等效电压源模型。

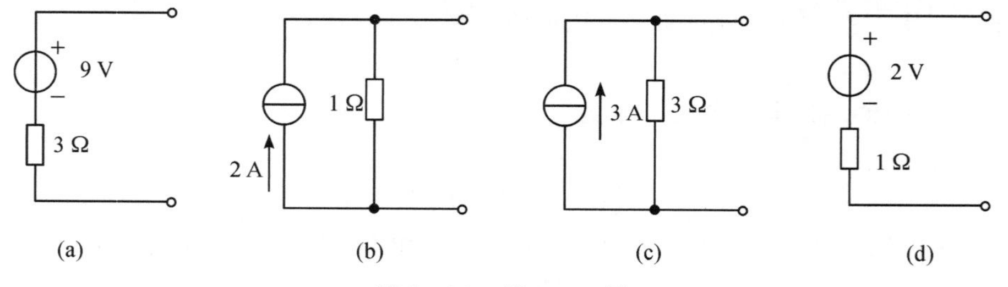

图 2-18　例 2-10 图

解　将图 2-18(a)等效变换成电流源模型，电流源电流的大小由式(2-22)得

$$I_S=\frac{U_S}{R_S}=\frac{9}{3}\ \text{A}=3\ \text{A}$$

电流源电流的参考方向由电压源模型中电压源的负极指向正极，内阻不变，为 3 Ω，如图 2-18(c)所示。

将图 2-18(b)等效为电压源模型，由式(2-22)得电压源的电压大小为

$$U_S = R_S I_S = 1\ \Omega \times 2\ \text{A} = 2\ \text{V}$$

电压源电压的正极为电流源模型中电流源电流流出的方向，内阻不变，为 1 Ω，如图 2-18(d)所示。

2.3.2 电压源的串并联等效

1. 电压源的串联

图 2-19(a)所示的是两个含有内阻的电压源串联。根据 KVL，有

$$\begin{aligned} U &= U_{S1} - IR_{S1} + U_{S2} - IR_{S2} \\ &= (U_{S1} + U_{S2}) - (R_{S1} + R_{S2})I \\ &= U_S - IR_S \end{aligned} \tag{2-23}$$

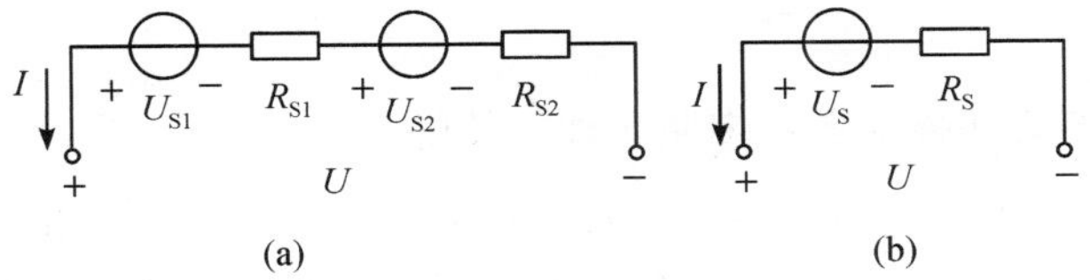

(a) (b)

图 2-19 两个含有内阻的电压源串联

式(2-23)表明，图 2-19(a)可以等效为一个电压源与内阻串联的电路模型，如图 2-19(b)所示。其中等效电压源的电压 U_S 为两个串联电压源电压的代数和，即 $U_S = U_{S1} + U_{S2}$；等效内阻 R_S 为两个电压源内阻之和，即 $R_S = R_{S1} + R_{S2}$。

推广到一般情况，当几个含有内阻的电压源串联时，可等效为一个含有内阻的电压源。其中等效电压源的电压大小为各串联电压源电压的代数和，当串联的电压源的电压参考方向和等效电压源的电压参考方向一致时取正，否则取负；等效内阻为各电压源内阻之和。

特殊情况下，若几个内阻为零的理想电压源串联时，可等效为一个理想电压源，其电压的大小为各串联的理想电压源电压的代数和。

2. 电压源的并联

图 2-20(a)所示的是两个含有内阻的电压源并联。若电压、电流的参考方向如图所示，回路取顺时针绕向，根据 KVL，有

$$U_{S2} - I_2 R_{S2} + I_1 R_{S1} - U_{S1} = 0\ \text{V} \tag{2-24}$$

根据 KCL 有

$$I = I_1 + I_2 \tag{2-25}$$

图 2-20(a)的端口电压为

$$U = U_{S2} - I_2 R_{S2} \tag{2-26}$$

把式(2-24)、式(2-25)代入式(2-26)，整理得

$$U = \frac{U_{S2} R_{S1} + U_{S1} R_{S2}}{R_{S1} + R_{S2}} - \frac{R_{S1} R_{S2}}{R_{S1} + R_{S2}} I = U_S - R_S I \tag{2-27}$$

式(2-27)表明，图2-20(a)可等效为一个含有内阻的电压源，如图2-20(b)所示。其中等效电压源的内阻 R_S 为两个电压源内阻的并联，即 $R_S=\dfrac{R_{S1}R_{S2}}{R_{S1}+R_{S2}}$；等效电压源的电压由 $U_S=\dfrac{U_{S2}R_{S1}+U_{S1}R_{S2}}{R_{S1}+R_{S2}}$ 确定。该结论也可推广用于多个有内阻的电压源的并联。

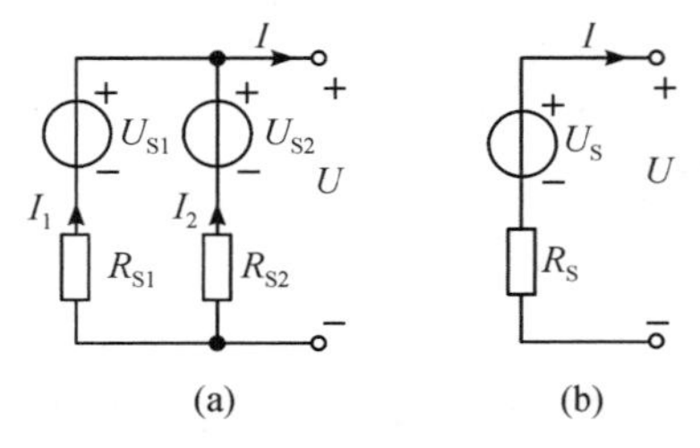

图2-20　两个含有内阻的电压源并联

注意: 对于没有内阻的理想电压源，只有在各理想电压源的电压全部相同时才可以并联，并联后等效为一个相同电压值的理想电压源。电压值不同的理想电压源进行并联，没有意义。

3. 理想电压源与理想电流源或电阻元件的并联

当理想电压源与理想电流源或电阻元件并联时，如图2-21(a)和图2-21(b)所示，由并联支路电压相同的特点可知，两端的电压不改变，所以对外部电路来说，图2-21(a)和图2-21(b)的等效电路为图2-21(c)所示的电路。

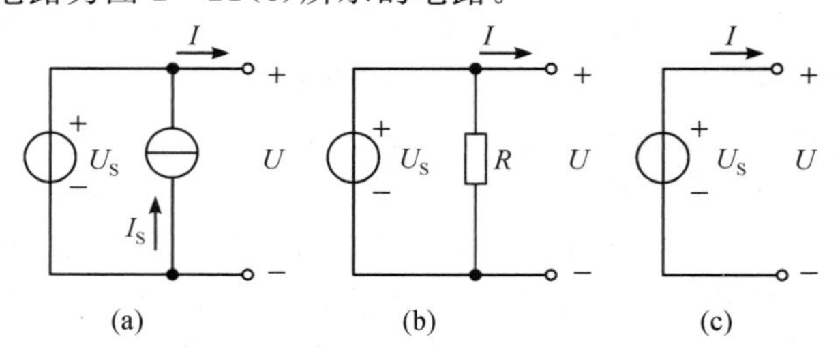

图2-21　理想电压源与理想电流源或电阻元件的并联

2.3.3　电流源的串并联等效

1. 电流源的并联

两个含有内阻的电流源并联如图2-22(a)所示，根据并联支路的特点，有

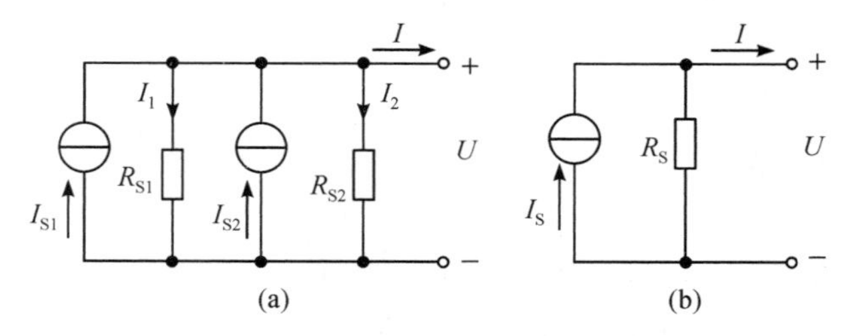

图2-22　两个含有内阻的电流源的并联

$$I_1=\frac{U}{R_{S1}} \tag{2-28}$$

$$I_2=\frac{U}{R_{S2}} \tag{2-29}$$

由 KCL 得

$$I+I_1+I_2=I_{S1}+I_{S2} \tag{2-30}$$

将式(2-28)、式(2-29)代入式(2-30)，得

$$I=I_{S1}+I_{S2}-(I_1+I_2)=(I_{S1}+I_{S2})-\left(\frac{1}{R_{S1}}+\frac{1}{R_{S2}}\right)U=I_S-\frac{1}{R_S}U \tag{2-31}$$

式(2-31)表明，图 2-22(a)可以等效为一个电流源与内阻并联的电路模型，如图 2-22(b)所示。其中等效电流源的电流 I_S 为两个并联电流源的电流的代数和，即 $I_S=I_{S1}+I_{S2}$；等效内阻 R_S 为两个电流源内阻的并联，即$\frac{1}{R_S}=\frac{1}{R_{S1}}+\frac{1}{R_{S2}}$。

推广到一般情况，当几个含有内阻的电流源并联时，可等效为一个含有内阻的电流源。其中等效电流源的电流大小为各并联电流源电流的代数和，当并联电流源电流的参考方向和等效电流源电流参考方向一致时取正，否则取负；等效内阻为各电流源内阻的并联。

特殊情况，几个内阻为零的理想电流源并联时，也可等效为一个理想电流源，其电流的大小为各并联的理想电流源电流的代数和。

2. 电流源的串联

如图 2-23(a)所示，两个含有内阻的电流源串联，通过等效变换，可等效为图 2-23(b)所示电路，其中

$$\begin{cases}U_{S1}=I_{S1}R_{S1}\\U_{S2}=I_{S2}R_{S2}\end{cases} \tag{2-32}$$

图 2-23(b)所示电路可等效为图 2-23(c)所示电路，其中

$$U_S=U_{S1}+U_{S2}=I_{S1}R_{S1}+I_{S2}R_{S2} \tag{2-33}$$

$$R_S=R_{S1}+R_{S2} \tag{2-34}$$

图 2-23(c)所示电路还可等效为图 2-23(d)所示电路，其中

$$I_S=\frac{U_S}{R_S}=\frac{I_{S1}R_{S1}+I_{S2}R_{S2}}{R_S} \tag{2-35}$$

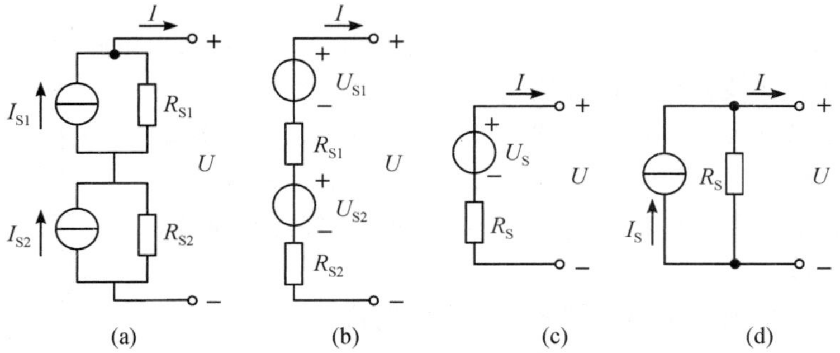

(a)　(b)　(c)　(d)

图 2-23　两个含有内阻的电流源串联

由此可见，两个含有内阻的电流源进行串联时，可等效为一个含有内阻的电流源，等效电流源的内阻 R_S 为两个电流源内阻之和，即 $R_S=R_{S1}+R_{S2}$，等效电流源的电流的大小由式(2-35)确定。此结论也可推广到一般情况。

注意： 对于没有内阻的理想电流源，只有在各理想电流源的电流全部相同时才可以串联，串联后等效为一个相同电流值的理想电流源。电流值不同的理想电流源进行串联也是没有意义的。

3. 理想电流源与理想电压源或电阻元件的串联

如图2-24(a)和图2-24(b)所示，当理想电流源与理想电压源或电阻元件串联时，由串联支路电流处处相同的特点可知，电路中的电流仍为电流源的电流 I_S。所以对外部电路来说，图2-24(a)、图2-24(b)的等效电路为图2-24(c)所示电路。

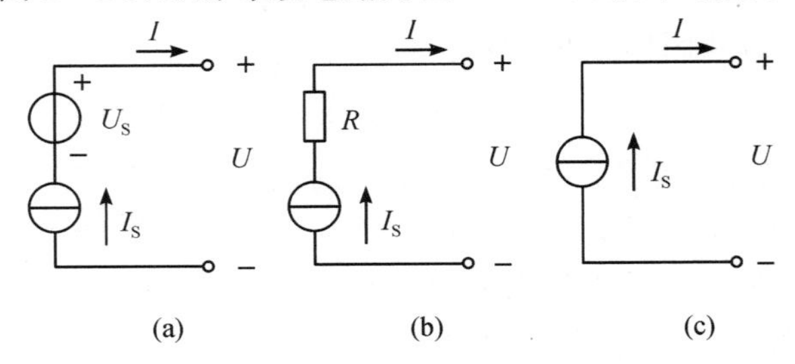

图2-24 理想电流源与理想电压源或电阻元件的串联

2.4 支路电流法

电路分为简单电路和复杂电路。凡能用电阻的串并联等效变换为单回路的电路，称为简单电路，否则，称为复杂电路。

简单电路可用前面介绍的等效变换来分析。但对于复杂电路，等效变换往往不适合。本节介绍的支路电流法和下一节将介绍的节点电压法，是分析线性电路尤其是分析复杂电路最常用的方法，这两种方法都不改变电路的结构。

2.4.1 支路电流法的内容

支路电流法是以支路电流为未知量，依据KCL和KVL列出电路所满足的独立方程，然后联立方程解出各支路电流的方法。

当一个电路有 b 条支路、n 个节点和 m 个网孔时，它将有 $(n-1)$ 个独立的KCL方程和 m 个独立的KVL方程，并且独立的KCL方程个数与独立的KVL方程个数之和，刚好是支路数，即 $b=(n-1)+m$。

下面以图2-25所示电路为例来说明支路电流法的应用。该电路中支路数 $b=3$，节点数 $n=2$，网孔数 $m=2$，支路电流 I_1、I_2、I_3 为待求的三个未知量，其参考方向如图2-25所示。

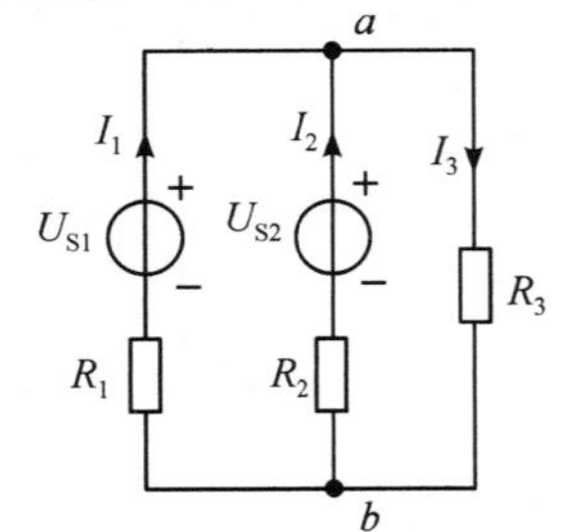

图2-25 支路电流法举例

因为电路有两个节点，即$n=2$，所以可列出$n-1=2-1=1$个独立的KCL方程。任选一个节点a，列出KCL方程

$$I_1+I_2=I_3 \tag{2-36}$$

由于网孔数$m=2$，因此可列出两个独立的KVL方程。若两个网孔都选顺时针绕向，则两个网孔的KVL电压方程分别为

$$R_1I_1-U_{S1}+U_{S2}-R_2I_2=0\ \text{V} \tag{2-37}$$

$$R_2I_2-U_{S2}+R_3I_3=0\ \text{V} \tag{2-38}$$

联立方程式(2-36)、式(2-37)、式(2-38)，即可得到待求的支路电流I_1、I_2和I_3，这种分析方法就是支路电流法。

支路电流法具有所列方程直观的优点，是一种最基本的电路分析方法。但由于支路电流法需要列出的KCL及KVL方程个数之和等于支路数b，故对支路数较多的复杂电路而言存在方程数目较多的缺点，因此这种方法常用于支路数较少的电路。

2.4.2 支路电流法的一般步骤

由以上分析可归纳出支路电流法的一般解题步骤：

(1) 确定电路的节点数n、支路数b和网孔数m，同时标出所有的节点、支路电流及其参考方向。

(2) 任指定一个参考节点，对其余$(n-1)$个节点列出$(n-1)$个对应的KCL方程。

(3) 选择网孔的绕行方向(可以用文字说明或用箭头标在电路图中)，列出m个网孔对应的KVL方程。

(4) 联立这$b=(n-1)+m$个方程进行求解，得到b条支路的支路电流。

(5) 由各支路的电压电流关系(VCR)求出待求量。

【例2-11】 图2-25中，若$U_{S1}=12\ \text{V}$，$U_{S2}=6\ \text{V}$，$R_1=2\ \Omega$，$R_2=3\ \Omega$，$R_3=6\ \Omega$，试用支路电流法求I_1、I_2和I_3。

解 根据上面的分析，将已知参数代入式(2-36)、式(2-37)、式(2-38)得方程组

$$\begin{cases}I_1+I_2=I_3\\2I_1-12\ \text{V}+6\ \text{V}-3I_2=0\ \text{V}\\3I_2-6\ \text{V}+6I_3=0\ \text{V}\end{cases}$$

求解得

$$I_1=2\ \text{A},\ I_2=-0.67\ \text{A},\ I_3=1.33\ \text{A}$$

【例2-12】 在图2-26(a)所示电路中，用支路电流法求电流I。

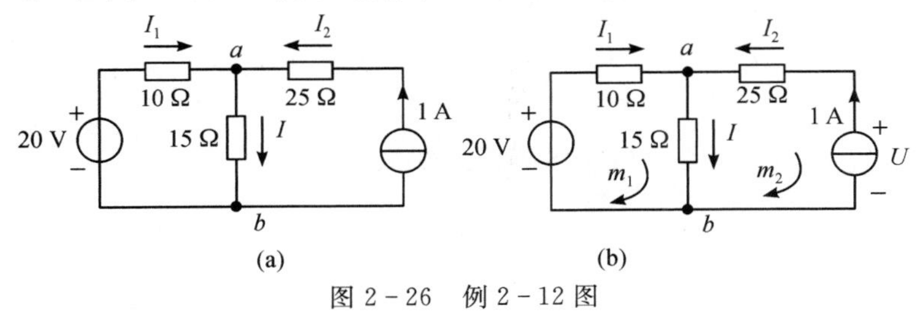

图2-26 例2-12图

解 方法一：

(1) 该电路中支路数 $b=3$，支路电流用 I_1、I_2、I 表示；节点数 $n=2$，用 a 和 b 表示；网孔数 $m=2$，用 m_1 和 m_2 表示，如图 2-26(b)所示。因为 $I_2=1$ A，所以未知数实际只有 I_1 和 I 两个。

(2) 节点 a 的 KCL 方程为

$$I_1+I_2=I$$

即

$$I_1+1\ \text{A}=I \tag{2-39}$$

(3) 选择网孔 m_1 的绕向为顺时针方向，列出 KVL 方程

$$10I_1+15I-20\ \text{V}=0\ \text{V} \tag{2-40}$$

(4) 联立式(2-39)、式(2-40)，求解可得

$$I=1.2\ \text{A}$$

方法二：

(1) 确定该电路中支路数 $b=3$，节点数 $n=2$，网孔数 $m=2$，并设电流源两端的电压为 U，如图 2-26(b)所示。因为 $I_2=1$ A，未知的支路电流虽只有 I_1 和 I 两个，但增加了一个 U，所以未知数仍为 3 个。

(2) 节点 a 的 KCL 方程与式(2-39)相同，网孔 m_1 的 KVL 方程与式(2-40)一样。网孔 m_2 的 KVL 方程为

$$-25I_2+U-15I=0\ \text{V} \tag{2-41}$$

因为 $I_2=1$ A，代入式(2-41)得

$$-25\ \text{V}+U-15I=0\ \text{V} \tag{2-42}$$

(3) 联立方程式(2-39)、式(2-40)和式(2-42)，求解得

$$I=1.2\ \text{A}$$

【例 2-13】 用支路电流法求图 2-14(a)所示电路中的各支路电流 I、I_1、I_2、I_3、I_4 和 I_5。

解 (1) 原电路中支路数 $b=6$，支路电流为 I、I_1、I_2、I_3、I_4 和 I_5，所以未知数有 6 个；节点数 $n=4$，用 a、b、c、d 表示；网孔数 $m=3$，用 m_1、m_2 和 m_3 表示，如图 2-27 所示。

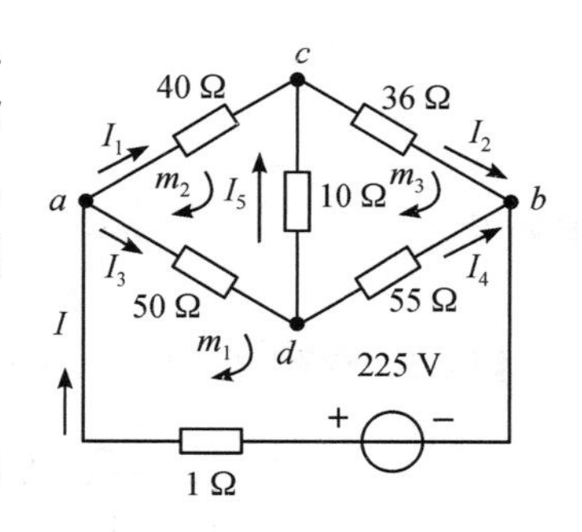

图 2-27 例 2-13 图

(2) 选择节点 d 作为参考节点，在节点 a、c、b 处分别列出对应的 KCL 方程：

$$\begin{cases} I=I_1+I_3 \\ I_1+I_5=I_2 \\ I=I_2+I_4 \end{cases} \tag{2-43}$$

(3) 三个网孔 m_1、m_2 和 m_3 都选择顺时针绕向，对应的 KVL 方程为

$$\begin{cases}50I_3+55I_4-225+I=0\text{ V}\\40I_1-10I_5-50I_3=0\text{ V}\\36I_2-55I_4+10I_5=0\text{ V}\end{cases} \tag{2-44}$$

(4) 联立方程式(2-43)和式(2-44)(过程略)，求解得

$$\begin{cases}I_1=2.8\text{ A},\ I_2=3\text{ A},\ I_3=2.2\text{ A}\\I_4=2\text{ A},\ I_5=0.2\text{ A},\ I=5\text{ A}\end{cases}$$

2.5 节点电压法

2.5.1 节点电压法的内容

在电路中任选一个节点作为参考节点，其余的节点就称为独立节点。独立节点与参考节点之间的电压，称为节点电压，其参考方向由独立节点指向参考节点。

节点电压法就是以节点电压为未知量，对独立节点依据 KCL 列出用节点电压表示的支路电流方程，即节点电压方程，联立方程求解出节点电压后，再根据节点电压计算支路电流的方法。用节点电压法分析电路，只需对 $n-1$ 个独立节点列出 KCL 方程，未知数比支路电流法的未知数少 m 个。

下面以图 2-28 所示的电路来说明节点电压法的应用。该电路中节点数 $n=3$，用 0、1、2 表示。选节点 0 作为参考节点，节点 1、2 就是独立节点。独立节点 1、2 对参考节点 0 的电压就称为节点电压，分别记为 U_{n1}、U_{n2}，两个节点电压的参考方向都规定为独立节点指向参考节点。

有了节点电压，电路中各支路电压均可用节点电压表示。若支路直接接在独立节点和参考节点之间，则节点电压就是该支路电压；若支路是连在两个独立节点之间，则该支路电压是对应两个节点的节点电压之差，图 2-28 中节点 1 和节点 2 之间的支路电压为

$$U_{12}=U_{n1}-U_{n2} \tag{2-45}$$

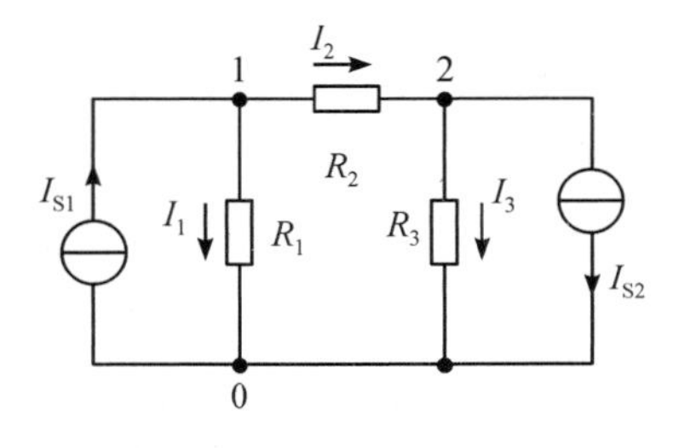

图 2-28 节点电压法举例

下面来列写图 2-28 所示电路的节点电压方程。首先标出电路中的支路电流及其参考方向，如图 2-28 所示。然后用节点电压 U_{n1}、U_{n2} 表示各支路电流

$$\begin{cases}I_1=\dfrac{U_{n1}}{R_1}\\I_2=\dfrac{U_{12}}{R_2}=\dfrac{U_{n1}-U_{n2}}{R_2}\\I_3=\dfrac{U_{n2}}{R_3}\end{cases} \tag{2-46}$$

最后对独立节点 1、2 列 KCL 方程，得

$$\begin{cases} I_1 + I_2 = I_{S1} \\ I_2 = I_3 + I_{S2} \end{cases} \tag{2-47}$$

将式(2-46)代入式(2-47)，整理得

$$\begin{cases} \left(\dfrac{1}{R_1} + \dfrac{1}{R_2}\right) U_{n1} - \dfrac{1}{R_2} U_{n2} - I_{S1} = 0 \\ -\dfrac{1}{R_2} U_{n1} + \left(\dfrac{1}{R_2} + \dfrac{1}{R_3}\right) U_{n2} + I_{S2} = 0 \end{cases} \tag{2-48}$$

式(2-48)就是以节点电压 U_{n1}、U_{n2} 为未知量的节点电压方程。解出节点电压后，再代入式(2-46)即得各支路电流。上述分析方法就称为节点电压法。

若式(2-48)用电导来表示，并将电路中电流源的电流移到等式右边，有

$$\begin{cases} (G_1 + G_2) U_{n1} - G_2 U_{n2} = I_{S1} \\ -G_2 U_{n1} + (G_2 + G_3) U_{n2} = -I_{S2} \end{cases} \tag{2-49}$$

将式(2-49)写成一般式，有

$$\begin{cases} G_{11} U_{n1} + G_{12} U_{n2} = I_{S11} \\ G_{21} U_{n1} + G_{22} U_{n2} = I_{S22} \end{cases} \tag{2-50}$$

式(2-50)就是具有两个独立节点的电路的节点电压方程一般形式。其中 G_{11} 称为节点 1 的自电导，等于与节点 1 相连接的各支路电导的总和，即 $G_{11} = G_1 + G_2 = \dfrac{1}{R_1} + \dfrac{1}{R_2}$；$G_{22}$ 称为节点 2 的自电导，等于与节点 2 相连接的各支路电导的总和，即 $G_{22} = G_2 + G_3 = \dfrac{1}{R_2} + \dfrac{1}{R_3}$；$G_{12}$、$G_{21}$ 称为节点 1、2 间的互电导，等于连接在节点 1 和节点 2 之间的各支路电导之和的负值，即 $G_{12} = G_{21} = -G_2 = -\dfrac{1}{R_2}$。自电导总是正的，互电导总是负的。$I_{S11}$ 和 I_{S22} 分别表示注入节点 1 和 2 的电流源电流的代数和，且流入为正，流出为负，即 $I_{S11} = I_{S1}$，$I_{S22} = -I_{S2}$。

将式(2-50)推广到具有 $n-1$ 个独立节点的电路，其节点电压方程的一般式为

$$\begin{cases} G_{11} U_{n1} + G_{12} U_{n2} + \cdots + G_{1(n-1)} U_{n(n-1)} = I_{S11} \\ G_{21} U_{n1} + G_{22} U_{n2} + \cdots + G_{2(n-1)} U_{n(n-1)} = I_{S22} \\ \cdots \\ G_{(n-1)1} U_{n1} + G_{(n-1)2} U_{n2} + \cdots + G_{(n-1)(n-1)} U_{n(n-1)} = I_{S(n-1)(n-1)} \end{cases} \tag{2-51}$$

其中，参数 G_{11}，G_{22}，…，$G_{(n-1)(n-1)}$ 是 $n-1$ 个独立节点的自电导；参数 $G_{12} = G_{21}$，$G_{13} = G_{31}$，…，$G_{1(n-1)} = G_{(n-1)1}$ 是独立节点之间的互电导，若两个节点之间没有电阻支路直接相连，则相应的互电导为零；参数 I_{S11}，I_{S22}，…，$I_{S(n-1)(n-1)}$ 是与各节点相连的电流源电流的代数和，流入为正，流出为负。若电路中存在电压源与电阻串联的支路，则应将其等效变换为电阻与电流源的并联，再确定注入电流值。

由式(2-51)可得出，若电路中有 $n-1$ 个独立节点，节点电压方程就有 $n-1$ 个等式与之对应，每个等式的左边就有 $n-1$ 项相加。比如电路有三个独立节点，则节点电压方程就有三个等式，每个等式的左边就有三项相加，其节点电压方程一般式为

$$\begin{cases} G_{11}U_{n1}+G_{12}U_{n2}+G_{13}U_{n3}=I_{S11} \\ G_{21}U_{n1}+G_{22}U_{n2}+G_{23}U_{n3}=I_{S22} \\ G_{31}U_{n1}+G_{32}U_{n2}+G_{33}U_{n3}=I_{S33} \end{cases} \tag{2-52}$$

节点电压法适用于电路中节点数较少的电路，也广泛应用于电路的计算机辅助分析，是实际电路分析中最普遍的一种分析方法。

2.5.2 弥尔曼定理

弥尔曼定理是节点电压法的特殊应用，也是最简单的节点电压法，适合于只有两个节点的电路。

如图 2-29 所示，电路中只有两个节点，选节点 0 为参考节点后，只剩一个独立节点 1，所以节点电压只有一个，用 U_{n1} 表示。根据式(2-51)，节点电压方程只有一个，为

$$G_{11}U_{n1}=I_{S11} \tag{2-53}$$

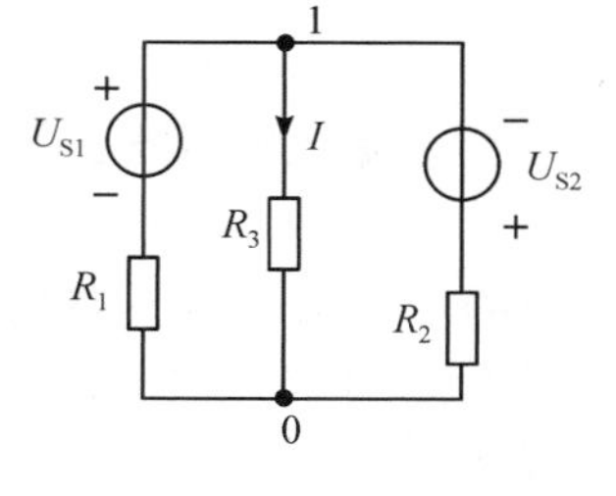

图 2-29 弥尔曼定理

其中，节点 1 的注入电流 $I_{S11}=\dfrac{U_{S1}}{R_1}-\dfrac{U_{S2}}{R_2}$，节点 1 的自电导 $G_{11}=\dfrac{1}{R_1}+\dfrac{1}{R_2}+\dfrac{1}{R_3}$，代入式(2-53)，得节点电压

$$U_{n1}=\frac{I_{S11}}{G_{11}}=\frac{\dfrac{U_{S1}}{R_1}-\dfrac{U_{S2}}{R_2}}{\dfrac{1}{R_1}+\dfrac{1}{R_2}+\dfrac{1}{R_3}} \tag{2-54}$$

推广到一般情况

$$U_{n1}=\frac{\sum I_{Si}}{\sum \dfrac{1}{R_i}}=\frac{\sum I_{Si}}{\sum G_i} \tag{2-55}$$

式(2-55)称为弥尔曼定理。其中，$\sum I_{Si}$ 为流入独立节点的各电流源电流的代数和，流入为正，流出为负；$\sum G_i$ 是与独立节点相连接的各支路电导的总和。

2.5.3 节点电压法的一般步骤

由以上分析可归纳出节点电压法的一般解题步骤。这里有两种方法。

方法一 根据节点电压法的定义求解。

(1) 标出电路中各支路电流 I_1，I_2…及其参考方向，确定所有节点并标出节点序号。任选一个节点为参考节点，用 U_{n1}，U_{n2}…或 U_{na}，U_{nb}…等形式表示其余的 $n-1$ 个独立节点的节点电压，其参考方向由独立节点指向参考节点，节点电压的个数即未知数的个数。

(2) 用节点电压 U_{n1}，U_{n2}…或 U_{na}，U_{nb}…来表示各支路电流 I_1，I_2…。

(3) 列出各独立节点的 KCL 方程，方程中的支路电流用节点电压表示，得到以节点电压为未知量的节点电压方程。

(4) 联立节点电压方程，解得各节点电压。

(5) 将解出的节点电压代入步骤(2)所表示的支路电流中，得到待求支路电流。

方法二　根据节点电压方程的一般式求解。

(1) 首先确定电路中所有的节点并标出序号，任选一个节点为参考节点，用U_{n1}，U_{n2}…或U_{na}，U_{nb}…等形式表示其余的节点电压，其参考方向由独立节点指向参考节点，节点电压的个数即未知数的个数。

(2) 根据独立节点数，选择节点电压方程的一般式。若独立节点只有1个，根据式(2-55)可直接列出节点电压的表达式；若独立节点数大于或等于2个，则根据式(2-51)列出相应的节点电压方程一般式。

(3) 根据已知电路，求出节点电压方程一般式中的各参数，联立方程组求解得各节点电压。

(4) 假设各待求支路电压电流的参考方向，由节点电压计算出支路电压，应用支路的VCR关系，求得待求支路电流。

【例 2-14】　图2-30中，用节点电压法求各支路电流I_1、I_2、I_3和I_4。

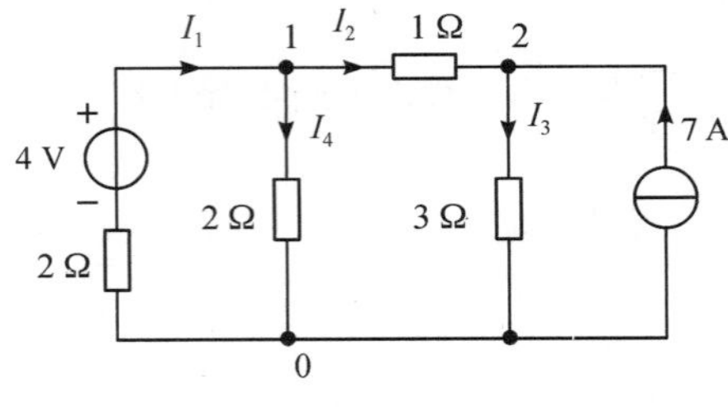

图2-30　例2-14图

解　方法一：

(1) 各支路电流的参考方向如图2-30所示，电路中有3个节点，取节点0为参考节点，其余的1、2节点为独立节点，节点电压用U_{n1}、U_{n2}表示。

(2) 用U_{n1}、U_{n2}表示各支路电流I_1、I_2、I_3和I_4：

$$\begin{cases} I_1 = \dfrac{4\ \text{V} - U_{n1}}{2\ \Omega} \\ I_2 = \dfrac{U_{12}}{1\ \Omega} = \dfrac{U_{n1} - U_{n2}}{1\ \Omega} \\ I_3 = \dfrac{U_{n2}}{3\ \Omega} \\ I_4 = \dfrac{U_{n1}}{2\ \Omega} \end{cases} \tag{2-56}$$

(3) 列出节点1、2的KCL方程：

$$\begin{cases} I_1 = I_2 + I_4 \\ I_2 + 7\ \text{A} = I_3 \end{cases} \tag{2-57}$$

将式(2-56)代入式(2-57)，有

$$\begin{cases} \dfrac{4\ \text{V} - U_{n1}}{2\ \text{A}} = \dfrac{U_{n1} - U_{n2}}{1\ \Omega} + \dfrac{U_{n1}}{2\ \Omega} \\ \dfrac{U_{n1} - U_{n2}}{1\ \Omega} + 7\ \text{A} = \dfrac{U_{n2}}{3\ \Omega} \end{cases}$$

解出节点电压

$$\begin{cases} U_{n1} = 5.8\ \text{V} \\ U_{n2} = 9.6\ \text{V} \end{cases} \tag{2-58}$$

(4) 将式(2-58)代入式(2-56)，得支路电流：

$$\begin{cases} I_1 = \dfrac{4\ \text{V} - U_{n1}}{2\ \Omega} = -0.9\ \text{A} \\ I_2 = \dfrac{U_{n1} - U_{n2}}{1\ \Omega} = -3.8\ \text{A} \\ I_3 = \dfrac{U_{n2}}{3\ \Omega} = 3.2\ \text{A} \\ I_4 = \dfrac{U_{n1}}{2\ \Omega} = 2.9\ \text{A} \end{cases}$$

方法二：

(1) 取节点0为参考节点，其余的1、2节点为独立节点，节点电压用U_{n1}、U_{n2}表示。

(2) 因该电路有两个独立节点，根据式(2-50)，对应的节点电压方程一般式为

$$\begin{cases} G_{11}U_{n1} + G_{12}U_{n2} = I_{S11} \\ G_{21}U_{n1} + G_{22}U_{n2} = I_{S22} \end{cases}$$

(3) 计算各参数。节点1的自电导为

$$G_{11} = \frac{1}{1\ \Omega} + \frac{1}{2\ \Omega} + \frac{1}{2\ \Omega} = 2\ \text{S}$$

节点2的自电导为

$$G_{22} = \frac{1}{1\ \Omega} + \frac{1}{3\ \Omega} = \frac{4}{3}\ \text{S}$$

节点1、2的互电导为

$$G_{12} = G_{21} = -\frac{1}{1}\ \text{S} = -1\ \text{S}$$

流入节点1的电流源的电流代数和为

$$I_{S11} = \frac{4}{2}\ \text{A} = 2\ A$$

流入节点2的电流源的电流代数和为

$$I_{S22} = 7\ \text{A}$$

(4) 将步骤(3)算出的各参数代入节点电压方程一般式中，得

$$\begin{cases} 2\ \text{S} \times U_{n1} + (-1\ \text{S}) \times - U_{n2} = 2\ \text{A} \\ (-1\ \text{S}) \times U_{n1} + \dfrac{4}{3}\text{S} \times U_{n2} = 7\ \text{A} \end{cases}$$

解得节点电压为

$$\begin{cases} U_{n1} = 5.8\ \text{V} \\ U_{n2} = 9.6\ \text{V} \end{cases}$$

(5) 选取各支路电流的参考方向，如图2-30所示，根据各支路的电压电流关系，得支路电流：

$$\begin{cases} I_1 = \dfrac{4\ \text{V} - U_{n1}}{2\ \Omega} = -0.9\ \text{A} \\ I_2 = \dfrac{U_{n1} - U_{n2}}{1\ \Omega} = -3.8\ \text{A} \\ I_3 = \dfrac{U_{n2}}{3\ \Omega}\ \text{A} = 3.2\ \text{A} \\ I_4 = \dfrac{U_{n1}}{2\ \Omega} = 2.9\ \text{A} \end{cases}$$

【例 2-15】 在图 2-31(a)所示电路中，已知 $U_{S1}=10$ V，$U_{S2}=40$ V，$U_{S3}=100$ V，$R_1=10$ Ω，$R_2=R_3=20$ Ω，$R_4=40$ Ω，用节点电压法求支路电流 I_1、I_2。

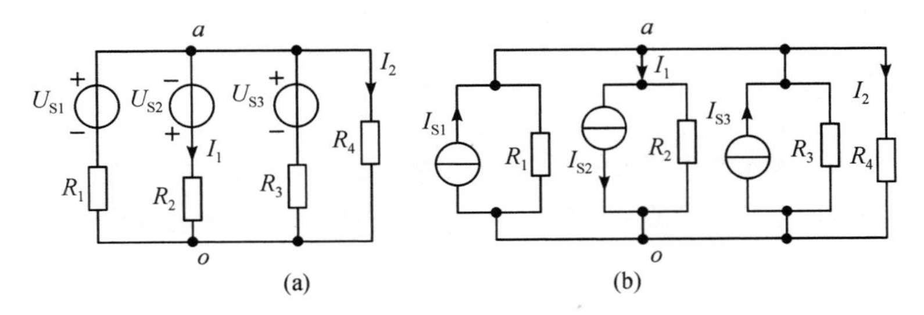

图 2-31 例 2-15 图

解 (1) 以节点 o 为参考节点，节点 a 为独立节点，节点电压为 U_{na}。将图 2-31(a)等效变换为图 2-31(b)所示电路，有

$$\begin{cases} I_{S1} = \dfrac{U_{S1}}{R_1} = \dfrac{10}{10}\ \text{A} = 1\ \text{A} \\ I_{S2} = \dfrac{U_{S2}}{R_2} = \dfrac{40}{20}\ \text{A} = 2\ \text{A} \\ I_{S3} = \dfrac{U_{S3}}{R_3} = \dfrac{100}{20}\ \text{A} = 5\ \text{A} \end{cases}$$

(2) 由式(2-55)可得节点电压

$$\begin{aligned} U_{na} &= \frac{\sum I_{Si}}{\sum G_i} = \frac{I_{S1} - I_{S2} + I_{S3}}{G_1 + G_2 + G_3 + G_4} \\ &= \frac{1 - 2 + 5}{\dfrac{1}{10} + \dfrac{1}{20} + \dfrac{1}{20} + \dfrac{1}{40}}\ \text{V} \\ &= 17.8\ \text{V} \end{aligned}$$

(3) 由节点电压求得支路电流

$$I_2 = \frac{U_{na}}{R_4} = \frac{17.8}{40}\ \text{A} = 0.44\ \text{A}$$

又因图 2-31(a)中有 $U_{na} = -U_{S2} + I_1 R_2$，所以

$$I_1 = \frac{U_{na} + U_{S2}}{R_2} = \frac{17.8 + 40}{20}\ \text{A} = 2.9\ \text{A}$$

【例 2-16】 试用弥尔曼定理求图 2-32(a)所示电路中的各支路电流。

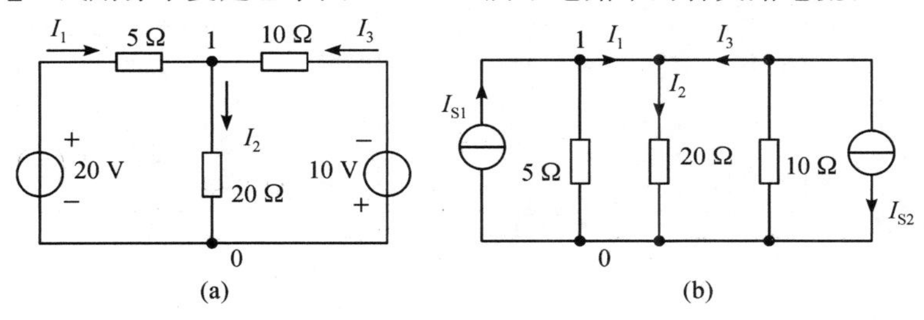

图 2-32 例 2-16 图

解 (1) 将图 2-32(a)所示电路等效变换为图 2-32(b)所示电路，其中 $I_{S1}=\frac{20}{5}\ \text{A}=4\ \text{A}$，$I_{S2}=\frac{10}{10}\ \text{A}=1\ \text{A}$。图 2-32(b)中，若以节点 0 为参考节点，独立节点 1 的节点电压为 U_{n1}，根据弥尔曼定理有

$$U_{n1}=\frac{\sum I_{Si}}{\sum G_i}=\frac{4-1}{\frac{1}{5}+\frac{1}{20}+\frac{1}{10}}\ \text{V}=8.6\ \text{V}$$

(2) 在图 2-32(a)中，由支路电压电流关系得

$$I_1=\frac{20\ \text{V}-U_{n1}}{5\ \Omega}=2.28\ \text{A}$$

$$I_2=\frac{U_{n1}}{20\ \Omega}=0.43\ \text{A}$$

$$I_3=\frac{-10\ \text{V}-U_{n1}}{10\ \Omega}=-1.86\ \text{A}$$

2.6 叠加定理

叠加定理是线性电路中十分重要的定理，它是分析线性电路较常用的定理。

叠加定理的内容：在线性电路中，当有多个电源共同作用时，任一瞬间，任一支路的电流或电压响应，恒等于各个电源单独作用时在该支路中所产生的电流或电压响应的代数和。其中，响应是指在激励下产生的电压或电流，即输出，而激励就是电源或信号源的输入。

如图 2-33(a)所示电路中有两个电源，若要求解电路中的电流 I_1，根据弥尔曼定理得节点 1 的节点电压为

$$U_{n1}=\frac{\sum I_{Si}}{\sum G_i}=\frac{I_S+\frac{U_S}{R_2}}{\frac{1}{R_1}+\frac{1}{R_2}}=\frac{R_1R_2I_S+R_1U_S}{R_1+R_2} \tag{2-59}$$

所以有

$$I_1=\frac{U_{n1}}{R_1}=\frac{R_2I_S}{R_1+R_2}+\frac{U_S}{R_1+R_2} \tag{2-60}$$

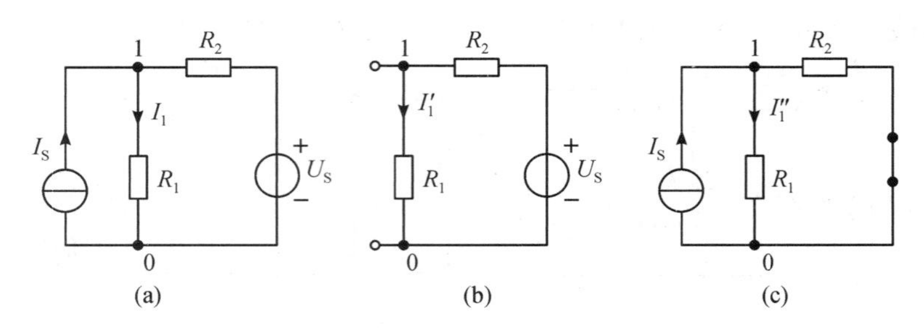

图 2-33 叠加定理

从式(2-60)可以看出，I_1 是 U_S 和 I_S 的线性组合，若令

$$\begin{cases} I_1' = \dfrac{U_S}{R_1 + R_2} \\ I_1'' = \dfrac{R_2 I_S}{R_1 + R_2} \end{cases} \tag{2-61}$$

则有

$$I_1 = I_1' + I_1'' \tag{2-62}$$

式(2-62)表明，电流 I_1 是 I_1' 和 I_1'' 的叠加。其中，I_1' 为将电流源置为零时，电源 U_S 单独作用时产生的电流响应，如图 2-33(b)所示，此时电流源相当于开路；I_1'' 为将电压源置为零，电流源 I_S 单独作用时产生的电流响应，如图 2-33(c)所示，此时电压源相当于短路。

习惯上，将原电路图(见图 2-33(a))的分解电路图(见图 2-33(b)、图 2-33 (c))称为分电路图，原电路图中的参数称为总量，分电路图中的参数称为分量。由图 2-33(b)得

$$I_1' = \frac{U_S}{R_1 + R_2}$$

由图 2-33(c)得

$$I_1'' = \frac{R_2 I_S}{R_1 + R_2}$$

所以

$$I_1' + I_1'' = \frac{R_2 I_S}{R_1 + R_2} + \frac{U_S}{R_1 + R_2} = I_1$$

上式与式(2-60)的结论一致，表明分量的代数和等于总量，即验证了叠加定理。

使用叠加定理时，应注意以下几点：

(1) 叠加定理不能用于非线性电路，只适用于线性电路中电压和电流的计算，不能直接用来计算功率，因为功率与电压或电流之间不是线性关系。

(2) 原电路图中有几个电源，原则上就可以分解为几个分电路图。画某个电源单独作用的分电路图时，其他的电源全部置为零。因此，在分电路图中，被置为零的电压源用短路线代替；被置为零的电流源则用开路代替；电路中所有电阻的阻值和位置都不变。

(3) 注意原电路图和各分电路图中电压电流的参考方向。一般取各分电路图中的电压或电流的参考方向与原电路中的参考方向相同，这样运用叠加定理时，各分量符号取为正，

否则，取负。

【例 2-17】 若图 2-33(a)中，已知 $I_S=5$ A，$U_S=10$ V，$R_1=6\ \Omega$，$R_2=4\ \Omega$，试用叠加定理求支路电流 I_1。

解 (1) 当电压源单独作用时，分电路图如图 2-33(b)所示，此时，电流源置零，所在支路相当于开路。因此，电流 I_1 的分量 I'_1 为

$$I'_1=\frac{U_S}{R_1+R_2}=\frac{10}{6+4}\ \text{A}=1\ \text{A}$$

(2) 当电流源单独作用时，分电路图如图 2-33(c)所示，此时，电压源置零，所在支路相当于短路。电流 I_1 的分量 I''_1 为

$$I''_1=\frac{R_2I_S}{R_1+R_2}=\frac{4\ \Omega}{6\ \Omega+4\ \Omega}\times 5\ \text{A}=2\ \text{A}$$

(3) 根据叠加定理，支路电流 I_1 是两个分量的叠加，即

$$I_1=I'_1+I''_1=1\ \text{A}+2\ \text{A}=3\ \text{A}$$

【例 2-18】 用叠加定理求图 2-34(a)中的电压 U。

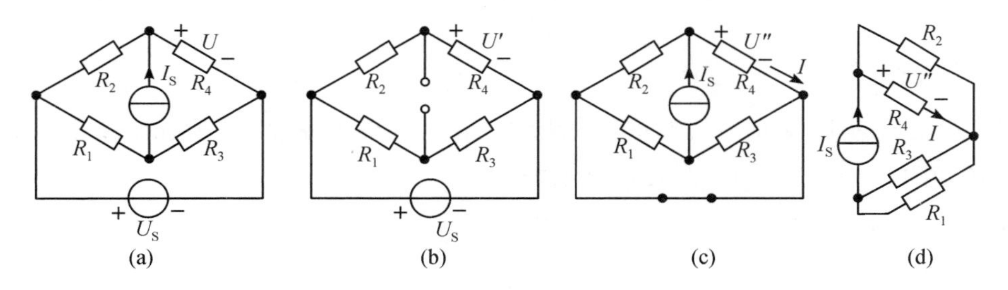

图 2-34 例 2-18 图

解 (1) 当电压源 U_S 单独作用时，电流源 I_S 置零，所在支路相当于开路，分电路图如图 2-34(b)所示。电压 U 的分量 U' 为

$$U'=\frac{R_4}{R_2+R_4}U_S$$

(2) 当电流源 I_S 单独作用时，电压源 U_S 置零，所在支路相当于短路，分电路图如图 2-34(c)所示。将图 2-34(c)所示电路等效变换成图 2-34(d)所示电路，根据分流公式，有

$$I=\frac{R_2}{R_2+R_4}I_S$$

所以电压 U 的分量 U'' 为

$$U''=R_4I=\frac{R_2R_4}{R_2+R_4}I_S$$

(3) 根据叠加定理，待求电压 U 为两个分量的叠加，即

$$U=U'+U''=\frac{R_4}{R_2+R_4}U_S+\frac{R_2R_4}{R_2+R_4}I_S$$

【例 2-19】 试用叠加定理求图 2-35(a)中的 I_1、I_2、I_3。

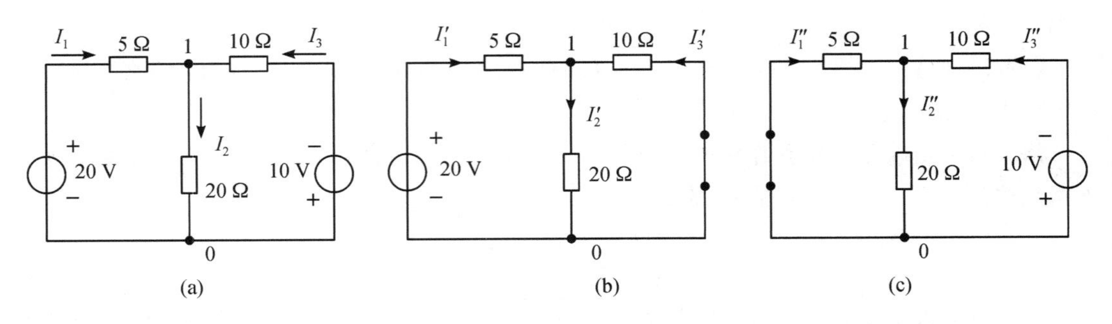

图 2-35　例 2-19 图

解　(1) 当电压为 20 V 的电压源单独作用时，10 V 的电压源置零，所在支路相当于短路，分电路图如图 2-35(b)所示。各电流分量的参考方向如图所示，大小为

$$I_1'=\frac{20}{5+\dfrac{20\times10}{20+10}}\ \text{A}=1.7\ \text{A}$$

$$I_2'=\frac{10}{20+10}I_1'=0.57\ \text{A}$$

$$I_3'=I_2'-I_1'=0.57\ \text{A}-1.7\ \text{A}=-1.13\ \text{A}$$

(2) 当电压为 10 V 的电压源单独作用时，20 V 的电压源置零，所在支路相当于短路，分电路图如图 2-35(c)所示，各电流分量为

$$I_3''=-\frac{10}{10+\dfrac{20\times5}{20+5}}\ \text{A}=-0.71\ \text{A}$$

$$I_2''=\frac{5}{20+5}I_3''=-0.14\ \text{A}$$

$$I_1''=I_2''-I_3''=-0.14\ \text{A}+0.71\ \text{A}=0.57\ \text{A}$$

(3) 原电路图中，待求电流 I_1、I_2、I_3 的值为

$$I_1=I_1'+I_1''=1.7\ \text{A}+0.57\ \text{A}=2.27\ \text{A}$$

$$I_2=I_2'+I_2''=0.57\ \text{A}-0.14\ \text{A}=0.43\ \text{A}$$

$$I_3=I_3'+I_3''=-1.13\ \text{A}-0.71\ \text{A}=-1.84\ \text{A}$$

2.7　戴维南定理

2.7.1　戴维南定理的内容

戴维南定理指出：任一含独立电源的线性二端网络 N，对外电路而言，总可以用一个理想电压源与电阻串联的简单支路来等效，如图 2-36 所示。该理想电压源的电压等于原二端网络端口处的开路电压，用 U_{OC} 表示；其串联电阻的阻值等于原二端网络内部所有电

源都置零(即电压源用短路代替，电流源用开路代替)后，从端口处得到的等效电阻，用 R_e 表示，如图 2-36(c)所示。这种由开路电压 U_{OC} 和等效电阻 R_e 串联的组合称为原二端网络的戴维南等效电路。

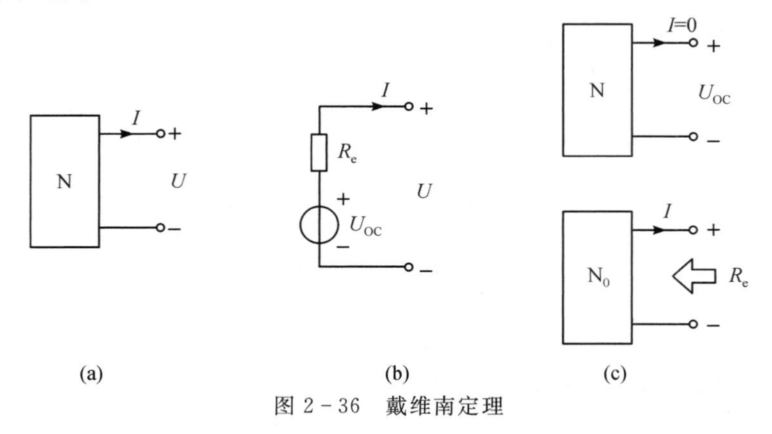

图 2-36 戴维南定理

2.7.2 戴维南定理的应用

对含有独立电源的二端网络，戴维南定理应用的步骤如下：

(1) 求二端网络端口处的开路电压 U_{OC}。

(2) 将二端网络中所有电源置零，求等效电阻 R_e。

(3) 将二端网络等效成 U_{OC} 和 R_e 的串联电路。

此外，戴维南定理常用来分析和求解完整电路中某一支路的电流和电压。一般步骤如下：

(1) 将原电路图中待求电压或电流所在的支路断开，电路其余的部分即构成一个有源二端网络，将该有源二端网络用戴维南等效电路将其等效。

(2) 求出开路电压 U_{OC}。步骤(1)中所构造的有源二端网络，即为求开路电压的等效电路。该有源二端网络两端的电压，即为开路电压 U_{OC}。

(3) 画出求等效电阻 R_e 的等效电路，求出等效电阻 R_e。将步骤(1)中所构造的有源二端网络中所有的电源都置为零后，所构成的新的二端网络两端的等效电阻，即为 R_e。

(4) 在步骤(1)所构造的二端网络中，连上待求支路，得到原电路的等效电路。在等效电路中，求出未知量。

【例 2-20】 如图 2-37(a)所示，已知 $U_1=40$ V，$U_2=20$ V，$R_1=R_2=4$ Ω，试求该二端网络的戴维南等效电路。

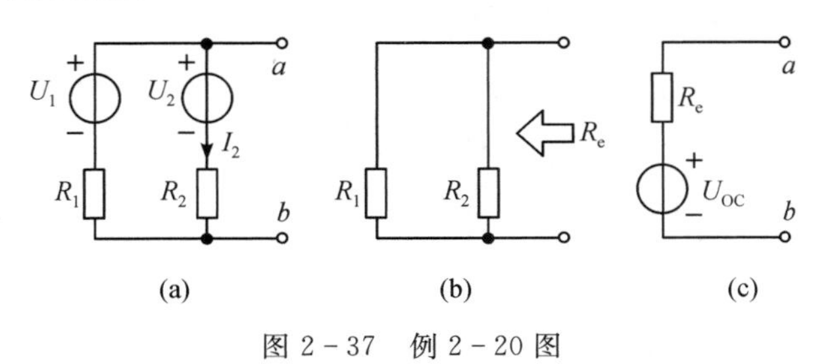

图 2-37 例 2-20 图

解　(1) 图 2-37(a)中，回路选择顺时针绕向，根据 KVL 有

$$U_2+I_2R_2+I_2R_1-U_1=0\ \text{V}$$

即

$$I_2=\frac{U_1-U_2}{R_2+R_1}=\frac{40-20}{4+4}\ \text{A}=2.5\ \text{A}$$

所以开路电压为

$$U_{\text{OC}}=U_{ab}=U_2+R_2I_2=20\ \text{V}+4\ \Omega\times2.5\ \text{A}=30\ \text{V}$$

(2) 图 2-37(a)中，将所有电源都置为零后的等效电路如图 2-37(b)所示，因此等效电阻为

$$R_{\text{e}}=\frac{R_1R_2}{R_1+R_2}=\frac{4}{2}\ \Omega=2\ \Omega$$

(3) 图 2-37(a)的等效电路如图 2-37(c)所示，其中 $U_{\text{OC}}=30$ V，$R_{\text{e}}=2$ Ω。

【例 2-21】　用戴维南定理求图 2-38(a)中的 I 和 U。

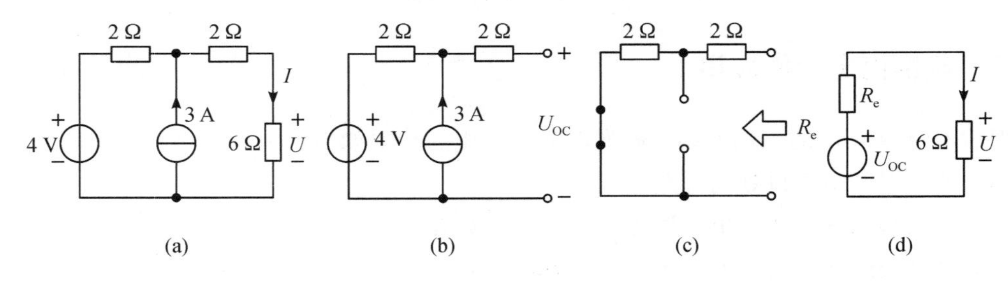

图 2-38　例 2-21 图

解　(1) 图 2-38(a)中断开 6 Ω 电阻所在支路，其余部分构成有源二端网络，如图 2-38(b)所示。根据戴维南定理，将其等效为一个电压源 U_{OC} 和一个电阻 R_{e} 的串联。

(2) 在图 2-38(b)中求开路电压 U_{OC}：

$$U_{\text{OC}}=3\ \text{A}\times2\ \Omega+4\ \text{V}=10\ \text{V}$$

(3) 将图 2-38(b)中所有电源都置为零，即为求等效电阻 R_{e} 的等效电路，如图 2-38(c)所示，有

$$R_{\text{e}}=2\ \Omega+2\ \Omega=4\ \Omega$$

(4) 图 2-38(a)的等效电路如图 2-38(d)所示，有

$$I=\frac{U_{\text{OC}}}{R_{\text{e}}+6}=\frac{10}{4+6}\ \text{A}=1\ \text{A}$$

$$U=I\times6\ \Omega=1\ \text{A}\times6\ \Omega=6\ \text{V}$$

习　题　2

一、填空题

2-1　串联电路的特点是________________。

2-2　并联电路的特点是________________。

2-3 两个电阻 R_1 和 R_2 组成一串联电路，已知 $R_1:R_2=1:2$，则通过两电阻的电流之比 $I_1:I_2=$__________，两电阻上电压之比为 $U_1:U_2=$__________，消耗功率之比 $P_1:P_2=$________。

2-4 两个电阻 R_1 和 R_2 组成一并联电路，已知 $R_1:R_2=1:2$，则两电阻两端电压之比为 $U_1:U_2=$________，通过两电阻的电流之比 $I_1:I_2=$________，两电阻消耗功率之比 $P_1:P_2=$________。

2-5 三个电阻原接法如题 2-5 图(a)所示，这是__________ 接法，现将图(a)等效成图(b)，图(b)是__________ 接法，其中 $R=$____________ 。

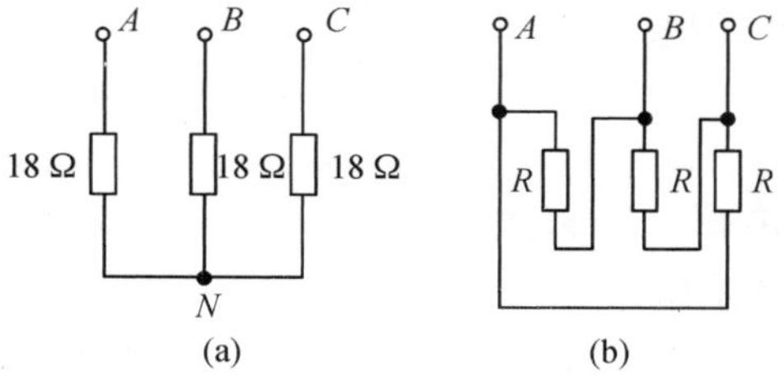

(a) (b)

题 2-5 图

2-6 支路电流法是以________为未知量；节点电压法是以________为未知量。

2-7 叠加定理只适用于线性电路，并只限于计算线性电路中的________和________，不适用于计算电路的________。

2-8 运用戴维南定理可将一个有源二端网络等效成____________________，等效电压源的电压 U_{OC} 为有源二端网络________电压。

二、判断题

2-9 导体的电阻与导体两端的电压成正比，与导体中流过的电流成反比。( )

2-10 两个阻值分别为 $R_1=10\ \Omega$，$R_2=5\ \Omega$ 的电阻串联。由于 R_2 电阻小，对电流的阻碍作用小，故流过 R_2 的电流比 R_1 中的电流大些。( )

2-11 在并联电路中，由于流过各电阻的电流不一样，因此，每个电阻的电压降也不一样。( )

2-12 电流表与被测负荷串联以测量电流，电压表与被测负荷并联以测量电压。( )

2-13 两个电压值不同的理想电压源可以并联，两个电流值不同的理想电流源可以串联。( )

2-14 在应用叠加原理时，考虑某一电源单独作用而其余电源不作用时，应把其余电压源短路，电流源开路。( )

2-15 在含有两个电源的线性电路中，当 U_1 单独作用时，某电阻消耗功率为 P_1，当 U_2 单独作用时消耗功率为 P_2，当 U_1、U_2 共同作用时，该电阻消耗功率为 P_1+P_2。( )

2-16 运用戴维宁定理求解有源二端网络的等效电阻时，应将有源二端网络中所有的电源都开路后再求解。( )

三、选择题

2-17 两个阻值均为 R 的电阻，它们串联时的等效电阻与并联时的等效电阻之比为( )。

A. 2∶1　　B. 1∶2　　C. 4∶1　　D. 1∶4

2-18　已知每盏节日彩灯的等效电阻为 2 Ω，通过的电流为 0.2 A，若将它们串联后，接在 220 V 的电源上，需串接(　　)。

A. 55 盏　　B. 110 盏　　C. 1100 盏　　D. 550 盏

2-19　两台额定功率相同，但额定电压不同的用电设备，若额定电压为 110 V 的设备的电阻为 R，则额定电压为 220 V 设备的电阻为(　　)。

A. $2R$　　B. $R/2$　　C. $4R$　　D. $R/4$

2-20　一个"220 V，100 W"的灯泡和一个"220 V，40 W"的灯泡串联接在 380 V 的电源上则(　　)。

A. "220 V，40 W"的灯泡易烧坏　　B. "220 V，100 W"的灯泡易烧坏

C. 两个灯泡均易烧坏　　D. 两个灯泡均正常发光

四、分析与计算题

2-21　电阻 R_1、R_2 串联，已知总电压 $U=10$ V，总电阻 $R_1+R_2=100\ \Omega$，测出 R_1 上电压为 2 V，求 R_1 和 R_2 的阻值。

2-22　两电阻 R_1、R_2 并联，已知 $R_1=10\ \Omega$，$R_2=30\ \Omega$，总电流 $I=12$ A，试求等效电阻及流过每个电阻的电流。

2-23　试求题 2-23 图示各电路的等效电阻 R_{ab}。

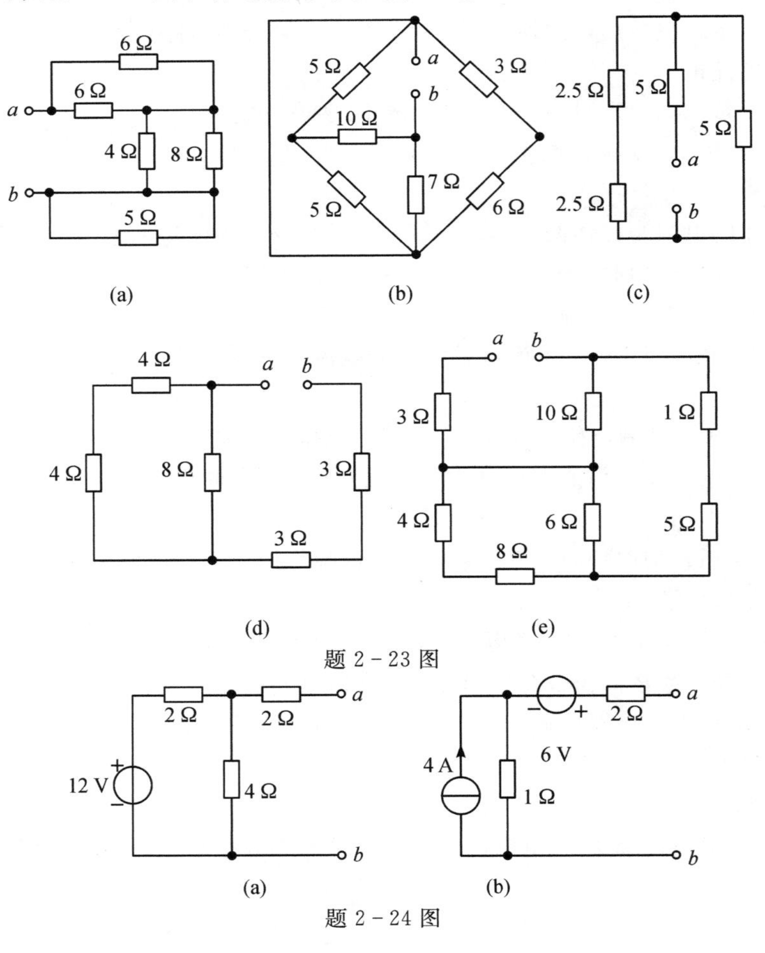

题 2-23 图

题 2-24 图

2－24　求题 2－24 图示电路的等效电源模型。

2－25　求题 2－25 图示电路中的电流 I_1、I_2。

2－26　题 2－26 图中，求电压 U 和电流 I。

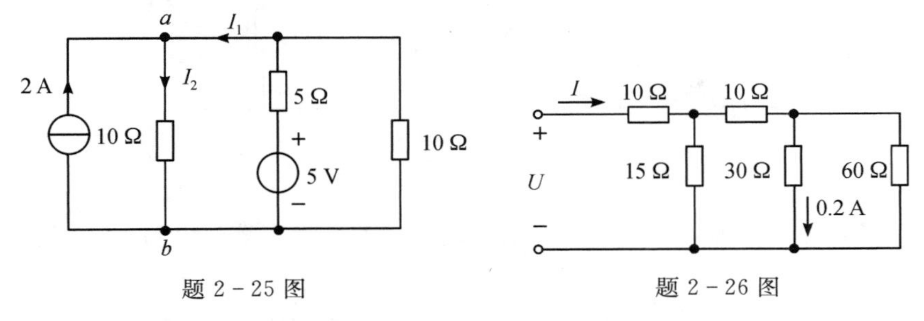

题 2－25 图　　题 2－26 图

2－27　试用支路电流法列出题 2－27 图示电路中各支路电流的方程组。

2－28　用支路电流法求题 2－28 图示电路中的电流 I

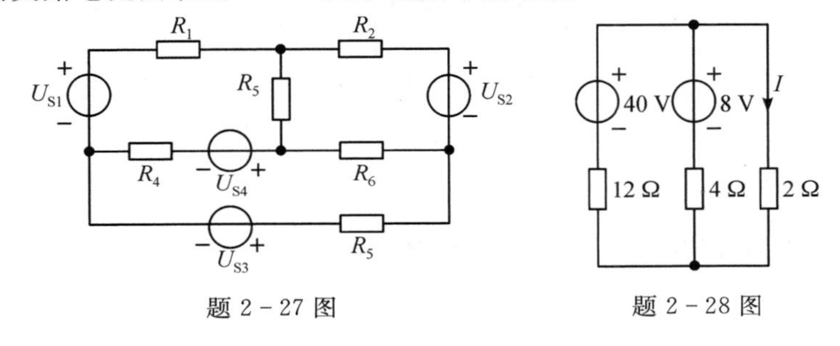

题 2－27 图　　题 2－28 图

2－29　用节点电压法求题 2－29 图示电路的各支路电流。

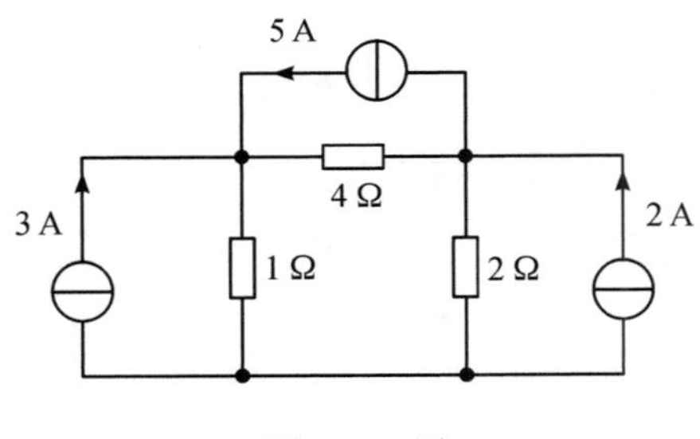

题 2－29 图

2－30　用弥尔曼定理求题 2－30 图所示电路中的电流 I。

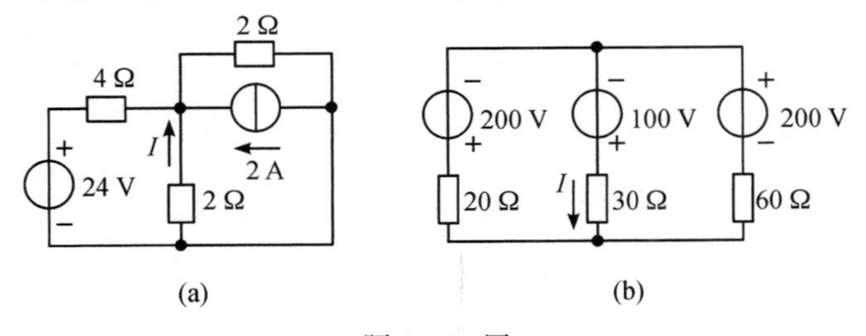

题 2－30 图

2－31　用叠加定理求题 2－31 图示电路中的电流 I。

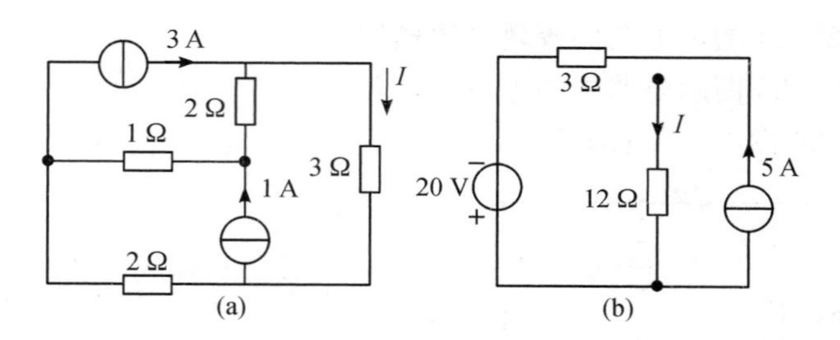

题 2－31 图

2－32　用戴维南定理求题 2－32 图示二端网络的戴维南等效电路。

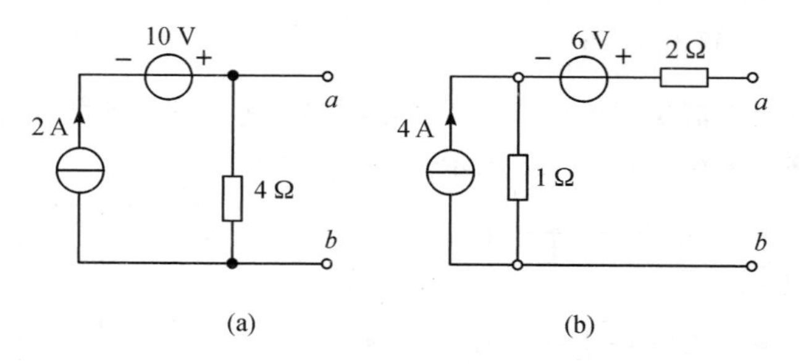

题 2－32 图

2－33　用戴维南定理求题 2－33 图示电路中的电流 I。

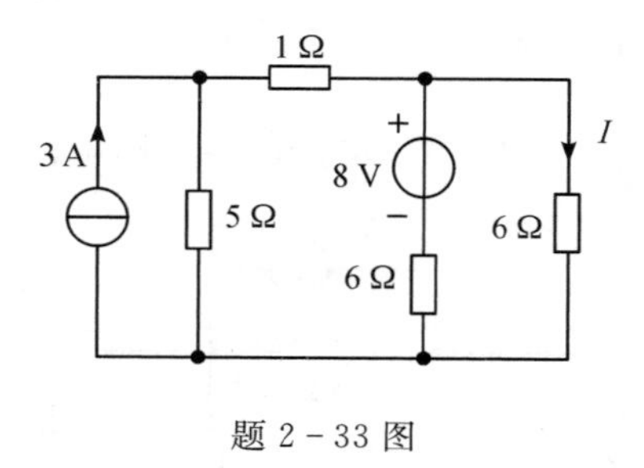

题 2－33 图

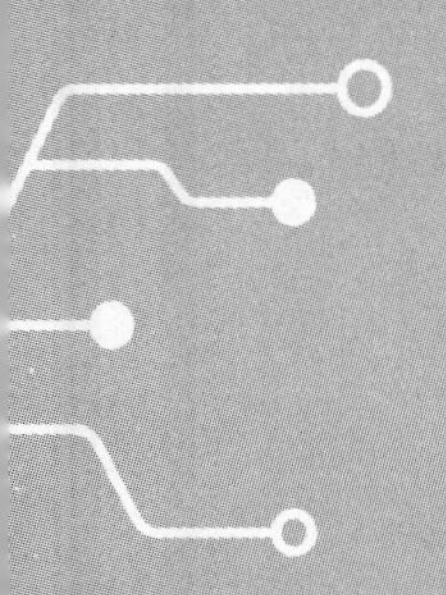
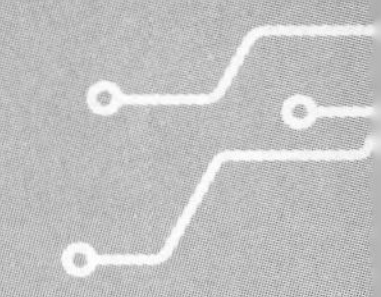

第3章　正弦交流电路

电流电压的大小和方向都随时间变化的电路叫交流电路。在工程实际中，经常遇到电压或电流随时间按正弦规律变化的电路，我们称这样的电路为正弦交流电路。正弦交流电路较直流电路有许多优点，因而在工程中特别是电力系统中得到了十分广泛的应用。

在电力系统中，全部电源都是同一频率的正弦交流电源，电路中各处的电流和电压也是同一频率的正弦函数。

本章主要介绍相量基础知识、正弦量的基本概念、正弦交流电路中的负载元件、交流电路中的基本定律、正弦交流电路相量、电路的功率、正弦交流、电路的谐振等。

3.1　相量基础知识

3.1.1　向量

1. 向量的定义

在数学中，向量是指既有大小又有方向的量，在复平面上可用带箭头的线段来表示，如图3-1所示。其中，线段中的箭头代表向量的方向，线段长度代表向量的大小。

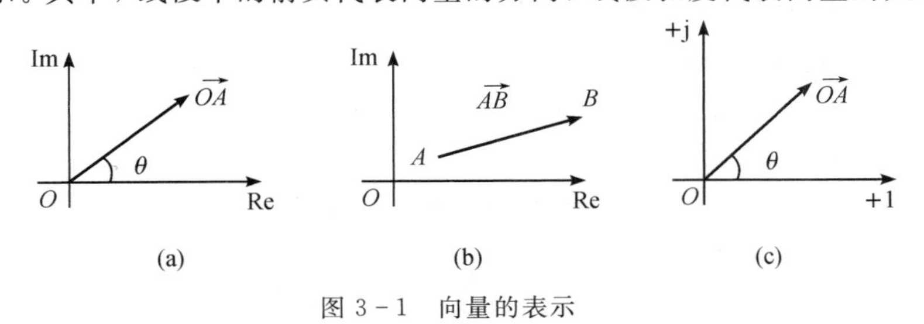

图3-1　向量的表示

2. 向量的表示

向量可用粗体的字母，如 $\boldsymbol{a}$、$\boldsymbol{b}$、$\boldsymbol{c}$ 等表示，若为手写体，则在字母顶上加箭头“→”，如图3-1(a)中的向量 $\overrightarrow{OA}$；如果给定向量的起点 A 和终点 B，则向量可记为 $\overrightarrow{AB}$，如图3-1(b)所示；图3-1(c)的坐标系是图3-1(a)的简化画法。

向量与起点无关，长度相等且方向相同的向量叫作相等向量。因此向量平行移动后，与原来的向量相等。向量的运算遵循平行四边形法则或三角形法则。在物理学和工程学中，向量常称为矢量。

3.1.2　复数

复数包括实数和虚数，在数学及工程应用中有着非常重要的地位。

1. 复数的两种表示形式

1）代数形式（又称直角坐标式）

复数的代数形式的表达式为

$$A = a + \mathrm{j}b \tag{3-1}$$

式中，实数 a 称为实部，实数 b 称为虚部，$\mathrm{j}=\sqrt{-1}$ 称为虚数单位（在数学中常用 i 表示，在电路中已用 i 表示电流，故改用 j）。

以直角坐标系的横轴为实轴，纵轴为虚轴，该坐标系所在的平面称为复平面。复平面上的点与复数一一对应。复数 $A=a_1+\mathrm{j}b_1$ 对应图 3－2(a)中的 A 点，而图 3－2(a)中 B 点对应的复数为 $B=a_2+\mathrm{j}b_2$。

复数还与复平面上的向量一一对应。复数 $A=a+\mathrm{j}b$ 可用图 3－2(b)中的向量 $\overrightarrow{OA}$ 表示。在实轴上的投影是它的实部 a；在虚轴上的投影为其虚部 b；θ 为 $\overrightarrow{OA}$ 与实轴正方向的夹角。

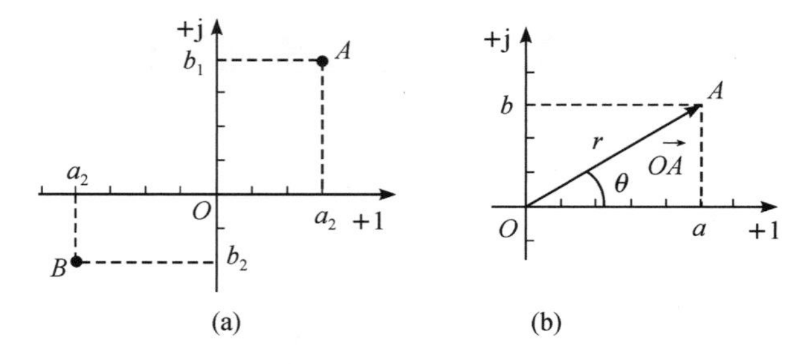

图 3－2　复数的表示

2）指数形式（又称极坐标式）

由图 3－2(b)及欧拉公式

$$\mathrm{e}^{\mathrm{j}\theta} = \cos\theta + \mathrm{j}\sin\theta \tag{3-2}$$

可得

$$A = a + \mathrm{j}b = r\cos\theta + \mathrm{j}r\sin\theta = r\mathrm{e}^{\mathrm{j}\theta} \tag{3-3}$$

所以，复数的指数形式的表达式为

$$A = r\mathrm{e}^{\mathrm{j}\theta} \tag{3-4}$$

可以简写为

$$A = r\angle\theta \tag{3-5}$$

式(3－5)即为复数的极坐标形式。

这样，图 3－2(b)中的向量 $\overrightarrow{OA}$ 不仅可以用复数的直角坐标形式 $A=a+\mathrm{j}b$ 中的实部 a 和虚部 b 确定外，还可以用极坐标形式 $A=r\angle\theta$ 中的 r 和 θ 来确定。其中 r 是向量的长度，称为复数的模，θ 是向量和正实轴的夹角，称为复数的辐角。

复数的两种表达形式间具有如下相互转换关系：

$$\begin{cases} r=\sqrt{a^2+b^2} \\ \tan\theta=\dfrac{b}{a} \end{cases} \tag{3-6}$$

$$\begin{cases} a=r\cos\theta \\ b=r\sin\theta \end{cases} \tag{3-7}$$

正弦交流电路的计算中，我们经常会用到两种形式的互换关系。另外，记住以下几个特殊的复数：

$$1=1\angle 0°,\ -1=1\angle 180°,\ \mathrm{j}=1\angle 90°,\ -\mathrm{j}=1\angle -90°,\ -\mathrm{j}=\frac{1}{\mathrm{j}}$$

2. 复数的运算

1）复数的加减运算

复数的加减运算一般用代数形式进行。设

$$A=a_1+\mathrm{j}b_1,\ B=a_2+\mathrm{j}b_2$$

则有

$$A\pm B=(a_1\pm a_2)+\mathrm{j}(b_1\pm b_2) \tag{3-8}$$

上式表明，复数相加(或相减)时，将实部和实部相加(或相减)，虚部和虚部相加(或相减)。

复数的加减运算也可以用矢量相加减的平行四边形法则或三角形法则用作图法进行，如图3-3所示。

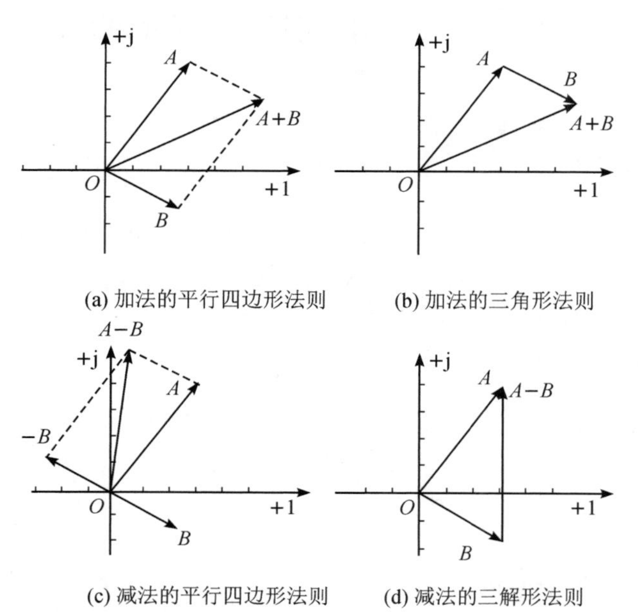

图3-3　复数加减运算的矢量图

2）复数的乘除运算

复数的乘除运算一般用极坐标形式来进行。设

$$A = r_1\angle\theta_1, \quad B = r_2\angle\theta_2$$

则有

$$AB = r_1\angle\theta_1 \times r_2\angle\theta_2 = r_1 r_2\angle(\theta_1 + \theta_2) \tag{3-9}$$

$$\frac{A}{B} = \frac{r_1\angle\theta_1}{r_2\angle\theta_2} = \frac{r_1}{r_2}\angle(\theta_1 - \theta_2) \tag{3-10}$$

上式表明复数相乘时，将两复数的模相乘，辐角相加；复数相除时，将两复数的模相除，辐角相减。

【例 3-1】 已知 $A=6+\text{j}8$，$B=8-\text{j}6$，试求 $A+B$、AB。

解

$$A+B=(6+\text{j}8)+(8-\text{j}6)=14+\text{j}2$$

$$AB=(6+\text{j}8)\times(8-\text{j}6)=10\angle 53.1^\circ\times 10\angle -36.9^\circ=100\angle 16.2^\circ$$

【例 3-2】 已知 $A=5\angle 47^\circ$，$B=10\angle -25^\circ$，试求 $A+B$、$\frac{A}{B}$。

解

$$\begin{aligned} A+B &= 5\angle 47^\circ + 10\angle -25^\circ \\ &= (5\cos 47^\circ + \text{j}5\sin 47^\circ) + [10\cos(-25^\circ) + \text{j}10\sin(-25^\circ)] \\ &= (3.41+\text{j}3.657)+(9.063-\text{j}4.226) \\ &= 12.7-\text{j}0.569 \\ &= 12.48\angle -2.61^\circ \end{aligned}$$

$$\frac{A}{B}=\frac{5\angle 47^\circ}{10\angle -25^\circ}=0.5\angle 72^\circ$$

3.2　正弦量的基本概念

3.2.1　正弦量的三要素

随时间按正弦函数规律变化的量称正弦量，正弦交流电路中的电压和电流都是正弦量。正弦量的特点是其瞬时值按正弦规律变化，其变化的幅度、快慢及初始值分别由最大值(振幅)、角频率和初相位这三要素确定。

1. 瞬时值和最大值

(1) 瞬时值：正弦量在任一瞬间的数值，用小写字母表示。图 3-4 是正弦电流的波形，在指定参考方向下，它的解析式为

$$i = I_{\text{m}}\sin(\omega t + \theta) \tag{3-11}$$

其中 i 是电流在 t 时刻的瞬时值。

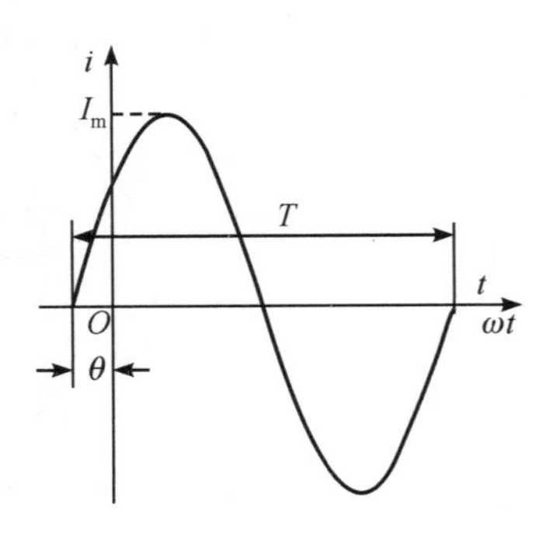

图 3-4　正弦电流的波形

(2) 最大值：正弦量在一个周期内振荡的正向最高点，又称为振幅。它用大写字母带下标 m 表示，如 I_{m}、U_{m} 分别表示电流、电压的最大值。

2. 周期、频率和角频率

频率 f、角频率 ω、周期 T 反映正弦量随时间变化的快慢。

(1) 周期 T：正弦量完整变化一周所需要的时间。周期的 SI 单位为秒(s)。

(2) 频率 f：正弦量在单位时间内变化的周数。频率的 SI 单位为赫兹(Hz)。我国的工业用电频率为 50 Hz，简称工频。

周期与频率的关系：

$$f=\frac{1}{T} \tag{3-12}$$

(3) 角频率 ω：正弦量单位时间内变化的弧度数。角频率的 SI 单位为弧度每秒(rad/s)。

角频率与周期及频率的关系：

$$\omega=\frac{2\pi}{T}=2\pi f \tag{3-13}$$

【例 3-3】 试求工频($f=50$ Hz)正弦量的周期及角频率。

解　由式(3-12)得周期为

$$T=\frac{1}{f}=\frac{1}{50\ \text{Hz}}=0.02\ \text{s}$$

由式(3-13)得角频率为

$$\omega=2\pi f=2\times 3.14\times 50\ \text{Hz}=314\ \text{rad/s}$$

3. 相位和初相

正弦量随时间变化的电角度($\omega t+\theta$)称为相位或相位角，相位是时间的函数，反映了正弦量随时间变化的整个进程。

$t=0$ 时的相位角 θ 称为初相位或初相，即

$$\theta=(\omega t+\theta)\big|_{t=0} \tag{3-14}$$

初相确定了正弦量计时起点的位置，初相的单位为弧度或度，通常的取值范围为 $|\theta|\leqslant\pi$。显然，初相 θ 的大小与计时起点的选择有关。选择不同的计时起点，则正弦量的初相就不一样。如果选择正弦量由负向正变化时瞬时值为零的瞬间为计时起点，则初相$\theta=0$，其波形如图 3-5 所示，解析式为 $i=I_{\mathrm{m}}\sin(\omega t)$。试试看，你能画出不同初相 θ 的波形图吗？

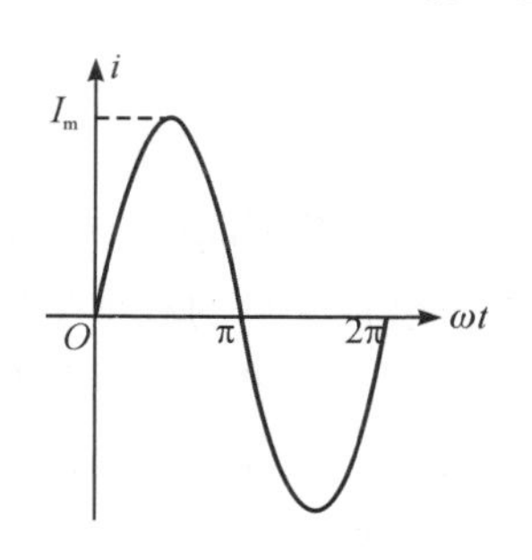

图 3-5　初相为零的正弦波形

正弦量的最大值反映了正弦量变化的大小；角频率(或频率、周期)反映了正弦量随时间变化的快慢程度；初相则确定了正弦量计时起点的位置。如果这三个要素确定了，则正弦量无论是解析式还是波形图，都是唯一且确定的。因此，我们把最大值、角频率及初相称为正弦量的三要素。

【例 3-4】 已知正弦量 $e=311\sin(100\pi t+30^\circ)$ V，$u=10\sin(314t+210^\circ)$ V，$i=-20\sin(100t+45^\circ)$A，试求它们的三要素。

解　(1) 因为 $e=311\sin(100\pi t+30^\circ)$ V，所以它的三要素分别为

$$E_m = 311\ \text{V},\ \omega = 100\pi\ \text{rad/s},\ \theta_e = 30^\circ$$

(2) 由于 $u = 10\sin(314t + 210^\circ)$，初相的取值范围通常为 $|\theta| \leqslant \pi$，所以将其写成

$$u = 10\sin(314t + 210^\circ) = 10\sin(314t - 150^\circ)\ \text{V}$$

于是有

$$U_m = 10\ \text{V},\ \omega = 314\ \text{rad/s},\ \theta_u = -150^\circ$$

(3) 因为 $i = -20\sin(100t + 45^\circ)$，而有效值不能为负值，将其改写成

$$i = -20\sin(100t + 45^\circ) = 20\sin(100t - 135^\circ)\ \text{A}$$

所以

$$I_m = 20\ \text{A},\ \omega = 100\ \text{rad/s},\ \theta_i = -135^\circ$$

3.2.2 正弦量的相位差

在比较两个正弦量的相位关系时，经常用到相位差的概念。两个同频率的正弦量，比如

$$i_1 = I_{m1}\sin(\omega t + \theta_1)$$

$$i_2 = I_{m2}\sin(\omega t + \theta_2)$$

如图 3-6 所示，它们之间的相位之差称为相位差，用 φ 表示，则

$$\varphi = (\omega t + \theta_1) - (\omega t + \theta_2) = \theta_1 - \theta_2 \tag{3-15}$$

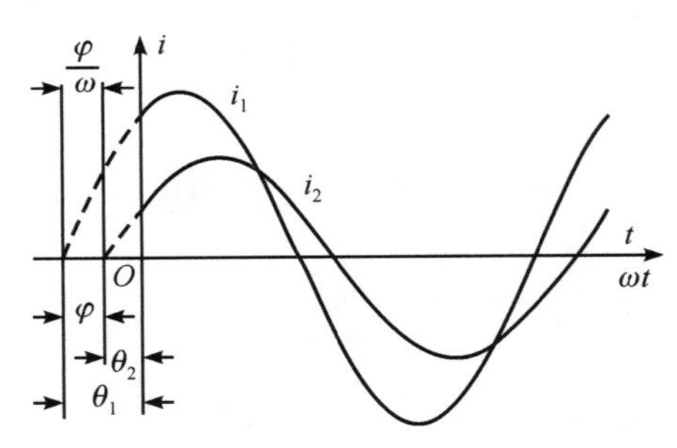

图 3-6 电流 i_1 和 i_2 的波形

可见，两个同频率正弦量的相位差，等于它们的初相之差，是一个与时间无关的常数。如果两个正弦量的频率不同，则其相位差将随时间变动。如无特别说明，本书所提到的相位差均指同频率正弦量的相位差，通常规定 $|\varphi| \leqslant \pi$。

对于上述两个正弦电流 i_1 和 i_2，其相位差有以下几种情况：

(1) 如果 $\varphi > 0$，则称为 i_1 超前 i_2(也可以称为 i_2 滞后于 i_1)，超前的角度为 φ。它表示 i_1 先于 i_2 一段时间 $\left(\dfrac{\varphi}{\omega}\right)$ 达到零值或最大值，如图 3-6 所示。

(2) 如果 $\varphi = 0$，则称为 i_1 与 i_2 同相，如图 3-7(a)所示。

(3) 如果 $\varphi < 0$，则称为 i_1 滞后 i_2，滞后的角度为 $|\varphi|$。

(4) 如果 $\varphi = \dfrac{\pi}{2}$，则称为 i_1 与 i_2 正交，如图 3-7(b)所示。

(5) 如果 $\varphi = \pm\pi$，则称为 i_1 与 i_2 反相，如图 3-7(c)所示。

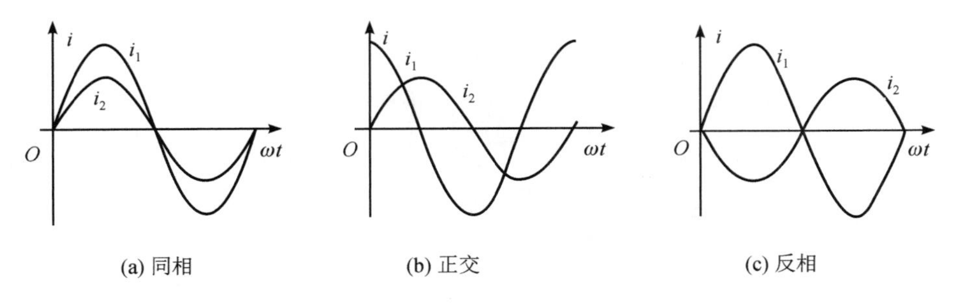

图 3-7　i_1 和 i_2 相位差为特殊值时的波形

【例 3-5】 已知 $u=311\sin(\omega t+60°)$ V，$i=14.1\sin(\omega t-150°)$ A，哪一个正弦量超前，超前多少度？

解　$\varphi=\theta_u-\theta_i=60°-(-150°)=210°$

因相位差的取值范围是 $|\varphi|\leqslant\pi$，与 210°角终边相同且绝对值不超过 180°的角为 $-360°+210°=-150°$，所以 i 超前 u 150°。

3.2.3　周期量和正弦量的有效值

电路的一个主要作用是转换能量。周期量的瞬时值和振幅都不能确切地反映它们在能量转换方面的效果，为此，引入有效值这个概念。有效值用大写字母表示，如 I、U 等。

1. 周期量的有效值

周期量是指那些随时间周期性变化的电压和电流，如正弦波、方波、三角波等。假定周期电流 i 和直流电流 I 分别通过两个相同的电阻 R，如果在相同的时间 T(周期电流的周期)内产生的热量相等，则把直流电流 I 的数值称为周期电流 i 的有效值，用大写字母 I 表示。

直流电流在时间 T 内产生的热量为

$$Q=I^2RT \tag{3-16}$$

周期电流在时间 T 内产生的热量为

$$Q=\int_0^T i^2R\,\mathrm{d}t \tag{3-17}$$

如果要使两个电流产生的热量相等，即

$$I^2RT=\int_0^T i^2R\,\mathrm{d}t$$

则周期电流的有效值为

$$I=\sqrt{\frac{1}{T}\int_0^T i^2\,\mathrm{d}t} \tag{3-18}$$

式(3-18)是有效值的定义式。从该式的运算过程来看，有效值需经过平方、平均、方根运算，因此有效值也叫方均根值。上述有效值定义式对于任何周期性交变量均适用。

同理，周期电压的有效值表达式为

$$U=\sqrt{\frac{1}{T}\int_0^T u^2\,\mathrm{d}t} \tag{3-19}$$

2. 正弦量的有效值

将正弦电流 $i=I_{\mathrm{m}}\sin(\omega t)$ 代入式(3-18)，可得

$$I=\sqrt{\frac{1}{T}\int_{0}^{T}I_{\mathrm{m}}^{2}\sin^{2}(\omega t)\mathrm{d}t}=\sqrt{\frac{I_{\mathrm{m}}^{2}}{T}\int_{0}^{T}\frac{1}{2}(1-\cos(2\omega t))\mathrm{d}t}=\frac{I_{\mathrm{m}}}{\sqrt{2}} \tag{3-20}$$

同理，正弦电压的有效值为

$$U=\frac{U_{\mathrm{m}}}{\sqrt{2}} \tag{3-21}$$

由此得出一个重要结论：正弦量的最大值是有效值的$\sqrt{2}$倍。

工程上，通常所说交流电流或电压的大小都是指有效值。例如，照明 220 V 交流电压就是指有效值为 220 V，交流测量仪表指示的电压或电流均为有效值，电气设备铭牌上的额定值也是指有效值。但绝缘水平、耐压值指的是最大值。

注意：

(1) 在正弦电路中字母符号的不同写法代表不同的含义：小写字母(如 i、u)表示瞬时值；大写字母(如 I、U)表示有效值；大写字母加下标 m(如 I_{m}、U_{m})表示最大值(振幅)。

(2) 振幅和有效值之间$\sqrt{2}$倍关系是正弦量所特有的，不能在非正弦量中随意引用。

3.2.4　正弦量的相量表示法

分析电路时，经常进行电压、电流的加减乘除运算。正弦交流电路中的电压和电流，不仅数值上大小不等，而且还有相位上的差异。如果要进行正弦量的加减乘除运算，直接按正弦量的解析式或波形分析计算将非常烦琐。在正弦交流电路中，所有的响应都是与激励同频率的正弦量，因此求响应正弦量只需求有效值和初相这两个要素。一个复数可以同时表示一个向量的大小和方向，相量法就是用复数来表示正弦量，从而借助于复数运算，简化正弦交流电路的分析计算的方法。它是分析求解正弦交流电路稳态响应的一种有效方法。

1. 正弦量的相量表示法

要表示正弦量 $i=I_{\mathrm{m}}\sin(\omega t+\theta)$，可在复平面上作一向量 $\overrightarrow{OA}$，其长度按比例等于该正弦量的振幅 I_{m}，向量与正实轴的夹角等于初相 θ，假定向量以 ω 为角速度绕坐标原点逆时针方向旋转，如图 3-8 所示。这个旋转向量于各个时刻在纵轴上的投影即是该时刻正弦量的瞬时值。

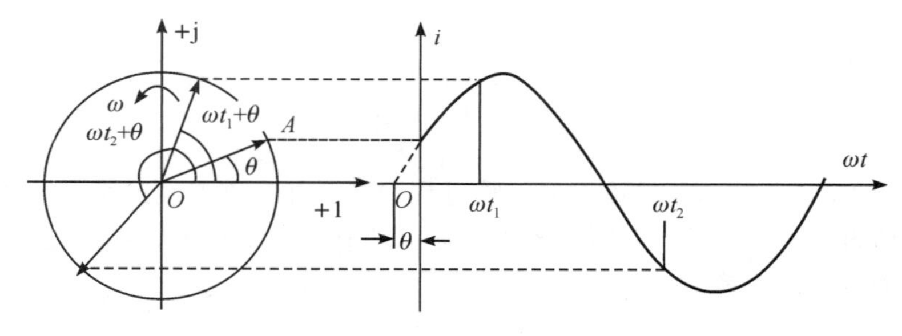

图 3-8　正弦量的相量表示

这样一来，这个反映了正弦量三要素的旋转矢量 $I_m e^{j(\omega t+\theta)}$ 便可以完整地表示一个正弦量。考虑正弦交流电路中各正弦量都具有相同的角频率，在每一个表示正弦量三要素的旋转矢量 $I_m e^{j(\omega t+\theta)}$ 中均有相同的旋转因子 $e^{j\omega t}$，因此在表达式中可以略去 $e^{j\omega t}$，即只用起始位置的向量 $I_m e^{j\theta}$ 来表示正弦电流 i。由于起始位置的向量又与一个复数 $I_m\angle\theta$ 对应，因此，正弦量 i 便可对应地用复数 $I_m\angle\theta$ 来表示。又因为通常所说的交流电压、电流的大小指有效值，所以也常用复数 $I\angle\theta$ 来表示正弦量 i。

模等于正弦量的最大值或有效值，辐角等于正弦量的初相的复数，称为正弦量的相量。用最大值大写字母上加一圆点“·”表示最大值相量，如 $\dot{I}_m=I_m\angle\theta_i$，$\dot{U}_m=U_m\angle\theta_i$。用正弦量的有效值的大写字母上加一圆点“·”表示有效值相量，如 $\dot{I}=I\angle\theta_i$，$\dot{U}=U\angle\theta_u$。本书中如无特别声明正弦量相量均指有效值相量。

表示正弦量的相量既然是一个复数，自然可在复平面上用图形表示，这样将一些同频率的正弦量的相量画在同一复平面上，所成的图形称为相量图。

这里必须指出用相量表示正弦量是为了简化运算，正弦量并不等于相量，而是与相量对应，可以用相量表示。

【例 3-6】 用相量表示 $u=220\sqrt{2}\sin(\omega t-60°)$ V，$i=10\sin(\omega t+45°)$ A，并绘出相量图。

解
$$\dot{U}=220\angle-60°\ \text{V}$$
$$\dot{I}=5\sqrt{2}\angle45°\text{A}$$

相量图如图 3-9 所示。

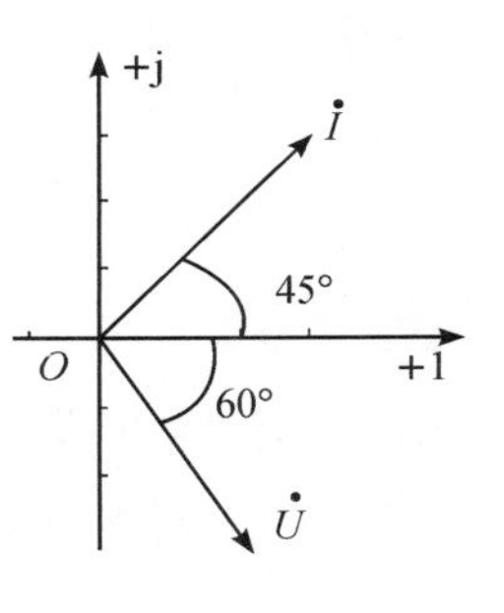

图 3-9　例 3-6 图

【例 3-7】 两工频正弦电流的相量 $\dot{I}_1=10\angle60°$ A，$\dot{I}_2=5\angle-30°$ A，试求两电流的解析式。

解　角频率为

$$\omega=2\pi f=2\pi\times50\ \text{Hz}=100\pi\ \text{rad/s}$$

由电流的相量形式可得

$$I_1=10\ \text{A},\quad \theta_1=60°$$
$$I_2=5\ \text{A},\quad \theta_2=-30°$$

两电流的解析式即瞬时值表示为

$$i_1=\sqrt{2}I_1\sin(\omega t+\theta_1)=10\sqrt{2}\sin(100\pi t+60°)\ \text{A}$$
$$i_2=\sqrt{2}I_2\sin(\omega t+\theta_2)=5\sqrt{2}\sin(100\pi t-30°)\text{A}$$

2. 同频率正弦量的和与差

设有两个同频率的正弦量

$$i_1=\sqrt{2}I_1\sin(\omega t+\theta_1)$$
$$i_2=\sqrt{2}I_2\sin(\omega t+\theta_2)$$

若求 $i_1\pm i_2$，如果直接按三角函数计算或波形分析计算，那将是非常烦琐的。引入相量后，求解正弦量的和与差就比较方便了。

同频率正弦量的和或差仍为同频率正弦量，其和或差的相量等于正弦量相量的和或

差，即

$$i = i_1 \pm i_2 \Leftrightarrow \dot{I} = \dot{I}_1 \pm \dot{I}_2 \tag{3-22}$$

式中的 $\dot{I}$、$\dot{I}_1$、$\dot{I}_2$ 分别为 i、i_1、i_2 的相量。

由式(3-22)可见，两个同频率的正弦量和与差，可以转化成相应的相量加减运算，之后，根据正弦量和相量之间的对应关系，即可得到正弦量。

【例 3-8】 已知 $u_1 = 70.7\sqrt{2}\sin(\omega t + 45°)$ V，$u_2 = 42.4\sqrt{2}\sin(\omega t - 30°)$ V，试求 $u = u_1 + u_2$，并绘出相量图。

解 两个电压的相量形式为

$$\dot{U}_1 = 70.7\angle 45°\ \text{V},\ \dot{U}_2 = 42.4\angle -30°\ \text{V}$$

两个相量的和为

$$\begin{aligned}\dot{U} = \dot{U}_1 + \dot{U}_2 &= 70.7\angle 45°\ \text{V} + 42.4\angle -30°\ \text{V}\\ &= (50 + \text{j}50)\ \text{V} + (36.7 - \text{j}21.2)\ \text{V}\\ &= (86.7 + \text{j}28.8) = 91.4\angle 18.4°\ \text{V}\end{aligned}$$

所以

$$u = 91.4\sqrt{2}\sin(\omega t + 18.4°)\ \text{V}$$

相量图如图 3-10 所示。

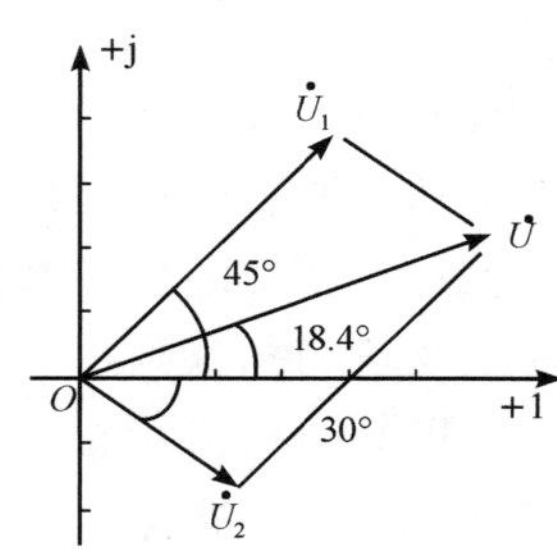

图 3-10　例 3-8 图

3.3　正弦交流电路中的负载元件

正弦交流电路中，负载有电阻元件、电感元件和电容元件。没有特别申明，本节介绍的都是指线性电阻元件、线性电感元件和线性电容元件。

3.3.1　正弦交流电路中的电阻元件

1. 电压与电流关系

如图 3-11 所示，在关联参考方向下，线性电阻元件的电压电流关系满足欧姆定律，且有 $u = Ri$。设流过电阻元件的电流是正弦电流，即

$$i = \sqrt{2}I\sin(\omega t + \theta_i) \tag{3-23}$$

则电阻元件的电压为

$$u = Ri = \sqrt{2}RI\sin(\omega t + \theta_i) \tag{3-24}$$

又因为

$$u = \sqrt{2}U\sin(\omega t + \theta_u) \tag{3-25}$$

故可得以下关系：

$$U = RI,\ \theta_u = \theta_i \tag{3-26}$$

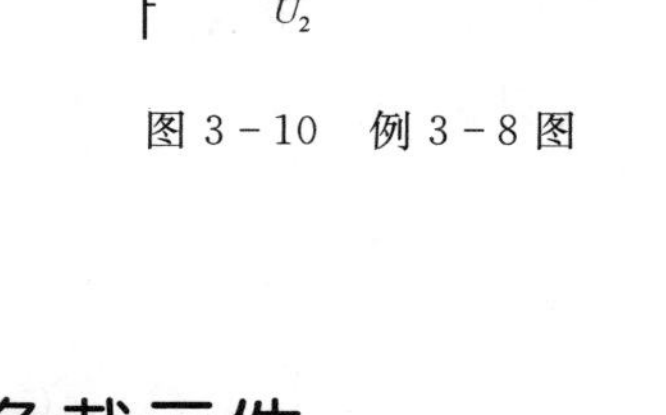

图 3-11　电阻元件

可见，电阻元件的电压和电流是同频率的正弦量，而且电压电流同相。它们的有效值和最大值之间仍满足欧姆定律。

将以上关系写成相量形式，可得

$$\dot{U}=U\angle\theta_u=RI\angle\theta_i=R\dot{I}$$

即

$$\dot{U}=R\dot{I} \tag{3-27}$$

也可写成

$$\dot{I}=G\dot{U} \tag{3-28}$$

图 3-12 画出了电阻中电压、电流的波形图和相量图。

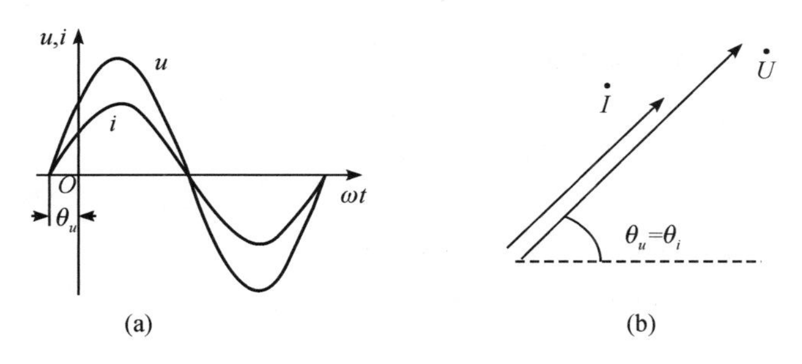

图 3-12　电阻中电压、电流的波形图和相量图

2. 功率

电阻元件是耗能元件，在正弦交流电路中也同样消耗功率。在正弦交流电路中，由于电压、电流随时间变化，因此电路的功率也随时间变化。这个随时间变化的功率称为瞬时功率，用小写字母 p 表示，即

$$p=ui \tag{3-29}$$

设 $\theta_u=\theta_i=0$，将 u、i 的解析式代入式(3-29)，可得电阻元件的瞬时功率，即

$$p=ui=\sqrt{2}U\sin(\omega t)\times\sqrt{2}I\sin(\omega t)=2UI\sin^2(\omega t)=UI[1-\cos(2\omega t)] \tag{3-30}$$

瞬时功率随时间变化的曲线如图 3-13 所示。整个曲线在横轴的上方，正如同式(3-30)所表明的那样，在关联参考方向下，$p\geqslant 0$，表明电阻元件是耗能元件。

瞬时功率的实际意义不大，工程上通常引用平均功率的概念。平均功率指瞬时功率在一个周期内的平均值，用大写字母 P 表示，即

$$P=\frac{1}{T}\int_0^T p\,\mathrm{d}t \tag{3-31}$$

图 3-13　电阻元件中的功率曲线

把式(3-30)代入式(3-31)，可得

$$P=\frac{1}{T}\int_0^T UI[1-\cos(2\omega t)]\mathrm{d}t=\frac{1}{T}\int_0^T UI\,\mathrm{d}t-\frac{1}{T}\int_0^T UI\cos(2\omega t)\,\mathrm{d}t=UI \tag{3-32}$$

把 $U=RI$ 或 $I=\dfrac{U}{R}$ 代入式(3-32)，可得

$$P=UI=I^2R=\frac{U^2}{R} \tag{3-33}$$

平均功率反映了电路实际消耗电能的情况，所以又称为有功功率，或简称功率。它的SI单位为W(瓦)。例如，灯泡的额定值为“220 V，25 W”，表明灯泡接220 V电压时，它消耗的平均功率是25 W。

【例3-9】 $R=20\ \Omega$ 的电阻，通过它的电流 $i=20\sqrt{2}\sin(\omega t-45°)$ A。(1) 求电阻两端的电压 u(u 与 i 的参考方向相同)；(2) 求电阻 R 的功率 P；(3) 作电压、电流的相量图。

解 (1) 由式(3-27)得

$$\dot{U}=\dot{I}R=20\angle-45°\ \text{A}\times 20\ \Omega=400\angle-45°\ \text{V}$$

所以

$$u=400\sqrt{2}\sin(\omega t-45°)\ \text{V}$$

(2) 由式(3-33)得

$$P=UI=400\ \text{V}\times 20\ \Omega=8\ \text{kW}$$

或

$$P=I^2R=(20^2\times 20)\ \text{W}=8\ \text{kW}$$

(3) 相量图如图3-14所示。

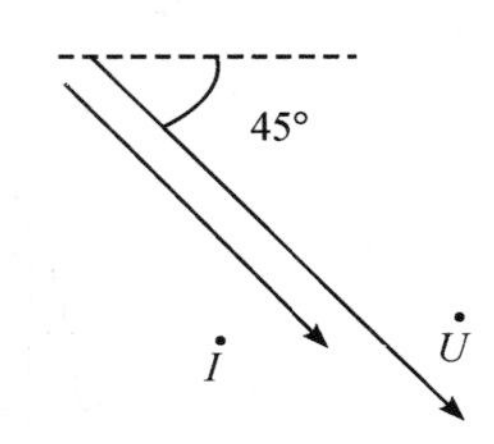

图3-14 例3-9图

3.3.2 正弦交流电路中的电感元件

1. 电压与电流关系

如图3-15所示，在关联参考方向下，电感元件的电压电流关系为

$$u=L\frac{\mathrm{d}i}{\mathrm{d}t} \tag{3-34}$$

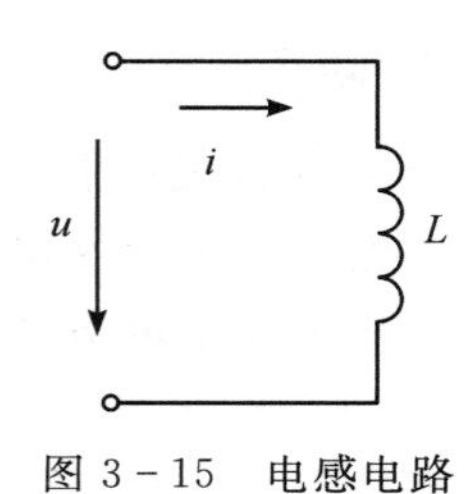

图3-15 电感电路

如果电感元件上通过一正弦电流 $i=\sqrt{2}I\sin(\omega t+\theta_i)$，则

$$u=L\frac{\mathrm{d}i}{\mathrm{d}t}=\sqrt{2}\omega LI\cos(\omega t+\theta_i)=\sqrt{2}\omega LI\sin\left(\omega t+\theta_i+\frac{\pi}{2}\right) \tag{3-35}$$

又因为 $u=\sqrt{2}U\sin(\omega t+\theta_u)$，所以可得以下关系

$$U=\omega LI,\quad \theta_u=\theta_i+\frac{\pi}{2} \tag{3-36}$$

可见，电感元件的电压超前电流$\frac{\pi}{2}$或90°，它们的有效值关系为 $U=\omega LI$。

设

$$X_L=\omega L=2\pi fL \quad (3-37$$

则有

$$U=\omega LI=X_LI \tag{3-38}$$

其中，X_L 反映了电感元件对电流的阻碍作用，称为感抗。X_L 的SI单位是欧姆(Ω)。在电压一定的情况下，如果 X_L 越大，则 I 越小。

注意： 感抗是正值，且只对正弦交流电才有意义。

感抗的倒数叫感纳，用 B_L 表示，即

$$B_L=\frac{1}{X_L}=\frac{1}{\omega L} \tag{3-39}$$

其中，B_L 的 SI 单位是西(S)，感纳也是正值。由式(3－37)可知：电感 L 一定时，电感的感抗 X_L 与频率 f 成正比。频率越高，感抗越大。对于直流，频率为零，角频率为零，感抗 $X_L=\omega L=2\pi fL=0\ \Omega$，$U=\omega LI=X_LI=0\ \mathrm{V}$，所以在直流电路中，电感元件相当于短路。

将电感元件的电压电流关系写成相量形式，可得

$$\dot{U}=U\angle\theta_u=X_LI\angle\left(\theta_i+\frac{\pi}{2}\right)=I\angle\theta_i\cdot X_L\angle\frac{\pi}{2}=\mathrm{j}X_L\dot{I} \tag{3-40}$$

即

$$\dot{U}=\mathrm{j}X_L\dot{I} \tag{3-41}$$

图 3－16 画出了电感中电压、电流的波形和相量图(设 $\theta_i=0$)。

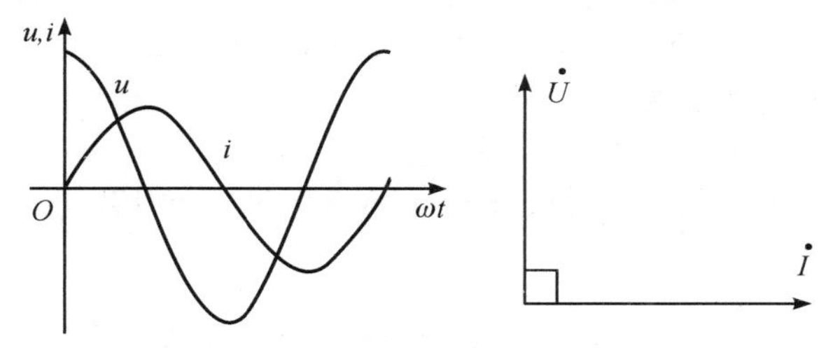

图 3－16　电感中电压、电流的波形和相量图

2. 功率

设电感电压 $u=\sqrt{2}U\sin(\omega t+\pi/2)$，电流 $i=\sqrt{2}I\sin(\omega t)$，则电感元件的瞬时功率为

$$p=ui=\sqrt{2}U\sin\left(\omega t+\frac{\pi}{2}\right)\sqrt{2}I\sin(\omega t)=2UI\sin(\omega t)\cos(\omega t)=UI\sin(2\omega t) \tag{3-42}$$

式(3－42)表明电感元件的瞬时功率也是正弦函数，其频率为电压或电流频率的 2 倍。电感元件瞬时功率的曲线如图 3－17 所示。从图中可以看出，在第一、三个 1/4 周期内，$p>0$，电感吸收能量；在第二、四个 1/4 周期内，$p<0$，电感释放能量。在一个周期内，电感吸收和释放的能量是相等的，电感并不消耗能量。因此，电感元件是储存磁场能量的储能元件，而不是耗能元件。

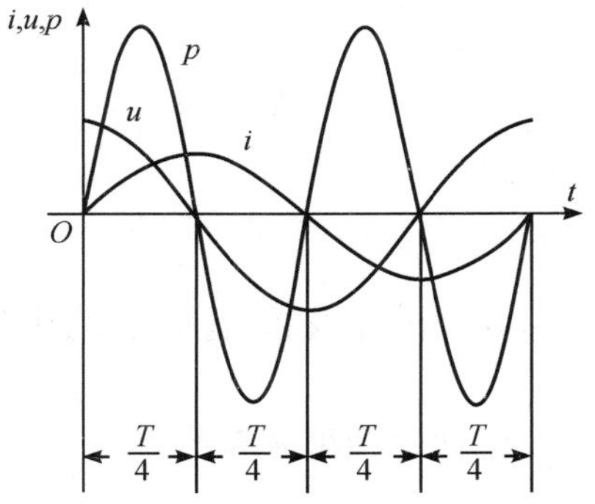

图 3－17　电感中的功率曲线

电感元件的平均功率为

$$P=\frac{1}{T}\int_0^T p\,\mathrm{d}t=\frac{1}{T}\int_0^T UI\sin(2\omega t)\,\mathrm{d}t=0\ \mathrm{W} \tag{3-43}$$

电感元件虽不消耗能量，但不断吸收与释放能量，即与外部电路之间有能量交换。为了反映电感元件与外部交换能量的规模，把电压与电流有效值的乘积称为电感元件的无功功率，用 Q_L 表示，于是

$$Q_L=UI=I^2X_L=\frac{U^2}{X_L} \tag{3-44}$$

电感元件上的无功功率是感性无功功率。大多数电力系统中都具有电感设备，如电动机、变压器，感性无功功率在电力供应中占有很重要的地位。

无功功率具有与有功功率相同的量纲，但为了与有功功率相区别，无功功率的单位采用乏(var)，工程上也常用千乏(kvar)。

【例3-10】 一电感 $L=2$ H，其端电压 $u=220\sqrt{2}\sin(314t-45°)$ V。

(1) 求电感上的电流 i(i 与 u 的参考方向相同)；

(2) 电感上的无功功率 Q_L；

(3) 作电压、电流相量图；

(4) 如电源有效值不变，其频率变为100 Hz，则电感的电流有效值和无功功率各为多少?

解 (1) 电感元件的感抗为

$$X_L=\omega L=(314\times 2)\ \Omega=628\ \Omega$$

电感元件中的电流的相量为

$$\dot{I}=\frac{\dot{U}}{\mathrm{j}X_L}=\frac{220\angle-45°}{\mathrm{j}628}\ \mathrm{A}=0.35\angle-135°\mathrm{A}$$

于是有

$$i=0.35\sqrt{2}\sin(314t-135°)\ \mathrm{A}$$

(2) 由式(3-44)得无功功率

$$Q_L=UI=220\ \mathrm{V}\times 0.35\ \mathrm{A}=77\ \mathrm{var}$$

(3) 相量图如图3-18所示。

(4) 若频率变为100 Hz，则感抗为

$$X_L=\omega L=2\pi fL=(2\times 3.14\times 100\times 2)\ \Omega=1256\ \Omega$$

电流的有效值

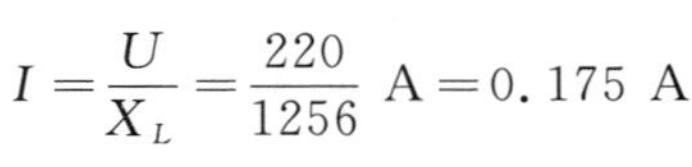

$$I=\frac{U}{X_L}=\frac{220}{1256}\ \mathrm{A}=0.175\ \mathrm{A}$$

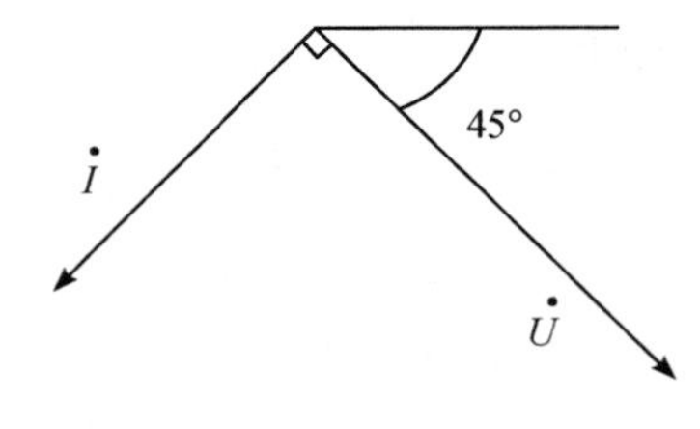

图3-18　例3-10图

无功功率

$$Q_L=UI=220\ \mathrm{V}\times 0.175\ \mathrm{A}=38.5\ \mathrm{var}$$

3.3.3 正弦交流电路中的电容元件

1. 电压与电流关系

如图3-19所示，在关联参考下，电容元件的电压电流关系为

$$i=C\frac{\mathrm{d}u}{\mathrm{d}t}\qquad(3-45)$$

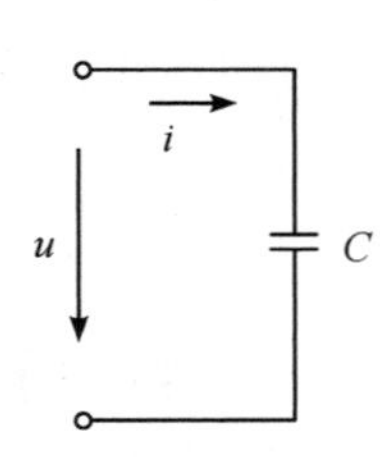

图3-19　电容电路

如果电容元件两端加一正弦电压 $u=\sqrt{2}U\sin(\omega t+\theta_u)$，则

$$i=C\frac{\mathrm{d}u}{\mathrm{d}t}=\sqrt{2}\omega CU\cos(\omega t+\theta_u)$$

$$=\sqrt{2}\omega CU\sin\left(\omega t+\theta_u+\frac{\pi}{2}\right)\qquad(3-46)$$

又因为 $i=\sqrt{2}I\sin(\omega t+\theta_i)$，可得

$$\begin{cases} I=\omega CU \\ \theta_i=\theta_u+\dfrac{\pi}{2} \end{cases} \tag{3-47}$$

可见，电容元件电流超前电压$\frac{\pi}{2}$或 90°，它们的有效值关系为 $I=\omega CU$。

设

$$X_C=\frac{1}{\omega C}=\frac{1}{2\pi fC} \tag{3-48}$$

则

$$U=\frac{1}{\omega C}I=X_C I \tag{3-49}$$

其中，X_C 的 SI 单位是欧姆(Ω)。X_C 可以反映电容元件对电流的阻碍作用，称为容抗。注意，容抗等于电压、电流有效值或最大值之比，而不等于其瞬时值之比。容抗是正值。

容抗的倒数叫容纳，用 B_C 表示，即

$$B_C=\frac{1}{X_C}=\omega C \tag{3-50}$$

其中，B_C 的 SI 单位是西(S)，容纳也是正值。

由式(3-48)可知，电容 C 一定时，电容的容抗 X_C 与频率 f 成反比。频率越高，容抗越小。对于直流，频率为零，角频率为零，容抗 $X_C=\frac{1}{\omega C}=\frac{1}{2\pi fC}$趋于无穷大，虽有电压作用于电容元件，但电流 $I=\frac{U}{X_C}=0$ A，所以在直流电路中，电容元件相当于开路。

将电容元件的电压电流关系写成相量形式，可得

$$\begin{aligned}\dot{U}&=U\angle\theta_u=X_C I\angle\left(\theta_i-\frac{\pi}{2}\right)\\&=I\angle\theta_i\cdot X_C\angle-\frac{\pi}{2}=-\mathrm{j}X_C\dot{I}\end{aligned}$$

即

$$\dot{U}=-\mathrm{j}X_C\dot{I} \tag{3-51}$$

电容中电压、电流的波形图和相量图见图 3-20，图中假设电压为参考相量，即 $\theta_u=0$。

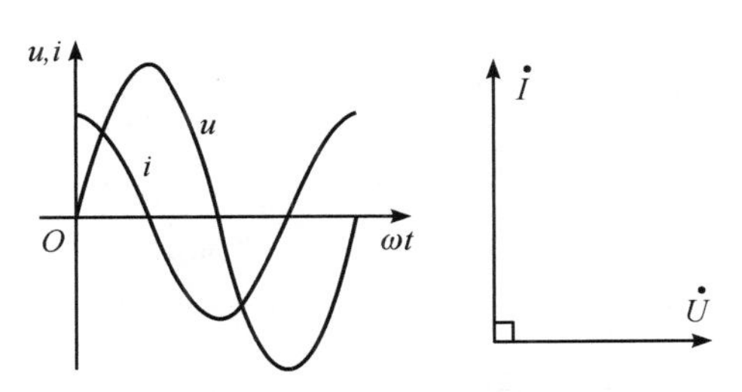

图 3-20　电容中电压、电流的波形图和相量图

2. 功率

设电容电压 $u=\sqrt{2}U\sin(\omega t)$、电流 $i=\sqrt{2}I\sin\left(\omega t+\frac{\pi}{2}\right)$，则电容元件的瞬时功率为

$$\begin{aligned}p=ui&=\sqrt{2}U\sin(\omega t)\sqrt{2}I\sin\left(\omega t+\frac{\pi}{2}\right)\\&=2UI\sin(\omega t)\cos(\omega t)\\&=UI\sin(2\omega t)\end{aligned} \tag{3-52}$$

式(3－52)表明电容元件的瞬时功率是时间的正弦函数，其频率为电压或电流频率的2倍，其曲线如图3－21所示。

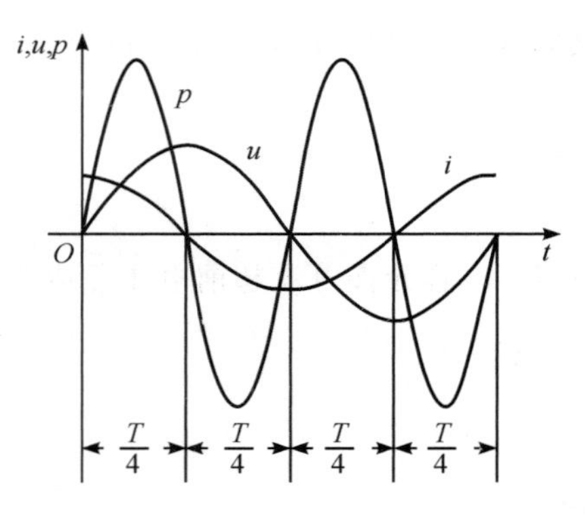

图3－21 电容中的功率曲线

与电感元件一样，电容元件也不消耗能量，但不断吸收与释放能量，是能够储存电场能量的储能元件。

电容元件的平均功率为

$$P=\frac{1}{T}\int_{0}^{T}p\,\mathrm{d}t=\frac{1}{T}\int_{0}^{T}UI\sin(2\omega t)\,\mathrm{d}t=0\ \mathrm{W} \tag{3-53}$$

为了反映电容元件与外部能量交换的规模，把电压与电流有效值乘积的负值称为电容元件的无功功率，用 Q_C 表示，于是

$$Q_C=-UI=-I^2X_C=-\frac{U^2}{X_C} \tag{3-54}$$

式(3－54)表明 $Q_C<0$，表示电容元件是输出无功功率的，Q_C 的单位采用乏(var)或千乏(kvar)。

【例3－11】 一电容 $C=100\ \mu\mathrm{F}$，其端电压 $u=220\sqrt{2}\sin(1000t-60°)$ V。

(1) 求电容上的电流 i(i 与 u 参考方向相同)；

(2) 求电容上的无功功率；

(3) 作电压、电流相量图。

解 (1) 要求电流 i，先由式(3－51)求其相量 $\dot{I}$。因为电容的容抗为

$$X_C=\frac{1}{\omega C}=\frac{1}{1000\times100\times10^{-6}}\ \Omega=10\ \Omega$$

所以电流相量为

$$\dot{I}=\frac{\dot{U}}{-\mathrm{j}X_C}=\frac{220\angle-60°}{-\mathrm{j}10}\ \mathrm{A}=22\angle30°\ \mathrm{A}$$

于是

$$i=22\sqrt{2}\sin(1000t+30°)\ \mathrm{A}$$

(2) 由式(3－54)得无功功率，即

$$Q_C=-UI=-220\ \mathrm{V}\times22\ \mathrm{A}=-4840\ \mathrm{var}$$

(3) 相量图如图3－22所示。

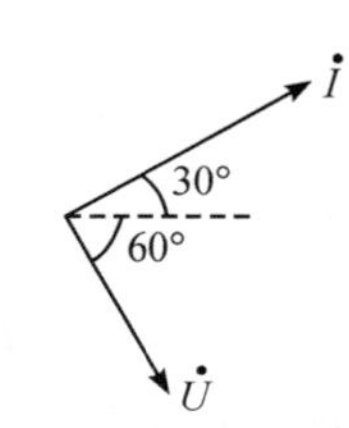

图3－22 例3－11图

3.3.4 阻抗和导纳

阻抗和导纳是为了更好地分析正弦交流电路而引入的两个重要概念。

1. 阻抗

在正弦交流电路中，有一个由线性电阻、电感及电容元件任意组成的无源二端网络，如图3－23所示。

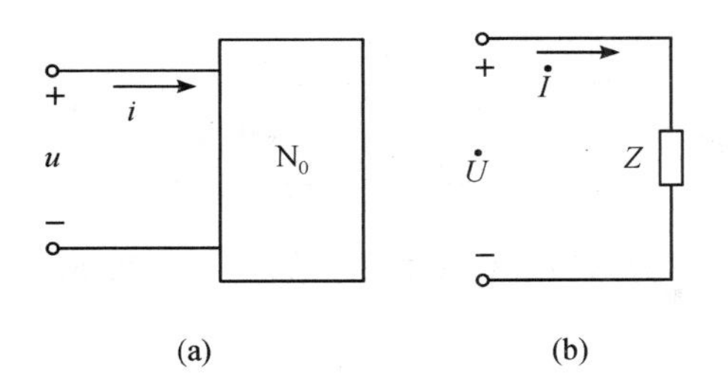

图3-23　二端网络的阻抗

设端口电压、电流分别为

$$u=\sqrt{2}U\sin(\omega t+\theta_u)$$

$$i=\sqrt{2}I\sin(\omega t+\theta_i)$$

它们对应的相量形式为

$$\dot{U}=U\angle\theta_u$$

$$\dot{I}=I\angle\theta_i$$

把端口电压相量$\dot{U}$与端口电流相量$\dot{I}$的比值定义为该二端网络的阻抗，用大写字母Z表示，即

$$Z=\frac{\dot{U}}{\dot{I}}=\frac{U\angle\theta_u}{I\angle\theta_i}=|Z|\angle\varphi \tag{3-55}$$

可见阻抗Z是一个复数，故也称为复阻抗。$|Z|\angle\varphi$是阻抗Z的极坐标表达式，其中$|Z|$是阻抗模，φ是阻抗角。

由式(3-55)可得

$$\begin{cases}|Z|=\dfrac{U}{I}\\ \varphi=\theta_u-\theta_i\end{cases} \tag{3-56}$$

可见，阻抗模$|Z|$等于端口电压、电流有效值的比值，阻抗角φ就是在关联参考方向下电压超前电流的相位差$\theta_u-\theta_i$。

阻抗Z既然是一个复数，我们也可以用代数形式表示它。阻抗Z的代数形式为

$$Z=R+\mathrm{j}X \tag{3-57}$$

其中，Z的实部R称为电阻，虚部X称为电抗。R、X与阻抗模$|Z|$构成一个直角三角形，称为阻抗三角形，如图3-24所示。由阻抗三角形可得到它们之间的关系

$$\begin{cases}|Z|=\sqrt{R^2+X^2}\\ \varphi=\arctan\dfrac{X}{R}\end{cases} \tag{3-58}$$

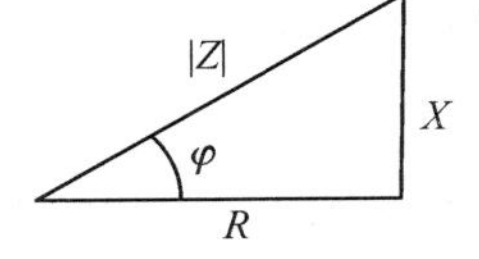

图3-24　阻抗三角形

Z、$|Z|$、R和X的SI单位都是Ω，阻抗的图形符号与电阻的相似，见图3-23(b)。

如果无源二端网络内部仅含单个元件R、L或C，则对应的阻抗分别为

$$
\begin{cases}
Z_R = R \\
Z_L = \mathrm{j}\omega L = \mathrm{j}X_L \\
Z_C = \dfrac{1}{\mathrm{j}\omega C} = -\mathrm{j}\,\dfrac{1}{\omega C} = -\mathrm{j}X_C
\end{cases}
\tag{3-59}
$$

如果无源二端网络内部为 RLC 串联电路，如图 3-25 所示，由于

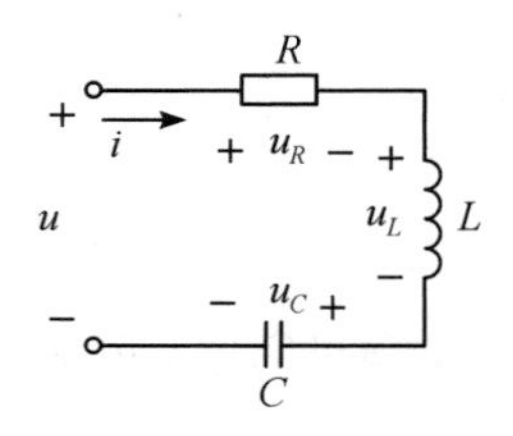

图 3-25　RLC 串联电路

$$
\begin{aligned}
\dot{U} &= \dot{U}_R + \dot{U}_L + \dot{U}_C = R\dot{I} + \mathrm{j}X_L\dot{I} - \mathrm{j}X_C\dot{I} \\
&= \dot{I}[R + \mathrm{j}(X_L - X_C)] \\
&= \dot{I}(R + \mathrm{j}X)
\end{aligned}
\tag{3-60}
$$

那么阻抗为

$$
Z = \frac{\dot{U}}{\dot{I}} = R + \mathrm{j}(X_L - X_C) = R + \mathrm{j}X = |Z|\angle\varphi \tag{3-61}
$$

其中，电抗为 $X = X_L - X_C$。

根据式(3-61)，RLC 串联，阻抗等于各个元件的阻抗之和。电路若以电流为参考相量，电抗 $X = X_L - X_C$ 取值不同时电路的相量图如图 3-26 所示。

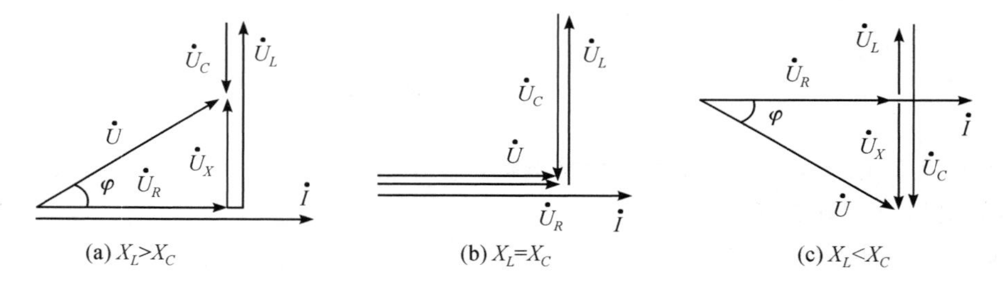

图 3-26　RLC 串联电路的相量图

由式(3-61)及图 3-26 所示的相量图可得：

(1) 当 $X>0\ \Omega$，即 $X_L>X_C$ 时，$\varphi>0$，此时电压 $\dot{U}$ 超前电流 $\dot{I}$(见图 3-26(a))，电路呈电感性。RLC 串联电路可等效为 RL 串联电路。

(2) 当 $X=0\ \Omega$，即 $X_L=X_C$ 时，$\varphi=0$，此时电压 $\dot{U}$ 与电流 $\dot{I}$ 同相(见图 3-26(b))，电路发生谐振(谐振电路将在后文讨论)，电路呈电阻性。RLC 串联电路可等效为一电阻电路。

(3) 当 $X<0\ \Omega$，即 $X_L<X_C$ 时，$\varphi<0$，此时电压 $\dot{U}$ 滞后电流 $\dot{I}$(见图 3-26(c))，电路呈电容性。RLC 串联电路可等效为 RC 串联电路。

当我们把复阻抗写成代数形式 $Z=R+\mathrm{j}X$ 时，由于

$$
\dot{U} = \dot{I}Z = \dot{I}(R + \mathrm{j}X) = \dot{I}R + \mathrm{j}X\dot{I} = \dot{U}_R + \dot{U}_X \tag{3-62}
$$

所以，可以把 Z 的实部和虚部分开，看作是两者相串联，如图 3-27 所示，此串联电路称为复阻抗的串联等效电路。

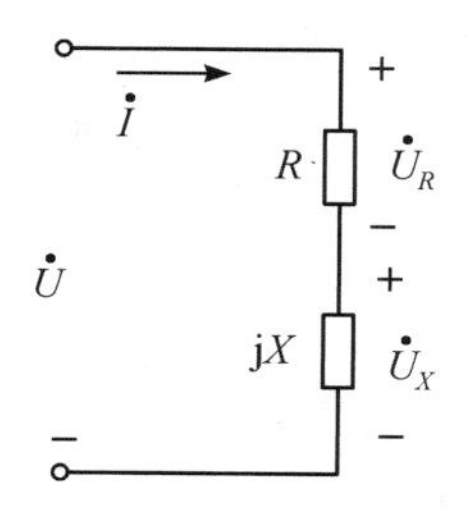

图 3-27　复阻抗的串联等效电路

【例 3-12】　在如图 3-25 所示的 RLC 串联电路中，$R=40\ \Omega$，$L=233\ \text{mH}$，$C=80\ \mu\text{F}$，电路两端的电压 $u=311\sin(314t)\ \text{V}$。试求：(1) 电路的阻抗模；(2) 电流的有效值；(3) 各元件两端电压的有效值；(4) 电路的性质。

解　(1) 感抗和容抗分别为

$$X_L=\omega L=314\times 233\times 10^{-3}\ \Omega=73.2\ \Omega$$

$$X_C=\frac{1}{\omega C}=\frac{1}{314\times 80\times 10^{-6}}\Omega=39.8\ \Omega$$

由式(3-58)及式(3-61)可得 RLC 串联电路的阻抗模为

$$|Z|=\sqrt{R^2+(X_L-X_C)^2}=\sqrt{40^2+(73.2-39.8)^2}\ \Omega=52.1\ \Omega$$

(2) 端电压的有效值为

$$U=\frac{U_{\text{m}}}{\sqrt{2}}=\frac{311}{\sqrt{2}}\ \text{V}=220\ \text{V}$$

电流的有效值为

$$I=\frac{U}{|Z|}=\frac{220}{52.1}\ \text{A}=4.2\ \text{A}$$

(3) 各元件上电压的有效值分别为

$$U_R=RI=40\ \Omega\times 4.2\ \text{A}=168\ \text{V}$$

$$U_L=X_LI=73.2\ \Omega=4.2\ \text{A}=307.4\ \text{V}$$

$$U_C=X_CI=73.2\ \Omega=4.2\ \text{A}=167.2\ \text{V}$$

(4) 由于 $X_L>X_C$，电路呈电感性质。

2. 导纳

在正弦交流电路中，有一个由线性电阻、电感及电容元件任意组成的无源二端网络，端口电流相量 $\dot{I}$ 与端口电压相量 $\dot{U}$ 的比值定义为该二端网络的导纳，用大写字母 Y 表示，即

$$Y=\frac{\dot{I}}{\dot{U}} \tag{3-63}$$

则

$$Y=\frac{\dot{I}}{\dot{U}}=\frac{I\angle\theta_i}{U\angle\theta_u}=|Y|\angle\varphi' \tag{3-64}$$

可见导纳 Y 是一个复数，故也称为复导纳。$|Y|\angle\varphi'$ 是导纳 Y 的极坐标表达式，其中 $|Y|$ 是导纳模，φ' 是导纳角。

由式(3-64)可得

$$\begin{cases}|Y|=\dfrac{I}{U}\\ \varphi'=\theta_i-\theta_u\end{cases}\tag{3-65}$$

可见，导纳模 $|Y|$ 等于端口电流、电压有效值的比值，导纳角 φ' 就是在关联参考方向下电流超前电压的相位差 $\theta_i-\theta_u$。

导纳 Y 的代数形式为

$$Y=G+\mathrm{j}B\tag{3-66}$$

其中，Y 的实部 G 称为电导，虚部 B 称为电纳。G、B 与 $|Y|$ 构成一个直角三角形，称为导纳三角形，如图 3-28 所示。由导纳三角形可得到它们之间的关系如下

$$\begin{cases}|Y|=\sqrt{G^2+B^2}\\ \varphi'=\arctan\dfrac{B}{G}\end{cases}\tag{3-67}$$

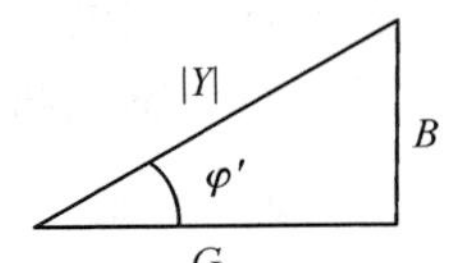

图 3-28 导纳三角形

Y、$|Y|$、G 和 B 的 SI 单位都是 S。导纳的图形符号与阻抗的图形符号相同。

如果无源二端网络内部仅含单个元件 R、L 或 C，则对应的导纳分别为

$$\begin{cases}Y_R=G=\dfrac{1}{R}\\ Y_L=\dfrac{1}{\mathrm{j}\omega L}=-\mathrm{j}\dfrac{1}{\omega L}=-\mathrm{j}B_L\\ Y_C=\mathrm{j}\omega C=\mathrm{j}B_C\end{cases}\tag{3-68}$$

如果无源二端网络内部为 RLC 并联电路，如图 3-29 所示，由于

$$\begin{aligned}\dot{I}&=\dot{I}_R+\dot{I}_L+\dot{I}_C\\ &=\dot{U}[G+\mathrm{j}(B_C-B_L)]\\ &=\dot{U}(G+\mathrm{j}B)\end{aligned}\tag{3-69}$$

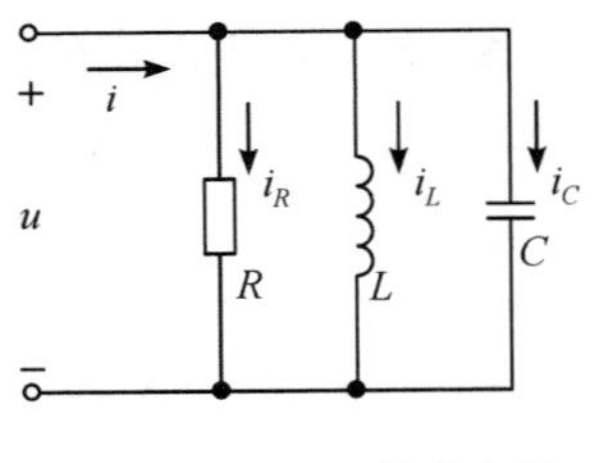

图 3-29 RLC 并联电路

则导纳为

$$Y=\frac{\dot{I}}{\dot{U}}=G+\mathrm{j}(B_C-B_L)=G+\mathrm{j}B=|Y|\angle\varphi'\tag{3-70}$$

其中，$G=\dfrac{1}{R}$ 称为电导，$B_L=\dfrac{1}{X_L}$ 称为感纳，$B_C=\dfrac{1}{X_C}$ 称为容纳，$B=B_C-B_L$ 称为电纳，$|Y|$ 称为导纳模，φ' 称为导纳角。

根据式(3-70)，RLC 并联时，总的导纳等于各个元件的导纳之和。若以电压为参考相量，则当电纳 $B=B_C-B_L$ 取值不同时电路的相量图如图 3-30 所示。

由式(3-70)及图 3-30 所示的相量图可得：

(1) 当 $B>0$ S，即 $B_C>B_L$ 时，$\varphi'>0$，此时电流超前电压(见图 3-30(a))，电路呈电

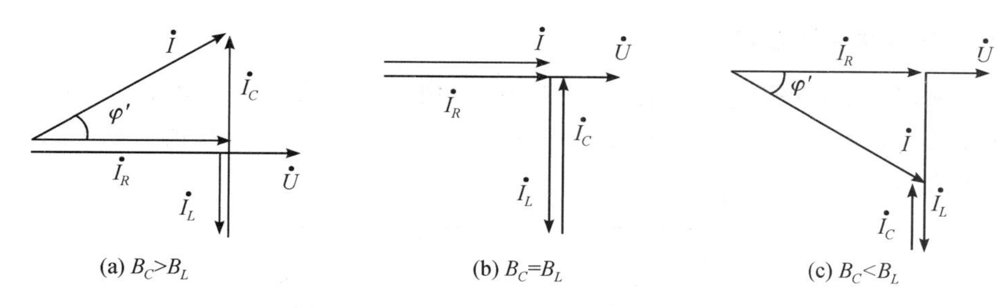

图 3-30　*RLC* 并联电路电压电流相量图

容性。*RLC* 并联电路可等效为 *RC* 并联电路。

(2) 当 $B=0$ S，即 $B_C=B_L$ 时，$\varphi'=0$，此时电流与电压同相(见图 3-30(b))，电路呈电阻性。*RLC* 并联电路可等效为电阻电路。

(3) 当 $B<0$ S，即 $B_C<B_L$ 时，$\varphi'<0$，此时电流滞后电压(见图 3-30(c))，电路呈电感性。

当我们把复导纳写成代数形式 $Y=G+\mathrm{j}B$ 时，由于

$$\dot{I}=\dot{U}Y=\dot{U}(G+jB)=\dot{U}G+jB\dot{U}=\dot{I}_G+\dot{I}_B$$

所以，可以把 Y 的实部和虚部分开，看作两者相并联，如图 3-31 所示，此并联电路称为复导纳的并联等效电路。

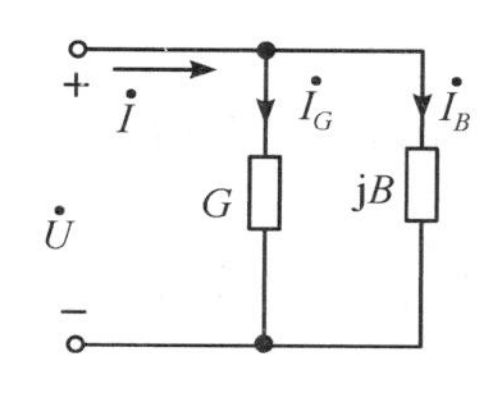

图 3-31　复导纳的并联等效电路

【例 3-13】 在图 3-29 所示的 *RLC* 并联电路中，已知 $R=10\ \Omega$，$L=127$ mH，$C=159\ \mu$F，$u=220\sqrt{2}\sin(314t+30°)$ V。试求：(1) 并联电路的总导纳 Y；(2) 各支路电流 $\dot{I}_R$、$\dot{I}_L$、$\dot{I}_C$ 和总电流 $\dot{I}$；(3) 电路的性质。

解　(1) 总导纳 Y 为

$$\begin{aligned}Y&=G+\mathrm{j}(B_C-B_L)=\frac{1}{R}+\mathrm{j}\left(\omega C-\frac{1}{\omega L}\right)\\&=\frac{1}{10}\ \mathrm{S}+\mathrm{j}\left(314\times159\times10^{-6}-\frac{1}{314\times127\times10^{-3}}\right)\ \mathrm{S}\\&=0.1+\mathrm{j}(0.05-0.025)\ \mathrm{S}=0.103\angle14.8°\mathrm{S}\end{aligned}$$

(2) 由已知条件可得 $\dot{U}=220\angle30°$ V。各支路电流为

$$\dot{I}_R=G\dot{U}=0.1\ \mathrm{S}\times220\angle30°\ \mathrm{V}=22\angle30°\mathrm{A}$$

$$\dot{I}_L=-\mathrm{j}B_L\dot{U}=-\mathrm{j}0.025\ \mathrm{S}\times220\angle30°\ \mathrm{V}=5.5\angle-60°\mathrm{A}$$

$$\dot{I}_C=\mathrm{j}B_C\dot{U}=\mathrm{j}0.05\ \mathrm{S}\times220\angle30°\ \mathrm{V}=11\angle120°\ \mathrm{A}$$

$$\dot{I}=Y\dot{U}=0.103\angle14°\ \mathrm{S}\times220\angle30°\ \mathrm{V}=22.7\angle44°\mathrm{A}$$

(3) 因为

$$Y=G+\mathrm{j}B=(0.1+\mathrm{j}0.025)\ \mathrm{S}=0.103\angle14.8°\ \mathrm{S}$$

$$\varphi'=14.8°>0$$

所以电路为容性电路。

3. 阻抗与导纳的等效变换

同一个无源二端网络，其在电路中的作用既可用一个等效阻抗 Z 表示，也可用一个等效导纳 Y 表示。相应地，该网络可以分别用 R 与 $\mathrm{j}X$ 的串联或 G 与 $\mathrm{j}B$ 的并联电路来等效，如图 3－32 所示。

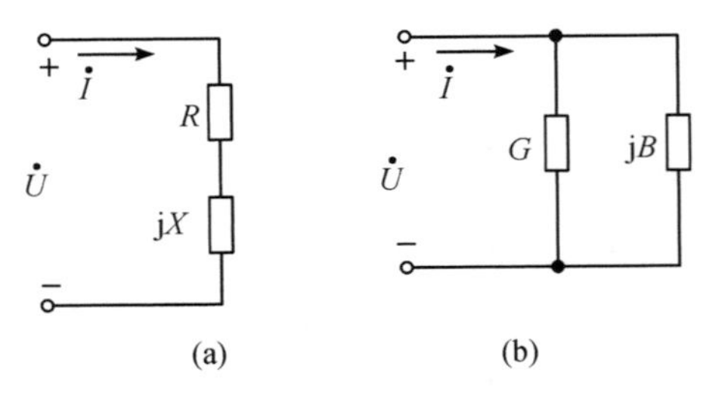

图 3－32　Y 与 Z 的等效变换

在保持端口电压和电流不变的条件下，如果电阻电抗串联等效的复阻抗为

$$Z=R+\mathrm{j}X=|Z|\angle\varphi \tag{3-71}$$

电导电纳并联等效的复导纳为

$$Y=G+\mathrm{j}B=|Y|\angle\varphi' \tag{3-72}$$

则由阻抗和导纳的定义式可知，阻抗和导纳等效互换的条件是

$$ZY=1$$

如用极坐标表示，则有

$$|Z|\angle\varphi\times|Y|\angle\varphi'=1$$

即

$$\begin{cases}|Y|=\dfrac{1}{|Z|}\\ \varphi'=-\varphi\end{cases} \tag{3-73}$$

如果用直角坐标表示，则要将阻抗 Z 等效变换为导纳 Y。由于

$$Y=\frac{1}{Z}=\frac{1}{R+\mathrm{j}X}=\frac{R}{R^2+X^2}-\mathrm{j}\,\frac{X}{R^2+X^2}=G+\mathrm{j}B$$

所以，有

$$\begin{cases}G=\dfrac{R}{R^2+X^2}\\ B=\dfrac{-X}{R^2+X^2}\end{cases} \tag{3-74}$$

同理，将导纳 Y 等效变换为阻抗 Z 时，由于

$$Z=\frac{1}{Y}=\frac{1}{G+\mathrm{j}B}=\frac{G}{G^2+B^2}-\mathrm{j}\,\frac{B}{G^2+B^2}=R+\mathrm{j}X$$

所以有

$$\begin{cases}R=\dfrac{G}{G^2+B^2}\\ X=\dfrac{-B}{G^2+B^2}\end{cases} \tag{3-75}$$

式(3-73)、式(3-74)和式(3-75)就是阻抗与导纳等效变换的关系。

【例3-14】 RL 串联电路如图3-33所示，已知 $\omega=10^6$ rad/s，$R=50\ \Omega$，$L=0.06$ mH，求电路总的阻抗和导纳。

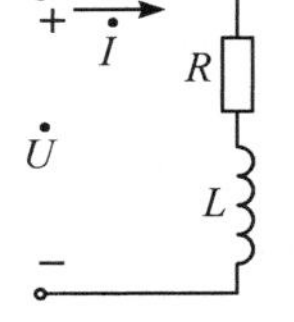

图3-33 例3-14图

解 感抗为

$$X_L=\omega L=(10^6\times 0.06\times 10^{-3})\ \Omega=60\ \Omega$$

总的阻抗为

$$Z=R+jX_L=(50+j60)\Omega=78.1\angle 50.2^\circ\ \Omega$$

导纳为

$$Y=\frac{1}{78.1\angle 50.2^\circ}\ S=0.0128\angle -50.2^\circ\ S=(0.0082-j0.0098)\ S$$

可见该电路呈电感性。

【例3-15】 如图3-34所示，在一工频 RC 并联电路中，已知 $R=\dfrac{1}{40}\ \Omega$，$X_C=\dfrac{1}{30}\ \Omega$，试求其等效导纳和阻抗。

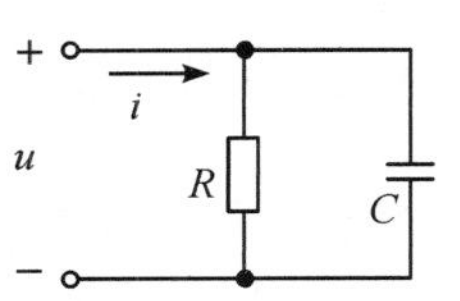

图3-34 例3-15图

解 RC 并联电路的导纳为

$$Y=G+jB_C=\frac{1}{R}+j\frac{1}{X_C}=(40+j30)S=50\angle 36.9^\circ\ S$$

阻抗为

$$Z=\frac{1}{Y}=\frac{1}{50\angle 36.9^\circ}\ \Omega=0.02\angle -36.9^\circ\ \Omega=(0.016-j0.012)\ \Omega$$

可见该电路呈电容性。

【例3-16】 有一 RLC 无源二端网络，测得其端口电压 $U=100$ V，端口电流 $I=2$ A，测得端口电压、端口电流相位差 $\varphi=36.9^\circ$，试求该无源二端网络的串联等效电路和并联等效电路的参数。

解 (1) 二端网络等效阻抗 Z 的模为

$$|Z|=\frac{U}{I}=\frac{100}{2}\ \Omega=50\ \Omega$$

等效阻抗 Z 为

$$Z=|Z|\angle\varphi=50\angle 36.9^\circ\ \Omega=(50\cos 36.9^\circ+50\sin 36.9^\circ)\Omega=(40+j30)\Omega$$

所以，串联等效电路的参数为

$$R=40\ \Omega,\quad X=30\ \Omega$$

(2) 由阻抗和导纳的关系 $ZY=1$ 得

$$Y=\frac{1}{Z}=\frac{1}{50\angle 36.9^\circ}\ S=0.02\angle -36.9^\circ\ S=(0.016-j0.012)S$$

所以，并联等效电路的参数为

$$G=0.016\ S,\quad B=-0.012\ S$$

注意: (1) 阻抗、导纳虽然和相量一样都是复数，但它们不代表正弦量，所以其表示符号为不带点的大写字母 Z 和 Y 表示，注意与相量($\dot{U}$、$\dot{I}$)相区别。

(2) 由于电感和电容的电抗或电纳均与频率有关，所以对含有电感或电容的同一电路，工作频率不同时，电路的等效参数值不同。

3.4 交流电路中的基本定律

3.4.1 相量形式的欧姆定律

在关联参考方向下，线性电阻元件的电压电流关系满足欧姆定律，且有 $u=Ri$。其相量形式为

$$\dot{U}=Z\dot{I} \quad 或 \quad \dot{I}=Y\dot{U} \tag{3-76}$$

3.4.2 相量形式的基尔霍夫定律

由前文可知，电路在任一瞬间都满足基尔霍夫定律，因此在正弦交流电路中，电压和电流的瞬时值满足基尔霍夫定律，即

$$\sum i=0, \sum u=0$$

正弦电流电路中各支路电流和各支路电压都是同频率正弦量，所以将电压、电流用相量表示，便得出基尔霍夫定律的相量形式。

1. 相量形式的基尔霍夫电流定律

相量形式的基尔霍夫电流定律为

$$\sum \dot{I}=0 \tag{3-77}$$

上式表明，在正弦交流电路中，连接在电路任一节点的各支路电流的相量和恒等于零。对某一节点列写 KCL 方程时，需首先选定每一支路电流的参考方向，然后规定流出或流入节点的电流相量的正负。

2. 相量形式的基尔霍夫电压定律

相量形式的基尔霍夫电压定律为

$$\sum \dot{U}=0 \tag{3-78}$$

式(3-78)表明在正弦交流电路中，任一回路的各支路电压的相量和恒等于零。对某一回路列写 KVL 方程时，需首先假设每一支路电压的参考方向，然后选定回路的绕行方向。参考方向与绕行方向一致的支路电压相量取正号，反之取负号。

【例 3-17】 在 *RC* 并联电路中，如图 3-35 所示，已知 $i_R=10\sqrt{2}\sin(\omega t+30°)$ A，$i=5\sqrt{2}\sin(\omega t-45°)$ A，试求电流 i_C。

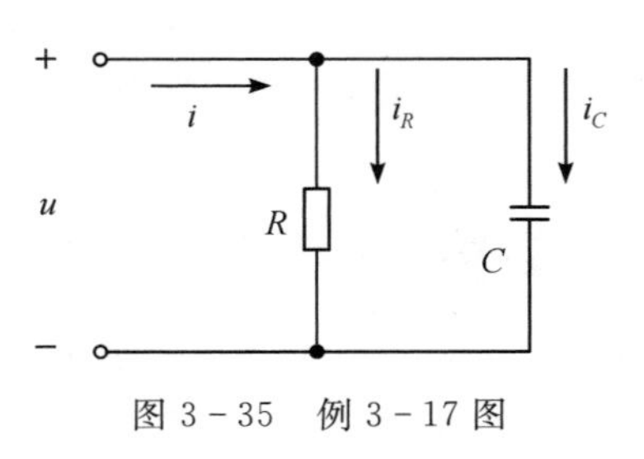

图 3-35 例 3-17 图

解 由已知条件得电流 i_R 和 i 的相量形式为

$$\dot{I}_R=10\angle 30° \text{ A}, \quad \dot{I}=5\angle -45° \text{ A}$$

由相量形式的 KCL 得

$$\dot{I}=\dot{I}_R+\dot{I}_C$$

所以

$$\begin{aligned}\dot{I}_C&=\dot{I}-\dot{I}_R=5\angle-45^\circ\ \text{A}-10\angle 30^\circ\ \text{A}\\&=(3.54-\text{j}3.54)\ \text{A}-(8.66+\text{j}5)\ \text{A}\\&=(-5.12-\text{j}8.54)\ \text{A}=9.96\angle-121^\circ\ \text{A}\end{aligned}$$

电容支路的电流为

$$i_C=9.96\sqrt{2}\sin(\omega t-121^\circ)\ \text{A}$$

【例 3-18】　在图 3-36(a)所示电路中，已知电流表 A_1 和 A_2 的读数分别是 3 A 和 4 A，试求电流表 A 的读数。

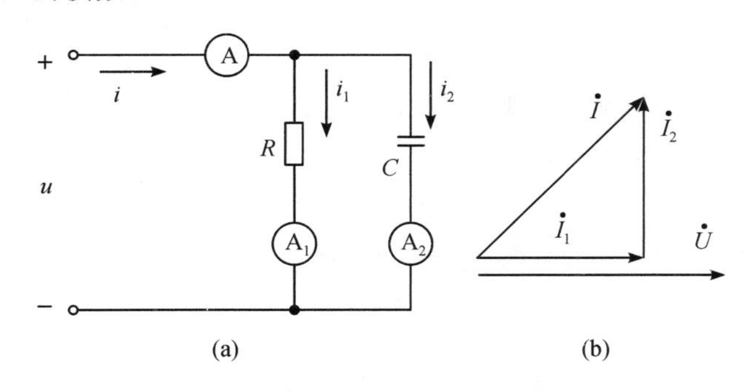

图 3-36　例 3-18 图

解　方法一：计算法。

并联电路选端口电压为参考相量，设 $\dot{U}=U\angle 0^\circ$，根据单个 R、L、C 元件的性质，在关联参考方向下，电阻元件的电压电流同相，电容元件的电流超前电压 90°，则

$$\dot{I}_1=3\angle 0^\circ\text{A},\quad \dot{I}_2=4\angle 90^\circ\ \text{A}$$

由相量形式的 KCL 得

$$\dot{I}=\dot{I}_1+\dot{I}_2=3\angle 0^\circ\ \text{A}+4\angle 90^\circ\ \text{A}=(3+\text{j}4)\ \text{A}=5\angle 53.1^\circ\text{A}$$

所以电流表 A 的读数为 5 A。

方法二：作图法。

如图 3-36(b)所示，在复平面上，以 $\dot{U}$ 为参考相量，沿正实轴方向画出 $\dot{U}$(实轴可不画)。然后在关联参考方向下，依据电阻元件的电压电流同相，画出 $\dot{I}_1$；依据电容元件的电流超前电压 90°，画出 $\dot{I}_2$。根据相量形式的 KCL 可知 $\dot{I}=\dot{I}_1+\dot{I}_2$，在相量图上作出电流 $\dot{I}$，$\dot{I}_1$、$\dot{I}_2$ 和 $\dot{I}$ 构成一个直角三角形。由相量图可得

$$I=\sqrt{I_1^2+I_2^2}=\sqrt{3^2+4^2}\ \text{A}=5\ \text{A}$$

即电流表 A 的读数为 5 A。

【例 3-19】　在图 3-37(a)所示 RL 串联电路中，由电压表测得 $U=50$ V 和 $U_R=40$ V，试求 U_L，并画出相量图。

解　方法一：计算法。

串联电路选端口电流为参考相量，设 $\dot{I}=I\angle 0°\text{A}$，则根据单个 R、L、C 元件的性质，在关联参考方向下，电阻元件的电压电流同相，电感元件的电压超前电流 90°，则

$$\dot{U}_R=40\angle 0°,\quad \dot{U}_L=U_L\angle 90°$$

设端口电压的初相为 φ，则有

$$\dot{U}=50\angle\varphi$$

由相量形式的 KVL 得

$$\dot{U}=\dot{U}_R+\dot{U}_L$$

即

$$50\angle\varphi=40\angle 0°+U_L\angle 90°$$

$$50\cos\varphi+\mathrm{j}50\sin\varphi=40+\mathrm{j}U_L$$

比较等式两边的实部与虚部，则有

$$\begin{cases}50\cos\varphi=40\\50\sin\varphi=U_L\end{cases}$$

由 $\cos\varphi=0.8$ 得，$\sin\varphi=\sqrt{1-\cos^2\varphi}=0.6$，所以

$$U_L=50\sin\varphi=50\times 0.6=30\ \text{V}$$

方法二：作图法。

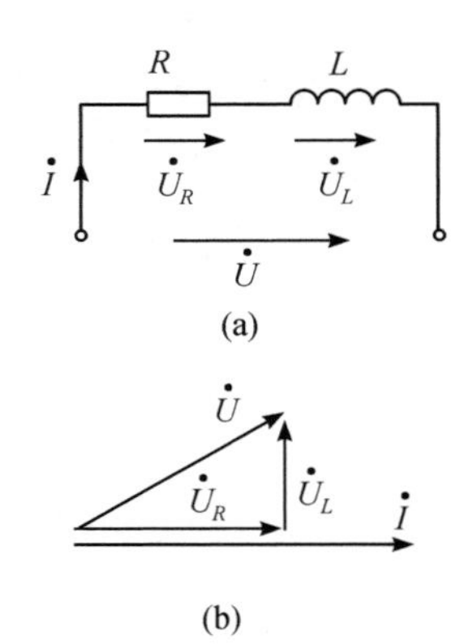

图 3－37 例 3－19 图

U_L 也可以用相量图来求。如图 3－37(b)所示，在复平面上，沿正实轴方向画出电流相量 $\dot{I}$ 作为参考相量。在关联参考方向下，依据电阻元件的电压电流同相，画出 $\dot{U}_R$；依据电感元件的电压超前电流 90°，画出 $\dot{U}_L$。根据相量形式的 KVL 可知 $\dot{U}=\dot{U}_R+\dot{U}_L$，在相量图上作出电压 $\dot{U}$，$\dot{U}_R$、$\dot{U}_L$ 和 $\dot{U}$ 构成一个直角三角形，可得

$$U_L=\sqrt{U^2-U_R^2}=\sqrt{50^2-40^2}\ \text{V}=30\ \text{V}$$

3.5 正弦交流电路的功率

在前面的章节中，我们分析了单一电阻、电感及电容元件的功率，这一节将讨论无源二端网络的功率。

3.5.1 瞬时功率

设图 3－38(a)所示无源二端网络 N_0 中的电压与电流分别为

$$i=\sqrt{2}I\sin(\omega t)$$

$$u=\sqrt{2}U\sin(\omega t+\varphi)$$

其中，φ 为该无源二端网络等效阻抗的阻抗角，也即电压超前电流的相位。

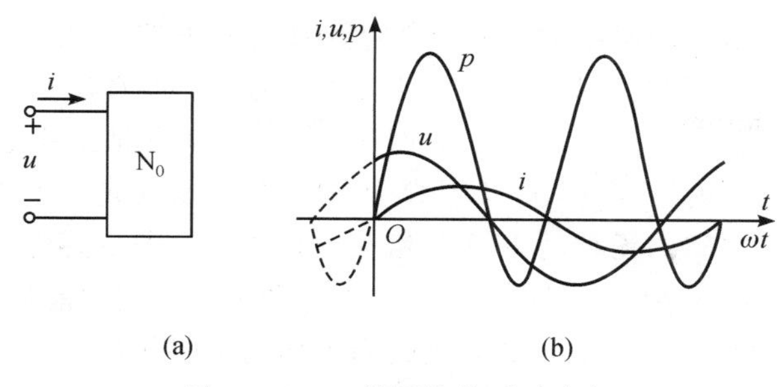

图 3-38　二端网络的瞬时功率

二端网络吸收的瞬时功率为

$$p=ui=\sqrt{2}U\sin(\omega t+\varphi)\sqrt{2}I\sin(\omega t)=UI\left[\cos\varphi-\cos(2\omega t+\varphi)\right] \tag{3-79}$$

瞬时功率 p 的波形如图 3-38(b)所示。当 u、i 瞬时值同号时，$p=ui>0$，二端网络从外电路吸收功率；当 u、i 瞬时值异号时，$p=ui<0$，二端网络向外电路提供功率。瞬时功率有正有负说明二端网络与外电路之间有能量的往返交换，这是由于二端网络中含有储能元件(电感或电容)的缘故。在一个周期内 $p>0$ 的部分大于 $p<0$ 部分，说明二端网络仍从外电路吸收功率，这是因为二端网络中有耗能的电阻元件。

3.5.2　有功功率

有功功率也就是平均功率，它表示电路消耗的功率，由其定义式可得

$$P=\frac{1}{T}\int_0^T ui\,\mathrm{d}t=\frac{1}{T}\int_0^T UI\left[\cos\varphi-\cos(2\omega t+\varphi)\right]\mathrm{d}t=UI\cos\varphi=UI\lambda \tag{3-80}$$

式中，$\lambda=\cos\varphi$ 称为二端网络的功率因数。上式表明正弦交流电路中无源二端网络的有功功率一般并不等于电压有效值与电流有效值的乘积，它还与功率因数有关，只有当 $\varphi=0$，$\cos\varphi=1$ 时，$P=UI$。

电阻元件、电感元件和电容元件的有功功率分别如下：

(1) 由于电阻元件的电压电流同相，即 $\varphi=0°$，故 $P_R=UI$；

(2) 由于电感元件的电压超前电流 90°，即 $\varphi=90°$，故 $P_L=UI\cos 90°=0$；

(3) 由于电容元件的电压滞后电流 90°，即 $\varphi=-90°$，故 $P_C=UI\cos(-90°)=0$。

由于电感元件和电容元件均不消耗有功功率，所以无源二端网络消耗的有功功率实际上也就是网络内各电阻元件消耗的有功功率的和。

3.5.3　无功功率

电感和电容虽然不消耗能量，但会与外电路进行能量交换，无功功率就是用来反映能量交换大小的量。无功功率定义为

$$Q=UI\sin\varphi \tag{3-81}$$

对于电阻性二端网络，$\varphi=0$，$Q_R=0$；对于电感性二端网络，$\varphi>0$，$Q_L>0$；对于电容性二端网络，$\varphi<0$，$Q_C<0$；对于既有电感又有电容的二端网络，其无功功率应等于两者的代数和，即 $Q=Q_L+Q_C$。

与有功功率不同，无功功率没有明显的物理意义。无功功率的存在只是说明网络中有

电感元件或电容元件存在，网络中的电感、电容元件与外电路有能量交换，它是电路引进的一个辅助计算量。虽然无功功率在平均意义上并不做功，但在电力工程中也把无功功率看作可以“产生”或“消耗”。对于电感性二端网络($Q_L>0$)，习惯上把它看作吸收或消耗无功功率；对于电容性二端网络($Q_C<0$)，习惯上把它看作提供或产生无功功率。Q_L 和 Q_C 一正一负，说明两元件之间的无功功率具有相互补偿作用，即电感建立磁场时，电容恰逢放电，电容建立电场时，电感恰逢释放磁场能。电感和电容之间的能量交换可以互补。

二端网络吸收的无功功率等于各部分吸收的无功功率的代数和。

3.5.4　视在功率

对于一个无源二端网络，定义其端口电压、端口电流有效值的乘积为视在功率，即

$$S=UI \tag{3-82}$$

视在功率的SI单位为V·A。电力工程中，电动机、变压器等一些电气设备器件都是按照额定电压、额定电流设计和使用的，用视在功率表示设备的容量比较方便。通常说的电动机和变压器的容量就是指它们的视在功率。

引入视在功率以后，有功功率可以表示为

$$P=UI\cos\varphi=S\cos\varphi \tag{3-83}$$

无功功率可以表示为

$$Q=UI\sin\varphi=S\sin\varphi \tag{3-84}$$

视在功率、有功功率与无功功率组成直角三角形，该三角形称为功率三角形，如图3-39所示。它们满足

$$\begin{cases} S=\sqrt{P^2+Q^2} \\ \tan\varphi=\dfrac{Q}{P} \\ \lambda=\cos\varphi=\dfrac{P}{S} \end{cases} \tag{3-85}$$

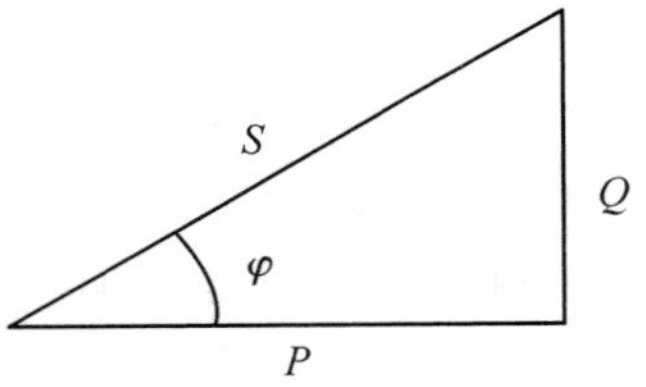

图3-39　功率三角形

【例3-20】　图3-40所示电路接至220 V的电源上，已知 $R_1=40\ \Omega$，$X_L=30\ \Omega$，$R_2=60\ \Omega$，$X_C=60\ \Omega$，试求各支路电流及总的有功功率、无功功率和视在功率。

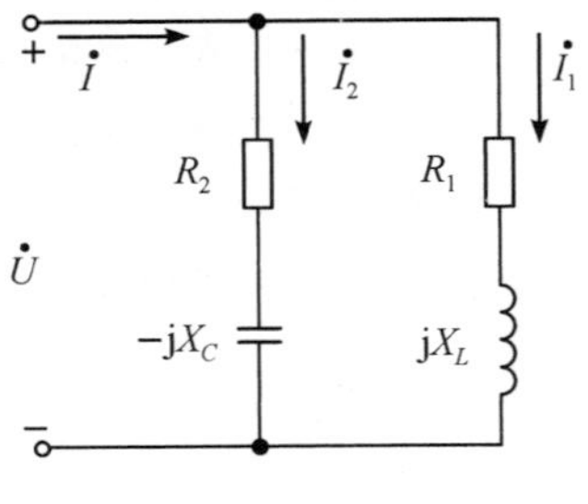

图3-40　例3-20图

解　设 $\dot{U}=220\angle 0^\circ$ V，则

$$\dot{I}_1=\frac{\dot{U}}{R_1+\mathrm{j}X_L}=\frac{220\angle 0^\circ\ \mathrm{V}}{40\Omega+\mathrm{j}30\Omega}=\frac{220\angle 0^\circ\ \mathrm{V}}{50\angle 36.9^\circ\ \Omega}=4.4\angle -36.9^\circ\ \mathrm{A}$$

所以

$$I_1=4.4\ \mathrm{A}$$

支路电流 $\dot{I}_2$ 为

$$\dot{I}_2=\frac{\dot{U}}{R_2-\mathrm{j}X_C}=\frac{220\angle 0^\circ\ \mathrm{V}}{60\ \Omega-\mathrm{j}60\Omega}=\frac{220\angle 0^\circ\ \mathrm{V}}{60\sqrt{2}\angle -45^\circ\ \Omega}=2.59\angle 45^\circ\ \mathrm{A}$$

$$I_2=2.59\ \mathrm{A}$$

总电流为

$$\begin{aligned}\dot{I} &= \dot{I}_1 + \dot{I}_2 = 4.4\angle -36.9^\circ \text{ A} + 2.59\angle 45^\circ \text{ A} \\ &= [4.4\times\cos(-36.9^\circ) + \text{j}4.4\times\sin(-36.9^\circ)] \text{ A} + \\ &\quad [2.59\times\cos45^\circ + \text{j}2.59\times\sin45^\circ] \text{ A} \\ &= (3.52 - \text{j}2.64) \text{ A} + (1.83 + \text{j}1.83) \text{A} \\ &= (5.35 - \text{j}0.81) \text{ A} = 5.41\angle -8.6^\circ \text{ A}\end{aligned}$$

所以 $\varphi=\theta_u-\theta_i=0^\circ-(-8.6^\circ)=8.6^\circ$，则

$$P = UI\cos\varphi = 220 \text{ V}\times 5.41 \text{ A}\times\cos8.6^\circ = 1176.8 \text{ W}$$

$$Q = UI\sin\varphi = 220 \text{ V}\times 5.41 \text{ A}\times\sin8.6^\circ = 178 \text{ var}$$

$$S = UI = 220 \text{ V}\times 5.41 \text{ A} = 1190.2 \text{ V}\cdot\text{A}$$

【例 3-21】 图 3-41 所示电路是采用电压表、电流表和功率表测线圈的参数 R 和 L 的电路图。已测得电压表、电流表和功率表的读数分别为 50 V、1 A 和 30 W，电源的频率为 50 Hz，试求 R 和 L。

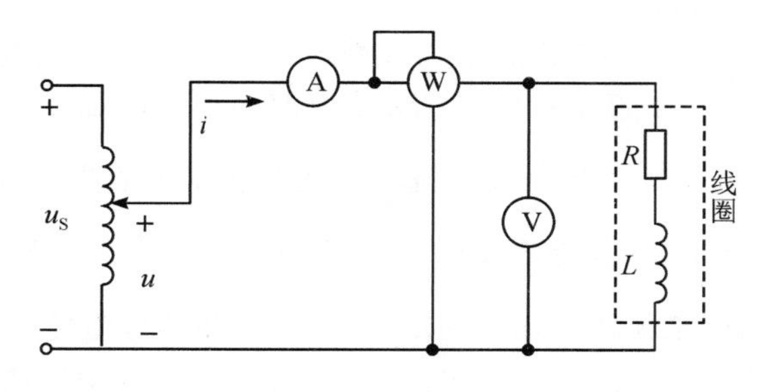

图 3-41　例 3-21 图

解　功率表测得功率 30 W 为有功功率，而有功功率为电路中电阻消耗的功率，则有

$$P = I^2R$$

$$R = \frac{P}{I^2} = \frac{30}{1^2} \ \Omega = 30 \ \Omega$$

线圈的阻抗模

$$|Z| = \frac{U}{I} = \frac{50}{1} \ \Omega = 50 \ \Omega$$

又因为有 $|Z|=\sqrt{R^2+X_L^2}$，所以

$$X_L = \sqrt{|Z|^2 - R^2} = \sqrt{50^2 - 30^2} \ \Omega = 40 \ \Omega$$

而 $X_L=\omega L$，故

$$L = \frac{X_L}{\omega} = \frac{40}{2\times\pi\times 50} \text{ mH} = 127 \text{ mH}$$

3.5.5　功率因数的提高

在正弦交流电路中，由于有功功率

$$P = UI\cos\varphi = S\cos\varphi = S\lambda$$

因此，当负载的功率因数 λ 太低时，电路中电源设备输出的有功功率 P 很小，电源设备的

额定容量就不能充分被利用。例如，一台变压器的容量为 1000 kV·A，当功率因数 $\lambda=1$ 时，变压器输出的功率为 1000 kW，当功率因数 $\lambda=0.5$ 时，变压器输出的功率为 500 kW。实际电力系统中，电阻负载(如白炽灯)的功率因数 $\lambda=1$，但电阻负载只是小部分，大部分负载是异步电动机。该异步电动机是感性负载，功率因数较低，一般为 0.7～0.85。负载的功率因数 $\lambda\neq1$，它的无功功率就不等于零，这意味着它从电源接收的部分能量用于交换而非被消耗。功率因数较低，交换能量所占比例越大。

此外，由于电流 $I=\dfrac{P}{U\cos\varphi}$，所以当输出的功率 P、电压 U 一定时，负载的功率因数 λ 越低，则输电线路的电流 I 越大，所引起的线路上的能量损耗和电压降越大。线路上的电压降加大，会使负载电压降低，影响负载的正常工作，如电灯变暗、电动机转速降低等。

提高电路的功率因数，电源设备的容量就能充分被利用，输电的电能损耗就能减少。这在电力系统中具有很重要的经济意义。

电力系统中，一般负载都是电感性的，对于这样的负载，常用电容器与负载并联来提高电路的功率因数，其原理如下。

感性负载可用 RL 串联等效电路表示，如图 3-42(a)所示。提高电路的功率因数，常在感性负载两端并联电容，如图 3-42(b)所示，电路的相量图如图 3-42(c)所示。在未并联电容 C 时，线路端口电流 $\dot{I}$ 等于负载电流 $\dot{I}_1$，此时功率因数为 $\cos\varphi$，功率因数角就是无源二端网络端口电压 $\dot{U}$ 和端口电流 $\dot{I}$(即 $\dot{I}_1$)的相位差 φ；并联电容 C 后，线路端口电流 $\dot{I}=\dot{I}_1+\dot{I}_2$，功率因数角就是无源二端网络端口电压 $\dot{U}$ 和端口电流 $\dot{I}$ 的相位差 φ'。由相量图(见图 3-42(c))可知，因为 $\varphi'<\varphi$，所以 $\cos\varphi'>\cos\varphi$，此时电路的功率因数提高了。

想一想，为什么图 3-42(a)中 $\dot{I}_1$ 和图 3-42(b)中的 $\dot{I}_1$ 相等？

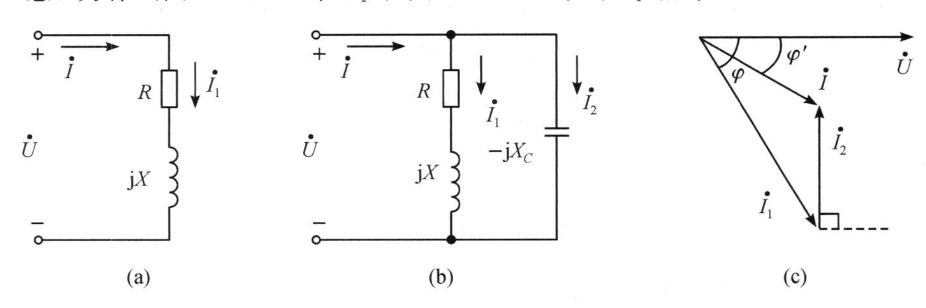

图 3-42　功率因数的提高

如果要将有功功率为 P、端电压为 U 的负载电路的功率因数由 $\cos\varphi$ 提高到 $\cos\varphi'$，则所并联的电容 C 的计算如下：

$$I_1=\frac{P}{U\cos\varphi},\quad I=\frac{P}{U\cos\varphi'}$$

由图 3-42(c)可得

$$I_2=I_1\sin\varphi-I\sin\varphi'$$

将 I_1、I_2 代入得

$$I_2=I_1\sin\varphi-I\sin\varphi'=\frac{P}{U}(\tan\varphi-\tan\varphi')$$

由于

$$I_2=\frac{U}{X_C}=\omega CU$$

则

$$\omega CU=\frac{P}{U}(\tan\varphi-\tan\varphi')$$

所以

$$C=\frac{P}{\omega U^2}(\tan\varphi-\tan\varphi') \tag{3-86}$$

【例 3-23】 在 50 Hz、380 V 的电源上接一感性负载，功率为 20 kW，功率因数 $\cos\varphi=0.6$。若要使电路的功率因数提高为 $\cos\varphi'=0.9$，则需并联多大的电容器？

解 已知 $U=380$ V，$P=20$ kW，$f=50$ Hz，$\omega=2\pi f=314$ rad/s。由 $\cos\varphi=0.6$ 得

$$\tan\varphi=1.333$$

由 $\cos\varphi'=0.9$ 得

$$\tan\varphi'=0.4843$$

将以上数据代入式(3-86)得

$$C=\frac{P}{\omega U^2}(\tan\varphi-\tan\varphi')=\frac{20\times10^3}{314\times380^2}(1.333-0.4843)\ \mu\text{F}=375\ \mu\text{F}$$

故需并联 375 μF 的电容器。

3.6 正弦交流电路的相量分析法

正弦交流电路的分析计算与直流电路的分析计算一样，也是应用基尔霍夫定律和欧姆定律来进行的。在正弦交流电路中，相量形式 $\sum\dot{I}=0$、$\sum\dot{U}=0$、$\dot{U}=Z\dot{I}$、$\dot{I}=Y\dot{U}$ 与直流电路中相应的表达式 $\sum I=0$、$\sum U=0$、$U=RI$、$I=GU$ 相似，因而同样可以推出类似于直流电路的分析计算方法及电路定理，如等效变换法、支路电流法、节点电压法、叠加定理或戴维南定理等。只要把直流电路中的电阻 R 用阻抗 Z 替换，电导 G 用导纳 Y 替换，电压 U 用相量形式 $\dot{U}$ 替换，电流 I 用相量形式 $\dot{I}$ 替换，那么分析计算直流电路的方法就可以推广到正弦交流电路中。

这样的将正弦交流电路的所有激励和响应用相量表示，电路中无源元件用阻抗或导纳表示，分析计算交流电路的方法，称为相量分析法，简称相量法。

相量法解题步骤归纳如下：

(1) 作电路的相量模型。所谓电路的相量模型，是指元件的连接方式不变，将元件参数用阻抗或导纳标注，电流、电压用相量形式标注。选定待求电流、电压的参考方向，并标注在电路图上。

(2) 选择解题方法。用等效变换法、支路电流法、节电电压法、叠加定理或戴维南定理等，求出待求量的相量。应用时须注意，正弦量用相量形式，阻抗和导纳代替电阻和电导。

(3) 由待求量的相量形式写出对应的瞬时值表达式。

分析计算时要充分利用相量图，有时可用相量图来简化计算，也可利用相量之间的几何关系来帮助分析。

【例 3-24】 有一 RLC 串联电路，已知 $R=27\ \Omega$，$X_L=90\ \Omega$，$X_C=60\ \Omega$，电源电压为 $u=220\sqrt{2}\sin(314t)$ V。(1) 求电流 i 的瞬时值；(2) 求 R、L、C 元件上电压的瞬时值；(3) 画出相量图。

解 (1) $Z=R+\mathrm{j}(X_L-X_C)=[27+\mathrm{j}(90-60)]\ \Omega=40.4\angle 48°\ \Omega$

$$\dot{I}=\frac{\dot{U}}{Z}=\frac{220\angle 0°}{40.4\angle 48°}\ \mathrm{A}=5.45\angle -48°\ \mathrm{A}$$

所以电流的瞬时值为

$$i=5.45\sqrt{2}\sin(314t-48°)\ \mathrm{A}$$

(2) 为了求 R、L、C 元件上的电压瞬时值，先求出各元件上的电压相量，即

$$\dot{U}_R=R\dot{I}=27\ \Omega\times 5.45\angle -48°\ \mathrm{A}=147.2\angle -48°\ \mathrm{V}$$

$$\dot{U}_L=\mathrm{j}X_L\dot{I}=90\angle 90°\ \Omega\times 5.45\angle -48°\ \mathrm{A}=490.5\angle 42°\ \mathrm{V}$$

$$\dot{U}_C=-\mathrm{j}X_C\dot{I}=60\angle -90°\ \Omega\times 5.45\angle -48°\ \mathrm{A}=327\angle -138°\ \mathrm{V}$$

所以

$$u_R=147.2\sqrt{2}\sin(314t-48°)\ \mathrm{V}$$

$$u_L=490.5\sqrt{2}\sin(314t-48°+90°)=490.5\sqrt{2}\sin(314t+42°)\ \mathrm{V}$$

$$u_C=327\sqrt{2}\sin(314t-48°-90°)=327\sqrt{2}\sin(314t-138°)\ \mathrm{V}$$

(3) 根据计算所得结果作相量图，如图 3-43 所示。

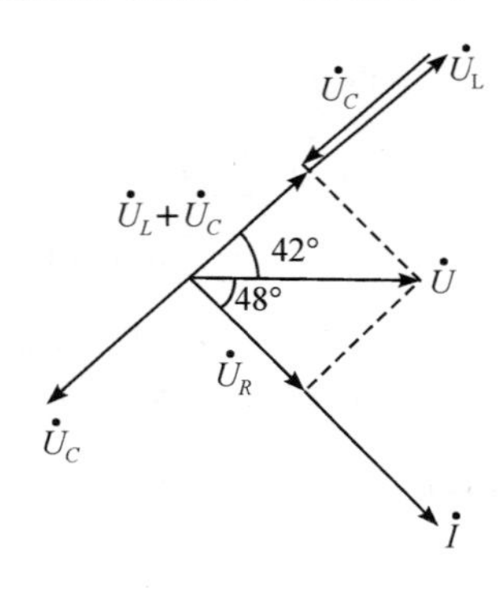

图 3-43　例 3-24 图

【例 3-25】 在图 3-44(a)所示电路中，$u=100\sqrt{2}\sin(\omega t)$ V，$R_1=20\ \Omega$，$R_2=\omega L=\dfrac{1}{\omega C}=60\ \Omega$，试求各支路电流相量形式 $\dot{I}_1$、$\dot{I}_2$ 和 $\dot{I}_3$。

解 图 3-44(a)的相量模型图如图 3-44(b)所示。各支路阻抗为

$$Z_1=R_1=20\ \Omega$$

$$Z_2=R_2-\mathrm{j}X_C=(60-\mathrm{j}60)\ \Omega=60\sqrt{2}\angle -45°\ \Omega$$

$$Z_3=\mathrm{j}X_L=\mathrm{j}60\ \Omega=60\angle 90°\ \Omega$$

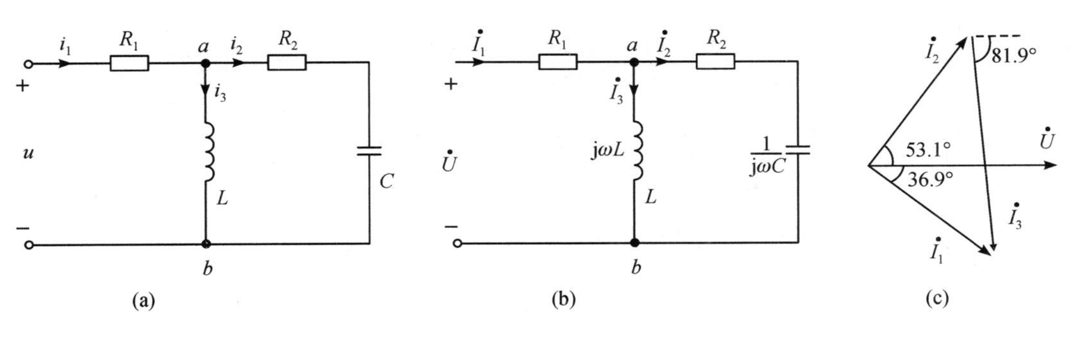

图 3-44　例 3-25 图

并联阻抗为

$$Z_{ab}=\frac{Z_2\times Z_3}{Z_2+Z_3}=\frac{60\sqrt{2}\angle-45^\circ\times60\angle90^\circ}{60-\mathrm{j}60+\mathrm{j}60}\ \Omega=60\sqrt{2}\angle45^\circ\ \Omega=(60+\mathrm{j}60)\ \Omega$$

总阻抗为

$$Z=Z_1+Z_{ab}=(20+60+\mathrm{j}60)\ \Omega=(80+\mathrm{j}60)\ \Omega=100\angle36.9^\circ\ \Omega$$

端口电流为

$$\dot{I}_1=\frac{\dot{U}}{Z}=\frac{100\angle0^\circ}{100\angle36.9^\circ}\ \mathrm{A}=1\angle-36.9^\circ\ \mathrm{A}$$

并联支路电流由分流公式可得，即

$$\dot{I}_2=\frac{Z_3}{Z_2+Z_3}\dot{I}_1=\frac{60\angle90^\circ}{60-\mathrm{j}60+\mathrm{j}60}\times1\angle-36.9^\circ\ \mathrm{A}=1\angle53.1^\circ\ \mathrm{A}$$

$$\dot{I}_3=\frac{Z_2}{Z_2+Z_3}\dot{I}_1=\frac{60\sqrt{2}\angle-45^\circ}{60-\mathrm{j}60+\mathrm{j}60}\times1\angle-36.9^\circ\ \mathrm{A}=\sqrt{2}\angle-81.9^\circ\mathrm{A}$$

相量图如图 3-44(c)所示。

【例 3-26】 在图 3-45 所示电路中，已知 $\dot{U}_{S1}=220\angle0^\circ$ V，$\dot{U}_{S2}=220\angle-20^\circ$V，$X_{L1}=20\ \Omega$，$X_{L2}=10\ \Omega$，$R=40\ \Omega$，试用节点电压法求各支路电流。

解　由图 3-45 可知，$Z_1=\mathrm{j}X_{L1}=\mathrm{j}20\ \Omega$，$Z_2=\mathrm{j}X_{L2}=\mathrm{j}10\ \Omega$，$Z_3=R=40\ \Omega$。由弥尔曼定理可得

$$\dot{U}_{ab}=\frac{\dfrac{\dot{U}_{S1}}{Z_1}+\dfrac{\dot{U}_{S2}}{Z_2}}{\dfrac{1}{Z_1}+\dfrac{1}{Z_2}+\dfrac{1}{Z_3}}=\frac{\dfrac{220\angle0^\circ}{\mathrm{j}20}+\dfrac{220\angle-20^\circ}{\mathrm{j}10}}{\dfrac{1}{\mathrm{j}20}+\dfrac{1}{\mathrm{j}10}+\dfrac{1}{40}}\ \mathrm{V}=213.8\angle-22.8^\circ\ \mathrm{V}$$

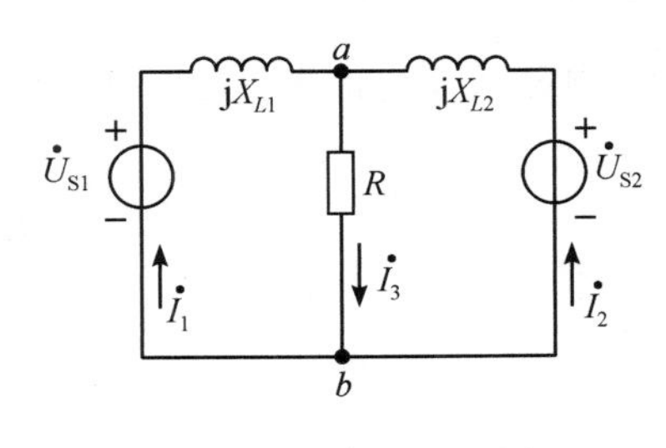

图 3-45　例 3-26 图

由 KVL 可得各支路电流分别为

$$\dot{I}_1 = \frac{\dot{U}_{S1} - \dot{U}_{ab}}{Z_1} = \frac{220\angle 0° - 213.8\angle -22.8°}{j20}\ A = 4.31\angle -15.2°\ A$$

$$\dot{I}_2 = \frac{\dot{U}_{S2} - \dot{U}_{ab}}{Z_2} = \frac{220\angle -20° - 213.8\angle -22.8°}{j10}\ A = 1.22\angle -51°\ A$$

$$\dot{I}_3 = \frac{\dot{U}_{ab}}{Z_3} = \frac{213.8\angle -22.8°}{40}\ A = 5.35\angle -22.8°\ A$$

3.7　电路的谐振

谐振是由 R、L、C 元件组成的正弦交流电路在一定条件下发生的一种特殊现象。当含有电感和电容的无源二端网络的等效阻抗或导纳的虚部为零时，就会出现端口电压与电流同相的现象，这种现象称为谐振。对谐振现象的研究有重要的实际意义：一方面谐振现象得到了广泛的应用，如电子技术中的选频和滤波等；另一方面谐振会使电路中产生高电压、大电流而造成危害，应加以避免。

如果 Z 或 Y 的虚部为零，即 $Z=R+jX=R$ 或 $Y=G+jB=G$，则有

$$\dot{U}=R\dot{I} \quad 或 \quad \dot{I}=G\dot{U}$$

所以 $\dot{U}$ 与 $\dot{I}$ 同相。

本节将重点分析串联谐振电路和并联谐振电路。

3.7.1　串联谐振

1. 串联谐振的条件

在图 3-46 所示的 RLC 串联的正弦电路中，阻抗

$$Z = R + jX = R + j(X_L - X_C)$$

当虚部 $X=0\ \Omega$，即 $X_L - X_C = 0\ \Omega$ 或 $X_L = X_C$，也即 $\omega L = \dfrac{1}{\omega C}$ 时，电路就发生谐振。谐振时的角频率用 ω_0 表示，于是

$$\omega_0 = \frac{1}{\sqrt{LC}} \tag{3-87}$$

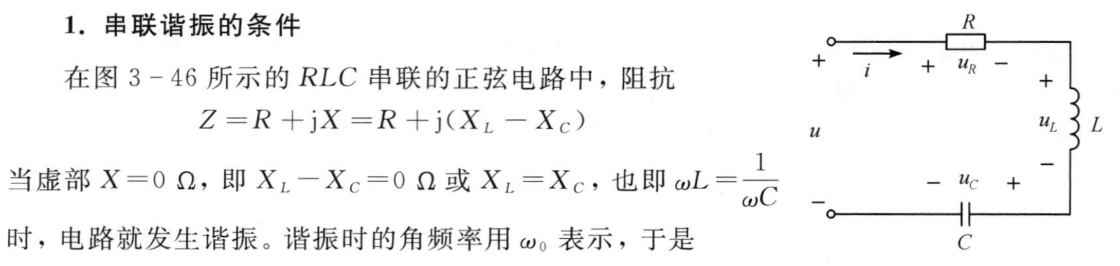

图 3-46　RLC 串联电路

谐振频率用 f_0 表示，则

$$f_0 = \frac{1}{2\pi\sqrt{LC}} \tag{3-88}$$

谐振频率又称为电路的固有频率，是由电路的结构参数决定的。由式(3-88)可知串联谐振频率由串联电路中的电感、电容元件的参数决定，与串联电阻的电阻值无关。要实现谐振，电路就要满足 $\omega L = \dfrac{1}{\omega C}$。当电路参数($L$ 或 C)固定时，可调节电源的频率；当电源频率固定时，可调节电路参数 L 或 C。

2. 串联谐振的特征

串联谐振电路，谐振时有如下特征：

(1) 谐振时，由于 $X=0\ \Omega$，因此阻抗模 $|Z|=\sqrt{R^2+X^2}=R$，阻抗模最小。

(2) 端口电压有效值 U 为恒定值时，电流为

$$I=\frac{U}{|Z|}=\frac{U}{R}$$

此时谐振时端口电流最大，且仅取决于电阻，与电感和电容值无关。

(3) 谐振时，由于 $X_L=X_C$，$\dot{U}_L=\mathrm{j}X_L\dot{I}$，$\dot{U}_C=-\mathrm{j}X_C\dot{I}$，故有

$$\dot{U}_L+\dot{U}_C=0$$

$$\dot{U}=\dot{U}_R+\dot{U}_L+\dot{U}_C=\dot{U}_R$$

此时电路呈电阻性。相量图如图 3-47 所示。

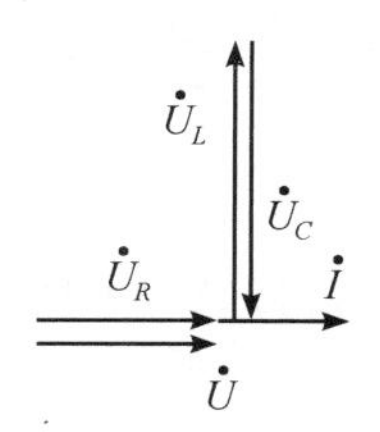

图 3-47　串联谐振相量图

3. 特性阻抗和品质因数

谐振时，电路的感抗 X_L 和容抗 X_C 称为电路的特性阻抗，用 ρ 表示。以 $\omega_0=\frac{1}{\sqrt{LC}}$ 代入 X_L 和 X_C，可得

$$\rho=X_{L0}=\omega_0L=\sqrt{\frac{L}{C}}\ \text{或}\ \rho=X_{C0}=\frac{1}{\omega_0C}=\sqrt{\frac{L}{C}}$$

即

$$\rho=\omega_0L=\frac{1}{\omega_0C}=\sqrt{\frac{L}{C}} \tag{3-89}$$

可见，特性阻抗是一个与频率无关只与电路参数有关的常量，其 SI 单位为 Ω。

谐振电路的性能可用谐振电路的特性阻抗 ρ 与电路的电阻 R 的比值来反映，该比值称为电路的品质因数，用 Q 来表示，即

$$Q=\frac{\rho}{R}=\frac{\omega_0L}{R}=\frac{1}{\omega_0CR}=\frac{1}{R}\sqrt{\frac{L}{C}} \tag{3-90}$$

品质因数 Q 工程上也称 Q 值，是一个由电路参数 R、L、C 决定的量纲为 1 的量。引入 Q 值后，电路发生谐振时，电感和电容两端的电压可表示为

$$\begin{cases}U_{L0}=\omega_0LI=\dfrac{\omega_0L}{R}U=QU\\[2ex] U_{C0}=\dfrac{1}{\omega_0C}I=\dfrac{1}{\omega_0RC}U=QU\end{cases} \tag{3-91}$$

由于电路的 Q 值通常为 50～200，因此谐振时，电感和电容两端会出现 Q 倍端电压，故串联谐振又称为电压谐振。这种高电压会损害设备，因此在电力系统中应该避免出现谐振现象，而无线电电路中，却常利用谐振提高微弱信号的振幅。

【例 3-27】 RLC 串联电路中，当端电压 u 的频率为 79.6 kHz 时发生谐振，已知 $L=20$ mH，$R=100\ \Omega$。(1) 试求电容 C、特性阻抗 ρ 和品质因数 Q；(2) 当 $U=100$ V 时，试求谐振时的 U_{L0} 和 U_{C0} 值。

解　(1) 由 $f_0=\dfrac{1}{2\pi\sqrt{LC}}$得

$$C=\frac{1}{(2\pi f_0)^2L}=\frac{1}{(2\pi\times79.6\times10^3)^2\times20\times10^{-3}}\ \text{pF}=200\ \text{pF}$$

阻抗特性为

$$\rho=\sqrt{\frac{L}{C}}=\sqrt{\frac{20\times10^{-3}}{200\times10^{-12}}}\ \Omega=10\ 000\ \Omega$$

品质因数为

$$Q=\frac{\rho}{R}=\frac{10\ 000\ \Omega}{100\ \Omega}=100$$

(2) 当 $U=100$ V 时，有

$$U_{L0}=U_{C0}=QU=100\times100\ \text{V}=10\ 000\ \text{V}$$

4. 串联谐振电路的谐振曲线

RLC 串联电路中电流的有效值为

$$I=\frac{U}{|Z|}=\frac{U}{\sqrt{R^2+(\omega L-\dfrac{1}{\omega C})^2}}$$

$$=\frac{U}{\sqrt{R^2+R^2\left(\dfrac{\omega}{\omega_0}\times\dfrac{\omega_0L}{R}-\dfrac{\omega_0}{\omega}\times\dfrac{1}{\omega_0CR}\right)^2}}$$

$$=\frac{U}{R\sqrt{1+Q^2\left(\dfrac{\omega}{\omega_0}-\dfrac{\omega_0}{\omega}\right)^2}}$$

又因为谐振电流 $I_0=U/R$，所以

$$\frac{I}{I_0}=\frac{1}{\sqrt{1+Q^2(\dfrac{\omega}{\omega_0}-\dfrac{\omega_0}{\omega})^2}}=\frac{1}{\sqrt{1+Q^2(\eta-\dfrac{1}{\eta})^2}}\tag{3-92}$$

其中，$\eta=\dfrac{\omega}{\omega_0}$。若以 η 为横坐标，电流比$\dfrac{I}{I_0}$为纵坐标，则可对不同的 Q 值画出一组不同的曲线。这种曲线称为串联谐振电路的通用曲线，如图 3-48 所示。

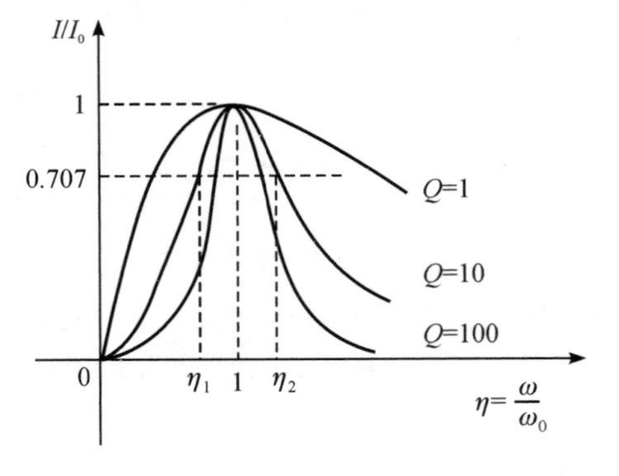

图 3-48　串联谐振电路的通用曲线

谐振时，$\omega=\omega_0$，$\eta=1$，则$\dfrac{I}{I_0}=1$，$I=I_0$。当 ω 偏离 ω_0 时，电流有效值开始下降。在一定的频率偏移下，Q 值越大，电流有效值下降得越快(即曲线越窄)，这表明，电路对不是谐振频率点附近的电流具有较强的抑制能力，或者说选择性较好。反之，如果 Q 值很小，则在谐振点附近电流变化不大，所以选择性很差。

通用曲线上纵坐标为$\frac{I}{I_0}=\frac{1}{\sqrt{2}}=0.707$时，这一数值对应的两个频率点之间的宽度，工程上称为通频带(或称带宽)，它规定了谐振电路允许通过信号的频率范围。由图 3-48 可知，Q值越大，谐振曲线越尖锐，通频带越窄；反之，Q值越小，谐振曲线越平坦，通频带越宽。

3.7.2　并联谐振

串联谐振电路当信号源的内阻较大时，将使串联谐振电路的品质因数降低，从而影响电路的选择性，这种情况下应采用并联谐振电路。

1. 并联谐振的条件

在图 3-49 所示电路中，当导纳的虚部为零时，此二端网络端口电压与总电流同相，电路呈电阻性，这时电路发生谐振，称为并联谐振。并联谐振发生的条件是 $B=0$。

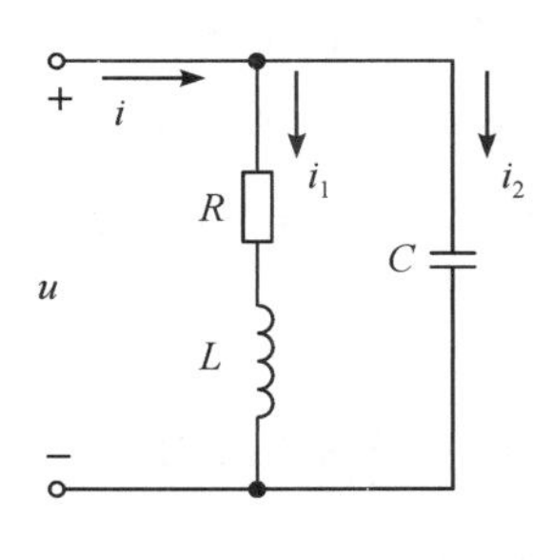

图 3-49　并联谐振电路

图 3-49 中，电感支路的导纳为

$$Y_1=\frac{1}{R+\mathrm{j}\omega L}=\frac{R}{R^2+(\omega L)^2}-\mathrm{j}\frac{\omega L}{R^2+(\omega L)^2} \tag{3-93}$$

电容支路的导纳为

$$Y_2=\frac{1}{-\mathrm{j}\frac{1}{\omega C}}=\mathrm{j}\omega C \tag{3-94}$$

总导纳为

$$Y=Y_1+Y_2=\frac{R}{R^2+(\omega L)^2}+\mathrm{j}\left[\omega C-\frac{\omega L}{R^2+(\omega L)^2}\right] \tag{3-95}$$

式(3-95)中，只要虚部为零，即$\omega C=\frac{\omega L}{R^2+(\omega L)^2}$，电路就发生谐振。由此可解得谐振角频率，即

$$\omega_0=\frac{1}{\sqrt{LC}}\sqrt{1-\frac{CR^2}{L}} \tag{3-96}$$

谐振频率为

$$f_0=\frac{1}{2\pi\sqrt{LC}}\sqrt{1-\frac{CR^2}{L}} \tag{3-97}$$

此外，还得满足$1-\frac{CR^2}{L}>0$，即$R<\sqrt{\frac{L}{C}}$条件，才能在电路参数一定时，调节电源的频率来实现并联谐振。

由于通常都有$\omega_0 L\gg R$，所以

$$\omega_0 C=\frac{\omega_0 L}{R^2+(\omega_0 L)^2}\approx\frac{1}{\omega_0 L}$$

于是

$$\omega_0\approx\frac{1}{\sqrt{LC}},\quad f_0\approx\frac{1}{2\pi\sqrt{LC}} \tag{3-98}$$

2. 并联谐振的特征

并联谐振电路谐振时有如下特征：

(1) 谐振时，导纳模最小(或接近最小)，阻抗模最大(或接近最大)，即

$$\begin{cases}|Y|=\dfrac{R}{R^2+(\omega_0 L)^2}\\|Z|=\dfrac{1}{|Y|}=\dfrac{R^2+(\omega_0 L)^2}{R}\approx\dfrac{(\omega_0 L)^2}{R}=\dfrac{L}{RC}=\dfrac{\rho^2}{R}=\dfrac{\rho}{R}\rho=Q\rho\end{cases}\tag{3-99}$$

式中，$\rho=\sqrt{\dfrac{L}{C}}\approx\omega_0 L\approx\dfrac{1}{\omega_0 C}$为并联谐振电路的特性阻抗，$Q=\dfrac{\rho}{R}$为并联谐振电路的品质因数。

(2) 谐振时，电感支路的电流为

$$I_1=\frac{U}{\sqrt{R^2+(\omega_0 L)^2}}\approx\frac{U}{\omega_0 L}\tag{3-100}$$

电容支路的电流为

$$I_2=\omega_0 CU\tag{3-101}$$

因为

$$U=I|Z|=IQ\rho\tag{3-102}$$

所以

$$\begin{cases}I_1\approx\dfrac{IQ\rho}{\omega_0 L}=QI\\I_2=\omega_0 CIQ\rho=QI\end{cases}\tag{3-103}$$

上式表明，谐振时，两条支路电流的大小近似相等，都为总电流的 Q 倍。所以，并联谐振又称为电流谐振。相量图如图 3-50 所示。

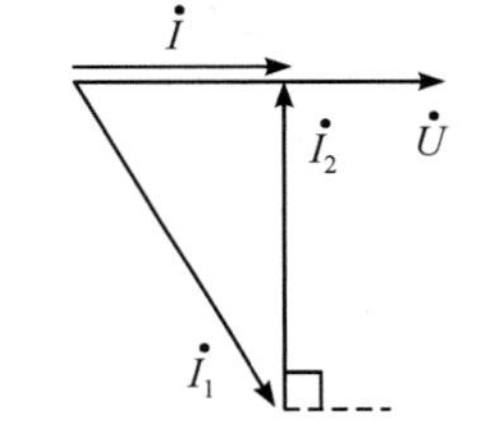

图 3-50　并联谐振相量图

习　题　3

一、填空题

3-1　正弦交流电的三要素为________、________和________。

3-2　已知一正弦交流电流 $i=30\sin(314t+30^\circ)$ A，则它的最大值 $I_m=$________ A，有效值 $I=$________ A，初相角为 $\theta=$________，频率 $f=$________，$\omega=$ ________ rad/s，$T=$________ s。

3-3　两个________正弦量的相位之差叫相位差，其数值等于________之差。

3-4　某初相角为 60°的正弦交流电流，在 $t=\dfrac{T}{2}$时的瞬时值 $i=0.8$ A，则此电流的有效值 $I=$________，最大值 $I_m=$________。

3-5　已知 $C=0.1\ \mu$F 的电容器接于 $f=400$ Hz 的电源上，$I=10$ mA，则电容器两端的电压 $U=$________，角频率 $\omega=$________。

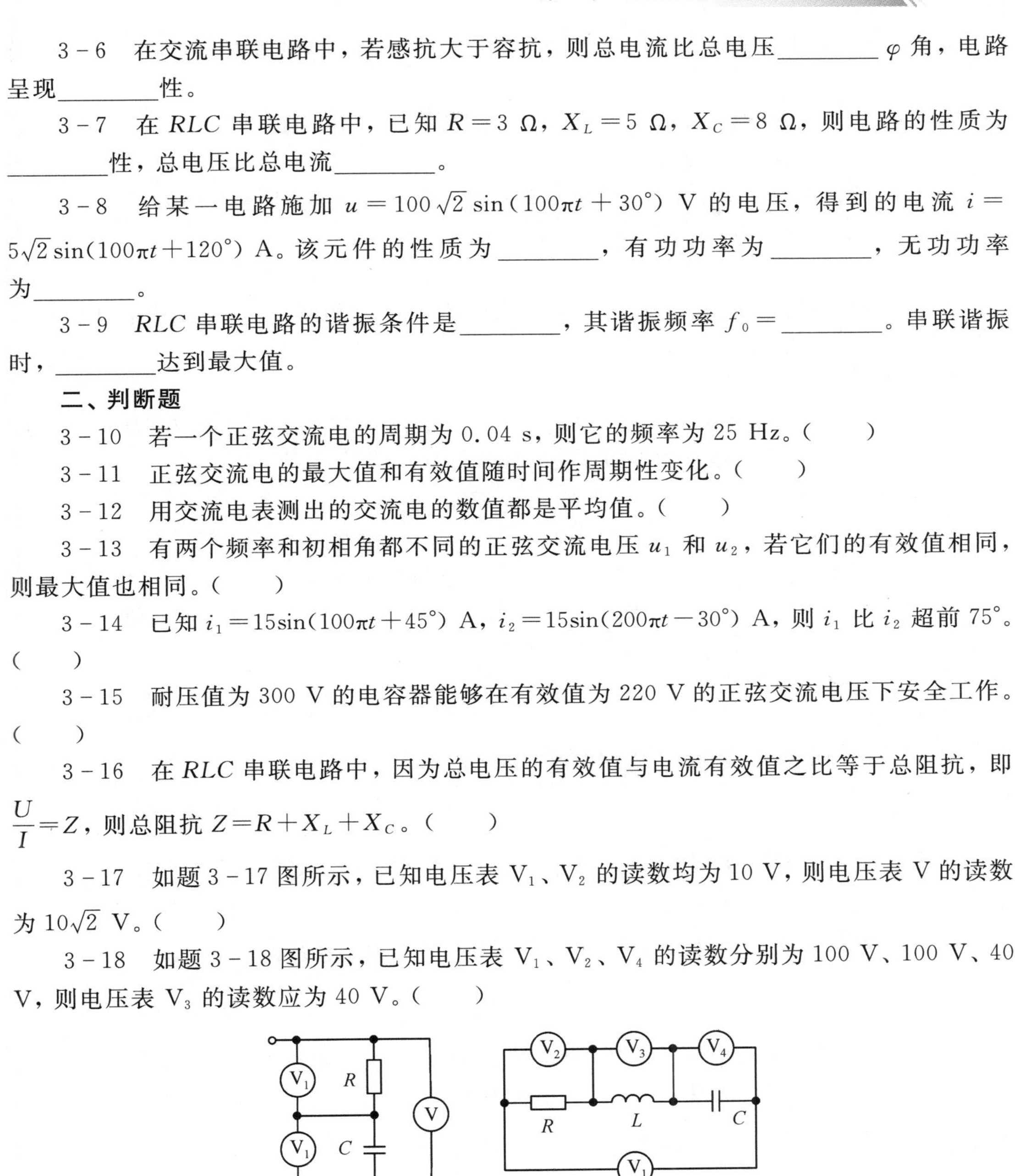

3－6　在交流串联电路中，若感抗大于容抗，则总电流比总电压________ φ 角，电路呈现________性。

3－7　在 RLC 串联电路中，已知 $R=3\ \Omega$，$X_L=5\ \Omega$，$X_C=8\ \Omega$，则电路的性质为________性，总电压比总电流________。

3－8　给某一电路施加 $u=100\sqrt{2}\sin(100\pi t+30°)$ V 的电压，得到的电流 $i=5\sqrt{2}\sin(100\pi t+120°)$ A。该元件的性质为________，有功功率为________，无功功率为________。

3－9　RLC 串联电路的谐振条件是________，其谐振频率 $f_0=$________。串联谐振时，________达到最大值。

二、判断题

3－10　若一个正弦交流电的周期为 0.04 s，则它的频率为 25 Hz。（　　）

3－11　正弦交流电的最大值和有效值随时间作周期性变化。（　　）

3－12　用交流电表测出的交流电的数值都是平均值。（　　）

3－13　有两个频率和初相角都不同的正弦交流电压 u_1 和 u_2，若它们的有效值相同，则最大值也相同。（　　）

3－14　已知 $i_1=15\sin(100\pi t+45°)$ A，$i_2=15\sin(200\pi t-30°)$ A，则 i_1 比 i_2 超前 75°。（　　）

3－15　耐压值为 300 V 的电容器能够在有效值为 220 V 的正弦交流电压下安全工作。（　　）

3－16　在 RLC 串联电路中，因为总电压的有效值与电流有效值之比等于总阻抗，即 $\frac{U}{I}=Z$，则总阻抗 $Z=R+X_L+X_C$。（　　）

3－17　如题 3－17 图所示，已知电压表 V_1、V_2 的读数均为 10 V，则电压表 V 的读数为 $10\sqrt{2}$ V。（　　）

3－18　如题 3－18 图所示，已知电压表 V_1、V_2、V_4 的读数分别为 100 V、100 V、40 V，则电压表 V_3 的读数应为 40 V。（　　）

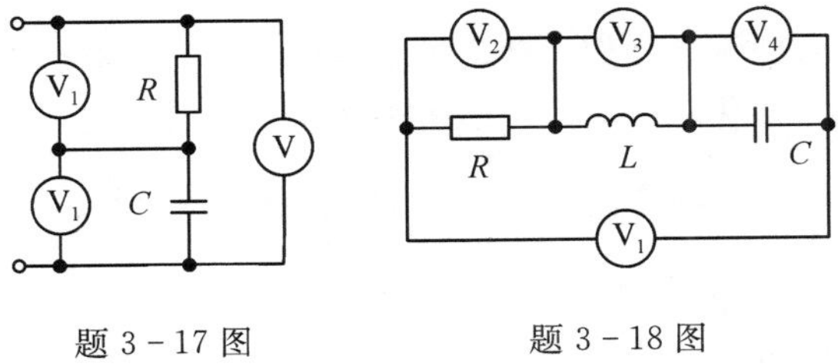

题 3－17 图　　　　题 3－18 图

3－19　在交流电路中，电压与电流相位差为零，该电路必定是电阻性电路。（　　）

三、选择题

3－20　有一工频正弦交流电压 $u=100\sin(\omega t-30°)$ V，在 $t=\frac{T}{6}$时，电压的瞬时值为（　　）。

A. 50 V　　　B. 60 V　　　C. 100 V　　　D. 75 V

3-21 某正弦交流电压在 1/10 s 内变化 5 周，则它的周期、频率和角频率分别为(　　)。

A. 0.05 s、60 Hz、200 rad/s　　B. 0.025 s、100 Hz、30πrad/s

C. 0.02 s、50 Hz、314 rad/s　　D. 0.03 s、50 Hz、310 rad/s

3-22 我国工农业生产及日常生活中使用的工频交流电的周期和频率为(　　)。

A. 0.02 s、50 Hz　　B. 0.2 s、50 Hz

C. 0.02 s、60 Hz　　D. 5 s、0.02 Hz

3-23 两个正弦交流电流则 i_1、i_2 的最大值都是 4 A，相加后电流的最大值也是 4 A，它们之间的相位差为(　　)。

A. 30°　　B. 60°　　C. 120°　　D. 90°

3-24 三个交流电压的解析式分别为 $u_1=20\sin(\omega t+30°)$ V，$u_2=30\sin(\omega t+90°)$ V，$u_1=50\sin(\omega t+120°)$ V。下列答案中正确的是(　　)。

A. u_1 比 u_2 滞后 60°　　B. u_1 比 u_2 超前 60°

C. u_2 比 u_3 超前 20°　　D. u_3 比 u_1 滞后 150°

3-25 通常所说的交流电压 220 V、380 V，是指交流电压的(　　)。

A. 平均值　　B. 最大值　　C. 瞬时值　　D. 有效值

3-26 在纯电阻电路中，下列各式中正确的是(　　)。

A. $i=\dfrac{u_R}{R}$　　B. $I=\dfrac{U_R}{R}$　　C. $I=\dfrac{U_{mR}}{R}$　　D. $I=\dfrac{u_R}{R}$

3-27 在纯电感电路中，电压和电流的大小关系为(　　)。

A. $i=\dfrac{U}{L}$　　B. $U=iX_L$　　C. $I=\dfrac{U}{\omega L}$　　D. $I=\dfrac{u}{\omega L}$

3-28 有一只耐压值为 500 V 的电容器，可以接在(　　)交流电源上使用。

A. $U=500$ V　　B. $U_m=500$ V　　C. $U=400$ V　　D. $U=500\sqrt{2}$ V

3-29 在电容为 C 的纯电容电路中，电压和电流的大小关系为(　　)。

A. $i=\dfrac{u}{C}$　　B. $i=\dfrac{u}{\omega C}$　　C. $I=\dfrac{U}{\omega C}$　　D. $I=U\omega C$

3-30 在 RLC 串联交流电路中，电路的总电压为 U、总阻抗为 Z、总有功功率为 P、总无功功率为 Q、总视在功率为 S，总功率因数为 $\cos\varphi$，则下列表达式中正确的为(　　)。

A. $P=\dfrac{U^2}{|Z|}$　　B. $P=S\cos\varphi$　　C. $Q=Q_L+Q_C$　　D. $S=P+Q$

3-31 交流电路中，提高功率因数的目的是(　　)。

A. 节约用电，增加用电器的输出功率

B. 提高用电器的效率

C. 提高电源的利用率，减小电路电压损耗和功率损耗

D. 提高用电设备的有功功率

3-32 对于电感性负载，提高功率因数最有效、最合理的方法是(　　)。

A. 给感性负载串接电阻　　B. 给感性负载并联电容器

C. 给感性负载并联电感线圈　　D. 给感性负载串联纯电感线圈

3-33　串联谐振的形成取决于(　　)。

A. 电源频率；

B. 电路本身参数；

C. 电源频率和电路本身参数达到 $\omega L=\omega C$；

D. 电源频率和电路本身参数达到 $\omega L=1/\omega C$

四、分析计算题

3-34　已知一工频电压 $U_m=220$ V，初相 $\theta_u=60°$；工频电流 $I_m=22$ A，初相 $\theta_i=-30°$。求其瞬时值表达式、波形图及它们的相位差。

3-35　正弦电流 $i_1=5\sqrt{2}\sin\left(\omega t+\frac{\pi}{6}\right)$ A，$i_2=5\sqrt{2}\sin\left(\omega t-\frac{2\pi}{3}\right)$ A，$i_3=5\sqrt{2}\sin\left(\omega t+\frac{2\pi}{3}\right)$ A，试确定它们的相位关系。

3-36　已知复数 $A=4+\mathrm{j}5$，$B=6-\mathrm{j}2$。试求 $A+B$、$A-B$、AB、$\frac{A}{B}$。

3-37　试用相量表示下列各正弦量，并绘出相量图。

(1) $i=10\sin(\omega t-45°)$A；

(2) $u=220\sqrt{2}\sin(\omega t+60°)$ V；

(3) $i=-10\sin(\omega t)$A；

(4) $u=220\sqrt{2}\sin(\omega t+230)$ V。

3-38　试写出下列相量对应的正弦量的解析式($f=50$ Hz)。

(1) $\dot{I}_1=10\angle 30°$A；

(2) $\dot{I}_2=\mathrm{j}15$ A；

(3) $\dot{U}_1=220\angle 240°$ V；

(4) $\dot{U}_2=10\sqrt{3}+\mathrm{j}10$ V。

3-39　已知 $u_1=10\sqrt{2}\sin(\omega t+60°)$ V，$u_2=-10\sqrt{2}\sin(\omega t-60°)$ V，试求 u_1+u_2，u_1-u_2。

3-40　一电阻 R 接到 $\dot{U}=100\angle 60°$ V，$f=50$ Hz 的电源上，消耗的功率为 100 W。(1) 求电阻值 R；(2) 求电流相量 $\dot{I}$($\dot{U}$、$\dot{I}$ 参考方向相同)；(3) 作电压、电流相量图。

3-41　将一个 127 μF 的电容接到 $u=220\sqrt{2}\sin(314t+30°)$A 的电源上。(1) 求电容电流 i；(2) 求无功功率；(3) 画出电压、电流的相量图。

3-42　一电感 $L=0.1$ H，其端电压 $u=220\sqrt{2}\sin(1000t+45°)$ V。(1) 求电感上的电流 i(i 与 u 关联参考方向)；(2) 求电感上的无功功率 Q_L；(3) 绘出电压、电流相量图。

3-43　日光灯电路可用题 3-43 图示电路表示，已知 $R_1=280$ Ω，$R_2=20$ Ω，$L=1.65$ H，电源电压 $U=220$ V，频率 $f=50$ Hz，试求电路中的电流 I，灯管电阻和镇流器上的电压。

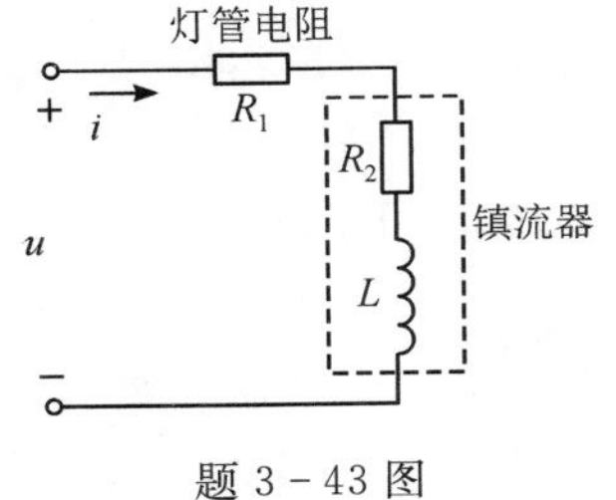

题 3-43 图

3-44 在题3-44图示测量电路中，测得$U=220$ V，$I=5$ A，$P=400$ W，电源频率$f=50$ Hz，求L及R。

3-45 测得题3-45图所示电路的$U=200$ V，$I=2$ A，总的功率$P=320$ W，已知$Z_1=(30+\mathrm{j}40)\Omega$，试求$Z_2$。

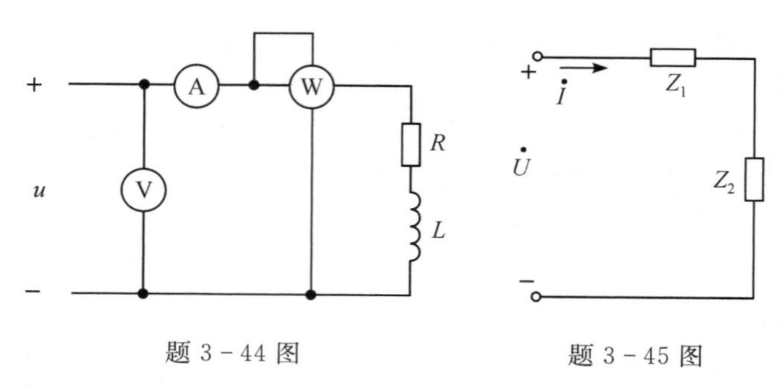

题3-44图　　题3-45图

3-46 一无源二端网络在关联参考方向下，端口电压、电流分别为$u=220\sqrt{2}\sin(\omega t+60°)$ V，$i=5\sqrt{2}\sin(\omega t-60°)$A，试求其等效阻抗$Z$和等效导纳$Y$。

3-47 如题3-47图所示，在RLC串联电路中，已知电源电压$u=10\sqrt{2}\sin(5000t-30°)$ V，$R=7.5\ \Omega$，$L=6$ mH，$C=5\ \mu$F。(1) 求阻抗Z；(2) 求电流$\dot{I}$以及电压$\dot{U}_R$、$\dot{U}_L$和$\dot{U}_C$；(3) 绘出电压、电流相量图。

3-48 如题3-48所示，在RLC并联电路中，已知$\dot{U}=200\angle 20°$ V，$R=X_C=10\ \Omega$，$X_L=5\ \Omega$。(1) 求导纳Y；(2) 求$\dot{I}$、$\dot{I}_R$、$\dot{I}_L$和$\dot{I}_C$；(3) 绘出电压、电流相量图。

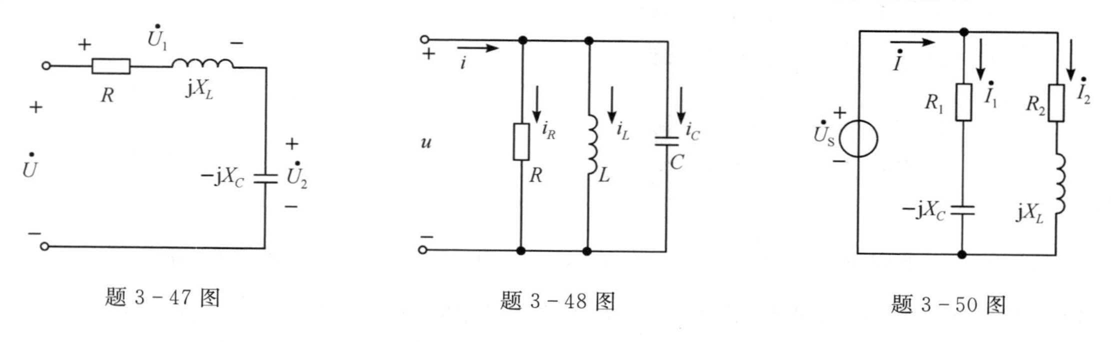

题3-47图　　题3-48图　　题3-50图

3-49 在有效值为220 V、频率为50 Hz的电源两端，接有感性负载，负载有功功率为100 kW，要使功率因数从原来的0.6提高到0.9，试求需并联多大容量的电容。

3-50 在题3-50图示电路中，已知$R_1=200\ \Omega$，$X_C=300\ \Omega$，$R_2=100\ \Omega$，$X_L=200\ \Omega$，$\dot{U}_S=220\angle 30°$ V，试求$\dot{I}$、$\dot{I}_1$、$\dot{I}_2$，以及电路总的功率P、Q、S。

3-51 有一RLC串联电路，$R=500\ \Omega$，电感$L=60$ mH，电容$C=0.053\ \mu$F，求电路的谐振频率f_0、品质因数Q和谐振阻抗Z_0。

3-52 如题3-52图所示电路，已知电路的谐振角频率$\omega_0=5\times10^6$ rad/s，品质因数$Q=100$，谐振阻抗$Z_0=2$ kΩ，求R、L和C。

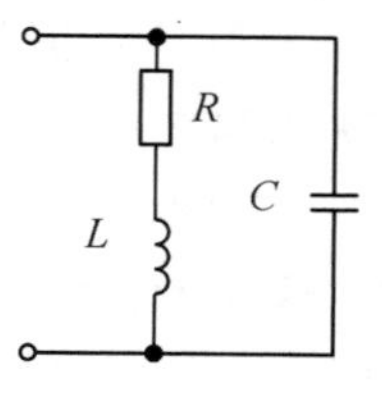

题3-52图

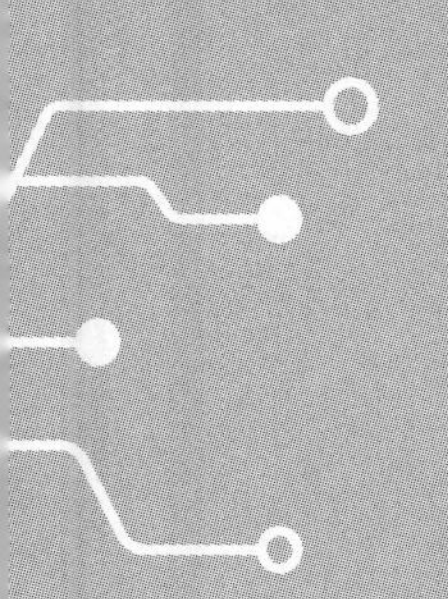
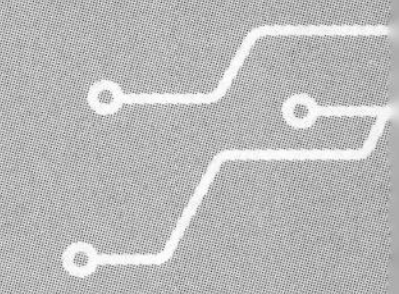

第4章 三相正弦交流电路

目前，世界各国的电力系统中电能的产生、传输和供电方式普遍采用三相制供电系统。所谓三相制供电系统就是指由三个满足一定要求的正弦电源组成的三相供电系统。采用三相制供电的电路，叫作三相电路。三相电路是由三相电源、三相负载和三相输电线路三部分组成的。三相正弦交流电路，就是由三个振幅相等、频率相同和相位依次相差120°的正弦电源供电的三相电路。三相正弦交流供电系统在发电、输电和配电方面具有很多优点，因此在生产和生活中得到了极其广泛的应用。生活中使用的单相交流电源就是三相电路中的一相。

三相电路可看成单相电路中的多回路电路的一种特殊形式，因此前述的有关正弦交流电路的基本理论、基本规律和分析方法完全适用于三相正弦交流电路，但三相电路又具有其自身的特点。

本章主要介绍三相电源和三相负载的连接、对称和不对称三相电路的分析计算、三相电路的功率等。

4.1 三相电源的连接

4.1.1 对称三相正弦电源

三个频率相同、有效值相等而相位互差120°的正弦电压(或电流)称为对称的三相正弦量。这个对称的三相正弦量按一定方式(星形或三角形)连接构成的供电系统，称为对称三相正弦电源。本章的三相电源均指对称三相正弦电源。

三相正弦电通常是由三相交流发电机产生的。图4-1(a)是三相交流发电机的示意图，其定子安装了三个线圈绕组，分别称为U_1U_2、V_1V_2、和W_1W_2线圈。其中U_1、V_1、W_1是线圈的始端；U_2、V_2、W_2是线圈的末端，三个线圈在空间位置上彼此相隔120°。当转子以匀角速度ω逆时针旋转时，这三个线圈两端就分别产生振幅相等、频率相同、相位依次相差120°的正弦交流电压u_U、u_V、u_W，如图4-1(b)所示。

若参考方向规定为由线圈始端指向线圈末端，以u_U为参考正弦量，则三个电压可表示为

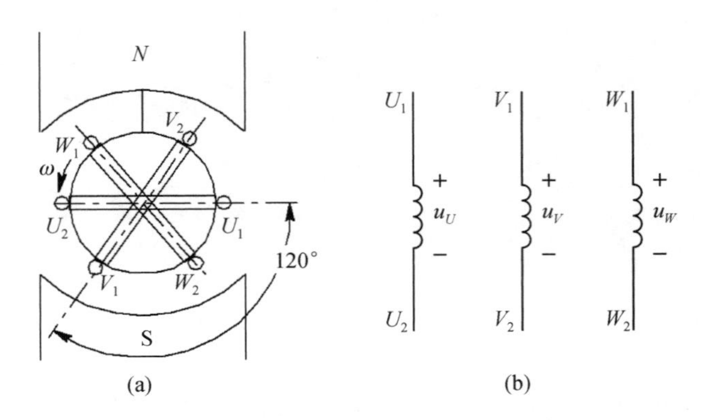

图 4-1　三相交流发电机的示意

$$\begin{cases} u_U = \sqrt{2}U\sin(\omega t) \\ u_V = \sqrt{2}U\sin(\omega t - 120°) \\ u_W = \sqrt{2}U\sin(\omega t + 120°) \end{cases} \tag{4-1}$$

三个电压的波形如图 4-2(a)所示。三个电压用相量分别表示为

$$\begin{cases} \dot{U}_U = U\angle 0° \\ \dot{U}_V = U\angle -120° \\ \dot{U}_W = U\angle 120° \end{cases} \tag{4-2}$$

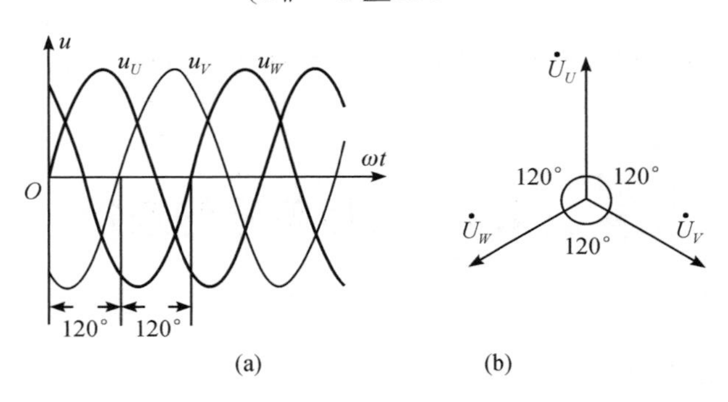

图 4-2　对称三相正弦电压

式(4-2)的相量图如图 4-2(b)所示。作三相电路的相量图时，习惯上把参考相量画在垂直方向。这样的三个频率相同、有效值相等而相位互差 120°的电压称为对称三相正弦电压，它们的和为

$$\dot{U}_U + \dot{U}_V + \dot{U}_W = 0 \text{ V} \tag{4-3}$$

其瞬时值之和也为零，即

$$u_U + u_V + u_W = 0 \text{ V} \tag{4-4}$$

工程上把三个电源中的每一电源称为电源的一相，依次称为 U 相、V 相和 W 相。各相电压到达同一个值(例如正的最大值)的先后顺序称为相序。上述三个电压的相序是 U-V-W(或 V-W-U，或 W-U-V)，即 U 相超前 V 相，V 相超前 W 相，W 相超前 U 相，这样排定的

顺序称为正序。如果三个电压的相序是 W-V-U（或 V-U-W，或 U-W-V），即 U 相滞后 V 相，V 相滞后 W 相，W 相滞后 U 相，这样排定的顺序称为负序或逆序。

电力系统一般采用正序，如无特别声明，本章讨论的三相电源都是正序。工程上通常用不同的颜色来区分三相电源的 U、V、W 三相，规定用黄、绿、红三种颜色分别表示 U、V、W 三相，三相电源的三相有时也用 A、B、C 表示。

4.1.2　三相电源的连接

若三相发电机的线圈绕组分别用三个电压源表示，则三相电源可以看成三个单相电源按一定方式连接构成的三相供电系统。在三相电路中，三相电源有星形（Y）和三角形（△）两种连接方式。

1. 三相电源的星形(Y)连接

把发电机的三个线圈末端 U_2、V_2、W_2 连接在一起，形成的公共点称为电源的中性点，记为 N。从中性点引出的导线称为中线，当中性点接地时中线又称地线或零线。由三个始端 U_1、V_1、W_1 向外引出三条导线与外电路相连，这三条导线称为端线，俗称火线，用 U、V、W 表示。图 4－3 所示就是三相电源的星形连接。

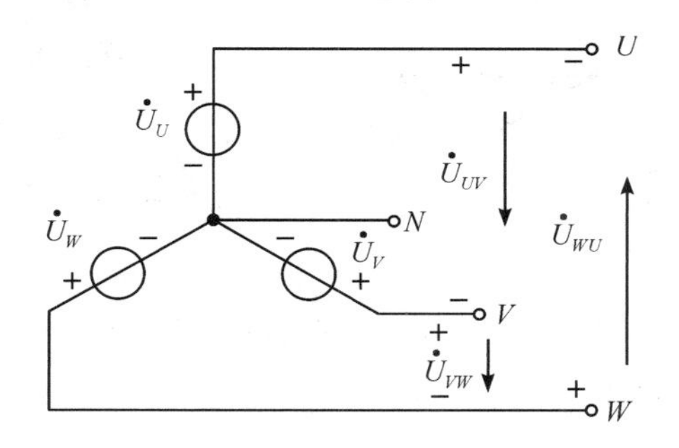

图 4－3　三相电源的星形连接

端线与中线间的电压称为相电压。相电压的参考方向用双下标表示，分别记为 $\dot{U}_{UN}$、$\dot{U}_{VN}$、$\dot{U}_{WN}$，通常简记为 $\dot{U}_U$、$\dot{U}_V$、$\dot{U}_W$。

端线与端线间的电压称为线电压。线电压的参考方向也用双下标表示，并习惯上按相序的次序排列，分别记为 $\dot{U}_{UV}$、$\dot{U}_{VW}$、$\dot{U}_{WU}$。

在图 4－3 所示的星形连接的电路中，根据 KVL 可得线电压与相电压间的关系为

$$\begin{cases}\dot{U}_{UV}=\dot{U}_U-\dot{U}_V\\\dot{U}_{VW}=\dot{U}_V-\dot{U}_W\\\dot{U}_{WU}=\dot{U}_W-\dot{U}_U\end{cases}\qquad(4-5)$$

如果三相电源对称，将式(4－2)代入上式可得

$$\dot{U}_{UV}=\dot{U}_U-\dot{U}_V=U\angle 0^\circ-U\angle-120^\circ=\sqrt{3}\dot{U}_U\angle 30^\circ\qquad(4-6)$$

同理可得

$$\begin{cases}\dot{U}_{VW}=\sqrt{3}\dot{U}_V\angle 30^\circ \\ \dot{U}_{WU}=\sqrt{3}\dot{U}_W\angle 30^\circ\end{cases} \tag{4-7}$$

这一结果表明，星形连接时如果三个相电压对称，则三个线电压也对称，而且在相位上，线电压超前相应的相电压30°，在数值上，线电压有效值是相电压有效值的$\sqrt{3}$倍。如用U_l统一表示各线电压有效值，U_p统一表示各相电压有效值，则有

$$U_l=\sqrt{3}U_p \tag{4-8}$$

上述关系也可由相量图求出。因为$\dot{U}_{UV}=\dot{U}_U-\dot{U}_V=\dot{U}_U+(-\dot{U}_V)$，所以由三角形法则习作出$\dot{U}_{UV}$，如图4-4(a)所示。如果将三个线电压相量分别平移，就可得出图4-4(b)所示相量图。三角形的顶点分别标以U、V、W，重心标以N，等边三角形的三条边就是三个线电压，重心至顶点的连线就是相电压。值得注意的是，图中的电压相量是按该电压下标的相反次序画的。例如画$\dot{U}_{UV}$时，应由V点指向U点，而画$\dot{U}_U$（即$\dot{U}_{UN}$）时，应由N点指向U点。U、V、W、N点则表示电压源的对应端子。这样作出的相量图也称为位形图。

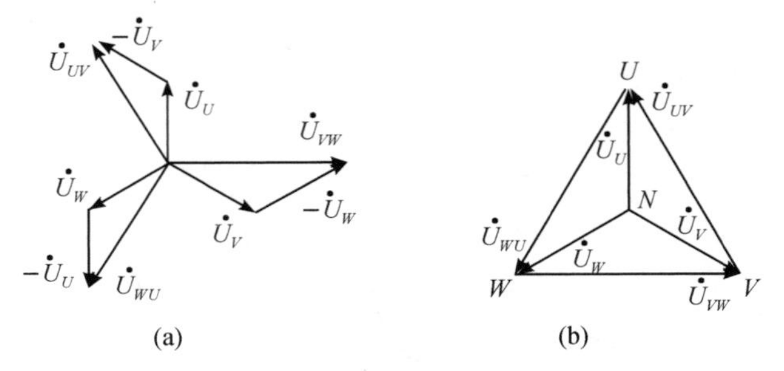

图4-4 星形连接的电压相量图

在三相电路中，根据KVL可得

$$\dot{U}_{UV}+\dot{U}_{VW}+\dot{U}_{WU}=0\ \text{V} \tag{4-9}$$

这表明三个线电压的相量和为零，也就是三个线电压瞬时值之和为零，即

$$u_{UV}+u_{VW}+u_{WU}=0\ \text{V} \tag{4-10}$$

星形连接的电源如果只将三条端线引出对外供电，即为三相三线制。三相三线制只能对外提供线电压。如果再由中性点引出中线，则为三相四线制。三相四线制可对外提供线电压和相电压两种电压。

2. 三相电源的三角形(△)连接

如图4-5所示，把表示发电机线圈的三个电压源的始端与末端依次相连，即U_2与V_1、V_2与W_1、W_2与U_1相接形成一个闭合回路，再从三个连接点引出端线（用U、V、W表示），便构成了三相电源的三角形连接。

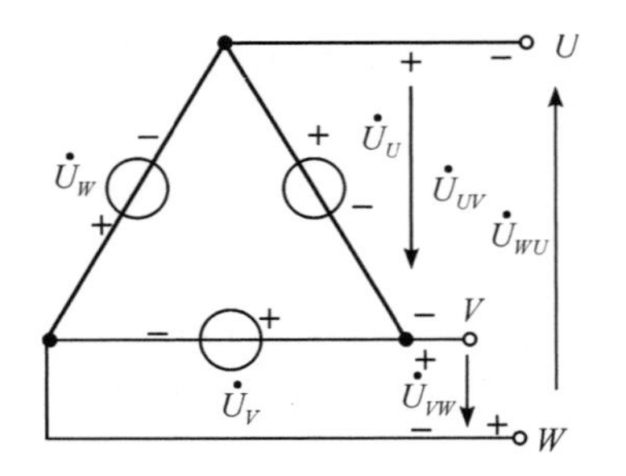

图4-5 三相电源的三角形连接

三相电源的三角形连接，线电压就等于对应相电压。由于相电压对称，即$\dot{U}_U+\dot{U}_V+\dot{U}_W=0\ \text{V}$，所以在连接正确的电源回路中总的电压为零，电源内部不会产生环行电

流。如果把某一相电压源(例如 U 相)接反，如图 4－6(a)所示，则回路中总的电压在闭合前为 $-\dot{U}_U+\dot{U}_V+\dot{U}_W=-2\dot{U}_U$，此时电源回路中总电压的大小是一相电压的两倍。这对于内阻抗很小的发电机绕组是非常危险的，回路中会产生很大的环行电流 $\dot{I}_S$，有

$$\dot{I}_S=\frac{-\dot{U}_U+\dot{U}_V+\dot{U}_W}{3Z_0}=\frac{-2\dot{U}_U}{3Z_0} \tag{4-11}$$

此时，三相电源常会因电流过大而将发电机严重损坏。对应的相量图如图 4－6(b)所示。因此，连接三相电源时要避免接反，当三相电源连成三角形时，先不完全闭合，留下一个开口，在开口处接上一个交流电压表，测量回路中总的电压是否为零。如果电压为零，说明连接正确，然后把开口处接在一起，以确保连接无误。

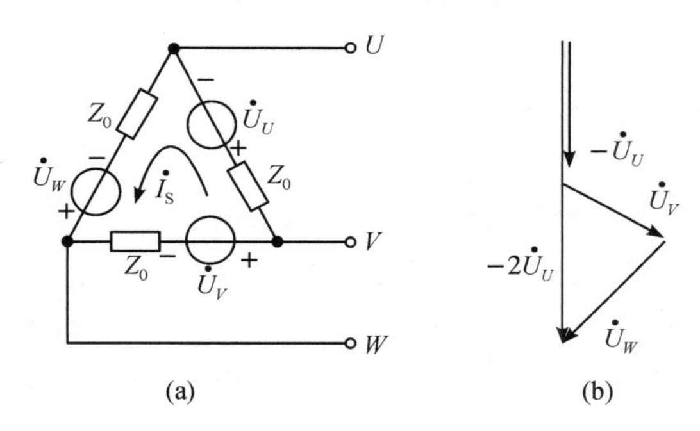

图 4－6　一相接反的三角形连接

【例 4－1】　对称三相电源的星形连接中，已知线电压 $\dot{U}_{VW}=380\angle 30°$V，试求其他线电压和各相电压的相量。

解　因为 $\dot{U}_{VW}=380\angle 30°$ V，所以

$$\dot{U}_{UV}=380\angle(30°+120°)\ \text{V}=380\angle 150°\ \text{V}$$

$$\dot{U}_{WU}=380\angle(30°-120°)\ \text{V}=380\angle -90°\ \text{V}$$

对称三相电源星形连接时，线电压和相电压之间的关系为

$$\dot{U}_V=\frac{\dot{U}_{VW}}{\sqrt{3}}\angle -30°=\frac{380\angle 30°}{\sqrt{3}}\angle -30°\ \text{V}=220\angle 0°\ \text{V}$$

根据对称性，可写出其他相电压分别为

$$\dot{U}_U=220\angle 120°\ \text{V},\quad \dot{U}_W=220\angle -120°\ \text{V}$$

4.2　三相负载的连接

三相负载由三部分组成，其中每一部分称为单相负载，当三个单相负载阻抗相等时，三相负载称为对称三相负载。与三相电源一样，三相负载也有星形和三角形两种连接方式。

4.2.1 三相负载的星形连接

如图 4-7(a)所示，把三个单相负载的一端连接在一起，另一端分别与电源的三条端线相连，这样连接起来的三相负载称为星形连接负载。三个单相负载的一端连接在一起所得到的公共点用 N'表示，该点称为负载的中性点。三相负载的另三端分别与电源的三条端线相连，负载的中性点与星形连接时的三相电源的中性点相连。这种用四根导线把电源和负载连接起来的三相电路称为三相四线制电路，如图 4-7(a)所示。三相四线制电路可对外提供线电压和相电压两种电压。如果三相电流对称，则中线电流为零，就可省去中线，这种用三根导线把电源和负载连接起来的三相电路称为三相三线制电路，如图 4-7(b)所示。三相三线制电路只能对外提供线电压一种电压。

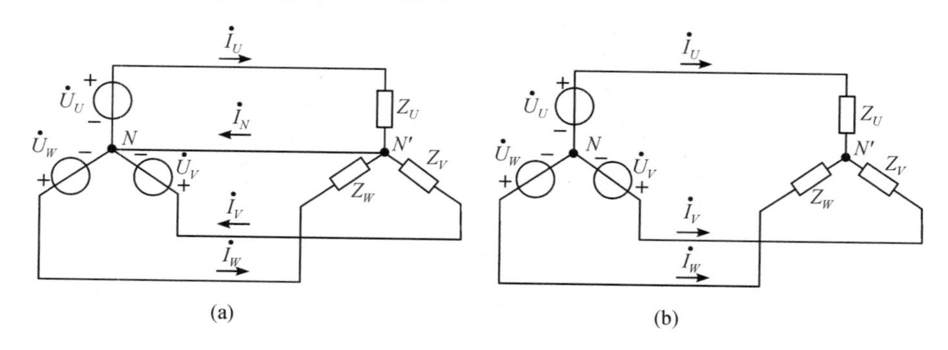

图 4-7 三相电路

在三相电路中，流过端线的电流称为线电流，习惯上选择各线电流的参考方向从电源到负载，如图 4-7 中的 $\dot{I}_U$、$\dot{I}_V$ 和 $\dot{I}_W$ 所示。流过各相负载上的电流称为相电流，流过中线的电流称为中线电流，中线电流用 $\dot{I}_N$ 表示，习惯上选择中线电流的参考方向从负载到电源。在三相负载星形连接电路中，其线电流等于流过各相负载中的相电流。对于图 4-7(a)所示电路而言，负载的相电压等于电源对应的相电压，根据相量形式的欧姆定律可求出各相负载相电流，即

$$\dot{I}_U=\frac{\dot{U}_U}{Z_U},\ \dot{I}_V=\frac{\dot{U}_V}{Z_V},\ \dot{I}_W=\frac{\dot{U}_W}{Z_W}$$

再根据相量形式的 KCL，可得中线电流

$$\dot{I}_N=\dot{I}_U+\dot{I}_V+\dot{I}_W \tag{4-12}$$

对于图 4-7(b)所示电路而言，根据 KCL，显然各线(相)电流之间满足

$$\dot{I}_U+\dot{I}_V+\dot{I}_W=0\ \text{A} \tag{4-13}$$

【例 4-2】 在图 4-7(a)所示的三相四线制电路中，电源对称且电源线电压 $U_l=380$ V，三相负载分别为 $Z_U=(8+\text{j}6)\ \Omega$，$Z_V=(3-\text{j}4)\ \Omega$，$Z_W=10\ \Omega$，试求负载各相电流和中线电流。

解 由题意

$$U_p=\frac{U_l}{\sqrt{3}}=\frac{380}{\sqrt{3}}\ \text{V}=220\ \text{V}$$

设 $\dot{U}_U=220\angle 0°$ V，由 KVL 可知，负载的相电压等于电源对应的相电压，则各相电流由相量形式的欧姆定律可得

$$\dot{I}_U=\frac{\dot{U}_U}{Z_U}=\frac{220\angle 0°}{8+\mathrm{j}6}\ \mathrm{A}=22\angle -36.9°\mathrm{A}$$

$$\dot{I}_V=\frac{\dot{U}_V}{Z_V}=\frac{220\angle -120°}{3-\mathrm{j}4}\ \mathrm{A}=44\angle -66.9°\mathrm{A}$$

$$\dot{I}_W=\frac{\dot{U}_W}{Z_W}=\frac{220\angle 120°}{10}\ \mathrm{A}=22\angle 120°\mathrm{A}$$

所以中线电流为

$$\begin{aligned}\dot{I}_N&=\dot{I}_U+\dot{I}_V+\dot{I}_W=22\angle -36.9°\ \mathrm{A}+44\angle -66.9°\ \mathrm{A}+22\angle 120°\ \mathrm{A}\\&=42\angle -55.4°\mathrm{A}\end{aligned}$$

4.2.2　三相负载的三角形连接

三个单相负载 Z_{UV}、Z_{VW}、Z_{WU} 连接成三角形，称为三相负载的三角形连接，如图 4-8 所示。每相负载上流过的电流 $\dot{I}_{UV}$、$\dot{I}_{VW}$、$\dot{I}_{WU}$ 是相电流，端线上流过的电流 $\dot{I}_U$、$\dot{I}_V$、$\dot{I}_W$ 是线电流。各相负载两端的电压是相电压，端线与端线之间的电压是线电压。显然，三相负载三角形连接时，各负载的相电压等于对应的线电压。

由图 4-8 可得负载相电流 $\dot{I}_{UV}$、$\dot{I}_{VW}$ 和 $\dot{I}_{WU}$：

$$\begin{cases}\dot{I}_{UV}=\dfrac{\dot{U}_{UV}}{Z_{UV}}\\[2ex]\dot{I}_{VW}=\dfrac{\dot{U}_{VW}}{Z_{VW}}\\[2ex]\dot{I}_{WU}=\dfrac{\dot{U}_{WU}}{Z_{WU}}\end{cases}\tag{4-14}$$

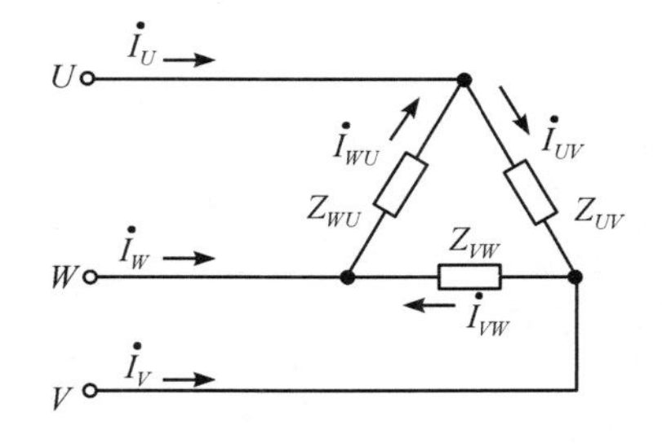

图 4-8　三相负载的三角形连接

根据 KCL 可得线电流分别为

$$\begin{cases}\dot{I}_U=\dot{I}_{UV}-\dot{I}_{WU}\\\dot{I}_V=\dot{I}_{VW}-\dot{I}_{UV}\\\dot{I}_W=\dot{I}_{WU}-\dot{I}_{VW}\end{cases}\tag{4-15}$$

当 $\dot{U}_{UV}$、$\dot{U}_{VW}$，$\dot{U}_{WV}$ 对称时，如果负载也对称，即 $Z_{UV}=Z_{VW}=Z_{WV}$，则可得负载相电流也对称。设 $\dot{I}_{UV}=I\angle 0°$，则 $\dot{I}_{VW}=I\angle -120°$，$\dot{I}_{WU}=I\angle 120°$。由式(4-15)可得

$$\begin{cases}\dot{I}_U=I\angle 0°-I\angle 120°=\sqrt{3}I\angle -30°=\sqrt{3}\dot{I}_{UV}\angle -30°\\\dot{I}_V=\sqrt{3}\dot{I}_{VW}\angle -30°\\\dot{I}_W=\sqrt{3}\dot{I}_{WU}\angle -30°\end{cases}\tag{4-16}$$

式(4-16)表明，三角形连接时如果三个相电流对称，则三个线电流也对称，而且在相位上，线电流滞后于对应的相电流 30°，在数值上，线电流有效值是相电流有效值的$\sqrt{3}$倍。如用 I_l 统一表示各线电流有效值，I_p 统一表示各相电流有效值，则有

$$I_l=\sqrt{3}I_p \tag{4-17}$$

上述关系也可由相量图求出，如图 4-9 所示。

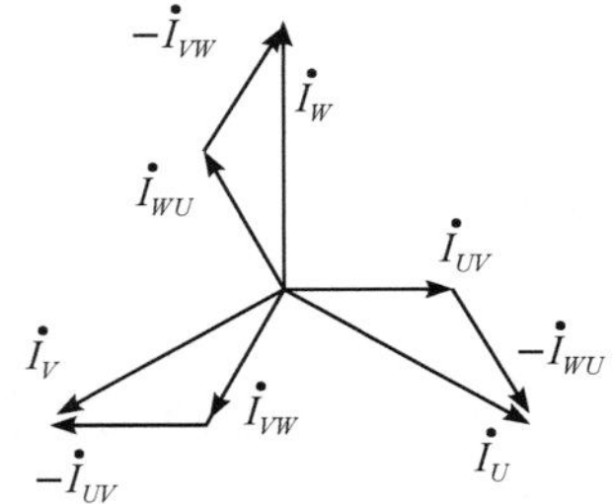

图 4-9 三角形连接的相量图

三相三线制电路中，无论负载是三角形连接，还是星形连接，且无论电路是否对称，三个线电流都满足 $\dot{I}_U+\dot{I}_V+\dot{I}_W=0$ A。

三相电路就是由对称三相电源和三相负载连接起来所组成的系统，可以组成 Y-Y、Y-△、△-Y 和△-△连接等方式。三相负载采用何种连接方式由负载的额定电压决定。当负载额定电压等于电源线电压时采用三角形连接；当负载额定电压等于电源相电压时采用星形连接。

【例 4-3】 如图 4-8 所示，加在三角形连接的负载上的三相电压对称，电源线电压为 380 V，各相阻抗 $Z=(10\sqrt{3}+j10)\ \Omega$，试求：(1) 各相电流和线电流；(2) VW 相负载断开后的各相电流和线电流；

解 (1) 设线电压 $\dot{U}_{UV}=380\angle 0°$ V，则各相电流为

$$\dot{I}_{UV}=\frac{\dot{U}_{UV}}{Z}=\frac{380\angle 0°}{10\sqrt{3}+j10}\ \text{A}=19\angle -30°\text{A}$$

$$\dot{I}_{VW}=\frac{\dot{U}_{VW}}{Z}=\frac{380\angle -120°}{10\sqrt{3}+j10}\ \text{A}=19\angle -150°\text{A}$$

$$\dot{I}_{WU}=\frac{\dot{U}_{WU}}{Z}=\frac{380\angle 120°}{10\sqrt{3}+j10}\ \text{A}=19\angle 90°\text{A}$$

各线电流为

$$\dot{I}_U=\sqrt{3}\dot{I}_{UV}\angle -30°=\sqrt{3}\times 19\angle(-30°-30°)\ \text{A}=32.9\angle -60°\text{A}$$

$$\dot{I}_V=\sqrt{3}\dot{I}_{VW}\angle -30°=\sqrt{3}\times 19\angle(-150°-30°)\ \text{A}=32.9\angle -180°\text{A}$$

$$\dot{I}_W=\sqrt{3}\dot{I}_{WU}\angle -30°=\sqrt{3}\times 19\angle(90°-30°)\ \text{A}=32.9\angle 60°\text{A}$$

(2) 若 VW 相断开，则 $\dot{I}_{VW}=0$ A，而 $\dot{I}_{UV}$、$\dot{I}_{WU}$ 不变，所以

$$\dot{I}_U=\dot{I}_{UV}-\dot{I}_{WU}=32.9\angle -60°\ \text{A}$$

$$\dot{I}_W=\dot{I}_{WU}-\dot{I}_{VW}=\dot{I}_{WU}=19\angle 90°\ \text{A}$$

$$\dot{I}_V=\dot{I}_{VW}-\dot{I}_{UV}=-\dot{I}_{UV}=-19\angle -30°\ \text{A}=19\angle(-30°+180°)\ \text{A}=19\angle 150°\text{A}$$

由例 4-3 可见，三角形连接，负载承受线电压，端线阻抗为零(或很小)时，负载的电压不受负载不对称和负载变动的影响。

【例 4-4】 大功率三相电动机启动时，由于启动电流较大而采用降压启动，其方法之一是启动时将电动机三相绕组接成星形，而在正常运行时改接为三角形。试比较当绕组按星形连接和三角形连接时相电流的比值及线电流的比值。

解　当绕组按星形连接时，线电压是相电压的$\sqrt{3}$倍，线电流等于相电流，即

$$U_{Yp}=\frac{U_l}{\sqrt{3}},\ I_{Yl}=I_{Yp}=\frac{U_{Yp}}{|Z|}=\frac{U_l}{\sqrt{3}\,|Z|}$$

当绕组按三角形连接时，线电压等于相电压，线电流是相电流的$\sqrt{3}$倍，即

$$U_{\triangle p}=U_l,\quad I_{\triangle p}=\frac{U_{\triangle p}}{|Z|}=\frac{U_l}{|Z|},\quad I_{\triangle l}=\sqrt{3}I_{\triangle p}=\frac{\sqrt{3}U_l}{|Z|}$$

所以，两种接法相电流的比值为

$$\frac{I_{Yp}}{I_{\triangle p}}=\frac{\dfrac{U_l}{\sqrt{3}\,|Z|}}{\dfrac{U_l}{|Z|}}=\frac{1}{\sqrt{3}}$$

线电流的比值为

$$\frac{I_{Yl}}{I_{\triangle l}}=\frac{\dfrac{U_l}{\sqrt{3}\,|Z|}}{\dfrac{\sqrt{3}U_l}{|Z|}}=\frac{1}{3}$$

4.3　对称三相电路的分析

三相电路由三相电源、三相负载和三相输电线路三部分组成。当这三部分都对称时，三相电路便是对称的三相电路，即对称三相电路就是指以一组（或多组）对称三相电源通过对称三相输电线（即三根导线的阻抗相等）接到一组（或多组）对称三相负载组成的三相电路。

4.3.1　对称三相电路的特点

下面以最常用的对称三相四线制 Y-Y 连接电路为例进行分析。

在图 4-10 所示的对称三相四线制电路中，Z_l 是输电线的阻抗，Z_N 是中线阻抗，Z 是负载阻抗。由弥尔曼定理可得中点电压

$$\dot{U}_{N'N}=\frac{\dfrac{1}{Z_l+Z}(\dot{U}_U+\dot{U}_V+\dot{U}_W)}{\dfrac{3}{Z_l+Z}+\dfrac{1}{Z_N}} \tag{4-18}$$

由于三相电路对称，$\dot{U}_U+\dot{U}_V+\dot{U}_W=0\ \text{V}$，故

$$\dot{U}_{N'N}=0\ \text{V} \tag{4-19}$$

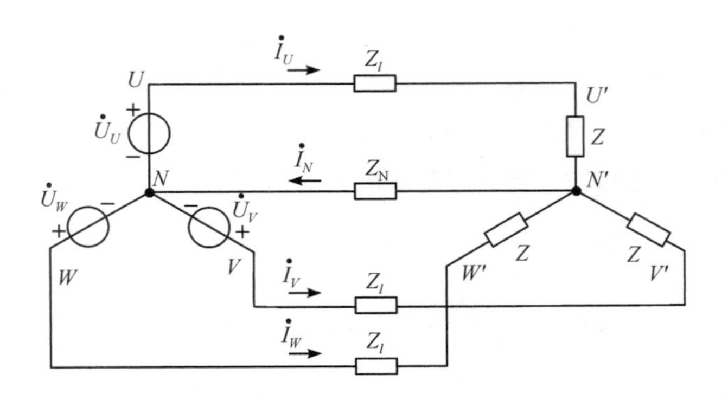

图 4-10　对称三相四线制电路

中线电流为

$$\dot{I}_N=\frac{\dot{U}_{N'N}}{Z_N}=0\ \text{A} \tag{4-20}$$

各相电流(也即线电流)为

$$\begin{cases}\dot{I}_U=\dfrac{\dot{U}_U-\dot{U}_{N'N}}{Z_l+Z}=\dfrac{\dot{U}_U}{Z_l+Z}\\ \dot{I}_V=\dfrac{\dot{U}_V-\dot{U}_{N'N}}{Z_l+Z}=\dfrac{\dot{U}_V}{Z_l+Z}=\dot{I}_U\angle-120^\circ\\ \dot{I}_W=\dfrac{\dot{U}_W-\dot{U}_{N'N}}{Z_l+Z}=\dfrac{\dot{U}_W}{Z_l+Z}=\dot{I}_U\angle 120^\circ\end{cases} \tag{4-21}$$

各相负载电压为

$$\begin{cases}\dot{U}_{U'N'}=Z\dot{I}_U\\ \dot{U}_{V'N'}=Z\dot{I}_V=\dot{U}_{U'N'}\angle-120^\circ\\ \dot{U}_{W'N'}=Z\dot{I}_W=\dot{U}_{U'N'}\angle 120^\circ\end{cases} \tag{4-22}$$

可见，负载相电流、相电压分别对称，而且各相彼此独立，电压、电流只与本相的电源和阻抗有关。同样，负载端的线电压也是对称的。

以上所述表明，Y-Y 连接的对称三相电路具有以下特点：

(1) 中点电压 $\dot{U}_{N'N'}=0$ V，中线电流 $\dot{I}_N=0$ A，中线不起作用。

在对称三相电路中，不论有无中线，中线阻抗为何值，电路的情况都一样。

(2) 各相彼此不相关，具有独立性。

因为 $\dot{U}_{N'N}=0$ V，各相的电压、电流仅由该相的电源和阻抗确定，而与其他两相无关。

(3) 各相的电流、电压都是和电源电压同相序的对称量，具有对称性。

4.3.2 对称三相电路的计算

根据对称三相电路的特点，Y-Y 连接的对称三相电路可归结为一相电路计算。对称三相电路的一般计算方法归纳如下：

(1) 将所有三相电源、负载都化为等效的 Y-Y 连接电路。如果电路中含有三角形连接负载，则可以将其等效变换为星形连接。

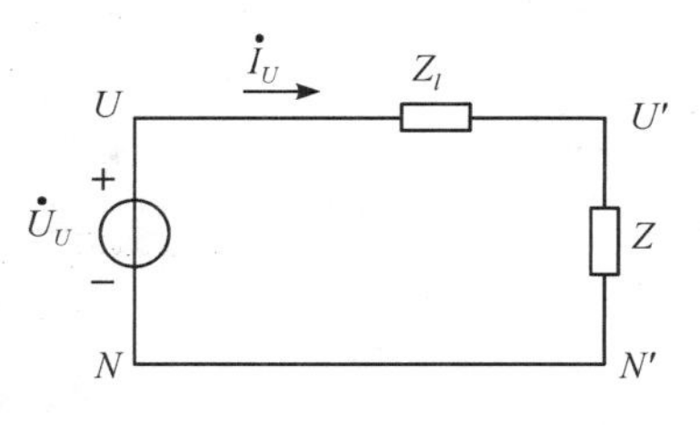

图 4－11　一相计算电路

(2) 画出一相等效电路(一般画 U 相电路)，求出一相的电压、电流。画一相等效电路时，把该相上的电源、负载、线路阻抗保留，然后连接各负载中性点和电源中性点，中线上若有阻抗应不计。图 4－10 所示的对称三相四线制电路的一相计算电路如图 4－11 所示。

注意: 一相电路中的电压为 Y 连接时的相电压，一相电路中的电流为线电流。

(3) 原电路中，根据△ 连接、Y 连接时线电压与相电压之间、线电流与相电流之间的关系，求出原电路的电流电压。

(4) 由对称性，得出其他两相的电压、电流。

【例 4－5】 在图 4－12(a)所示对称三相电路中，负载每相阻抗 $Z=(6+\mathrm{j}8)\ \Omega$，端线阻抗 $Z_l=(1+\mathrm{j}1)\ \Omega$，电源线电压有效值为 380 V。求各相电流、线电流和负载各相电压。

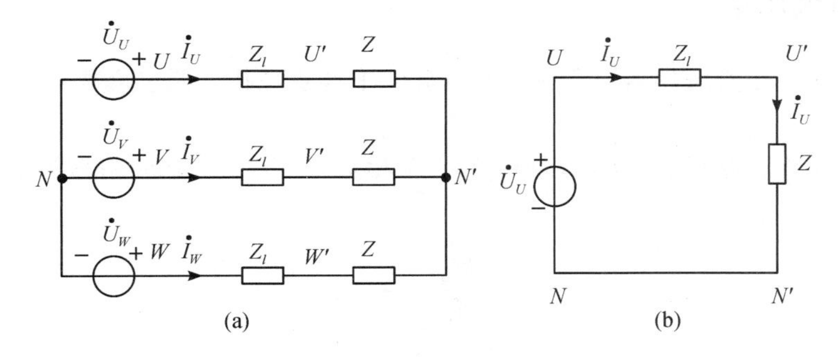

图 4－12　例 4－5 图

解　已知 $U_l=380$ V，可得

$$U_p=\frac{U_l}{\sqrt{3}}=\frac{380}{\sqrt{3}}\ \mathrm{V}=220\ \mathrm{V}$$

画出 U 相等效电路，如图 4－12(b)所示。设

$$\dot{U}_U=220\angle 0^\circ\ \mathrm{V}$$

由于三相负载采用星形连接，因此负载端相电流和线电流相等，即

$$\dot{I}_U=\frac{\dot{U}_U}{Z_l+Z}=\frac{220\angle 0^\circ}{(1+\mathrm{j}1)+(6+\mathrm{j}8)}\ \mathrm{A}=\frac{220\angle 0^\circ}{11.4\angle 52.1^\circ}\ \mathrm{A}=19.3\angle -52.1^\circ\ \mathrm{A}$$

$$\dot{I}_V=\dot{I}_U\angle -120^\circ=19.3\angle -172.1^\circ \mathrm{A}$$

$$\dot{I}_W=\dot{I}_U\angle 120^\circ=19.3\angle 67.9^\circ \mathrm{A}$$

各相负载电压为

$\dot{U}_{U'N'}=Z\dot{I}_U=(6+j8)\times19.3\angle-52.1^\circ\ \text{V}=10\angle53.1^\circ\times19.3\angle-52.1^\circ\ \text{V}=193\angle1^\circ\ \text{V}$

$\dot{U}_{V'N'}=\dot{U}_{U'N'}\angle-120^\circ=193\angle-119^\circ\ \text{V}$

$\dot{U}_{W'N'}=\dot{U}_{U'N'}\angle120^\circ=193\angle121^\circ\ \text{V}$

4.4 不对称三相电路的分析

三相电路中，三相电源、三相负载和三相输电线路三部分中只要有一部分不对称，该三相电路就称为不对称三相电路。引起三相电路不对称的原因是很多的。例如，对称三相电路的某条端线断开，某相负载短路或开路，等等。正常情况下，三相电源是对称的。引起三相电路不对称最常见的原因是负载不对称。不对称三相电路既然失去了对称的特点，就不能采用对称三相电路的分析方法。负载不对称的 Y-Y 连接电路，常用中点电压法来分析计算。本节主要讨论负载不对称的 Y-Y 连接不对称三相电路。

4.4.1 中点电压法

中点电压法就是先用弥尔曼定理求出负载的中性点电压，再求负载各相的电压、电流的方法。

在图 4-13 所示电路中，电源对称，假定三相负载不对称，则应用弥尔曼定理，可得中性点电压

$$\dot{U}_{N'N}=\frac{\dfrac{\dot{U}_U}{Z_U}+\dfrac{\dot{U}_V}{Z_V}+\dfrac{\dot{U}_W}{Z_W}}{\dfrac{1}{Z_U}+\dfrac{1}{Z_V}+\dfrac{1}{Z_W}+\dfrac{1}{Z_N}}\tag{4-23}$$

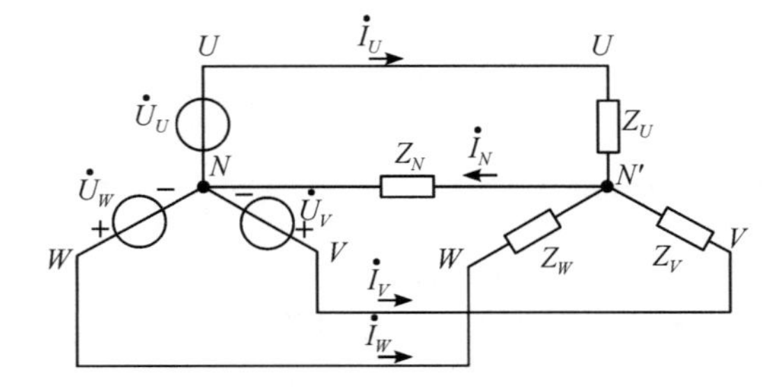

图 4-13 不对称三相负载星形连接电路

由于三相负载不对称，即 $Z_U\neq Z_V\neq Z_W$，则

$$\dot{U}_{N'N}\neq0\ \text{V}\tag{4-24}$$

由 KVL 可得各相负载的相电压分别为

$$\dot{U}_{UN'}=\dot{U}_U-\dot{U}_{N'N}$$

$$\dot{U}_{VN'}=\dot{U}_V-\dot{U}_{N'N}$$

$$\dot{U}_{WN'} = \dot{U}_W - \dot{U}_{N'N}$$

由于 $\dot{U}_{N'N} \neq 0$ V，负载相电压不等于电源相电压，负载相电压不对称。由 VCR 可得各相负载的相电流分别为

$$\dot{I}_U = \frac{\dot{U}_{UN'}}{Z_U}, \quad \dot{I}_V = \frac{\dot{U}_{VN'}}{Z_V}, \quad \dot{I}_W = \frac{\dot{U}_{WN'}}{Z_W}$$

中线电流为

$$\dot{I}_N = \frac{\dot{U}_{N'N}}{Z_N} \tag{4-25}$$

或

$$\dot{I}_N = \dot{I}_U + \dot{I}_V + \dot{I}_W \tag{4-26}$$

可见，负载相电流也不对称，中线电流不为零。

4.4.2 中性点位移

由于负载不对称，因此中性点电压 $\dot{U}_{N'N} \neq 0$ V。这表明电源中性点与负载中性点的电位不相等，反映在位形图就是 N 与 N' 不重合而出现位移，此位移称为负载中性点对电源中性点位移，如图 4-14 所示。

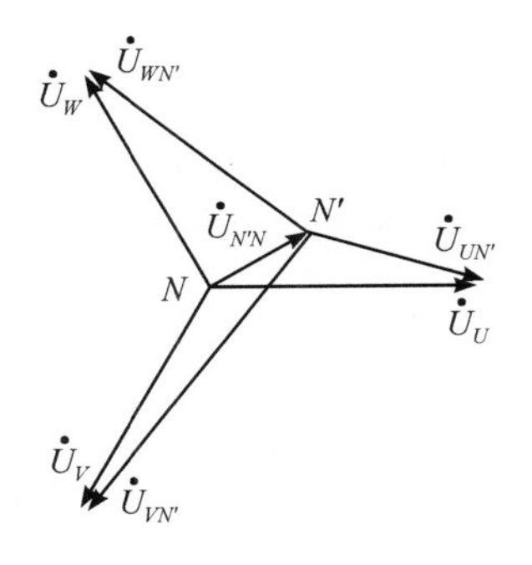

图 4-14 中性点位移

中性点位移的大小直接影响各相负载的电压，使得有的相电压高于负载的额定电压，有的相电压低于负载的额定电压。如果各相的电压差过大，就会给负载带来不良的后果，以致负载无法正常工作，甚至损坏。例如对于照明负载，由于灯泡的额定电压是 220 V，当某相电压过高时，灯泡会被烧坏，而当某相电压过低时，灯泡会变暗，不能正常发光。

中性点位移是由于三相电路不对称引起的，中性点位移的大小则与中线的阻抗有关。实际三相电路中，如果是对称电路，由于中线不起作用，因此一般不连中线。但如果是三相三线制电路，而负载电路又不对称，此时由于没有中线，中线阻抗无穷大，中性点位移最大，这是很严重的情况，所以对于不对称负载星形连接，应连接中线。理想情况下，中线阻抗 Z_N 为零，$\dot{U}_{N'N} = \dot{I}_N Z_N = 0$ V，此时，没有中性点位移，负载相电压等于电源相电压。一般情况，尽量使中线阻抗小，这时尽管负载不对称，但由于中线阻抗很小，强迫负载中性点电位接近于电源中性点电位，而使各相负载电压接近对称。因此，接有照明、家用电器一类不对称负载的三相电路，必须采用三相四线制，并且要求中线可靠连接，有足够的机械强度，即中线截面应足够大，以使中线阻抗趋于零。同时还规定中线上不准安装开关或熔断器。

不对称三相负载，原则上也可连接成三角形，线路阻抗较小时，负载电压接近电源的线电压。但低压电源线电压多为 380 V，而电灯、电视机、空调等用电设备的额定电压都是 220 V，所以这些设备都采用有中线的星形连接。至于三相电动机，因为三相都是对称的，

所以不需要接中线，实际视电源电压而定，可接成星形也可接成三角形。

【例 4-6】 在图 4-13 所示不对称三相负载星形连接电路中，$\dot{U}_U=220\angle 0^\circ$ V，$Z_U=(3+j2)$ Ω，$Z_V=(4+j4)$ Ω，$Z_W=(2+j1)$ Ω，试分析当 $Z_N=0$ Ω 和 $Z_N=\infty$时的线电流情况。

解 当 $Z_N=0$ Ω 时，则 $\dot{U}_{N'N}=0$ V，所以

$$\dot{U}_{UN'}=\dot{U}_{UN}=220\angle 0^\circ \text{ V}$$

$$\dot{U}_{VN'}=\dot{U}_{VN}=220\angle -120^\circ \text{ V}$$

$$\dot{U}_{WN'}=\dot{U}_{WN}=220\angle 120^\circ \text{ V}$$

$$\dot{I}_U=\frac{\dot{U}_{UN'}}{Z_U}=\frac{220\angle 0^\circ}{3+j2}\text{ A}=\frac{220\angle 0^\circ}{3.61\angle 33.7^\circ}\text{ A}=61\angle -33.7^\circ \text{ A}$$

$$\dot{I}_V=\frac{\dot{U}_{VN'}}{Z_V}=\frac{220\angle -120^\circ}{4+j4}\text{ A}=\frac{220\angle -120^\circ}{4\sqrt{2}\angle 45^\circ}\text{ A}=38.9\angle -165^\circ \text{ A}$$

$$\dot{I}_W=\frac{\dot{U}_{WN'}}{Z_W}=\frac{220\angle 120^\circ}{2+j1}\text{ A}=\frac{220\angle 120^\circ}{2.24\angle 26.6^\circ}\text{ A}=98.4\angle 93.4^\circ \text{ A}$$

此时负载电流虽然不对称，但各相独立，互不影响。

当 $Z_N=\infty$时，中线开路，$\dot{I}_N=0$ A，由于

$$\dot{U}_{N'N}=\frac{\dfrac{\dot{U}_{UN}}{Z_U}+\dfrac{\dot{U}_{VN}}{Z_V}+\dfrac{\dot{U}_{WN}}{Z_W}}{\dfrac{1}{Z_V}+\dfrac{1}{Z_W}+\dfrac{1}{Z_N}}=61.3\angle 115^\circ \text{ V}$$

所以

$$\dot{U}_{UN'}=\dot{U}_{UN}-\dot{U}_{N'N}=253\angle -13^\circ \text{ V}$$

$$\dot{U}_{VN'}=\dot{U}_{VN}-\dot{U}_{N'N}=260\angle -109^\circ \text{ V}$$

$$\dot{U}_{WN'}=\dot{U}_{WN}-\dot{U}_{N'N}=159\angle 122^\circ \text{ V}$$

$$\dot{I}_U=\frac{\dot{U}_{UN'}}{Z_U}=\frac{253\angle -13^\circ}{3+j2}\text{ A}=\frac{253\angle -13^\circ}{3.61\angle 33.7^\circ}\text{ A}=70.1\angle -46.7^\circ \text{ A}$$

$$\dot{I}_V=\frac{\dot{U}_{VN'}}{Z_V}=\frac{260\angle -109^\circ}{4+j4}\text{ A}=\frac{260\angle -109^\circ}{4\sqrt{2}\angle 45^\circ}\text{ A}=46\angle -154^\circ \text{ A}$$

$$\dot{I}_W=\frac{\dot{U}_{WN'}}{Z_W}=\frac{159\angle 122^\circ}{2+j1}\text{ A}=\frac{159\angle 122^\circ}{2.24\angle 26.6^\circ}\text{ A}=77.1\angle 95.4^\circ \text{ A}$$

这种情况下，负载中性点偏移，各相电压不再对称，Z_U、Z_V 相电压高于负载的额定电压，Z_W 相电压低于负载的额定电压。负载中通过的电流也不对称，互相牵制、相互影响。

【例 4-7】 相序指示器是用来测定三相电源相序的，它由 Y 连接的两个白炽灯和一个电容器组成，原理图如图 4-15(a)所示，其中 $R=\dfrac{1}{\omega C}=\dfrac{1}{G}$。如果把电容 C 所接的一相指定

为U相，电源对称，试说明如何根据两只白炽灯的亮度来确定相序。

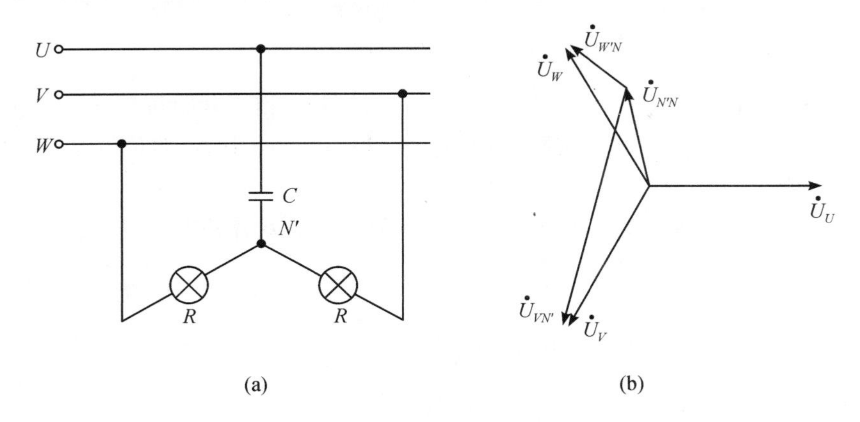

(a)　(b)

图4-15　例4-7图

解　设$\dot{U}_U=U\angle 0°$，则中性点电压为

$$\dot{U}_{N'N}=\frac{\mathrm{j}\omega C\dot{U}_U+G\dot{U}_V+G\dot{U}_W}{\mathrm{j}\omega C+2G}=\frac{\mathrm{j}+1\angle -120°+1\angle 120°}{2+\mathrm{j}}U$$
$$=(-0.3+\mathrm{j}0.6)U=0.63U\angle 108°$$

白炽灯的相电压分别为

$$\dot{U}_{VN'}=\dot{U}_V-\dot{U}_{N'N}=U\angle -120°-0.63U\angle 108°=1.5U\angle -102°$$

$$\dot{U}_{WN'}=\dot{U}_W-\dot{U}_{N'N}=U\angle 120°-0.63U\angle 108°=0.4U\angle 138°$$

可见，$U_{VN'}>U_{WN'}$，正如图4-15(b)所示。因此，较亮的灯接入的是V相，较暗的灯接入的是W相。

【例4-8】　电源电压三相对称，三相对称负载采用星形连接，试分析U相负载短路和断路时，各相负载相电压的变化情况。

解　U相负载短路，如图4-16(a)所示。设$\dot{U}_U=U\angle 0°$，此时负载中点N'直接与U端相连，故中性点电压为

$$\dot{U}_{N'N}=\dot{U}_U=U\angle 0°$$

由KVL求得负载相电压分别为

$$\dot{U}_{UN'}=\dot{U}_U-\dot{U}_{N'N}=0\ \mathrm{V}$$

$$\dot{U}_{VN}=\dot{U}_V-\dot{U}_{N'N}=\dot{U}_V-\dot{U}_U=U\angle -120°-U\angle 0°=\sqrt{3}U\angle -150°$$

$$\dot{U}_{WN}=\dot{U}_W-\dot{U}_{N'N}=\dot{U}_W-\dot{U}_U=U\angle -120°-U\angle 0°=\sqrt{3}U\angle 150°$$

同样的结果也可由位形图得出。设$\dot{U}_U$为参考相量。正常时三相电压的位形图是一个等边三角形，顶点为U、V、W，重心为N。当U相负载短路时，$\dot{U}_{UN'}=0$ V，$\dot{U}_{N'N}=\dot{U}_U$，N'与U点重合，$\dot{U}_{VN'}$、$\dot{U}_{WN'}$如图4-16(b)所示。可见，当一相负载短路时，其他两相负载相电压升高为正常电压的$\sqrt{3}$倍。由位形图可得

$$\dot{U}_{VN'}=\sqrt{3}U\angle-150°$$

$$\dot{U}_{WN'}=\sqrt{3}U\angle150°$$

U 相负载断路时，如图 4-16(c)所示。此时 V 相与 W 相负载阻抗串联，线电压 $\dot{U}_{VW}$ 作用于其上，因为 V 相与 W 相的负载阻抗相等，所以在位形图中 N' 的位置是在 VW 连线的中点上。

位形图如图 4-16(d)所示，故当 U 相负载断路时，负载各相电压分别为

$$\dot{U}_{UN'}=1.5U\angle0°$$

$$\dot{U}_{VN'}=\frac{\sqrt{3}}{2}U\angle-90°$$

$$\dot{U}_{WN'}=\frac{\sqrt{3}}{2}U\angle90°$$

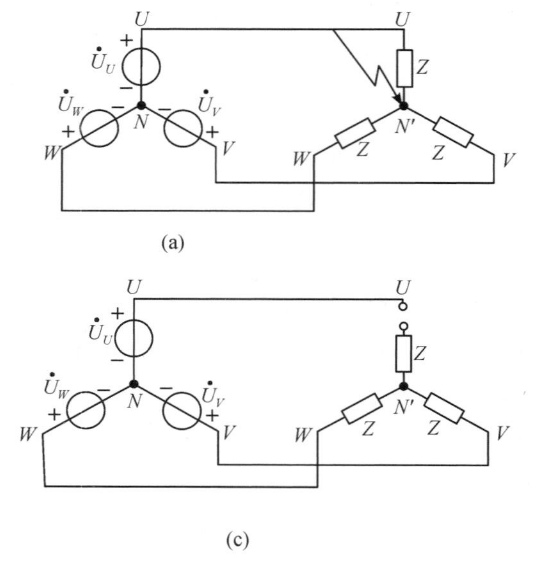

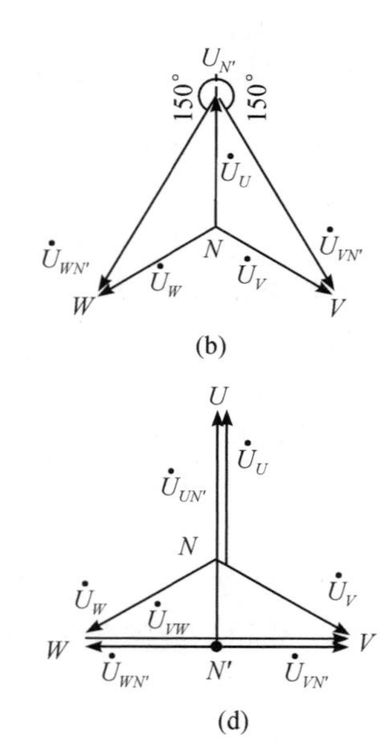

图 4-16　例 4-8 图

【例 4-9】　在图 4-17 所示电路中，电源三相对称。当开关 S 闭合时，电流表的读数均为 10 A。求开关 S 打开后各电流表的读数。

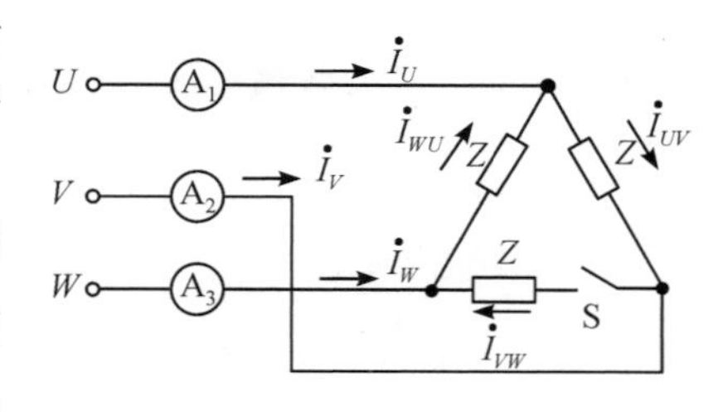

图 4-17　例 4-9 图

解　负载为三角形连接时，各相负载加载电源线电压。开关 S 打开后，只有该相相电流 $\dot{I}_{VW}$，但其他两相电流仍然等于该负载两端电压(线电压)除以阻抗，所以 $\dot{I}_{UV}$，$\dot{I}_{WU}$ 不变。

由 KCL 可得 $\dot{I}_U=\dot{I}_{UV}-\dot{I}_{WU}$，由于 $\dot{I}_{UV}$，$\dot{I}_{WU}$ 不变，因此 $I_U=10$ A 不变；$\dot{I}_V=\dot{I}_{VW}-\dot{I}_{UV}=-\dot{I}_{UV}$，可见 $\dot{I}_V$ 等于相电流，即 $I_V=\frac{10}{\sqrt{3}}$A；$\dot{I}_W=\dot{I}_{WU}-\dot{I}_{VW}=\dot{I}_{WU}$，可见 $\dot{I}_W$ 等于相电

流，即 $I_W=\frac{10}{\sqrt{3}}$ A。

电流表 A_1 中的电流与负载对称时的电流相同等于10 A。而 A_2、A_3 中的电流相当于负载对称时的相电流等于 $\frac{10}{\sqrt{3}}$ A。

4.5 三相电路的功率

4.5.1 有功功率、无功功率和视在功率

根据能量守恒关系，三相电路中，三相负载的有功功率等于各相有功功率之和，即

$$P=P_U+P_V+P_W=U_UI_U\cos\varphi_U+U_VI_V\cos\varphi_V+U_WI_W\cos\varphi_W \tag{4-27}$$

其中，φ_U、φ_V 和 φ_W 分别是各相负载相电压与相电流之间的相位差。如果三相电路对称，则各相负载的有功功率相等，设 $U_U=U_V=U_W=U_p$，$I_U=I_V=I_W=I_p$，$\varphi_U=\varphi_V=\varphi_W=\varphi$，故有

$$P=3U_pI_p\cos\varphi \tag{4-28}$$

式中，$U_pI_p\cos\varphi$ 为一相负载的有功功率。对称三相电路的有功功率等于一相有功功率的3倍。

当电源或负载为星形连接时，因为

$$U_p=\frac{U_l}{\sqrt{3}},\quad I_p=I_l$$

所以

$$P=3U_pI_p\cos\varphi=3\frac{U_l}{\sqrt{3}}I_l\cos\varphi=\sqrt{3}U_lI_l\cos\varphi$$

当电源或负载为三角形连接时，因为

$$U_p=U_l,\quad I_p=\frac{I_l}{\sqrt{3}}$$

所以

$$P=3U_pI_p\cos\varphi=3U_l\frac{I_l}{\sqrt{3}}\cos\varphi=\sqrt{3}U_lI_l\cos\varphi$$

因此，在对称的三相电路中，不论负载是星形连接，还是三角形连接，都有

$$P=\sqrt{3}U_lI_l\cos\varphi \tag{4-29}$$

注意: 式(4-29)中 φ 仍为负载相电压与相电流之间的相位差，也是负载的阻抗角；式(4-29)常用于分析对称三相电路的总有功功率，因为该式对星形或三角形连接的负载都适用；三相设备铭牌上标明的都是线电压和线电流，三相电路中容易测量的也是线电压和线电流。

同理，三相电路的无功功率为

$$Q = Q_U + Q_V + Q_W = U_U I_U \sin\varphi_U + U_V I_V \sin\varphi_V + U_W I_W \sin\varphi_W \tag{4-30}$$

电路对称时，有

$$Q = 3U_p I_p \sin\varphi = \sqrt{3} U_l I_l \sin\varphi \tag{4-31}$$

三相电路的视在功率为

$$S = \sqrt{P^2 + Q^2} \tag{4-32}$$

电路对称时，有

$$S = 3U_p I_p = \sqrt{3} U_l I_l \tag{4-33}$$

三相电路的功率因数为

$$\lambda = \cos\varphi = \frac{P}{S} \tag{4-34}$$

电路对称时，三相电路的功率因数为一相负载的功率因数，功率因数角 φ 即为负载的阻抗角。

【例 4-10】 每相阻抗 $Z=(30+\mathrm{j}40)\ \Omega$ 的对称三相负载，所接电源的线电压 $U_l=380$ V，试求三相负载分别接成星形和三角形时电路的有功功率和无功功率。

解 三相负载为星形连接时，因为阻抗

$$Z=(30+\mathrm{j}40)\ \Omega=50\angle 53.1°\ \Omega$$

所以

$$I_l = I_p = \frac{U_p}{|Z|} = \frac{U_l}{\sqrt{3}|Z|} = \frac{380}{\sqrt{3}\times 50}\ \mathrm{A} = 4.4A$$

$$P = \sqrt{3} U_l I_l \cos\varphi = \sqrt{3} \times 380 \times 4.4\cos 53.1°\ \mathrm{W} = 1740\ \mathrm{W}$$

$$Q = \sqrt{3} U_l I_l \sin\varphi = \sqrt{3} \times 380 \times 4.4\sin 53.1°\ \mathrm{var} = 2320\ \mathrm{var}$$

三相负载三角形连接时，有

$$I_l = \sqrt{3} I_p = \sqrt{3}\ \frac{U_p}{|Z|} = \sqrt{3}\ \frac{U_l}{|Z|} = \sqrt{3}\ \frac{380}{50}\ \mathrm{A} = 13.2\ \mathrm{A}$$

$$P = \sqrt{3} U_l I_l \cos\varphi = \sqrt{3} \times 380 \times 13.2\cos 53.1°\ \mathrm{W} = 5220\ \mathrm{W}$$

$$Q = \sqrt{3} U_l I_l \sin\varphi = \sqrt{3} \times 380 \times 13.2\sin 53.1°\ \mathrm{var} = 6960\ \mathrm{var}$$

【例 4-11】 一台三相异步电动机接于线电压为 380 V 的对称三相电源上运行，测得线电流为 20 A，输入功率为 11 kW，试求电动机的功率因数、无功功率及视在功率。

解 三相异步电动机属于对称负载。由于 $P=\sqrt{3}U_l I_l \cos\varphi$，故

$$\cos\varphi = \frac{P}{\sqrt{3} U_l I_l} = \frac{11\times 10^3}{\sqrt{3}\times 380 \times 20} = 0.84$$

$$S = \frac{P}{\cos\varphi} = \frac{11\times 10^3\ \mathrm{W}}{0.84} = 13.1\ \mathrm{kV\cdot A}$$

$$Q = S\sin\varphi = S \times \sqrt{1-\cos^2\varphi} = 13.1\sqrt{1-0.84^2}\ \mathrm{kvar} = 7.11\ \mathrm{kvar}$$

4.5.2 对称三相电路的瞬时功率

三相电路的瞬时功率等于各相瞬时功率之和，即

$$p=p_U+p_V+p_W=u_Ui_U+u_Vi_V+u_Wi_W \tag{4-35}$$

电路对称时，三相电压 u_U、u_V、u_W 和三相电流 i_U、i_V、i_W 分别对称。设

$$\begin{cases} u_U=\sqrt{2}U_p\sin(\omega t), & i_U=\sqrt{2}I_p\sin(\omega t-\varphi) \\ u_V=\sqrt{2}U_p\sin(\omega t-120^\circ), & i_V=\sqrt{2}I_p\sin(\omega t-120^\circ-\varphi) \\ u_W=\sqrt{2}U_p\sin(\omega t+120^\circ), & i_W=\sqrt{2}I_p\sin(\omega t+120^\circ-\varphi) \end{cases} \tag{4-36}$$

其中，U_p、I_p 为负载相电压和相电流，φ 为负载的阻抗角。将式(4-36)代入式(4-35)，各瞬时功率分别为

$$\begin{cases} p_U=u_Ui_U=\sqrt{2}U_p\sin\omega t\sqrt{2}I_p\sin(\omega t-\varphi) \\ \quad =U_pI_p[\cos\varphi-\cos(2\omega t-\varphi)] \\ p_V=u_Vi_V=\sqrt{2}U_p\sin(\omega t-120^\circ)\sqrt{2}I_p\sin(\omega t-120^\circ-\varphi) \\ \quad =U_pI_p[\cos\varphi-\cos(2\omega t-240^\circ-\varphi)] \\ p_W=u_Wi_W=\sqrt{2}U_p\sin(\omega t+120^\circ)\sqrt{2}I_p\sin(\omega t+120^\circ-\varphi) \\ \quad =U_pI_p[\cos\varphi-\cos(2\omega t+240^\circ-\varphi)] \end{cases} \tag{4-37}$$

它们的和为

$$p=p_U+p_V+p_W=3U_pI_p\cos\varphi \tag{4-38}$$

可见，在对称三相电路中，瞬时功率 p 为一个不随时间变化的常量，且等于三相总有功功率 P。由于双称三相电路的瞬时总功率为常量，所以三相电动机输出的机械力矩也是常量，从而避免了机械振动。这是对称三相电路的一个优越性能。习惯上把这种性能称为瞬时功率平衡。

【例 4-12】 已知电路如图 4-18 所示。电源电压 $U_l=380$ V，每相负载的阻抗为 $R=X_L=X_C=20\ \Omega$。

(1) 该三相负载能否称为对称负载？为什么？

(2) 计算中线电流和各相电流。

(3) 求三相总功率。

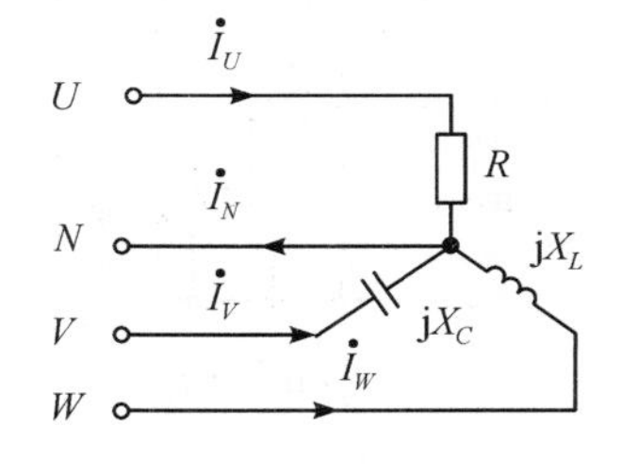

图 4-18 例 4-12 图

解 (1) 只有三个负载阻抗相等，三相负载才对称。由已知条件可得三个相的负载阻抗

$$Z_U=20\ \Omega,\ Z_V=-\text{j}20\ \Omega,\ Z_W=\text{j}20\ \Omega$$

可见各相阻抗并不相同，故该三相负载不能称为对称负载。

(2) 因 $U_l=380$ V，则 $U_p=220$ V。设

$$\dot{U}_U=220\angle 0^\circ\ \text{V},\ \dot{U}_V=220\angle -120^\circ\ \text{V},\ \dot{U}_W=220\angle 120^\circ\ \text{V}$$

则

$$\dot{I}_U=\frac{\dot{U}_U}{Z_U}=\frac{220\angle 0^\circ}{20}\ \text{A}=11\angle 0^\circ\ \text{A}$$

$$\dot{I}_V=\frac{\dot{U}_V}{Z_V}=\frac{220\angle -120^\circ}{-\text{j}20}\ \text{A}=11\angle -30^\circ\ \text{A}$$

$$\dot{I}_W=\frac{\dot{U}_W}{Z_W}=\frac{220\angle 120^\circ}{j20}\ \text{A}=11\angle 30^\circ\ \text{A}$$

由 KCL 可得中线电流为

$$\begin{aligned}\dot{I}_N&=\dot{I}_U+\dot{I}_V+\dot{I}_W=11\angle 0^\circ\ \text{A}+11\angle -30^\circ\ \text{A}+11\angle 30^\circ\ \text{A}\\&=11(1+\sqrt{3})\angle 0^\circ\ \text{A}\\&=30.1\angle 0^\circ A\end{aligned}$$

(3) 没有特别指明时，功率是指有功功率，只有电阻消耗有功功率。

由于 V 相负载为电容，W 相负载为电感，其有功功率为零，故三相总功率即为 U 相电阻性负载的有功功率：

$$P=I^2R=(11^2\times 20)\ \text{W}=2420\ \text{W}$$

4.5.3 三相功率的测量

1. 三表法

对于三相四线制的星形连接电路，无论电路对称或不对称，一般都可用三只功率表分别测量每相功率，然后将其相加得出三相有功功率。此方法即为三表法。

如图 4-19(a)所示，三只功率表的接法是每只功率表电流线圈上流过该相电流，电压线圈两端加同一相的相电压，电流线圈“*”端和电压线圈“*”端连接。功率表正好指示该相的平均功率，三只功率表的读数之和就是三相负载吸收的功率，即 $P=P_U+P_V+P_W$。若三相电路对称，则只需用一块表测量，读数乘以 3 即为三相电路总功率。

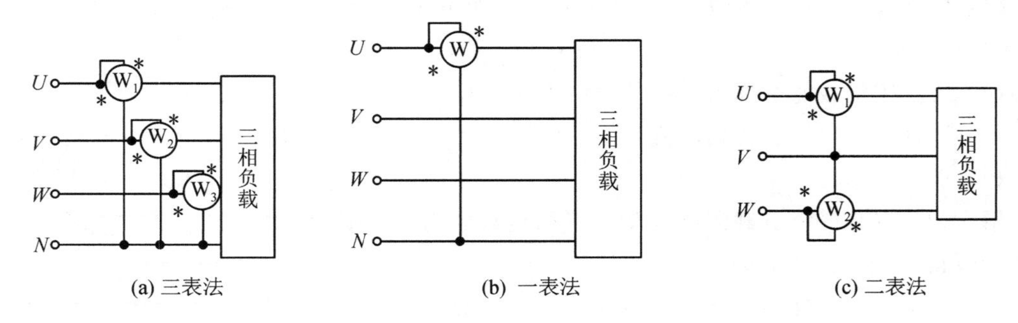

图 4-19 三相功率的测量

用一只功率表测三相电路功率的方法，称为一表法，如图 4-19(b)所示。对称三相四线制的星形连接电路用一表法测量，不对称三相四线制的星形连接电路用三表法测量。

功率表接线时，一定要注意同名端，即“*”端的连接，极性不能接错，否则，功率表反转。

2. 二表法

对于三相三线制的电路，无论它是否对称，都可用两只功率表测量三相有功功率，称为双功率表法，简称二表法或两表法。其接线方式有三种，最常见的一种连接方式如图4-19(c)。

二表法的接法是将两个功率表的电流线圈串到任意两相中，电压线圈的同名端接到其电流线圈所串的相上，电压线圈的非同名端接到没有串功率表的相上。

两个功率表读数的代数和等于三相有功功率，即三相总功率为

$$P=P_1+P_2 \tag{4-39}$$

为什么二表法可以用来测三相三线电路总功率？为什么两只功率表的代数和正好等于三相有功功率？证明如下：

已知三相瞬时功率为

$$p=p_U+p_V+p_W=u_Ui_U+u_Vi_V+u_Wi_W \tag{4-40}$$

三相三线电路无论对称与否，都满足 $i_U+i_V+i_W=0$ A，则 $i_V=-(i_U+i_W)$，所以

$$\begin{aligned}p&=p_U+p_V+p_W=u_Ui_U+u_Vi_V+u_Wi_W\\&=u_Ui_U-u_V(i_U+i_W)+u_Wi_W\\&=(u_U-u_V)i_U+(u_W-u_V)i_W\\&=u_{UV}i_U+u_{WV}i_W\end{aligned} \tag{4-41}$$

三相有功功率（三相平均功率）为

$$\begin{aligned}P&=\frac{1}{T}\int_0^T p\,\mathrm{d}t=\frac{1}{T}\int_0^T(u_{UV}i_U+u_{WV}i_W)\mathrm{d}t\\&=\frac{1}{T}\int_0^T u_{UV}i_U\mathrm{d}t+\frac{1}{T}\int_0^T u_{WV}i_W\mathrm{d}t\\&=U_{UV}I_U\cos\varphi_1+U_{WV}I_W\cos\varphi_2\\&=P_1+P_2\end{aligned} \tag{4-42}$$

其中：φ_1 是 $\dot{U}_{UV}$ 与 $\dot{I}_U$ 的相位差（电压线圈所加电压超前电流线圈所加电流的相位差）；φ_2 是 $\dot{U}_{WV}$ 与 $\dot{I}_W$ 的相位差；$P_1=U_{UV}I_U\cos\varphi_1$，对应是功率表 W_1 的读数；$P_2=U_{WV}I_W\cos\varphi_2$，对应是功率表 W_2 的读数。可见，两只功率表读数的代数和就是三相电路的总功率。

二表法测量时特别注意以下几点：

(1) 只有三相三线制电路，才能用二表法，且不论负载对称与否，不论负载是星形连接还是三角形连接。在三相四线制电路中，如果中线电流不等于零，即 $i_U+i_V+i_W=i_N\neq0$ A，则用二表法测量将产生误差。

(2) 两块表读数的代数和为三相总功率，每块表单独的读数没有意义。

(3) 按正确极性接线时，两表中可能有一个表的读数为负，此时功率表指针反偏，为了取得读数，将其电流线圈两端对调，使指针正偏，但此时读数应记为负值。

(4) 二表法测三相功率的接线方式有三种，最常见的一种连接方式是两功率表电流线圈分别加 I_U 和 I_W。接线时注意功率表的同名端。

【例4-13】 图4-20(a)所示的对称三相电路中，已知 $U_l=380$ V，$Z_1=(30+\mathrm{j}40)$ Ω，电动机功率 $P=1700$ W，功率因数 $\cos\varphi=0.8$（感性）。(1) 求各线电流 $\dot{I}_{U1}$、$\dot{I}_{U2}$、$\dot{I}_U$ 和电源

发出的总功率 P；(2) 用二表法测电动机负载的功率，画出接线图；(3) 求两个功率表的读数。

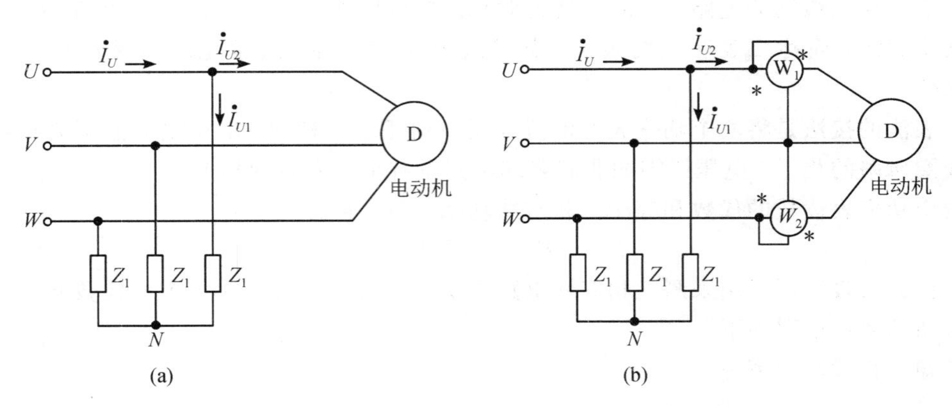

图 4-20　例 4-13 图

解　(1) 相电压 $U_p=\dfrac{U_l}{\sqrt{3}}=\dfrac{380}{\sqrt{3}}$ V=220 V，设 $\dot{U}_U=220\angle 0°$ V，则 $\dot{U}_{UV}=380\angle 30°$ V，$\dot{U}_{WV}=380\angle 90°$ V。

由于三相电路对称，由负载 Z_1 两端加相电压，故

$$\dot{I}_{U1}=\frac{\dot{U}_U}{Z_1}=\frac{220\angle 0°}{30+\mathrm{j}40}\ \mathrm{A}=4.4\angle -53.1°\ \mathrm{A}$$

因为电动机功率 $P=1700$ W，功率因数 $\cos\varphi=0.8$(感性)，由对称三相电路的功率 $P=\sqrt{3}U_lI_l\cos\varphi$，得

$$I_{U2}=\frac{P}{\sqrt{3}U_l\cos\varphi}=\frac{1700}{\sqrt{3}\times 380\times 0.8}\ \mathrm{A}=3.23\ \mathrm{A}$$

由 $\cos\varphi=0.8$(感性)，得 $\varphi=36.9°$，则

$$\dot{I}_{U2}=3.23\angle -36.9°\ \mathrm{A}$$

根据对称性，可得

$$\dot{I}_{W2}=3.23\angle 83.1°\ \mathrm{A}$$

由 KCL 得

$$\dot{I}_U=\dot{I}_{U1}+\dot{I}_{U2}=4.4\angle -53.1°\ \mathrm{A}+3.23\angle -36.9°\ \mathrm{A}=7.55\angle -46.2°\mathrm{A}$$

对称三相电路的功率因数角就是每相的阻抗角，故

$$\varphi_{\mathrm{total}}=0-(-46.2°)=46.2°$$

电源发出的总功率

$$P=\sqrt{3}U_lI_l\cos\varphi_{\mathrm{total}}=\sqrt{3}\times 380\ \mathrm{V}\times 7.55\cos 46.2°\ \mathrm{A}=3.44\ \mathrm{kW}$$

(2) 用二表法测电动机负载的功率的接线图如图 4-20(b)所示。

(3) 图 4-20(b)中，功率表 W_1 的读数为

$$P_1=U_{UV}I_{U2}\cos\varphi_1=380\ \mathrm{V}\times 3.23\ \mathrm{A}\times\cos[30°-(-36.9°)]=481.6\ \mathrm{W}$$

功率表 W_2 的读数为

$$P_2=U_{WV}I_{W2}\cos\varphi_2=380\ \text{V}\times 3.23\ \text{A}\times\cos[90°-83.1°]=1218.5\ \text{W}$$

或

$$P_2=P-P_1=1700\ \text{W}-481.6\ \text{W}=1218.4\ \text{W}$$

习　题　4

一、填空题

4-1　________之间的电压称为线电压；每相电源绕组或负载的两端电压称为________，在星形连接时相电压的参考方向习惯选择为________指向________，在三角形连接时其参考方向和相应的线电压相同。

4-2　对称三相正序正弦电压源星形连接时的线电压 $\dot{U}_{UV}=380\angle 30°$ V，则 $\dot{U}_{VW}=$________，$\dot{U}_{WU}=$________

4-3　每相________相等的负载称为对称负载。每相线路________相等的输电线称为对称线路，________对称、________对称、________对称的三相电路称为三相对称电路。

4-4　某对称三相负载接成星形时三相总有功功率为600 W，若将负载改为三角形连接且其他条件不变，则此时三相总有功功率为________。

4-5　Y连接对称三相正弦电路中，线电压的有效值是相电压有效值的________倍，线电压相位超前对应相电压________度。

4-6　三相对称负载连成三角形，线电流有效值是相电流有效值的________倍，线电流的相位滞后对应相电流________度。

二、选择题

4-7　三相电路功率公式 $P=\sqrt{3}U_lI_l\cos\varphi$ 中的 φ 是指(　　)。

A. 线电压与线电流的相位差

B. 相电压与相电流的相位差

C. 线电压与相电流的相位差

4-8　每相额定电压为220 V的一组不对称三相负载，欲接上线电压为380 V的对称三相电源，负载应为(　　)连接才能正常工作。

A. 星形有中线　　B. 星形无中线　　C. 三角形

4-9　每相额定电压为380 V的一组对称三相负载，欲接上线电压为380 V的对称三相电源，负载应为(　　)连接才能正常工作。

A. 星形有中线　　B. 星形无中线　　C. 三角形

4-10　三相四线制供电线路的中线上不准安装开关和熔断器的原因是(　　)。

A. 中线上无电流，熔体烧不断

B. 开关接通或断开时对电路无影响

C. 开关断开或熔体熔断后，三相不对称负载将承受三相不对称电压的作用，无法正常工作，严重时会烧毁负载

D. 安装开关和熔断器降低了中线的机械强度

三、分析计算题

4-11　在题4-11图所示的对称三相正弦电路中，$\dot{U}_{UN}=220$ V，$Z=(22+\mathrm{j}22)$ Ω。

(1) 此图中三相负载是什么接法？

(2) Z 两端承受的是电源的线电压还是电源的相电压？

(3) 求电流 $\dot{I}_U$，$\dot{I}_V$，$\dot{I}_W$，$\dot{I}_N$，并绘出相量图。

4-12　题4-12图中，每相复阻抗 $Z=(200+\mathrm{j}150)$ Ω 的对称负载接到线电压为380 V的对称三相电源。(1) 此图中负载是什么接法？(2) Z_{UV} 两端的电压是多大？(3) 设 $\dot{U}_U$ 为参考正弦量，电流 $\dot{I}_{UV}$、$\dot{I}_W$ 分别为多少？

4-13　在题4-13图所示电路中，已知电源电压 $\dot{U}_{UN}=220\angle^{\circ}$V，$R_1=R_2=R_3=110$ Ω，$\omega L=\dfrac{1}{\omega C}=110\sqrt{3}$ Ω，求各线电流相量和中线电流相量。

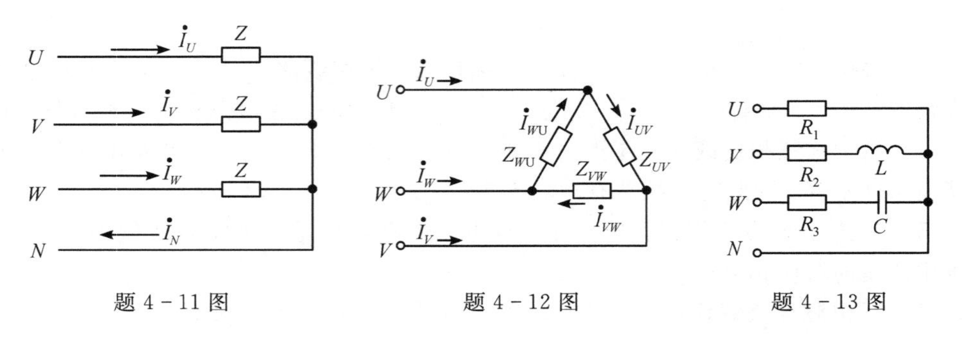

题4-11图　　题4-12图　　题4-13图

4-14　Y连接对称三相电路中，已知各相阻抗 $|Z|=10$ Ω，功率因数 $\cos\varphi=0.8$，电源线电压有效值为380 V。试求三相电路总的有功功率 P、无功功率 Q 和视在功率 S。

4-15　在题4-15图示电路中，对称三相电源线电压为380 V，负载阻抗 $Z=(15+\mathrm{j}12)$ Ω，线路阻抗 $Z_l=(1+\mathrm{j}2)$ Ω，试求负载的相电压、相电流和线电流。

4-16　在三层楼房中单相照明电灯均接在三相四线制上，每一层为一相，每相装有“220 V，40 W”的电灯20只，电源为对称三相电源，其线电压为380 V，求：

(1) 当灯泡全部点亮时的各相电流、线电流及中性线电流；

(2) 当U相灯泡半数点亮而V、W两相灯泡全部点亮时，各相电流、线电流及中性线电流；

(3) 当中性线断开时，在上述两种情况下各相负载的电压，并由此说明中性线作用。

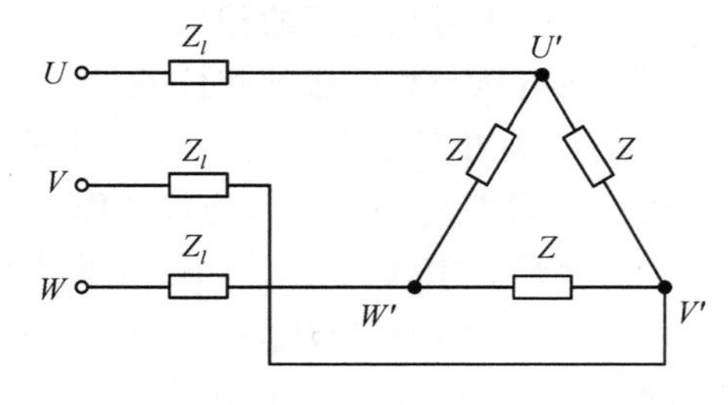

题4-15图

4-17　一台国产300 000 kW的汽轮发电机在额定运行状态运行时，线电压为18 kV，功率因数为0.85，发电机定子绕组为Y连接，试求该发电机在额定运行状态运行时的线电流及输出的无功功率和视在功率。

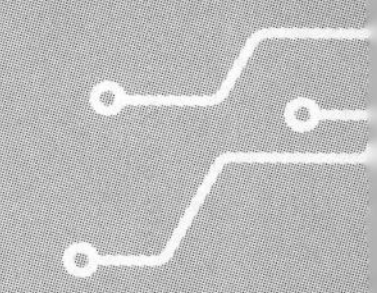

第5章　非正弦周期电流电路

前面所讨论的正弦交流电路中，电压和电流都是正弦量。本章要介绍的非正弦周期电流电路，其电压和电流都是随时间按非正弦规律周期性变化的。对这种电路的分析是在正弦交流电路分析方法的基础上，应用傅里叶级数和叠加定理来进行的，称为谐波分析法。

本章主要介绍非正弦周期信号，周期函数的傅里叶级数，非正弦周期量的有效值、平均值和平均功率，非正弦周期电流电路的计算等。

5.1　非正弦周期信号

1. 常见的非正弦周期信号

电路中，除了有正弦周期量外，还会碰到各种各样的非正弦规律变化的周期信号。如电力系统中的交流发电机，由于设计和制造方面的因素，发出的电压波形严格讲并不是理想的正弦波；无线通信系统中传输的各种信号，如电视、收音机等收到的信号一般都是非正弦信号；自动控制系统和计算机网络中用到的脉冲信号也是非正弦信号；各种非正弦信号发生器产生的信号都是非正弦信号，如方波发生器产生矩形波电压等。

另外，若电路中存在着非线性元件，即使在正弦电源的作用下，电路中也将产生非正弦周期变化的电压和电流。如果一个电路中同时存在着几个不同频率的正弦电压或电流，该电路的合成电压或电流波形也将是非正弦规律变化的。图5-1是工程中常见的几种非正弦周期信号的波形。

2. 非正弦周期电流电路的分析方法

本章主要讨论在非正弦周期信号作用下，对线性电路稳定状态的分析和计算方法。首先利用数学中的傅里叶级数，将非正弦周期信号分解为一系列不同频率的正弦量之和；然后分别计算在各个不同频率的正弦量单独作用下，电路中产生的与之对应的同频率正弦电压、电流响应分量；最后，根据线性电路的叠加定理，把所得到的各分量按瞬时值形式叠加，就得到该电路在非正弦周期信号作用下的稳态电压和电流。这种方法称为谐波分析法，它是正弦交流电路分析方法的推广，是把非正弦周期电流电路的计算化为一系列的正弦交流电路的计算，这样就可以利用正弦交流电路中的相量法了。

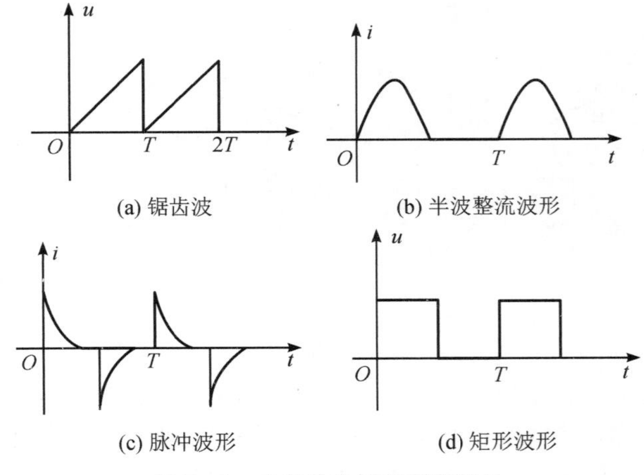

图 5－1　常见的非正弦周期信号

5.2　周期函数的傅里叶级数

任何周期电压、电流等周期量都可以用一个周期函数 $f(t)$ 来表示，即

$$f(t)=f(t+kT) \tag{5-1}$$

其中，T 为周期，$k=0, 1, 2, \cdots$。

由数学理论可知，任何满足狄里克雷条件①的周期函数，都可以展开成一个收敛的傅里叶级数。电工中常遇到的周期函数都是满足狄里克雷条件的。因此，可以把周期为 T，角频率为 $\omega=\dfrac{2\pi}{T}$ 的周期函数 $f(t)$ 展开成傅里叶级数：

$$\begin{aligned} f(t) &= \frac{a_0}{2}+[a_1\cos(\omega t)+b_1\sin(\omega t)]+[a_2\cos(2\omega t)+b_2\sin(2\omega t)]+\cdots+ \\ &\quad [a_k\cos(k\omega t)+b_k\sin(k\omega t)]+\cdots \\ &= \frac{a_0}{2}+\sum_{k=1}^{\infty}[a_k\cos(k\omega t)+b_k\sin(k\omega t)] \end{aligned} \tag{5-2}$$

其中，a_0、a_k 和 $b_k(k=1, 2, \cdots)$ 称为傅里叶系数，可按下式来计算：

$$\begin{cases} a_0=\dfrac{2}{T}\displaystyle\int_0^T f(t)\mathrm{d}t \\ a_k=\dfrac{2}{T}\displaystyle\int_0^T f(t)\cos(k\omega t)\mathrm{d}t=\dfrac{1}{\pi}\int_0^{2\pi} f(t)\cos(k\omega t)\mathrm{d}(\omega t) \\ b_k=\dfrac{2}{T}\displaystyle\int_0^T f(t)\sin(k\omega t)\mathrm{d}t=\dfrac{1}{\pi}\int_0^{2\pi} f(t)\sin(k\omega t)\mathrm{d}(\omega t) \end{cases} \tag{5-3}$$

若把式(5－2)中同频率的正弦函数和余弦函数合并，就可把 $f(t)$ 的傅里叶级数展开成另一种表达式：

---

① 狄里克雷条件：周期函数在一个周期内连续或只有有限个第一类间断点、有限个极大值和极小值，并且在一个周期内函数的绝对值的积分为有限值。

$$f(t)=A_0+A_{1m}\sin(\omega t+\theta_1)+A_{2m}\sin(2\omega t+\theta_2)+\cdots+A_{km}\sin(k\omega t+\theta_k)+\cdots$$
$$=A_0+\sum_{k=1}^{\infty}A_{km}\sin(k\omega t+\theta_k) \tag{5-4}$$

其中：第一项 A_0 为常数，不随时间变化，为 $f(t)$ 在一个周期内的平均值，称为 $f(t)$ 的直流分量，又叫恒定分量；第二项，即 $k=1$ 项为 $A_{1m}\sin(\omega t+\theta_1)$，它的频率与原周期函数 $f(t)$ 的频率相同，称为 $f(t)$ 的基波，又叫一次谐波，其中 A_{1m} 为基波的振幅，θ_1 为基波的初相；其余的 $k\geqslant 2$ 项统称为高次谐波，因其频率为基波频率的 k 倍，故又称为 k 次谐波，如2次谐波、3次谐波等，其中 A_{km} 称为 k 次谐波的振幅，θ_k 称为 k 次谐波的初相。

式(5-4)中的系数 A_0、A_{km}、θ_k 与式(5-2)中的 a_0、a_k、b_k 的关系是

$$\begin{cases}A_0=\dfrac{a_0}{2}\\ A_{km}=\sqrt{a_k^2+b_k^2}\\ \tan\theta_k=\dfrac{a_k}{b_k}\end{cases} \tag{5-5}$$

综上所述，这种应用傅里叶级数，将一个周期函数 $f(t)$ 分解成直流分量、基波和各次谐波之和的形式，就叫谐波分析。根据式(5-2)或式(5-4)，就可以把一个周期函数分解为傅里叶级数，但实际应用中常采用查表法。表5-1列出了电工技术中常见的几种周期函数的傅里叶级数展开式。

傅里叶级数是一个无穷级数，但由于收敛很快，因而只需取有限几项便可近似表示原周期量，实际只要满足工程所需精度即可。

表5-1　几种周期函数的傅里叶级数

名称	波形	傅里叶级数	有效值	平均值
正弦波	$f(t)$, A_m, O, $\frac{T}{2}$, T, t	$f(t)=A_m\sin(\omega t)$	$\frac{A_m}{\sqrt{2}}$	$\frac{2A_m}{\pi}$
梯形波	$f(t)$, A_m, O, t_0, $\frac{T}{2}$, T, t	$f(t)=\frac{4A_m}{\omega t_0\pi}\left[\sin(\omega t_0)\sin(\omega t)+\frac{1}{9}\sin(3\omega t_0)\sin(3\omega t)+\frac{1}{25}\sin(5\omega t_0)\sin(5\omega t)+\cdots+\frac{1}{k^2}\sin(k\omega t_0)\sin(k\omega t)+\cdots\right]$ ($k=1, 3, 5, \cdots$)	$A_m\sqrt{1-\frac{4\omega t_0}{3\pi}}$	$A_m\left(1-\frac{\omega t_0}{\pi}\right)$

续表

名称	波形	傅里叶级数	有效值	平均值
三角波	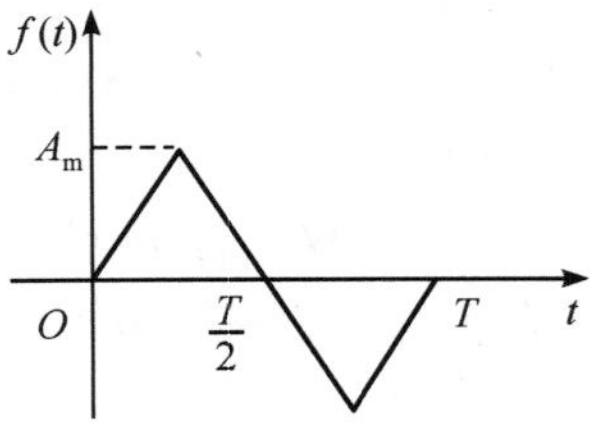	$f(t)=\frac{8A_m}{\pi 2}\Big[\sin(\omega t)-\frac{1}{9}\sin(3\omega t)+$ $\frac{1}{25}\sin(5\omega t)-\cdots+$ $\frac{(-1)^{\frac{k-1}{2}}}{k^2}\sin(k\omega t)+\cdots\Big]$ $(k=1, 3, 5, \cdots)$	$\frac{A_m}{\sqrt{3}}$	$\frac{A_m}{2}$
矩形波	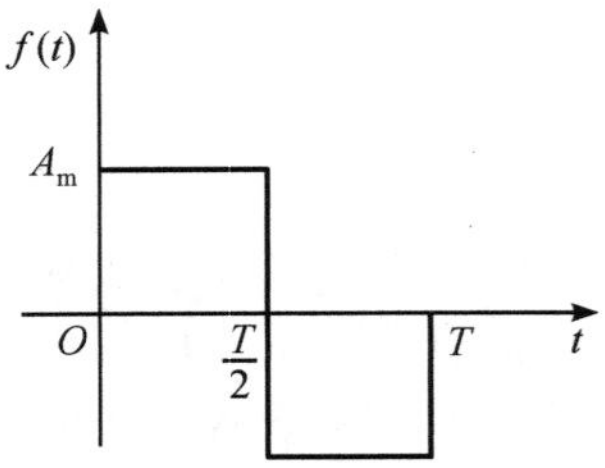	$f(t)=\frac{4A_m}{\pi}\Big[\sin(\omega t)+\frac{1}{3}\sin(3\omega t)+$ $\frac{1}{5}\sin(5\omega t)+\cdots+$ $\frac{1}{k}\sin(k\omega t)+\cdots\Big]$ $(k=1, 3, 5, \cdots)$	A_m	A_m
半波整流波	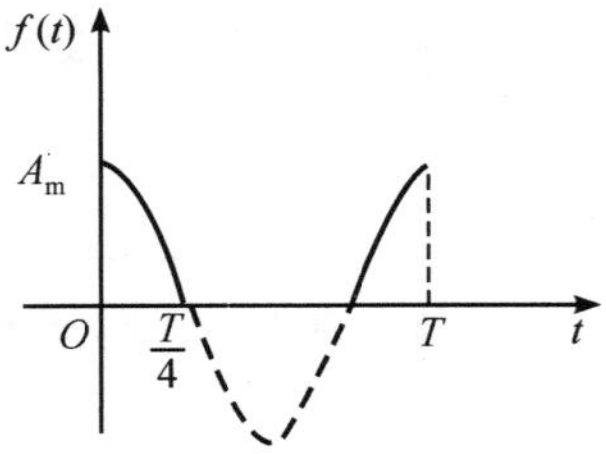	$f(t)=\frac{2A_m}{\pi}\Big[\frac{1}{2}+\frac{\pi}{4}\cos(\omega t)+$ $\frac{1}{1\times 3}\cos(2\omega t)-\frac{1}{3\times 5}\cos(4\omega t+$ $\frac{1}{5\times 7}\cos(6\omega t)-\cdots\Big]$	$\frac{A_m}{2}$	$\frac{A_m}{\pi}$
全波整流波	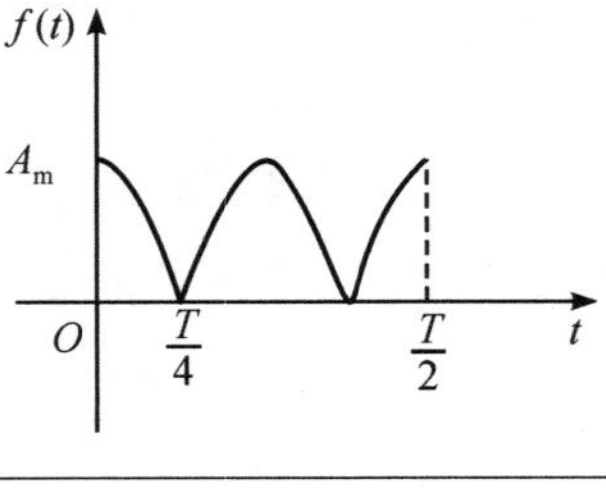	$f(t)=\frac{4A_m}{\pi}\Big[\frac{1}{2}+\frac{1}{1\times 3}\cos(2\omega t)-$ $\frac{1}{3\times 5}\cos(4\omega t)+$ $\frac{1}{5\times 7}\cos(6\omega t)-\cdots\Big]$	$\frac{A_m}{\sqrt{2}}$	$\frac{2A_m}{\pi}$
锯齿波	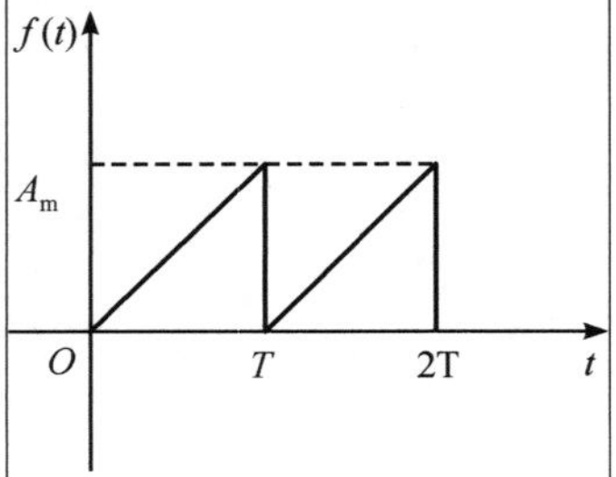	$f(t)=\frac{A_m}{2}-\frac{A_m}{\pi}\Big[\sin(\omega t)+$ $\frac{1}{2}\sin(2\omega t)+\frac{1}{3}\sin(3\omega t)+\cdots+$ $\frac{1}{k}\sin(k\omega t)+\cdots\Big]$ $(k=1, 2, 3, \cdots)$	$\frac{A_m}{\sqrt{3}}$	$\frac{A_m}{2}$

5.3　非正弦周期量的有效值、平均值和平均功率

5.3.1　有效值

非正弦周期量的有效值等于它的方均根值(RMS)。根据该定义，非正弦周期电流 i 的有效值 I 为

$$I=\sqrt{\frac{1}{T}\int_0^T i^2\,\mathrm{d}t} \tag{5-6}$$

根据式(5-4)，将 i 分解为傅里叶级数，得

$$i=I_0+\sum_{k=1}^{\infty}I_{km}\sin(k\omega t+\theta_k) \tag{5-7}$$

将式(5-7)代入式(5-6)，得电流 i 的有效值

$$I=\sqrt{\frac{1}{T}\int_0^T\left[I_0+\sum_{k=1}^{\infty}I_{km}\sin(k\omega t+\theta_k)\right]^2\mathrm{d}t} \tag{5-8}$$

若把式(5-8)中根号内的平方项 $[I_0+\sum\limits_{k=1}^{\infty}I_{km}\sin(k\omega t+\theta_k)]^2$ 展开后，各项的平均值含有以下几类因式：

(1) $\frac{1}{T}\int_0^T I_0^2\,\mathrm{d}t=I_0^2$；

(2) $\frac{1}{T}\int_0^T I_{km}^2\sin^2(k\omega t+\theta_k)\,\mathrm{d}t=\frac{I_{km}^2}{2}=I_k^2$；

(3) $\frac{1}{T}\int_0^T 2I_0I_{km}\sin(k\omega t+\theta_k)\,\mathrm{d}t=0$；

(4) $\frac{1}{T}\int_0^T 2I_{km}I_{lm}\sin(k\omega t+\theta_k)\sin(l\omega t+\theta_l)\,\mathrm{d}t=0$，$k\neq l$。

所以非正弦周期电流 i 的有效值 I 为

$$I=\sqrt{I_0^2+I_1^2+\cdots+I_k^2+\cdots}=\sqrt{I_0^2+\sum_{k=1}^{\infty}I_k^2} \tag{5-9}$$

式(5-9)中：I_0 是直流分量；I_k 为 k 次谐波的有效值，最大值为 $I_{km}=\sqrt{2}I_k$。由式(5-9)可知，非正弦周期电流的有效值等于直流分量的平方与各次谐波有效值的平方之和的平方根。该结论也可推广用于其他非正弦周期量，如非正弦周期电压 u 的有效值为

$$U=\sqrt{U_0^2+U_1^2+\cdots+U_k^2+\cdots}=\sqrt{U_0^2+\sum_{k=1}^{\infty}U_k^2} \tag{5-10}$$

【例5-1】　已知非正弦周期电压、电流分别为

$$u=[80+60\sin(\omega t-20°)-40\sin(3\omega t+35°)]\ \mathrm{V}$$

$$i=[3+50\sin(\omega t+20°)+20\sin(2\omega t+15°)+10\sin(3\omega t-40°)]\ \mathrm{A}$$

试求该电压、电流的有效值。

解　根据式(5-10)，可得电压的有效值为

$$U=\sqrt{U_0^2+U_1^2+U_3^2}=\sqrt{80^2+\left(\frac{60}{\sqrt{2}}\right)^2+\left(\frac{40}{\sqrt{2}}\right)^2}\ \text{V}=94.87\ \text{V}$$

根据式(5-9)，可得电流的有效值为

$$I=\sqrt{I_0^2+I_1^2+I_2^2+I_3^2}=\sqrt{3^2+\left(\frac{50}{\sqrt{2}}\right)^2+\left(\frac{20}{\sqrt{2}}\right)^2+\left(\frac{10}{\sqrt{2}}\right)^2}\ \text{A}=38.85\ \text{A}$$

5.3.2　平均值

通常将周期量的绝对值在一个周期内的平均值定义为该周期量的平均值，又叫整流平均值。以周期电流 i 为例，其平均值为

$$I_{\text{av}}=\frac{1}{T}\int_0^T|i|\,\mathrm{d}t \tag{5-11}$$

类似地，周期电压 u 的平均值为

$$U_{\text{av}}=\frac{1}{T}\int_0^T|u|\,\mathrm{d}t \tag{5-12}$$

常见的几种周期函数的有效值和平均值如表 5-1 所示。

【例 5-2】　试求正弦电压 $u=U_m\sin(\omega t)$的平均值。

解　根据公式(5-12)，该正弦电压的平均值为

$$U_{\text{av}}=\frac{1}{T}\int_0^T|U_{\text{m}}\sin(\omega t)|\,\mathrm{d}t=\frac{2}{T}\int_0^{\frac{T}{2}}U_{\text{m}}\sin(\omega t)\,\mathrm{d}t=\frac{2U_{\text{m}}}{\omega T}[-\cos(\omega t)]_0^{\frac{T}{2}}=\frac{2}{\pi}U_{\text{m}}$$

5.3.3　平均功率

与正弦交流电路中平均功率的定义一样，把非正弦周期电流电路中的瞬时功率 p 在一个周期内的平均值，称为平均功率，又叫有功功率，用 P 表示，即

$$P=\frac{1}{T}\int_0^T p\,\mathrm{d}t \tag{5-13}$$

若一条支路或一个二端网络，其端口电压和电流分别为

$$u=U_0+\sum_{k=1}^{\infty}U_{k\text{m}}\sin(k\omega t+\theta_{uk})$$

$$i=I_0+\sum_{k=1}^{\infty}I_{k\text{m}}\sin(k\omega t+\theta_{ik})$$

当 u、i 的参考方向一致时，该支路或二端网络的平均功率为

$$\begin{aligned}P&=\frac{1}{T}\int_0^T p\,\mathrm{d}t=\frac{1}{T}\int_0^T ui\,\mathrm{d}t\\&=\frac{1}{T}\int_0^T\left[U_0+\sum_{k=1}^{\infty}U_{k\text{m}}\sin(k\omega t+\theta_{uk})\right]\times\left[I_0+\sum_{k=1}^{\infty}I_{k\text{m}}\sin(k\omega t+\theta_{ik})\right]\mathrm{d}t\end{aligned} \tag{5-14}$$

将式(5-14)等号右边展开后，将含有以下五类因式：

(1) $\frac{1}{T}\int_0^T U_0I_0\,\mathrm{d}t=U_0I_0=P_0$；

(2) $\dfrac{1}{T}\int_0^T U_0 I_{km}\sin(k\omega t+\theta_{ik})\mathrm{d}t=0$；

(3) $\dfrac{1}{T}\int_0^T I_0 U_{km}\sin(k\omega t+\theta_{uk})\mathrm{d}t=0$；

(4) $\dfrac{1}{T}\int_0^T U_{km}I_{nm}\sin(k\omega t+\theta_{uk})\sin(n\omega t+\theta_{in})\mathrm{d}t=0\ (k\neq n)$；

(5) $\dfrac{1}{T}\int_0^T U_{km}I_{km}\sin(k\omega t+\theta_{uk})\sin(k\omega t+\theta_{ik})\mathrm{d}t=\dfrac{1}{2}U_{km}I_{km}\cos(\theta_{uk}-\theta_{ik})=U_kI_k\cos\varphi_k=P_k$。

所以平均功率为

$$P=P_0+P_1+\cdots+P_k+\cdots=U_0I_0+\sum_{k=1}^{\infty}U_kI_k\cos\varphi_k \tag{5-15}$$

上式表明，非正弦周期电流电路的平均功率等于直流分量和各次谐波分量的平均功率之和。其中U_k、I_k分别为电压u和电流i的第k次谐波的有效值，φ_k为第k次谐波电压与第k次谐波电流的相位差，即

$$\varphi_k=\theta_{uk}-\theta_{ik} \tag{5-16}$$

式(5-15)表明，只有同频率(包括直流分量)的谐波电压、电流才提供平均功率；不同频率的谐波电压、电流只提供瞬时功率而不提供平均功率。

【例5-3】 某二端网络的端口电压、电流分别为

$$u=[40+180\sin(\omega t)+60\sin(3\omega t-30^\circ)+10\sin(5\omega t+20^\circ)]\ \mathrm{V}$$
$$i=[1+3\sin(\omega t-21^\circ)+6\sin(2\omega t+5^\circ)+2\sin(3\omega t-43^\circ)]\ \mathrm{A}$$

在关联参考方向下，试求该二端网络的平均功率。

解 直流分量产生的平均功率为

$$P_0=U_0I_0=40\ \mathrm{V}\times1\ \mathrm{A}=40\ \mathrm{W}$$

基波产生的平均功率为

$$P_1=U_1I_1\cos\varphi_1=\frac{180}{\sqrt{2}}\ \mathrm{V}\times\frac{3}{\sqrt{2}}\ \mathrm{A}\times\cos(0^\circ+21^\circ)=252.1\ \mathrm{W}$$

3次谐波产生的平均功率为

$$P_3=U_3I_3\cos\varphi_3=\frac{60}{\sqrt{2}}\ \mathrm{V}\times\frac{2}{\sqrt{2}}\ \mathrm{A}\times\cos(-30^\circ+43^\circ)=58.5\ \mathrm{W}$$

所以该二端网络中平均功率为

$$P=P_0+P_1+P_3=40\ \mathrm{W}+252.1\ \mathrm{W}+58.5\ \mathrm{W}=350.6\ \mathrm{W}$$

5.3.4 等效正弦量

工程中为了简化分析和计算，在一定的误差允许范围内，常将非正弦周期电压和电流用等效正弦量来代替，等效的三个条件是：

(1) 等效正弦量的频率与非正弦周期量的基波频率相同；

(2) 等效正弦量的有效值与非正弦周期量的有效值相同；

(3) 用等效正弦量来代替非正弦周期电压和电流后，电路中的有功功率应保持不变。

根据这三个条件，非正弦周期电压和电流就可用等效正弦电压和等效正弦电流来代

替，常用 u_e 和 i_e 表示。其中，条件(1)(2)可用来确定等效正弦量的频率和有效值；条件(3)可以确定等效正弦电压和等效正弦电流之间的相位差 φ。φ 由下式来确定：

$$\cos\varphi = \frac{P}{UI} \tag{5-17}$$

其中，P 是非正弦周期电流电路的平均功率，U、I 是非正弦周期电压和电流的有效值，φ 的正负由实际电路中电压与电流的波形来决定。

【例 5-4】 某二端网络的端口电压、电流分别为

$$u = [10 + 20\sin(\omega t - 30°) + 8\sin(3\omega t - 30°)]\ \text{V}$$
$$i = [3 + 6\sin(\omega t + 30°) + 2\sin(2\omega t)]\ \text{A}$$

当 u、i 参考方向一致时，试求：(1) 该二端网络的平均功率；(2) 该端口电压、电流的等效正弦量。

解 (1) 因为直流分量产生的平均功率为

$$P_0 = U_0 I_0 = 10\ \text{V} \times 3\ \text{A} = 30\ \text{W}$$

基波产生的平均功率为

$$P_1 = U_1 I_1 \cos\varphi_1 = \frac{20}{\sqrt{2}}\ \text{V} \times \frac{6}{\sqrt{2}}\ \text{A} \times \cos(-30° - 30°) = 30\ \text{W}$$

所以该二端网络的平均功率为

$$P = P_0 + P_1 = 30\ \text{W} + 30\ \text{W} = 60\ \text{W}$$

(2) 电压 u 的有效值为

$$U = \sqrt{U_0^2 + U_1^2 + U_3^2} = \sqrt{10^2 + \left(\frac{20}{\sqrt{2}}\right)^2 + \left(\frac{8}{\sqrt{2}}\right)^2}\ \text{V} = 18.2\ \text{V}$$

电流 i 的有效值为

$$I = \sqrt{I_0^2 + I_1^2 + I_2^2} = \sqrt{3^2 + \left(\frac{6}{\sqrt{2}}\right)^2 + \left(\frac{2}{\sqrt{2}}\right)^2}\ \text{A} = 5.4\ \text{A}$$

由式(5-17)可得，等效正弦电压和等效正弦电流的相位差为

$$\varphi = \pm\arccos\frac{P}{UI} = \pm\arccos\frac{60}{18.2 \times 5.4} = \pm 52°$$

由于电压 u 基波的初相落后电流 i 基波的初相，所以等效正弦电压 u_e 的初相也滞后等效电流 i_e 的初相，因此相位差取 $\varphi = -52°$。假设等效正弦电压的初相为零，则

电压 u 的等效正弦量为

$$u_e = 18.2\sqrt{2}\sin(\omega t)\ \text{V}$$

电流 i 的等效正弦量

$$i_e = 5.4\sqrt{2}\sin(\omega t + 52°)\ \text{A}$$

【例 5-5】 一正弦电压 $u = 200\sin(\omega t + 30°)$ V 加在某一非线性元件上，其中的电流为 $i = [2 + 5\sin(\omega t - 10°) + 3\sin(3\omega t)]$A，在关联参考方向下，试求该电流的等效正弦量。

解 电流 i 的有效值为

$$I = \sqrt{I_0^2 + I_1^2 + I_3^2} = \sqrt{2^2 + \left(\frac{5}{\sqrt{2}}\right)^2 + \left(\frac{3}{\sqrt{2}}\right)^2}\ \text{A} = 4.6\ \text{A}$$

因此，等效正弦电流 i_e 的有效值为

$$I_e = 4.6\ \text{A}$$

正弦电压 u 的有效值为

$$U = U_1 = \frac{200}{\sqrt{2}}\ \text{V} = 141.4\ \text{V}$$

该元件的平均功率为

$$P = P_1 = U_1 I_1 \cos\varphi_1 = \frac{200}{\sqrt{2}}\ \text{V} \times \frac{5}{\sqrt{2}}\ \text{A} \times \cos(30° + 10°) = 383\ \text{W}$$

若令等效正弦电流 i_e 的初相为 θ_{i_e}，因该元件两端电压 u 的初相超前电流 i 基波的初相，由式(5－17)可得，u 与等效正弦电流 i_e 之间的相位差为

$$\varphi = \theta_u - \theta_{i_e} = \arccos\frac{P}{UI} = \arccos\frac{383}{141.4 \times 4.6} = 54°$$

则

$$\theta_{i_e} = \theta_u - \varphi = 30° - 54° = -24°$$

由于等效正弦电流 i_e 的频率与 i 基波的频率相同，所以 i_e 的频率仍为 ω。这样电流 i 的等效正弦电流为

$$i_e = 4.6\sqrt{2}\sin(\omega t - 24°)\ \text{A}$$

5.4　非正弦周期电流电路的计算

在非正弦周期电压、电流作用下，对线性电路稳定状态的分析和计算，采用的是谐波分析法，一般步骤如下：

(1) 把给定的非正弦周期电压或电流分解为傅里叶级数，根据精度要求取有限项。

(2) 分别计算分解后的直流分量与各次谐波单独作用时电路的各响应分量。其中直流分量单独作用时，电感元件相当于短路，电容元件相当于开路。

各次谐波单独作用时，可用正弦交流电路的相量法来分析和计算。注意电阻 R、电感 L、电容 C 三个参数与频率的关系。一般认为电阻 R 与频率无关，而电感 L、电容 C 对不同频率的谐波有不同的感抗和容抗。

对于基波，电感元件的感抗为 $X_{L1} = \omega L$，电容元件的容抗为 $X_{C1} = \dfrac{1}{\omega C}$。

对于 k 次谐波，电感元件的感抗为 $X_{Lk} = k\omega L = kX_{L1}$，电容元件的容抗为 $X_{Ck} = \dfrac{1}{k\omega C} = \dfrac{1}{k}X_{C1}$。

可见，感抗和容抗与频率有关，谐波频率越高，电感元件的感抗越大，而电容元件的容抗则越小。

(3) 根据叠加定理把各响应分量进行叠加，即为所需的结果。特别注意，不能把不同频率的电压谐波(或电流谐波)的相量直接相加，必须把各次谐波单独作用时的响应分量表示成时域形式，即 $u(t)$、$i(t)$ 或 u、i 的形式再进行叠加，最后的结果也应是时间的函数。

【例 5-6】 在图 5-2(a)所示电路中，已知 $\omega L=2\ \Omega$，$\dfrac{1}{\omega C}=15\ \Omega$，$R_1=10\ \Omega$，$R_2=5\ \Omega$，$u=[10+100\sqrt{2}\sin(\omega t)+50\sqrt{2}\sin(3\omega t+30^\circ)]$ V，试求各支路电流 i_1、i_2、i_3 及 R_2 支路的平均功率。

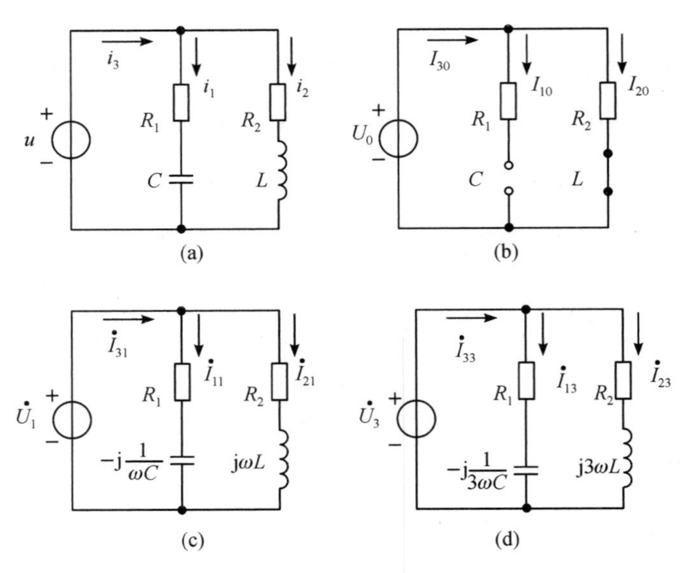

图 5-2　例 5-6 图

解　(1) 电压 u 的直流分量($U_0=10$ V)单独作用时，等效电路如图 5-2(b)所示，电感元件相当于短路，电容元件相当于开路。由图可得

$$I_{10}=0\ \text{A},\ I_{20}=\frac{U_0}{R_2}=\frac{10}{5}\ \text{A}=2\ \text{A},\ I_{30}=I_{20}=2\ \text{A}$$

(2) 电压 u 的基波($u_1=100\sqrt{2}\sin(\omega t)$ V)单独作用时，等效电路的相量模型如图 5-2(c)所示。由相量法可得

$$\dot{I}_{11}=\frac{\dot{U}_1}{R_1-\text{j}\dfrac{1}{\omega C}}=\frac{100\angle 0^\circ}{10-\text{j}15}\ \text{A}=5.55\angle 56.3^\circ\ \text{A}$$

$$\dot{I}_{21}=\frac{\dot{U}_1}{R_2+\text{j}\omega L}=\frac{100\angle 0^\circ}{5+\text{j}2}\ \text{A}=18.6\angle -21.8^\circ\ \text{A}$$

$$\dot{I}_{31}=\dot{I}_{11}+\dot{I}_{21}=5.55\angle 56.3^\circ\ \text{A}+18.6\angle -21.8^\circ\ \text{A}=20.5\angle -6.38^\circ\ \text{A}$$

所以各支路电流基波分量的解析式分别为

$$i_{11}=5.55\sqrt{2}\sin(\omega t+56.3^\circ)\ \text{A}$$

$$i_{21}=18.6\sqrt{2}\sin(\omega t-21.8^\circ)\ \text{A}$$

$$i_{31}=20.5\sqrt{2}\sin(\omega t-6.38^\circ)\ \text{A}$$

(3) 电压 u 的 3 次谐波($u_3=50\sqrt{2}\sin(3\omega t+30^\circ)$ V)单独作用时，等效电路的相量模型如图 5-2(d)所示。由相量法可得

$$\dot{I}_{13}=\frac{\dot{U}_3}{R_1-\mathrm{j}\,\dfrac{1}{3\omega C}}=\frac{50\angle 30^\circ}{10-\mathrm{j}5}\ \mathrm{A}=4.47\angle 56.57\ \mathrm{A}$$

$$\dot{I}_{23}=\frac{\dot{U}_3}{R_2+\mathrm{j}3\omega L}=\frac{50\angle 30^\circ}{5+\mathrm{j}6}\mathrm{A}=6.4\angle -20.19^\circ\ \mathrm{A}$$

$$\dot{I}_{33}=\dot{I}_{13}+\dot{I}_{23}=4.47\angle 56.57^\circ\ \mathrm{A}+6.4\angle -20.19^\circ\ \mathrm{A}=8.62\angle 10.17^\circ\ \mathrm{A}$$

各支路电流 3 次谐波分量的解析式分别为

$$i_{13}=4.47\sqrt{2}\sin(3\omega t+56.57^\circ)\mathrm{A}$$

$$i_{23}=6.4\sqrt{2}\sin(3\omega t-20.19^\circ)\ \mathrm{A}$$

$$i_{33}=8.62\sqrt{2}\sin(3\omega t+10.17^\circ)\mathrm{A}$$

(4) 根据叠加定理，将各分量的解析式相加得

$$i_1=I_{10}+i_{11}+i_{13}=[5.55\sqrt{2}\sin(\omega t+56.3^\circ)+4.47\sqrt{2}\sin(3\omega t+56.57^\circ)]\mathrm{A}$$

$$i_2=I_{20}+i_{21}+i_{23}=[2+18.6\sqrt{2}\sin(\omega t-21.8^\circ)+6.4\sqrt{2}\sin(3\omega t-20.19^\circ)]\mathrm{A}$$

$$i_3=I_{30}+i_{31}+i_{33}=[2+20.5\sqrt{2}\sin(\omega t-6.38^\circ)+8.62\sqrt{2}\sin(3\omega t+10.17^\circ)]\mathrm{A}$$

(5) R_2 支路的电压和电流分别为

$$u=[10+100\sqrt{2}\sin(\omega t)+50\sqrt{2}\sin(3\omega t+30^\circ)]\ \mathrm{V}$$

$$i_2=[2+18.6\sqrt{2}\sin(\omega t-21.8^\circ)+6.4\sqrt{2}\sin(3\omega t-20.19^\circ)]\ \mathrm{A}$$

由式(5 - 15)得，R_2 支路的平均功率为

$$\begin{aligned}P_2&=P_0+P_1+P_3\\&=[10\times 2+100\times 18.6\cos(0^\circ+21.8^\circ)+50\times 6.4\cos(30^\circ+20.19^\circ)]\ \mathrm{W}\\&=(20+1727+204.8)\ \mathrm{W}\\&=1951.8\ \mathrm{W}\end{aligned}$$

【例 5 - 7】 在图 5 - 3 所示的 RLC 串联电路中，已知 $R=10\ \Omega$，$L=0.1\ \mathrm{H}$，$C=50\ \mu\mathrm{F}$，$u=[50+80\sqrt{2}\sin(\omega t)+60\sqrt{2}\sin(3\omega t+20^\circ)]\ \mathrm{V}$，当基波频率 $\omega=314\ \mathrm{rad/s}$ 时，试求电路中的电流 i 及其有效值。

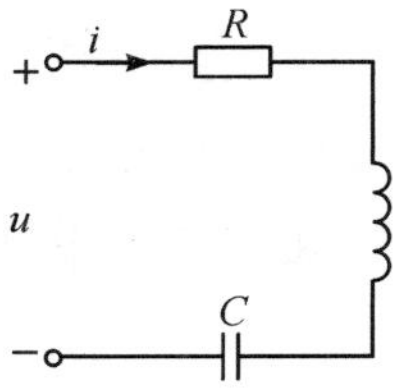

解　(1) 当电压 u 的直流分量($U_0=50\ \mathrm{V}$)单独作用时，电容元件相当于开路，电感元件相当于短路，因此

$$I_0=0\ \mathrm{A}$$

图 5 - 3　例 5 - 7 图

(2) 当电压 u 的基波($u_1=80\sqrt{2}\sin(\omega t)\ \mathrm{V}$)单独作用时，电流 i 的基波 i_1 的相量形式为

$$\dot{I}_1=\frac{\dot{U}_1}{R+\mathrm{j}\left(\omega L-\dfrac{1}{\omega C}\right)}=\frac{80\angle 0^\circ}{10+\mathrm{j}\left(314\times 0.1-\dfrac{1}{314\times 50\times 10^{-6}}\right)}\ \mathrm{A}$$

$$=\frac{80\angle 0^\circ}{10-\mathrm{j}32.3}\ \mathrm{A}=2.37\angle 72.8^\circ\ \mathrm{A}$$

所以有

$$i_1 = 2.37\sqrt{2}\sin(\omega t + 72.8°)\text{A}$$

（3）当电压 u 的 3 次谐波（$u_3 = 60\sqrt{2}\sin(3\omega t + 20°)$ V）单独作用时，电流 i 的 3 次谐波 i_3 的相量形式为

$$\dot{I}_3 = \frac{\dot{U}_3}{R + \text{j}\left(3\omega L - \frac{1}{3\omega C}\right)}$$

$$= \frac{60\angle 20°}{10 + \text{j}\left(3 \times 314 \times 0.1 - \frac{1}{3 \times 314 \times 50 \times 10^{-6}}\right)}\ \text{A}$$

$$= \frac{60\angle 20°}{10 + \text{j}73}\ \text{A} = 0.81\angle -62.2°\ \text{A}$$

所以有

$$i_3 = 0.81\sqrt{2}\sin(3\omega t - 62.2°)\text{A}$$

（4）将各分量的解析式相加，得

$$i = I_0 + i_1 + i_3 = [2.37\sqrt{2}\sin(\omega t + 72.8°) + 0.81\sqrt{2}\sin(3\omega t - 62.2°)]\ \text{A}$$

所以，电流 i 的有效值为

$$I = \sqrt{I_1{}^2 + I_3{}^2} = \sqrt{2.37^2 + 0.81^2}\ \text{A} = 2.5\ \text{A}$$

【例 5－8】 在图 5－4 所示电路中，已知 $R_1 = R_2 = 10\ \Omega$，$\omega L = 30\ \Omega$，$\frac{1}{\omega C} = 90\ \Omega$，$u_S = [10 + 50\sqrt{2}\sin(\omega t)]$ V，试求 i_1、i_2 和 u_C。

解 （1）当电压 u_S 的直流分量（$U_{S0} = 10$ V）单独作用时，电容元件相当于开路，电感元件相当于短路，因此有

$$I_{10} = \frac{U_{S0}}{R_1 + R_2} = \frac{10}{10 + 10}\ \text{A} = 0.5\ \text{A}$$

$$I_{20} = I_{10} = 0.5\ \text{A}$$

$$U_{C0} = I_{20}R_2 = 10 \times 0.5 = 5\ \text{V}$$

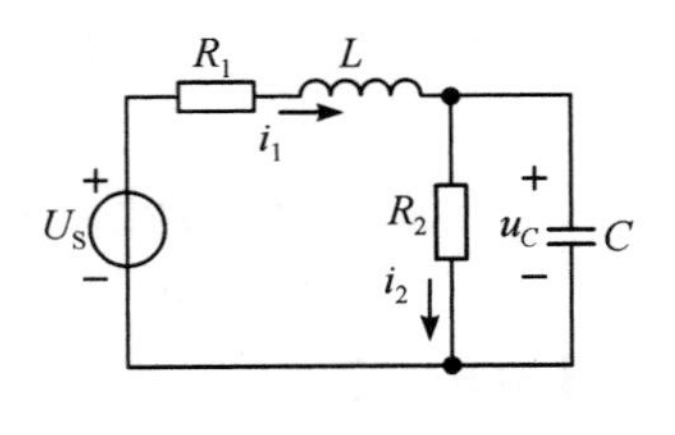

图 5－4 例 5－8 图

（2）当电压 u_S 的基波分量（$u_{S1} = 50\sqrt{2}\sin(\omega t)$ V）单独作用时，电路总的阻抗为

$$Z = R_1 + \text{j}\omega L + \frac{R_2\left(-\text{j}\frac{1}{\omega C}\right)}{R_2 - \text{j}\frac{1}{\omega C}}$$

$$= \left[10 + \text{j}30 + \frac{10 \times (-\text{j}90)}{10 - \text{j}90}\right]\ \Omega$$

$$= (10 + \text{j}30 + 9.8 - \text{j}1.1)\ \Omega = 35\angle 55.6°\ \Omega$$

电流 i_1、电压 u_C、电流 i_2 的相量形式如下：

$$\dot{I}_{11} = \frac{\dot{U}_{S1}}{Z} = \frac{50\angle 0°}{35\angle 55.6°}\ \text{A} = 1.43\angle -55.6°\ \text{A}$$

$$\dot{U}_{C1}=\dot{I}_{11}\times\frac{R_2\left(-\mathrm{j}\frac{1}{\omega C}\right)}{R_2-\mathrm{j}\frac{1}{\omega C}}=1.43\angle-55.6^\circ\ \mathrm{A}\times(9.8-\mathrm{j}1.1)\ \Omega=14.1\angle-62^\circ\ \mathrm{V}$$

$$\dot{I}_{21}=\frac{\dot{U}_{C1}}{R_2}=\frac{14.1\angle-62^\circ}{10}\ \mathrm{A}=1.41\angle-62^\circ\ \mathrm{A}$$

所以有

$$i_{11}=1.43\sqrt{2}\sin(\omega t-55.6^\circ)\ \mathrm{A}$$

$$i_{21}=1.41\sqrt{2}\sin(\omega t-62^\circ)\ \mathrm{A}$$

$$u_{C1}=14.1\sqrt{2}\sin(\omega t-62^\circ)\ \mathrm{V}$$

(3) 叠加各分量的解析式，有

$$i_1=I_{10}+i_{11}=[0.5+1.43\sqrt{2}\sin(\omega t-55.6^\circ)]\ \mathrm{A}$$

$$i_2=I_{20}+i_{21}=[0.5+1.41\sqrt{2}\sin(\omega t-62^\circ)]\ \mathrm{A}$$

$$u_C=U_{C0}+u_{C1}=[5+14.1\sqrt{2}\sin(\omega t-62^\circ)]\ \mathrm{V}$$

由于电感元件和电容元件的阻抗随谐波频率变化而变化，对于 k 次谐波，电感元件的感抗为 $X_{Lk}=k\omega L=kX_{L1}$，电容元件的容抗为 $X_{Ck}=\frac{1}{k\omega C}=\frac{1}{k}X_{C1}$。所以电感元件对高次谐波电流有抑制作用，而电容元件则可使高次谐波电流顺利通过。电感元件和电容元件的这种特性广泛应用于实际工程中，比如在电子技术、电信工程中广泛应用的滤波器，就是利用感抗和容抗的上述特性，将电感元件和电容元件按一定方式组合而成的特殊电路。若把滤波器接在电源与负载之间，就可使需要的谐波分量顺利通过，而不需要的分量得到抑制。图 5－5 所示的是两种最简单的滤波器，其中图 5－5(a)是低通滤波器，它能使低频电流分量顺利通过，而高频电流分量则被抑制；图 5－5(b)则是高通滤波器，它能使高频电流分量顺利通过，而低频电流分量则被削弱。

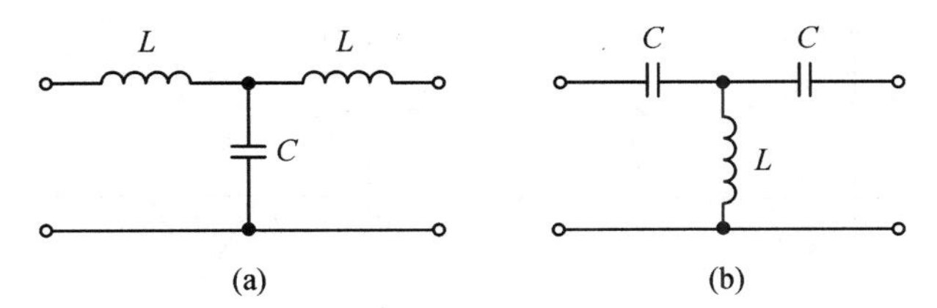

图 5－5　简单滤波器电路

习　题　5

一、填空题

5－1　工程中常见的非正弦周期量通常可分解为傅里叶级数，也就是分解成直流分量和各次__________的叠加。

5-2 已知某锯齿波的基波的频率为100 Hz，则该锯齿波的周期为________，它的2次谐波的频率为______，3次谐波的频率为________。

5-3 一非正弦周期电压分解成傅里叶级数为 $u=[40+22\sqrt{2}\sin(314t+60°)+2\sqrt{2}\sin(942t-30°)]$ V，其中直流分量是______，基波角频率是________，高次谐波是__________。

5-4 非正弦周期电压 $u=[20+30\sqrt{2}\sin(\omega t-120°)+10\sqrt{2}\sin(3\omega t-45°)]$ V，其有效值为________。

5-5 非正弦周期电流 $i=[8+4\sqrt{2}\sin(314t-45°)]A$，其有效值为____________。

5-6 非正弦周期电流电路的平均功率等于____________之和。

5-7 只有同次谐波的电流、电压之间才能产生____________功率，不同次谐波的电流、电压之间只产生____________功率。

5-8 用谐波分析法计算非正弦周期电流时，在求出各次谐波的电流分量后，应将各次谐波电流的____________值进行叠加。

二、判断题

5-9 在线性电路中，只有当电源是非正弦量时，电路中才能产生非正弦电流。( )

5-10 用电磁系或电动系仪表测量一非正弦周期电流时，仪表的读数是非正弦量的有效值。( )

5-11 非正弦周期量中各次谐波的最大值等于其有效值的$\sqrt{2}$倍。( )

5-12 非正弦周期电流电路中，电感 L、电容 C 对不同频率的谐波有不同的感抗和容抗。( )

5-13 电路中并联电容，可把高次谐波电流滤掉。( )

三、分析计算题

5-14 查表5-1，写出题5-14图示波形中电压 u 的傅立叶级数展开式(到3次谐波)。

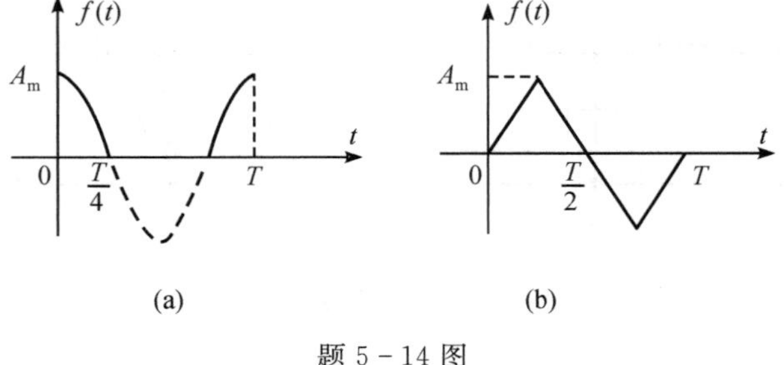

题5-14图

5-15 已知一周期电流的直流分量 $I_0=2$ A，基波分量 $\dot{I}_1=5\angle 20°$ A，3次谐波分量 $\dot{I}_3=3\angle 45°$ A，试写出该周期电流的解析式。

5-16 某二端网络在关联参考方向下，端口电压 $u=[220\sqrt{2}\sin(100\pi t)]$ V，端口电流 $i=[0.8\sin(100\pi t-25°)+0.25\sin(300\pi t-100°)]$A。试求该网络的功率。

5-17 在题5-17图(a)所示电路中，已知 $R=10\ \Omega$，$L=0.1$ H，u_S 为全波整流后的

电压，波形如题 5 - 18 图(b)所示。试求电流 i 和电压 u_L(计算到 3 次谐波)。

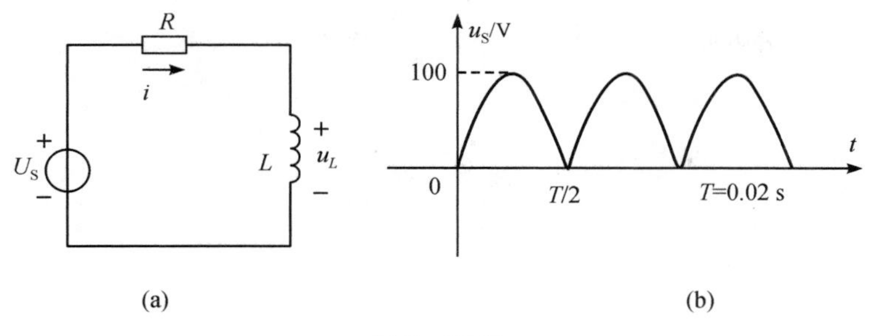

题 5 - 17 图

5 - 18　在题 5 - 18 图示电路中，已知 $R=1\ \text{k}\Omega$，$C=50\ \mu\text{F}$，$i_S=[3.6+2\sqrt{2}\sin(2000\pi t)]\text{A}$，试求电压 u、i_R 和 i_C。

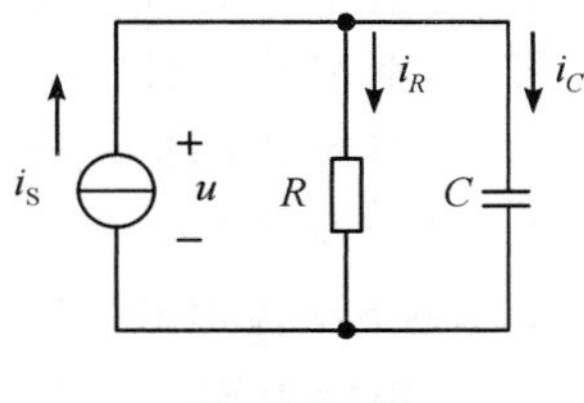

题 5 - 18 图

5 - 19　若 $R=9\ \Omega$ 的电阻与容抗 $\dfrac{1}{\omega C}=36\ \Omega$ 的电容串联，其中电流 $i=[2\sqrt{2}\sin(\omega t)+3\sqrt{2}\sin(3\omega t-90°)]\text{A}$，试求电路的端电压。

5 - 20　在题 5 - 20 图示电路中，已知 $u=[200+100\sin(3\omega t)]\ \text{V}$，$R=50\ \Omega$，$\omega L=5\ \Omega$，$\dfrac{1}{\omega C}=45\ \Omega$，试求电流 i 和电压 u_C。

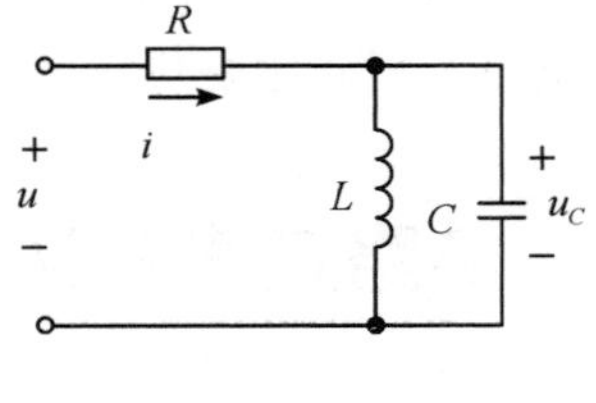

题 5 - 20 图

5 - 21　已知 RL 串联电路的端口电压和电流在关联参考方向下为

$$u=[200+100\sin(100\pi t+200)+50\sin(300\pi t-30°)]\ \text{V}$$
$$i=[2+10\sin(100\pi t-300)+1.755\sin(300\pi t+10°)]\text{A}$$

试求：(1) 电压和电流的有效值 U、I 以及功率 P；(2) 等效正弦量 u_e、i_e；(3) 电路的功率。

5 - 22　在 RLC 串联电路中，已知 $R=5\ \Omega$，$\omega L=12\ \Omega$，$\dfrac{1}{\omega C}=30\ \Omega$，电源电压 $u=[100+300\sin\omega t+150\sin(3\omega t+20°)]\ \text{V}$，试求电路中的电流及总功率。

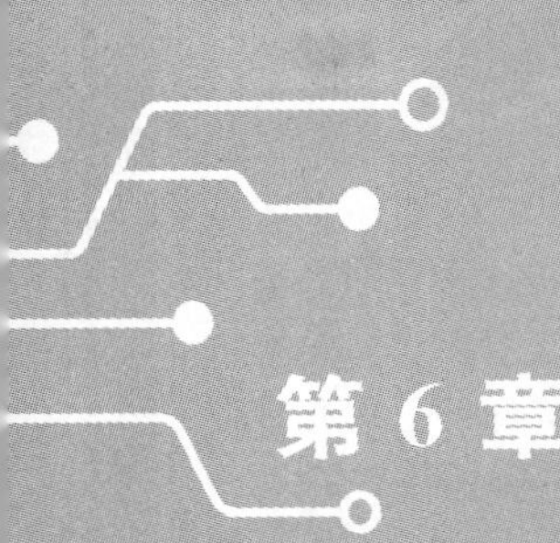

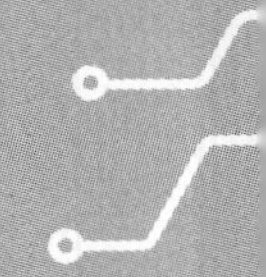

第6章 线性电路过渡过程的时域分析

前面所分析的直流电路及正弦交流电路，所有的响应都是恒定不变或按周期规律变化的，电路的这种工作状态称为稳定状态，简称稳态。当电路的连接方式或元件的参数发生变化时，电路的工作状态将随之发生改变，电路将由原来的稳定状态转变到另一个稳定状态，这种转变不能即时完成，需要一定的过程，这个过程称为过渡过程。电路的过渡过程往往很短暂。由于过渡过程中电路的工作状态常称为暂态，所以过渡过程又称为暂态过程。

在电路的稳态分析中，无论是直流还是交流电路，所有元件上的电压电流关系都为代数方程，但在过渡过程的分析中，得到的电路方程都是以电压、电流为变量的微分方程。所以线性电路过渡过程分析的主要任务归结为建立和求解过渡过程中电路的微分方程。

根据微分方程求解方法的不同，对过渡过程的分析方法主要有两种。一是直接求解微分方程的方法。因该方法是以时间 t 作为自变量，所以又称为时域分析法。另一种是将时间自变量转换为复频率自变量，利用某种积分变换求解微分方程的方法。该方法称为复频域分析法。复频域分析法可以将求微分方程转化为求代数方程，所以又称为运算法。除此之外，还可以利用实验方法来对过渡过程进行分析。

本章仅介绍一阶线性电路过渡过程的时域分析法，主要内容包括换路定律及初始值计算、一阶电路的零输入响应、一阶电路的零状态响应以及全响应。

6.1 换路定律及初始值计算

6.1.1 换路及换路定律

在电路理论中，常把电路结构或元件参数的突然改变称为换路。电路结构的改变是指电路的接通、切断、短路等变化；元件参数的改变是指电源或电阻、电感、电容元件参数的改变。通常认为换路是瞬间完成的。

换路是过渡过程产生的外因。而过渡过程产生的内因是电路中含有电容或电感等储能元件。

储能元件中能量的改变需要一定的时间，不能跃变，即不能从一个量值即时地变到另一个量值。因为当时间无限短，即时间变化趋于零(即 $\mathrm{d}t\to 0$)时，若能量有一个有限的变化值(即 $\mathrm{d}W\neq 0$)，则由公式 $p=\dfrac{\mathrm{d}W}{\mathrm{d}t}$ 可得，功率 p 将为无穷大，这在实际中是不可能的。

电路中常见的储能元件有电容元件和电感元件。电容元件中储存着电能，其大小为 $W_C=\frac{1}{2}Cu_C^2$。因换路时电能不能跃变，所以电容元件上的电压 u_C 不能跃变。电感元件中储存着磁场能，其大小为 $W_L=\frac{1}{2}Li_L^2$。同样，在换路时磁场能也不能跃变，所以电感元件中的电流 i_L 不能跃变。概括起来，在换路瞬间，当电容元件的电流为有限值时，其电压 u_C 不能跃变；当电感元件的电压为有限值时，其电流 i_L 不能跃变，这一结论称为换路定律。

假如把换路瞬间作为计时的起点，用 $t=0$ 表示，则用 $t=0_-$ 表示换路前最后的一瞬间，$t=0_+$ 表示换路后最初的一瞬间，$t=\infty$ 表示换路后经过了很长一段时间。$t=0_-$ 和 $t=0_+$ 在数值上都等于 0，它们和 $t=0$ 之间的时间间隔都趋于零。这样，换路定律可表示为

$$\begin{cases} u_C(0_+)=u_C(0_-) \\ i_L(0_+)=i_L(0_-) \end{cases} \tag{6-1}$$

换路定律仅适用于换路瞬间，可根据它来确定 $t=0_+$ 时刻电容元件上的电压 $u_C(0_+)$ 和电感元件中的电流值 $i_L(0_+)$，不能用来求其他的电压或电流值。因为在电路发生换路时，除了电容元件上的电压及电荷量，电感元件中的电流及磁链不能跃变外，其余的参数，如电容元件中的电流、电感元件上的电压、电阻元件的电流和电压、电压源的电流、电流源的电压等在换路瞬间都是可以跃变的。

6.1.2　初始值的计算

1. 初始值的定义

换路后的最初时刻，即 $t=0_+$ 时刻电路中的电压、电流等物理量的值称为过渡过程的初始值，也称初始条件。

初始值分为独立初始值和相关初始值。$t=0_+$ 时刻，电容元件上的电压 $u_C(0_+)$ 和电感元件中的电流 $i_L(0_+)$ 称为独立初始值；除 $u_C(0_+)$ 和 $i_L(0_+)$ 以外其他所有的初始值称为非独立初始值，又称相关初始值。

2. 初始值的计算

独立初始值可根据 $t=0_-$ 时刻的 $u_C(0_-)$ 和 $i_L(0_-)$ 值，再由换路定律得到；相关初始值需要依据 $t=0_+$ 时刻的等效电路来计算。具体步骤如下：

(1) 画出换路前 $t=0_-$ 时刻的等效电路图，求出 $u_C(0_-)$ 和 $i_L(0_-)$。换路前电路若是直流稳态电路，则 $t=0_-$ 时刻的电路图中电容元件相当于开路，电感元件相当于短路。

(2) 根据换路定律，求出 $t=0_+$ 时刻电容元件上电压的初始值 $u_C(0_+)$ 和电感元件中电流的初始值 $i_L(0_+)$，即独立初始值。

(3) 画出换路后 $t=0_+$ 时刻的等效电路图。方法是：

① 将原电路中的电容元件用一个电压数值等于初始值 $u_C(0_+)$ 的电压源代替，电压源的参考方向与 $u_C(0_+)$ 的参考方向一致。若 $u_C(0_+)=0$ V，则电容元件相当于短路；

② 将原电路中的电感元件用一个电流数值等于初始值 $i_L(0_+)$ 的电流源代替，电流源的参考方向与 $i_L(0_+)$ 的参考方向一致。若 $i_L(0_+)=0$ A，则电感元件相当于开路；

③ 原电路中的电阻元件保持不变，但电路中电源的数值用其在 $t=0_+$ 时刻的值代替。

经过这样替代后的电路称为原电路在 $t=0_+$ 时刻的等效电路。

(4) 在 $t=0_+$ 时刻的等效电路中，求出其他的相关初始值。

【例 6-1】 图 6-1(a)所示电路中，开关 S 打开前，电路已稳定。在 $t=0$ 时，将开关打开，试求初始值 $i(0_+)$、$u_C(0_+)$。

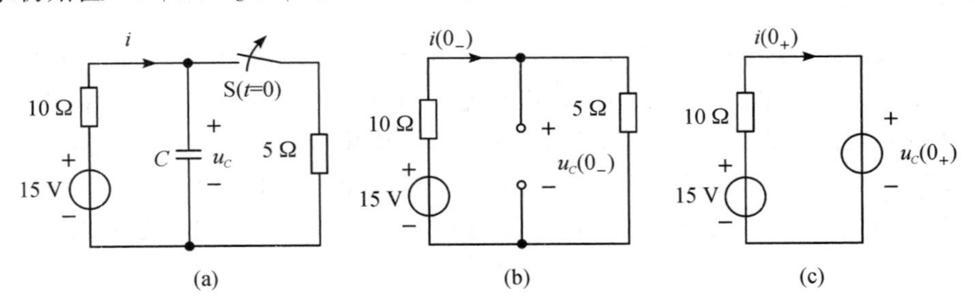

图 6-1　例 6-1 图

解　因换路前该电路是直流稳态电路，所以电容相当于开路，$t=0_-$ 的等效电路如图 6-1(b)所示，此时电容元件上电压为

$$u_C(0_-)=\frac{5\ \Omega}{10\ \Omega+5\ \Omega}\times 15\ \text{V}=5\ \text{V}$$

根据换路定律，有

$$u_C(0_+)=u_C(0_-)=5\ \text{V}$$

$t=0_+$ 时刻的等效电路图如图 6-1(c)所示，此时电容元件相当于一个电压为 $u_C(0_+)=5\ \text{V}$ 的电压源。根据 KVL 有

$$10i(0_+)+u_C(0_+)-15\ \text{V}=0\ \text{V}$$

即

$$i(0_+)=\frac{15\ \text{V}-u_C(0_+)}{10\ \Omega}=\frac{15-5}{10}\ \text{A}=1\ \text{A}$$

【例 6-2】 图 6-2(a)所示电路换路前已经处于稳定状态。在 $t=0$ 时，将开关 S 闭合，求各电流的初始值 $i(0_+)$、$i_S(0_+)$和 $i_L(0_+)$。

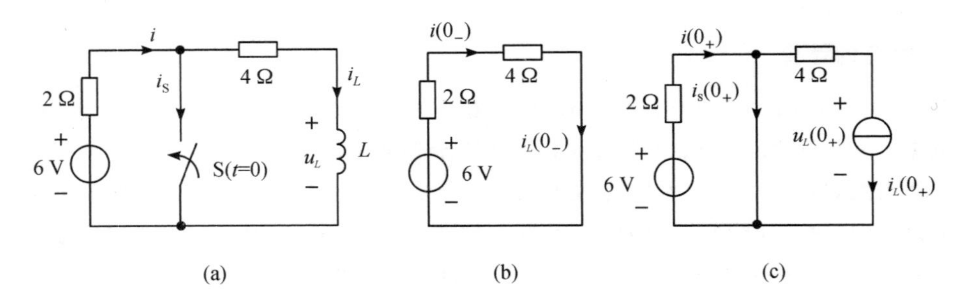

图 6-2　例 6-2 图

解　因换路前电路处于稳定状态，电感元件相当于短路，所以 $t=0_-$ 时的等效电路如图 6-2(b)所示，此时电感元件中的电流为

$$i_L(0_-)=\frac{6}{2+4}\ \text{A}=1\ \text{A}$$

根据换路定律，有

$$i_L(0_+)=i_L(0_-)=1\ \text{A}$$

$t=0_+$ 时刻电感元件相当于一个电流为 $i_L(0_+)=1$ A 的电流源，此时的等效电路如图 6-2(c)所示，且有

$$u_L(0_+)=-i_L(0_+)\times 4=-1\ \text{A}\times 4\ \Omega=-4\ \text{V}$$

$$i(0_+)=\frac{6}{2}\ \text{A}=3\ \text{A}$$

根据 KCL 有

$$i_S(0_+)=i(0_+)-i_L(0_+)=3\ \text{A}-1\ \text{A}=2\ \text{A}$$

【例 6-3】 图 6-3(a)所示电路换路前已经稳定。当 $t=0$ 时，将开关 S 闭合，求初始值 $i_C(0_+)$、$i_1(0_+)$、$i_L(0_+)$。

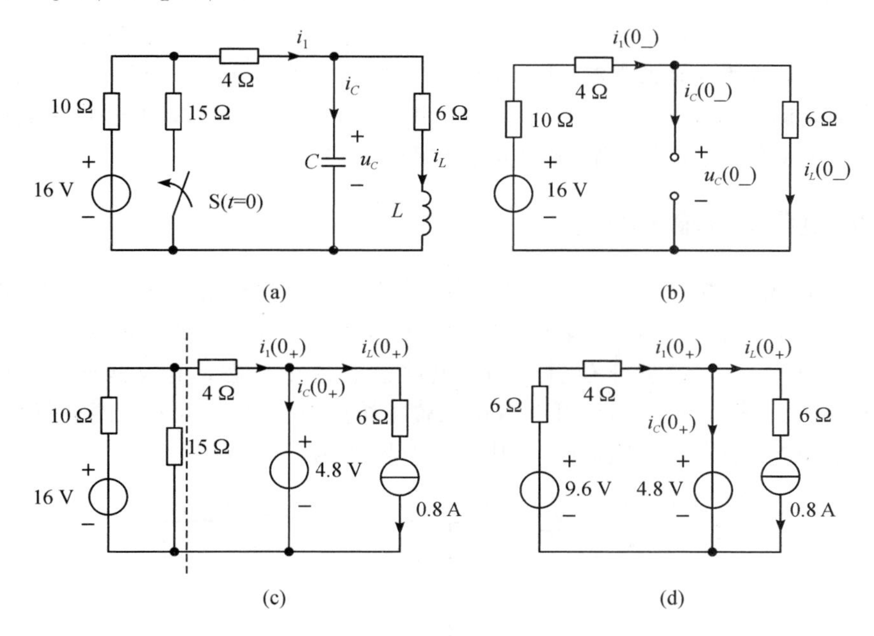

图 6-3 例 6-3 图

解 图 6-3(a)电路因开关闭合前是直流稳态电路，所以电容元件开路，电感元件短路，$t=0_-$ 时刻等效电路如图 6-3(b)所示，此时可得

$$i_L(0_-)=\frac{16}{10+4+6}\ \text{A}=0.8\ \text{A}$$

$$u_C(0_-)=i_L(0_-)\times 6\ \Omega=0.8\ \text{A}\times 6\ \Omega=4.8\ \text{V}$$

由换路定律得

$$i_L(0_+)=i_L(0_-)=0.8\ \text{A}$$

$$u_C(0_+)=u_C(0_-)=4.8\ \text{V}$$

$t=0_+$ 时的等效电路如图 6-3(c)所示，电路虚线以左的部分等效变换后如图 6-3(d)所示，由 KVL 得

$$-i_1(0_+)\times(4+6)\ \Omega+9.6\ \text{V}=4.8\ \text{V}$$

$$i_1(0_+)=0.48\ \text{A}$$

由 KCL 得

$$i_C(0_+)=i_1(0_+)-i_L(0_+)=0.48\ \text{A}-0.8\ \text{A}=-0.32\ \text{A}$$

6.2 一阶电路的零输入响应

凡可用一阶线性常微分方程来描述的电路称为一阶线性电路。除电源和电阻外，只含有一个储能元件或可等效为一个储能元件的电路都是一阶线性电路，本章讨论的一阶电路都是指一阶线性电路。

一阶电路分为两类：一类是一阶电阻电容电路，简称 RC 电路；另一类是一阶电阻电感电路，简称 RL 电路。

在电阻电路中，如果没有独立源的作用，电路中就没有响应。而含有储能元件的电路与电阻电路不同，即使没有独立源，只要储能元件的初始值如 $u_C(0_+)$ 或 $i_L(0_+)$ 不为零，也会由它们的初始储能引起响应。这种没有电源激励，即输入为零时，由电路中储能元件的初始储能引起的响应（电压或电流）称为电路的零输入响应。

6.2.1 RC 电路的零输入响应

RC 电路的零输入响应是指输入信号为零，由电容元件的初始值 $u_C(0_+)$ 在电路中所引起的响应。分析 RC 电路的零输入响应，实际上是分析电容元件的放电过程。

图 6-4(a)中，开关 S 置于位置 1 时，电路已经处于稳态，电容器充电，其电压为 $u_C(0_-)=U_0=U_S$。若当 $t=0$ 时将开关 S 由位置 1 切换到位置 2，此时电源被断开，但电容元件已有初始储能，将通过电阻放电，如图 6-4(b)所示。

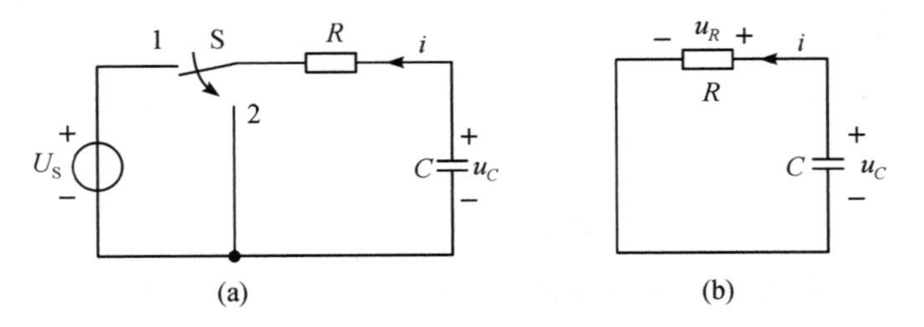

图 6-4 RC 电路的零输入响应

当 $t=0_+$ 时，因为电容元件上电压不能跃变，即 $u_C(0_+)=u_C(0_-)=U_0$，所以 $t=0_+$ 时电路中电流为 $i(0_+)=\dfrac{u_C(0_+)}{R}=\dfrac{U_0}{R}$。随后在 $t\geqslant 0_+$ 时，电容不断放电，电容电压逐渐降低，最终电容元件所储存的电能经电阻 R 全部转变为热能释放出来。若回路方向选择顺时针方向，则根据 KVL，可得换路后的电压方程：

$$u_C-u_R=0\ \text{V} \tag{6-2}$$

因 $u_R=iR$，$i=-C\dfrac{\mathrm{d}u_C}{\mathrm{d}t}$，故将 u_R、i 代入式(6-2)有

$$RC\frac{\mathrm{d}u_C}{\mathrm{d}t}+u_C=0\ \text{V} \tag{6-3}$$

式(6-3)是一个线性常系数的一阶齐次微分方程，其通解为

$$u_C = A\mathrm{e}^{pt} \tag{6-4}$$

将式(6-4)代入式(6-3)得

$$RCpA\mathrm{e}^{pt} + A\mathrm{e}^{pt} = 0$$

特征方程为

$$RCp + 1 = 0 \tag{6-5}$$

解出特征根 $p=-\dfrac{1}{RC}$，将 p 代入式(6-4)，有

$$u_C = A\mathrm{e}^{pt} = A\mathrm{e}^{-\frac{t}{RC}} \tag{6-6}$$

因 $u_C(0_+)=u_C(0_-)=U_0$，将 $u_C(0_+)$代入式(6-6)，有 $u_C(0_+)=A\mathrm{e}^{-\frac{0}{RC}}=A\mathrm{e}^0=A$，则积分常数 $A=u_C(0_+)=U_0$。将 A 再代入式(6-6)，可得式(6-3)的解，即

$$u_C = u_C(0_+)\,\mathrm{e}^{-\frac{t}{RC}} = U_0\mathrm{e}^{-\frac{t}{RC}} \quad (t \geqslant 0) \tag{6-7}$$

上式中，令 $\tau=RC$，τ 称为 RC 电路的时间常数。当 R 和 C 都采用 SI 单位时，τ 的单位是 s，与时间单位相同。这样式(6-7)可表示成

$$u_C = u_C(0_+)\mathrm{e}^{-\frac{t}{\tau}} = U_0\mathrm{e}^{-\frac{t}{\tau}} \quad (t \geqslant 0) \tag{6-8}$$

式(6-8)就是 RC 电路的零输入响应中电容元件上电压 u_C 的解析式。该式说明放电过程中电容元件上的电压是以 $u_C(0_+)=U_0$ 为初始值并按指数规律衰减，衰减的快慢取决于指数中时间常数 τ 的大小。τ 越大，衰减越慢，过渡过程越长，反之，过渡过程越快。

注意: 时间常数 $\tau=RC$ 中的 R 为换路后电容元件所接的二端网络中将电源置为零后的等效电阻，即戴维南等效电阻。τ 的大小仅仅取决于电路的结构和元件的参数 R 与 C，与电路的初始状态无关。

电容放电过程中($t\geqslant0$)，电路中的电流和电阻上的电压分别为

$$i = -C\frac{\mathrm{d}u_C}{\mathrm{d}t} = -C\frac{\mathrm{d}}{\mathrm{d}t}(U_0\mathrm{e}^{-\frac{t}{\tau}}) = \frac{U_0}{R}\mathrm{e}^{-\frac{t}{\tau}} \tag{6-9}$$

$$u_R = u_C = iR = U_0\mathrm{e}^{-\frac{t}{\tau}} \tag{6-10}$$

u_C、i 都是按同样的指数规律衰减的，其波形如图 6-5 所示。

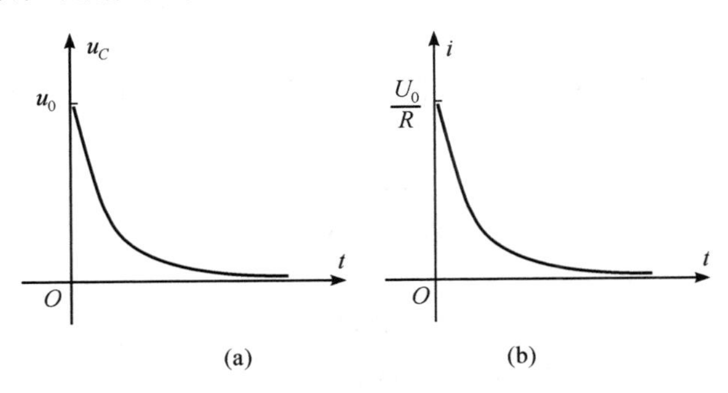

图 6-5　一阶 RC 电路的零输入响应波形

由式(6-8)得，当 $t=\tau$ 时，因 $u_C(\tau)=U_0\mathrm{e}^{-1}=0.368U_0$，可见时间常数 τ 等于放电过程中电容元件上的电压 u_C 衰减到 $0.368U_0$ 所需要的时间。为方便计算，表 6-1 给出了时

间 $t=0$，$t=\tau$，$t=2\tau$，…对应的 u_C 值。从理论上讲，电路要经过 $t=\infty$ 的时间，电容元件上的电压 u_C 才能衰减到零，电路达到新的稳态。但实际工程应用中，一般认为换路后经过 $t=(3\sim5)\tau$ 的时间，过渡过程就结束，电路达到稳定状态。

表 6-1 不同时间的 u_C 值

t	0	τ	2τ	3τ	4τ	5τ	6τ	…	∞
u_C	U_0	$0.368U_0$	$0.135U_0$	$0.05U_0$	$0.018U_0$	$0.0067U_0$	$0.002U_0$	…	0

时间常数 τ 还可以根据 u_C 或 i_C 曲线，利用几何方法得到。u_C 或 i_C 指数曲线上任意一点的次切距的长度 $\overline{AB}$ 都等于 τ，如图 6-6 所示。

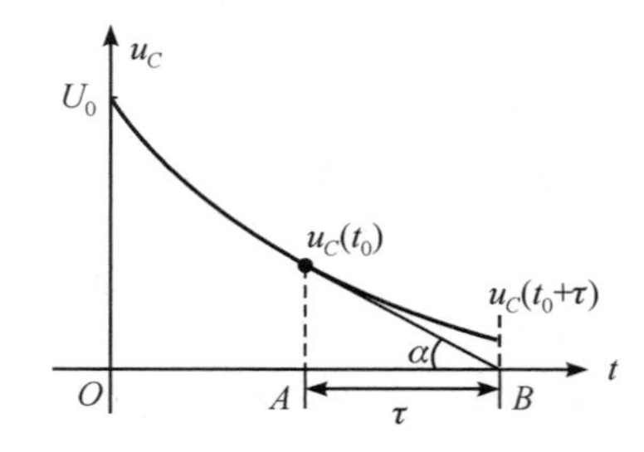

图 6-6 时间常数 τ 的估算

【例 6-4】 图 6-7(a)所示电路换路前已稳定，$t=0$ 时刻开关 S 打开。求换路后 $(t\geqslant0)$ 的 u_C 和 i。

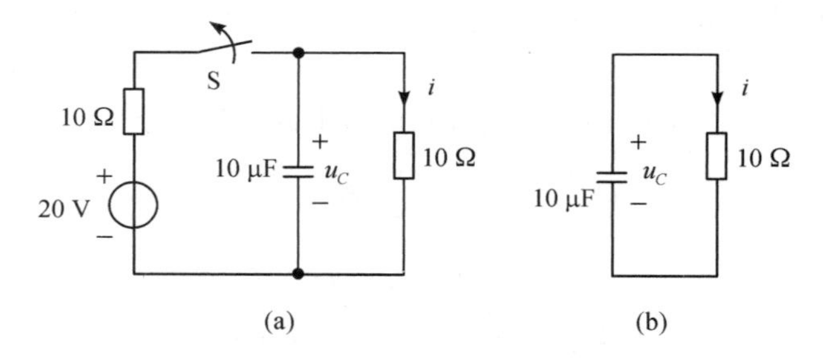

图 6-7 例 6-4 图

解 图 6-7(a)中开关 S 打开前，电路已处于稳态，所以在 $t=0_-$ 时刻，电容元件相当于开路，有

$$u_C(0_-)=\frac{10\ \Omega}{10\ \Omega+10\ \Omega}\times20\ \text{V}=10\ \text{V}$$

由换路定律得

$$u_C(0_+)=u_C(0_-)=10\ \text{V}$$

换路后，电路如图 6-7(b)所示，时间常数为

$$\tau=RC=10\ \Omega\times10\times10^{-6}\ \text{F}=1\times10^{-4}\ \text{s}$$

由式(6-8)可得

$$u_C=u_C(0_+)\text{e}^{-\frac{t}{\tau}}=10\text{e}^{-\frac{t}{1\times10^{-4}}}\ \text{V}=10\times\text{e}^{-10^4t}\ \text{V}$$

图 6－7(b)中，电流为

$$i=\frac{u_C}{10\ \Omega}=\frac{10\mathrm{e}^{-10^4 t}\ \mathrm{V}}{10\ \Omega}=\mathrm{e}^{-10^4 t}\ \mathrm{A}$$

【例 6－5】 图 6－8(a)所示电路原已处于稳态，当 $t=0$ 时将开关 S 闭合，求：(1) $t\geqslant 0$ 时的 u_C、i_C、i_1 和 i_2；(2) $t=5\tau$ 时的 u_C 和 i_C。

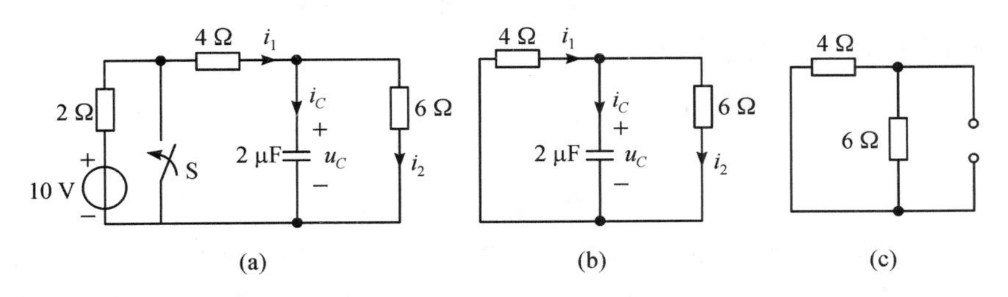

图 6－8　例 6－5 图

解　(1) 图 6－8(a)中因开关 S 闭合前，电路已处于稳态，所以在 $t=0_-$ 时刻，电容相当于开路，有

$$u_C(0_-)=\frac{6\ \Omega}{2\ \Omega+4\ \Omega+6\ \Omega}\times 10\ \mathrm{V}=5\ \mathrm{V}$$

由换路定律得

$$u_C(0_+)=u_C(0_-)=5\ \mathrm{V}$$

当 $t\geqslant 0$ 时，电路如图 6－8(b)所示，电容元件所接的二端网络(电压源置零)如图 6－8(c)所示，则等效电阻为

$$R=\frac{4\times 6}{4+6}\ \Omega=2.4\ \Omega$$

时间常数为

$$\tau=RC=2.4\ \Omega\times 2\times 10^{-6}\ \mathrm{F}=4.8\times 10^{-6}\ \mathrm{s}$$

由式(6－8)可得

$$u_C=u_C(0_+)\mathrm{e}^{-\frac{t}{\tau}}=5\mathrm{e}^{-\frac{t}{4.8\times 10^{-6}}}\ \mathrm{V}=5\mathrm{e}^{-2\times 10^5 t}\ \mathrm{V}$$

根据图 6－8(b)中的参考方向，有

$$i_C=C\frac{\mathrm{d}u_C}{\mathrm{d}t}=[2\times 10^{-6}\times 5\mathrm{e}^{-2\times 10^5 t}\times(-2\times 10^5)]\ \mathrm{A}=-2\mathrm{e}^{-2\times 10^5 t}\ \mathrm{A}$$

$$i_2=\frac{u_C}{6\ \Omega}=0.83\mathrm{e}^{-2\times 10^5 t}\ \mathrm{A}$$

$$i_1=i_2+i_C=-2\mathrm{e}^{-2\times 10^5 t}\ \mathrm{A}+0.83\mathrm{e}^{-2\times 10^5 t}\ \mathrm{A}=-1.17\mathrm{e}^{-2\times 10^5 t}\ \mathrm{A}$$

(2) 当 $t=5\tau$ 时，由 u_C 和 i_C 的表达式，有

$$u_C=5\mathrm{e}^{-5}\ \mathrm{V}=5\times 0.007\ \mathrm{V}=0.035\ \mathrm{V}$$

$$i_C=-2\mathrm{e}^{-2\times 10^5\times 5\times 4.8\times 10^{-6}}\ \mathrm{A}=-0.016\ \mathrm{A}$$

【例 6－6】 一组 $C=20\ \mu\mathrm{F}$ 的电容从高压电路断开，断开时电容电压 $U_0=4.6\ \mathrm{kV}$，断开后，电容经它本身的漏电阻放电。若电容的漏电阻 $R=200\ \mathrm{M\Omega}$，则断开后多久，电容的电压衰减为 1 kV？

解　电路的时间常数为

$$\tau = RC = 200 \times 10^{6}\ \Omega \times 20 \times 10^{-6}\ \text{F} = 4000\ \text{s}$$

因电容断开时电压 $U_0 = 4.6\ \text{kV}$，即 $u_C(0_+) = 4.6\ \text{kV}$，由式(6-8)得，电容放电过程中的电压为

$$u_C = u_C(0_+)\text{e}^{-\frac{t}{\tau}} = 4.6\text{e}^{-\frac{t}{4000}}\ \text{kV}$$

当 $u_C = 1\ \text{kV}$ 时，由上式得

$$1 = 4.6\text{e}^{-\frac{t}{4000}}$$

解出时间为

$$t = 4000\ln 4.6\ \text{s} = 6104\ \text{s}$$

由此看出，电容从电路中断开后，即使经过了约 1.7 小时，仍有 1 kV 的高电压。这是由于 C 与 R 都比较大，放电持续时间很长，因此在检修具有大电容的设备时，停电后须先将其短接放电后才能进行检修。

6.2.2　*RL* 电路的零输入响应

RL 电路的零输入响应是指输入信号为零时，由电感元件的初始值 $i_L(0_+)$ 在电路中所引起的响应。

如图 6-9(a)所示，开关 S 闭合前电路已经稳定，电感元件相当于短路，$t = 0_-$ 时电感元件中的电流为 $i_L(0_-) = \dfrac{U_S}{R_1 + R} = I_0$。当 $t = 0$ 时将开关 S 闭合，电源被短路，电感元件和电阻元件构成一个闭合的回路，如图 6-9(b)所示。

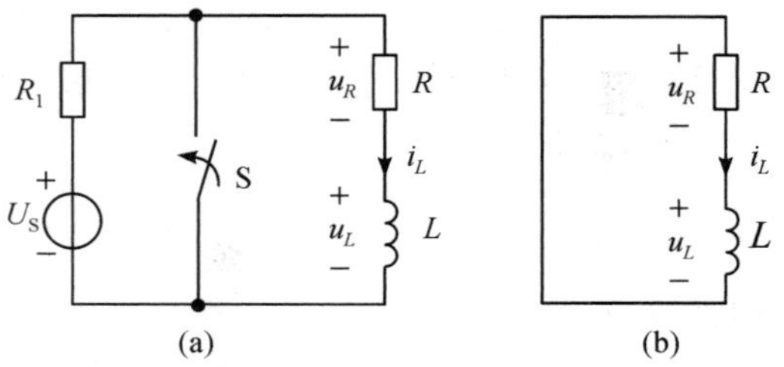

图 6-9　一阶 *RL* 电路的零输入响应

当 $t = 0_+$ 时，因为电感上电流不能跃变，所以 $i_L(0_+) = i_L(0_-) = \dfrac{U_S}{R_1 + R}$。当 $t \geqslant 0$ 时，假设各参数的参考方向如图 6-9(b)所示，根据 KVL 有

$$u_R + u_L = 0\ \text{V} \tag{6-11}$$

因为 $u_R = i_L R$，$u_L = L\dfrac{\text{d}i_L}{\text{d}t}$，将 u_R，u_L 代入式(6-11)，有

$$i_L R + L\frac{\text{d}i_L}{\text{d}t} = 0\ \text{V} \tag{6-12}$$

式(6-12)是一个线性常系数的一阶齐次微分方程，解法与式(6-3)相同，其解为

$$i_L = I_0\text{e}^{-\frac{t}{\frac{L}{R}}} = I_0\text{e}^{-\frac{t}{\tau}} = i_L(0_+)\text{e}^{-\frac{t}{\tau}} \tag{6-13}$$

式(6-13)为 *RL* 电路的零输入响中电感元件的电流 i_L 的解析式，其中 $\tau(\tau = L/R)$ 称为 *RL* 电路的时间常数，τ 的大小反映了 *RL* 电路零输入响应衰减的快慢，τ 越大，衰减越慢，反之，衰减越快。

特别注意： 时间常数 $\tau=\frac{L}{R}$ 中的 R 为换路后电感元件所接的二端网络中将电源置为零后的等效电阻，即戴维南等效电阻。τ 的大小仅仅取决于电路的结构和元件的参数 R 与 L，与电路的初始状态无关。

电阻和电感上的电压分别为

$$u_R=i_L R=RI_0 e^{-\frac{t}{\tau}} \tag{6-14}$$

$$u_L=L\frac{di_L}{dt}=-RI_0 e^{-\frac{t}{\tau}} \tag{6-15}$$

i_L、u_R 和 u_L 的曲线如图 6-10 所示。

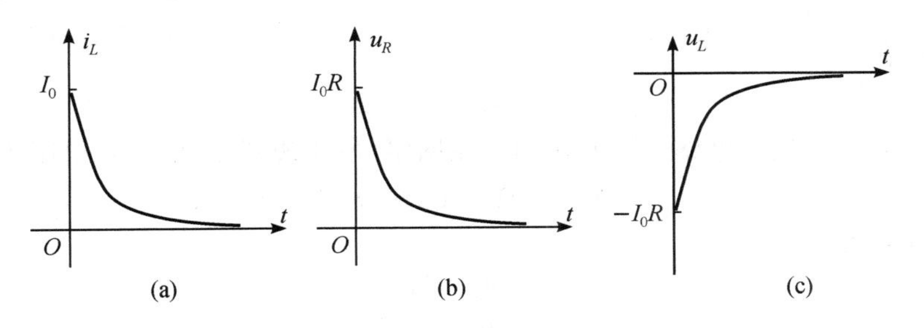

图 6-10　RL 一阶电路的零输入响应波形

【例 6-7】 图 6-11(a)所示电路换路前已稳定，$t=0$ 时刻开关 S 打开。试求：(1) 当 $t=0_+$ 时，电感电压的初始值 $u_L(0_+)$；(2) 开关打开后，即 $t\geqslant 0$ 时的 i_L、u_L 的表达式。

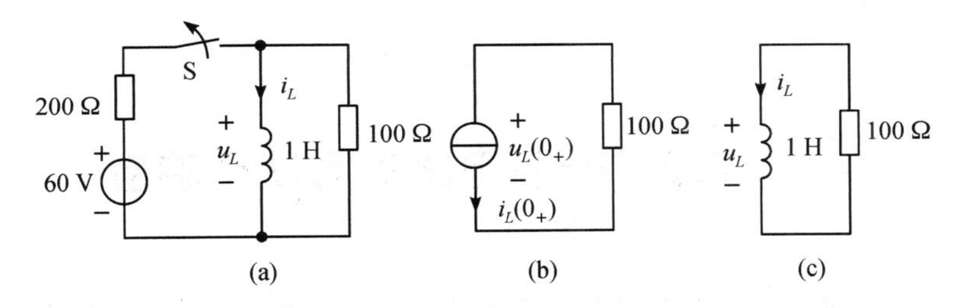

图 6-11　例 6-7 图

解　(1) 换路前，电感中的电流为

$$i_L(0_-)=\frac{60}{200}\ \text{A}=0.3\ \text{A}$$

根据换路定律有 $i_L(0_+)=i_L(0_-)=0.3$ A，所以 $t=0_+$ 时刻电感元件相当于一恒流源，其电流为 $i_L(0_+)=0.3$ A。$t=0_+$ 时的等效电路如图 6-11(b)所示，电感元件两端的电压为

$$u_L(0_+)=-i_L(0_+)\times 100\ \Omega=-0.3\ \text{A}\times 100\ \Omega=-30\ \text{V}$$

(2) 当 $t\geqslant 0$ 时，电路如图 6-11(c)所示，电路的时间常数为

$$\tau=\frac{L}{R}=\frac{1}{100}\ \text{s}$$

由式(6-13)得

$$i_L=i_L(0_+)e^{-\frac{t}{\tau}}=0.3e^{-100t}\ \text{A}$$

则

$$u_L = L\frac{\mathrm{d}i_L}{\mathrm{d}t} = L \times i_L(0_+) \times (-\frac{1}{\tau})\mathrm{e}^{-\frac{t}{\tau}} = -0.3 \times 100\mathrm{e}^{-100t}\ \mathrm{V} = -30\mathrm{e}^{-100t}\ \mathrm{V}$$

【例 6-8】 图 6-12 中开关 S 在位置 1 已经很久，$t=0$ 时合向位置 2，求换路后的 i 和 u。

解 根据题意，换路后电路中产生的是零输入响应。

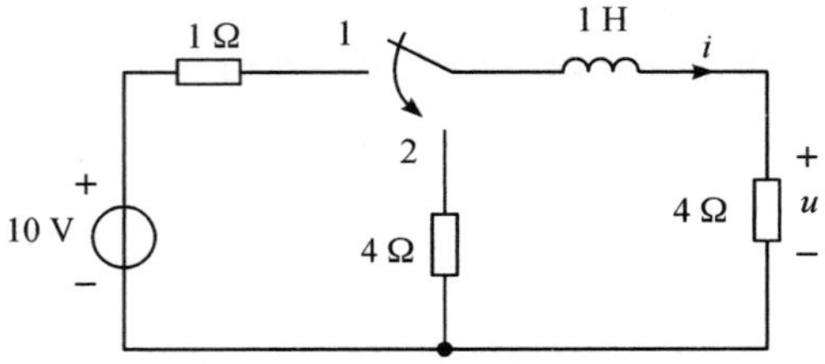

因开关 S 在位置 1 很久，说明电路已处于稳定，电感元件相当于短路，则 $t=0_-$ 时刻电路中的电流为

$$i(0_-) = \frac{10}{1+4}\ \mathrm{A} = 2\ \mathrm{A}$$

图 6-12 例 6-8 图

根据换路定律有

$$i(0_+) = i(0_-) = 2\ \mathrm{A}$$

换路后，即 $t \geqslant 0$ 时，电感元件所接的二端网络（电压源置零）的等效电阻为

$$R = 4\ \Omega + 4\ \Omega = 8\ \Omega$$

电路的时间常数为

$$\tau = \frac{L}{R} = \frac{1}{8}\ \mathrm{s}$$

由式(6-13)得换路后电路中的电流为

$$i = i(0_+)\mathrm{e}^{-\frac{t}{\tau}} = 2\mathrm{e}^{-8t}\ \mathrm{A}$$

根据欧姆定律得

$$u = 4i = 8\mathrm{e}^{-8t}\ \mathrm{V}$$

6.3 一阶电路的零状态响应

电路中，所有储能元件的初始值都为零的状态称为零初始状态，简称零状态，即所有电容元件的 $u_C(0_+)$ 和所有电感元件的 $i_L(0_+)$ 为零的状态。一阶电路在零状态下由外加电源激励所产生的响应叫作一阶电路的零状态响应。外加电源激励有直流和交流之分，本节主要讨论 RC 电路、RL 电路在直流激励下的零状态响应。

6.3.1 *RC* 电路的零状态响应

RC 电路的零状态响应是指换路前电容元件没有储存电能，即在 $u_C(0_-)=0$ V 的零状态下，由外加电源激励所产生的响应。

在图 6-13 所示电路中，若开关 S 闭合前电容元件没有充电，即 $u_C(0_-)=0$ V。当 $t=0$ 时，开关闭合。当 $t \geqslant 0$ 时，在图示参考方向下，回路选择顺时针绕向，由 KVL 得

$$u_R + u_C = U_S \qquad (6-16)$$

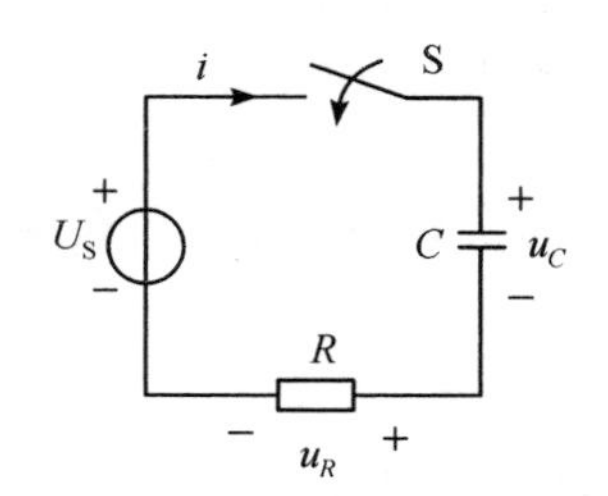

图 6-13 RC 电路的零状态响应

由于 $u_R=iR$，$i=C\dfrac{\mathrm{d}u_C}{\mathrm{d}t}$，故将 u_R、i 代入式(6-16)得

$$RC\frac{\mathrm{d}u_C}{\mathrm{d}t}+u_C=U_S \tag{6-17}$$

式(6-17)是一个线性常系数的一阶非齐次微分方程，由数学分析可知，该方程的解由两部分组成，即

$$u_C=u_C'+u_C'' \tag{6-18}$$

其中 u_C' 为式(6-17)的特解，u_C'' 是式(6-17)中 $U_S=0$ 时方程的通解。当电路过渡过程结束，即 $t=\infty$时有稳态值 $u_C(\infty)=U_S$，可取特解 $u_C'=U_S$；当 $U_S=0$ V时，方程 $RC\dfrac{\mathrm{d}u_C}{\mathrm{d}t}+u_C=0$ V的通解的形式为 $u_C''=Ae^{-\frac{t}{\tau}}(\tau=RC)$。将特解和通解代入式(6-18)得

$$u_C=u_C'+u_C''=U_S+Ae^{-\frac{t}{\tau}} \tag{6-19}$$

式(6-19)中系数 A 由初始条件来确定，因 $u_C(0_+)=u_C(0_-)=0$ V，由上式得

$$0\ \mathrm{V}=U_S+Ae^{-\frac{0}{\tau}}=U_S+Ae^0=U_S+A$$

$$A=-U_S \tag{6-20}$$

再把 $A=-U_S$ 代入式(6-19)，最后得

$$u_C=U_S-U_Se^{-\frac{t}{\tau}}=U_S(1-e^{-\frac{t}{\tau}})=u_C(\infty)(1-e^{-\frac{t}{\tau}}) \tag{6-21}$$

式(6-21)为 RC 电路的零状态响应中电容元件上电压 u_C 的解析式，其中时间常数 $\tau=RC$。u_C 由两部分组成：第一部分 $u_C'=u_C(\infty)=U_S$ 是达到稳态时电容元件上的电压，称为稳态分量；第二部分 $u_C''=-u_C(\infty)e^{-\frac{t}{\tau}}=-U_Se^{-\frac{t}{\tau}}$，与时间有关，存在于暂态过程中，又称为暂态分量。

RC 电路中电阻元件上的电压和电流分别为

$$u_R=U_S-u_C=U_Se^{-\frac{t}{\tau}} \tag{6-22}$$

$$i=\frac{u_R}{R}=\frac{U_S}{R}e^{-\frac{t}{\tau}} \tag{6-23}$$

u_C、u_R 和 i 的曲线如图6-14所示。

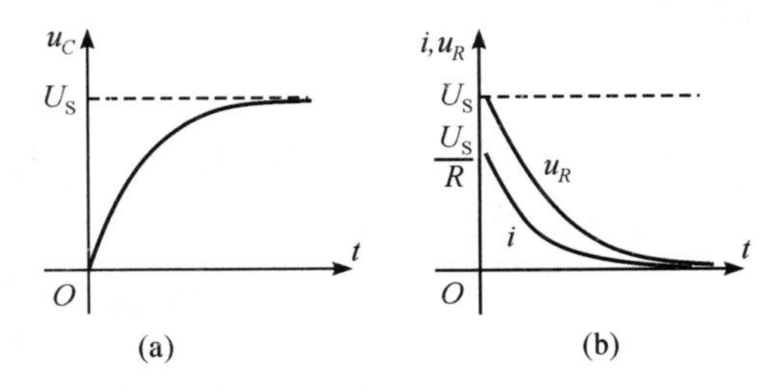

图6-14 RC 电路的零状态响应曲线

RC 电路的零状态响应过程，实际上是电容充电的过程。在充电过程中，电源供给的能量一部分转换成电场能量储存在电容元件中，另一部分被电阻元件吸收转化成热能消耗掉。电阻元件消耗的电能为

$$W_R=\int_0^\infty Ri^2\mathrm{d}t=\int_0^\infty R\left(\frac{U_S}{R}e^{-\frac{t}{\tau}}\right)^2\mathrm{d}t=\frac{1}{2}CU_S^2=W_C \tag{6-24}$$

由此得出，无论电路中电阻和电容取值多少，电源供给的能量一半被电阻元件消耗了，只有一半转换成电场能量储存在电容元件中，所以充电效率只有50%。

【例6-9】 在图6-13中，开关闭合前电路已经稳定，即 $u_C(0_-)=0$ V。若 $U_S=220$ V，$C=100\ \mu$F，$R=2$ kΩ，试求当开关闭合后，经过多长时间后电容电压可达100 V?

解 开关闭合后，即 $t\geqslant 0$ 时，根据式(6-21)，电容元件上的电压的表达式为

$$u_C=u_C(\infty)(1-e^{-\frac{t}{\tau}})$$

当过渡过程结束，即 $t=\infty$时，电容元件相当于开路，其稳态电压为

$$u_C(\infty)=U_S=220\ \text{V}$$

换路后，电路的时间常数为

$$\tau=RC=2\times10^3\ \Omega\times100\times10^{-6}\ \text{F}=0.2\ \text{s}$$

将 $u_C(\infty)$、τ 的值代入 u_C 的表达式中，有

$$u_C=u_C(\infty)(1-\mathrm{e}^{-\frac{t}{\tau}})=220\times(1-\mathrm{e}^{-\frac{t}{0.2}})\ \text{V}=220\times(1-\mathrm{e}^{-5t})\ \text{V}$$

当电容电压 $u_C=100$ V 时，即

$$100=220\times(1-\mathrm{e}^{-5t})$$

得

$$t=0.12\ \text{s}$$

即经过 0.12 s 电容电压即可达 100 V。

【例 6-10】 在图 6-15(a)中，电容元件上电压初始值 $u_C(0_-)=0$ V。当 $t=0$ 时将开关 S 闭合，试求开关闭合后，即 $t\geqslant0$ 时的电压 u_C 和支路电流 i_1。

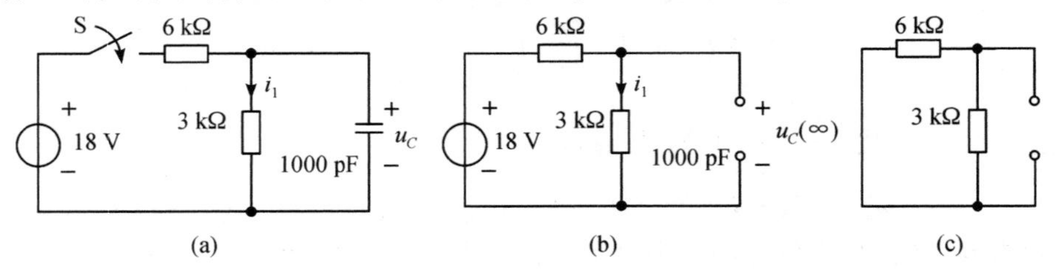

图 6-15　例 6-10 图

解　根据已知条件可知这是求 RC 电路的零状态响应。换路后，即 $t\geqslant0$ 时，电容元件上的电压为

$$u_C=u_C(\infty)(1-\mathrm{e}^{-\frac{t}{\tau}})$$

换路后，当 $t=\infty$时，电路达到新的稳态，电容元件相当于开路，如图 6-15(b)所示，所以稳态时电容电压为

$$u_C(\infty)=\frac{3\ \Omega}{3\ \Omega+6\ \Omega}\times18\ \text{V}=6\ \text{V}$$

换路后，电容元件所接的二端网络(电压源置零)的等效电路如图 6-15(c)所示，因此等效电阻 R 为

$$R=\frac{6\times3}{6+3}\ \text{k}\Omega=2\ \text{k}\Omega$$

电路的时间常数为

$$\tau=RC=2\times10^3\ \Omega\times1000\times10^{-12}\ \text{F}=2\times10^{-6}\ \text{s}$$

将 $u_C(\infty)$、τ 的值代入 u_C 的表达式中，有

$$u_C=u_C(\infty)(1-\mathrm{e}^{-\frac{t}{\tau}})=6(1-\mathrm{e}^{-\frac{t}{2\times10^{-6}}})\ \text{V}=6(1-\mathrm{e}^{-5\times10^5t})\ \text{V}$$

支路电流为

$$i_1=\frac{u_C}{3\times10^3\ \Omega}=\frac{6(1-\mathrm{e}^{-5\times10^5t})\ \text{V}}{3\times10^3\ \Omega}=2\times10^{-3}(1-\mathrm{e}^{-5\times10^5t})\text{A}$$

6.3.2 *RL* 电路的零状态响应

RL 电路的零状态响应是指换路前电感元件中没有储能，即初始电流 $i_L(0_+)=0$ A 的零状态下，由外加电源所激励产生的响应。

在图 6－16 中，开关 S 闭合前，$i_L(0_-)=0$ A，$t=0$ 时，S 闭合。当 $t\geqslant 0$ 时，在假定的参考方向下，回路选择顺时针绕向，由 KVL 得

$$u_R+u_L=U_S \qquad (6-25)$$

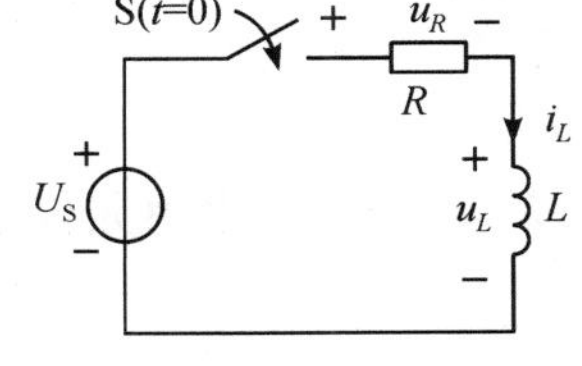

图 6－16 *RL* 电路的零状态响应

因 $u_R=i_LR$，$u_L=L\dfrac{di_L}{dt}$，故将 u_R、u_L 代入式(6－25)得

$$i_LR+L\frac{di_L}{dt}=U_S$$

整理得

$$\frac{L}{R}\frac{di_L}{dt}+i_L=\frac{U_S}{R} \qquad (6-26)$$

式(6－26)是一个线性常系数的一阶非齐次微分方程，解法与 *RC* 电路的一样，其解为

$$i_L=\frac{U_S}{R}(1-e^{-\frac{t}{\tau}})=i_L(\infty)(1-e^{-\frac{t}{\tau}}) \qquad (6-27)$$

式(6－27)即是 *RL* 电路的零状态响应中电感元件的电流 i_L 的解析式。其中，$\tau=\dfrac{L}{R}$为 *RL* 电路的时间常数。i_L 由两部分组成：第一部分$\dfrac{U_S}{R}=i_L(\infty)$为换路后电感元件的稳态电流，称为稳态分量；第二部分$-i_L(\infty)e^{-\frac{t}{\tau}}=\dfrac{U_S}{R}e^{-\frac{t}{\tau}}$为暂态分量。

RL 电阻元件和电感元件的电压分别为

$$u_R=i_LR=U_S(1-e^{-\frac{t}{\tau}}) \qquad (6-28)$$

$$u_L=U_S-u_R=U_Se^{-\frac{t}{\tau}} \qquad (6-29)$$

i_L、u_R、u_L 的曲线如图 6－17 所示。

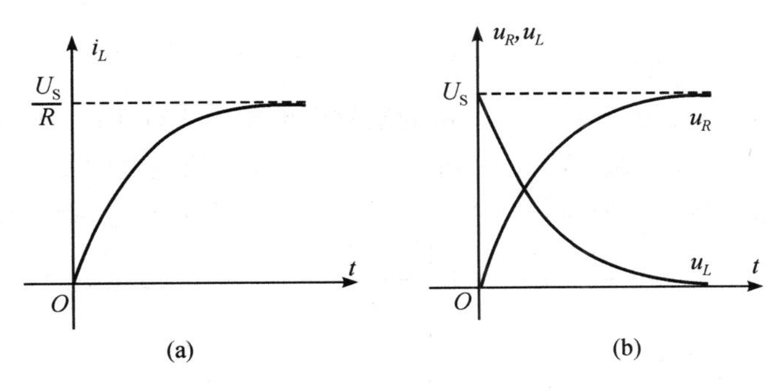

图 6－17 *RL* 电路的零状态响应波形

【例 6－11】 在图 6－16 中，开关闭合前电路已经稳定，即 $i_L(0_-)=0$ A。若 $U_S=100$ V，$L=0.5$ H，$R=100\ \Omega$，$t=0$ 时开关闭合，求换路后 $t\geqslant 0$ 时的电流 i_L。

解　根据已知条件可知这是求一阶 RL 电路的零状态响应。由式(6-27)可得

$$i_L = i_L(\infty)(1-e^{-\frac{t}{\tau}})$$

当 $t=\infty$ 时，电感元件相当于短路，电路的稳态电流为

$$i_L(\infty) = \frac{U_S}{R} = \frac{100}{100}\ \text{A} = 1\ \text{A}$$

换路后，电路的时间常数为

$$\tau = \frac{L}{R} = \frac{0.5}{100}\ \text{s} = 5\times 10^{-3}\ \text{s}$$

所以，$t \geqslant 0$ 时，电感元件中的电流为

$$i_L = i_L(\infty)(1-e^{-\frac{t}{\tau}}) = (1-e^{-200t})\ \text{A}$$

【例 6-12】　在图 6-18 所示电路中，开关闭合前电路已经稳定，即 $i_L(0_-)=0$ A。$t=0$ 时开关 S 闭合，求 $t\geqslant 0$ 时的电流 i_L 和 i。

解　根据题意，这是求是 RL 的零状态响应。

换路后 $t=\infty$ 时，电感元件中电流的稳态值为

$$i_L(\infty) = \frac{10\ \text{V}}{\left(5+\frac{10}{2}\right)\Omega} \times \frac{1}{2} = \frac{1}{2}\ \text{A}$$

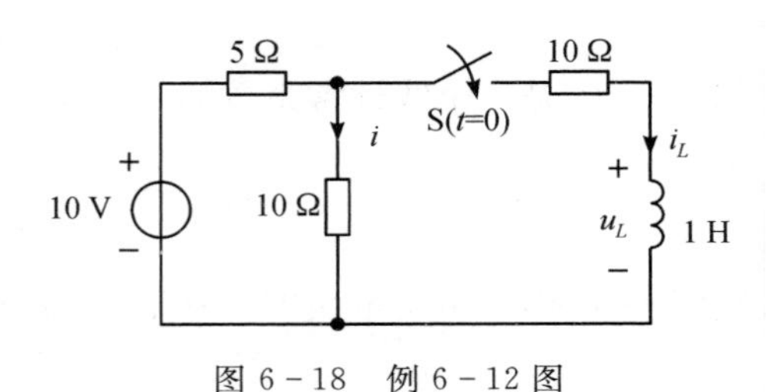

图 6-18　例 6-12 图

换路后，电路的等效电阻及时间常数分别为

$$R = 10\ \Omega + \frac{5\times 10}{5+10}\ \Omega = 13.3\ \Omega$$

$$\tau = \frac{L}{R} = \frac{1}{13.3}\ \text{S} = 0.075\ \text{s}$$

$t\geqslant 0$ 时，由式(6-27)得电感元件中的电流为

$$i_L = i_L(\infty)(1-e^{-\frac{t}{\tau}}) = \frac{1}{2}(1-e^{-\frac{t}{0.075}})\ \text{A} = \frac{1}{2}(1-e^{-13.3t})\ \text{A}$$

由支路电压电流关系得

$$u_L = L\frac{di_L}{dt} = 13.3e^{-13.3t}\ \text{V}$$

$$i = \frac{i_L\times 10\ \Omega + u_L}{10\ \Omega} = \frac{1}{2}(1-e^{-13.3t})\text{A} + (0.1\times 6.7e^{-13.3t})\text{A} = (0.5+0.17e^{-13.3t})\text{A}$$

【例 6-13】　图 6-19 为一直流发电机的励磁电路图，已知励磁电阻 $R=20\ \Omega$，励磁电感 $L=20$ H，外加电压 $U_S=200$ V。(1) 当 S 闭合后，求励磁电流的变化规律和达到稳态值所需的时间；(2) 如果将电源电压提高到 250 V 时，求励磁电流达到额定值的时间。

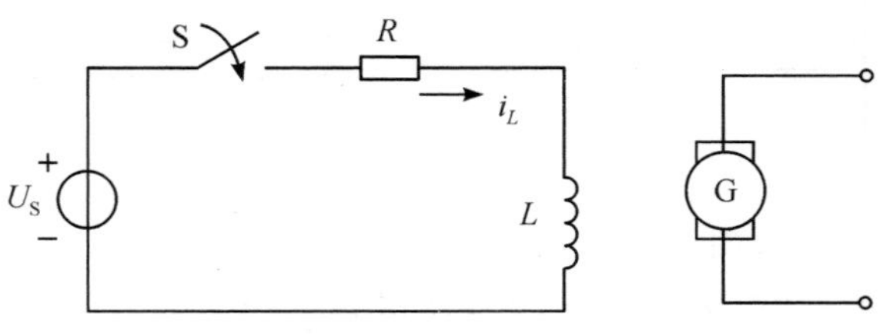

图 6-19　例 6-13 图

解　(1) 这里是求 RL 电路的零状态响应。由式(6－27)得，换路后电感元件中电流的表达式为

$$i_L = i_L(\infty)(1-\mathrm{e}^{-\frac{t}{\tau}})$$

换路后 $t=\infty$时，电感元件中电流的稳态值为

$$i_L(\infty)=\frac{U_S}{R}=\frac{200}{20}\ \mathrm{A}=10\ \mathrm{A}$$

时间常数为

$$\tau=\frac{L}{R}=\frac{20}{20}\ \mathrm{s}=1\ \mathrm{s}$$

所以，电感元件中的电流为

$$i_L=10(1-\mathrm{e}^{-t})\mathrm{A}$$

开关 S 闭合后，认为 $t=(3\sim5)\tau$ 时过渡过程就基本结束。若取 $t=5\tau$，则电流达到稳态所需的时间为 $t=5\tau=5\times1=5$ s，其稳态值为 10 A。

(2) 当电源电压提高到 $U_S'=250$ V 时，换路后电感元件中电流的稳态值为

$$i_L'(\infty)=\frac{U_S{}'}{R}=\frac{250}{20}\ \mathrm{A}=12.5\ \mathrm{A}$$

当 $t\geqslant0$ 时，电路中的电流 i_L' 为

$$i_L'=12.5(1-\mathrm{e}^{-t})\ \mathrm{A}$$

当电流为 10 A 时，有

$$10=12.5(1-\mathrm{e}^{-t})$$

$$t=1.6\ \mathrm{s}$$

显然，这比电源电压为 200 V 时达到稳态值 10 A 所需的时间要短。因此，为了缩短励磁时间，常在励磁开始时提高电源电压，当换路后电路中的电流达到额定值时，再将电压调回到额定值，这种方法叫“强迫励磁法”。

6.4　一阶电路的全响应

6.4.1　全响应的分解

当一个非零初始状态的一阶电路受到外加电源激励时，在电路中所产生的响应叫一阶电路的全响应。

在图 6－20 所示的 RC 电路中，开关 S 在位置 1 上时电路已经稳定，电容上已充有 U_0 的电压，即 $u_C(0_-)=U_0$。$t=0$ 时开关 S 合向位置 2，若电压和电流的参考方向如图中所示，则由 KVL 得

$$u_R+u_C=U_S$$

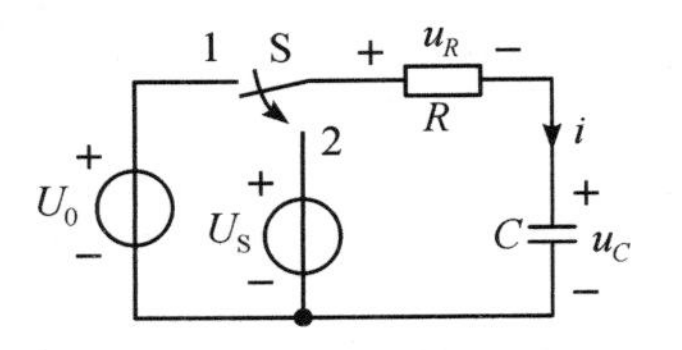

图 6－20　一阶 RC 电路的全响应

由于 $u_R=iR$，$i=C\dfrac{\mathrm{d}u_C}{\mathrm{d}t}$，因此将 u_R、i 代入上式得

$$RC\frac{\mathrm{d}u_C}{\mathrm{d}t}+u_C=U_S$$

从 RC 电路的零状态响应分析中可得，该方程的解由两部分组成，形式如下：

$$u_C=u_C'+u_C''=U_S+A\mathrm{e}^{-\frac{t}{RC}}$$

式中：$u_C'=U_S=u_C(\infty)$ 为电路过渡过程结束时的稳态值，即特解；$u_C''=A\mathrm{e}^{-\frac{t}{RC}}$ 为通解。将初始值 $u_C(0_+)=u_C(0_-)=U_0$ 代入上式得

$$U_0=U_S+A$$

$$A=U_0-U_S \tag{6-30}$$

最后得

$$\begin{aligned}u_C&=U_S+(U_0-U_S)\mathrm{e}^{-\frac{t}{\tau}}\\&=u_C(\infty)+[u_C(0_+)-u_C(\infty)]\mathrm{e}^{-\frac{t}{\tau}}\end{aligned} \tag{6-31}$$

式(6-31)是一阶 RC 电路中电容元件上电压 u_C 的全响应表达式，其中时间常数 $\tau=RC$。式(6-31)中，$U_S=u_C(\infty)$ 为 u_C 的稳态分量；$U_0=u_C(0_+)$ 为 u_C 的初始值；$(U_0-U_S)\mathrm{e}^{-\frac{t}{\tau}}$ 是时间的函数，为 u_C 的暂态分量。所以，一阶 RC 电路的全响应可表示为

全响应＝稳态分量＋暂态分量

u_C 的波形如图 6-21 所示，图中只作出了 $U_0<U_S$ 的情况。

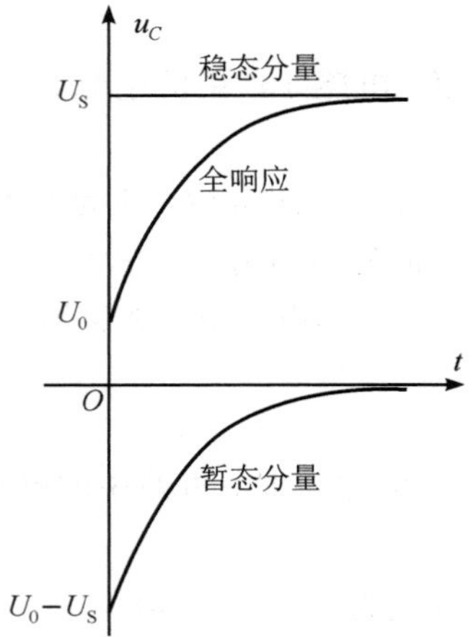

图 6-21 RC 电路中 u_C 的全响应曲线

式(6-31)还可改写为

$$\begin{aligned}u_C&=U_S+(U_0-U_S)\mathrm{e}^{-\frac{t}{\tau}}=U_0\mathrm{e}^{-\frac{t}{\tau}}+U_S(1-\mathrm{e}^{-\frac{t}{\tau}})\\&=u_C(0_+)\mathrm{e}^{-\frac{t}{\tau}}+u_C(\infty)(1-\mathrm{e}^{-\frac{t}{\tau}})\end{aligned} \tag{6-32}$$

式中：第一项 $u_C(0_+)\mathrm{e}^{-\frac{t}{\tau}}$ 是电容元件的初始电压为 $u_C(0_+)=U_0$ 时的零输入响应；第二项 $u_C(\infty)(1-\mathrm{e}^{-\frac{t}{\tau}})$ 则是电容元件的初始电压为 $u_C(0_+)=0$ V 时的零状态响应。所以一阶电路的全响应又可表示成

全响应＝零输入响应＋零状态响应

求出 u_C 后，电流全响应和电阻电压全响应的表达式分别为

$$i=C\frac{\mathrm{d}u_C}{\mathrm{d}t}=-C\times(U_0-U_S)\frac{1}{\tau}\mathrm{e}^{-\frac{t}{\tau}}=\frac{U_S-U_0}{R}\mathrm{e}^{-\frac{t}{\tau}} \tag{6-33}$$

$$u_R=iR=R\frac{U_S-U_0}{R}\mathrm{e}^{-\frac{t}{\tau}}=(U_S-U_0)\mathrm{e}^{-\frac{t}{\tau}} \tag{6-34}$$

6.4.2 分析一阶电路的三要素法

从 RC 电路全响应的表达式来看，全响应无论是分解成稳态分量和暂态分量的叠加，

还是分解成零输入响应和零状态响应的叠加，决定一阶电路全响应表达式的都只有三个量，即初始值、稳态值和时间常数，这三个量通常称为一阶电路的三要素。由这三要素直接写出直流激励下一阶电路的全响应的方法称为三要素法。

若用 $f(0_+)$表示响应的初始值，$f(\infty)$表示响应的稳态值，τ 表示电路的时间常数，$f(t)$表示全响应，则在直流激励下，一阶电路的全响应表达式为

$$f(t)=f(\infty)+[f(0_+)-f(\infty)]\mathrm{e}^{-\frac{t}{\tau}} \tag{6-35}$$

式(6－35)是分析一阶电路全响应过程中任意电压或电流变量全响应的一般公式，也称为三要素法公式。只要求出 $f(0_+)$、$f(\infty)$和 τ 这三个要素后，就可以直接根据式(6－35)写出电路中电压或电流的全响应表达式。

因为零输入响应或零状态响应可看成全响应的特例，所以也可以用式(6－35)来求零输入响应和零状态响应。

三要素法的一般步骤可归纳为：

(1) 作出换路前瞬间即 $t=0_-$ 时的等效电路，求出 $u_C(0_-)$或 $i_L(0_-)$。

(2) 根据换路定律，得到独立初始值 $u_C(0_+)=u_C(0_-)$和 $i_L(0_+)=i_L(0_-)$，然后作出换路后瞬间，即 $t=0_+$ 时刻的等效电路，求出待求量的初始值，即 $f(0_+)$。

(3) 作出 $t=\infty$时的稳态等效电路，若为直流稳态，则电容元件相当于开路，电感元件相当于短路。在稳态等效电路中，求出待求量的稳态响应，即 $f(\infty)$。

(4) 求出电路的时间常数 τ。若电路是 RC 电路，则 $\tau=RC$；若电路是 RL 电路，则 $\tau=\dfrac{L}{R}$。其中的 R 均是指换路后从储能元件(电容或电感元件)两端看进去，所接的二端网络(电源置零)的等效电阻，即戴维南等效电阻。

(5) 将三要素 $f(0_+)$、$f(\infty)$和 τ 代入式(6－35)即可求得电路中待求电压或电流全响应的表达式。

【例 6－14】　在图 6－22(a)所示电路中，开关置于位置 1 上时电路已稳定，当 $t=0$ 时将开关 S 由位置 1 合向位置 2，已知 $U_{S1}=15$ V，$U_{S2}=20$ V，$R_1=100$ Ω，$R_2=50$ Ω，$C=30$ μF，求换路后 $t\geqslant0$ 时的电压 u_C。

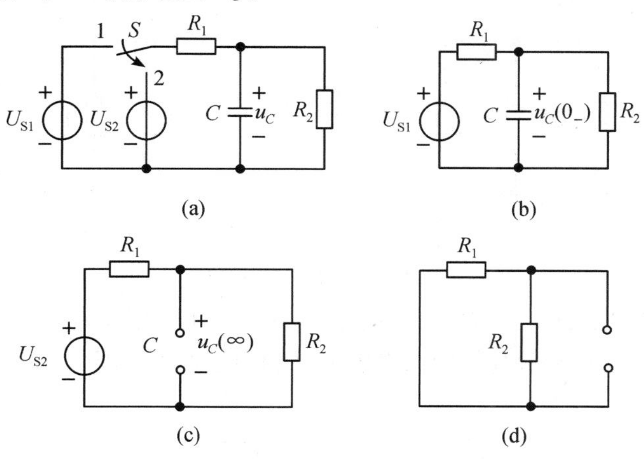

图 6－22　例 6－14 图

解　这是求 RL 电路的全响应。开关 S 置于位置 2 前一瞬间，即 $t=0_-$ 时刻电路如图 6-22(b)所示，电容元件两端的电压为

$$u_C(0_-)=\frac{U_{S1}}{R_1+R_2}R_2=\frac{15\ \text{V}}{(100+50)\Omega}\times 50\ \Omega=5\ \text{V}$$

由换路定律得

$$u_C(0_+)=u_C(0_-)=5\ \text{V}$$

换路后，$t=\infty$时，电容元件相当于开路，等效电路如图 6-22(c)所示，有

$$u_C(\infty)=\frac{U_{S2}}{R_1+R_2}R_2=\frac{20\ \text{V}}{(100+50)\Omega}\times 50\ \Omega=6.7\ \text{V}$$

求等效电阻 R 的等效电路如图 6-22(d)所示，有

$$R=\frac{R_1R_2}{R_1+R_2}=\frac{100\times 50}{100+50}\ \Omega=\frac{100}{3}\ \Omega$$

则时间常数为

$$\tau=RC=\frac{100}{3}\Omega\times 30\times 10^{-6}\ \text{F}=1\times 10^{-3}\ \text{s}$$

由式(6-35)得 u_C 的全响应

$$\begin{aligned}u_C&=u_C(\infty)+[u_C(0_+)-u_C(\infty)]\text{e}^{-\frac{t}{\tau}}=[6.7+(5-6.7)\text{e}^{-\frac{t}{1\times 10^{-3}}}]\ \text{V}\\&=(6.7-1.7\text{e}^{-1000t})\ \text{V}\end{aligned}$$

【例 6-15】　在图 6-23(a)所示电路中，开关闭合前电路已经稳定，当 $t=0$ 时开关 S 闭合，求换路后的电压 u。

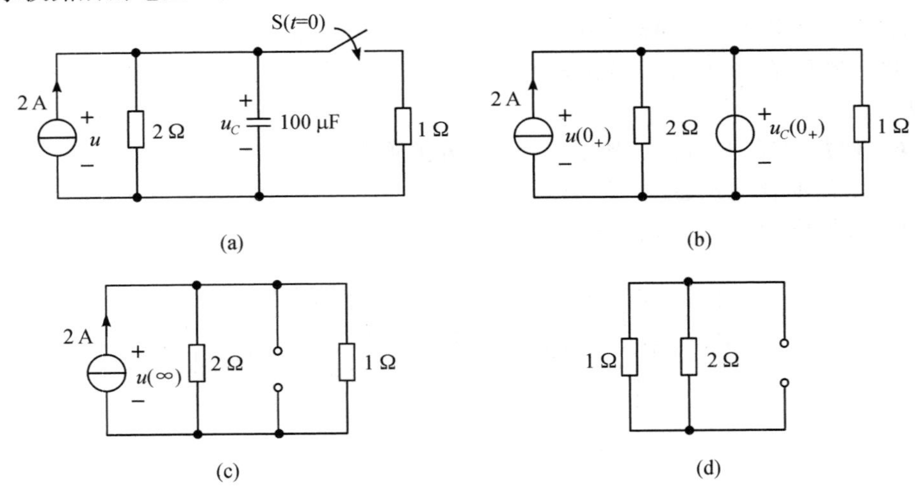

图 6-23　例 6-15 图

解　根据题意，这是求一阶 RC 电路的全响应，可用三要素法来求电压 u。

因开关闭合前电路已经稳定，所以电容元件相当于断开。那么，当 $t=0_-$时，电容元件两端的电压为

$$u_C(0_-)=2\ \text{A}\times 2\Omega=4\ \text{V}$$

由换路定律得

$$u_C(0_+)=u_C(0_-)=4\ \text{V}$$

当 $t=0_+$ 时，电容元件相当于一个电压值为 $u_C(0_+)=4\ \text{V}$ 的电压源，等效电路如图 6-23(b)所示，可得

$$u(0_+)=u_C(0_+)=4\ \text{V}$$

换路后，当 $t=\infty$ 时，电容元件相当于开路，等效电路如图 6-23(c)所示，有

$$u(\infty)=2\ \text{A}\times\frac{2\times1}{2+1}\ \Omega=1.3\ \text{V}$$

求等效电阻 R 的等效电路如图 6-23(d)所示，有

$$R=\frac{2\times1}{2+1}\ \Omega=0.67\ \Omega$$

换路后电路的时间常数为

$$\tau=RC=0.67\ \Omega\times100\times10^{-6}\ \text{F}=6.7\times10^{-5}\ \text{s}$$

由式(6-35)得 u 的全响应为

$$u=u(\infty)+[u(0_+)-u(\infty)]\text{e}^{-\frac{t}{\tau}}=[1.3+(4-1.3)\text{e}^{-\frac{t}{6.7\times10^{-5}}}]\ \text{V}$$
$$=(1.3+2.7\text{e}^{-1.5\times10^4t})\ \text{V}$$

【例 6-16】 在图 6-24(a)所示电路中，开关闭合时电路已处于稳态。当 $t=0$ 时打开开关 S，求开关打开后 $t\geqslant0$ 时的电流 i_L 和电压 u_L。

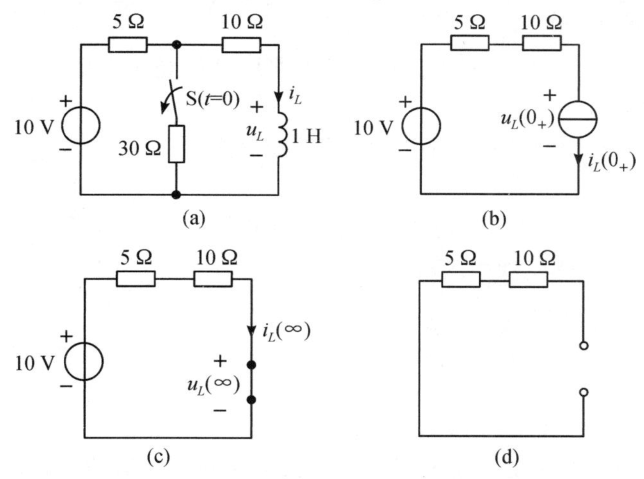

图 6-24　例 6-16 图

解　这是求一阶 RL 电路的全响应。开关打开前，电路已经达到稳定，电感元件相当于短路。$t=0_-$ 时，电感元件中的电流由分流公式得

$$i_L(0_-)=\left(\frac{10}{5+\frac{10\times30}{10+30}}\times\frac{30}{10+30}\right)\text{A}=0.6\ \text{A}$$

由换路定律得

$$i_L(0_+)=i_L(0_-)=0.6\ \text{A}$$

$t=0_+$ 时刻，电感元件相当于一个电流值为 $i_L(0_+)=0.6\ \text{A}$ 的电流源，等效电路如图 6-24(b)所示，有

$$u_L(0_+)=-i_L(0_+)\times(5+10)\ \Omega+10\ \text{V}=1\ \text{V}$$

换路后，$t=\infty$时，电路达到新的稳定，等效电路如图 6－24(c)所示。电感元件的稳态电流和稳态电压分别为

$$i_L(\infty)=\frac{10}{15}\ \text{A}=0.67\ \text{A}$$

$$u_L(\infty)=0$$

求等效电阻的电路如图 6－24(d)所示，有

$$R=5\ \Omega+10\ \Omega=15\ \Omega$$

则时间常数为

$$\tau=\frac{L}{R}=\frac{1}{15}\ \text{s}$$

由式(6－35)得 i_L 和 u_L 的全响应

$$\begin{aligned}i_L&=i_L(\infty)+[i_L(0_+)-i_L(\infty)]\text{e}^{-\frac{t}{\tau}}=0.67\ \text{A}+(0.6-0.67)\text{e}^{-15t}\ \text{A}\\&=(0.67-0.07\text{e}^{-15t})\ \text{A}\end{aligned}$$

$$u_L=u_L(\infty)+[u_L(0_+)-u_L(\infty)]\text{e}^{-\frac{t}{\tau}}=0\ \text{V}+(1-0)\text{e}^{-15t}\ \text{V}=\text{e}^{-15t}\ \text{V}$$

另外，u_L 还可以这样求：

$$u_L=L\frac{\text{d}i_L}{\text{d}t}=[1\times(-0.07)\text{e}^{-15t}\times(-15)]\text{V}=1.05\text{e}^{-15t}\ \text{V}\approx\text{e}^{-15t}\ \text{V}$$

【例 6－17】 在图 6－25 所示电路中，设电路原来已经达到稳定，当 $t=0$ 时断开开关 S，求断开开关后的电流 i。

解 这是求一阶 RL 电路的全响应，应用三要素法来求电流 i。

因开关断开前，电路已经达到稳定，电感元件相当于短路，则 $t=0_-$ 时，电感元件中的电流为

$$i(0_-)=\frac{24}{4}\ \text{A}=6\ \text{A}$$

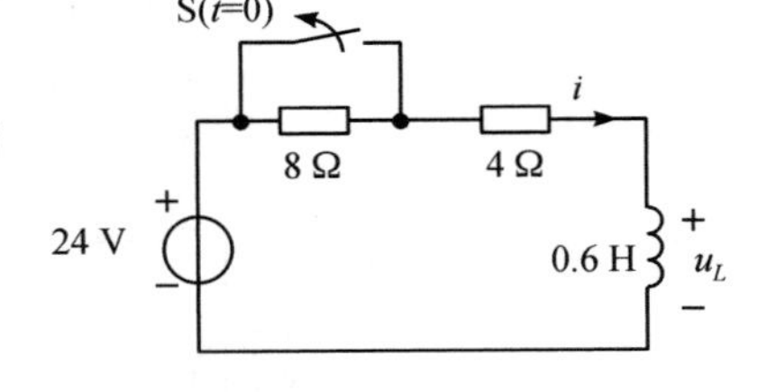

图 6－25 例 6－17 图

由换路定律得

$$i(0_+)=i(0_-)=6\ \text{A}$$

换路后当 $t=\infty$时，电路达到新的稳态，电感元件相当于短路，电感元件的稳态电流为

$$i(\infty)=\frac{24}{8+4}\ \text{A}=2\ \text{A}$$

换路后电感元件所接的二端网络的等效电阻为

$$R=8\ \Omega+4\ \Omega=12\ \Omega$$

时间常数为

$$\tau=\frac{L}{R}=\frac{0.6}{12}\ \text{s}=0.05\ \text{s}$$

根据式(6－35)得 i 的全响应为

$$i=i(\infty)+[i(0_+)-i(\infty)]\text{e}^{-\frac{t}{\tau}}=2\ \text{A}+(6-2)\text{e}^{-\frac{t}{0.05}}\ \text{A}=(2+4\text{e}^{-20t})\ \text{A}$$

习　题　6

一、填空题

6－1　电路中支路的接通、切断、短路，电源激励或电路参数的突变以及电路连接方式的其他改变，统称＿＿＿＿＿。

6－2　过渡过程发生的外因是＿＿＿＿＿＿，内因是＿＿＿＿＿＿＿。

6－3　由换路定律得，电容元件的电流有限时，＿＿＿＿不能跃变；电感元件的电压有限时，＿＿＿＿＿＿不能跃变，若把换路时刻取为计时起点，换路定律的数学表达式为＿＿＿＿＿＿＿＿＿＿和＿＿＿＿＿＿＿＿。

6－4　在 $t=0_-$ 时刻，若电容元件的电压为零，则换路瞬间 $t=0_+$ 时刻，电容元件相当于＿＿＿＿＿；在 $t=0_-$ 时刻，若电感元件的电流为零，则换路瞬间 $t=0_+$ 时刻，电感元件相当于＿＿＿＿＿。

6－5　RC 暂态电路中，时间常数越大，充放电的速度越＿＿＿＿＿。若 RC 暂态电路充电时间常数为 $\tau=0.2$ ms，充电完成大约需要时间＿＿＿＿＿。

6－6　RC 电路中，已知电容元件上的电压 $u_C(t)$ 的零输入响应为 $5e^{-100t}$ V，零状态响应为 $100(1-e^{-100t})$ V，则全响应 $u_C(t)=$＿＿＿＿＿＿＿＿＿＿＿＿＿。

二、判断选择题

6－7　由换路定律知，有储能元件的电路，在换路瞬间，电路中（　　）不能跃变。

A. 电容的电流和电感的电流　　B. 电容的电压和电感的电流

C. 电容的电压和电感的电压　　D. 每个元件的电压和电流

6－8　下列关于时间常数 τ 说法错误的是（　　）。

A. 时间常数 τ 的大小反映了一阶电路的过渡过程进展的速度

B. 时间常数 τ 越大，过渡过程越慢，反之，越快

C. 对于 RC 和 RL 串联电路，电阻 R 越大，它们的时间常数 τ 也越大

D. 一般认为，经过 $(3\sim5)\tau$ 的时间，过渡过程就基本结束

三、分析计算题

6－9　如何作 $t=0_+$ 等效电路？0_+ 等效电路对于 $t>0$ 的时刻都适用吗？

6－10　如题 6－10 图所示，电路在开关 S 断开前已处于稳态。$t=0$ 时开关 S 断开。求初始值 $i(0_+)$、$u(0_+)$、$u_C(0_+)$ 和 $i_C(0_+)$。

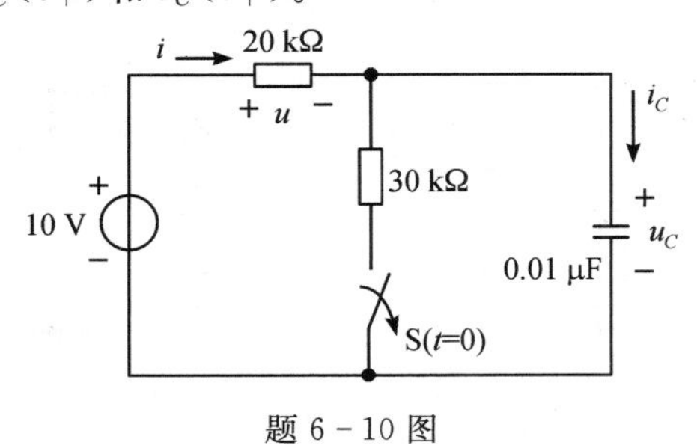

题 6－10 图

6-11　如题 6-11 图所示，开关 S 闭合前电路已处于稳态。试求开关 S 闭合后的初始值 $i(0_+)$、$u(0_+)$和 $i_L(0_+)$。

6-12　如题 6-12 图所示，电路在开关 S 闭合前已处于稳态。试求开关 S 闭合后的初始值 $u_1(0_+)$和 $i_C(0_+)$。

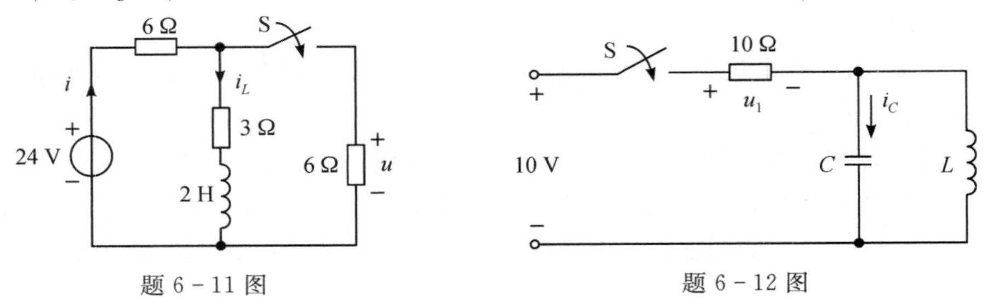

题 6-11 图　　　　题 6-12 图

6-13　求题 6-13 图中各电路的时间常数。

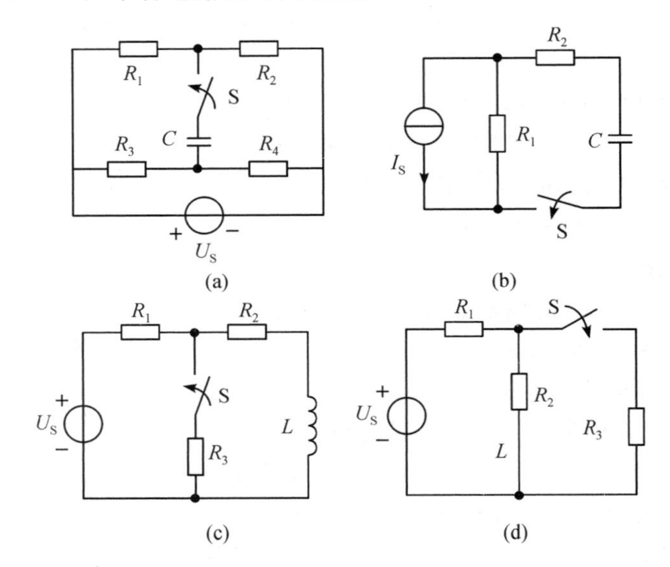

题 6-13 图

6-14　题 6-14 图所示电路换路前已稳定，$t=0$ 时刻开关打开。已知 $R_1=5\ \Omega$，$R_2=10\ \Omega$，$C=20\ \mu F$，$U_S=20\ V$，求换路后($t\geqslant 0$)的 u_C 和 i。

6-15　题 6-15 图所示电路换路前已稳定，$t=0$ 时刻开关打开。已知 $R_1=5\ \Omega$，$R_2=R_3=10\ \Omega$，$L=2\ H$，$U_S=100\ V$，求换路后($t\geqslant 0$)u 和 i_L。

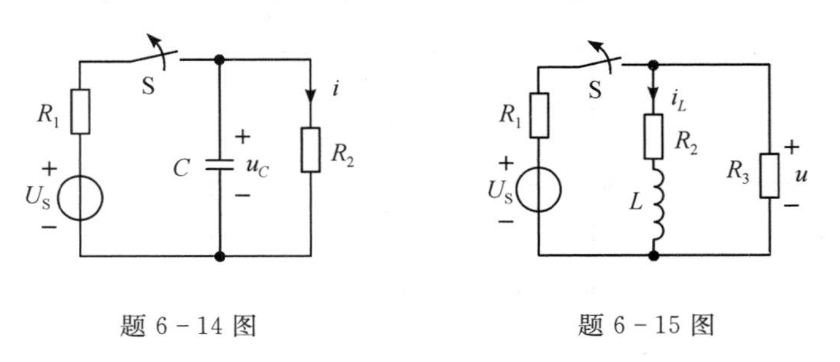

题 6-14 图　　　　题 6-15 图

6-16　求题 6-16 图所示电路的零状态响应 i_L。

6-17　题 6-17 图所示电路换路前已稳定，$t=0$ 时刻开关闭合。已知 $R_1=R_2=10\ \Omega$，$C=20\ \mu\text{F}$，$U_S=20\ \text{V}$，求换路后($t\geqslant0$)的 u_C 和 i。

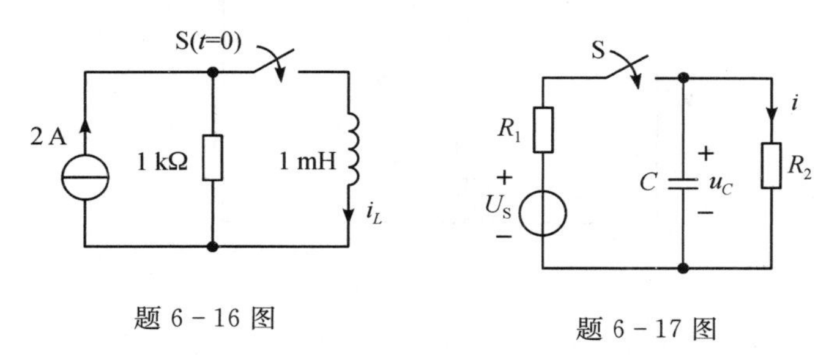

题 6-16 图　　题 6-17 图

6-18　一阶 RC 电路的过渡过程中，(1)若已知电容电压在直流电源激励下的全响应表示为零输入响应与零状态响应之和，即 $u_C=A(1-e^{-\frac{t}{\tau}})+Be^{-\frac{t}{\tau}}$，能否求出稳态分量和暂态分量？(2)若已知电容电压表示为稳态分量与暂态分量之和，即 $u_C=A+Be^{-\frac{t}{\tau}}$，能否求出它的零输入响应与零状态响应？

6-19　题 6-19 图所示电路换路前已稳定，$t=0$ 时刻开关闭合。已知 $R_1=R_2=5\ \Omega$，$C=10\ \mu\text{F}$，$U_S=20\ \text{V}$，求换路后($t\geqslant0$)的 u_C 和 i_1。

6-20　题 6-20 图示电路中，电路原先已经稳定，开关 S 在 $t=0$ 时断开。(1) 求 $i(0_+)$、$u(0_+)$、$u_C(0_+)$和 $i_C(0_+)$；(2) 求开关 S 断开后的电压 u_C、i_C、u。

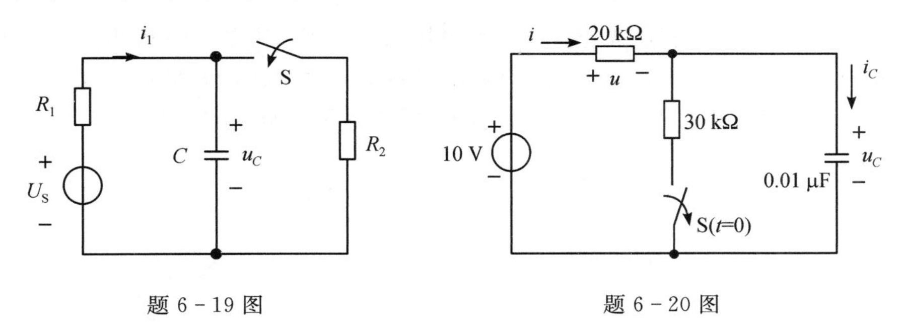

题 6-19 图　　题 6-20 图

6-21　题 6-21 图示电路中，电路原先已经稳定，开关 S 在 $t=0$ 时闭合。试用三要素法求换路后的 u 和 i。

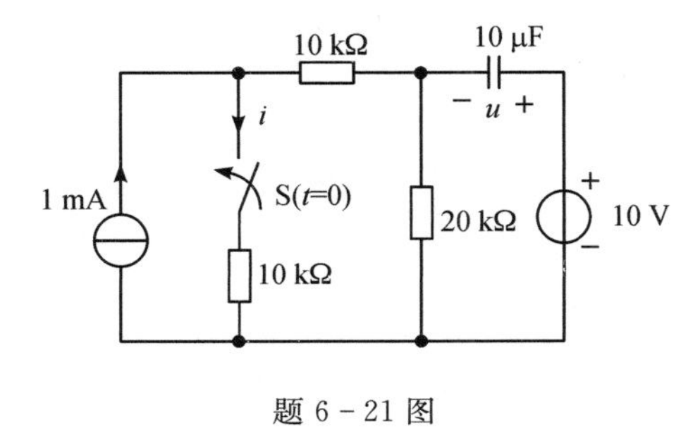

题 6-21 图

6-22　题 6-22 图中，电路在换路前已稳定，开关 S 在 $t=0$ 时闭合。试用三要素法求

换路后的电流 i。

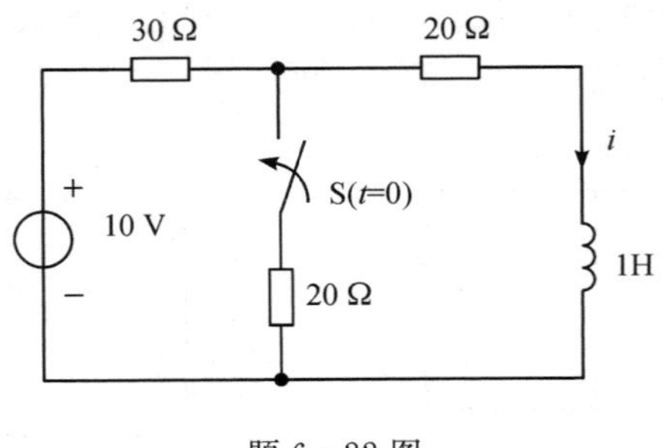

题 6 - 22 图

6 - 23　题 6 - 23 图示电路换路前已稳定，$t=0$ 时开关 S 闭合。试用三要素法求换路后的 u_L、i_1。

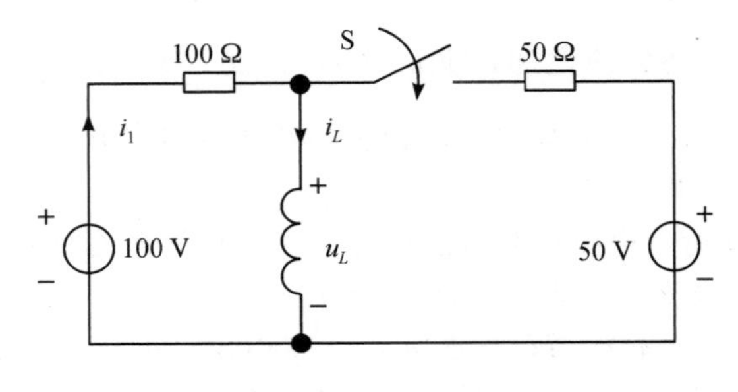

题 6 - 23 图

6 - 24　一个高压电容器原先已充电，其电压为 10 kV，从电路中断开后，经过 15 min 它的电压降为 3.2 kV，问：(1) 再过 15 分钟电压将降为多少？(2) 如果电容 $C=15\ \mu F$，那么它的绝缘电阻是多少？(3) 需经过多长时间，可使电压降至 30 V 以下？

Chapter Ⅰ Basic concepts of circuit

This chapter mainly introduces the basic concepts of electrical circuits, including the circuit models, the main physical quantities of circuits, circuit elements that make up circuits, and the basic laws of circuits, etc.

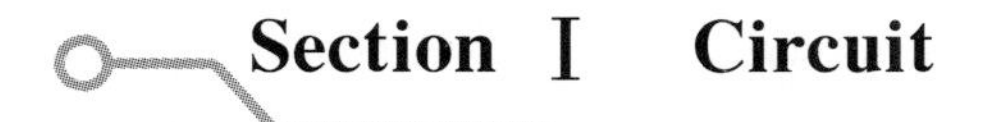

Section Ⅰ Circuit

Ⅰ. Actual circuit

1. Identification of circuit

The currents formed by connecting some electrical devices in a certain way according to the needs which is called a circuit.

The flashlight circuit is shown in Figure 1-1; the complex power transmission circuit composed of generators, boosting transformer, transmission lines step-down transformer, electrical appliances (lamp, motor electric furnace, etc.) is shown in Figure 1-2. A variety of circuits can be found in televisions, audio equipment, communication systems, computers, and power networks, and they are referred to actual circuits.

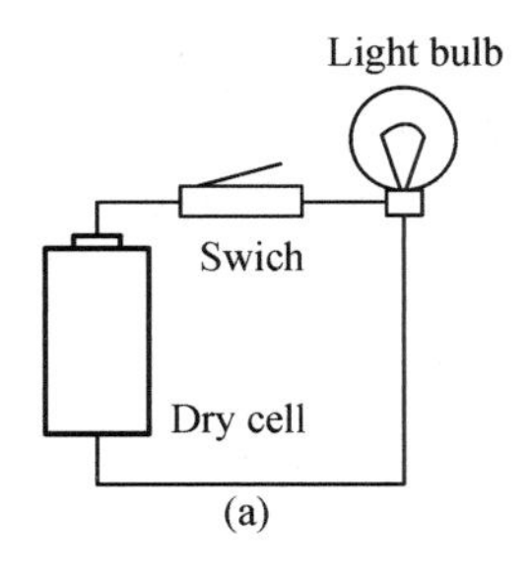

Figure 1-1 The flashlight circuit

2. Composition of circuit

It can be seen from the Figure 1-1 and Figure 1-2 that a complete circuit is mainly composed of three parts: power supply, load, and intermediate link.

Power supply refers to the equipment or device that convert other forms of energy into

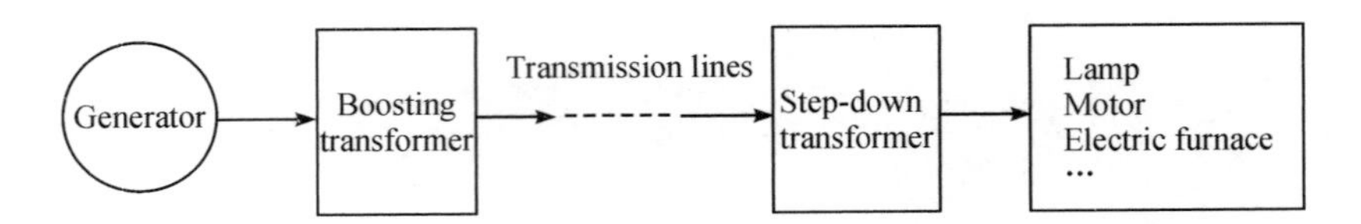

Figure 1 - 2 Power transmission circuit

electric energy and provides electric energy, such as dry cell, generator, storage battery, etc. Load refers to the electrical equipment or device that convert electric energy into other forms of energy, such as lamp, motor, electric furnace, etc. The intermediate link refers to the part that connects the power supply and the load, such as transformers, switches, transmission lines, etc. , which plays the role of transmission, distribution and control of electric energy.

3. Functions of circuit

There are many types of actual circuits with different functions, their functions can be summarized as two points:

(1) Realize the transmission and conversion of electric energy. For example, in the circuit shown in Figure 1 - 1, when the switch is closed, the light bulb shines and emits heat, the dry cell converts chemical energy into electric energy, and the light bulb converts electric energy into light energy and heat energy; In the circuit shown in Figure 1 - 2, the generator converts mechanical energy into electric energy, which is transmitted to users through transformers and transmission lines, and the motor converts electric energy into mechanical energy, and the lamp converts electric energy into light energy and heat energy; etc.

(2) Achieve the transmission and processing of signals. Such as the amplifying circuit shown in Figure 1 - 3, the microphone will turn the sound into an electrical signal. After the amplification, the electrical signal was sent to the loudspeaker and then converted into the sound to output. The microphone is the device that outputs a signal called the signal source, which is equivalent to the power supply. A speaker is a device that accepts and converts signals, that is a load.

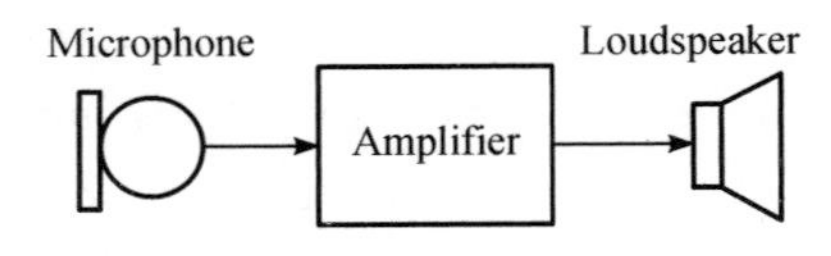

Figure 1 - 3 Amplifying circuit

Ⅱ. Circuit model

1. Ideal circuit element

There are many varieties of actual electrical devices in actual circuits, and their electromagnetic properties are relatively complex. In order to quantitatively analyze the actual circuit, we must approximate and idealize the components in it, only consider some electromagnetic phenomena that play a major role, and ignore the secondary electromagnetic phenomena, or express some electromagnetic phenomena separately. For example, in Figure 1 - 1, the light bulb(load) not only emits heat and consumes electric energy but also generates a certain magnetic field in its surroundings. Within the allowable error range, the role of the magnetic field generated by a light bulb can be ignored, and only the effect of the light bulb emitting, heating and energy consumption can be considered; dry cell not only provides electric energy externally, but also consumes electric energy internally, which can be expressed as the power supply and power consumption respectively. In this way, any actual electrical device can be represented by one or more ideal circuit elements.

The ideal circuit element is an idealized model of the actual device, which represents only one electromagnetic phenomenon, and has some definite electromagnetic properties and precise mathematical definition.

1) Ideal model of load

According to the characteristics of the actual electrical equipment, the load can be divided into energy-consuming elements and energy-storing elements. The corresponding ideal circuit elements are:

(1) Resistance elements: an element that only consumes of electric energy.

(2) Inductance elements: an element that can store magnetic field energy due to the presence of an magnetic field in its surrounding space.

(3) Capacitive elements: an element that and can store electric field energy due to the presence of an electric field in its surrounding space.

2) Ideal model of power supply

An power supply element is an element that converts other forms of energy into electric energy. The ideal models of power supply include ideal voltage sources and ideal current sources.

3) Ideal model of intermediate link

Some intermediate links are complex, while others are simple. The simplest intermediate link is wire. The ideal wire is the wire whose resistance is zero.

The ideal circuit elements above are connected to each other through leading-out terminal. According to the number of external connection terminals of the elements, the ideal elements can be divided into two-terminal, three-terminal, four-terminal elements, etc. The elements with two terminals are called two-terminal elements, and the elements with three or more terminals are called multi-terminal elements.

2. Circuit model

Simulating the actual device with ideal circuit elements or their combination is to establish its model, which is called modelling for short. The same device or circuit should be represented by different circuit models under different conditions. For example, a coil is made of winded wires, which have resistance in addition to inductance, and capacitance between coil turns. Under different operating conditions, its circuit model is different: in the case of the DC, it is modelled as a resistance element; in the case of low-frequency sinusoidal excitation, it is modelled as a series connection of resistance and inductance elements; in the case of high-frequency sinusoidal excitation, its circuit model should also contain capacitance. Therefore, the establishment of circuit models should generally specify their operating conditions, such as frequency, voltage, current, temperature range, etc.

The circuit model of actual circuit is made up of one or more ideal circuit elements connected by the ideal wires. The graph drawn in this way is a circuit diagram.

The circuit model of Figure 1 - 4(a) is shown in Figure 1 - 4(b). In the circuit, the main electromagnetic property of the light bulb is the consumption of electric energy for heat emission, which is represented by the resistance element; the dry cell not only provides electric energy externally, but also consumes electric energy internally, which is represented by the series combination of voltage source and resistor.

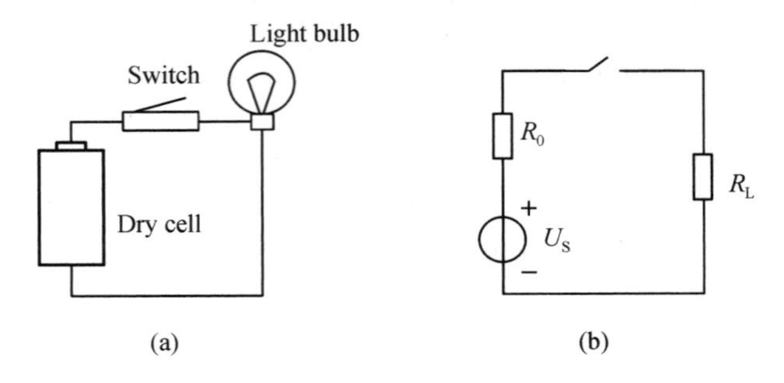

Figure 1 - 4 Circuit model of actual circuit

No matter simple circuit or complex circuit, it can be described by circuit model. Although the circuit model cannot be completely consistent with the actual circuit, under certain conditions, the circuit model can replace the actual circuit, thereby simplifying the analysis and calculation of the circuit. The circuit discussed in this book refers to the circuit model composed of ideal circuit element in the following contents.

Section Ⅱ Main physical quantities of circuit

In circuit analysis, the main physical quantities are current, voltage, electric potential, electromotive force, electric power, energy, rated value etc.

Ⅰ. Current

1. Formation of current

The charged particles that make directional move regularly form a current.

2. Magnitude and direction of current

The magnitude of the current is measured by the current intensity, which refers to the quantity of charge passing through a cross section of a conductor per unit of time and is represented by i.

Assuming that the quantity of charge passing through a certain cross-section of the conductor in time $\mathrm{d}t$ is $\mathrm{d}q$, the current passing through the cross-section is

$$i = \frac{\mathrm{d}q}{\mathrm{d}t} \tag{1-1}$$

Current is a physical quantity that has both magnitude and direction. It is customary tostipulate that the direction of positive charges' movement is the positive direction of current.

A current whose magnitude and direction vary periodically with time and that has an average value of zero is called an alternating current, and is represented by lowercase letter i.

A current whose magnitude and direction both not vary with time is called a direct current, and is represented by a capital letter I, so that Equation(1-1) can be rewritten as

$$I = \frac{q}{t} \tag{1-2}$$

3. Unit of current

In the Système International d'Unités(SI), the unit of current i is Ampere, denoted by the symbol A. The unit of quantity of charge q is Coulombs, denoted by the symbol C. When the charges uniformly passing through the cross section of the conductor per second is 1 C, the current magnitude is 1 A. In addition, the frequently-used units of current are kA, mA, μA, etc. The conversion relationships between them are

$$1\ \text{kA}=10^{3}\ \text{A}, \quad 1\ \text{mA}=10^{-3}\ \text{A}, \quad 1\ \mu\text{A}=10^{-6}\ \text{A}$$

4. Reference direction of current

There are only two actual directions of current flowing in a circuit. As shown in Figure 1-5, the current direction is either from a to b, or from b to a. In a simple DC circuit, it is easy to judge the actual direction of the current, but in a complex DC circuit and an AC circuit, it is difficult to judge the actual direction of the current. Because in the AC circuit, the magnitude and direction of the current constantly change with time, and in the complex DC circuit, it must be determined by calculating or actually measuring. Therefore, when analyzing the circuit, the concept of reference direction is specially introduced.

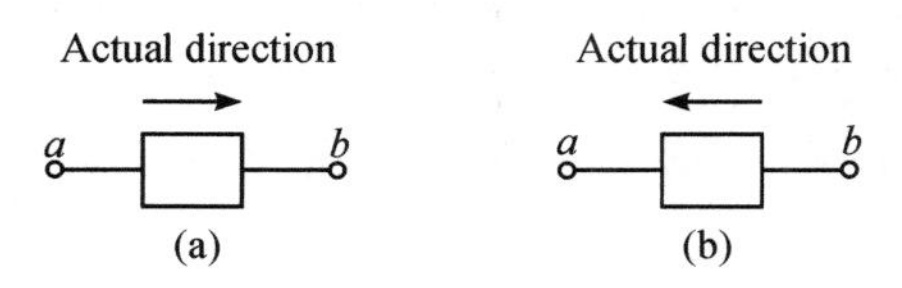

Figure 1-5 Actual direction of current

When analyzing the circuit, a certain direction is arbitrarily specified as the direction of current, which is called the reference direction. There are two ways to express the current reference direction: the first way is to use arrows, and the direction of the arrows is the reference direction of the current. The second way is to use double subscripts, eg. i_{ab}, the reference direction of the current is from a to b, as shown in the Figure 1 - 6.

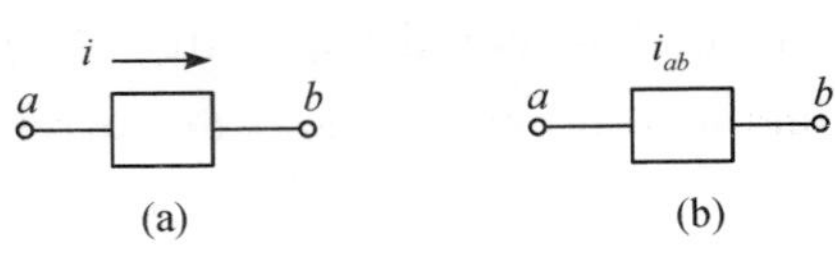

Figure 1 - 6 Reference direction of current

If the current is represented by i_{ba}, then the reference direction of the current is from b to a, obviously

$$i_{ab} = -i_{ba} \tag{1-3}$$

After the reference direction is specified, the current is an algebraic quantity. If the current is positive, the actual direction of the current is the same as the specified reference direction; if the current is negative, the actual direction of the current is opposite to the specified reference direction. In this way, the positive and negative of the current and the selected reference direction can be used to determine the actual direction of the current, as shown in Figure 1 - 7.

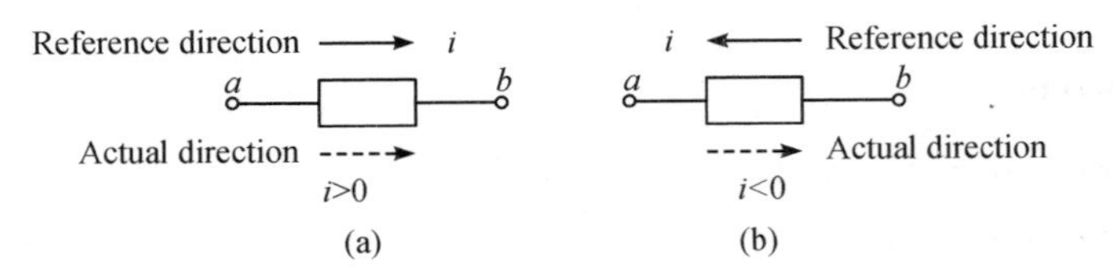

Figure 1 - 7 The relationship of actual direction and reference direction

Attention When analyzing the circuit, the reference direction of the current should be specified first, and the calculation should be performed under the specified reference direction, then the actual direction of the current should be judged by the sign of the current. The reference direction can be specified arbitrarily without affecting the calculation result, but if the reference direction is not specified, the sign of the current is meaningless.

Ⅱ. Voltage

1. Magnitude of voltage

The voltage between any two points a and b in the circuit is the electric energy reduced by the electric field force moving the unit positive charge from point a to point b, which is represented by u.

Assuming that the electric energy reduced by moving the positive charge $\mathrm{d}q$ from point a to point b is $\mathrm{d}W$, then the voltage between point a and point b is

$$u_{ab} = \frac{\mathrm{d}W}{\mathrm{d}q} \tag{1-4}$$

2. Actual direction of voltage

Like current, voltage is a physical quantity with both magnitude and direction. The voltage indicates the reduced electric energy when the positive charge is transferred. The reduced electric energy means that the potential decreases, that is, the positive charge moves from a high potential to a low potential, so the actual direction of the voltage is from the high potential to the low potential or the direction in which the potential decreases.

Voltages whose magnitude and direction do not vary with time are DC voltages, denoted by a capital letter U; AC voltages are refere to the voltages whose magnitude and direction vary periodically with time, and denoted by a lowercase letter u.

3. Unit of voltage

In the Système International d'Unités(SI), the unit of voltage is Volt, denoted by the symbol V. When the electric charge of 1C is transferred from one point to another under the action of the electric field force, the reduced electric energy is 1 J, then the voltage between the two points is 1V. The frequently-used units of voltage are kV, mV, and μV, etc. The conversion relationships between them are

$$1\ \text{kV}=10^{3}\ \text{V},\quad 1\ \text{mV}=10^{-3}\ \text{V},\quad 1\ \mu\text{V}=10^{-6}\ \text{V}$$

4. Reference direction of voltage

Similar to the current, when analyzing the circuit, the reference direction of the voltage is generally used. The reference direction of the voltage has three forms of representation(as shown in Figure 1 - 8):

(1) Use positive or negative. Mark the polarity like positive(+) or negative(−) on the circuit diagram, as shown in Figure 1 - 8(a), the direction from the positive to the negative is the reference direction of the voltage.

(2) Use an arrow. The reference direction of the voltage is indicated by an arrow on the circuit diagram, as shown in Figure 1 - 8(b). The direction of the arrow, that is, the direction from a to b is the reference direction of the voltage.

(3) Use double subscripts. As shown in Figure 1 - 8(c), u_{ab} represents the reference direction of the voltage from the first subscript a to the second subscript b.

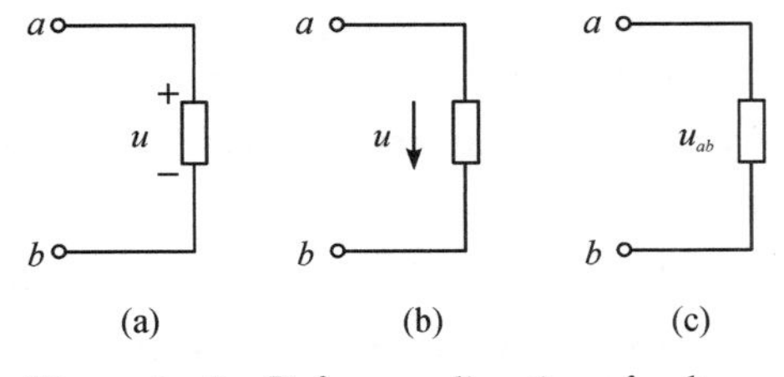

Figure 1 - 8 Reference direction of voltage

After the reference direction of voltage is specified, the voltage is an algebraic quantity. If the actual direction and reference direction of the voltage are the same, the voltage is positive; if the actual direction of the voltage is opposite to the reference direction, the voltage is negative.

5. Associated reference direction

In any circuit, the reference direction of the voltage and current can be set independently. However, for the convenience of analysis, the current reference direction of the same element is often the same as the voltage reference direction, that is, the current flows in from the voltage positive polarity terminals of the element and flows out from its negative polarity terminal. If the reference directions of voltage and current are selected to be consistent, they are associated reference direction, as shown in Figure 1 - 9(a); on the contrary, they are non-associated reference direction, as shown in Figure 1 - 9(b).

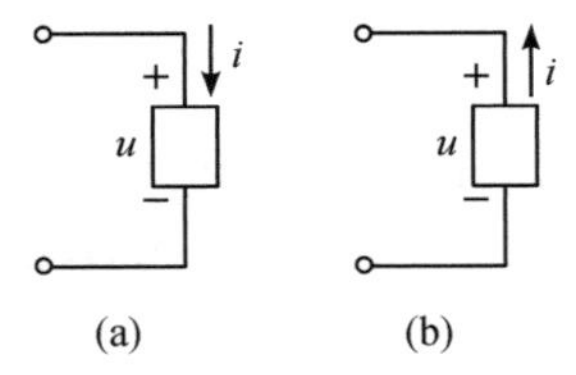

Figure 1 - 9 Associated reference direction and non-associated reference direction of voltage and current

【Example 1 - 1】 The voltage and current reference directions are shown in Figure 1 - 10, are the voltage and current reference directions of the circuits N and N_1 associated?

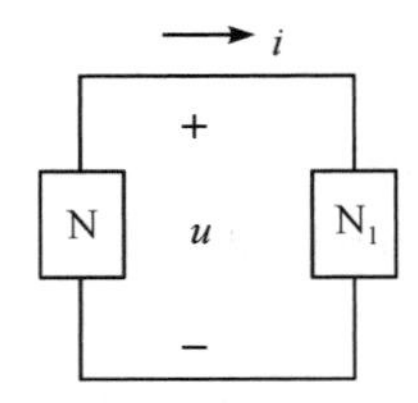

Figure 1 - 10 Diagram of Example 1 - 1

Solution The current of circuit N flows out from the positive pole of the voltage, and the reference direction of the voltage and current is opposite, which is the non-associated reference direction; The current of circuit N_1 flows out from the positive pole of the voltage, and the reference direction of the voltage and current is same, which is the associated reference direction.

Attention

(1) When analyzing the circuit, the reference direction of the voltage and current should be specified first and marked in the circuit diagram. Current or voltage not marked with reference direction is meaningless.

(2) Once the reference direction is specified, it must be taken as the criterion in the whole analysis and calculation process and cannot be changed.

(3) The reference direction can be arbitrarily specified without affecting the calculation result.

(4) The current and voltage reference directions can be specified independently, but for the convenience of analyzing the problem, the voltage and current directions of the

element are often specified as the associated reference directions.

Ⅲ. Electric potential

In the analysis of electronic circuits and the maintenance and debugging of electrical equipment, the physical quantity, electric potential, is often used.

1. Definition of electric potential

If any point o is selected as the reference point in the circuit, the voltage from a certain point a to the reference point o is called the electric potential of point a, which is numerically equal to the work done by the electric field force to move the unit positive charge from this point to the reference point, represented by φ, then the electric potential of point a is represented by φ_a

$$\varphi_a = \frac{W_{ao}}{q} \tag{1-5}$$

The electric potential's unit is same as voltage's, in the Système International d'Unités(SI), the unit of electric potential is Volt, denoted by the symbol V.

The reference point can be selected arbitrarily, but only one reference point can be selected for a circuit. It is stipulated that the electric potential of the reference point is zero, that is, the reference point is the zero-potential point. After specifying the reference point, the electric potential is the algebraic quantity. If the electric potential in the circuit is higher than the reference point, the electric potential value is positive; if the electric potential is lower than the reference point, the electric potential value is negative.

2. Relationship between electric potential and voltage

The voltage between two points is equal to the electric potential difference between the corresponding two points, that is

$$u_{ab} = \varphi_a - \varphi_b \tag{1-6}$$

Where φ_a is the electric potential of point a, φ_b is the electric potential of point b. When $\varphi_a > \varphi_b$, the electric potential of point a is higher than the electric potential of point b, $u_{ab} > 0$. Conversely $u_{ab} < 0$.

When analyzing the circuit, the selection of the electric potential reference point is arbitrary in principle, but in practice, the earth, the equipment shell or the ground point is often selected as the reference point. When the earth is selected as the reference point, it is indicated by the symbol "⏚" in the circuit diagram. The shell of some equipment is grounded, and all points connected to the shell are zero potential points. If the shell of some equipment is not grounded, the common point of many wires(or the shell) is selected as the reference point, which is represented by the symbol "⊥" in the circuit. A circuit can only select one reference point. If the reference point is selected differently, the electric potential of each point will be different. The magnitude of the electric potential is related to the choice of the reference point, while the voltage is independent of the choice of the reference point.

【Example 1 - 2】 As shown in Figure 1 - 11, it is known that 4 C positive charge moves uniformly from point a to point b, and the electric field force does work 8 J, and the electric field force does work 12 J when the charge moves from point b to point c.

(1) If point b is used as the reference point, find the electric potentials of points a, b, c and voltages U_{ab}, U_{bc};

(2) If point c is used as the reference point, then find the above values.

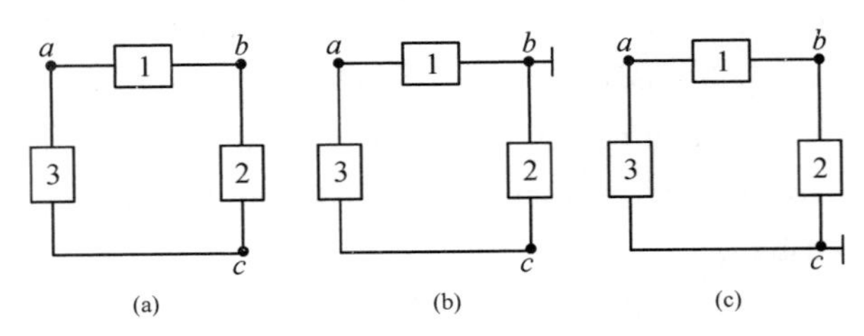

Figure 1 - 11 Diagram of Example 1 - 2

Solution

(1) Taking point b as the potential reference point, then $\varphi_b = 0$.

It can be obtained from the definition formula of voltage and condition of the question stem

$$U_{ab} = \frac{W_{ab}}{q} = \frac{8}{4}\ \text{V} = 2\ \text{V}$$

$$U_{bc} = \frac{W_{bc}}{q} = \frac{12}{4}\ \text{V} = 3\ \text{V}$$

It can be obtained from the relationship between voltage and electric potential

$$U_{ab} = \varphi_a - \varphi_b$$

$$\varphi_a = U_{ab} + \varphi_b = 2\ \text{V} + 0\ \text{V} = 2\ \text{V}$$

$$U_{bc} = \varphi_b - \varphi_c$$

$$\varphi_c = \varphi_b - U_{bc} = 0\ \text{V} - 3\ \text{V} = -3\ \text{V}$$

(2) Taking point c as the potential reference point, then $\varphi_c = 0$.

Since the electric potential is numerically equal to the work done by the electric field force to move the unit positive charge from this point to the reference point, then

$$\varphi_a = \frac{W_{ac}}{q} = \frac{W_{ab} + W_{bc}}{q} = \frac{8+12}{4}\ \text{V} = 5\ \text{V}$$

$$\varphi_b = \frac{W_{bc}}{q} = \frac{12}{4}\ \text{V} = 3\ \text{V}$$

It can be obtained from the relationship between voltage and electric potential

$$U_{ab} = \varphi_a - \varphi_b = 5\ \text{V} - 3\ \text{V} = 2\ \text{V}$$

$$U_{bc} = \varphi_b - \varphi_c = 3\ \text{V} - 0\ \text{V} = 3\ \text{V}$$

It is explained again from the above example: the potential reference point in the circuit can be selected arbitrarily; once the reference point is selected, the electric potential value of each point in the circuit is unique; When the reference point is selected differently, the electric potential of each point in the circuit will change, but the voltage between any two points remains unchanged, that is, the voltage between two points is independent of the selection of the reference point.

Ⅳ. Electromotive force

1. Definition of electromotive force

Electromotive force is a physical quantity that describes the external work of a power supply. Under the action of the electric field force, the positive charge moves from the high-potential point to the low-potential point. In order to form a continuous current in a circuit, there must be a force in the power supply (such as the chemical force in a dry battery, or the electromagnetic force in a generator) to push the positive charge from a low-potential point to a high-potential point, that is, move the positive charge from negative to positive of power supply. In this process, the power supply converts other forms of energy into electric energy. The electromotive force is used to reflect the electric energy that increases when the unit positive charge is transferred from the negative to the positive of the power supply under the action of the power supply. The electromotive force is represented by symbol e, and then

$$e = \frac{dW_S}{dq} \tag{1-7}$$

Where, dq is the transferred charge, and dW_S is the electric energy increased to the charge during the transfer process. Increasing electric energy means an increase in electric potential (from a low-potential point to a high-potential point), so the actual direction of the electromotive force is specified as the direction to increase electric potential.

The SI unit of electromotive force is the same as that of voltage, both are Volts, and the symbol is V. The frequently-used units are kV, mV and μV, etc.

2. Relationship between electromotive force and voltage

If the reference direction of the electromotive force and the voltage as shown in Figure 1 - 12(a), the relationship between the electromotive force and the voltage is $u = e$. If the reference direction of the electromotive force and the voltage as shown in Figure 1 - 12(b), the relationship between the electromotive force and the voltage is $u = -e$.

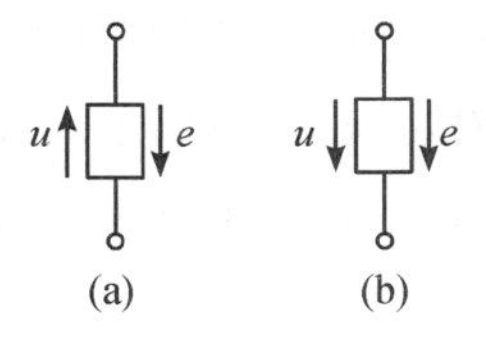

Figure 1 - 12 Reference direction of voltage and electromotive force

Ⅴ. Power

In circuit analysis and calculation, power is a very important physical quantity. Any circuit elements of electrical equipment have their own power limit. If the limit value is exceeded, the equipment elements will not work normally or even be damaged.

1. Definition of power

In the circuit, assuming that the voltage between points a and b is u, and the positive charge $\mathrm{d}q$ moves from the high-potential point a to the low-potential point b under the action of the electric field force, then the reduced electric energy is $\mathrm{d}W$, then according to the definition formula of voltage, we can get

$$\mathrm{d}W = u\,\mathrm{d}q$$

A reduction in electric energy means that electric energy is converted into other forms of energy. The rate of converting electric energy to other energy is called electric power, or power for short, which is represented by p, then

$$p = \frac{\mathrm{d}W}{\mathrm{d}t} \tag{1-8}$$

Assuming that the reference directions of voltage and current in the circuit are associated, from the definition of the current $i = \frac{\mathrm{d}q}{\mathrm{d}t}$ can obtain

$$\mathrm{d}W = u\,\mathrm{d}q = ui\,\mathrm{d}t \tag{1-9}$$

so

$$p = \frac{\mathrm{d}W}{\mathrm{d}t} = \frac{ui\,\mathrm{d}t}{\mathrm{d}t} = ui \tag{1-10}$$

In DC circuit, the power does not change, denoted by a capital letter P,

$$P = UI \tag{1-11}$$

The SI unit of power is Watt, and the symbol is W. When the terminal voltage of the element is 1V and the passing current is 1A, the absorbed power of the element is 1 W. In addition, the commonly-used units of power are kW and MW. The conversion relationships between them are

$$1\ \mathrm{kW} = 10^3\ \mathrm{W},\ 1\ \mathrm{MW} = 10^6\ \mathrm{W}$$

2. Property of power

When calculating power, if the reference directions of voltage and current are the associated reference directions, the formula is

$$p = ui \quad \text{or} \quad P = UI \tag{1-12}$$

If the voltage and current are non-associated reference direction, then the formula is

$$p = -ui \quad \text{or} \quad P = -UI \tag{1-13}$$

When performing the circuit analysis, it is not only necessary to calculate the magnitude of power, but also to determine the property of power sometimes, that is, whether the element provides power or consumes power. If the power obtained by Equation(1-12) and Equation(1-13) is a positive value, that is $p > 0$, it means the element absorbs(consumes) power, and the element works as a load; if it is a negative value, that is $p < 0$, it means the element supplies(generates) power and the element works as a power supply.

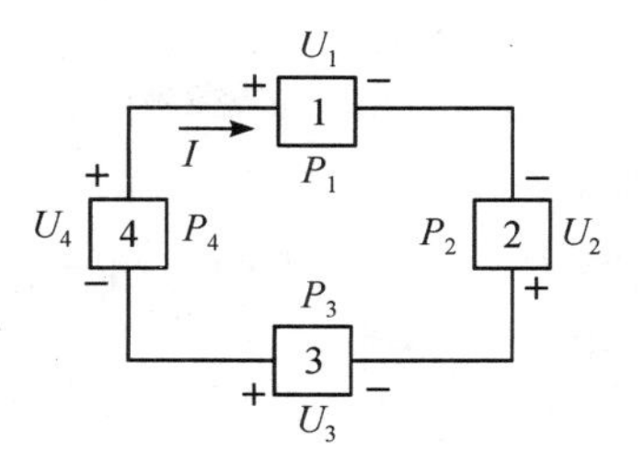

Figure 1 - 13 Diagram of Example 1 - 3

【Example 1 - 3】 Figure 1 - 13 shows the DC circuit, $U_1=10$ V, $U_2=-4$ V, $U_3=3$ V, $U_4=11$ V, $I=2$ A, find the power of each element P_1, P_2, P_3, P_4.

Solution The reference directions of voltage and current of element 1 are associated reference direction, then

$$P_1=U_1 I=10\ \text{V}\times 1\ \text{A}=20\ \text{W}>0$$

so, the element 1 absorbs power.

The reference directions of voltage and current of elements 2, 3, 4 are non-associated reference direction, then

$$P_2=-U_2 I=-(-4)\ \text{V}\times 2\ \text{A}=8\ \text{W}>0$$
$$P_3=-U_3 I=-3\ \text{V}\times 2\ \text{A}=-6\ \text{W}<0$$
$$P_4=-U_4 I=-11\ \text{V}\times 2\ \text{A}=-22\ \text{W}<0$$

so, the element 2 absorbs power, and elements 3, 4 supply power.

Checking calculation: the supplied power is 6 W+22 W=28 W, the absorbed power is 20 W +8 W=28 W, the power of circuit is balanced, and the calculation is correct.

Ⅵ. Electric energy

One of the functions of the circuit is the conversion of energy. The circuit is always accompanied by the exchange of electric energy and other forms of energy in the working state.

It can be obtained from Equation(1 - 8): from t_1 to t_2, the electric energy absorbed (consumed) by the circuit is

$$W=\int_{t_1}^{t_2} p\,\mathrm{d}t \tag{1 - 14}$$

When the circuit is DC circuit

$$W=P(t_2-t_1) \tag{1 - 15}$$

The SI unit of electric energy is Joule, denoted by the symbol J, which is equal to the electric energy consumed by an electric equipment with power of 1 W in 1 s. In engineering, kW · h (kilowatt-hour) is often used as a unit of electric energy. The conversion relationships between them are

$$1\ \text{kW}\cdot\text{h}=1000\ \text{W}\times 3600\ \text{s}=3.6\times 10^6\ \text{J}=3.6\ \text{MJ}$$

Ⅶ. Rated value

Generally speaking, each electric equipment or device has a certain magnitude limit during normal operation. This limit is the rated value, which is the basis for us to use the electrical equipment or device. Rated value includes rated voltage, rated current and rated power and so on. Only under the rated value can these electrical equipment or devices work normally and reliably. When using electric equipment, if the voltage is too high, the equipment or elements will be damaged, and if the voltage is too low, the power will be insufficient, and it will not work normally(such as dimmed lights, etc.). Rated value is represented by the letter with subscript N. For example, rated voltage and rated current are represented by U_N, I_N respectively.

Usually, the rated values of electrical equipment are marked on the nameplate. When using electrical equipment, the working state when the actual value is equal to the rated value is called the rated condition or full load; the working state when the actual value is greater than the rated value is called overload or overdriven; the working state when the actual value is less than the rated value is called light load or underload.

Section Ⅲ Kirchhoff's law

Kirchhoff's law is the basic law for analyzing circuits. It reflects the basic laws that all branch voltages and currents in the circuit follow from the circuit structure. Kirchhoff's law includes Kirchhoff's current law and Kirchhoff's voltage law.

In order to explain Kirchhoff's law, the terminology of circuit will be introduced first.

Ⅰ. Terminology

Taking Figure 1 - 14 as an example, the boxes in the figure are two-terminal elements, the current reference direction of each element is shown in figure.

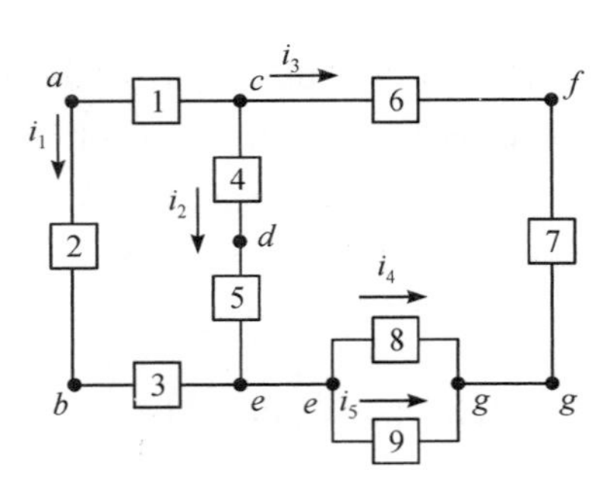

Figure 1 - 14 Explanation of circuit

(1) Branch. A section of a circuit which is composed of elements without branches is called a branch. In Figure 1 - 14, elements 1, 2, and 3 connect into a branch, elements 4 and 5 connect into a branch, elements 6 and 7 connect into a branch, and elements 8 and 9 connect into a branch respectively. There are 5 branches in total.

(2) Node. The joints where three or more branches are connected together are nodes. There are three nodes c, e, and g in Figure 1 - 14.

(3) Loop. The closed path that is composed of branches is loop. In Figure 1 - 14, elements 1, 4, 5, 3 and 2 connect into a loop, elements 1, 2, 3, 9, 7 and 6 also connect into a loop, etc.

(4) Mesh. The loop that doesn't contain other branches in planar circuit is called a mesh. In Figure 1 - 14, the loop consisted of elements 1, 4, 5, 3, 2 is a mesh, the loop consisted of elements 1, 2, 3, 9, 5, 4 are not a mesh.

(5) Branch current. The electric current that flows through the branch is branch current. In Figure 1 - 14, i_1, i_2, i_3, i_4, i_5 are branch currents of branches.

(6) Branch voltage. The voltage between two ends of branch is a branch voltage. In Figure 1 - 14, u_{ce}, u_{cg}, u_{eg} are branch voltages.

Ⅱ. Kirchhoff's current law

1. The content of Kirchhoff's current law

Kirchhoff's current law, also known as Kirchhoff's first law, or KCL for short, gives the constraint relationship between the currents in each branch in the circuit.

No charge can accumulate at a node in the circuit, and the charge that flows into a certain amount of charge must flow out of the same amount of charge from there at the same time. This conclusion is called the principle of current continuity. KCL is the embodiment of the principle of current continuity in the circuit.

The content of KCL can be stated as follows: at any instant, the sum of the branch currents flowing into any node in the circuit is equal to the sum of the branch currents flowing out of that node. As shown in the Figure 1 - 14, a node e in the circuit, the currents flowing into the node are i_1 and i_2, and the currents flowing out of the node are i_4 and i_5, then

$$i_1 + i_2 = i_4 + i_5$$

The above formula can be sorted out as

$$i_1 + i_2 - i_4 - i_5 = 0$$

Therefore, KCL can be stated in a more commonly-used way: at any instant, the algebraic sum of every branch current flowing into any node in any circuit is zero. Its mathematical expression is

$$\sum i = 0 \tag{1-16}$$

As for DC circuit, KCL can be written as

$$\sum I = 0 \tag{1-17}$$

In the above two formulas, formulate the equation according to the reference direction of the current, and specify that the current flowing into the node has the positive sign, and the current flowing out of the node has the negative sign. Certainly, we can specify in an opposite way, the result is the same.

When applying and formulating equations, first find the node, then select the reference direction of the current of each branch connected to the node, and then specify that the current flowing into(or flowing out) the node is positive, and finally, substitute the current into Equation(1 - 16) or Equation(1 - 17).

2. Broad Kirchhoff's current law

KCL is not only applicable to any node of a circuit, but also can generalize to any assumed closed surface in the circuit according to the principle of current continuity. At any instant, the algebraic sum of the current flowing into and out of the closed surface is zero. As shown in the Figure 1 - 15, there are 3 branches in circuit N_1 that are connected to the rest of the circuit, and the currents flowing from them are i_1, i_2 and i_3, then $i_1+i_2+i_3=0$.

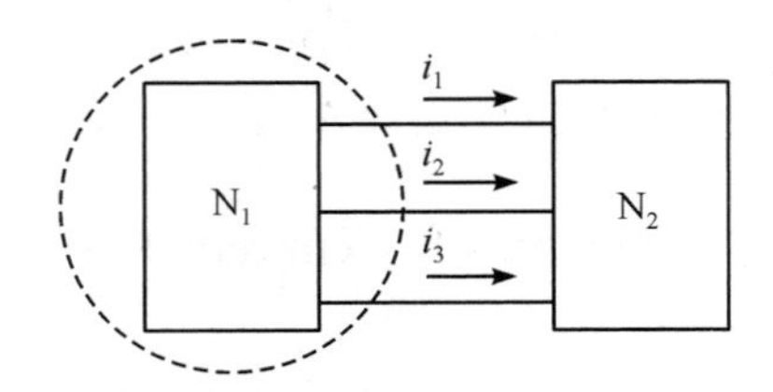

Figure 1 - 15 KCL applies to the assumed closed surface

According to the KCL, the same current flows through the same branch.

【Example 1 - 4】 As shown in the Figure 1 - 16, given $I_1=10$ A, $I_2=5$ A, $I_3=3$ A, $I_4=-2$ A, find I.

Solution If it is specified that the current flowing into the node is positive and the current flowing out is negative, then according to the KCL, we can get

$$I_1-I_2+I_3+I_4-I=0\text{ A}$$

then

$$I=I_1-I_2+I_3+I_4=10\text{ A}-5\text{ A}+3\text{ A}+(-2)\text{ A}=6\text{ A}$$

Figure 1 - 16 Figure of Example 1 - 4

If it is specified that the current flowing out the node is positive and the current flowing into is negative, then according to the KCL, we can get

$$-I_1+I_2-I_3-I_4+I=0\text{ A}$$

then

$$I=I_1-I_2+I_3+I_4=10\text{ A}-5\text{ A}+3\text{ A}+(-2)\text{ A}=6\text{ A}$$

This example shows that when formulating the KCL equation, specifying the influent current is positive or the effluent current is positive does not affect the calculation result. But in the one KCL equation, the specification must consistent.

KCL is suitable for all lumped parameter circuit and is independent of the nature and working conditions of each element.

Ⅲ. Kirchhoff's voltage law

1. The content of Kirchhoff's voltage law

Kirchhoff's voltage law describes the constraint relationship that the voltage of each segment within any closed loop in a circuit must obey and it is independent of the nature of the branch elements. Regardless of the nature of elements, when they are connected into a circuit, the voltage between the elements must follow Kirchhoff's voltage law. Kirchhoff's voltage law is also called Kirchhoff's second law, KVL for short.

Kirchhoff's voltage law can be stated as follows: at any instant, for any loop in a circuit, the algebraic sum of each segment voltages is equal to zero. Its mathematical expression is

$$\sum u=0 \tag{1-18}$$

As for DC circuit, KVL can be written as

$$\sum U = 0 \qquad (1-19)$$

When formulating the KVL voltage equation, first of all, find the loop. Secondly, the reference direction of each element's voltage in the loop and the winding direction of the loop should be selected, generally clockwise. When the voltage reference direction is the same as the loop winding direction, the positive sign is taken before the voltage term, otherwise the negative sign is taken. Finally, substitute the voltage into Equation(1 - 18) or Equation (1 - 19).

As shown in Figure 1 - 17, make a clockwise circle along the node 1, 2, 4, 1, then

$$U_2 + U_5 - U_6 = 0$$

It can be obtained from the above formula

$$U_6 = U_2 + U_5$$

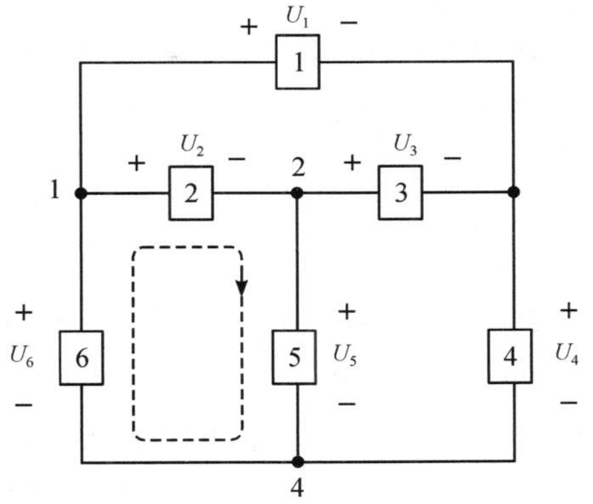

Figure 1 - 17　Circuit diagram to demonstrate KVL

The above equation shows that the voltage between nodes 1 and 4 is single-valued, whether along element 6 or along the path formed by element 2 and element 5, the voltage between these two nodes is equal. KVL is essentially a reflection of the path-independent nature of the voltage.

2. Broad Kirchhoff's voltage law

KVL can also be generalized to hypothetical loops in a circuit, such as the hypothetical loop *abca* shown in Figure 1 - 18, where the *ab* section is not drawn as a branch, and supposing its voltage is u, then the voltage moves clockwise circuit, according to the reference direction specified in the figure, the equation can be formulated

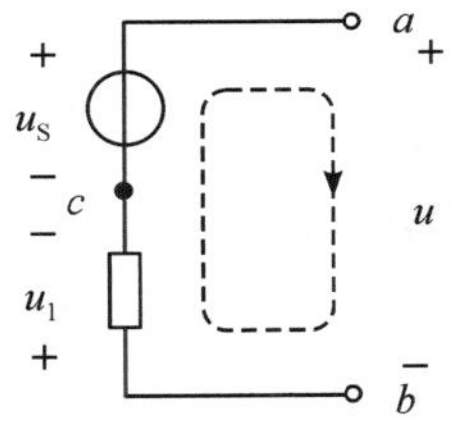

$$u + u_1 - u_S = 0$$

Figure 1 - 18　Application of KVL to the hypothetical loop

or

$$u = u_S - u_1$$

that is, the voltage between any two points in the circuit is equal to the algebraic sum of the voltages along any path between these two points. When the reference direction of each segment's voltage is the same as the reference direction of the voltage between two points, it is taken a positive sign. Otherwise, it is taken a negative sign.

【Example 1 - 5】　The circuit as shown in the Figure 1 - 19, find U_1 and U_2.

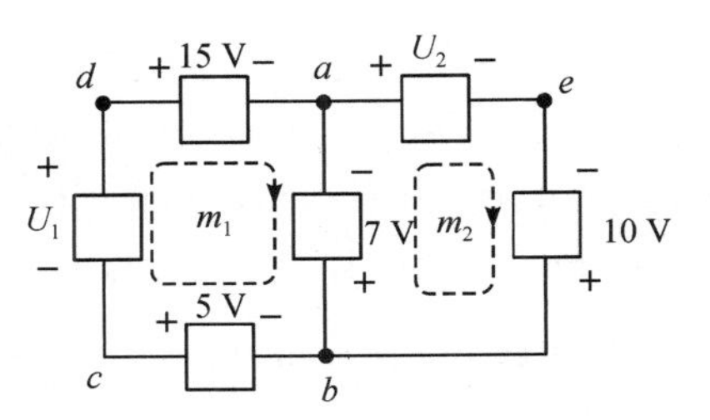

Figure 1 - 19　Diagram of Example 1 - 5

Solution　In the mesh m_1, suppose the rounding direction of loop as clockwise direction, as shown by the dotted line in the figure, then

$$15\ \text{V} - 7\ \text{V} - 5\ \text{V} - U_1 = 0\ \text{V}$$

so

$$U_1 = 3\ \text{V}$$

In the mesh m_2, suppose the rounding direction of loop as clockwise direction, as shown by the dotted line in figure, then

$$U_2 - 10\ \text{V} + 7\ \text{V} = 0\ \text{V}$$

so

$$U_2 = 3\ \text{V}$$

It can be seen that KCL specifies the constraint relationship that the current at any node in the circuit must obey, and KCL shows that the charge is conserved at each node; KVL specifies the constraint relationship that the voltage at any loop in the circuit must obey, and KVL is the concrete embodiment of energy conservation, and the voltage is independent of the path. KCL and KVL are only related to the interconnection of elements, but not related to the natures of elements. This constraint is called a topological constraint. Whether the elements are linear or non-linear, and the circuit is DC or AC, KCL and KVL always hold.

Section Ⅳ Circuit element

The circuit components mentioned here all refer to ideal circuit components. The objects discussed in this book are not actual circuits but models of actual circuits, which are composed of ideal circuit elements.

Ⅰ. Resistance element

1. Resistance

Resistance, hindering effect of a conductor to current, and is denoted by R. The greater the resistance of the conductor, the greater the hindering effect of the conductor to the current. Resistance is related to the size, material, and temperature of the conductor. Its value is

$$R = \frac{\rho l}{S}$$

In the formula, ρ is the resistivity of the resistance material, the unit is $\Omega \cdot \text{m}$; l is the length of the resistance material, the unit is m; S is the cross-sectional area of the resistance material, the unit is m^2.

2. Resistance element

As the ideal model of actual resistor, resistance element is a circuit element that only represents the consumption of electric energy. Actual resistance devices such as electric lamp, electric furnace, and electric soldering iron can use resistance elements as their circuit models when ignoring secondary electromagnetic phenomena and only considering the properties of electric energy converted into light energy or heat energy.

The resistance element is a two-terminal element. The characteristics of resistance element can be expressed by the relation between voltage and current. Since the SI units of voltage and current are Volt and Ampere, the voltage-current relationship of the resistance element is also called the volt-ampere characteristics of the resistance element. The curve representing the voltage-currentrelationship of the element on the u-i coordinate plane is called the volt-ampere characteristic curve.

If the volt-ampere characteristic curve is a straight line passing through the origin of coordinates, this resistance element is called a linear resistance element, and a resistance element that does not meet this requirement is called a non-linear resistance element. Only linear resistance elements are discussed in this book. Its graphical symbol and volt-ampere characteristic curve are shown in Figure 1 - 20.

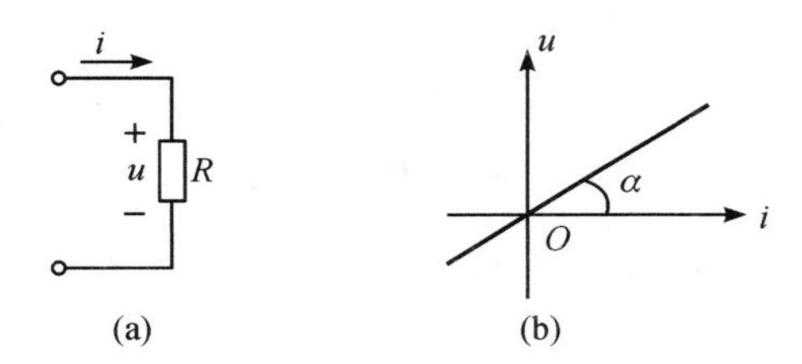

Figure 1 - 20 Symbol and volt-ampere characteristic curve of linear resistance element

3. The voltage-current relationship of a resistance element

In the same circuit, the current flowing through a conductor is proportional to the voltage of the conductor and inversely proportional to the resistance of the conductor. This is Ohm's law. The volt-ampere relationship of the linear resistance element obeys Ohm's law. In the circuit shown in Figure 1 - 20, under the condition that the voltage and current are related to the reference direction, its expression is

$$u = Ri \tag{1-20}$$

In the formula, R is the resistance of the element, which represents a measure of the opposition to current flow. When the voltage is constant, the larger the R, the smaller the current. The resistance value R of the linear resistance element is a positive real constant.

The SI unit of resistance is Ohm, denoted by symbol Ω. The commonly-used units are kΩ, MΩ and so on.

Customarily, we usually call the resistance element as resistor, therefore the symbol "R" represents both circuit element(resistor) and elements' parameter(resistance).

The reciprocal of resistance is conductance, which is represented by the symbol G, and its definition formula is

$$G = \frac{1}{R} \tag{1-21}$$

The SI unit of conductance is Siemens, denoted by S. Ohm's law can also be expressed as

$$i = Gu \tag{1-22}$$

G is the conductance of the element, which represents a measure of the ability of current to pass through a material. When the voltage is constant, the larger the G, the larger the current. The conductance value G of the linear resistance element is a positive real constant.

If the reference direction of voltage and current are non-associated, then the volt-ampere characteristic should be written as

$$u = -Ri,\ i = -Gu \tag{1-23}$$

4. Power of resistance element

As shown in Figure 1 - 20, when the reference direction of voltage and current of the resistance element are associated, then the power of the resistance element is

$$p = ui$$

Because $u = Ri$, there is

$$p = ui = Ri^2 = \frac{u^2}{R}$$

When the reference direction of voltage and current of the resistance element are non-associated, then the power of the resistance element is

$$p = -ui$$

Because $u = -Ri$, there is

$$p = -ui = -(-iR)i = i^2R = \frac{u^2}{R}$$

Therefore, regardless of whether the reference direction of voltage and current of the resistance element is associated, the formula for the absorbed (consumed) power of the resistance element can be obtained, that is

$$p = ui = Ri^2 = \frac{u^2}{R} \text{ or } p = ui = \frac{i^2}{G} = Gu^2 \tag{1-24}$$

Since R and G are positive real constant, the power p is always greater than or equal to zero, and the resistance element always absorbs (consumes) power, so the linear resistance element is an energy-consuming element.

The electric energy W absorbed (consumed) by the resistance element during the period from t_1 to t_2 is

$$W = \int_{t_1}^{t_2} p\,\mathrm{d}t = \int_{t_1}^{t_2} ui\,\mathrm{d}t = \int_{t_1}^{t_2} Ri^2\,\mathrm{d}t = \int_{t_1}^{t_2} \frac{u^2}{R}\mathrm{d}t \tag{1-25}$$

For the DC circuit, there is

$$W = P(t_2 - t_1) = PT = RI^2T = \frac{U^2}{R}T \tag{1-26}$$

In the formula, $T = t_2 - t_1$ is the total time for the current flow through the resistor.

5. Short circuit and open circuit

As shown in Figure 1 - 21, there are two special cases of linear resistance element. One is that R is infinite(G is zero), that is, the off state. When the voltage is any finite value, the current is always zero, and then it is called an open circuit. The volt-ampere characteristic curve in open circuit coincides with the voltage axis on the u-i plane. The other is that R is zero(G is infinite), that is, the two ends of the resistor are short-circuited by wires. When the current is any finite value, the voltage is always zero. At this time, it is called a short circuit. The volt-ampere characteristic curve in short circuit coincides with the current axis on the u-i plane.

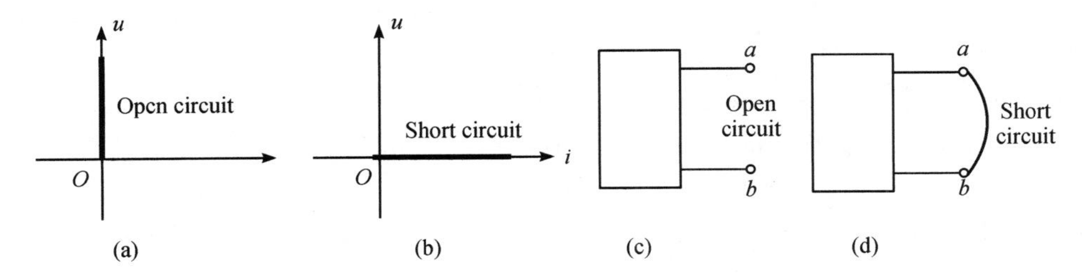

Figure 1 - 21　The volt-ampere characteristic curve and schematic diagram of open circuit and short circuit

【Example 1 - 6】 There is a lamp with a rated value of "220V, 100W". (1) Find the resistance of the lamp; (2) Find the current when working under 220V voltage; (3) If the lamp is used for 5 hours a day, how much electricity is used in a month(calculated as 30 days)?

Solution (1) From $P=\frac{U^2}{R}$, we have

$$R=\frac{U^2}{P}=\frac{220^2}{100}\ \Omega=484\ \Omega$$

(2) From $P=UI$, we have

$$I=\frac{P}{U}=\frac{100\ \text{W}}{220\ \text{V}}=0.455\ \text{A}$$

(3) Since $W=PT$, if we want to find W, we need to find T first, So

$$T=5\times 3600\times 30\ \text{s}=540\ 000\ \text{s}$$

$$W=PT=100\ \text{W}\times 540000\ \text{s}=54000000\ \text{J}=54\ \text{MJ}$$

In our daily life, the electricity is often measured in degree, that is "kW · h". Because

$$1\ \text{kW}\cdot\text{h}=1000\ \text{W}\times 3600\ \text{s}=3.6\times 10^6\ \text{J}=3.6\ \text{MJ}$$

so this lamp is used 5 hours every day, the electricity consumption for a month(30 days) is

$$W=\frac{54}{3.6}\text{kW}\cdot\text{h}=15\ \text{kW}\cdot\text{h}=15\ \text{degree}$$

Ⅱ. Inductance element

1. Inductance

Inductance is a physical quantity that measures the ability of a coil to generate electromagnetic induction. When the alternating current flows through the coil, a changing magnetic field will be generated around it, forming a magnetic field induction in the coil, and the induced magnetic field will generate an induced current to resist the current flowing through the coil. This interaction between the current and the coil is called the inductive reactance of electricity, referred to as inductance, the unit is Henry, and the symbol is H.

Inductance is divided into self-inductance and mutual inductance, which are represented by L and M respectively, and the unit of them are both Henry. When the current in the coil changes, the surrounding magnetic field also produces a corresponding change, and this changing magnetic field produces an induced electromotive force in the coil itself, which is self-inductance; when two coils are close to each other, and the magnetic field around one coil changes, it will induce an electromotive force in the other coil, which is mutual inductance.

2. Inductance element

As the ideal model of actual coil, inductance element is an element that reflects the existence of a magnetic field in its surrounding space and is able to store magnetic energy. Suppose a coil made of wire is shown in Figure 1 - 22(a). When current flows through the coil, a magnetic field is generated in and around the coil, forming a flux linkage interlinking with the coil and storing the energy of the magnetic field. When the wire resistance and the capacitance between turns of the coil are ignored, the actual coil can be modelled by an ideal inductance element whose performance is to store magnetic field energy.

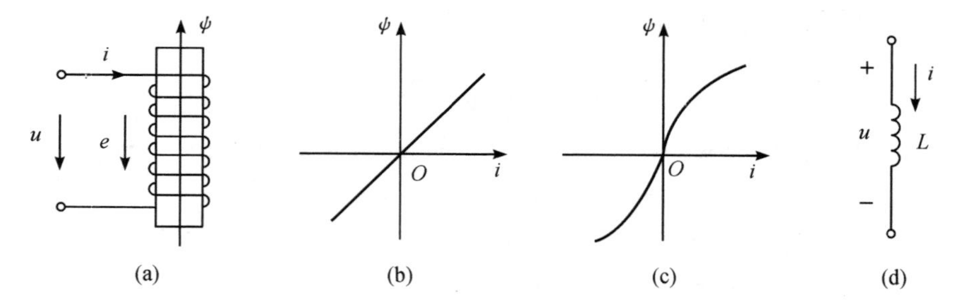

Figure 1 - 22 Inductance and weber-ampere characteristic curve of inductance

The inductance element is a two-terminal element. The direction of the current i and the flux linkage ψ of the inductance element conforms to the Ampere's law (called the associated reference direction). The characteristics of the inductance element can be represented by the relationship curve between the flux linkage and the current, that is, the curve on the ψ-i plane. Since the SI units of flux linkage ψ and current i are Weber (Wb) and Ampere (A), the curve of the relationship between flux linkage and current is called the weber-ampere characteristic curve.

If the weber-ampere characteristic curve of inductance element is a straight line passing through the origin of coordinates, as shown in Figure 1 - 22(b), this inductance element is called a linear inductance element. A inductance element that does not meet this requirement is called a non-linear inductance element, as shown in Figure 1 - 22(c). Only linear inductance elements are discussed in this book.

The flux linkage ψ of a linear inductive element is proportional to its current i, and the proportionality factor is represented by L, that is

$$L = \frac{\psi}{i} \tag{1-27}$$

The proportionality factor L of the inductance element is a constant. We usually call the inductance element as inductor, therefore the symbol "L" represents both circuit element (inductor) and elements' parameter (inductance). The graphical symbol of inductance is shown in Figure 1 - 22(d).

3. The voltage-current relationship of inductance element

From Faraday's law of electromagnetic induction, we know when the flux linkage ψ of an inductance element varies with the current i that generates it, an induced voltage u will be generated at the two ends of the element. If the reference directions of ψ, i, and u are selected to be associated, then

$$u = \frac{\mathrm{d}\psi}{\mathrm{d}t} = L\frac{\mathrm{d}i}{\mathrm{d}t} \tag{1-28}$$

Equation(1 - 28) shows that the voltage of the inductance element is proportional to the rate of change of the current. The faster the current changes, the larger the voltage; the slower the current changes, the smaller the voltage. In a DC circuit, the current in the inductance element does not change, so the voltage is zero, and the inductance element is equivalent to a short circuit.

When the reference directions of ψ, u and i are non-associated , the above expressions should be taken a negative sign, that is

$$u = -L\frac{\mathrm{d}i}{\mathrm{d}t}$$

4. Magnetic field energy in inductance element

The reference direction of voltage and current are associated, then the power absorbed by the inductance element is

$$p = ui = L\frac{\mathrm{d}i}{\mathrm{d}t} \times i$$

During time $\mathrm{d}t$, the energy absorbed by the inductance element is

$$W_L = p\mathrm{d}t = L\frac{\mathrm{d}i}{\mathrm{d}t} \times i \times \mathrm{d}t = Li\mathrm{d}i$$

As the current increases from zero to i, the total energy it absorbs is

$$W_L = \int_0^i Li\mathrm{d}i = \frac{1}{2}Li^2 \qquad (1-29)$$

In the formula, the units of L and i are Henry (H) and Amperes (A) respectively, and the unit of W_L is Joule J.

Equation(1 - 29) shows that the energy storage of the inductor is only related to the current value at that time. Because the energy storage cannot jump, so the inductor current cannot jump. The energy stored by the inductance element varies with the current. When the current increases, its energy storage increases, it absorbs energy from the outside and converts it into magnetic field energy, and its energy storge increases; when the current decreases, it releases energy to the outside, and its energy stoge decreases the energy storage. The energy it release is equal to the energy it absorbs, and it neither generates nor consumes energy, so the inductance element is energy-storing element.

【Example 1 - 7】 As shown in the Figure 1 - 23, given $L=2$ H, $i=4\mathrm{e}^{-3t}$ A, try to find u.

Solution From the voltage-current relationship of inductance, we can have

$$u_L = L\frac{\mathrm{d}i}{\mathrm{d}t} = 2\ \mathrm{H} \times \frac{\mathrm{d}}{\mathrm{d}t}(4\mathrm{e}^{-3t}\ \mathrm{A}) = -24\mathrm{e}^{-3t}\ \mathrm{V}$$

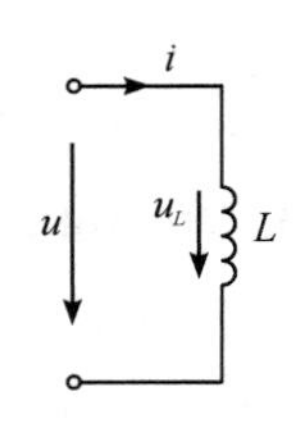

Figure 1 - 23 Diagram of Example 1 - 7

Ⅲ. Capacitive element

1. Capacitance

Capacitanceis a physical quantity that measures the conductor's ability to store electric charge, and is denoted by C.

Generally speaking, the electric charge will be moved by force in the electric field. If there is a medium between the conductor, the movement of the electric charge will be hindered and the electric charge will be accumulated on the conductor, resulting in the accumulation and storage of the electric charge.

The container that holds the electric charge is the capacitor, which is made of two electrodes and a dielectric material between them. As a kind of dielectric, when the dielectric material is placed in the electric field between two parallel plates with equal anisotropy charges, polarization charges are generated on the surface of the medium due to polarization, so that the charges bound to the plates are correspondingly increased to maintain the potential difference between the plates unchanged. This is why capacitors have capacitive characteristics. The amount of electricity stored in a capacitor q is equal to the product of the capacitance C and the potential difference between the electrodes U, namely

$$q = CU \qquad (1-30)$$

Capacitors have the functions of charging and discharging.

2. Capacitive element

Capacitive element is an ideal model of actual capacitor. Figure 1 - 24(a) shows the actual parallel-plate capacitor, which is usually composed of two metal polar plates filled with insulating media(such as air, mica, etc.). After the capacitor is connected to the supply voltage u, equal numbers of heterocharge q are accumulated on the two polar plates respectively, and an electric field is formed between the two polar plates to store the energy of the electric field. After the power supply is removed, the charges can continue to accumulate on the polar plates and the electric field continues to exist. In addition, when the voltage on the capacitor changes, it will cause dielectric loss in the medium, and the medium cannot be completely insulated, and there is leakage current. When the dielectric loss and the leakage current are ignored, the actual capacitor can be modelled by an ideal capacitive element. The application of capacitive element is to store electric field energy.

The capacitive element is a two-terminal element, u represents the voltage across the capacitive element, and q represents the amount of charge on each plate of the capacitive element. The characteristics of the capacitive element can be represented by the relationship curve between charge and voltage, that is, the curve on the q-u plane. Since the SI units of charge q and voltage u are Coulombs and Volt, the curve of the relationship between charge and voltage is called the coulombs-volt characteristic curve.

If the coulombs-volt characteristic curve of capacitive element is a straight line passing through the origin of coordinates, this capacitive element is called a linear capacitive element, and a capacitive element that does not meet this requirement is called a non-linear capacitive element. Coulombs-volt characteristic curve of the linear capacitive element is shown in Figure 1 - 24(b), and the coulombs-volt characteristic curve of the non-linear capacitive element is shown in Figure 1 - 24(c).

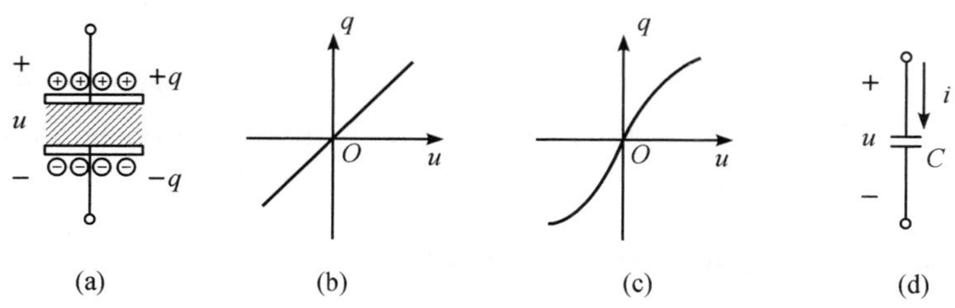

Figure 1 - 24 Capacitance and coulombs-volt characteristic curve of capacitance

If the direction of the voltage of the capacitive element is specified as pointing from the positive plate to the negative plate, the charge q of the linear capacitive element is proportional to the voltage u, and the proportionality coefficient is represented by C, which is called capacitance, that is

$$C = \frac{q}{u} \tag{1-31}$$

The proportionality factor C of the capacitive element is a constant. The SI unit of capacitance is Farad(F). The commonly-used units are μF, pF and so on. The conversion relationships between them are

$$1\ \mu F = 10^{-6}\ F, \quad 1\ pF = 10^{-12}\ F$$

We usually call the capacitive element as capacitor, therefore the symbol "C" represents both circuit element (capacitor) and elements' parameter (capacitance). Its graphical symbol is shown in the Figure 1 - 24 (d). Unless especially pointed out, the capacitive elements covered in this book are linear capacitive elements.

3. The voltage-current relationship

The current in the capacitive circuit is generated by the voltage u change between the polar plates of the capacitive element. When the voltage u changes, the charges q on the polar plates change accordingly. The increase or decrease of the charges will inevitably cause the movement of the charges in the lead wire, and the movement of the charges will generate the current. The reference direction of current i and voltage u are associated, as shown in Figure 1 - 24(d), and if in time dt, the variation amount of charge on the polar plates is dq, then current i can be obtained from $q = Cu$,

$$i = \frac{dq}{dt} = C\frac{du}{dt} \tag{1-32}$$

Equation(1 - 32) shows that the current of the capacitive element is proportional to the rate of change of the voltage, the faster the voltage changes, the larger the current; the slower the voltage changes, the smaller the current. In a DC circuit, the voltage does not vary with time, so the current is zero, and the capacitive element is equivalent to an open circuit. The capacitive element has the function of blocking the DC.

When the reference direction of u and i are non-associated , the above expressions should be taken as a negative sign, that is

$$i = -C\frac{du}{dt} \tag{1-33}$$

Regardless of whether it is an inductance element or a capacitive element, because their voltage and current relationships are both derivative relationships, they are called dynamic elements.

4. Magnetic field energy in capacitive element

In capacitive element, the electric field created by the charges on the polar plates can store electric field energy, which is converted from electric energy absorbed by the capacitive element from the circuit.

The voltage and current are associated reference direction, then the power absorbed by the capacitive element is

$$p = ui = Cu\frac{du}{dt}$$

During time dt, the energy absorbed by the capacitive element is

$$dW_C = p\,dt = Cu\,du$$

As the current increases from zero to u, the total energy it absorbs is

$$W_C = \int_0^u Cu\,du = \frac{1}{2}Cu^2 \qquad (1-34)$$

In the formula, the units of C and u are F and V respectively, and the unit of W_C is J.

Equation(1 - 34) shows that the energy storage of the capacitor is only related to the voltage value at that time, and has nothing to do with the charging process. The energy storage cannot jump, so the capacitor voltage cannot jump. The energy stored by the capacitive element varies with the voltage, and when the voltage increases, its energy storage increases(it absorbs energy from the outside); when the current decreases, the energy storage decreases(it releases energy to the outside). The energy that a capacitive can release is equal to the energy it absorbs, and it does not consumes energy itself. So the capacitive element is energy-storing element.

Ⅳ. Power supply element

A device that supplies energy to a circuit is called a power supply. Actual power supplies(such as batteries, generators and etc.) convert other forms of energy into electric energy. Ideal voltage source and ideal current source are idealized circuit models of actual power supplies, and they are active two-terminal elements.

1. Ideal voltage source

The voltage of an ideal voltage source is always maintained at a given value or a given time function and is independent of the current flowing through it. When the terminal voltage of the ideal voltage source is not affected by the current or voltage in the circuit, it is called an independent source.

Common ideal voltage sources include ideal AC voltage source and ideal DC voltage source. The voltage of ideal AC voltage source is given time function, denoted by lowercase letter u_S; The voltage of ideal DC voltage source is a constant, denoted by capital letter U_S. Their graphical symbols are shown in Figure 1 - 25(a) and Figure 1 - 25(b).

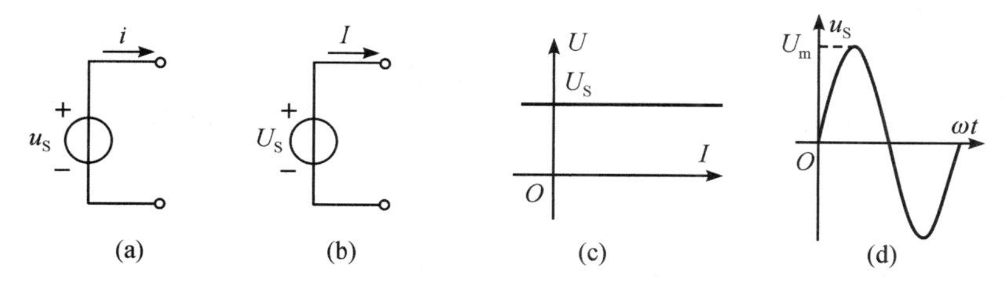

Figure 1 - 25 Ideal Voltage source

In Figure 1 - 25, u_S and U_S are the voltage of ideal voltage source , "+" and "−" are reference polarity. Figure 1 - 25(c) shows the volt-ampere characteristic curve of the ideal DC voltage source, which is a straight line parallel to the current axis and whose ordinate is U_S, indicating that its terminal voltage is identically equal to U_S and has nothing to do with the magnitude of the current. Figure 1 - 25(d) shows the volt-ampere characteristic curve of the ideal AC voltage source.

When the current is zero, that is, when the voltage source is open-circuited, its terminal voltage is still U_S. If the voltage $u_S=0$ V of the voltage source, the volt-ampere characteristic curve of the voltage source is a straight line that coincides with the current axis, which is equivalent to a short circuit.

A ideal voltage source has two basic properties: ① its voltage is a given value or a given time function, independent of the current flowing through it; ② its current is determined by the voltage source itself and the external circuit connected to it.

Generally speaking, a voltage source provides power in a circuit, but sometimes it also absorbs power from the circuit. For example, when a mobile phone battery is operates to provide power to an external circuit, and when it is in a charging state, it absorbs power from an external circuit. The condition of the voltage source's power can be determined by the positive and negative values of the power calculated by applying the power calculation formula according to the reference direction of the voltage and current.

【Example 1 - 8】 The reference direction of voltage and current of the voltage source are shown in Figure 1 - 26, find the power of the voltage source and explain the property of the power.

Solution The reference direction of current and voltage are non-associated, as shown in Figure 1 - 26(a), and the power of the voltage source is

$$P=-UI=-2\text{ V}\times(-2)\text{ A}=4\text{ W}>0$$

It is obvious that the voltage source consumes power.

The reference direction of current and voltage are associated, as shown in Figure 1 - 26(b), and the power of the voltage source is

$$P=UI=(-3)\text{V}\times 3\text{ A}=-9\text{ W}<0$$

It is obvious that the voltage source generates power.

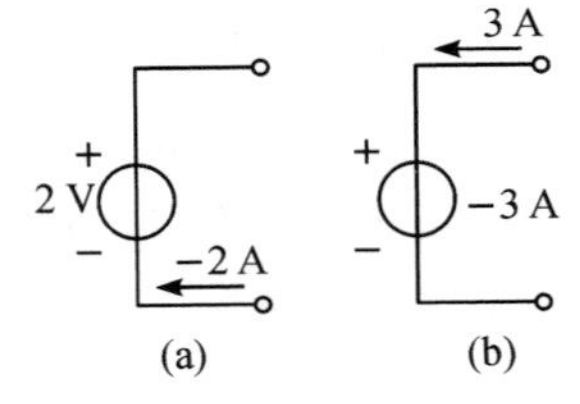

Figure 1 - 26 Diagram of Example 1 - 8

2. Ideal current source

The current of an ideal current source is always maintained at a given value or a given time function and is independent of the voltage across it. When the terminal current of the current source is not affected by the current or voltage in the circuit, it is called an independent source.

The graphical symbol of the ideal current source is shown in Figure 1 - 27(a), where i_S is the current source current, and the arrow is its reference direction. Figure 1 - 27(b) is the graphical symbol of the ideal DC current source, whose current I_S is equal to a constant value. Figure 1 - 27(c) shows the volt-ampere characteristic curve of the ideal DC current source, which is a straight line parallel to the voltage axis and whose abscissa is I_S. If the current source's current $i_S=0$ A, it is equivalent to an open circuit. Figure 1 - 27(d)

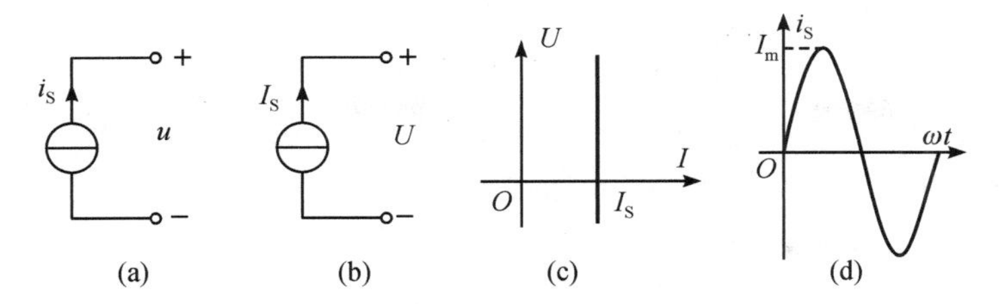

Figure 1 - 27 Ideal current source

shows the volt-ampere characteristic curve of the ideal AC current source.

A ideal current source has two basic properties: ① its current is a given value or a given time function, independent of the voltage across it; ② its voltage is determined by the current source itself and the external circuit connected to it.

3. Models of the actual DC power supply

In fact, an ideal power supply does not exist. In a circuit, an actual power supply has a certain amount of energy consumption while providing electric energy. Therefore, the circuit model of the actual power supply should be composed of two parts: one part is used to characterize the ideal power supply element that provides power, and the other part is used to characterize the resistance element that consumes power. Since the ideal power supply element has an ideal voltage source and an ideal current source, there are also two types of circuit models of actual power supply, namely the voltage source model and the current source model.

1) Voltage source model

The actual power supply uses the combination of an ideal voltage source and a resistor in series as its circuit model. Such a combination is called a voltage source model, as shown in Figure 1 - 28(a). U_S is the voltage of the voltage source, R_S is the internal resistance of the actual DC voltage source, U is the terminal voltage of the actual DC power supply, and I is the terminal current of the actual DC voltage source.

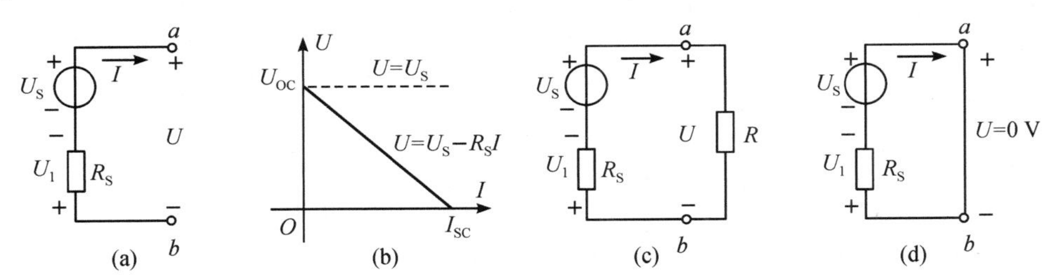

Figure 1 - 28 Voltage source model of the actual DC power supply

In Figure 1 - 28(a), according to KVL, there is

$$U+U_1-U_S=0\ \text{V}$$

From Ohm's law,

$$U_1=R_SI$$

therefore

$$U = U_S - R_S I \tag{1-35}$$

Equation(1-35) is the volt-ampere characteristic of the actual DC power supply, and the volt-ampere characteristic curve of the power supply is a straight line as shown in Figure 1-28(b).

When the voltage source model is open-circuited, as shown in Figure 1-28(a), $I = 0$ A, the output voltage is the open circuit voltage, which is represented by U_{OC}, and $U_{OC} = U_S$; when the voltage source model with load resistance R, as shown in Figure 1-28(c), $I \neq 0$ A, there is a voltage drop on the internal resistance, so the output voltage $U < U_S$; when the voltage source model is short circuited, as shown in Figure 1-28(d), the output voltage $U = 0$ V, all the voltage of the ideal voltage source acts on the internal resistance, the short circuit current is expressed by I_{SC}, at this time, $I_{SC} = \frac{U_S}{R_S}$ is reach to maximum. It is not allowed to short circuit both ends of the voltage source, otherwise it will burn out due to excessive current.

Obviously, the smaller the internal resistance of the actual power supply, the lower the potential drop generated on the internal resistance, and the closer the actual power supply is to the ideal voltage source.

2) Current source model

The actual DC power supply also uses the combination of an ideal current source and a resistor in parallel as its circuit model. Such a combination is called a current source model. As shown in Figure 1-29(a), I_S is the constant value current generated by the current source, G_S is the internal conductance of the actual power supply, R is the load resistance, and U and I are the terminal voltage and terminal current of the actual power supply.

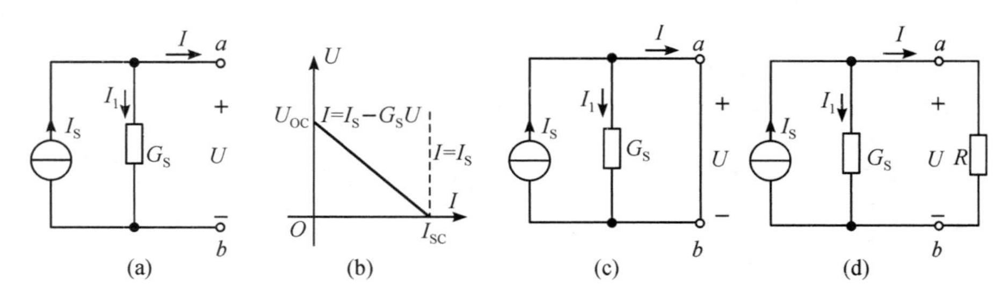

Figure 1-29 Current source model of the actual DC power supply

In Figure 1-29(a), according to KCL, there is

$$I + I_1 - I_S = 0 \text{ A}$$

From Ohm's law,

$$I_1 = G_S U$$

therefore

$$I = I_S - G_S U \tag{1-36}$$

Equation(1-36) is the volt-ampere characteristic of the actual DC power supply, and the volt-ampere characteristic curve of the power supply is a straight line as shown in Figure 1 - 29(b).

When the current source model is short circuited, as shown in Figure 1 - 29(c), the output voltage is zero, the current I is the short circuit current, which is represented by I_{SC}, and $I_{SC} = I_S$; when the load resistance R is added to the current source model, as shown in Figure 1 - 29(d), there is a shunt I_1 on the internal resistance, and I_S cannot be fully transmitted. When the load resistance R increases, the current I_1 on the internal resistor increases, and the output current I decrease; when the current source model is open-circuited, as shown in Figure 1 - 29(a), the output current $I = 0$ A, all I_S flows through the internal resistor, and the voltage drop across the internal resistance is the maximum open circuit voltage $U_{OC} = \frac{I_S}{G_S}$. In fact, it is not allowed to be an open circuit across the current source, otherwise it will be damaged by insulation breakdown due to excessive voltage.

Obviously, the smaller the internal conductance of the actual power supply, the smaller the internal shunt, and the closer the actual power supply is to the ideal current source.

【Example 1 - 9】 The circuit is shown in Figure 1 - 30, calculate the voltage U_{ab} and U_{cd} of the DC power circuit when the switch S is disconnected or closed.

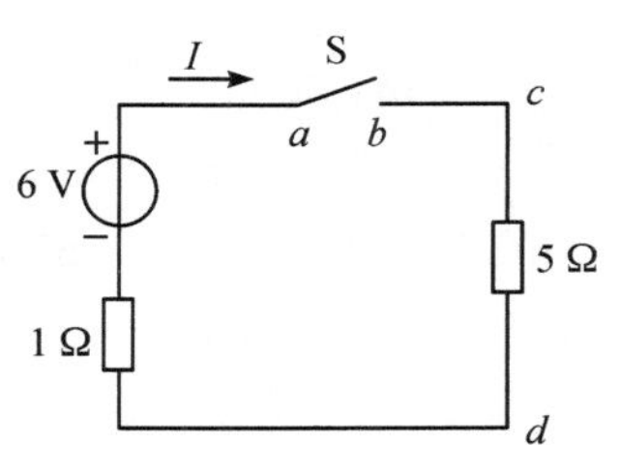

Figure 1 - 30 Diagram of Example 1 - 9

Solution Select winding direction of circuit as clockwise direction, from the KVL, we can have

$$U_{ab} + I \times 5\ \Omega + I \times 1\ \Omega - 6\ \text{A} = 0\ \text{V}$$

so

$$U_{ab} = 6\ \text{V} - 6I$$

When S is disconnected, the current $I = 0$ A and the voltages across the resistors are all zero, and then

$$U_{cd} = 0\text{V},\ U_{ab} = 6\text{V}$$

When S is closed, which is equivalent to a short circuit, then $U_{ab} = 0$ V. From the loop KVL equation, we can have the current in the circuit

$$I = \frac{6}{5+1}\ \text{A} = 1\ \text{A},$$

so

$$U_{cd} = 1\ \text{A} \times 5\ \Omega = 5\text{V}$$

【Example 1 - 10】 As shown in Figure 1 - 31, in the DC circuit, $R = 2\ \Omega$, $U_S = 10$ V, $I_S = 3$ A are known, find U_1, U_2 and the power consumed or provided by each element.

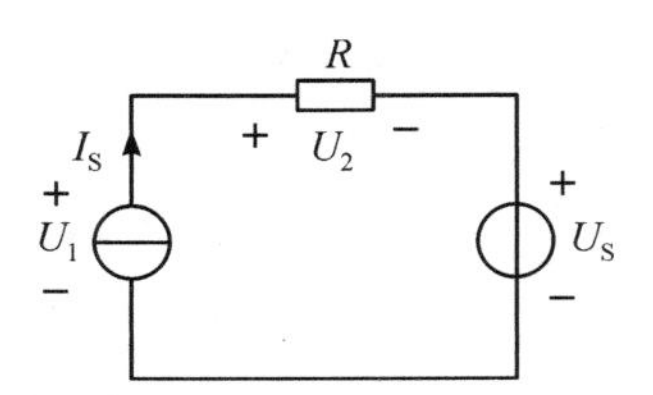

Figure 1 - 31 Diagram of Example 1 - 10

Solution according to the properties of the current source, the current on the resistance and the voltage source is I_S, then

$$U_2 = R \times I_S = 2\ \Omega \times 3\ \text{A} = 6\text{V}$$

The current source voltage is determined by the external circuit. From KVL, we can have

$$U_1 = U_2 + U_S = 6\ \text{V} + 10\ \text{V} = 16\ \text{V}$$

The voltage and current of the resistor and the voltage source are associated reference directions, then

$$P_R = U_2 I_S = 3\ \text{A} \times 6\ \text{V} = 18\ \text{W} > 0$$
$$P_{U_S} = I_S U_S = 3\ \text{A} \times 10\ \text{V} = 30\text{W} > 0$$

The visible both the resistor and the voltage source consume power.

The voltage and current of the resistor and the voltage source are non-associated reference directions, then

$$P_{I_S} = -U_1 I_S = -16\ \text{V} \times 3\ \text{A} = -48\ \text{W} < 0$$

The visible current source provides power.

Exercise Ⅰ

Ⅰ. Completion

1 - 1 The circuit as shown in Figure of question 1 - 1, the potential of ________ is higher than that of the ________, and the actual direction of the current is from ________ to ________.

a —(−4 A)→ R — b

Figure of question 1 - 1

1 - 2 It is known that $U_{ab} = -6$ V, then the potential of point a is ________ that of point b.

1 - 3 There is a "220 V, 100 W" light bulb, 220 V is its______ and 100 W is its ________. Its rated current is ________, resistance is ________. Connect it to the 220 V power supply to work for 100 hours continuously, consuming a total of ________ kW · h.

1 - 4 In daily life, it is often said how much electricity is used, which refers to the consumption of________. The potential at a point in a circuit is the voltage between that point ____________.

1 - 5 1 kW · h of electricity can make a "220 V, 40 W" light bulb to work normally for ________ h.

1 - 6 Under the condition of the non-associated direction of voltage and current, the resistance is 10 Ω, the voltage is 2 V, then the current is ________ A.

1 - 7 The carbon resistor of "100 Ω, 1/4 W" allows the maximum current ________ flowing through it, the maximum voltage________ across it.

1 - 8 The circuit as shown in Figure of question 1 - 1, the relationship between U_{ab} and I is $U_{ab} =$ ________.

1 - 9 The circuit as shown Figure of question 1 - 9, when the switch S is closed, the

current I = ________.

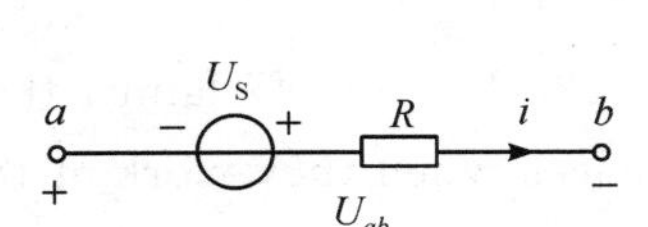

Figure of question 1 - 8

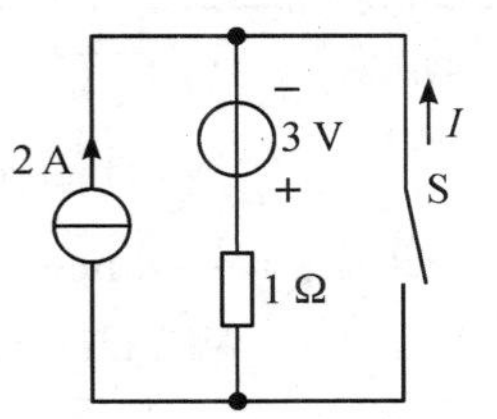

Figure of question 1 - 9

Ⅱ. Choice question

1 - 10 A resistor with rated power of 1W and resistance value of 100Ω, the maximum current allowed to pass it is ( ).

A. 100 A B. 0.1 A C. 0.01 A D. 1 A

1 - 11 As shown in Figure of question 1 - 11, the four curves a, b, c, and d are the I-U curves of the four resistors R_1、R_2、R_3、R_4 respectively. If four resistors are connected in parallel in the circuit, the resistor that consumes the most power is ( ).

A. R_1 B. R_2 C. R_3 D. R_4

1 - 12 The rated value of an electrical appliance is P_N=1 W, U_N=100 V, and now it needs to be connected to a 200V DC circuit to work. Find which one of the following resistors should be selected in series with it to make the appliance work normally ( ).

A. 5 kΩ, 2 W B. 10 kΩ, 0.5 W

C. 20 kΩ, 0.25 W D. 10 kΩ, 1 W

1 - 13 As shown in Figure of question 1 - 13, measure the voltage across R_2 and it is found that $U_2 = U$, the cause of this phenomenon may be ( ).

A. R_1 is short-circuited B. R_2 is short-circuited

C. R_1 is open-circuited D. R_2 is open-circuited

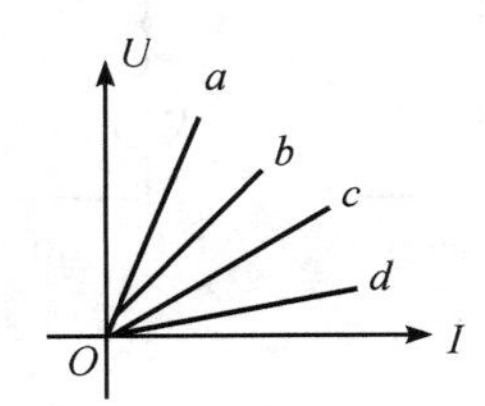

Figure of question 1 - 11

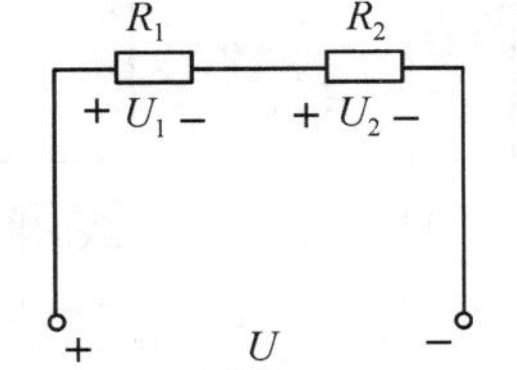

Figure of question 1 - 13

Ⅲ. Analysis and calculation

1 - 14 The situation of each element is shown in Figure of question 1 - 14.

(1) Find the power of element 1 and determine the property of the power.

(2) Find the power of element 2 and determine the property of the power.

(3) If the power of element 3 is 10 W, find U.

(4) If the power of element 4 is 10 W, find I.

Figure of question 1 - 14

1 - 15 Try to find the resistance of the "220 V , 15 W" lamp, the "220 V , 100 W" lamp, and the "220 V , 2000 W" electric furnaces when they work at rated voltage. For a resistive load with the same rated voltage, the greater the power, the greater or less the resistance?

1 - 16 When the same current flows through two resistive loads with the same rated voltage and different rated power, which one's actual power is more?

1 - 17 Find the φ_a in the Figure of question 1 - 17.

1 - 18 The circuit as shown in Figure of question 1 - 18. (1) Find the current of each element using KCL; (2) Find the voltage of each element using KVL; (3) Find the power of each element.

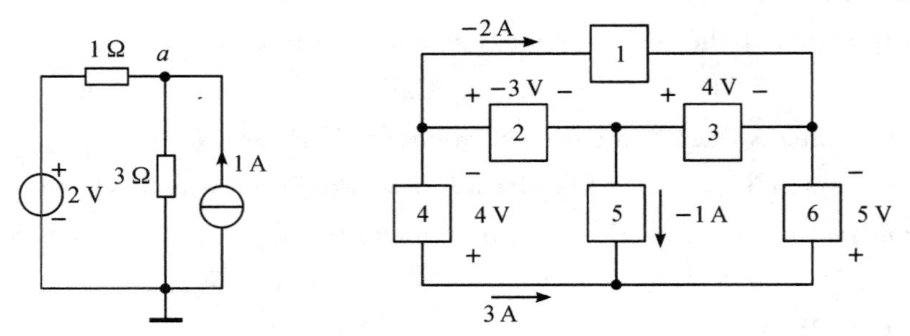

Figure of question 1 - 17 Figure of question 1 - 18

1 - 19 Find the power of ideal power supply, which is shown in Figure of question 1 - 19, and determine the property of the power.

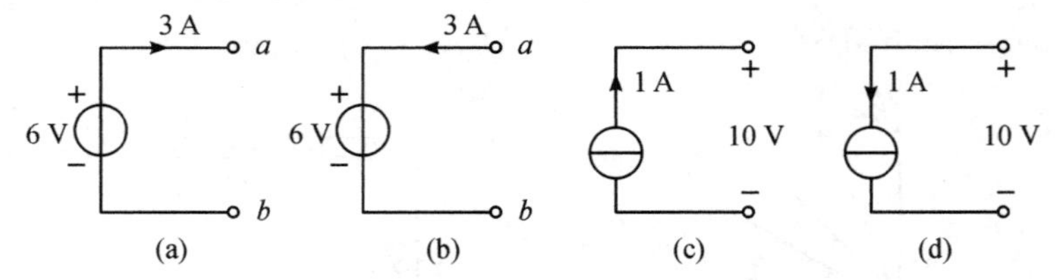

Figure of question 1 - 19

1 - 20 Try to list the voltage-current relational expression in the Figure of question 1 - 20.

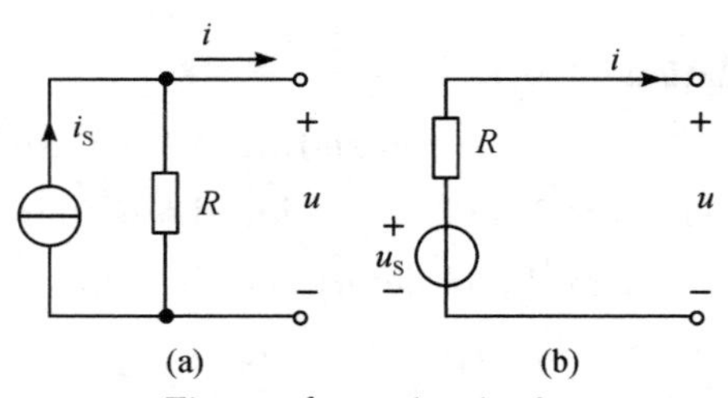

Figure of question 1 - 20

1-21 As shown in Figure of question 1-21, it is known that $U_{S1}=4$ V, $U_{S2}=2$ V, $U_{S3}=-6$ V, $I_1=2$ A, $I_2=1$ A, $R_1=2$ Ω, $R_2=4$ Ω, find U_{ab}.

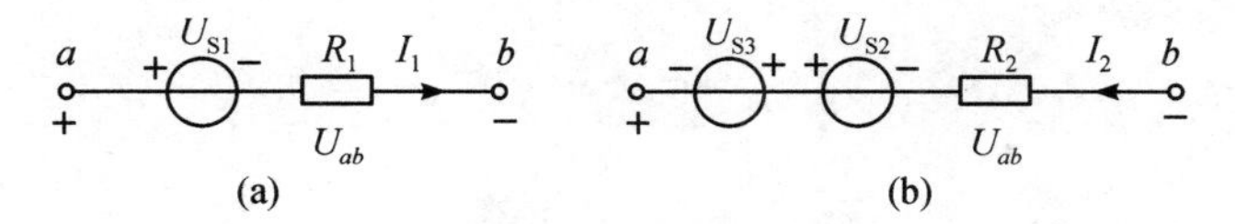

Figure of question 1-21

1-22 In the circuit shown in Figure of question 1-22, $U_{S1}=U_{S2}=U_{S3}=2$ V, $R_1=R_2=R_3=3$ Ω, find U_{ab}, U_{bc} and U_{ca}.

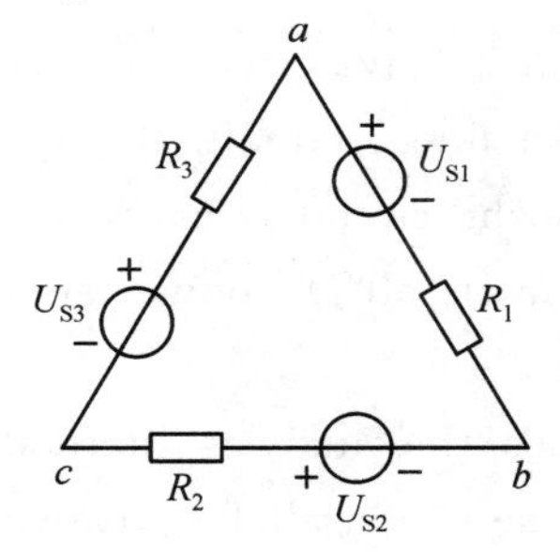

Figure of question 1-22

1-23 Find the U_{ab} in Figure of question 1-23.

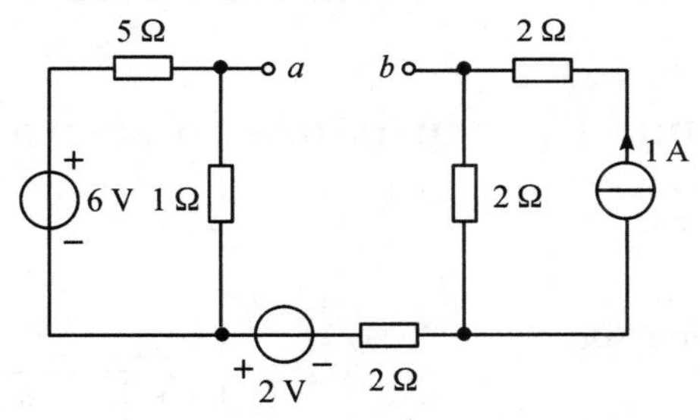

Figure of question 1-23

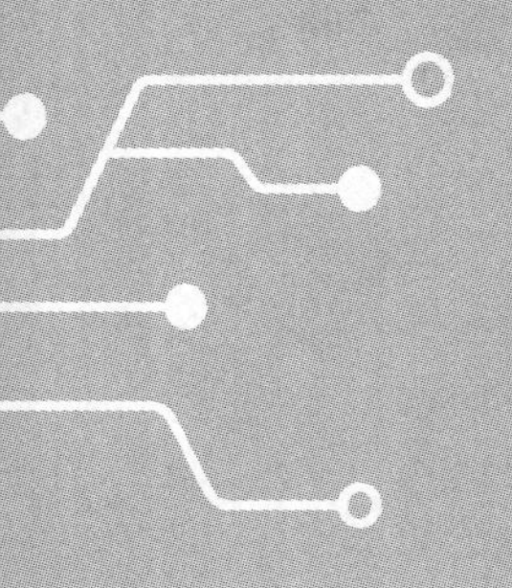

Chapter Ⅱ DC circuit

A circuit composed of a linear passive circuit elements, an ideal power supply and a linear controlled source is called a linear circuit. If all the passive circuit elements in a linear circuit are linear resistors, the circuit is called a linear resistive circuit. When the power supply in the resistive circuit is all DC power supply, such a circuit is called a DC resistive circuit, or DC circuit for short.

This chapter mainly discusses the analysis methods and calculations of linear DC circuit. The contents include the series-parallel equivalent transformation of resistor, the equivalent transformation of star connection and delta connection of resistance, the series-parallel equivalent transformation of power supply, branch current method and node voltage method, superposition theorem and thevenin's Theorem.

Section Ⅰ Resistors in series and in parallel

Ⅰ. Equivalent transformation

If a circuit has only two terminals connected to the external circuit, the circuit is called a two-terminal network, also called a one-port network, as shown in Figure 2 - 1. The voltage between the two terminals of the two-terminal network is called the port voltage; the current flowing in each terminal is called the port current. For a two-terminal network, from KCL, we can have the current flowing into from one terminal must be equal to the current flowing out of the other terminal.

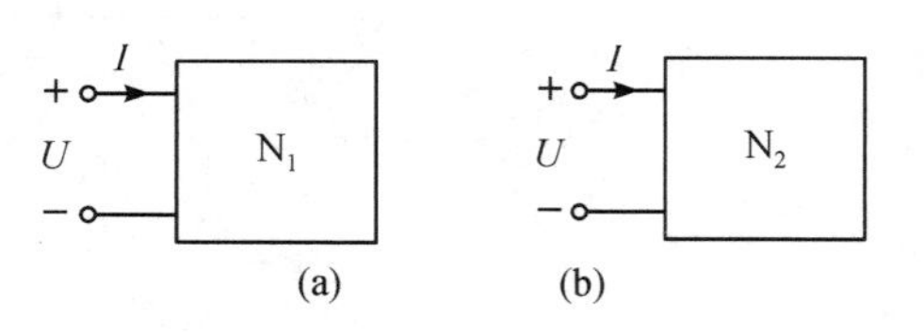

Figure 2 - 1 Equivalent circuit

The two-terminal networks N_1 and N_2 shown in Figure 2 - 1 may have different internal structures, but if their relationships between port voltages U and port currents I is exactly the same, then the N_1 and N_2 are equivalent networks, also called equivalent circuits. For external circuits, the circuit N_1 and N_2 can be replaced with each other, and this replacement is called equivalent transformation. Equivalent transformation is a commonly used method in circuit analysis. Using the equivalent transformation, a complex circuit composed of multiple elements can be equivalent to a simple circuit composed of only a few elements or even one element, thereby simplifying the analysis of the circuit.

Attention The "equivalent" in the equivalent transformation, which must be the equivalent of the external characteristics. When a part of the circuit is replaced with an equivalent circuit, the replaced part of the circuit is different from the equivalent circuit, but the voltage and current relationship of the part that is not replaced should remain unchanged.

Ⅱ. Resistors in series

1. Characteristics of resistors in series

In the circuit, if two or more resistance elements are connected end to end without any branch in the middle, such a connection method is called a series connection of resistors, as shown in Figure 2 - 2(a). The characteristic of resistors in series is that the current flowing through each resistor is the same.

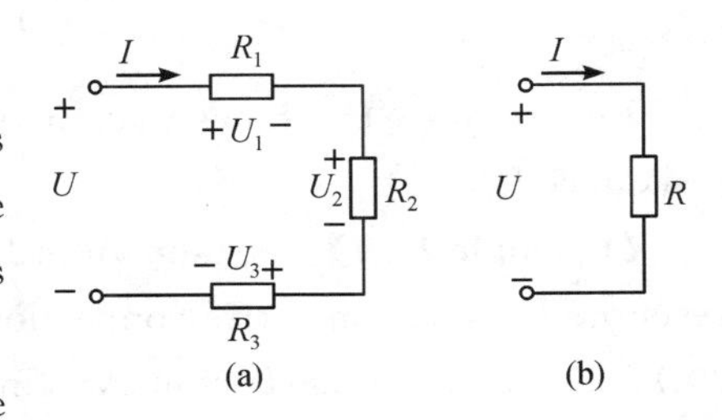

Figure 2 - 2 Resistors in series

2. Equivalent resistance

Figure 2 - 2(a) shows the series connection of three resistors R_1, R_2 and R_3. The reference direction of the voltage on each resistor is shown in the figure. According to KVL, there is

$$U=U_1+U_2+U_3=R_1I+R_2I+R_3I=(R_1+R_2+R_3)I \tag{2-1}$$

If let

$$R=R_1+R_2+R_3 \tag{2-2}$$

then there is

$$U=RI \tag{2-3}$$

Equation(2 - 3) shows that when the resistance R is connected to the same voltage U, the current is I, so the equivalent circuit of Figure 2 - 2(a) is the circuit in the Figure 2 - 2(b). R in the Equation(2 - 2) is the equivalent resistance of the three series resistors R_1, R_2 and R_3, it also called the input resistance, that is, the three resistors are connected in series, and the equivalent resistance is the sum of the three resistors.

The concept of equivalent resistance can be generalized to the circuit with n resistors in series. If there are n resistors (R_1, R_2, …, R_n) in series, the equivalent resistance R is the sum of all the resistors, that is

$$R=R_1+R_2+\cdots+R_k+\cdots+R_n=\sum_{k=1}^{n}R_k \tag{2-4}$$

Obviously, $R>R_k(k=1,2,\cdots,n)$, that is, the equivalent resistance R of the series resistors is greater than any one resistor's resistance R_k in series connection.

3. Distribution of power and voltage

When resistors are connected in series, the resistors have the function of dividing voltage. From Equation(2 - 1), we can have, the voltage across each resistor in series is

$$U_k = R_k I = R_k \frac{U}{R} \tag{2-5}$$

Equation(2 - 5) is called voltage divider rule of series resistors. The voltage U_k of each series resistor is proportional to the resistance value R_k. The larger the resistance, the higher the voltage divides, and vice versa.

The power of each resistor in series is

$$P_k = U_k I = \frac{R_k}{R} UI \tag{2-6}$$

Equation(2 - 6) shows that the power P_k of each resistor in series is proportional to its resistance R_k.

【Example 2 - 1】 As shown in Figure 2 - 3, there are two resistors R_1 and R_2 in series connection. when $R_1 = 80\ \Omega$, $R_2 = 20\Omega$, and total voltage $U = 60$ V, find the total resistance, U_1 and U_2.

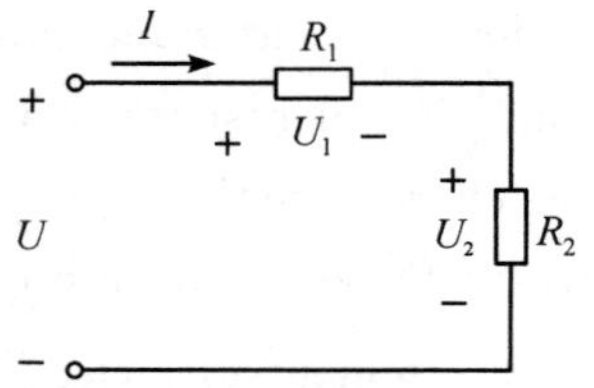

Figure 2 - 3 Diagram of Example 2 - 1

Solution

R_1 and R_2 are in series connection, the total resistance is

$$R = R_1 + R_2 = 20\ \Omega + 80\ \Omega = 100\ \Omega$$

The current in circuit is

$$I = \frac{U}{R} = \frac{60}{100}\ \text{A} = 0.6\text{A}$$

Because the current in the series circuit is the same everywhere, so according to Ohm's law, there is

$$U_1 = IR_1 = 0.6\ \text{A} \times 80\ \Omega = 48\ \text{V}$$
$$U_2 = IR_2 = 0.6\ \text{A} \times 20\ \Omega = 12\ \text{V}$$

【Example 2 - 2】 As shown in Figure 2 - 4, there is a DC voltmeter with a range of $U_2 = 10$ V and full bias current $I = 10$ mA. To expand the range to 30 V, how much resistance should be connected in series?

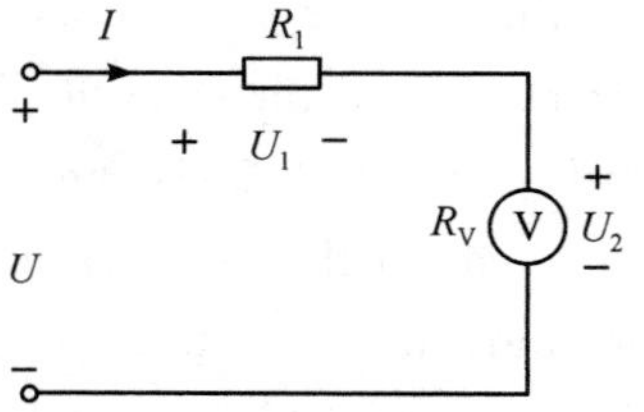

Figure 2 - 4 Diagram of Example 2 - 2

Solution

Suppose the resistance value R_1 that should be connected in series. When the range is 30 V, the partial voltage of the series resistor R_1 is

$$U_1 = 30\ \text{V} - 10\ \text{V} = 20\ \text{V}$$

Since the current of each resistor in series circuit is the same, the current of the resistor R_1 connected in series circuit is 10 mA too. According to Ohm's law, we can have

$$R_1 = \frac{U_1}{I} = \frac{20}{10 \times 10^{-3}}\ \Omega = 2000\ \Omega$$

Ⅲ. Resistors in parallel

1. Characteristics of resistors in parallel

In the circuit, if two or more resistors are connected between two common nodes at the same time, as shown in Figure 2 - 5(a), such a connection method is called a parallel connection of resistors. The characteristic of resistors in parallel is that the terminal voltage across each resistor is the same.

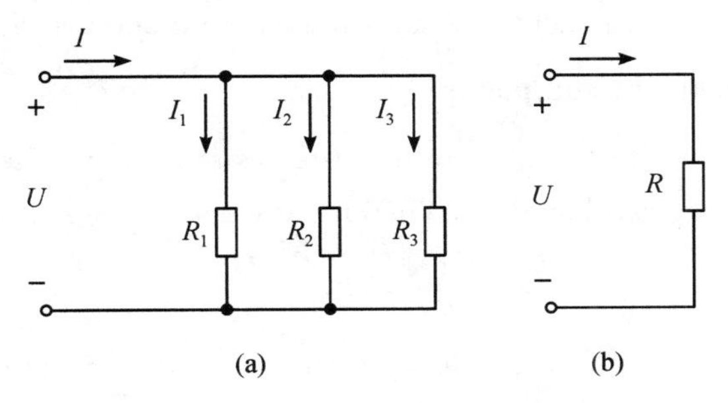

Figure 2 - 5 Resistors in parallel

2. Equivalent resistance

Figure 2 - 5(a) shows the parallel connection of three resistors R_1, R_2 and R_3. The reference direction of the current in each branch is shown in the figure. According to KCL, the total current I is equal to the sum of the currents of the three parallel branches, i. e.

$$I = I_1 + I_2 + I_3 = \frac{U}{R_1} + \frac{U}{R_2} + \frac{U}{R_3} = \left(\frac{1}{R_1} + \frac{1}{R_2} + \frac{1}{R_3}\right) U \tag{2-7}$$

Let

$$\frac{1}{R} = \frac{1}{R_1} + \frac{1}{R_2} + \frac{1}{R_3} \tag{2-8}$$

then there is

$$I = \frac{1}{R} U \tag{2-9}$$

Equation(2 - 9) shows that when the resistor R is connected to the terminal voltage U, the current is I, so the equivalent circuit of Figure 2 - 5(a) is the circuit in the Figure 2 - 5(b). R in the Equation(2 - 8) is the equivalent resistance of the three parallel resistors, that is, the three resistors are connected in parallel, and the reciprocal of the equivalent resistance is the reciprocal sum of each resistor.

The concept of equivalent resistance can be generalized to the circuit with n resistors in parallel. If there are n resistors (R_1, R_2, …, R_n) in parallel, the reciprocal of equivalent resistance R is the reciprocal sum of each resistor, that is

$$\frac{1}{R}=\frac{1}{R_1}+\frac{1}{R_2}+\cdots+\frac{1}{R_k}+\cdots+\frac{1}{R_n}=\sum_{k=1}^{n}\frac{1}{R_k} \tag{2-10}$$

The above equation shows that $R < R_k (k = 1,2,\cdots, n)$, that is, the equivalent resistance R of n parallel resistors is smaller than any one resistor's resistance R_k in parallel connection. The more resistors connected in parallel, the lower the equivalent resistance.

According to the relationship between conductance and resistance, Equation(2 - 10) can be represented as

$$G=G_1+G_2+\cdots+G_k+\cdots+G_n=\sum_{k=1}^{n}G_k \tag{2-11}$$

Equation(2 - 11) shows that when multiple conductance are connected in parallel, the equivalent conductance G is equal to the sum of each conductance G_k in parallel.

3. Distribution of current and power

When resistors are connected in parallel, the resistors have the function of shunting. From Equation(2 - 7), we can have, the current flowing through each resistor in parallel is

$$I_k=\frac{U}{R_k}=UG_k=\frac{G_k}{G}I \tag{2-12}$$

Equation(2 - 12) is called current division rule of parallel resistors. It can be seen that the current I_k divided by each parallel resistor is inversely proportional to its resistance R_k and proportional to its conductance G_k.

The power of each resistor in parallel is

$$P_k=UI_k=\frac{U^2}{R_k}=U^2G_k \tag{2-13}$$

It can be seen that the power P_k of each parallel resistor is inversely proportional to its resistance R_k and proportional to its conductance G_k.

4. Two resistors in parallel

When two resistors are connected in parallel, as shown in Figure 2 - 6 (a), from Equation (2 - 10), we can have

$$\frac{1}{R}=\frac{1}{R_1}+\frac{1}{R_2}$$

then the equivalent resistance is

$$R=\frac{R_1R_2}{R_1+R_2} \tag{2-14}$$

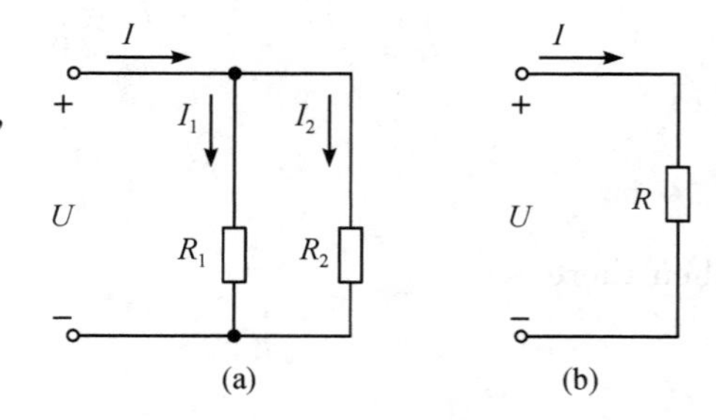

Figure 2 - 6 Two resistors in parallel

When the reference direction of each current is shown in Figure 2 - 6(a), the currents I_1, I_2 in the two parallel resistors are

$$\begin{cases} I_1=\dfrac{U}{R_1}=\dfrac{1}{R_1}\times RI=\dfrac{R_2}{R_1+R_2}I \\ I_2=\dfrac{U}{R_2}=\dfrac{1}{R_2}\times RI=\dfrac{R_1}{R_1+R_2}I \end{cases} \tag{2-15}$$

Equation(2 - 15) is the current division rule of two parallel resistors. Note that this formula should correspond one-to-one with the reference direction of the current. For example, in Figure 2 - 6(a), if the reference direction of the current I_1 is opposite to the direction shown in the figure, the calculation formula of I_1 in Equation(2 - 15) should be negative, that is $I_1 = -\frac{U}{R_1} = -\frac{1}{R_1} \times RI = -\frac{R_2}{R_1 + R_2} I$, and so on.

【Example 2 - 3】 In Figure 2 - 6(a), given $R_1 = 500\ \Omega$, $R_2 = 600\ \Omega$, when total current $I = 1$ A, try to find equivalent resistance and the current in each resistor.

Solution From Equation(2 - 14), the equivalent resistance of two resistors in parallel is

$$R = \frac{R_1 R_2}{R_1 + R_2} = \frac{600 \times 500}{600 + 500}\ \Omega = 272.7\ \Omega$$

From Equation(2 - 15), we can have, the current flowing through in each resistor is

$$I_1 = \frac{R_2}{R_1 + R_2} I = \frac{600\ \Omega}{600\ \Omega + 500\ \Omega} \times 1\ \text{A} = 0.55\ \text{A}$$

$$I_2 = \frac{R_1}{R_1 + R_2} I = \frac{500\ \Omega}{600\ \Omega + 500\ \Omega} \times 1\ \text{A} = 0.45\ \text{A}$$

【Example 2 - 4】 As shown in the Figure 2 - 7, there is a DC ammeter, and its range is 10 mA, and internal resistance is $R_A = 10\ \Omega$. To expand the range to 100 mA, how much resistance should be connected in parallel?

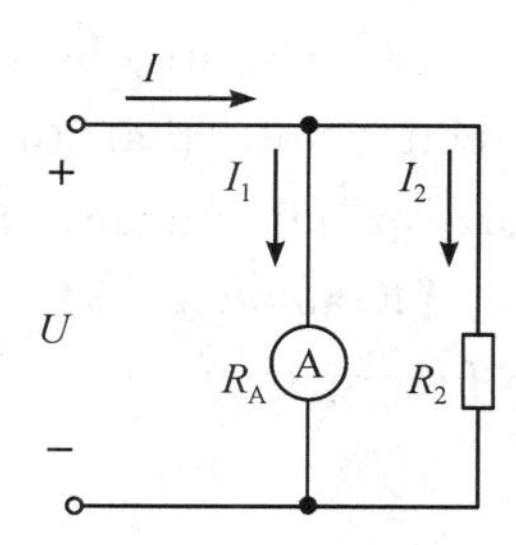

Figure 2 - 7 Diagram of Example 2 - 4

Solution

Suppose the resistor in parallel is R_2, as shown in Figure 2 - 7. Because the range of ammeter is 10 mA, so $I_1 = 10$ mA, the voltage across the ammeter

$$U = R_A I_1 = 10\ \Omega \times 10 \times 10^{-3}\ \text{A} = 0.1\ \text{V}$$

When the range of ammeter is expanded to 100 mA, that is $I = 100$ mA, the current flowing through the resistor R_2 in parallel is

$$I_2 = I - I_1 = 100 \times 10^{-3}\ \text{A} - 10 \times 10^{-3}\ \text{A} = 0.09\ \text{A}$$

Since the voltage of each branch in parallel circuit is the same, the voltage across the resistor R_2 is U, too. According to Ohm's law, we can have the resistance R_2 of parallel resistor is

$$R_2 = \frac{U}{I_2} = \frac{0.1}{0.09}\ \Omega = 1.1\ \Omega$$

Ⅳ. Resistors in series-parallel

In the circuit, there are both series connection and parallel connection, this connection method is called series-parallel connection of resistors, as shown in Figure 2 - 8.

In a circuit with resistors in series-parallel, when finding the equivalent resistance, the key is to determine which resistors are in series and which are in parallel. In Figure 2 - 8, R_1 and R_2 are connected in series first, then the former part is connected in parallel with R_3, so the equivalent resistance is

$$R=\frac{(R_1+R_2)R_3}{(R_1+R_2)+R_3}$$

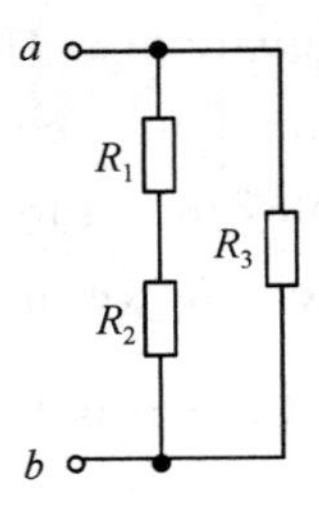

Figure 2 - 8 Resistors in series-parallel

When the series-parallel relationship of the resistors is not easy to determine, the method of step-by-step equivalence is often used to find the equivalent resistance. The specific method is as follows:

(1) Determine each node of different potentials in the circuit first, and mark the number of nodes.

(2) Without changing the connection relationship of the original circuit resistance, shorten or lengthen a certain part of the connecting wire, connect some equipotential points in the circuit together, and change the related resistors into a series connection or parallel connection that is easy to judge.

(3) The step-by-step equivalence method is used to find equivalence part by part of the circuit. Note that the equivalent resistance of each part should be connected to the corresponding node, and the part of the circuit that has no equivalent remains unchanged.

【Example 2 - 5】 Find the equivalent resistance of terminals a, b in circuit as shown in Figure 2 - 9(a).

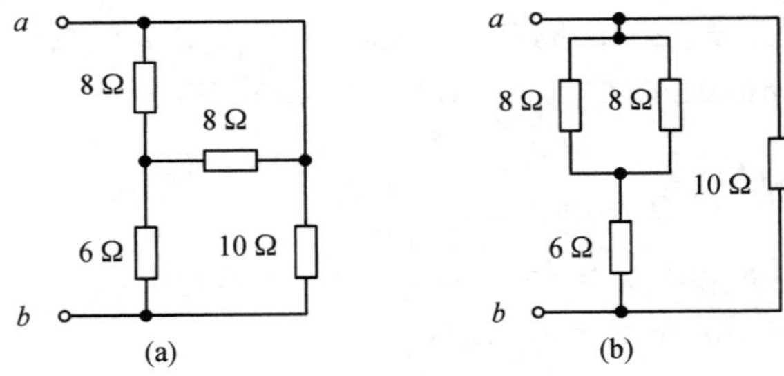

Figure 2 - 9 Diagram of Example 2 - 5

Solution Revise the Figure 2 - 9(a) to Figure 2 - 9(b), it can be seen that two 8 Ω resistors are connected in series with a 6 Ω resistor, and then connected in parallel with a 10 Ω resistor, so the equivalent resistances at the ends of a and b are

$$R_{ab}=\frac{\left(\frac{8}{2}+6\right)\times 10}{\left(\frac{8}{2}+6\right)+10}\ \Omega=5\ \Omega$$

【Example 2 - 6】 Find the equivalent resistance of terminals a, b in circuit as shown in Figure 2 - 10(a).

Solution

(1) In addition to the endpoints a and b, mark the remaining nodes c and d, and draw

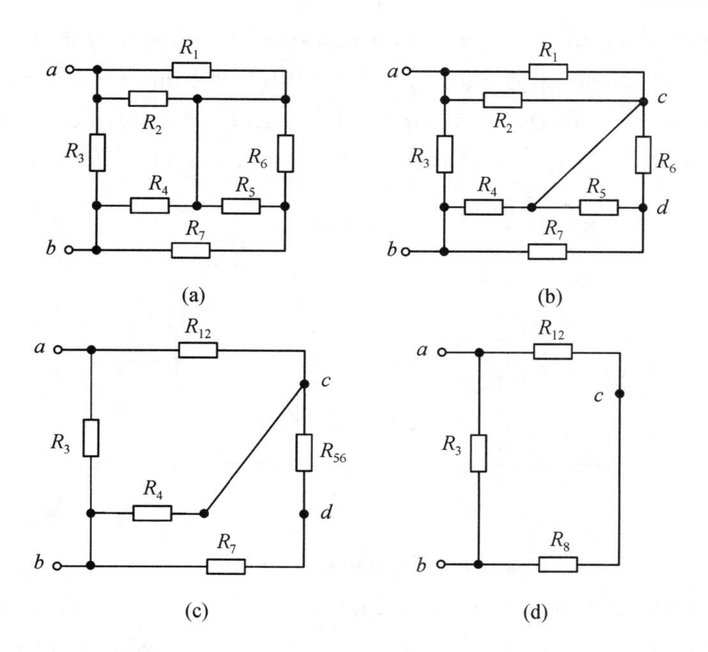

Figure 2 - 10 Diagram of Example 2 - 6

the two equipotential points on the right end of R_2 to the one in Figure 2 - 10(a), as shown in Figure 2 - 10(b).

(2) In Figure 2 - 10(b), R_1 and R_2 are in parallel, R_5 and R_6 are in parallel, the equivalent resistance is represented as R_{12} and R_{56}. R_{12} is connected between node a and node c, R_{56} is connected between node c and node d, the remaining resistors are unchanged, as shown in Figure 2 - 10(c), where

$$R_{12}=\frac{R_1R_2}{R_1+R_2}$$

$$R_{56}=\frac{R_5R_6}{R_5+R_6}$$

(3) In Figure 2 - 10(c), R_{56} and R_7 are connected in series with resistor R_4 in parallel, the equivalent resistance is represented by R_8, and is connected between nodes b and c, and the rest of the resistance remains unchanged, as shown in Figure 2 - 10(d), where

$$R_8=\frac{R_4(R_{56}+R_7)}{R_4+(R_{56}+R_7)}$$

(4) In Figure 2 - 10, R_{12} and R_8 are connected in series first, then the former part is connected in parallel with R_3, so the equivalent resistance R_{ab} across end a and end b is

$$R_{ab}=\frac{R_3(R_{12}+R_8)}{R_3+(R_{12}+R_8)}$$

【Example 2 - 7】 When conducting electrical experiments, the slide rheostat is often connected to the voltage divider circuit to adjust the voltage on the load resistance, as shown in Figure 2 - 11(a). Where, R_1 is the resistance between the top of the slide rheostat and the contact of the slider, R_2 is the resistance between the contact of the slider and the end of the slide rheostat, and R_L is the load resistance. It is known that the rated resistance of rheochord R is 100Ω, the rated current is 3 A. When the input voltage of terminal a and b is $U_S = 220$ V, and $R_L = 50$ Ω, try to find: (1) when $R_2 = 50$ Ω, how much is the output voltage? (2) when $R_2 = 75$ Ω, how much is the output voltage? Does the rheochord work safely?

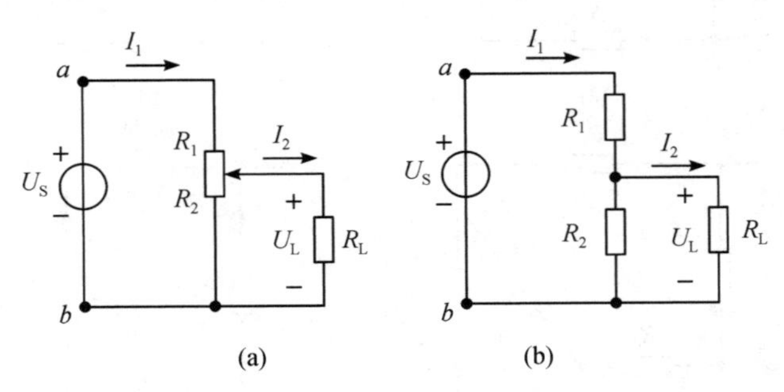

Figure 2 - 11 Diagram of Example 2 - 7

Solution Change Figure 2 - 11(a) to Figure 2 - 11(b), it can be seen that R_2 and R_L are connected in parallel, and then in series with R_1, so the equivalent resistance at both ends of a and b is

$$R_{ab} = R_1 + \frac{R_2 R_L}{R_2 + R_L}$$

(1) When $R_2 = 50$ Ω, the equivalent resistance of terminals a, b is

$$R_{ab} = 50\ \Omega + \frac{50 \times 50}{50 + 50}\ \Omega = 75\ \Omega$$

The current in circuit is

$$I_1 = \frac{U_S}{R_{ab}} = \frac{220}{75} \text{A} \approx 2.93\ \text{A}$$

According to the current division rule formula, we can have

$$I_2 = \frac{R_2}{R_2 + R_L} \times I_1 = \frac{50\ \Omega}{50\ \Omega + 50\ \Omega} \times 2.93\ \text{A} \approx 1.47\ \text{A}$$

Load voltage that is output voltage, is

$$U_L = R_L I_2 = 50\ \Omega \times 1.47\ \text{A} = 73.5\ \text{V}$$

(2) When $R_2 = 75$ Ω, the equivalent resistance of terminals a, b is

$$R_{ab} = 25\ \Omega + \frac{75 \times 50}{75 + 50}\ \Omega = 55\ \Omega$$

The current I_1 in circuit is

$$I_1 = \frac{U_S}{R_{ab}} = \frac{220}{55}\ \text{A} = 4\ \text{A}$$

The current I_2 in circuit is

$$I_2 = \frac{R_2}{R_2 + R_L} \times I_1 = \frac{75\ \Omega}{75\ \Omega + 50\ \Omega} \times 4\ \text{A} = 2.4\text{A}$$

The output voltage is

$$U_L = R_L I_2 = 50\ \Omega \times 2.4\ A = 120\ V$$

Since $I_1 = 4$ A, it is greater than the rated current 3A of the rheochord, the resistance of the R_1 section is in danger of being burned out.

Section Ⅱ Star connection and delta connection of resistors

In the actual circuit, in addition to series and parallel, there are two connection methods for resistors: one is star connection, and the other is delta connection.

Ⅰ. Star connection and delta connection

In Figure 2 - 12(a), one end of each of three resistance elements R_a, R_b and R_c is connected to a common node o at the same time, and the other end is connected to the three terminals a, b and c of the circuit respectively. This connection method is called star connection of the resistors, also called Y connection or T connection.

In Figure 2 - 12(b), the three resistance elements R_{ab}, R_{bc} and R_{ca} are connected end to end to form a triangle, and the three vertices of the triangle are respectively connected to the terminal a, b, and c of the circuit. This connection method is called delta connection of the resistors, also called π connection.

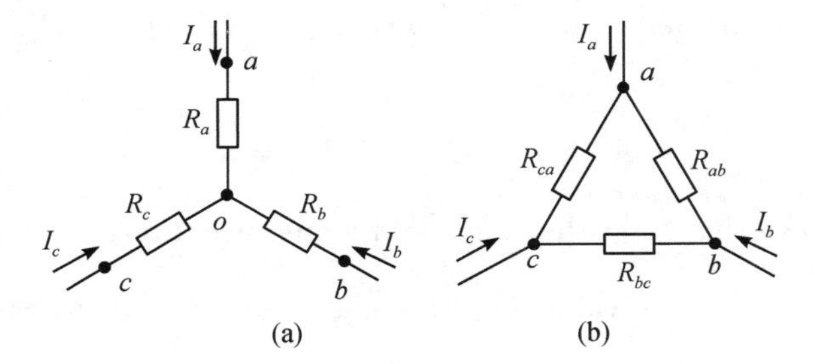

Figure 2 - 12 Star connection and delta connection of resistors

Ⅱ. Equivalent transformation of star connection and delta connection

According to the equivalent transformation conditions, if the star connection in Figure 2 - 12(a) and the delta connection in Figure 2 - 12(b) have the same terminal voltage-current relationship, that is, when the voltages U_{ab}, U_{bc} and U_{ca} between the three terminals in the two connections are the same, and the currents I_a, I_b and I_c at the three terminals are respectively equal, the two connection methods are equivalent to the external terminals. From this, the relational expression of the equivalent transformation of the two connection modes can be obtained(the derivation process is omitted in this book).

(1) If the star connection in Figure 2 - 12(a) is equivalent to the delta connection in Figure 2 - 12(b), that is Y→△, there is

$$\begin{cases} R_{ab}=R_a+R_b+\dfrac{R_aR_b}{R_c} \\ R_{bc}=R_b+R_c+\dfrac{R_bR_c}{R_a} \\ R_{ca}=R_c+R_a+\dfrac{R_cR_a}{R_b} \end{cases} \tag{2-16}$$

If the resistors in the star connection meet $R_a=R_b=R_c=R_Y$, that is, in the case of symmetry, when it is equivalent to a delta connection, each resistor in it is

$$R_{ab}=R_{bc}=R_{ca}=3R_Y=R_\triangle \tag{2-17}$$

The above formula shows that after the equivalent transformation, the delta connection is also symmetrical, and the resistance value $R_\triangle$ of each resistor is 3 times the resistance value R_Y of the resistor in the star connection.

(2) If the delta connection in Figure 2-12(b) is equivalent to the star connection in Figure 2-12(a), that is △→Y, there is

$$\begin{cases} R_a=\dfrac{R_{ca}R_{ab}}{R_{ab}+R_{bc}+R_{ca}} \\ R_b=\dfrac{R_{ab}R_{bc}}{R_{ab}+R_{bc}+R_{ca}} \\ R_c=\dfrac{R_{bc}R_{ca}}{R_{ab}+R_{bc}+R_{ca}} \end{cases} \tag{2-18}$$

If the resistance in the delta connection meet $R_{ab}=R_{bc}=R_{ca}=R_\triangle$, that is, in the case of symmetry, there is

$$R_a=R_b=R_c=\frac{1}{3}R_\triangle=R_Y \tag{2-19}$$

Equation(2-19) shows that after the equivalent transformation, the star connection is also symmetrical, and the resistance value R_Y of each resistor is $\frac{1}{3}$ of the resistance value $R_\triangle$ of the resistor in the delta connection.

【Example 2-8】 In Figure 2-13(a), given $R_1=10\ \Omega$, $R_2=5\ \Omega$, find equivalent resistance R_{ab}.

Solution

(1) In addition to the endpoints *a* and *b*, mark the remaining nodes *c*, *d* and *e*, as shown in Figure 2-13(b). There are multiple star and delta connections in the figure. The star connection with point *e* as the midpoint is a symmetrical star connection, so that it is equivalently transformed into a delta connection first, and the equivalent resistance is represented by R_{ad}, R_{ab} and R_{db}, as shown in Figure 2-13(c). According to Equation (2-17), we can have

$$R_{ad}=R_{ab}=R_{db}=3R_2=3\times 5\ \Omega=15\ \Omega$$

(2) There are multiple star and delta connections in the figure. The star connection with point *e* as the midpoint is a symmetrical star connection, so that it is equivalently

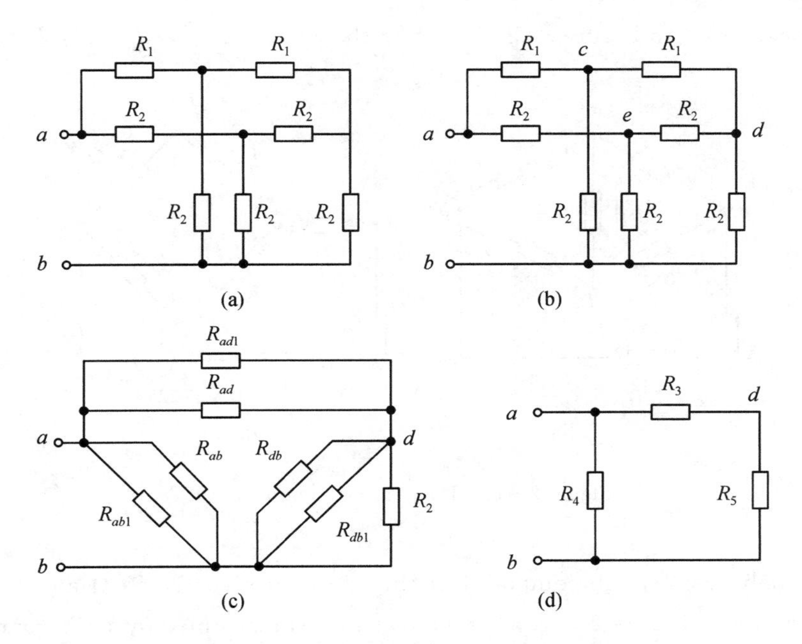

Figure 2 - 13 Diagram of Example 2 - 8

transformed into a delta connection first, and the equivalent resistance is represented by R_{ad1}, R_{ab1} and R_{db1}, as shown in Figure 2 - 13(c). According to Equation(2 - 16), we can have

$$R_{ad1}=R_1+R_1+\frac{R_1R_1}{R_2}=10\ \Omega+10\ \Omega+\frac{100}{5}\ \Omega=40\ \Omega$$

$$R_{ab1}=R_1+R_2+\frac{R_1R_2}{R_1}=10\ \Omega+5\ \Omega+\frac{50}{10}\ \Omega=20\ \Omega$$

$$R_{db1}=R_1+R_2+\frac{R_1R_2}{R_1}=10\ \Omega+5\ \Omega+\frac{50}{10}\ \Omega=20\ \Omega$$

(3) After the above equivalent transformation, resistors R_{ad} and R_{ad1} in Figure 2 - 13(c) are connected in parallel, and the equivalent resistance is represented by R_3; R_{ab} and R_{ab1} are connected in parallel, and the equivalent resistance is represented by R_4; R_{db}, R_{db1}, and R_2 are connected in parallel, and the equivalent resistance is represented by R_5, as shown in Figure 2 - 13(d). Where

$$R_3=\frac{R_{ad}R_{ad1}}{R_{ad}+R_{ad1}}=\frac{40\times15}{40+15}\ \Omega=10.9\ \Omega$$

$$R_4=\frac{R_{ab}R_{ab1}}{R_{ab}+R_{ab1}}=\frac{20\times15}{20+15}\ \Omega=8.6\ \Omega$$

$$R_5=\frac{1}{\frac{1}{R_{db}}+\frac{1}{R_{db1}}+\frac{1}{R_2}}=\frac{1}{\frac{1}{15}+\frac{1}{20}+\frac{1}{5}}\ \Omega=3.2\ \Omega$$

so the equivalent resistance of terminals a, b is

$$R=\frac{R_4(R_3+R_5)}{R_4+(R_3+R_5)}=\frac{8.6\times(10.9+3.2)}{8.6+(10.9+3.2)}\ \Omega=5.3\ \Omega$$

【Example 2 - 9】 In Figure 2 - 14(a), find the current I, I_1, I_2, I_3, I_4 and I_5 of each resistor.

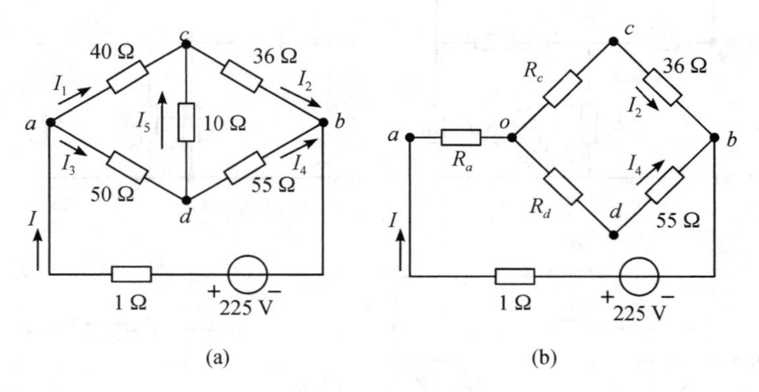

Figure 2 - 14 Diagram of Example 2 - 9

Solution

(1) The delta connection composed of three resistors 40 Ω, 50 Ω and 10 Ω between nodes a, c, and d in Figure 2 - 14(a) is equivalently transformed into a Y connection, and the equivalent resistances are represented by R_a、R_c and R_d respectively, as shown in Figure 2 - 14(b). According to Equation(2 - 18), we can have

$$R_a=\frac{50\times 40}{10+50+40}\ \Omega=20\ \Omega$$

$$R_c=\frac{40\times 10}{10+50+40}\ \Omega=4\ \Omega$$

$$R_d=\frac{10\times 50}{10+50+40}\ \Omega=5\ \Omega$$

(2) In Figure 2 - 14(b), R_c and resistor with 36 Ω are in series, R_d and resistor with 55 Ω are also in series, so the equivalent resistance R_{ob} between nodes o and b is

$$R_{ob}=\frac{(R_c+36)(R_d+55)}{(R_c+36)+(R_d+55)}=\frac{40\times 60}{40+60}\ \Omega=24\ \Omega$$

The equivalent resistance between node a and node b is

$$R_{ab}=R_a+R_{ob}=20\ \Omega+24\ \Omega=44\ \Omega$$

so the current I in circuit is

$$I=\frac{225\ \text{V}}{1\ \Omega+R_{ab}}=\frac{225\ \text{V}}{1\ \Omega+44\ \Omega}=5\ \text{A}$$

According to current division rule, we can have

$$I_2=\frac{R_d+55}{(R_c+36)+(R_d+55)}I=\frac{60\ \Omega}{40\ \Omega+60\ \Omega}\times 5\ \text{A}=3\ \text{A}$$

$$I_4=\frac{R_c+36}{(R_c+36)+(R_d+55)}I=\frac{40\ \Omega}{40\ \Omega+60\ \Omega}\times 5\ \text{A}=2\ \text{A}$$

The voltage between node a and node c is

$$U_{ac}=R_aI+R_cI_2=20\ \Omega\times 5\ \text{A}+4\ \Omega\times 3\ \text{A}=112\ \text{V}$$

(3) Going back to Figure 2 - 14(a), it is known that U_{ac}, the current I_1 can be obtained according to Ohm's law, that is

$$I_1 = \frac{U_{ac}}{40\ \Omega} = \frac{112\ \text{V}}{40\ \Omega} = 2.8\ \text{A}$$

At nodes a and d, the currents are obtained by KCL respectively

$$I_3 = I - I_1 = 5\ \text{A} - 2.8\ \text{A} = 2.2\ \text{A}$$

$$I_5 = I_3 - I_4 = 2.2\ \text{A} - 2\ \text{A} = 0.2\ \text{A}$$

There are other solutions to this problem. For example, the star connection can be transformed equivalently to a delta connection. Readers can analyze it themselves.

Section Ⅲ Equivalence of power supply

Ⅰ. Equivalent transformation of two circuit models of actual power supply

Unlike the ideal power supply, the actual power supply contains internal resistance. The actual power supply has a voltage source model and a current source model, as shown in Figure 2 - 15.

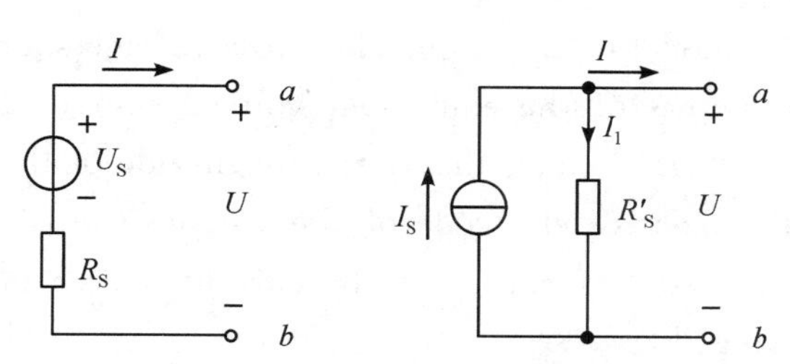

Figure 2 - 15 Two models of the actual power supply

When the port voltages and port currents of the two models in Figure 2 - 15(a) and Figure 2 - 15(b) are exactly the same, they are equivalent circuit models in terms of the external circuit.

From KVL, the relationship between the port voltage and port current in Figure 2 - 15(a) is

$$U = U_S - R_S I \tag{2 - 20}$$

The relationship between the port voltage and port current in Figure 2 - 15(b) is

$$U = R'_S(I_S - I) = R'_S I_S - R'_S I \tag{2 - 21}$$

If the circuits shown in Figure 2 - 15(a) and Figure 2 - 15(b) are equivalent circuits, according to the conditions of equivalent transformation, there are

$$\begin{cases} U_S = R'_S I_S \\ R'_S = R_S \end{cases} \tag{2 - 22}$$

Equation(2 - 22) is the condition that must be satisfied by the equivalent transformation of the voltage source model and the current source model.

1. Voltage source model is equivalent to current source model

If the voltage source model is to be equivalent to a current source model, as shown in Figure 2 - 16, the parameters of the equivalent current source model can be calculated according to Equation(2 - 22). Among them, the magnitude of the current source current is $I_S = \frac{U_S}{R_S}$, the reference direction of the current source current is from the negative electrode of the voltage source to the positive electrode in the voltage source model, and the internal resistance remains unchanged, which is still R_S.

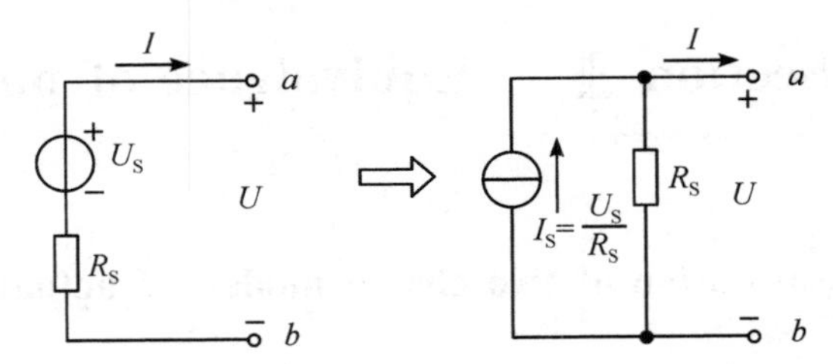

Figure 2 - 16 Voltage source model is equivalent to current source model

2. Current source model is equivalent to voltage source model

If the current source model is to be equivalent to a voltage source model, as shown in Figure 2 - 17, the parameters of the equivalent voltage source model can be calculated according to Equation(2 - 22). Among them, the magnitude of the voltage of the voltage source is $U_S = R_S I_S$, the positive electrode of the voltage source is the direction of the current flowing out of the current source in the current source model, and the internal resistance remains unchanged.

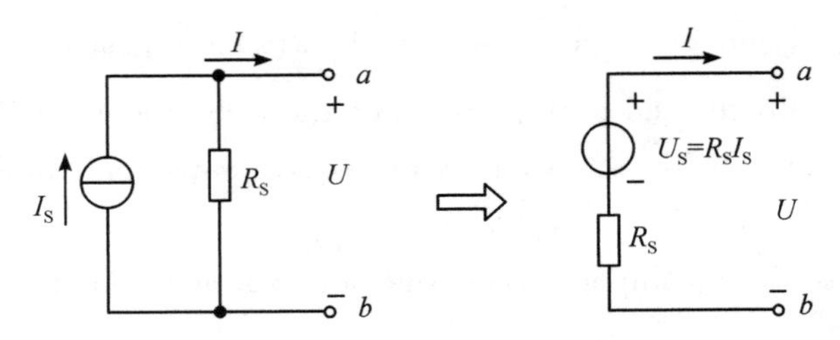

Figure 2 - 17 Current source model is equivalent to voltage source model

Attention (1) In general, the situation of internal power in these two equivalent models is not the same, but for the external circuit, the power they absorb or provide is always the same.

(2) There is no equivalent transformation between an ideal voltage source and an ideal current source.

【Example 2 - 10】 Find the equivalent current source model of Figure 2 - 18(a) and the equivalent voltage source model of Figure 2 - 18(b).

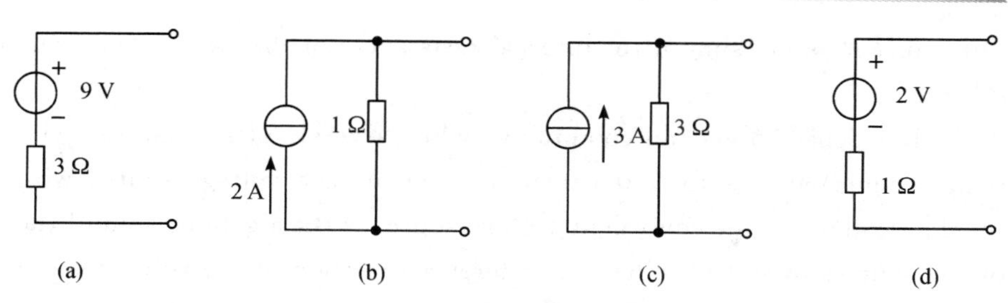

Figure 2 - 18 Figure of Example 2 - 10

Solution

The model in Figure 2 - 18(a) is equivalently transformed into a current source model, where the magnitude of the current in current source is obtained from Equation(2 - 22)

$$I_S = \frac{U_S}{R_S} = \frac{9}{3}\ \text{A} = 3\ \text{A}$$

The reference direction of the current source current is from the negative electrode of the voltage source to the positive electrode in the voltage source model, and the internal resistance remains unchanged, which is 3 Ω, as shown in Figure 2 - 18(c)

Figure 2 - 18(b) is equivalent to a voltage source model. From Equation(2 - 22), the magnitude of voltage across voltage source is obtained

$$U_S = R_S I_S = 1\ \Omega \times 2\ \text{A} = 2\ \text{V}$$

The positive electrode of the voltage source voltage is the direction in which the current source current flows out in the current source model, and the internal resistance remains unchanged, which is 1 Ω, as shown in Figure 2 - 18(d).

Ⅱ. Series-parallel equivalence of voltage source

1. Voltage sources in series

Figure 2 - 19(a) shows two voltage sources with internal resistance connected in series. According to KVL, there is

$$\begin{aligned} U &= U_{S1} - IR_{S1} + U_{S2} - IR_{S2} \\ &= (U_{S1} + U_{S2}) - (R_{S1} + R_{S2})I = U_S - IR_S \end{aligned} \tag{2-23}$$

Equation(2 - 23) shows that Figure 2 - 19(a) can be equivalent to a circuit model in which a voltage source is connected with the internal resistance in series, as shown in Figure 2 - 19(b). Where the voltage U_S of the equivalent voltage source is the algebraic sum of the voltages of the two voltage sources in series, that is $U_S = U_{S1} + U_{S2}$; the equivalent

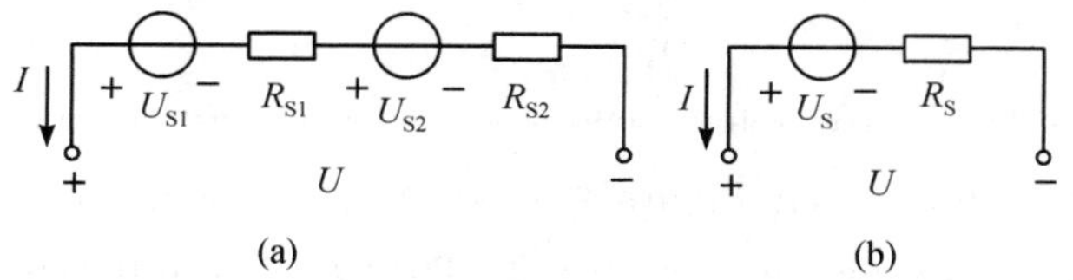

Figure 2 - 19 Two voltage sources with internal resistance in series

internal resistance R_S is the sum of the internal resistances of the two voltage sources, that is $R_S = R_{S1} + R_{S2}$.

It can be broadened to general conditions, when several voltage sources with internal resistance are connected in series, it can be equivalent to a voltage source with internal resistance. The voltage of the equivalent voltage source is the algebraic sum of the voltages of the voltage sources in series. When the reference direction of the voltage source voltage in series is consistent with the reference direction of the equivalent voltage source voltage, it is positive, otherwise it is negative. The equivalent internal resistance is the sum of the internal resistances of each voltage power supply.

Under special circumstances, if several ideal voltage sources with zero internal resistance are connected in series, they can be equivalent to an ideal voltage source, and the magnitude of its voltage is the algebraic sum of the voltages of the ideal voltage sources in series.

2. Voltage sources in parallel

Figure 2 - 20(a) shows two voltage sources with internal resistance connected in parallel. If the reference direction of the voltage and current is shown in the figure, the loop is taken clockwise. According to KVL, there is

$$U_{S2} - I_2 R_{S2} + I_1 R_{S1} - U_{S1} = 0\ \text{V} \tag{2-24}$$

According to KCL, there is

$$I = I_1 + I_2 \tag{2-25}$$

The port voltage of Figure 2 - 20(a) is

$$U = U_{S2} - I_2 R_{S2} \tag{2-26}$$

Substitute Equation (2 - 24) and Equation (2 - 25) into Equation (2 - 26), and rearrange them as follows:

$$\begin{aligned} U &= \frac{U_{S2} R_{S1} + U_{S1} R_{S2}}{R_{S1} + R_{S2}} - \frac{R_{S1} R_{S2}}{R_{S1} + R_{S2}} I \\ &= U_S - R_S I \end{aligned} \tag{2-27}$$

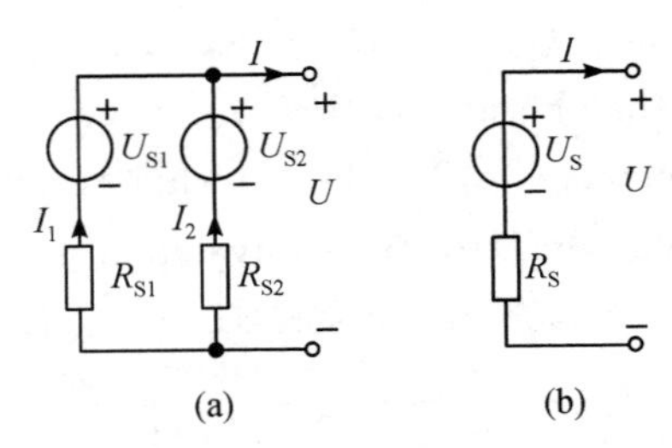

Figure 2 - 20 Two voltage sources with internal resistance in parallel

Equation (2 - 27) shows that Figure 2 - 20(a) can be equivalent to a voltage source with internal resistance, as shown in Figure 2 - 20(b). The internal resistance R_S of the equivalent voltage source is the parallel connection of the internal resistances of the two voltage sources, that is $R_S = \frac{R_{S1}R_{S2}}{R_{S1}+R_{S2}}$, the voltage of the equivalent voltage source is determined by $U_S = \frac{U_{S2}R_{S1}+U_{S1}R_{S2}}{R_{S1}+R_{S2}}$. This conclusion can also be generalized to the parallel connection of multiple voltage sources with internal resistance.

Attention For ideal voltage sources without internal resistance, they can be connected in parallel only when the voltages of the ideal voltage sources are all the same. After the parallel connection, it is equivalent to an ideal voltage source with the same voltage value. It is meaningless to connect ideal voltage sources with different voltage values in parallel.

3. The parallel connection of ideal voltage source and ideal current source or resistance element

When an ideal voltage source is connected in parallel with an ideal current source or resistance element, as shown in Figure 2 - 21(a) and Figure 2 - 21(b), it can be seen from the characteristics of the parallel branch voltage is the same that the voltage at both ends does not change. Therefore, for the external circuit, the equivalent circuits of Figure 2 - 21(a) and Figure 2 - 21(b) is the circuit shown in Figure 2 - 21(c).

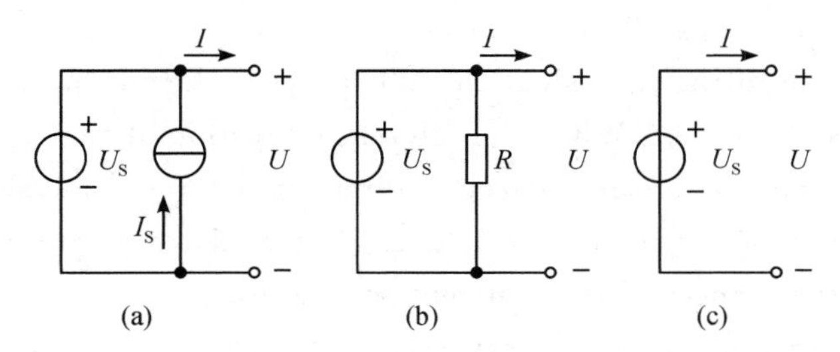

Figure 2 - 21 The parallel connection of ideal voltage source and ideal current source or resistance element

Ⅲ. Series-parallel equivalence of current source

1. Current sources in parallel

Two current sources with internal resistance are connected in parallel, as shown in Figure 2 - 22(a). According to the characteristics of the parallel branch, there are

$$I_1 = \frac{U}{R_{S1}} \tag{2-28}$$

$$I_2 = \frac{U}{R_{S2}} \tag{2-29}$$

From KCL, we have

$$I + I_1 + I_2 = I_{S1} + I_{S2} \tag{2-30}$$

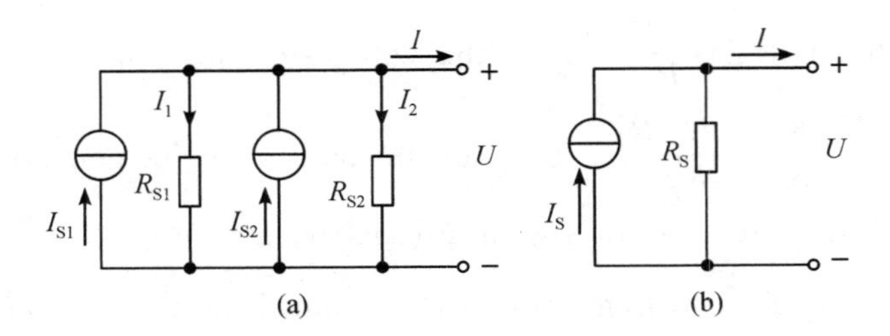

Figure 2 - 22 Two current sources with internal resistance in parallel

Substitute Equation(2 - 28) and Equation(2 - 29) into Equation(2 - 30) to get

$$I = I_{S1} + I_{S2} - (I_1 + I_2) = (I_{S1} + I_{S2}) - \left(\frac{1}{R_{S1}} + \frac{1}{R_{S2}}\right)U = I_S - \frac{1}{R_S}U \quad (2-31)$$

Equation(2 - 31) shows that Figure 2 - 22(a) can be equivalent to a circuit model in which a current source is connected with the internal resistance in series, as shown in Figure 2 - 22(b). Where the current I_S of the equivalent current source is the algebraic sum of the currents of the two current sources in series, that is $I_S = I_{S1} + I_{S2}$; the equivalent internal resistance R_S is the sum of the internal resistances of the two current sources, that is $\frac{1}{R_S} = \frac{1}{R_{S1}} + \frac{1}{R_{S2}}$.

It can be broadened to general conditions, when several current sources with internal resistance are connected in parallel, it can be equivalent to a current source with internal resistance. The current of the equivalent current source is the algebraic sum of the currents of the voltage sources in series. When the reference direction of the current source current in parallel is consistent with the reference direction of the equivalent voltage source voltage, it is positive, otherwise it is negative. The equivalent internal resistance is the sum of the internal resistances of each current source.

Under special circumstances, if several ideal current sources with zero internal resistance are connected in parallel, they can be equivalent to an ideal current source, and the magnitude of its current is the algebraic sum of the currents of the ideal current sources in parallel.

2. Current sources in series

As shown in Figure 2 - 23(a), two current sources with internal resistance are connected in series and can be equivalent to Figure 2 - 23(b) through equivalent transformation, where

$$\begin{cases} U_{S1} = I_{S1}R_{S1} \\ U_{S2} = I_{S2}R_{S2} \end{cases} \quad (2-32)$$

Figure 2 - 23(b) can be equivalent to Figure 2 - 23(c), where

$$U_S = U_{S1} + U_{S2} = I_{S1}R_{S1} + I_{S2}R_{S2} \quad (2-33)$$

$$R_S = R_{S1} + R_{S2} \quad (2-34)$$

Figure 2 - 23(c) can be equivalent to Figure 2 - 23(d), where

$$I_S = \frac{U_S}{R_S} = \frac{I_{S1}R_{S1} + I_{S2}R_{S2}}{R_S} \quad (2-35)$$

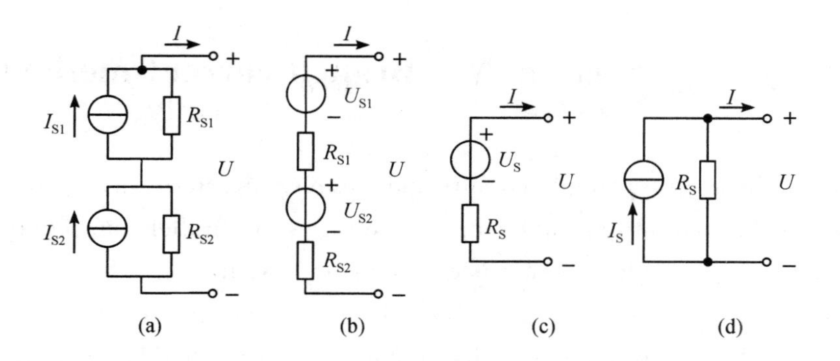

Figure 2 - 23 Two current sources with internal resistance in series

It can be seen that when two current sources with internal resistance are connected in series, they can be equivalent to one current source with internal resistance, and the internal resistance R_S of the equivalent current source is the sum of the internal resistances of the two current sources, that is $R_S = R_{S1} + R_{S2}$, the magnitude of the current of the equivalent current source is determined by Equation(2 - 35). This conclusion can also be generalized to the general case.

Attention An ideal current source without internal resistance can be connected in series only when the currents of the ideal current sources are all the same. After the series connection, it is equivalent to an ideal current source with the same current value. It is meaningless to connect ideal current sources with different current values in series.

3. The series connection of ideal current source and ideal voltage source or resistance element

As shown in Figure 2 - 24(a) and Figure 2 - 24(b), when an ideal current source is connected with an ideal voltage source or a resistance element in series, it can be seen from the characteristics of the series branch current is the same that the current in the circuit is still is the current $I_S$of the current source. For the external circuit, the equivalent circuits of Figure 2 - 24(a) and Figure 2 - 24(b) are shown in Figure 2 - 24(c).

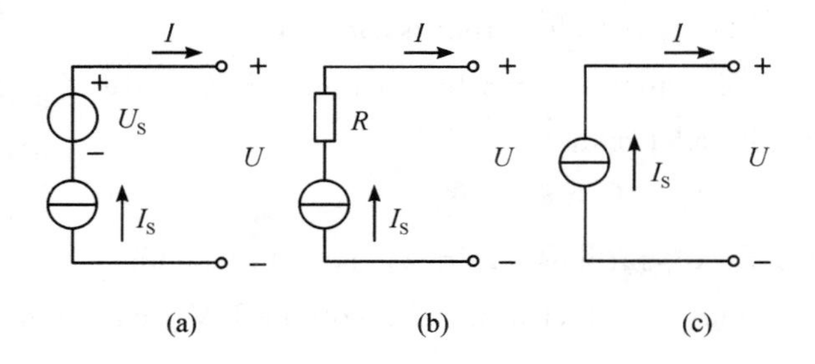

Figure 2 - 24 The series connection of ideal current source and ideal voltage source or resistance element

Section Ⅳ Branch current method

Circuits are divided into simple circuits and complex circuits. Any circuit that can be equivalently transformed into a single loop by the series or parallel connection of resistors is called a simple circuit, otherwise, it is called a complex circuit.

For simple circuits, they can be analyzed by the equivalent transformation which is introduced above. But for complex circuits, the equivalent method is often not applicable. The branch current method described in this section and the node voltage method described in the next section are the most commonly used methods for analyzing linear circuits, especially complex circuits. Neither method requires changing the structure of the circuit.

Ⅰ. Content of branch current method

The branch current method takes the branch current as the unknown quantity, lists the independent equations satisfied by the circuit according to KCL and KVL, and then solves the method of each branch current simultaneously.

When a circuit has b branches, n nodes and m meshes, there will be $(n-1)$ independent KCL equations and m independent KVL equations, and the sum of the number of independent KCL equations and the number of independent KVL equations is exactly the number of branches, that is, $b=(n-1)+m$.

Take the circuit shown in Figure 2 - 25 as an example to illustrate the application of the branch current method. In this circuit, the number of branches $b=3$, the number of nodes $n=2$, the number of meshes $m=2$, and the branch currents I_1, I_2, and I_3 are three unknowns to be determined, and their reference directions are shown in the Figure 2 - 25.

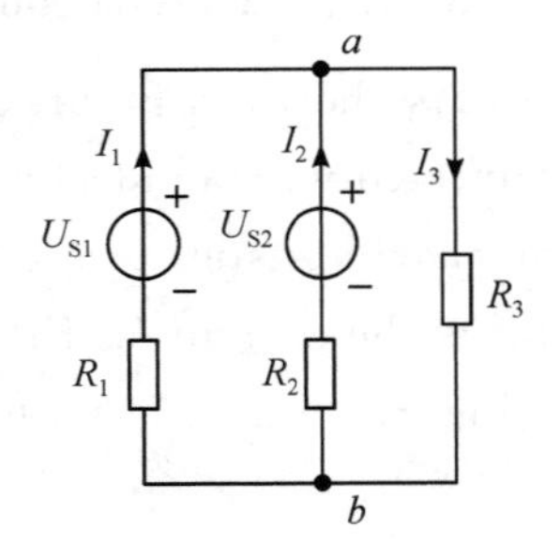

Figure 2 - 25 Example of branch current method

Because the circuit has two nodes, that is, $n=2$, so $n-1=2-1=1$ independent KCL equations can be formulated. Choose a node and formulate the KCL equation

$$I_1+I_2=I_3 \tag{2-36}$$

Since the numbers of meshes $m=2$, two independent KVL equation can be formulated. If both meshes are clockwise, the voltage KVL equations of the two meshes are respectively

$$R_1I_1-U_{S1}+U_{S2}-R_2I_2=0\ \text{V} \tag{2-37}$$

$$R_2I_2-U_{S2}+R_3I_3=0\ \text{V} \tag{2-38}$$

Simultaneously solving Equation(2 - 36), Equation(2 - 37) and Equation(2 - 38), the branch currents I_1, I_2 and I_3 to be found can be obtained. This analysis method is the branch current method.

The branch current method has the advantage of intuitive equations, and is one of the most basic circuit analysis methods. However, since the branch current method needs to formulate the number of KCL equations and KVL equations equal to the number of branches b, there is a disadvantage of a large number of equations for a complex circuit with a large number of branches. Therefore, this method is suitable for circuits with few branches.

Ⅱ. General steps of branch current method

From the above analysis, the general problem-solving steps of the branch current method can be summarized:

(1) Determine the number of nodes n, branches b and meshes m of the circuit, and mark all nodes, branch currents and their reference directions at the same time.

(2) Arbitrarily designate a reference node, and formulate $(n-1)$ corresponding KCL equations for the remaining $(n-1)$ nodes.

(3) Select the detour direction of the mesh, which can be described in words or marked with arrows in the figure, and the KVL equation corresponding to the m meshes can be formulated.

(4) By solving these $b=(n-1)+m$ equations simultaneously, the branch currents of b branches can be obtained.

(5) Calculate the quantity to be obtained from the voltage-current relationship(VCR) of each branch.

【Example 2-11】 In the Figure 2-25, If $U_{S1}=12\text{ V}$, $U_{S2}=6\text{ V}$, $R_1=2\ \Omega$, $R_2=3\ \Omega$, $R_3=6\ \Omega$, using the branch current method to find I_1, I_2 and I_3.

Solution According to the above analysis, substitute the known parameters into Equation(2-36), Equation(2-37) and Equation(2-38), we can get

$$\begin{cases} I_1+I_2=I_3 \\ 2I_1-12\text{ V}+6\text{ V}-3I_2=0\text{ V} \\ 3I_2-6\text{ V}+6I_3=0\text{ V} \end{cases}$$

Solve simultaneous equations, we can have

$$I_1=2\text{ A},\ I_2=-0.67\text{ A},\ I_3=1.33\text{ A}$$

【Example 2-12】 In the circuit shown in Figure 2-26(a), find the current I by using branch current method.

Solution Method Ⅰ:

(1) In this circuit, the number of branches $b=3$, and the branch currents are represented by I_1, I_2, and I; the number of nodes $n=2$, which is represented by a and b; the number of meshes $m=2$, which is represented by m_1 and m_2, as shown in Figure 2-26(b). Because

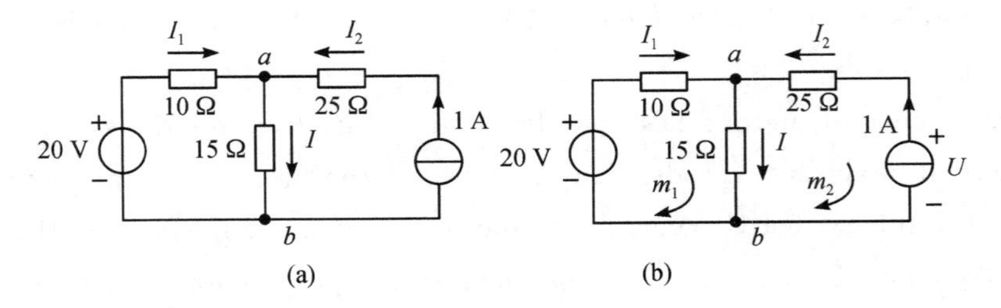

Figure 2 - 26 Figure of Example 2 - 12

$I_2 = 1$ A, there are actually only two unknowns, I_1 and I.

(2) KCL equation of node a is

$$I_1 + I_2 = I$$

That is

$$I_1 + 1\text{ A} = I \tag{2-39}$$

(3) Select the winding direction of mesh m_1 as a clockwise direction, and formulate the KVL equation

$$10I_1 + 15I - 20\text{ V} = 0\text{ V} \tag{2-40}$$

(4) Solving Equation(2 - 39) and Equation(2 - 40) simultaneously, we can get

$$I = 1.2\text{ A}$$

Method Ⅱ:

(1) Determine the number of branches $b = 3$, nodes $n = 2$, and meshes $m = 2$ in the circuit, and suppose the voltage across the current source to be U, as shown in Figure 2 - 26(b). Because $I_2 = 1$ A, there are only two unknown branch currents I_1 and I, but a U is added, so there are still three unknowns.

(2) The KCL equation of node a is the same as Equation (2 - 39), and the KVL equation of mesh m_1 is the same as Equation(2 - 40). The KVL equation of mesh m_2

$$-25I_2 + U - 15I = 0\text{ V} \tag{2-41}$$

Because $I_2 = 1$ A, substitute it into Equation(2 - 41), we can have

$$-25\text{ V} + U - 15I = 0\text{ V} \tag{2-42}$$

(3) Solving simultaneous Equation(2 - 39), Equation(2 - 40) and Equation(2 - 42), we can have

$$I = 1.2\text{ A}$$

【Example 2 - 13】 Use the branch current method to find the current I, I_1, I_2, I_3, I_4 and I_5 in each branch in the circuit shown in Figure 2 - 14(a).

Solution

(1) In the original circuit, the number of branches $b = 6$, the branch current is I, I_1, I_2, I_3, I_4 and I_5, so there are 6 unknowns; the number of nodes $n = 4$, represented by a, b, c, and d; the number of meshes $m = 3$, represented by m_1, m_2 and m_3, as shown in Figure 2 - 27.

(2) Select node d as the reference node, and formulate the corresponding KCL equations at nodes a, c and b:

$$\begin{cases} I = I_1 + I_3 \\ I_1 + I_5 = I_2 \\ I = I_2 + I_4 \end{cases} \tag{2-43}$$

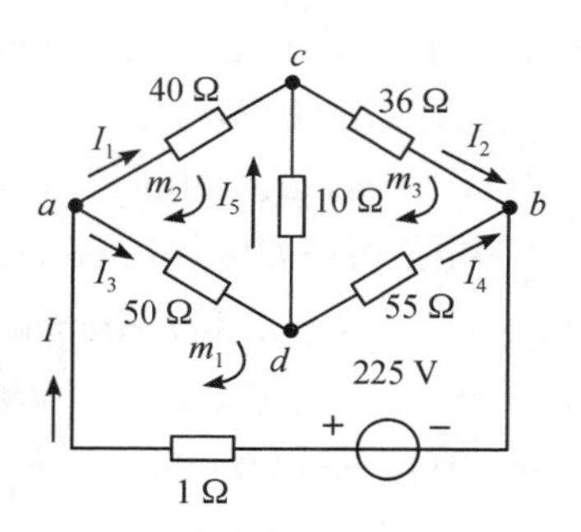

Figure 2 - 27 Diagram of Example 2 - 13

(3) The three meshes m_1, m_2 and m_3 are all wound clockwise, and the corresponding KVL equation is as follows

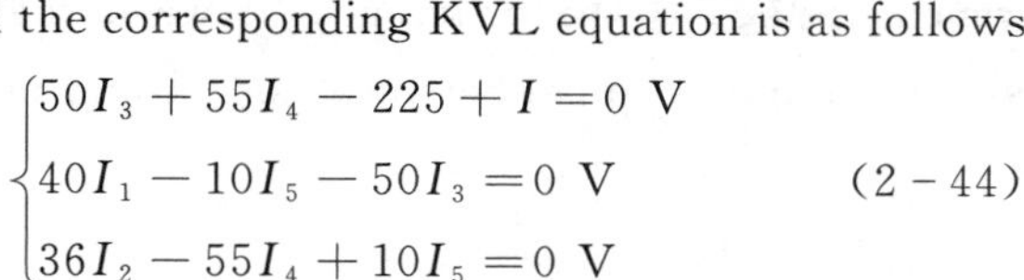

$$\begin{cases} 50I_3 + 55I_4 - 225 + I = 0 \text{ V} \\ 40I_1 - 10I_5 - 50I_3 = 0 \text{ V} \\ 36I_2 - 55I_4 + 10I_5 = 0 \text{ V} \end{cases} \tag{2-44}$$

(4) Solving Equation (2 - 43) and Equation (2 - 44) simultaneously (the process is omitted), we can have

$$I_1 = 2.8 \text{ A}, \ I_2 = 3 \text{ A}, \ I_3 = 2.2 \text{ A}$$
$$I_4 = 2 \text{ A}, \ I_5 = 0.2 \text{ A}, \ I = 5 \text{ A}$$

Section Ⅴ Node voltage method

Ⅰ. Content of node voltage method

Select one node in the circuit as the reference node, and the rest of the nodes are called independent nodes. The voltage between the independent node and the reference node is called the node voltage, and its reference direction is from the independent node to the reference node.

The node voltage method is a method that use the node voltage as the unknown variable and lists the branch current equation represented by the node voltage for independent nodes based on KCL, that is, the node voltage equation. After simultaneously solving the node voltage, calculate the branch current according to the node voltage. To analyze the circuit with the node voltage method, it is only necessary to formulate the KCL equation for $n-1$ independent nodes, and the number of unknowns of the node current method is m less than that of the branch current method.

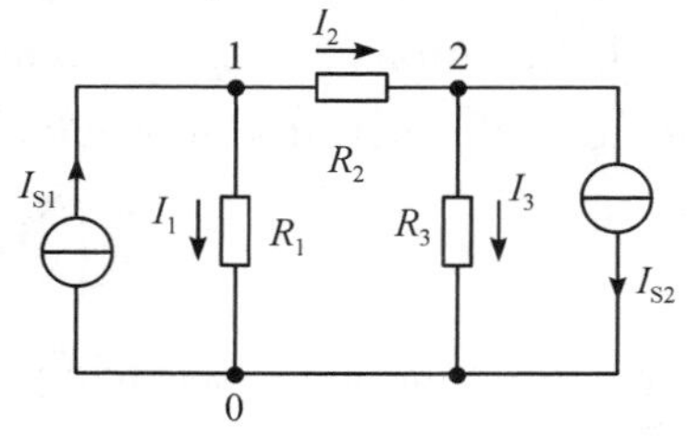

Figure 2 - 28 Example of node voltage method

The following describes the application of the node voltage method with the circuit shown in Figure 2 - 28. In the circuit, the number of nodes $n=3$, represented by 0, 1, and 2. Select one node 0 as the reference node, and the rest of the nodes 1, 2 are independent nodes. The voltage between the independent nodes 1 and 2 to the reference node 0 are called node voltages, which are respectively denoted as U_{n1}, U_{n2}, the reference directions of the two node voltages are defined as from the independent nodes to the reference node.

With the node voltage, the voltage of each branch in the circuit can be represented by the node voltage. If a branch is directly connected between the independent node and the reference node, the node voltage is the branch voltage; if the branch is connected between two independent nodes, the branch voltage is the difference between the node voltages corresponding to the two nodes. The branch voltage between node 1 and node 2 as shown in Figure 2 - 28 is

$$U_{12}=U_{n1}-U_{n2} \tag{2-45}$$

Then formulate the node voltage equations for the circuit shown in Figure 2 - 28. First, mark the branch current in the circuit and its reference direction, as shown in Figure 2 - 28. Then use the node voltage U_{n1} and U_{n2} to represent the current of each branch

$$\begin{cases} I_1=\dfrac{U_{n1}}{R_1} \\ I_2=\dfrac{U_{12}}{R_2}=\dfrac{U_{n1}-U_{n2}}{R_2} \\ I_3=\dfrac{U_{n2}}{R_3} \end{cases} \tag{2-46}$$

Finally formulate KCL equation for the independent nodes 1 and 2, we can have

$$\begin{cases} I_1+I_2=I_{S1} \\ I_2=I_3+I_{S2} \end{cases} \tag{2-47}$$

Substitute Equation(2 - 46) into Equation(2 - 47) and rearrange them as follows

$$\begin{cases} \left(\dfrac{1}{R_1}+\dfrac{1}{R_2}\right)U_{n1}-\dfrac{1}{R_2}U_{n2}-I_{S1}=0 \\ -\dfrac{1}{R_2}U_{n1}+(\dfrac{1}{R_2}+\dfrac{1}{R_3})U_{n2}+I_{S2}=0 \end{cases} \tag{2-48}$$

Equation(2 - 48) is the node voltage equation with the node voltage U_{n1} and U_{n2} as the unknown quantity. After solving the node voltage, then substitute it into the Equation(2 - 46) to find the current of each branch. This analysis method is called the node voltage method.

If Equation (2 - 48) is represented by conductance, and the current of the current source in the circuit is moved to the right side of the equation, there is

$$\begin{cases} (G_1+G_2)U_{n1}-G_2U_{n2}=I_{S1} \\ -G_2U_{n1}+(G_2+G_3)U_{n2}=-I_{S2} \end{cases} \tag{2-49}$$

Write the Equation(2 - 49) in a general form

$$\begin{cases} G_{11}U_{n1}+G_{12}U_{n2}=I_{S11} \\ G_{21}U_{n1}+G_{22}U_{n2}=I_{S22} \end{cases} \tag{2-50}$$

Equation(2 - 50) is the general form of the nodal voltage equation for a circuit with two independent nodes. Where, G_{11} is called the self-conductance of node 1, which is the sum of the conductance of each branch connected to node 1, that is, $G_{11} = G_1 + G_2 = \frac{1}{R_1} + \frac{1}{R_2}$; G_{22} is called the self-conductance of node 2, which is the sum of the conductance of each branch connected to node 2, that is, $G_{22} = G_2 + G_3 = \frac{1}{R_2} + \frac{1}{R_3}$; G_{12} and G_{21} is called the mutual conductance between nodes 1 and 2, and is the negative value of the sum of the conductance of the branches connected between node 1 and node 2, that is, $G_{12} = G_{21} = -G_2 = -\frac{1}{R_2}$. Self-conductance is always positive and mutual conductance is always negative. I_{S11} and I_{S22} represent the algebraic sum of the current source currents injected into nodes 1 and 2, respectively, and the inflow is positive and the outflow is negative, that is, $I_{S11} = I_{S1}$, $I_{S22} = -I_{S2}$.

Generalizing the Equation (2 - 50) to a circuit with $n - 1$ independent nodes, the general form of the node voltage equation is:

$$\begin{cases} G_{11}U_{n1} + G_{12}U_{n2} + \cdots + G_{1(n-1)}U_{n(n-1)} = I_{S11} \\ G_{21}U_{n1} + G_{22}U_{n2} + \cdots + G_{2(n-1)}U_{n(n-1)} = I_{S22} \\ \cdots \\ G_{(n-1)1}U_{n1} + G_{(n-1)2}U_{n2} + \cdots + G_{(n-1)(n-1)}U_{n(n-1)} = I_{S(n-1)(n-1)} \end{cases} \tag{2 - 51}$$

where, parameter G_{11}, G_{22}, $\cdots$, $G_{(n-1)(n-1)}$ is self conductance of $n - 1$ independent nodes; the parameters $G_{12} = G_{21}$, $G_{13} = G_{31}$, $\cdots$, $G_{1(n-1)} = G_{(n-1)1}$ are the mutual conductance between independent nodes. If there is no resistance branch directly connected between the two nodes, the corresponding mutual conductance is zero; the parameter I_{S11}, I_{S22}, $\cdots$, $I_{S(n-1)(n-1)}$ is the algebraic sum of the current source currents connected to each node, with inflow being positive and outflow being negative. If there is a branch with a voltage source and a resistor in series in the circuit, it should be equivalently transformed into a parallel connection between a resistor and a current source, and then determine the influent current value.

From Equation(2 - 51), it can be concluded that if there are $n - 1$ independent nodes in the circuit, there are $n - 1$ equations corresponding to the node voltage equation, and there are $n - 1$ terms added on the left side of each equation. For example, if the circuit has three independent nodes, the node voltage equation has three equations, and three terms are added on the left side of each equation. The general form of the node voltage equation is:

$$\begin{cases} G_{11}U_{n1} + G_{12}U_{n2} + G_{13}U_{n3} = I_{S11} \\ G_{21}U_{n1} + G_{22}U_{n2} + G_{23}U_{n3} = I_{S22} \\ G_{31}U_{n1} + G_{32}U_{n2} + G_{33}U_{n3} = I_{S33} \end{cases} \tag{2 - 52}$$

The node voltage method is applicable to circuits with few nodes in the circuit, and is also widely used in the computer-aided analysis of circuits. It is the most common solution method in practical circuit analysis.

Ⅱ. Millman's theorem

Millman's theorem is a special case of the node voltage method and the simplest node voltage method suitable for circuits with only two nodes.

As shown in Figure 2 - 29, there are only two nodes in the circuit. After choosing one node 0 as the reference node, there is only independent node 1 left, so there is only one node voltage, which is denoted by U_{n1}. According to the general Equation (2 - 51), there is only one node voltage equation

$$G_{11}U_{n1} = I_{S11} \tag{2-53}$$

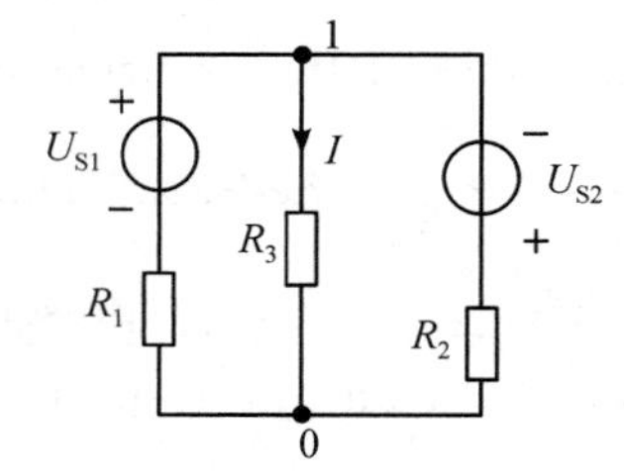

Figure 2 - 29 Millman's theorem

where, the injected current of node 1 is $I_{S11} = \frac{U_{S1}}{R_1} - \frac{U_{S2}}{R_2}$, and the self-conductance of node 1 is $G_{11} = \frac{1}{R_1} + \frac{1}{R_2} + \frac{1}{R_3}$, substituting them into Equation (2 - 53) to obtain the node voltage

$$U_{n1} = \frac{I_{S11}}{G_{11}} = \frac{\frac{U_{S1}}{R_1} - \frac{U_{S2}}{R_2}}{\frac{1}{R_1} + \frac{1}{R_2} + \frac{1}{R_3}} \tag{2-54}$$

It can be generalized to the general case

$$U_{n1} = \frac{\sum I_{Si}}{\sum \frac{1}{R_i}} = \frac{\sum I_{Si}}{\sum G_i} \tag{2-55}$$

Equation(2 - 55) is called Millman's theorem. $\sum I_{Si}$ is the algebraic sum of the currents of the current sources flowing into the independent node, the inflow is positive and the outflow is negative; $\sum G_i$ is the sum of the conductance of each branch connected to the independent node.

Ⅲ. General steps of node voltage method

From the above analysis, the general problem-solving steps of the node voltage method can be summarized. There are two methods.

Method Ⅰ: Solve problem according to the definition of the node voltage method.

(1) Mark each branch current I_1, I_2, etc. in the circuit and their reference direction, determine all the nodes and mark node number. Choose one node as the reference node, and use U_{n1}, U_{n2}, etc. or U_{na}, U_{nb}, etc. to represent the node voltage of the remaining

$n-1$ independent nodes. The reference direction is from the independent node to the reference node, and the number of node voltages is the number of unknowns.

(2) Use the node voltage U_{n1}, U_{n2}, etc. or U_{na}, U_{nb}, etc. to represent the current I_1, I_2, etc. of each branch.

(3) List the KCL equation of each independent node. The branch current in the equation is represented by the node voltage, and the node voltage equation with the node voltage as the unknown quantity is obtained.

(4) Simultaneously solve the node voltage equations, and find the voltage of each node.

(5) Substitute the solved node voltage into the branch current represented in step(2) to obtain the branch current to be solved.

Method Ⅱ: Solve problem according to the general form of the node voltage equation

(1) Choose one node as the reference node, and use U_{n1}, U_{n2}, etc. or U_{na}, U_{nb}, etc. to represent the node voltage of the remaining nodes. The reference direction is from the independent node to the reference node, and the number of node voltages is the number of unknowns.

(2) According to the number of independent nodes, select the general form of the node voltage equation:

If there is only one independent node, the expression of the node voltage can be directly formulated according to Equation(2-55); if the number of independent nodes is greater than or equal to 2, the general form of the corresponding node voltage equation is formulated according to Equation(2-51).

(3) According to the known circuit, find out the parameters in the general form of the node voltage equation, and solve the equation system simultaneously to get the voltage of each node.

(4) Assuming the reference direction of the voltage and current of each branch to be solved, calculate the branch voltage from the node voltage, and apply the VCR relationship of the branch to find the branch current to be solved.

【Example 2-14】 In Figure 2-30, use the node voltage method to find the current I_1, I_2, I_3 and I_4 of each branch.

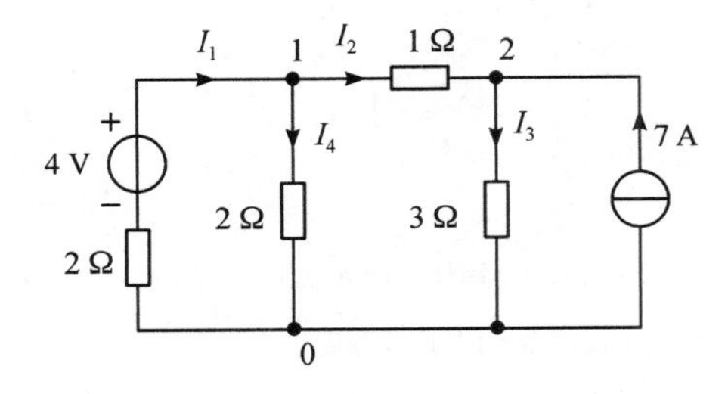

Figure 2-30 Diagram of Example 2-14

Solution Method Ⅰ:

(1) The reference direction of each branch current is shown in Figure 2 - 30. There are three nodes in the circuit. Take node 0 as the reference node, and the other nodes 1 and 2 are independent nodes, and the node voltage is represented by U_{n1} and U_{n2}.

(2) Use the U_{n1} and U_{n2} to represent the current I_1, I_2, I_3 and I_4 of each branch:

$$\begin{cases} I_1 = \dfrac{4\ \text{V} - U_{n1}}{2\ \Omega} \\ I_2 = \dfrac{U_{12}}{1\ \Omega} = \dfrac{U_{n1} - U_{n2}}{1\ \Omega} \\ I_3 = \dfrac{U_{n2}}{3\ \Omega} \\ I_4 = \dfrac{U_{n1}}{2\ \Omega} \end{cases} \tag{2-56}$$

(3) Formulate the KCL equations of nodes 1 and 2:

$$\begin{cases} I_1 = I_2 + I_4 \\ I_2 + 7\ \text{A} = I_3 \end{cases} \tag{2-57}$$

Substitute Equation(2 - 56) into Equation(2 - 57), there is

$$\begin{cases} \dfrac{4\ \text{V} - U_{n1}}{2\ \text{A}} = \dfrac{U_{n1} - U_{n2}}{1\ \Omega} + \dfrac{U_{n1}}{2\ \Omega} \\ \dfrac{U_{n1} - U_{n2}}{1\ \Omega} + 7\ \text{A} = \dfrac{U_{n2}}{3\ \Omega} \end{cases}$$

Find node voltage

$$\begin{aligned} U_{n1} &= 5.8\ \text{V} \\ U_{n2} &= 9.6\ \text{V} \end{aligned} \tag{2-58}$$

(4) Substitute Equation(2 - 58) into Equation(2 - 56) to get branch current:

$$\begin{cases} I_1 = \dfrac{4\ \text{V} - U_{n1}}{2\ \Omega} = -0.9\ \text{A} \\ I_2 = \dfrac{U_{n1} - U_{n2}}{1\ \Omega} = -3.8\ \text{A} \\ I_3 = \dfrac{U_{n2}}{3\ \Omega} = 3.2\ \text{A} \\ I_4 = \dfrac{U_{n1}}{2\ \Omega} = 2.9\ \text{A} \end{cases}$$

Method Ⅱ:

(1) Take node 0 as the reference node, the other nodes 1 and 2 are independent nodes, and the node voltage is represented by U_{n1} and U_{n2}.

(2) Since the circuit has two independent nodes, according to Equation(2 - 50), the general form of the corresponding node voltage equation is

$$\begin{cases} G_{11}U_{n1} + G_{12}U_{n2} = I_{S11} \\ G_{21}U_{n1} + G_{22}U_{n2} = I_{S22} \end{cases}$$

(3) Calculate the parameters. The self conductance of node 1 is

$$G_{11} = \frac{1}{1\ \Omega} + \frac{1}{2\ \Omega} + \frac{1}{2\ \Omega} = 2\ \text{S}$$

The self conductance of node 2 is

$$G_{22} = \frac{1}{1\ \Omega} + \frac{1}{3\ \Omega} = \frac{4}{3}\text{S}$$

The mutual conductance of node 1 and node 2 is

$$G_{12} = G_{21} = -\frac{1}{1}\ \text{S} = -1\ \text{S}$$

The algebraic sum of current of the current source flowing into node 1

$$I_{S11} = \frac{4}{2}\ \text{A} = 2\text{A}$$

The algebraic sum of current of the current source flowing into node 2 is

$$I_{S22} = 7\text{A}$$

(4) Substitute the parameters which are calculated in step(3) into the general form of the node voltage equation, we can have

$$\begin{cases} 2\ \text{S} \times U_{n1} + (-1\ \text{S}) \times - U_{n2} = 2\ \text{A} \\ (-1\ \text{S}) \times U_{n1} + \frac{4}{3}\text{S} \times U_{n2} = 7\ \text{A} \end{cases}$$

Find node voltage

$$\begin{cases} U_{n1} = 5.8\ \text{V} \\ U_{n2} = 9.6\ \text{V} \end{cases}$$

(5) Select the reference direction of each branch current, as shown in Figure 2 - 30, according to the voltage-current relationship of each branch, the branch current is obtained:

$$\begin{cases} I_1 = \dfrac{4\ \text{V} - U_{n1}}{2\ \Omega} = -0.9\ \text{A} \\ I_2 = \dfrac{U_{n1} - U_{n2}}{1\ \Omega} = -3.8\ \text{A} \\ I_3 = \dfrac{U_{n2}}{3\ \Omega}\ \text{A} = 3.2\ \text{A} \\ I_4 = \dfrac{U_{n1}}{2\ \Omega} = 2.9\ \text{A} \end{cases}$$

【Example 2 - 15】 In the circuit shown in Figure 2 - 31(a), $U_{S1} = 10$ V, $U_{S2} = 40$ V, $U_{S3} = 100$ V, $R_1 = 10\ \Omega$, $R_2 = R_3 = 20\ \Omega$, and $R_4 = 40\ \Omega$ are known, and the branch current I_1, I_2 is found by the node voltage method.

Solution

(1) Take node o as the reference node, the other nodes 1 and 2 are independent nodes,

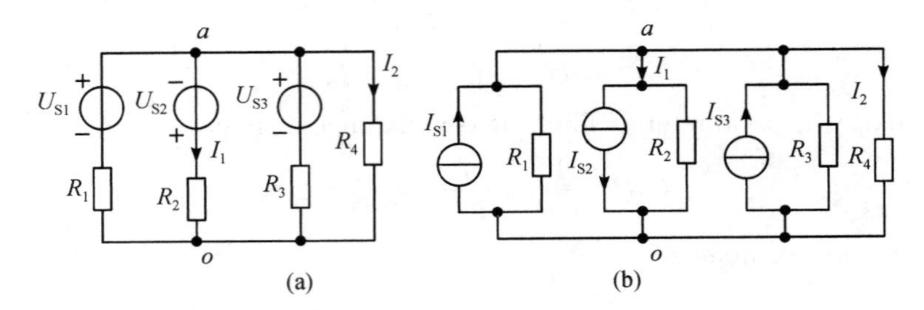

Figure 2 - 31 Diagram of Example 2 - 15

and the node voltage is represented by U_{na}. Figure 2 - 31(a) can be equivalent to Figure 2 - 31(b), there is

$$\begin{cases} I_{S1} = \dfrac{U_{S1}}{R_1} = \dfrac{10}{10}\ \text{A} = 1\ \text{A} \\ I_{S2} = \dfrac{U_{S2}}{R_2} = \dfrac{40}{20}\ \text{A} = 2\ \text{A} \\ I_{S3} = \dfrac{U_{S3}}{R_3} = \dfrac{100}{20}\ \text{A} = 5\ \text{A} \end{cases}$$

(2) From Equation(2 - 55), the node voltage can be obtained

$$U_{na} = \frac{\sum I_{Si}}{\sum G_i} = \frac{I_{S1} - I_{S2} + I_{S3}}{G_1 + G_2 + G_3 + G_4}$$

$$= \frac{1 - 2 + 5}{\dfrac{1}{10} + \dfrac{1}{20} + \dfrac{1}{20} + \dfrac{1}{40}}\ \text{V}$$

$$= 17.8\ \text{V}$$

(3) From node voltage, the branch current can be found

$$I_2 = \frac{U_{na}}{R_4} = \frac{17.8}{40}\ \text{A} = 0.44\ \text{A}$$

Also because in the Figure 2 - 31(a), there is $U_{na} = -U_{S2} + I_1 R_2$, therefore

$$I_1 = \frac{U_{na} + U_{S2}}{R_2} = \frac{17.8 + 40}{20}\ \text{A} = 2.9\ \text{A}$$

【Example 2 - 16】 Try to use the Millman's theorem to find each branch current in the circuit shown in Figure 2 - 32(a).

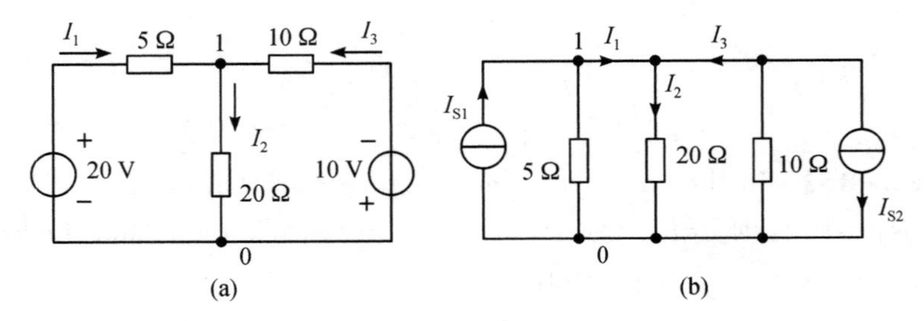

Figure 2 - 32 Diagram of Example 2 - 16

Solution

(1) The Figure 2 - 32(a) can be transformed equivalently to Figure 2 - 32(b), where $I_{S1}=\frac{20}{5}$ A=4 A, $I_{S2}=\frac{10}{10}$ A=1 A. In Figure 2 - 32(b), if node 0 is taken as the reference node, the node voltage of independent node 1 is U_{n1}. According to Millman's theorem, there is

$$U_{n1}=\frac{\sum I_{Si}}{\sum G_i}=\frac{4-1}{\frac{1}{5}+\frac{1}{20}+\frac{1}{10}}\ \text{V}=8.6\ \text{V}$$

(2) In the Figure 2 - 32(a), from branch voltage-current relationship, we can have

$$I_1=\frac{20\ \text{V}-U_{n1}}{5\ \Omega}=2.28\ \text{A}$$

$$I_2=\frac{U_{n1}}{20\ \Omega}=0.43\ \text{A}$$

$$I_3=\frac{-10\ \text{V}-U_{n1}}{10\ \Omega}=-1.86\ \text{A}$$

Section Ⅵ Superposition theorem

The superposition theorem is a very important theorem in linear circuits, and it is the most commonly used theorem for analyzing linear circuits.

The content of superposition theorem: in a linear circuit, when there are multiple power supplies working together, at any instant, the current or voltage response of any branch is always equal to the algebraic sum of the current or voltage responses generated in the branch when each power supply acts alone. Among them, the response refer to the voltage or current generated under the excitation, that is, the output, and the excitation is the input of the power or signal source.

There are two power supplies in the circuit shown in Figure 2 - 33(a). If the current I_1 in the circuit needs to be solved, the node voltage of node 1 can be found according to Millman's theorem

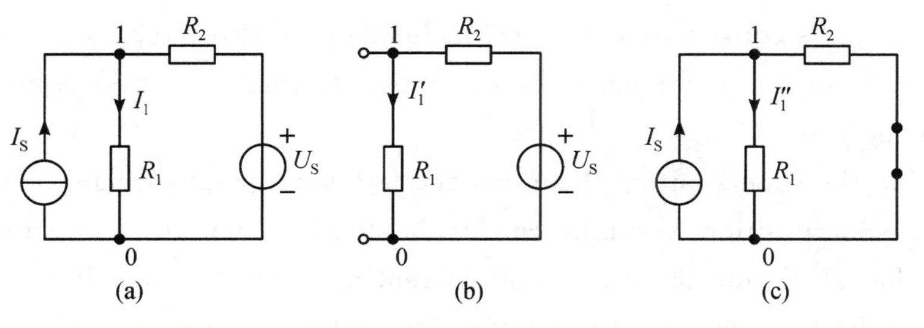

Figure 2 - 33 Superposition theorem

$$U_{n1}=\frac{\sum I_{Si}}{\sum G_i}=\frac{I_S+\dfrac{U_S}{R_2}}{\dfrac{1}{R_1}+\dfrac{1}{R_2}}=\frac{R_1R_2I_S+R_1U_S}{R_1+R_2} \tag{2-59}$$

Therefore, there is

$$I_1=\frac{U_{n1}}{R_1}=\frac{R_2I_S}{R_1+R_2}+\frac{U_S}{R_1+R_2} \tag{2-60}$$

It can be seen from Equation(2 - 60) that I_1 is a linear combination of U_S and I_S, if let

$$\begin{cases} I_1'=\dfrac{U_S}{R_1+R_2} \\ I_1''=\dfrac{R_2I_S}{R_1+R_2} \end{cases} \tag{2-61}$$

then there is

$$I_1=I_1'+I_1'' \tag{2-62}$$

Equation(2 - 62) shows that the current I_1 is the superposition of I_1' and I_1''. Among them, I_1' is the current response generated when the power supply U_S acts alone when the current source is set to zero, as shown in Figure 2 - 33(b), at this time the current source is equivalent to an open circuit; I_1'' is the current response generated when the current source I_S acts alone when the voltage source is set to zero, as shown in Figure 2 - 33(c), at this time the voltage source is equivalent to a short circuit.

Conventionally, the decomposition circuit diagram as show in Figure 2 - 33(b) and Figure 2 - 33(c) are sub-circuit diagrams of the original circuit diagram. The parameter in the original circuit diagram is called the total quantity, and the parameter in the sub-circuit diagram is called the component. From Figure 2 - 33(b), we can have

$$I_1'=\frac{U_S}{R_1+R_2}$$

From Figure 2 - 33(c), we can have

$$I_1''=\frac{R_2I_S}{R_1+R_2}$$

therefore

$$I_1'+I_1''=\frac{R_2I_S}{R_1+R_2}+\frac{U_S}{R_1+R_2}=I_1$$

The above equation is consistent with the conclusion of Equation(2 - 60), indicating that the algebraic sum of the components is equal to the total quantity, which verifies the superposition theorem.

When using the superposition theorem, the following points should be noted:

(1) The superposition theorem cannot be used in nonlinear circuits. It is only applicable to the calculation of voltage and current in linear circuits. It cannot be used to calculate power directly, because the relationship between power and voltage or current is not a linear relationship.

(2) There are several power supplies in the original circuit diagram, which can be decomposed into several sub-circuit diagrams in principle. When drawing a sub-circuit diagram of a power supply that acts alone, all other power supplies are set to zero. Therefore, in the sub-circuit diagram, the voltage source that is set to zero is replaced by a short-circuit wire; the current source that is set to zero is replaced by an open circuit; the value and position of all resistors in the circuit remain unchanged.

(3) Pay attention to the reference direction of the voltage and current in the original circuit diagram and each sub-circuit diagram. Generally, the reference direction of the voltage or current in each sub-circuit diagram is the same as the reference direction in the original circuit, so when superimposed, the sign of each component is taken as positive, otherwise, it is taken as negative.

【Example 2 - 17】 In the Figure 2 - 33(a), given $I_S=5$ A, $U_S=10$ V, $R_1=6\ \Omega$, $R_2=4\ \Omega$, try to use the superposition theorem to find branch current I_1.

Solution (1) When the voltage source works alone, the sub-circuit diagram is shown in Figure 2 - 33(b). At this time, the current source is set to zero, and the branch is equivalent to an open circuit. Therefore, the component I_1' of the current I_1 is

$$I_1'=\frac{U_S}{R_1+R_2}=\frac{10}{6+4}\ \text{A}=1\ \text{A}$$

(2) When the current source works alone, the sub-circuit diagram is shown in Figure 2 - 33(c). At this time, the voltage source is set to zero, and the branch is equivalent to a short circuit. The component I'_1 of the current I_1 is

$$I_1''=\frac{R_2 I_S}{R_1+R_2}=\frac{4\ \Omega}{6\ \Omega+4\ \Omega}\times 5\ \text{A}=2\ \text{A}$$

(3) According to the superposition theorem, the branch current I_1 is the superposition of two components, namely

$$I_1=I_1'+I_1''=1\ \text{A}+2\ \text{A}=3\ \text{A}$$

【Example 2 - 18】 Use the superposition theorem to find the voltage U in Figure 2 - 34(a).

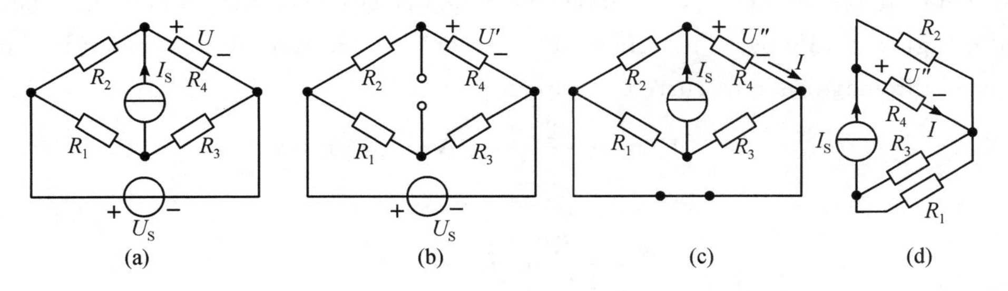

Figure 2 - 34 Diagram of Example 2 - 18

Solution (1) When the voltage source U_S works alone, the current source I_S is set to zero, and all the branches are equivalent to open circuits, the sub-circuit diagram is shown in Figure 2 - 34(b). The component U' of the voltage U is

$$U' = \frac{R_4}{R_2 + R_4} U_S$$

(2) When the current source I_S works alone, the voltage source U_S is set to zero, and all the branches are equivalent to short circuits. The sub-circuit diagram is shown in Figure 2 - 34(c), and it is equivalently transformed into Figure 2 - 34(d). According to the Current division rule, there are

$$I = \frac{R_2}{R_2 + R_4} I_S$$

The component U'' of the voltage U is

$$U'' = R_4 I = \frac{R_2 R_4}{R_2 + R_4} I_S$$

(3) According to the superposition theorem, the voltage U to be solved is the superposition of two components, namely

$$U = U' + U'' = \frac{R_4}{R_2 + R_4} U_S + \frac{R_2 R_4}{R_2 + R_4} I_S$$

【Example 2 - 19】 Use the superposition theorem to find the I_1, I_2 and I_3 in Figure 2 - 35(a).

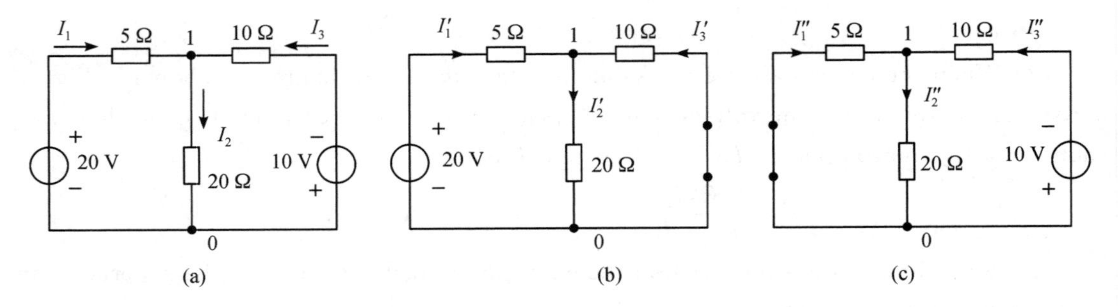

Figure 2 - 35 Diagram of Example 2 - 19

Solution (1) When the 20V voltage source works alone, the 10V current source is set to zero, and all the branches are equivalent to short circuits, the sub-circuit diagram is shown in Figure 2 - 35(b). The reference direction of each current component is shown in the figure, the magnitude of current component is

$$I_1' = \frac{20}{5 + \frac{20 \times 10}{20 + 10}} \text{ A} = 1.7 \text{ A}$$

$$I_2' = \frac{10}{20 + 10} I_1' = 0.57 \text{ A}$$

$$I_3' = I_2' - I_1' = 0.57 \text{ A} - 1.7 \text{ A} = -1.13 \text{ A}$$

(2) When the 10V voltage source works alone, the 20V voltage source is set to zero, and all the branches are equivalent to short circuits, the sub-circuit diagram is shown as Figure 2 - 35(c), the current components are

$$I_3'' = -\frac{10}{10 + \frac{20 \times 5}{20 + 5}} \text{ A} = -0.71 \text{ A}$$

$$I_2'' = \frac{5}{20 + 5} I_3'' = -0.14 \text{ A}$$

$$I_1'' = I_2'' - I_3'' = -0.14 \text{ A} + 0.71 \text{ A} = 0.57 \text{ A}$$

(3) In the original circuit diagram, the current values I_1, I_2, I_3 to be solved are

$$I_1 = I_1' + I_1'' = 1.7 \text{ A} + 0.57 \text{ A} = 2.27 \text{ A}$$

$$I_2 = I_2' + I_2'' = 0.57 \text{ A} - 0.14 \text{ A} = 0.43 \text{ A}$$

$$I_3 = I_3' + I_3'' = -1.13 \text{ A} - 0.71 \text{ A} = -1.84 \text{ A}$$

Section Ⅶ Thevenin's theorem

Ⅰ. Content of Thevenin's theorem

The Thevenin's theorem states that any linear two-terminal network N with independent power supply can always be equivalent to a simple branch in series with an ideal voltage source and a resistor for the external circuit, as shown in Figure 2 - 36. The voltage of this ideal voltage source is equal to the open circuit voltage at the port of the original two-terminal network, denoted by U_{OC}. The resistance value of its series resistance is equal to the equivalent resistance obtained from the port after all the power supplies in the original two-terminal network are set to zero (that is, the voltage source is replaced by a short circuit, and the current source is replaced by an open circuit), which is denoted by R_e, as shown in Figure 2 - 36 (c). This combination of open circuit voltage U_{OC} and equivalent resistance R_e in series is called the Thevenin equivalent circuit of the original two-terminal network.

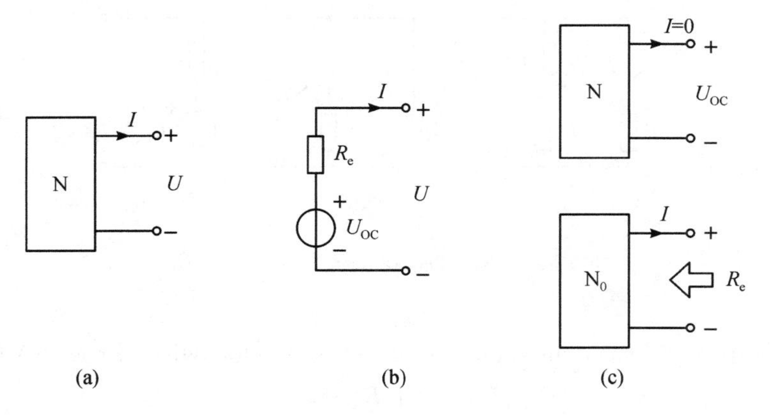

Figure 2 - 36 Thevenin's theorem

Ⅱ. Application of Thevenin's theorem

The steps for applying the Thevenin's theorem to a two-terminal network with independednt power sources are as follows:

(1) Calculate the open circuit voltage U_{OC} at the two-terminal network port.

(2) Set all power sources in the two-terminal network to zero and calculate the equivalent resistance R_e.

(3) Equivalent the two-terminal network to a series circuit of U_{OC} and R_e.

Thevenin's theorem is often used to analyze and solve the current and voltage of a branch in a circuit. The general steps are as follows:

(1) Disconnect the branch where the voltage or current to be found in the original circuit diagram, and the rest of the circuit constitutes an active two-terminal network, which is equivalent by Thevenin's theorem. then connected to the branch to be found to obtain the equivalent circuit of original circuit.

(2) Find the open circuit voltage U_{OC}. The active two-terminal network constructed in step(1) is the equivalent circuit for finding the open circuit voltage. The voltage at both ends of the active two-terminal network is the open circuit voltage U_{OC}.

(3) Draw the equivalent circuit for finding the equivalent resistance R_e, and find the equivalent resistance R_e. Set all power supplies in the active two-terminal network constructed in step(1) to zero, and the equivalent resistance across the new active two-terminal network is R_e.

(4) In the two-terminal network constructed in step(1), connect the desired branch to obtain the equivalent circuit. In the equivalent circuit, the unknowns can be found.

【Example 2 - 20】 As shown in the Figure 2 - 37, given $U_1 = 40$ V, $U_2 = 20$ V, $R_1 = R_2 = 4$ Ω, find the Thevenin equivalent circuit of the two-terminal network.

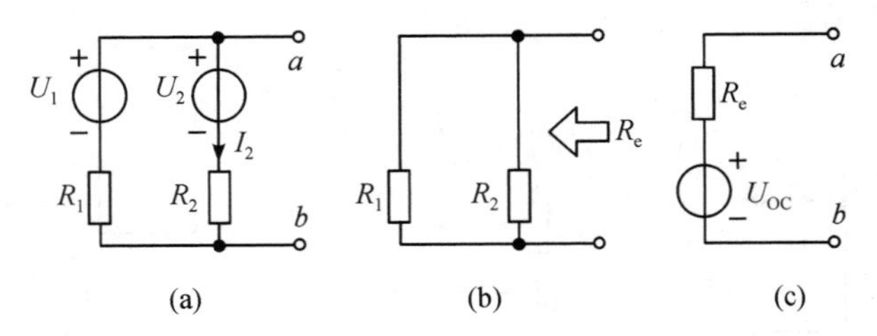

Figure 2 - 37 Diagram of Example 2 - 20

Solution

(1) In Figure 2 - 37(a), the loop is selected to go clockwise. From KVL, there is

$$U_2 + I_2R_2 + I_2R_1 - U_1 = 0 \text{ V}$$

that is

$$I_2=\frac{U_1-U_2}{R_2+R_1}=\frac{40-20}{4+4}\ \text{A}=2.5\text{A}$$

Therefore, the open circuit voltage is

$$U_{OC}=U_{ab}=U_2+R_2I_2=20\ \text{V}+4\ \Omega\times 2.5\ \text{A}=30\ \text{V}$$

(2) In Figure 2 - 37(a), after all power supplies are set to zero, the equivalent circuit is shown in Figure 2 - 37(b), so the equivalent resistor is

$$R_e=\frac{R_1R_2}{R_1+R_2}=\frac{4}{2}\ \Omega=2\ \Omega$$

(3) The equivalent circuit of Figure 2 - 37(a) is shown in Figure 2 - 37(c), where $U_{OC}=30$ V, $R_e=2\ \Omega$.

【Example 2 - 21】 Use the Thevenin's theorem to find the I and U in Figure 2 - 38(a).

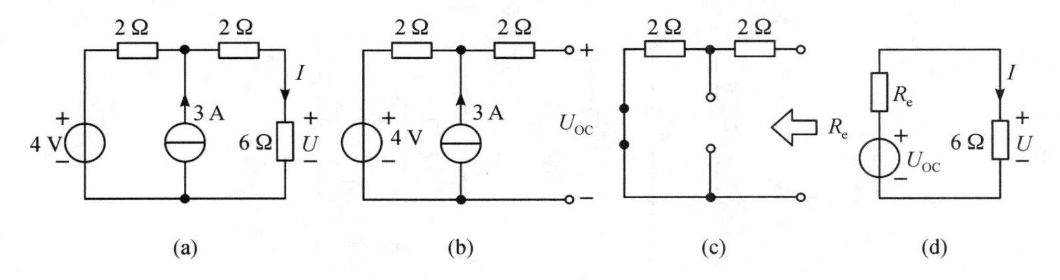

Figure 2 - 38 Diagram of example 2 - 21

Solution

(1) The active two-terminal network formed by the rest of the circuit except the 6 Ω resistor is equivalent to the series connection of a voltage source (U_{OC}) and a resistor (R_e) according to Thevenin's theorem, and the equivalent circuit is shown in Figure 2 - 38(b).

(2) In Figure 2 - 38(b), find the open circuit voltage U_{OC}:

$$U_{OC}=3\ \text{A}\times 2\ \Omega+4\ \text{V}=10\ \text{V}$$

(3) Set all power supplies in Figure 2 - 38(b) to zero, that is the equivalent circuit for finding equivalent resistor R_e, as shown in Figure 2 - 38(c), there is

$$R_e=2\ \Omega+2\ \Omega=4\ \Omega$$

(4) The equivalent circuit of Figure 2 - 38(a) as shown in Figure 2 - 38(d), there is

$$I=\frac{U_{OC}}{R_e+6}=\frac{10}{4+6}\ \text{A}=1\ \text{A}$$

$$U=I\times 6\ \Omega=1\ \text{A}\times 6\ \Omega=6\ \text{V}$$

Exercise Ⅱ

Ⅰ. Completion

2 - 1 Characteristics of series circuit are ____________________________ .

2 - 2 Characteristics of parallel circuit are ____________________________ .

2-3 Two resistors R_1 and R_2 are connected to form a series circuit. Knowing that $R_1 : R_2 = 1 : 2$, the ratio of the current flowing through the two resistors is $I_1 : I_2 =$ ________, and the ratio of the voltages across the two resistors is $U_1 : U_2 =$ ________, the ratio of power consumption $P_1 : P_2 =$ ________.

2-4 Two resistors R_1 and R_2 in parallel Electric circuit Knowing that $R_1 : R_2 = 1 : 2$, and the ratio of the voltages across the two resistors is $U_1 : U_2 =$ ________, the ratio of the current flowing through the two resistors is $I_1 : I_2 =$ ________, the ratio of power consumption $P_1 : P_2 =$ ________.

2-5 The original connection method of the three resistors is shown in Figure of question 2-5(a), which is the ________ connection. Now the Figure (a) is equivalent to the Figure (b), and the Figure (b) is the ________ connection, where $R =$ ________.

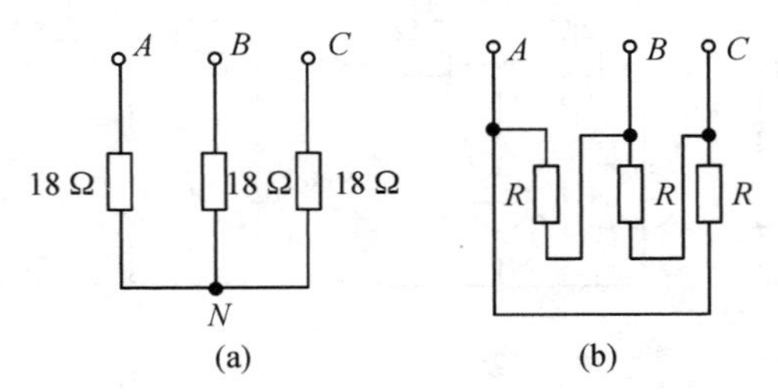

Figure of question 2-5

2-6 The branch current method takes ________ as the unknown quantity; the node voltage method takes ________ as the unknown quantity.

2-7 The superposition theorem is only applicable to linear circuits, and is limited to calculating ________ and ________ in linear circuits, and not applicable to calculate ________ in circuits.

2-8 Using Thevenin's theorem, an active two-terminal network can be equivalent to________, and the voltage U_{OC} of the equivalent voltage source is the ________ voltage of active two-terminal network.

Ⅱ. True(T) or false(F)

2-9 The resistance of a conductor is proportional to the voltage across the conductor and inversely proportional to the current flowing in the conductor. ( )

2-10 Two resistors with resistance value of $R_1 = 10\ \Omega$, $R_2 = 5\ \Omega$ respectively are connected in series. Due to the small resistance of R_2, the hindering effect to the current is small, so the current flowing through R_2 is larger than the current flowing through R_1. ( )

2-11 In a parallel circuit, since the current flowing through each resistor is different, the voltage drop of each resistor is also different. ( )

2-12 The ammeter is connected in series with the load under test to measure the current, and the voltmeter is connected in parallel with the load under test to measure the voltage. ( )

2-13 Two ideal voltage sources with different voltage values can be connected in parallel, and two ideal current sources with different current values can be connected in series. ( )

2-14 When applying the superposition principle, consider that when a power supply acts alone and the other power sources do not act, the remaining voltage sources should be short-circuited and the current sources should be open-circuited. ( )

2-15 In a linear circuit with two power supplies, when U_1 acts alone, the power consumption of a resistor is P_1, when U_2 acts alone, the power consumption is P_2, and when U_1 and U_2 work together, the power consumption of the resistor is P_1+P_2. ( )

2-16 When using Thevenin's Theorem to solve the equivalent resistance of an active two-terminal network, all power supplies in the active two-terminal network should be opened before solving. ( )

Ⅲ. Choice question

2-17 For two resistors with a resistance value of R, the ratio of the equivalent resistance in series to the equivalent resistance in parallel is ( ).

A. 2 : 1　　B. 1 : 2　　C. 4 : 1　　D. 1 : 4

2-18 It is known that the equivalent resistance of each holiday light is 2 Ω and the current flowing through is 0.2 A. If they are connected in series to a 220 V power supply, there are ( ) lights that need to be connected in series.

A. 55　　B. 110　　C. 1100　　D. 550

2-19 For two electrical equipments with the same rated power but different rated voltages, if the resistance of the equipment with rated voltage of 110 V is R, the resistance of the equipment whose rated voltage is 220 V is ( ).

A. $2R$　　B. $R/2$　　C. $4R$　　D. $R/4$

2-20 A "220 V, 100 W" bulb and a "220 V, 40 W" bulb are connected in series to a 380 V power supply, then( ).

A. "220 V, 40 W" bulb is easy to burn out

B. "220 V, 100 W" bulb is easy to burn out

C. both bulbs are easy to burn out

D. both bulbs glow normally

Ⅳ. Analysis and calculation

2-21 The resistors R_1 and R_2 are connected in series, the total voltage $U=10$ V and the total resistance $R_1+R_2=100$ Ω are known, the voltage across R_1 is 2V, find the resistance values of R_1 and R_2.

2-22 Two resistors R_1 and R_2 are connected in parallel. Given $R_1=10$ Ω, $R_2=30$ Ω, and the total current $I=12$ A, try to find the equivalent resistance and the current flowing through each resistor.

2-23 Find the equivalent resistance R_{ab} of each circuit shown in Figure of question 2-23.

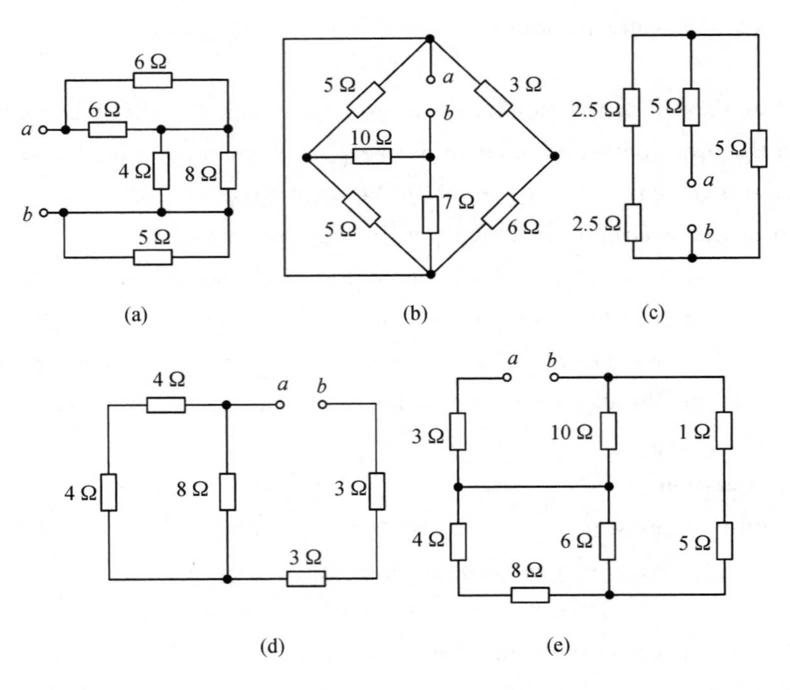

Figure of question 2 - 23

2 - 24 Find the equivalent power supply model of the circuit shown in the Figure of question 2 - 24.

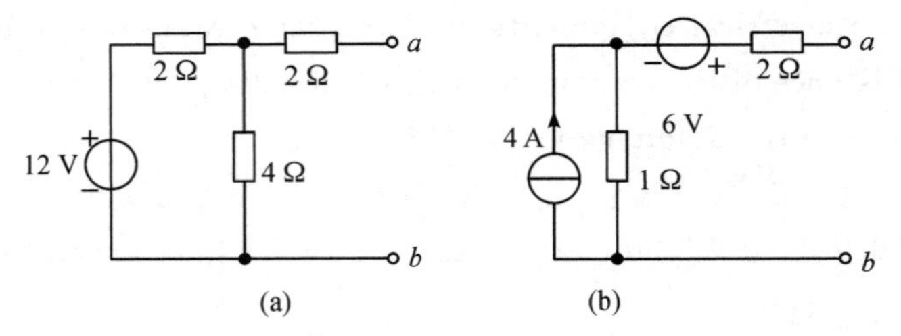

Figure of question 2 - 24

2 - 25 Find the current I_1、I_2 in the circuit shown in Figure of question 2 - 25.

2 - 26 In Figure of question 2 - 26, find the voltage U and the current I .

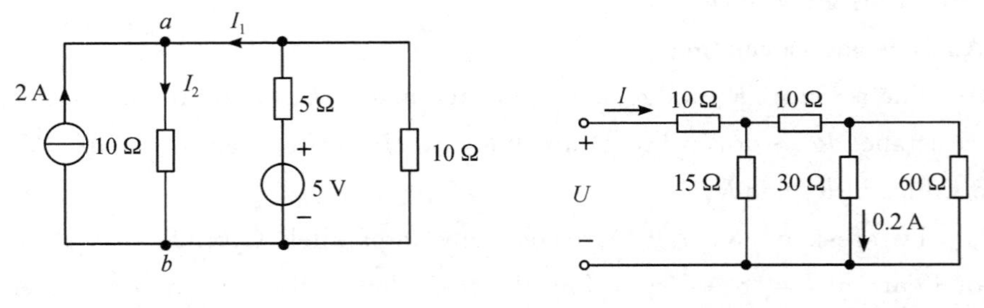

Figure of question 2 - 25

Figure of question 2 - 26

2 - 27 Use the branch current method to list the equation set for each branch current in the circuit shown in Figure of question 2 - 27.

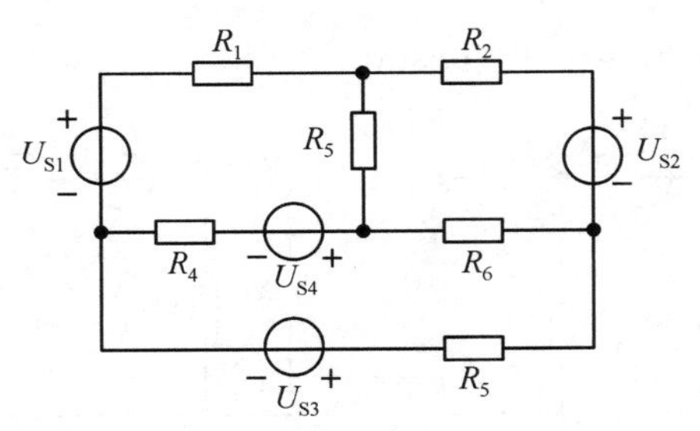

Figure of question 2 - 27

2 - 28 Use the branch current method to find the current I in the circuit shown in Figure of question 2 - 30.

2 - 29 Use node analysis method to find the current in each branch of the circuit shown in Figure of question 2 - 29.

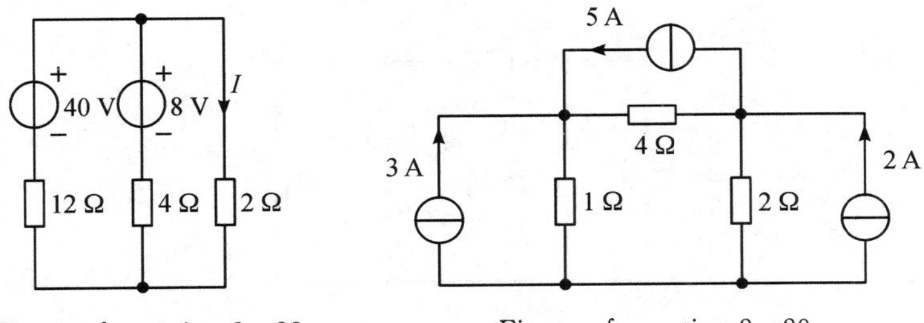

Figure of question 2 - 28 Figure of question 2 - 29

2 - 30 Use Millman's theorem to find the current I in the circuit shown in Figure of question 2 - 30.

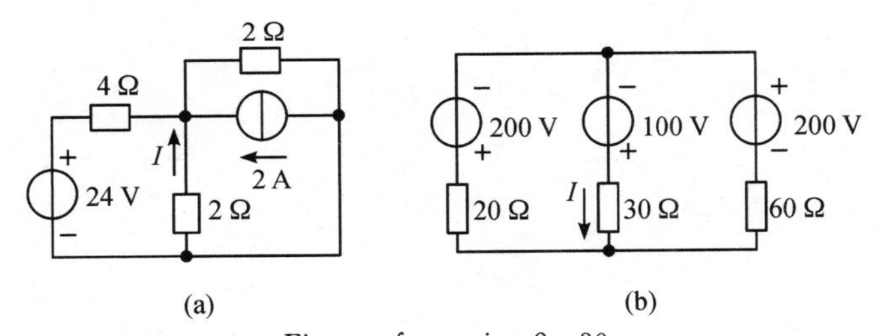

Figure of question 2 - 30

2 - 31 Use the superposition theorem to find the current I in the circuit shown in Figure of question 2 - 31.

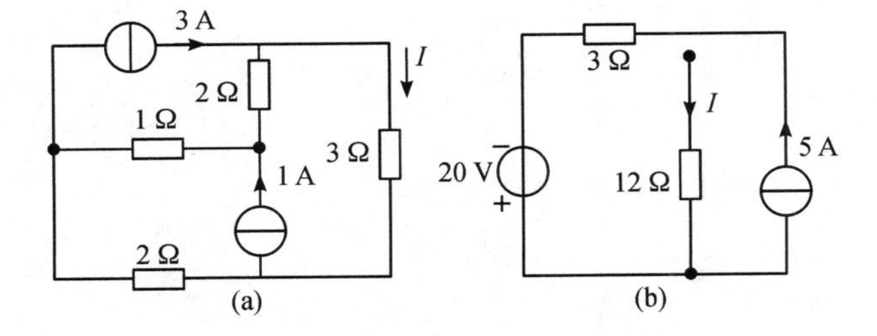

Figure of question 2 - 31

2 - 32 Use Thevenin's Theorem to find the Thevenin equivalent circuit of the two-

terminal network shown in Figure of question 2 - 32.

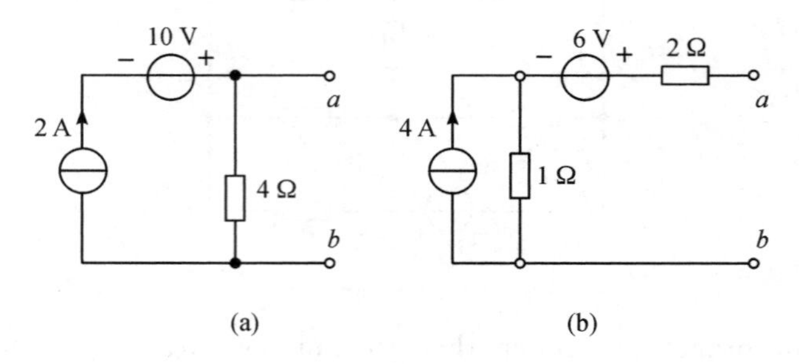

Figure of question 2 - 32

2 - 33 Use Thevenin's theorem to find the current I in the circuit shown in Figure of question 2 - 33.

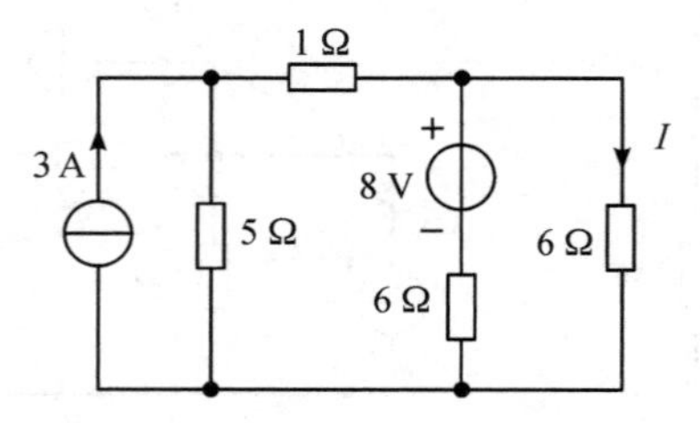

Figure of question 2 - 33

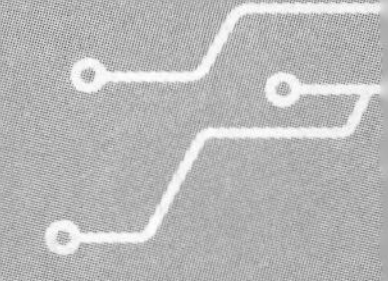

Chapter Ⅲ Sinusoidal AC circuit

A circuit in which the magnitude and direction of current and voltage vary with time is called an AC circuit. In actual engineering, we often encounter circuits whose voltage or current varies with time according to a sinusoidal law. We refer to such circuits as sinusoidal AC circuits. Compared with DC circuits, sinusoidal AC circuits have many advantages, so that they are widely used in engineering, especially in power systems.

In a power system, all power supplies are sinusoidal AC power supplies with the same frequency, and the current and voltage everywhere in the power supply circuit are also sinusoidal functions with the same frequency.

The content of this chapter mainly includes fundamentals of phasor, the basic concepts of sinusoidal AC circuit, load elements in the sinusoidal AC circuit, fundamental laws of AC circuit, the power of sinusoidal AC circuit, the phosor analysis method of sinusoidal AC circuit and the resonance in circuit, etc

Section Ⅰ Fundamentals of phasor

Ⅰ. Vector

1. Definition of vector

In mathematics, a vector is a quantity that has both magnitude and direction, and can be represented by a line segment with an arrow on the complex plane, as shown in Figure 3-1. The arrow on the line segment represents the direction of the vector, the length of the line segment represents the magnitude of the vector.

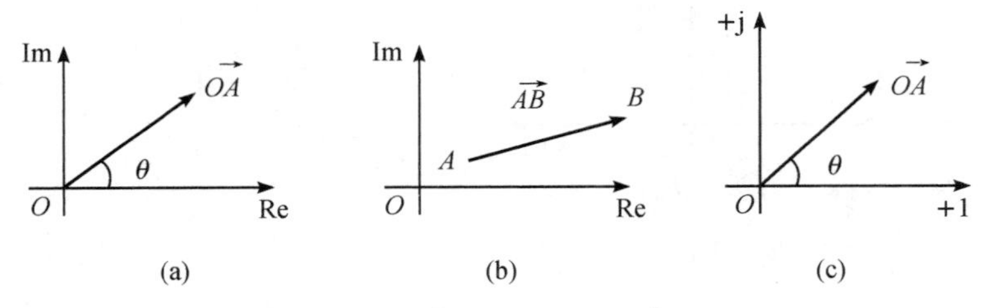

Figure 3-1 Representation of vector

2. Representation of vector

The vector can use bold-type letters, such as ***a*** , ***b*** , ***c*** , etc. If it is handwritten, add an arrow "→" on the top of the letter, like the vector $\vec{OA}$ shown in Figure 3 - 1(a); if the starting point A and the ending point B of the vector are given, the vector can be recorded as $\overrightarrow{AB}$, as shown in Figure 3 - 1(b); the coordinate system of Figure 3 - 1(c) is a simplified representation of Figure 3 - 1(a).

Vectors are independent of the starting point. Vectors with the same length and the same direction are called equal vectors. Therefore, after the vector is moved in parallel, it is equal to the original vector. Operations on vectors follow the parallelogram law or the triangle law. In physics and engineering, vectors are often called vectors.

Ⅱ. Complex number

Complex number, including real number and imaginary number, play a very important role in mathematics and engineering applications.

1. Two representations of complex number

1) Algebraic form(also known as rectangular coordinate form)

The specific expression in algebraic form is:

$$A = a + \mathrm{j}b \tag{3-1}$$

Where the real number a is called the real part, the real number b is called the imaginary part, and $\mathrm{j} = \sqrt{-1}$ is called the imaginary number unit(i is commonly used to represent in mathematics, and i has been used to represent the current in the circuit, so j is used instead).

Taking the horizontal axis of the rectangular coordinate system as the real axis and the vertical axis as the imaginary axis, the plane in which the coordinate system is located is called the complex plane. There is a one-to-one correspondence between points on the complex plane and complex numbers. The complex number $A = a_1 + \mathrm{j}b_1$ corresponds to point A in Figure 3 - 2(a), while point B in Figure 3 - 2(b) corresponds to the complex number $B = a_2 + \mathrm{j}b_2$.

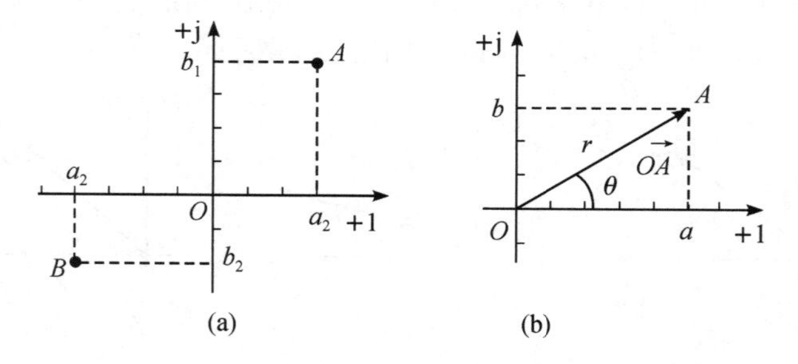

Figure 3 - 2 Representation of complex number

There is a one-to-one correspondence between complex numbers and complex planes. The complex number $A = a + jb$ can be represented by the vector $\overrightarrow{OA}$ in Figure 3 - 2(b). The projection on the real axis is its real part a ; the projection on the imaginary axis is called its imaginary part b; θ is the angle between $\overrightarrow{OA}$ and the positive direction of the real axis.

2) Exponential form(also known as polar coordinate form)

From Figure 3 - 2(b) and Euler's formula

$$e^{j\theta} = \cos\theta + j\sin\theta \tag{3-2}$$

we can have

$$A = a + jb = r\cos\theta + jr\sin\theta = re^{j\theta} \tag{3-3}$$

Therefore, the specific expression in exponential form of complex number is

$$A = re^{j\theta} \tag{3-4}$$

It can be simplified as

$$A = r\angle\theta \tag{3-5}$$

The Equation(3 - 5) is the polar coordinate form of the complex number.

In addition to the real part a and imaginary part b in the rectangular coordinate form $A = a + jb$, the vector $\overrightarrow{OA}$ in Figure 3 - 2(b) can be determined by r and θ in the polar coordinate form $A = r\angle\theta$. Where, r is the length of the vector and is called the modulus of the complex number, θ is the angle between the vector and the positive real axis, and is called the argument of the complex number.

The two representations have the following mutual conversion relationship:

$$\begin{cases} r = \sqrt{a^2 + b^2} \\ \tan\theta = \dfrac{b}{a} \end{cases} \tag{3-6}$$

$$\begin{cases} a = r\cos\theta \\ b = r\sin\theta \end{cases} \tag{3-7}$$

In the calculation of sinusoidal AC circuit, we often use mutual conversion relationship of two representations. In addition, remembering the following special complex numbers will be helpful for future study:

$$1 = 1\angle 0°,\ -1 = 1\angle 180°,\ j = 1\angle 90°,\ -j = 1\angle -90°,\ -j = \frac{1}{j}$$

2. Operation of complex numbers

1) Addition and subtraction of complex numbers

Addition and subtraction of complex numbers are generally performed in algebraic form. Assume

$$A = a_1 + jb_1,\ B = a_2 + jb_2$$

then there is

$$A \pm B = (a_1 \pm a_2) + j(b_1 \pm b_2) \tag{3-8}$$

The above formula shows that when adding(or subtracting) complex numbers, the real part and real part are added(or subtracted), and the imaginary part and imaginary part are added(or subtracted).

The addition and subtraction of complex numbers can also be performed using the parallelogram law or the triangle law for vector addition and subtraction as a diagram method, as shown in Figure 3 - 3.

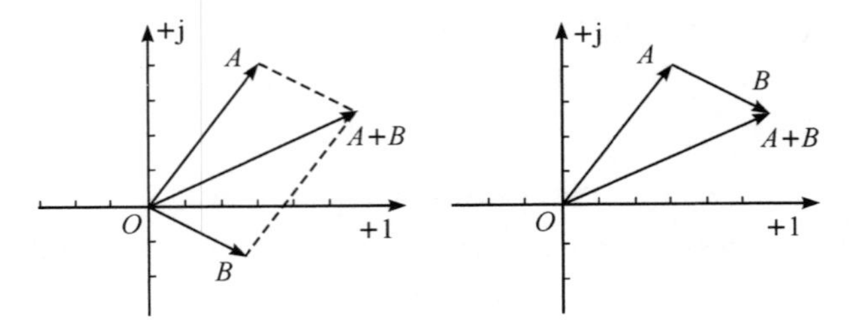

(a) Parallelogram law of addition (b) Triangle law of addition

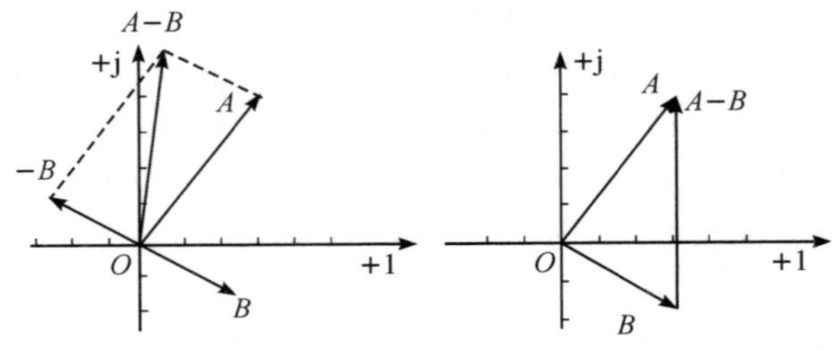

(c) Parallelogram law of subtraction (d) Triangle law of subtraction

Figure 3 - 3 Vector diagram of addition and subtraction of complex numbers

2) Multiplication and division of complex numbers

Multiplication and division of complex numbers are generally performed in polar coordinate form. Assume

$$A = r_1 \angle \theta_1, \ B = r_2 \angle \theta_2$$

then there is

$$AB = r_1 \angle \theta_1 \times r_2 \angle \theta_2 = r_1 r_2 \angle (\theta_1 + \theta_2) \tag{3-9}$$

$$\frac{A}{B} = \frac{r_1 \angle \theta_1}{r_2 \angle \theta_2} = \frac{r_1}{r_2} \angle (\theta_1 - \theta_2) \tag{3-10}$$

The above formula shows that when complex numbers are multiplied, the modulus of the complex numbers are multiplied, and the arguments of the complex numbers are added; when the complex number is divided, the modulus of the complex numbers are divided, and the arguments are subtracted.

【Example 3 - 1】 Given $A = 6 + j8$, $B = 8 - j6$, find $A + B$, AB.

Solution

$$A + B = (6 + j8) + (8 - j6) = 14 + j2$$

$$AB = (6 + j8) \times (8 - j6) = 10 \angle 53.1° \times 10 \angle -36.9° = 100 \angle 16.2°$$

【Example 3 - 2】 Given $A = 5\angle 47°$, $B = 10\angle -25°$, find $A + B$, $\frac{A}{B}$.

Solution

$$\begin{aligned} A + B &= 5\angle 47° + 10\angle -25° \\ &= (5\cos 47° + j5\sin 47°) + [10\cos(-25°) + j10\sin(-25°)] \\ &= (3.41 + j3.657) + (9.063 - j4.226) \\ &= 12.7 - j0.569 = 12.48\angle -2.61° \end{aligned}$$

$$\frac{A}{B} = \frac{5\angle 47°}{10\angle -25°} = 0.5\angle 72°$$

Section Ⅱ Basic concepts of sinusoidal quantity

Ⅰ. Three elements of sinusoidal quantity

A quantity that vary with time according to the law of sinusoidal function is collectively called sinusoidal quantities, and both voltages and currents in sinusoidal AC circuits are sinusoidal quantities. The characteristics of the sinusoidal quantity are that its instantaneous value changes according to the sinusoidal law, and the amplitude, speed and initial value of the change are determined by the three elements of the maximum value (amplitude), the angular frequency and the initial phase, respectively.

1. Instantaneous value and maximum

(1) Instantaneous value: the value of the sinusoidal quantity at any instant, and is represented by lowercase letters. Figure 3 - 4 is the waveform of the sinusoidal current. Under the specified reference direction, its analytical formula is:

$$i = I_m \sin(\omega t + \theta) \qquad (3-11)$$

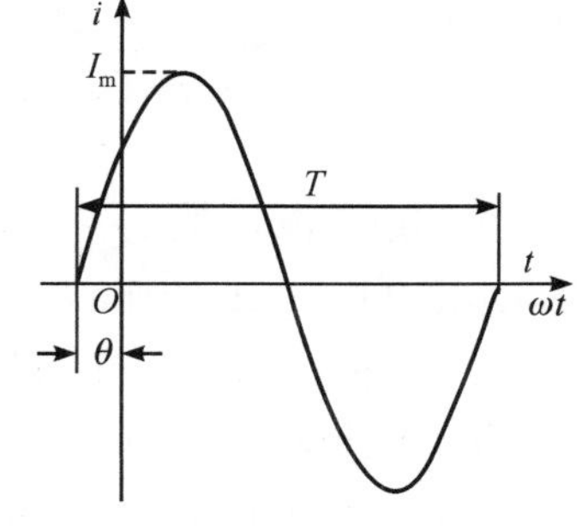

Figure 3 - 4 Waveform of sinusoidal current

Where, i is the instantaneous value of the current at t.

(2) Maximum: The positive highest point at which a sinusoidal quantity oscillates over a period, also known as amplitude. It is represented by capital letters with subscript m, for example, I_m and U_m represent the maximum of current and voltage, respectively.

2. Period, frequency and angular frequency

The period T, frequency f and angular frequency ω reflect how fast the sinusoidal quantity changes with time.

(1) Period T: the time it takes for a sinusoidal quantity to change completely for one

cycle. The SI unit of period is second(s).

(2) Frequency f : the number of cycles the sinusoidal quantity changes in unit time. The SI unit of frequency is Hertz(Hz). Our country's commercial frequency is 50 Hz, referred to as power frequency.

The relationship between period and frequency:

$$f=\frac{1}{T} \tag{3-12}$$

(3) Frequency ω: the radian the sinusoidal quantity changes in unit time. The SI unit of angular frequency is radian per second(rad/s).

The relationship between angular frequency and period and frequency:

$$\omega=\frac{2\pi}{T}=2\pi f \tag{3-13}$$

【Example 3 - 3】 Try to find the period and angular frequency of power frequency (f=50 Hz).

Solution From Equation(3 - 12), the period can be obtained as

$$T=\frac{1}{f}=\frac{1}{50\ \text{Hz}}=0.02\ \text{s}$$

Form Equation(3 - 13), the angular frequency can be obtained as

$$\omega=2\pi f=2\times 3.14\times 50\ \text{Hz}=314\ \text{rad/s}$$

3. Phase and initial phase

The electrical angle($\omega t+\theta$) that changes with time is called the phase or phase angle. The phase is a function of time and reflects the entire process of the sinusoidal quantity changing with time.

The phase angle θ at $t=0$ is called the initial phase, that is

$$\theta=(\omega t+\theta)\,|_{t=0} \tag{3-14}$$

The initial phase determines the position of the starting point of the sinusoidal measurement. The unit of the initial phase is radians or degrees, and usually takes a value in the range of $|\theta|\leqslant\pi$. Obviously, the magnitude of the initial phase θ is related to the choice of the timing starting point. If you choose different timing starting points, the initial phase of the sinusoidal quantity will be different. If the moment when the sinusoidal quantity changes from negative to positive, that is, the instantaneous value of this moment is zero, is selected as the timing starting point, the initial phase $\theta=0$, and its waveform is shown in Figure 3 - 5, and the analytical formula is $i=I_m\sin(\omega t)$. Have a try. Can you draw the waveforms of different initial phases θ?

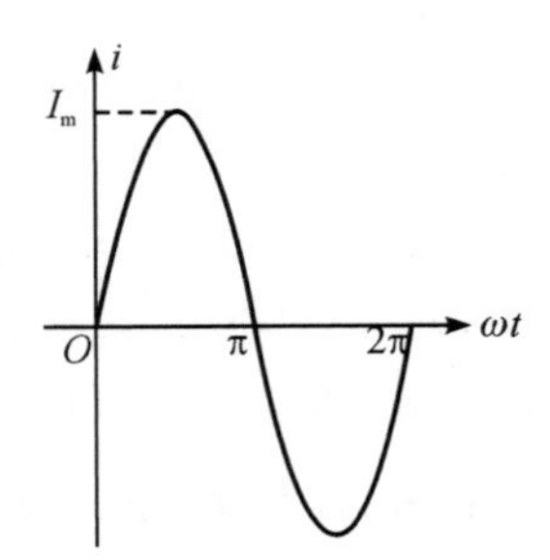

Figure 3 - 5 Sinusoidal wave form with zero initial phase

The maximum value of the sinusoidal quantity reflects the magnitude of the change of the sinusoidal quantity; the angular frequency (or frequency, period) reflects the speed of the sinusoidal quantity changing with time; the initial phase determines the position of the timing starting point of the sinusoidal quantity. If these three elements are determined, the sinusoidal quantity is unique and exact, whether it is an analytical formula or a waveform diagram. Therefore, we call the maximum, the angular frequency and the initial phase as the three elements of the sinusoidal quantity.

【Example 3 - 4】 Given the sinusoidal quantity $e=311\sin(100\pi t+30°)$ V, $u=10\sin(314t+210°)$ V, $i=-20\sin(100t+45°)$A, find its three elements.

Solution (1) Because $e=311\sin(100\pi t+30°)$ V, so its three elements are:

$$E_m=311\text{ V},\ \omega=100\pi\text{ rad/s},\ \theta_e=30°$$

(2) Since $u=10\sin(314t+210°)$, the value range of initial phase is usually in $|\theta|\leqslant\pi$, then it can be written as

$$u=10\sin(314t+210°)=10\sin(314t-150°)\text{ V}$$

Therefore, there are

$$U_m=10\text{ V},\ \omega=314\text{ rad/s},\ \theta_u=-150°$$

(3) Because $i=-20\sin(100t+45°)$, the effective value cannot be negative, and it can be rewritten as

$$i=-20\sin(100t+45°)=20\sin(100t-135°)\text{ A}$$

therefore

$$I_m=20\text{ A},\ \omega=100\text{ rad/s},\ \theta_i=-135°$$

Ⅱ. Phase difference of sinusoidal quantity

The concept of phase difference is often used when comparing the phase relationship of two sinusoidal quantities. Two sinusoidal quantities with the same frequency, such as

$$i_1=I_{m1}\sin(\omega t+\theta_1)$$

$$i_2=I_{m2}\sin(\omega t+\theta_2)$$

As shown in Figure 3 - 6, the difference in phase between them is called the phase difference, represented by φ, then

$$\varphi=(\omega t+\theta_1)-(\omega t+\theta_2)=\theta_1-\theta_2 \quad (3-15)$$

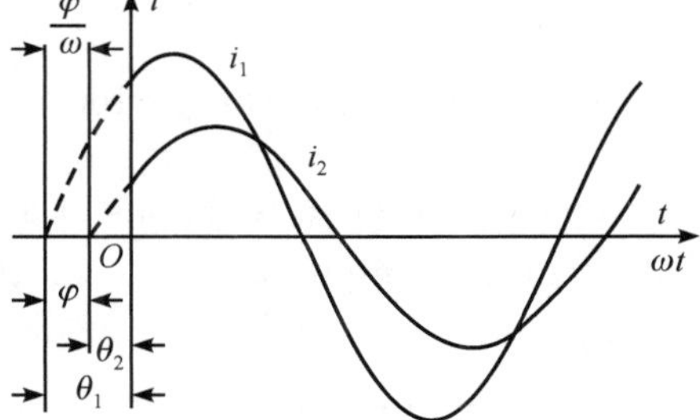

Figure 3 - 6 Waveform of current i_1 and i_2

It can be seen that the phase difference between two sinusoidal quantities of the same frequency is equal to the difference between their initial phases, which is a constant that is independent of time. If the frequencies of the two sinusoidal quantities are different, the phase difference will change with time. In the following content of this book, unless otherwise specified, the phase difference mentioned in this book refers to the phase difference of the sinusoidal quantities of the same frequency, which is usually specified that $|\varphi|\leqslant\pi$.

For the above two sinusoidal currents i_1 and i_2, the phase difference has the following situations:

(1) If $\varphi > 0$, then i_1 is called to advance i_2 by an angle φ. It means that i_1 reaches zero or maximum for a period of time(φ/ω) before i_2, as shown in Figure 3 - 6. It can also be called i_2 lags i_1.

(2) If $\varphi = 0$, i_1 and i_2 are in-phase, as shown in Figure 3 - 7(a).

(3) If $\varphi < 0$, then the i_1 lags i_2, and the lagging angle is $|\varphi|$.

(4) If $\varphi = \frac{\pi}{2}$, then i_1 is orthogonal to i_2, as shown in Figure 3 - 7(b).

(5) If $\varphi = \pm\pi$, i_1 and i_2 are anti-phase, as shown in Figure 3 - 7(c).

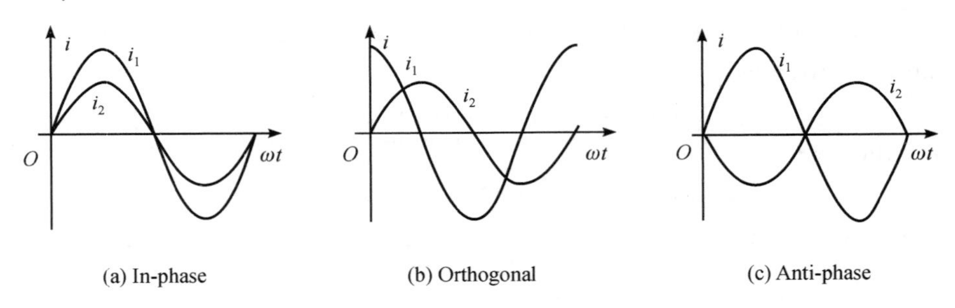

Figure 3 - 7 The waveform when the phase difference between i_1 and i_2 is a special value

【Example 3 - 5】 Given $u = 311\sin(\omega t + 60°)$ V and $i = 14.1\sin(\omega t - 150°)$ A, which sinusoidal quantity is advanced and by how many angles?

Solution $\varphi = \theta_u - \theta_i = 60 - (-150°) = 210°$

Since the value range of the phase difference is $|\varphi| \leqslant \pi$, the angle that is the same as the terminal side of the 210° and the angle whose absolute value which does not exceed 180° is $-360° + 210° = -150°$, so the i advances the u by 150°.

Ⅲ. Effective value for periodic quantity and sinusoidal quantity

One of the main functions of a circuit is to convert energy. Neither the instantaneous value nor the amplitude value of the period quantity can exactly reflect their effect on energy conversion. Therefore, the concept of effective value is introduced. Effective value is represented by uppercase letters, such as I, U, etc.

1. Effective value for periodic quantity

Periodic quantity is those voltages and currents that vary periodically over time, such as sinusoidal wave, square wave, triangular wave, etc. Assume that the periodic current i and the direct current I flow through two identical resistors R, respectively. If the heat generated in the same time T(cycle of the periodic current) is equal, the value of the DC current I is called the effective value of the periodic current i, denoted by an uppercase letter I.

The heat generated by the DC current at time T is

$$Q = I^2RT \tag{3-16}$$

The heat generated by the periodic current at time T is

$$Q=\int_{0}^{T} i^{2} R \mathrm{d}t \tag{3-17}$$

If the heat generated by the two currents is to be equal, that is

$$I^{2} R T=\int_{0}^{T} i^{2} R \mathrm{d}t$$

then the effective value for periodic current is

$$I=\sqrt{\frac{1}{T} \int_{0}^{T} i^{2} \mathrm{d}t} \tag{3-18}$$

Equation(3 - 18) is the definition formula of effective value. From the operation process of this formula, it needs to square, compute the average and extract the root, so the effective value is also called the root-mean-square value.

Similarly, the expression of effective value for periodic voltage is

$$U=\sqrt{\frac{1}{T} \int_{0}^{T} u^{2} \mathrm{d}t} \tag{3-19}$$

2. Effective value for sinusoidal quantity

Substitute the sinusoidal current $i=I_{\mathrm{m}} \sin(\omega t)$ into Equation(3 - 18), we can get

$$I=\sqrt{\frac{1}{T} \int_{0}^{T} I_{\mathrm{m}}^{2} \sin^{2}(\omega t) \mathrm{d}t}=\sqrt{\frac{I_{\mathrm{m}}^{2}}{T} \int_{0}^{T} \frac{1}{2}(1-\cos(2\omega t)) \mathrm{d}t}=\frac{I_{\mathrm{m}}}{\sqrt{2}} \tag{3-20}$$

Similarly, the effective value for sinusoidal voltage is

$$U=\frac{U_{\mathrm{m}}}{\sqrt{2}} \tag{3-21}$$

This leads to a crucial conclusion: the maximum of sinusoidal quantity is the $\sqrt{2}$ times the effective value.

In engineering, the magnitude of AC current or voltage usually refers to the effective value. For example, 220 V AC voltage for general lighting refers to the effective value of 220 V. The voltage or current indicated by the AC measuring instrument is the effective value. Rated value on the nameplates of electrical equipment also refers to effective value. But the insulation level and withstand voltage refer to the maximum value.

Attention

(1) Different ways of writing letters and symbols in sinusoidal circuits represent different meanings: lowercase letter(e. g. i, u) indicate instantaneous value, uppercase letter(e. g. I, U) indicate effective value, and uppercase letter with subscripts m(e. g. I_{m}, U_{m}) indicate the maximum value(amplitude).

(2) The $\sqrt{2}$ times relationship between amplitude and effective value is also peculiar to sinusoidal quantity, and these cannot be arbitrarily applied in non-sinusoidal quantity.

Ⅲ. Phasor representation of sinusoidal quantity

When analyzing the circuit, the arithmetic operation of voltage and current is often done. The voltage and current in a sinusoidal AC circuit are not only unequal in magnitude, but also have a difference in phase. To perform the addition, subtraction, multiplication and division of sinusoidal quantities, it will be very tedious to directly calculate the sinusoidal quantities by analytical formula or waveform analysis. In a sinusoidal AC circuit, all responses are sinusoidal quantities with the same frequency as the excitation. And only two elements, effective value and initial phase, need to be found to find response sinusoidal quantity. A complex number can represent the effective value and initial phase of a sinusoidal quantity at the same time. The phasor method is to use complex number to represent the sinusoidal quantity, so as to simplify the analysis and calculation of sinusoidal AC circuits by means of complex number operations. It is an effective method to analyze and solve the steady-state response of sinusoidal AC circuit.

1. Phasor representation of sinusoidal quantity

To represent the sinusoidal quantity $i = I_m \sin(\omega t + \theta)$, a vector $\overrightarrow{OA}$ can be drawn on the complex plane, the length of which is proportional to the amplitude I_m of the sinusoidal quantity, and the angle between the vector and the positive real axis is equal to the initial phase θ. Assume that the vector rotates counterclockwise around the coordinate origin with θ as the angular velocity, as shown in Figure 3 - 8. The projection of this rotation vector on the vertical axis at each moment is the instantaneous value of the sinusoidal quantity at that moment.

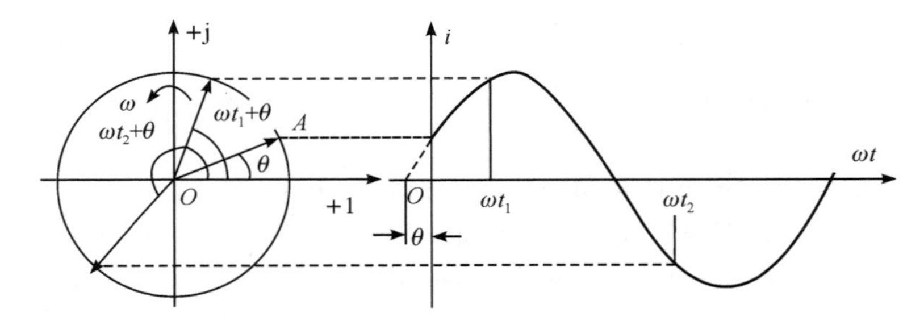

Figure 3 - 8 Phasor representation of sinusoidal quantity

In this way, the rotation vector $I_m e^{j(\omega t+\theta)}$ reflecting the three elements of the sinusoidal quantity can completely represent a sinusoidal quantity. Considering that each sinusoidal quantity in the sinusoidal current circuit has the same angular frequency, each rotation vector $I_m e^{j(\omega t+\theta)}$ representing the three elements of the sinusoidal quantity has the same rotation factor $e^{j\omega t}$. Therefore, the rotation factor $e^{j\omega t}$ can be omitted in the expression, that is, the sinusoidal current i can be represented only by the vector $I_m e^{j\theta}$ of the starting position. The vector of the starting position corresponds to a complex number $I_m \angle \theta$, so the sinusoidal quantity i can be represented by a complex number $I_m \angle \theta$ correspondingly. And also because the effective value is commonly used, complex number $I \angle \theta$ is often used to represent sinusoidal quantity i.

Such a modulus is equal to the maximum or effective value of the sinusoidal quantity, and the argument is equal to the complex number of the initial phase of the sinusoidal quantity, which is called the phasor of the sinusoidal quantity. The maximum phasor is represented by adding a dot "·" to the uppercase letter of the maximum value, such as $\dot{I}_m = I_m\angle\theta_i$, $\dot{U}_m = U_m\angle\theta_u$. The effective value phasor is represented by adding a dot "·" to the uppercase letter of the effective value of the sinusoidal quantity, such as $\dot{I} = I\angle\theta_i$, $\dot{U} = U\angle\theta_u$. Unless otherwise stated in this book, sinusoidal phasors refer to effective value phasor.

Since a phasor representing a sinusoidal quantity is a complex number, it can naturally be represented on the complex plane. In this way, some phasor of sinusoidal quantities with the same frequency are drawn on the same complex plane, and the diagram is called a phasor diagram.

It must be pointed out that the use of phasor to represent the sinusoidal quantity is to simplify the operation. It is a mathematical tool. The sinusoidal quantity is not equal to the phasor, but corresponds to the phasor, which can be represented by the phasor.

【Example 3-6】 Try to use the phasor to represent $u = 220\sqrt{2}\sin(\omega t - 60°)$ V, $i = 10\sin(\omega t + 45°)$ A, and draw the phasor diagram.

Solution

$$\dot{U} = 220\angle -60°\ \text{V}$$

$$\dot{I} = 5\sqrt{2}\angle 45°A$$

The phasor diagram is shown in the Figure 3-9.

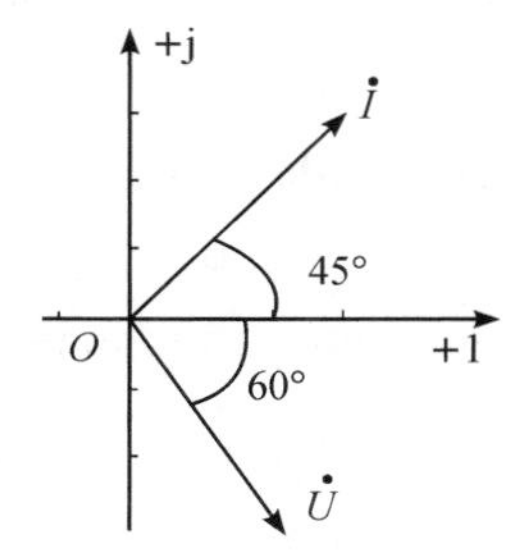

Figure 3-9 Diagram of Example 3-6

【Example 3-7】 The phasor of the two power frequency sinusoidal currents are $\dot{I}_1 = 10\angle 60°$ A, $\dot{I}_2 = 5\angle -30°$ A, try to find the analytical formula of the two currents.

Solution

The angular frequency is

$$\omega = 2\pi f = 2\pi \times 50 = 100\pi \ \text{rad/s}$$

From the phasor form of current, we can have

$$I_1 = 10\ \text{A},\quad \theta_1 = 60°$$

$$I_2 = 5\ \text{A},\quad \theta_2 = -30°$$

The analytical formula of the two currents, that is the instantaneous value which can be expressed as

$$i_1 = \sqrt{2}I_1\sin(\omega t + \theta_1) = 10\sqrt{2}\sin(100\pi t + 60°)\ \text{A}$$

$$i_2 = \sqrt{2}I_2\sin(\omega t + \theta_2) = 5\sqrt{2}\sin(100\pi t - 30°)\text{A}$$

2. Sum and difference of sinusoidal quantities with the same frequency

Assume two sinusoidal quantities with the same frequency

$$i_1 = \sqrt{2} I_1 \sin(\omega t + \theta_1)$$

$$i_2 = \sqrt{2} I_2 \sin(\omega t + \theta_2)$$

If find $i_1 \pm i_2$, it will be very tedious to calculate directly by trigonometric function or waveform analysis. After introducing the concept of phasor, it is more convenient to solve the sum and difference of sinusoidal quantities.

The sum or difference of sinusoidal quantities with the same frequency are still sinusoidal quantities of the same frequency, and the phasor of the sum or difference are equal to the sum or difference of the phasor of the sinusoidal quantities, such as

$$i = i_1 \pm i_2 \Leftrightarrow \dot{I} = \dot{I}_1 \pm \dot{I}_2 \tag{3-22}$$

Where $\dot{I}$, $\dot{I}_1$ and $\dot{I}_2$ are the phasor of i, i_1 and i_2, respectively.

It can be seen from Equation (3 - 22) that when the sum and difference of two sinusoidal quantities with the same frequency need to be found, they can be converted into the addition and subtraction operations of corresponding phasor and then according to the corresponding relationship between the sinusoidal quantities and the phasor, the sinusoidal quantity can be obtained.

【Example 3 - 8】 Given $u_1 = 70.7\sqrt{2}\sin(\omega t + 45°)$ V, $u_2 = 42.4\sqrt{2}\sin(\omega t - 30°)$ V, find $u = u_1 + u_2$, and draw the phasor diagram.

Solution The phasor form of two voltages are

$$\dot{U}_1 = 70.7\angle 45° \text{ V}, \dot{U}_2 = 42.4\angle -30° \text{ V}$$

The sum of two phasor is

$$\begin{aligned}\dot{U} &= \dot{U}_1 + \dot{U}_2 \\ &= 70.7\angle 45° \text{ V} + 42.4\angle -30° \text{ V} \\ &= (50 + \text{j}50) \text{ V} + (36.7 - \text{j}21.2) \text{ V} \\ &= (86.7 + \text{j}28.8) \\ &= 91.4\angle 18.4° \text{ V}\end{aligned}$$

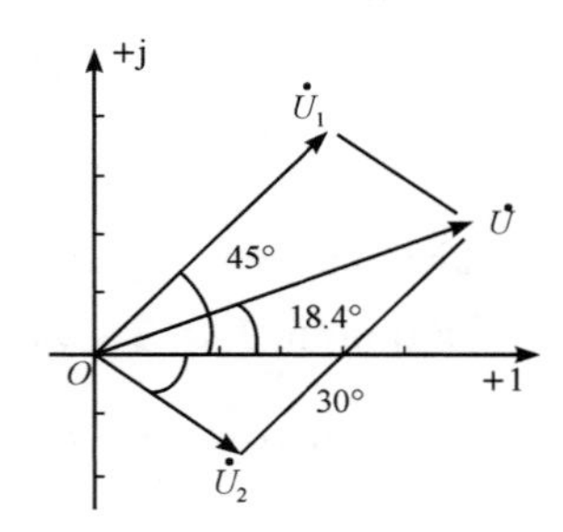

Figure 3 - 10 Diagram of Example 3 - 8

therefore

$$u = 91.4\sqrt{2}\sin(\omega t + 18.4°) \text{ V}$$

The phasor diagram is shown in the Figure 3 - 10.

Section Ⅲ Load elements in sinusoidal AC circuit

In a sinusoidal AC circuit, the loads include resistance element, inductance element and capacitance element. Unless otherwise stated, this section introduces linear resistance element, linear inductance element and linear capacitance element.

Ⅰ. Resistance element in sinusoidal AC circuit

1. The voltage-current relationship

As shown in Figure 3 - 11, in the associated reference direction, the voltage-current relationship of the linear resistance element meets Ohm's law, and $u = Ri$. Suppose the current flowing through the resistance element is a sinusoidal current, namely

$$i = \sqrt{2} I \sin(\omega t + \theta_i) \tag{3 - 23}$$

Figure 3 - 11 Resistance element

then the voltage of the resistance element is

$$u = Ri = \sqrt{2} RI \sin(\omega t + \theta_i) \tag{3 - 24}$$

Also because

$$u = \sqrt{2} U \sin(\omega t + \theta_u) \tag{3 - 25}$$

so the following relationship can be obtained:

$$U = RI,\ \theta_u = \theta_i \tag{3 - 26}$$

It is clear that the voltage and current of resistance are the sinusoidal quantities with the same frequency and they are in-phase. The relationship between their effective value and maximum meets Ohm's law.

Writing the above relationship in phasor form, we can have

$$\dot{U} = U\angle\theta_u = RI\angle\theta_i = R\dot{I}$$

that is

$$\dot{U} = R\dot{I} \tag{3 - 27}$$

It can be written as

$$\dot{I} = G\dot{U} \tag{3 - 28}$$

Figure 3 - 12 shows the waveform diagram and phasor diagram of voltage and current of the resistor.

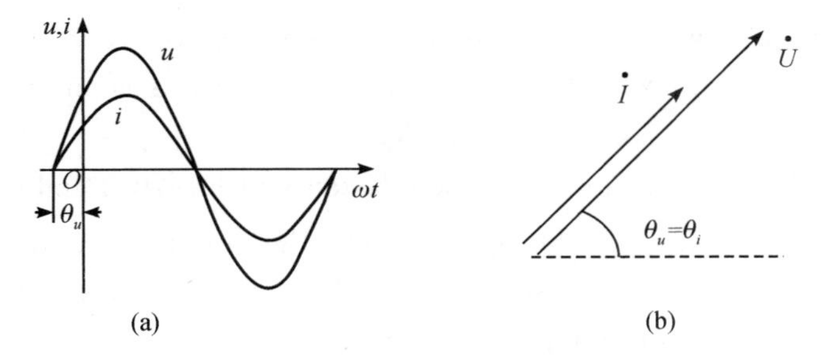

Figure 3 - 12 The waveform diagram and phasor diagram of voltage and current of the resistor

2. Power

Resistance element is energy-consuming element that also dissipate power in a sinusoidal circuit. In a sinusoidal circuit, since the voltage and current vary with time, the power of the circuit also varies with time. This time-varying power is called instantaneous power, which is represented by a lowercase letter p, that is,

$$p = ui \tag{3-29}$$

Suppose $\theta_u = \theta_i = 0$, substitute the analytical formula of u and i into Equation(3 - 29), the instantaneous power of the resistance element can be obtained, namely

$$p = ui = \sqrt{2}U\sin(\omega t) \times \sqrt{2}I\sin(\omega t) = 2UI\sin^2(\omega t) = UI[1 - \cos(2\omega t)] \tag{3-30}$$

The time-varying curve of instantaneous power is shown in Figure 3 - 13. The entire curve is above the horizontal axis, as indicated by Equation(3 - 30), under the condition of the associated reference direction, $p \geqslant 0$, indicating that the resistance element is a energy-consuming element.

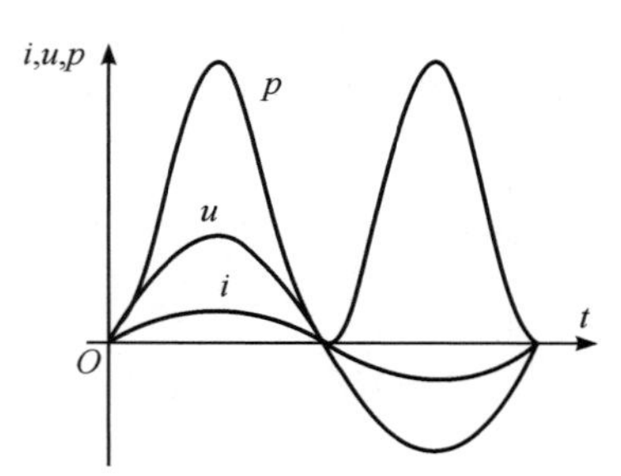

Figure 3 - 13 Power curve of the resistance element

The meaning of instantaneous power is not practical, and the concept of average power is usually used in engineering. Generally, it is represented by the average value of instantaneous power in a period, that is, the average power, which is denoted by an uppercase letters P, namely

$$P = \frac{1}{T}\int_0^T p\,\mathrm{d}t \tag{3-31}$$

Substitute Equation(3 - 30) into Equation(3 - 31), we can have

$$P = \frac{1}{T}\int_0^T UI[1 - \cos(2\omega t)]\mathrm{d}t = \frac{1}{T}\int_0^T UI\,\mathrm{d}t - \frac{1}{T}\int_0^T UI\cos(2\omega t)\,\mathrm{d}t = UI \tag{3-32}$$

Substitute $U = RI$ or $I = \frac{U}{R}$ into Equation(3 - 32), we can have

$$P = UI = I^2R = \frac{U^2}{R} \tag{3-33}$$

The average power reflects the actual power consumption of the circuit, so it is also called active power, or power for short. Its SI unit is W (Watt). For example, a bulb with rated value of 220 V and 25 W indicates that when the bulb is connected to a voltage of 220 V, the average power it consumes is 25 W.

【Example 3 - 9】 The resistor with the resistance of $R = 20\ \Omega$ and the current flowing through it is $i = 20\sqrt{2}\sin(\omega t - 45°)$ A. (1) Find the voltage u across the resistor (the reference direction of u and i are same); (2) Find the power P of the resistor R; (3) Make a phasor diagram of voltage and current.

Solution (1) From Equation(3 - 27), we can have

$$\dot{U} = \dot{I}R = 20\angle -45°\ \mathrm{A} \times 20\ \Omega = 400\angle -45°\ \mathrm{V}$$

therefore

$$u=400\sqrt{2}\sin(\omega t-45°)\ \text{V}$$

(2) From Equation(3 - 33), we can have

$$P=UI=400\ \text{V}\times 20\ \Omega=8\ \text{kW}$$

or

$$P=I^2R=(20^2\times 20)\ \text{W}=8\ \text{kW}$$

(3) The phasor diagram is shown in the Figure 3 - 14.

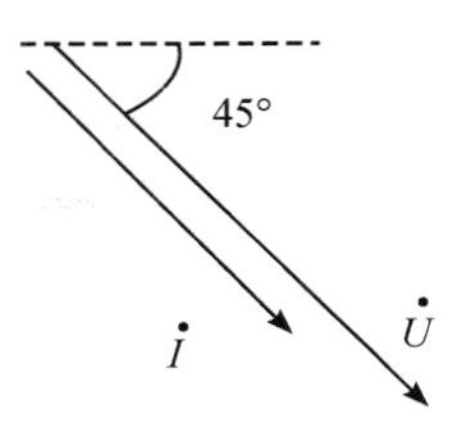

Figure 3 - 14 Diagram of example 3 - 9

Ⅱ. Inductance element in sinusoidal AC circuit

1. The voltage-current relationship

As shown in Figure 3 - 15, under the condition of the associated reference direction, the voltage-current relationship of the inductance element is

$$u=L\frac{\mathrm{d}i}{\mathrm{d}t} \tag{3 - 34}$$

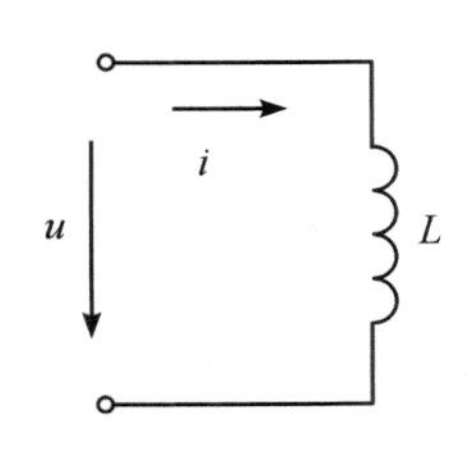

Figure 3 - 15 Inductive circuit

If a sinusoidal current $i=\sqrt{2}I\sin(\omega t+\theta_i)$, flows through the inductance element, then

$$u=L\frac{\mathrm{d}i}{\mathrm{d}t}=\sqrt{2}\omega LI\cos(\omega t+\theta_i)=\sqrt{2}\omega LI\sin\left(\omega t+\theta_i+\frac{\pi}{2}\right) \tag{3 - 35}$$

Also because $u=\sqrt{2}U\sin(\omega t+\theta_u)$, the following relationship can be obtained

$$U=\omega LI,\quad \theta_u=\theta_i+\frac{\pi}{2} \tag{3 - 36}$$

It can be seen that the voltage of the inductance element advances the current by $\frac{\pi}{2}$ or 90°, and the relationship between their effective value is $U=\omega LI$.

Assume

$$X_L=\omega L=2\pi fL \tag{3 - 37}$$

then there is

$$U=\omega LI=X_LI \tag{3 - 38}$$

where, X_L reflects the hindering effect of the inductance element on the current, which is called inductive reactance. The SI unit of X_L is Ohm (Ω). When the voltage is constant, if X_L is larger, I is smaller.

Attention The inductive reactance is a positive value; the inductive reactance is only applicable to sinusoidal alternating current.

The reciprocal of inductive reactance is called inductive susceptance, denoted by B_L, that is

$$B_L=\frac{1}{X_L}=\frac{1}{\omega L} \tag{3 - 39}$$

Where, the SI unit of B_L is Siemens (S), and the inductance is a positive value. It can be known from Equation (3 - 37) that when the inductance L is constant, the inductive reactance X_L of the inductance is proportional to the frequency f. The higher frequency is, the greater inductive reactance is. For DC, the frequency is zero, the angular frequency is zero, and the inductive reactance $X_L=\omega L=2\pi fL=0\ \Omega$, $U=\omega LI=X_LI=0$ V. So in a DC circuit, the inductance element is equivalent to a short circuit.

Writing the voltage-current relationship of the inductance element in the phasor form, we can have

$$\dot{U}=U\angle\theta_u=X_LI\angle\left(\theta_i+\frac{\pi}{2}\right)=I\angle\theta_i\cdot X_L\angle\frac{\pi}{2}=\mathrm{j}X_L\dot{I} \quad (3-40)$$

that is

$$\dot{U}=\mathrm{j}X_L\dot{I} \quad (3-41)$$

Figure 3 - 16 shows the waveform diagram and phasor diagram of voltage and current of the inductor(suppose $\theta_i=0$).

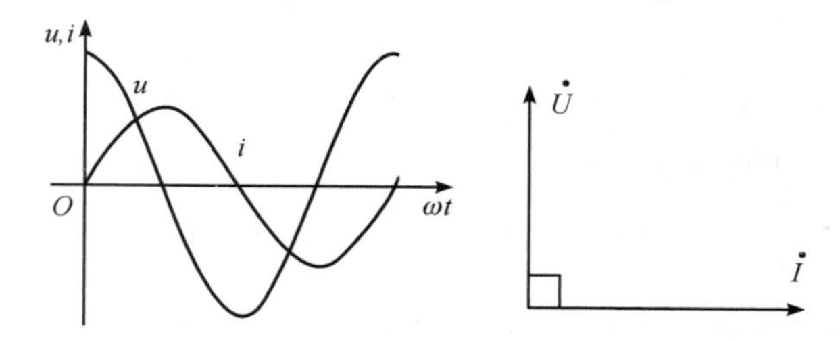

Figure 3 - 16 Waveform diagram and phasor diagram of voltage and current of the inductor

2. Power

Suppose the inductor's voltage $u=\sqrt{2}U\sin\left(\omega t+\frac{\pi}{2}\right)$, and inductor's current $i=\sqrt{2}I\sin(\omega t)$, then the instantaneous power of the inductance element is

$$p=ui=\sqrt{2}U\sin\left(\omega t+\frac{\pi}{2}\right)\sqrt{2}I\sin(\omega t)=2UI\sin(\omega t)\cos(\omega t)=UI\sin(2\omega t) \quad (3-42)$$

Equation (3 - 42) shows that the instantaneous power of the inductance element is also a sinusoidal function, and its frequency is twice the frequency of the voltage or current. The instuntaneous power curve is shown in Figure 3 - 17. It can be seen from the figure that in the first and third 1/4 cycles, $p>0$, the inductor absorbs energy; in the second and fourth 1/4 cycles, $p<0$, the inductor releases energy. During a cycle, the absorbed energy and released energy is equal, and no energy is

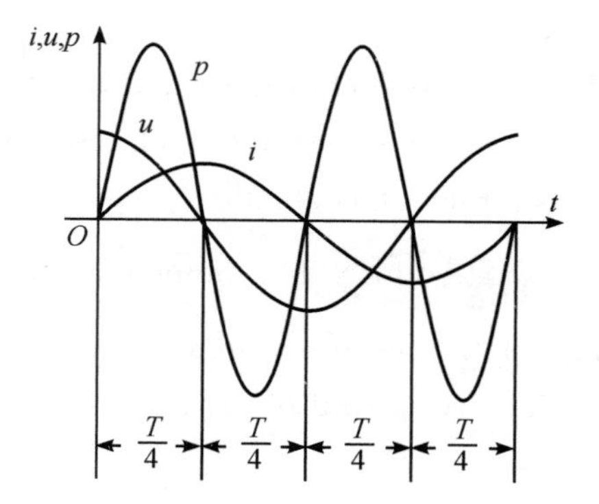

Figure 3 - 17 Power curve of the inductor

consumed. Therefore, inductance element is energy-storing element that can store magnetic field energy instead of energy-consuming element.

The average power of the inductance element is

$$P=\frac{1}{T}\int_{0}^{T}p\,\mathrm{d}t=\frac{1}{T}\int_{0}^{T}UI\sin(2\omega t)\,\mathrm{d}t=0\ \mathrm{W} \tag{3-43}$$

Although the inductance element does not consume energy, it continuously absorbs and releases energy, that is, there is energy exchange with the external circuit. In order to reflect the scale of the energy exchange between the inductance element and the outside, the product of the voltage and the effective value of the current, is called the reactive power of the inductance element, which is represented by Q_L, so

$$Q_L=UI=I^2X_L=\frac{U^2}{X_L} \tag{3-44}$$

The reactive power on the inductance element is inductive reactive power. Most of the power systems are inductive devices such as motor and transformer, and inductive reactive power plays an important role in power supply.

Reactive power has the same dimension as active power, but in order to distinguish it from active power, the unit of reactive power is var (var), and kilovar (kvar) is also commonly used in engineering.

【Example 3 - 10】 An inductor with $L=2$ H, its terminal voltage $u=220\sqrt{2}\sin(314t-45°)$V.

(1) Find the current i flowing through the inductor(the reference direction of i and u are the same).

(2) Find the reactive power Q_L on the inductor.

(3) Draw the phasor diagram of voltage and current.

(4) If the effective value of the power supply remains unchanged and its frequency changes to 100 Hz, how much are the current effective value and reactive power of the inductor?

Solution (1) The inductive reactance of inductance element is

$$X_L=\omega L=(314\times 2)\ \Omega=628\ \Omega$$

The phasor of the current flowing through the inductance element is

$$\dot{I}=\frac{\dot{U}}{\mathrm{j}X_L}=\frac{220\angle-45°}{\mathrm{j}628}\ \mathrm{A}=0.35\angle-135°\mathrm{A}$$

therefore, there is

$$i=0.35\sqrt{2}\sin(314t-135°)\ \mathrm{A}$$

(2) The reactive power can be obtained from Equation(3 - 44)

$$Q_L=UI=220\ \mathrm{V}\times 0.35\ \mathrm{A}=77\ \mathrm{var}$$

(3) The phasor diagram is shown in the Figure 3 - 18.

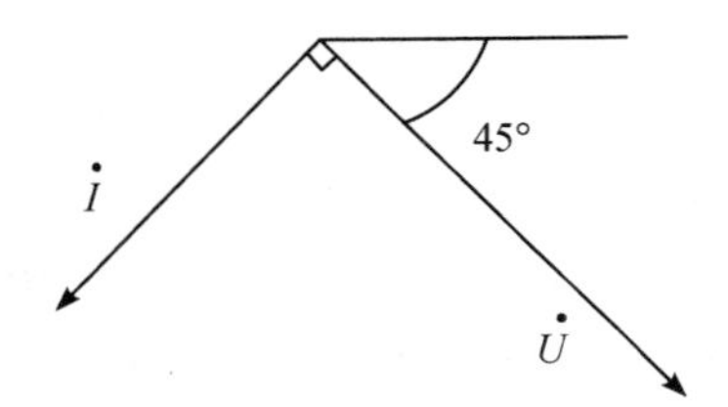

Figure 3 - 18 Diagram of Example 3 - 10

(4) If the frequency changes to 100 Hz, the

inductive reactance is

$$X_L = \omega L = 2\pi f L = (2 \times 3.14 \times 100 \times 2)\ \Omega = 1256\ \Omega$$

the effective value of current is

$$I = \frac{U}{X_L} = \frac{220}{1256}\ \text{A} = 0.175\ \text{A}$$

the reactive power is

$$Q_L = UI = 220\ \text{V} \times 0.175\ \text{A} = 38.5\ \text{var}$$

Ⅲ. Capacitive element in sinusoidal AC circuit

1. The voltage-current relationship

As shown in Figure 3 - 19, under the condition of the associated reference direction, the voltage-current relationship of the capacitive element is

$$i = C\frac{\mathrm{d}u}{\mathrm{d}t} \tag{3-45}$$

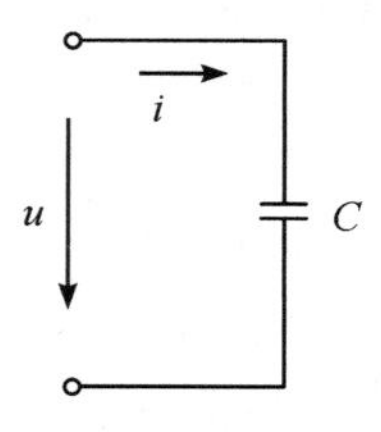

Figure 3 - 19 Capacitive circuit

If a sinusoidal voltage $u = \sqrt{2}U\sin(\omega t + \theta_u)$ is applied across a capacitive element, then

$$i = C\frac{\mathrm{d}u}{\mathrm{d}t} = \sqrt{2}\omega CU\cos(\omega t + \theta_u) = \sqrt{2}\omega CU\sin(\omega t + \theta_u + \frac{\pi}{2}) \tag{3-46}$$

Also because $i = \sqrt{2}I\sin(\omega t + \theta_i)$, the following relationship can be obtained

$$\begin{cases} I = \omega CU \\ \theta_i = \theta_u + \dfrac{\pi}{2} \end{cases} \tag{3-47}$$

It can be seen that the voltage of the capacitive element advances the voltage by $\frac{\pi}{2}$ or 90°, and the relationship between their effective value is $I = \omega CU$.

Assume

$$X_C = \frac{1}{\omega C} = \frac{1}{2\pi f C} \tag{3-48}$$

then

$$U = \frac{1}{\omega C}I = X_C I \tag{3-49}$$

where the SI unit of X_C is Ohm (Ω). X_C reflects the hindering effect of the capacitive element on the current, which is called capacitive reactance. Note that the capacitive reactance is equal to the ratio of the effective value or maximum value of the voltage to effective value or maximum value of the current, not the ratio of their instantaneous values. The capacitive reactance is a positive value.

The reciprocal of capacitive reactance is called capacitive susceptance, which is denoted by B_C, that is,

$$B_C = \frac{1}{X_C} = \omega C \tag{3-50}$$

where the SI unit of B_C is Siemens (S), and the capacitive reactance is a positive value.

It can be known from Equation(3 - 48) that when the capacitance C is constant, the capacitive reactance X_C of the capacitance is proportional to the frequency f. The higher frequency is, the smaller capacitive reactance is. For DC, the frequency is zero, the angular frequency is zero, and the capacitive reactance $X_C = \frac{1}{\omega C} = \frac{1}{2\pi f C}$ tends to infinity, although a voltage acts on the capacitive element, the current $I = \frac{U}{X_C} = 0$ A. So in a DC circuit, the capacitive element is equivalent to an open circuit.

Writing the voltage-current relationship of the capacitive element in the phasor form, we can have

$$\dot{U} = U\angle\theta_u = X_C I\angle\left(\theta_i - \frac{\pi}{2}\right)$$

$$= I\angle\theta_i \cdot X_C\angle -\frac{\pi}{2}$$

$$= -\mathrm{j}X_C\dot{I}$$

that is

$$\dot{U} = -\mathrm{j}X_C\dot{I} \tag{3-51}$$

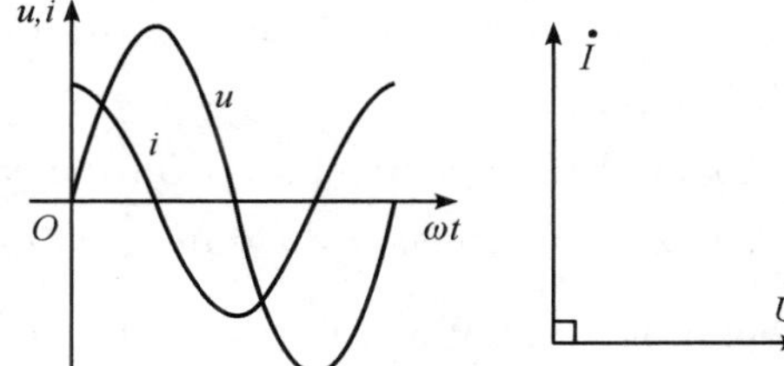

Figure 3 - 20 Waveform diagram and phasor diagram of current and voltage flowing through the capacitor

See Figure 3 - 20 for the waveform and phasor diagram of the current and voltage in the capacitor, where the voltage is assumed to be the reference phasor, $\theta_u = 0$.

2. Power

Suppose the capacitor's voltage $u = \sqrt{2}U\sin(\omega t)$ and capacitor's current $i = \sqrt{2}I\sin\left(\omega t + \frac{\pi}{2}\right)$, then the instantaneous power of the capacitive element is

$$p = ui = \sqrt{2}U\sin(\omega t)\sqrt{2}I\sin\left(\omega t + \frac{\pi}{2}\right)$$

$$= 2UI\sin(\omega t)\cos(\omega t)$$

$$= UI\sin(2\omega t) \tag{3-52}$$

Equation(3 - 52) shows that the instantaneous power of the capacitive element is also a sinusoidal function of time, and its frequency is twice the frequency of the voltage or current, and the curve is shown in Figure 3 - 21.

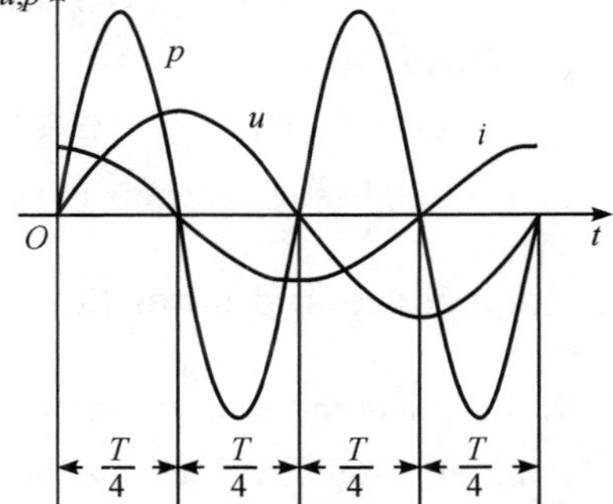

Figure 3 - 21 Power curve of the capacitor

Like the inductance element, the capacitive element does not consume energy, but continuously absorbs and releases energy, and is an energy-storing element that can store electric field energy.

Average power of the capacitive element is

$$P = \frac{1}{T}\int_0^T p\,\mathrm{d}t = \frac{1}{T}\int_0^T UI\sin(2\omega t)\,\mathrm{d}t = 0\ \mathrm{W} \tag{3-53}$$

In order to reflect the scale of the energy exchange between the capacitive element and the outside, the negative value of the product of the voltage and the effective value of the current is called the reactive power of the capacitive element, which is represented by Q_C, so

$$Q_C = -UI = -I^2 X_C = -\frac{U^2}{X_C} \tag{3-54}$$

Equation(3 - 54) shows that $Q_C < 0$, indicating the capacitive element releases reactive power, the unit of Q_C is var or kvar.

【Example 3 - 11】 An capacitor $C = 100\ \mu\mathrm{F}$, its terminal voltage $u = 220\sqrt{2}\sin(1000t - 60°)$ V.

(1) Find the current i flowing through the capacitor(the reference direction of i and u are the same);

(2) Find the reactive power on the capacitor;

(3) Draw the phasor diagram of voltage and current.

Solution (1) When the current i need to be found, its phasor $\dot{I}$ need to be found from Equation(3 - 51) first. Because the capacitive reactance of capacitance is

$$X_C = \frac{1}{\omega C} = \frac{1}{1000 \times 100 \times 10^{-6}}\ \Omega = 10\ \Omega$$

so the current phasor is

$$\dot{I} = \frac{\dot{U}}{-\mathrm{j}X_C} = \frac{220\angle -60°}{-\mathrm{j}10}\ \mathrm{A} = 22\angle 30°\mathrm{A}$$

therefore,

$$i = 22\sqrt{2}\sin(1000t + 30°)\ \mathrm{A}$$

(2) The reactive power can be obtained from Equation (3 - 54), namely

$$Q_C = -UI = -220\ \mathrm{V} \times 22\ \mathrm{A} = -4840\ \mathrm{var}$$

(3) The phasor diagram is shown in the Figure 3 - 22.

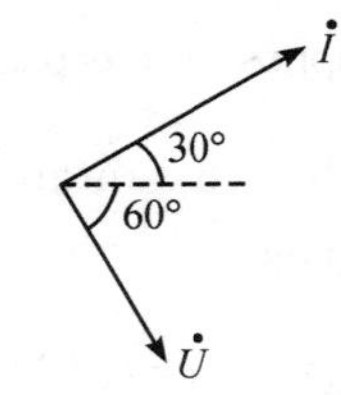

Figure 3 - 22 Diagram of Example 3 - 11

Ⅳ. Impedance and admittance

Impedance and admittance are two significant concepts introduced for the purpose of analyzing sinusoidal AC circuit better.

1. Impedance

The sinusoidal circuit is configured with a passive two-terminal network consisting of a linear resistor, inductor and capacitor, as shown in Figure 3 - 23.

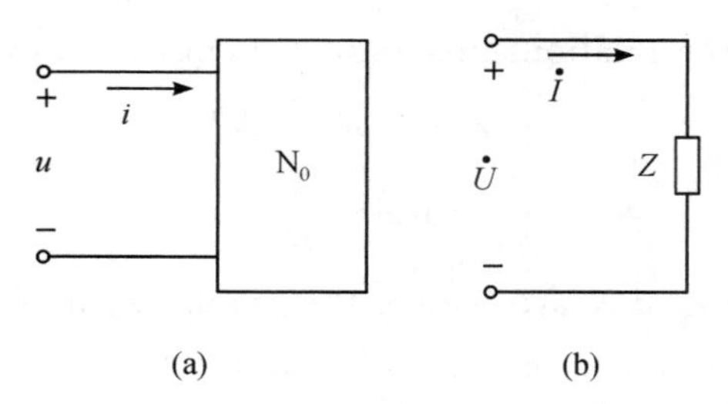

Figure 3 - 23 Impedance of two-terminal network

The voltage and current at its port are configured as follows:

$$u=\sqrt{2}U\sin(\omega t+\theta_u)$$

$$i=\sqrt{2}I\sin(\omega t+\theta_i)$$

with corresponding phasor being:

$$\dot{U}=U\angle\theta_u$$

$$\dot{I}=I\angle\theta_i$$

The ratio between port voltage phasor $\dot{U}$ and port current phasor $\dot{I}$ is defined as impedance of the two-terminal network, which is represented with the capitalized Z, namely

$$Z=\frac{\dot{U}}{\dot{I}}=\frac{U\angle\theta_u}{I\angle\theta_i}=|Z|\angle\varphi \tag{3-55}$$

It is obvious that Z is a plural, so it can also be referred to a complex impedance. $|Z\angle\varphi|$ is the polar coordinate expression of impedance Z, where $|Z|$ is the modulus of impedance, and φ is the angle of impedance.

From the Formula(3 - 56), we can get

$$|Z|=\frac{U}{I} \qquad (3-56)$$

$$\varphi=\theta_u-\theta_i$$

It can be seen that modulus of impedance $|Z|$ is the ratio between effective values of port voltage and port current; while, angle of impedance φ is the phase difference $\theta_u-\theta_i$ where the voltage is ahead of current under associated reference direction.

Impedance Z can be represented in algebraic form since it is a complex impedance, and the algebraic form of impedance Z is shown as follows:

$$Z=R+\mathrm{j}X \tag{3-57}$$

where, the real part R of Z is called resistance, and the imaginary part X is called reactance. Together with the modulus of impedance $|Z|$, they form a right triangle, which is referred to as triangle of impedance, as shown in Figure 3 - 24. According to the triangle of

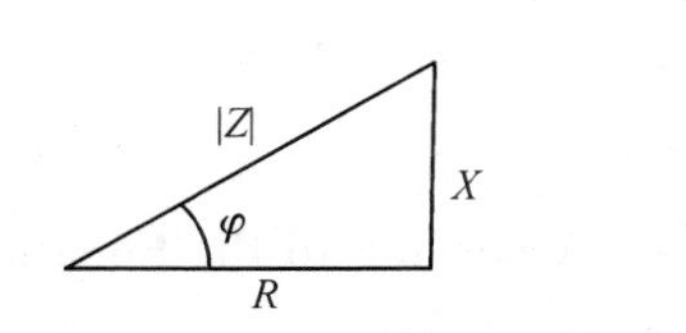

Figure 3 - 24 Triangle of impedance

impedance, we can show the relationships among them as follows:

$$\begin{cases} |Z| = \sqrt{R^2 + X^2} \\ \varphi = \arctan \dfrac{X}{R} \end{cases} \tag{3-58}$$

The SI units of Z, $|Z|$, R and X are Ω, and the graphic symbol of impedance is similar to that of resistance, which is shown in Figure 3 - 23(b).

If the passive two-terminal network is only configured with a single element R, L or C internally, then the corresponding impedance is shown as follows:

$$\begin{cases} Z_R = R \\ Z_L = \mathrm{j}\omega L = \mathrm{j}X_L \\ Z_C = \dfrac{1}{\mathrm{j}\omega C} = -\mathrm{j}\dfrac{1}{\omega C} = -\mathrm{j}X_C \end{cases} \tag{3-59}$$

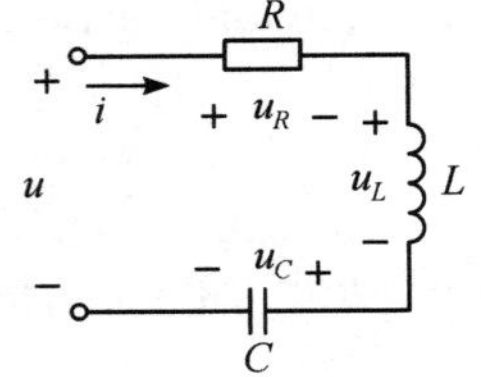

Figure 3 - 25 *RLC* series circuit

If the passive two-terminal network is internally configured with *RLC* series circuit, as shown in Figure 3 - 25, since

$$\begin{aligned} \dot{U} &= \dot{U}_R + \dot{U}_L + \dot{U}_C = R\dot{I} + \mathrm{j}X_L\dot{I} - \mathrm{j}X_C\dot{I} \\ &= \dot{I}[R + \mathrm{j}(X_L - X_C)] \\ &= \dot{I}(R + \mathrm{j}X) \end{aligned} \tag{3-60}$$

then the impedance is

$$Z = \frac{\dot{U}}{\dot{I}} = R + \mathrm{j}(X_L - X_C) = R + \mathrm{j}X = |Z|\angle\varphi \tag{3-61}$$

Where the reactance is $X = X_L - X_C$.

According to the Equation(3 - 61), in *RLC* series circuit, the impedance equals to the sum of impedance of all elements. If the circuit takes current as a reference phasor, then the phasor diagram of the circuit is shown in Figure 3 - 26 when the reactance $X = X_L - X_C$ values are different.

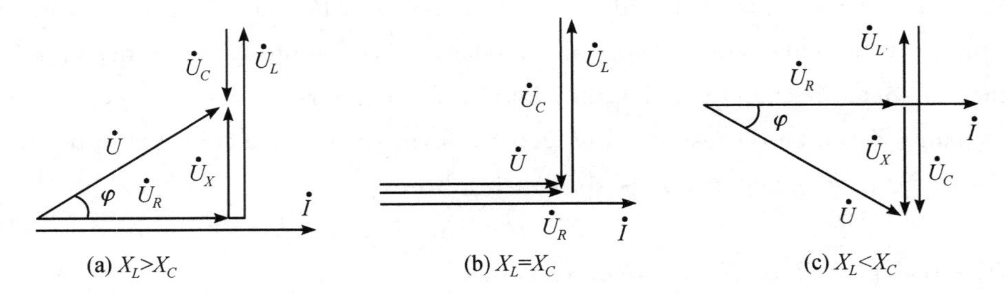

Figure 3 - 26 Phasor diagram of *RLC* series circuit

According to the Equation(3 - 61) and the phasor diagram shown in Figure 3 - 26, we can get that:

(1) When $X > 0\ \Omega$, namely $X_L > X_C$, we can get $\varphi > 0$. At this point, the voltage $\dot{U}$ is

ahead of current $\dot{I}$, as shown in Figure 3 - 26 (a), and the circuit has an inductive character. Meanwhile, *RLC* series circuit is equivalent to *RL* series circuit.

(2) When $X=0\ \Omega$, namely $X_L=X_C$, we can get $\varphi=0$. At this point, the voltage $\dot{U}$ and current $\dot{I}$ are in same phase, as shown in Figure 3 - 26 (b), and then resonance (resonance circuit shall be discussed in the future) happens to the circuit, and the circuit has a resistive character. Meanwhile, *RLC* series circuit is equivalent to a resistive circuit.

(3) When $X<0\ \Omega$, namely $X_L<X_C$, we can get $\varphi<0$. At this point, the voltage $\dot{U}$ is ahead of current $\dot{I}$, as shown in Figure 3 - 26 (c), and then circuit has an inductive character. Meanwhile, *RLC* series circuit is equivalent to *RC* series circuit.

When we represent complex impedance in algebraic form $Z=R+jX$, since

$$\dot{U}=\dot{I}Z=\dot{I}(R+jX)=\dot{I}R+jX\dot{I}$$
$$=\dot{U}_R+\dot{U}_X \tag{3-62}$$

so the real part and imaginary part of Z can be regarded as being in series respectively, as shown in Figure 3 - 27, thus getting the equivalent model connected in series of complex impedance.

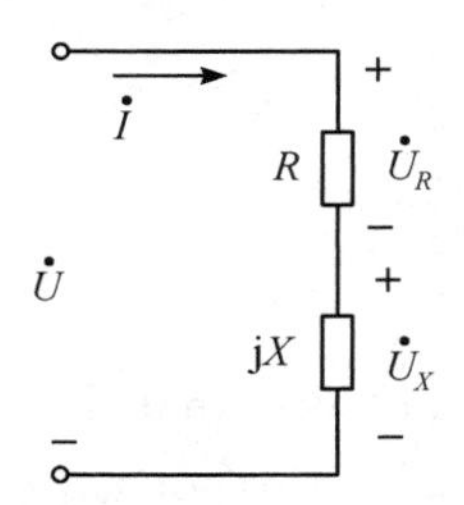

Figure 3 - 27 Equivalent circuit connected in series of complex impedance

【Example 3 - 12】 In *RLC* series circuit shown in Figure 3 - 25, $R=40\ \Omega$, $L=233$ mH, $C=80\ \mu$F, and voltage at both terminals of the circuit is $u=311\sin(314t)$ V. Try to find: (1) modules of circuit impedance; (2) effective value of current; (3) effective value of voltage at both terminals of all elements; (4) circuit character.

Solution (1) Inductive reactance and capacitive reactance are

$$X_L=\omega L=314\times 233\times 10^{-3}\ \Omega=73.2\ \Omega$$

$$X_C=\frac{1}{\omega C}=\frac{1}{314\times 80\times 10^{-6}}\Omega=39.8\ \Omega$$

According to the Equation(3 - 58) and Equation (3 - 61), we can get that the modules of *RLC* series circuit impedance is

$$|Z|=\sqrt{R^2+(X_L-X_C)^2}=\sqrt{40^2+(73.2-39.8)^2}\ \Omega=52.1\ \Omega$$

(2) Effective value of terminal voltage is

$$U=\frac{U_m}{\sqrt{2}}=\frac{311}{\sqrt{2}}\ V=220\ V$$

Effective current value is

$$I=\frac{U}{|Z|}=\frac{220}{52.1}\ A=4.2\ A$$

(3) The effective value of voltage of all elements is shown as follows respectively

$$U_R=RI=40\ \Omega\times 4.2\ A=168\ V$$

$$U_L = X_L I = 73.2\ \Omega = 4.2\ \text{A} = 307.4\ \text{V}$$

$$U_C = X_C I = 73.2\ \Omega = 4.2\ \text{A} = 167.2\ \text{V}$$

(4) The circuit has an inductive character since $X_L > X_C$.

2. Admittance

The sinusoidal circuit is configured with a passive two-terminal network consisting of a linear resistor, inductor and capacitor. The ratio between port current phasor $\dot{I}$ and port voltage phasor $\dot{U}$ is defined as admittance of the two-terminal network, which is represented with the capitalized Y, namely

$$Y = \frac{\dot{I}}{\dot{U}} \tag{3-63}$$

then

$$Y = \frac{\dot{I}}{\dot{U}} = \frac{I\angle\theta_i}{U\angle\theta_u} = |Y|\angle\varphi' \tag{3-64}$$

It can be seen that Y is a plural, so it can also be referred to a complex admittance. $|Y|\angle\varphi'$ is the polar coordinate expression of admittance Y, where $|Y|$ is the modulus of admittance, and φ' is the angle of admittance.

From the Equation(3 - 64), we can get

$$\begin{cases} |Y| = \dfrac{I}{U} \\ \varphi' = \theta_i - \theta_u \end{cases} \tag{3-65}$$

It can be seen that modulus of admittance $|Y|$ is the ratio between effective values of port current and port voltage; while, angle of admittance φ' is the phase difference $\theta_i - \theta_u$ where the current is ahead of voltage under associated reference direction.

And the algebraic form of admittance Y is shown as follows:

$$Y = G + \text{j}B \tag{3-66}$$

Where, the real part G of Y is called conductance, and the imaginary part B is called susceptance. All of G, B and $|Y|$ form a right triangle, which is referred to as a triangle of admittance, as shown in Figure 3 - 28. According to the triangle of admittance, we can show the relationships among them as follows:

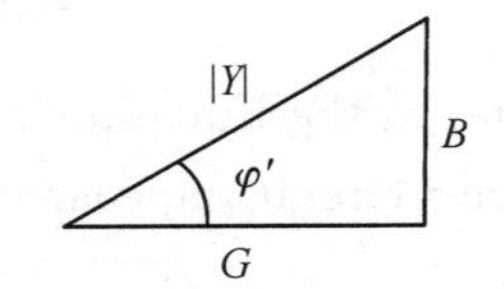

Figure 3 - 28 Triangle of admittance

$$\begin{cases} |Y| = \sqrt{G^2 + B^2} \\ \varphi' = \arctan \dfrac{B}{G} \end{cases} \tag{3-67}$$

The SI units of Y、$|Y|$、G and B and B are S. The graphic symbol of admittance is similar with that of impedance.

If the passive two-terminal network is internally configured with a single element R,

L or C, then the corresponding admittance is shown as follows:

$$\begin{cases} Y_R = G = \dfrac{1}{R} \\ Y_L = \dfrac{1}{j\omega L} = -\mathrm{j}\dfrac{1}{\omega L} = -\mathrm{j}B_L \\ Y_C = \mathrm{j}\omega C = \mathrm{j}B_C \end{cases} \tag{3-68}$$

If the passive two-terminal network is internally configured with RLC parallel circuit, as shown in Figure 3 - 29, since

$$\begin{aligned} \dot{I} &= \dot{I}_R + \dot{I}_L + \dot{I}_C \\ &= \dot{U}[G + \mathrm{j}(B_C - B_L)] \\ &= \dot{U}(G + \mathrm{j}B) \end{aligned} \tag{3-69}$$

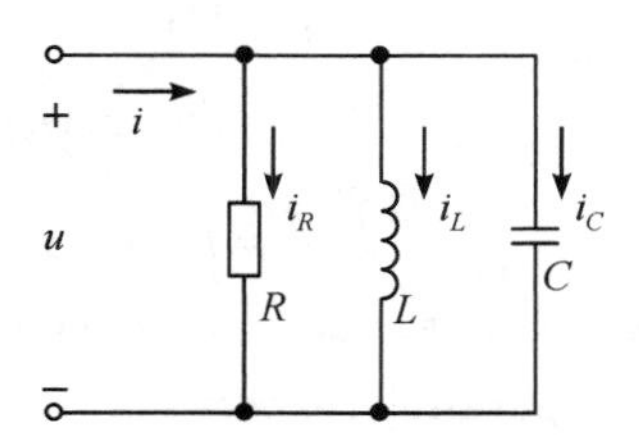

Figure 3 - 29 RLC parallel circuit

then, the admittance is

$$Y = \frac{\dot{I}}{\dot{U}} = G + \mathrm{j}(B_C - B_L) = G + \mathrm{j}B = |Y| \angle \varphi' \tag{3-70}$$

where, $G = \dfrac{1}{R}$ is conductance, $B_L = \dfrac{1}{X_L}$ is inductive susceptance, $B_C = \dfrac{1}{X_C}$ is capacitive susceptance, $B = B_C - B_L$ is susceptance, $|Y|$ is modulus of admittance, and φ' is angle of admittance.

According to Equation(3 - 70), in RLC parallel circuit, the total admittance equals to the sum of admittance of all elements. If a circuit takes voltage as a reference phasor, then the phasor diagram of the circuit is shown in Figure 3 - 30 when the susceptance $B = B_C - B_L$ value is different.

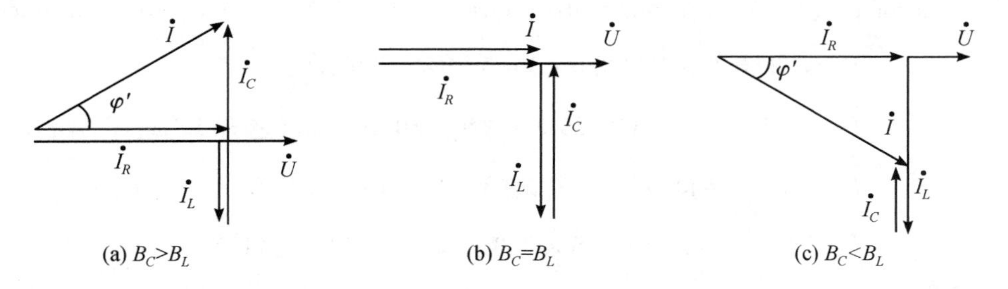

Figure 3 - 30 Voltage-current phasor diagram of RLC parallel circuit

According to the Equation(3 - 70) and the phasor diagram shown in Figure 3 - 30, we can get that:

(1) When $B > 0$ S, namely $B_C > B_L$, we can get $\varphi' > 0$. Then, the current is ahead of voltage, as shown in Figure 3 - 30 (a), and the circuit has a capacitive character. Meanwhile, RLC parallel circuit is equivalent to RC parallel circuit.

(2) When $B = 0$ S, namely $B_C = B_L$, we can get $\varphi' = 0$. Then, the current is in the same phase with voltage, as shown in Figure 3 - 30(b), and the circuit has a resistive

character. Meanwhile, RLC parallel circuit is equivalent to a resistive circuit.

(3) When $B<0$ S, namely $B_C<B_L$, we can get $\varphi'<0$. Then, the current lags behind voltage, as shown in Figure 3 - 30(c), and the circuit has an inductive character.

When we represent complex admittance in algebraic form $Y=G+\mathrm{j}B$, since

$$\dot{I}=\dot{U}Y=\dot{U}(G+\mathrm{j}B)$$
$$=\dot{U}G+\mathrm{j}B\dot{U}$$
$$=\dot{I}_G+\dot{I}_B$$

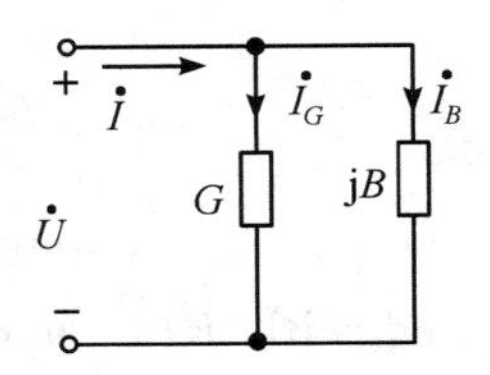

Figure 3 - 31 Equivalent circuit connected in parallel of complex admittance

So the real part and imaginary part of Y can be regarded as being in parallel respectively, as shown in Figure 3 - 31, thus getting the equivalent circuit connected in parallel of complex admittance.

【Example 3 - 13】 RLC parallel circuit as shown in Figure 3 - 29. Given $R=10\ \Omega$, $L=127$ mH, $C=159\ \mu$F, and $u=220\sqrt{2}\sin(314t+30°)$ V. Try to find: (1) total admittance of entire parallel circuit Y; (2) current in branch $\dot{I}_R$, $\dot{I}_L$, $\dot{I}_C$ and the sum of current $\dot{I}$; (3) circuit character.

Solution total admittance Y is

$$Y=G+\mathrm{j}(B_C-B_L)=\frac{1}{R}+\mathrm{j}\left(\omega C-\frac{1}{\omega L}\right)$$
$$=\frac{1}{10}\ \mathrm{S}+\mathrm{j}\left(314\times159\times10^{-6}-\frac{1}{314\times127\times10^{-3}}\right)\ \mathrm{S}$$
$$=0.1+\mathrm{j}(0.05-0.025)\ \mathrm{S}$$
$$=0.103\angle14.8°\mathrm{S}$$

(2) According to the known conditions, we can get $\dot{U}=220\angle30°$ V. Current in branch is

$$\dot{I}_R=G\dot{U}=0.1\ \mathrm{S}\times220\angle30°\ \mathrm{V}=22\angle30°\mathrm{A}$$
$$\dot{I}_L=-\mathrm{j}B_L\dot{U}=-\mathrm{j}0.025\ \mathrm{S}\times220\angle30°\ \mathrm{V}=5.5\angle-60°\mathrm{A}$$
$$\dot{I}_C=\mathrm{j}B_C\dot{U}=\mathrm{j}0.05\ \mathrm{S}\times220\angle30°\ \mathrm{V}=11\angle120°\ \mathrm{A}$$
$$\dot{I}=Y\dot{U}=0.103\angle14°\ \mathrm{S}\times220\angle30°\ \mathrm{V}=22.7\angle44°\mathrm{A}$$

(3) Since

$$Y=G+\mathrm{j}B=(0.1+\mathrm{j}0.025)\ \mathrm{S}=0.103\angle14.8°\ \mathrm{S}$$
$$\varphi'=14.8°>0$$

so the circuit has a capacitive character.

3. Equivalent conversion between impedance and admittance

One passive two-terminal network can act as a representation of equivalent impedance Z as well as that of equivalent admittance Y in the same one circuit. Accordingly, this network can be equivalent to the series circuit of R and $\mathrm{j}X$, or the parallel circuit between

G and jB, as shown in Figure 3 - 32.

In the condition of keeping port voltage and port current unchanged, if the complex impedance equivalent to the resistance and reactance in series is

$$Z = R + jX = |Z|\angle\varphi \qquad (3-71)$$

The complex admittance equivalent to the conductance and susceptance in parallel is

$$Y = G + jB = |Y|\angle\varphi' \qquad (3-72)$$

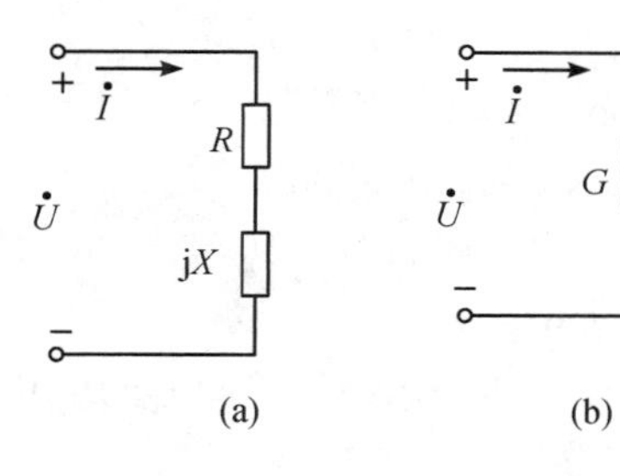

Figure 3 - 32 Equivalent conversion between Y and Z

then, according to the equation of definition of impedance and admittance, the condition for equivalent interchange between the two is as follows

$$ZY = 1$$

If it is represented with polar coordinates, we can get

$$|Z|\angle\varphi \times |Y|\angle\varphi' = 1$$

namely

$$\begin{cases} |Y| = \dfrac{1}{|Z|} \\ \varphi' = -\varphi \end{cases} \qquad (3-73)$$

If it is represented with rectangular coordinates, the impedance Z needs to be equivalently transformed into admittance Y. Because

$$Y = \frac{1}{Z} = \frac{1}{R + jX} = \frac{R}{R^2 + X^2} - j\frac{X}{R^2 + X^2} = G + jB$$

so, we have

$$\begin{cases} G = \dfrac{R}{R^2 + X^2} \\ B = \dfrac{-X}{R^2 + X^2} \end{cases} \qquad (3-74)$$

Similarly, the equivalent conversion of admittance Y into impedance Z can be realized via following formula:

$$Z = \frac{1}{Y} = \frac{1}{G + jB} = \frac{G}{G^2 + B^2} - j\frac{B}{G^2 + B^2} = R + jX$$

so we have

$$\begin{cases} R = \dfrac{G}{G^2 + B^2} \\ X = \dfrac{-B}{G^2 + B^2} \end{cases} \qquad (3-75)$$

Equation(3 - 73), Equation(3 - 74) and Equation(3 - 75) are the conditions for equivalent conversion between impedance and admittance.

【Example 3 - 14】 Figure 3 - 33 shows a series circuit of $R = 50\ \Omega$ and $L = 0.06$ mH.

Given $\omega = 10^6$ rad/s, try to calculate the total impedance and admittance.

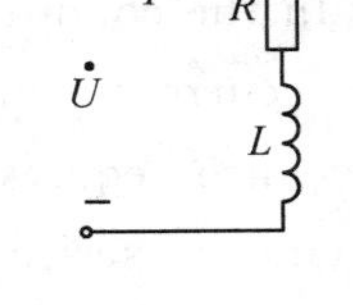

Figure 3 - 33 Diagram of Example 3 - 14

Solution

Inductive reactance is

$$X_L = \omega L = (10^6 \times 0.06 \times 10^{-3})\ \Omega = 60\ \Omega$$

Total impedance is

$$Z = R + \mathrm{j}X_L = (50 + \mathrm{j}60)\ \Omega = 78.1\angle 50.2^\circ\ \Omega$$

Admittance is

$$Y = \frac{1}{78.1\angle 50.2^\circ}\ \mathrm{S} = 0.0128\angle -50.2^\circ\ \mathrm{S} = (0.0082 - \mathrm{j}0.0098)\ \mathrm{S}$$

It can be seen that the circuit is electrically inductive.

【Example 3 - 15】 As shown in Figure 3 - 34, in a power-frequency RC parallel circuit, given $R = \frac{1}{40}\ \Omega$ and $X_C = \frac{1}{30}\ \Omega$, try to calculate its equivalent admittance and impedance.

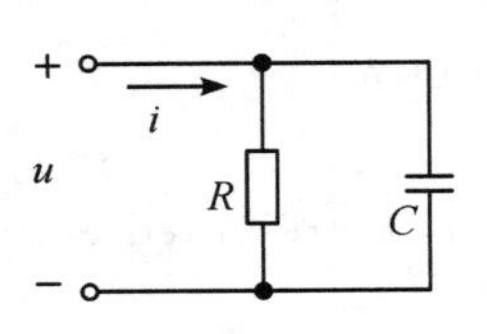

Figure 3 - 34 Diagram of Example 3 - 15

Solution

The admittance of RC parallel circuit is

$$Y = G + \mathrm{j}B_C = \frac{1}{R} + \mathrm{j}\frac{1}{X_C} = (40 + \mathrm{j}30)\ \mathrm{S} = 50\angle 36.9^\circ\ \mathrm{S}$$

Impedance is

$$Z = \frac{1}{Y} = \frac{1}{50\angle 36.9^\circ}\ \Omega = 0.02\angle -36.9^\circ\Omega = (0.016 - \mathrm{j}0.012)\ \Omega$$

It can be seen that the circuit exhibits capacitive.

【Example 3 - 16】 There is a RLC passive two-terminal network, with the port voltage measured as $U = 100$ V, the port current measured as $I = 2$ A, and the phase difference angle between port voltage and port current measured as $\varphi = 36.9^\circ$, try to calculate parameters regarding series equivalent circuit and parallel equivalent circuit of this passive two-terminal network.

Solution

(1) Modulus of two-terminal network equivalent impedance Z is

$$|Z| = \frac{U}{I} = \frac{100}{2}\ \Omega = 50\ \Omega$$

Equivalent impedance Z is

$$Z = |Z|\angle\varphi = 50\angle 36.9^\circ\ \Omega = (50\cos 36.9^\circ + 50\sin 36.9^\circ)\Omega = (40 + \mathrm{j}30)\ \Omega$$

Therefore, the parameters of series equivalent circuit are

$$R = 40\ \Omega,\quad X = 30\ \Omega$$

(2) According to the relationship between impedance and admittance $ZY = 1$, we can get

$$Y = \frac{1}{Z} = \frac{1}{50\angle 36.9^\circ}\ \mathrm{S} = 0.02\angle -36.9^\circ\ \mathrm{S} = (0.016 - \mathrm{j}0.012)\mathrm{S}$$

Therefore, the parameters of parallel equivalent circuit are

$$G=0.016\ \text{S},\quad B=-0.012\ \text{S}$$

Attention (1) Impedance and admittance do not represent sinusoidal quantities though they are plurals the same as phasors, therefore, they are notated by capitalized Z and Y respectively, which are different from phasor $\dot{U}$ and $\dot{I}$.

(2) Equivalent parameter values of the same circuit containing an inductor or capacitor vary if the working frequencies are different since the reactance or susceptance of inductor and capacitor are both related to the frequency.

Section Ⅳ Fundamental laws of AC circuit

Ⅰ. Ohm's law in phasor form

In associated reference direction, the relationship between voltage and current of linear resistor satisfies Ohm's law, namely $u=Ri$. Its phasor form is:

$$\dot{U}=Z\dot{I} \quad \text{or} \quad \dot{I}=Y\dot{U} \tag{3-76}$$

Ⅱ. Kirchhoff's laws in phasor form

As mentioned earlier, the circuit satisfies Kirchhoff's laws at any moment. Therefore, in a sinusoidal AC circuit, the instantaneous value of voltage and current of a sinusoidal circuit should comply with Kirchhoff's laws, namely,

$$\sum i=0,\ \sum u=0$$

In sinusoidal current circuit, the current and voltage of each circuit are both sinusoidal quantities with the same frequency, therefore, both the voltage and current can be represented by phasor, thus getting the phasor form of Kirchhoff's laws.

1. Kirchhoff's laws of current in phasor form

Kirchhoff's laws of current in phasor form is shown as follows

$$\sum \dot{I}=0 \tag{3-77}$$

This equation shows that the algebraic sum of current phasor of each branch connected to any point of a circuit equals to zero constantly. When writing KCL equation for a certain node, the first thing is to select the reference direction of each branch current; then, stipulate plus sign or minus sign of the current phasor of outflow or inflow node.

2. Kirchhoff's laws of voltage in phasor form

Kirchhoff's laws of voltage in phasor form is shown as follows

$$\sum \dot{U} = 0 \tag{3-78}$$

The Equation (3 - 78) shows that the algebraic sum of voltage phasor of all branches connected to any circuit equals to zero constantly. When writing KVL equation for a certain circuit, the first thing is to select the reference direction of each branch voltage, then, confirm the detour direction of the circuit. If the reference direction and the detour direction are identical, the result should have a prefix plus sign; otherwise, it should have a prefix minus sign.

【Example 3 - 17】 As shown in Figure 3 - 35, if $i_R = 10\sqrt{2}\sin(\omega t + 30°)$A, $i = 5\sqrt{2}\sin(\omega t - 45°)$A in RC parallel circuit are given, try to calculate the current i_C.

Solution

According to given conditions, the phasor form of current I_R and i are shown as follows

$$\dot{I}_R = 10\angle 30°\ \text{A},\quad \dot{I} = 5\angle -45°\ \text{A}$$

With KCL in phasor form, we can get

$$\dot{I} = \dot{I}_R + \dot{I}_C$$

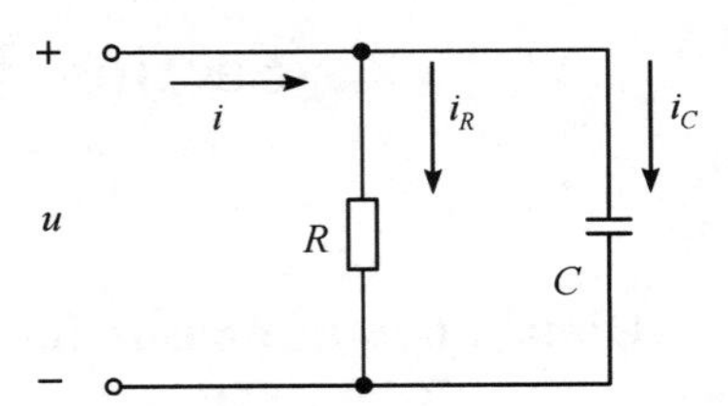

Figure 3 - 35 Diagram of Example 3 - 17

so

$$\dot{I}_C = \dot{I} - \dot{I}_R = 5\angle -45°\ \text{A} - 10\angle 30°\ \text{A} = (3.54 - \text{j}3.54)\ \text{A} - (8.66 + \text{j}5)\ \text{A}$$
$$= (-5.12 - \text{j}8.54)\ \text{A} = 9.96\angle -121°\ \text{A}$$

The current in capacitive branch is

$$i_C = 9.96\sqrt{2}\sin(\omega t - 121°)\ \text{A}$$

【Example 3 - 18】 According to the circuit shown in Figure 3 - 36(a), the reading of ammeter A_1 and A_2 is given as 3 A and 4 A respectively, so try to calculate ammeter A reading.

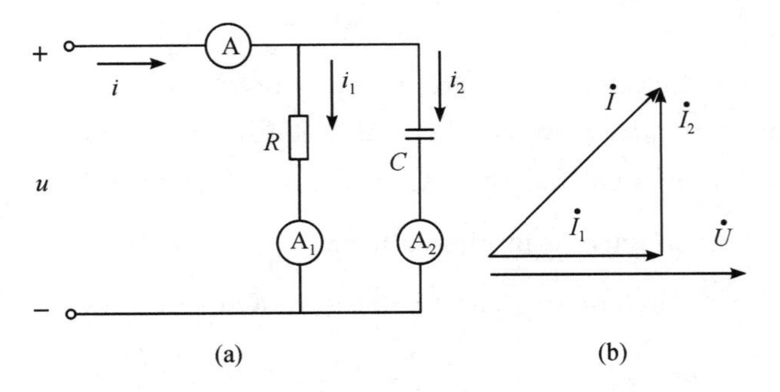

Figure 3 - 36 Diagram of Example 3 - 18

Solution Method Ⅰ: calculation.

Select port voltage as the reference phasor of the parallel circuit, and assume that $\dot{U} = U\angle 0°$. As is known to us all that the capacitor current is ahead of voltage 90° in associated reference direction when the voltage and current of resistor are in the same phase according to characters of single R, L or C element, then, we can get

$$\dot{I}_1 = 3\angle 0°\text{A}, \quad \dot{I}_2 = 4\angle 90°\ \text{A}$$

With KCL in phasor form, we can get

$$\dot{I} = \dot{I}_1 + \dot{I}_2 = 3\angle 0°\ \text{A} + 4\angle 90°\ \text{A} = (3 + \text{j}4)\ \text{A} = 5\angle 53.1°\text{A}$$

therefore, ammeter A reading is 5 A.

Method Ⅱ: graphing method.

As shown in Figure 3 - 36(b), regard $\dot{U}$ as a reference phasor, and draw it along positive real axis (it is unnecessary to be draw the real axis) on a complex plane. In associated reference direction, draw $\dot{I}$ when the voltage and current of resistor are in the same phase; draw $\dot{I}$ when capacitor current is ahead of voltage 90°. According to KCL in phasor form, we can get $\dot{I} = \dot{I}_1 + \dot{I}_2$, and draw $\dot{I}$ on the phasor diagram. All of $\dot{I}_1$, $\dot{I}_2$, and $\dot{I}$ form a right triangle. According to the phasor diagram, we can get

$$I = \sqrt{I_1^2 + I_2^2} = \sqrt{3^2 + 4^2}\ \text{A} = 5\ \text{A}$$

namely, ammeter A reading is 5A.

【Example 3 - 19】 According to $U = 50$ V and $U_R = 40$ V, measured with a voltmeter, of the RL series circuit shown in Figure 3 - 37(a), try to calculate U_L and draw the phasor diagram.

Solution

Method Ⅰ: calculation.

Select port current as the reference phasor of the series circuit, and assume that $\dot{I} = I\angle 0°\text{A}$, as is known to us all that the inductor voltage is ahead of current 90° in associated reference direction when the voltage and current of resistor are in the same phase according to characters of single R, L or C element, then, we can get

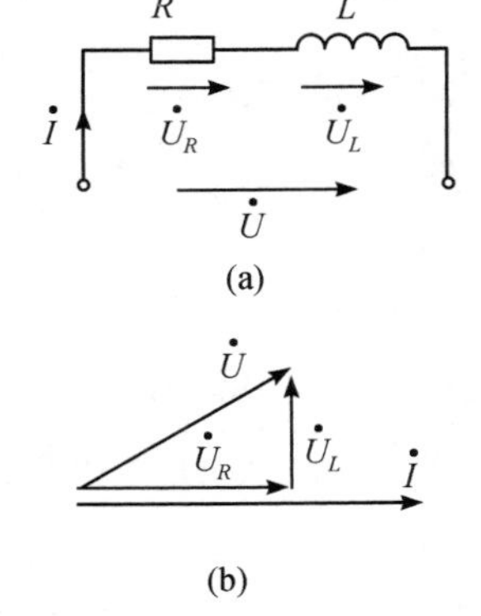

Figure 3 - 37 Diagram of Example 3 - 19

$$\dot{U}_R = 40\angle 0°, \quad \dot{U}_L = U_L\angle 90°$$

Assume that the initial phase of port voltage is φ, then,

$$\dot{U} = 50\angle\varphi$$

With KVL in phasor form, we can get

$$\dot{U} = \dot{U}_R + \dot{U}_L$$

namely

$$50\angle\varphi = 40\angle 0° + U_L\angle 90°$$

$$50\cos\varphi + \text{j}50\sin\varphi = 40 + \text{j}U_L$$

By comparing the real part and imaginary part on both sides of the equation, we can get

$$50\cos\varphi = 40$$
$$50\sin\varphi = U_L$$

Since $\cos\varphi = 0.8$, we can get $\sin\varphi = \sqrt{1-\cos^2\varphi} = 0.6$, so

$$U_L = 50\sin\varphi = 50 \times 0.6 = 30\ \text{V}$$

Method Ⅱ: graphing method.

U_L also can be calculated through a phasor diagram. As shown in Figure 3 - 37(b), draw the current phasor $\dot{I}$ along positive real axis of the complex plane, and regard it as a reference phasor. In associated reference direction, draw $\dot{U}_R$ when the voltage and current of resistor are in the same phase; and draw $\dot{U}_L$ when inductor voltage is ahead of current 90°. According to KVL in phasor form, we can get $\dot{U} = \dot{U}_R + \dot{U}_L$. Then, draw the voltage $\dot{U}$ on the phasor diagram. All of $\dot{U}_R$, $\dot{U}_L$ and $\dot{U}$ form a right triangle, we can get

$$U_L = \sqrt{U^2 - U_R^2} = \sqrt{50^2 - 40^2}\ \text{V} = 30\ \text{V}$$

Section V Power of sinusoidal AC circuit

In previous sections, we have talked about the power of single resistor, inductor and capacitor, and this section will discuss the power of passive two-terminal network.

Ⅰ. Instantaneous power

Assume that the voltage and current of a passive two-terminal network N_0 shown in Figure 3 - 38(a) are as follows

$$i = \sqrt{2} I \sin(\omega t)$$
$$u = \sqrt{2} U \sin(\omega t + \varphi)$$

Where, φ is the angle of equivalent impedance of this passive two-terminal network, namely the phase position with the voltage being ahead of the current.

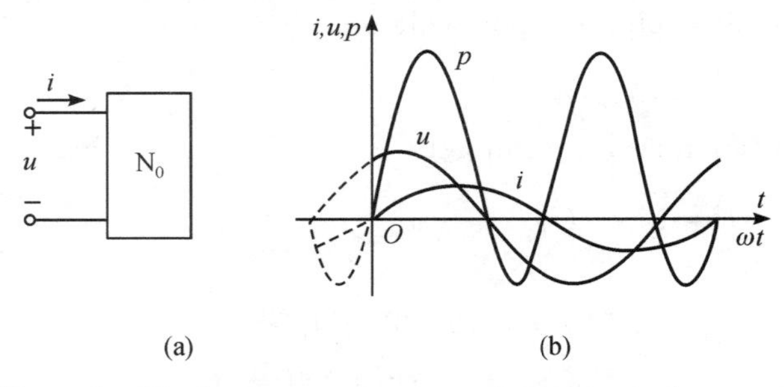

Figure 3 - 38 Instantaneous power of two-terminal network

Instantaneous power absorbed by two-terminal network is

$$p = ui = \sqrt{2} U \sin(\omega t + \varphi) \sqrt{2} I \sin(\omega t) = UI[\cos\varphi - \cos(2\omega t + \varphi)] \qquad (3-79)$$

The waveform of instantaneous power p is shown in Figure 3 - 38 (b). When instantaneous values of u and i are of the same sign, we can get $p=ui>0$, showing that the two-terminal network absorbs power from external circuit; when that of u and i are of opposite sign, we can get $p=ui<0$, showing that the two-terminal network provides power to external circuit. Instantaneous power value has prefix plus sign or minus sign, showing that there is energy exchange between two-terminal network and external circuit since the two-terminal network is configured with energy-storing elements, such as inductor or capacitor. Within one cycle, the part with $p>0$ is larger than the part with $p<0$, showing that the two-terminal network still absorbs power from external circuit since the two-terminal network is configured with energy-consuming element, the resistor.

Ⅱ. Active power

Active power is the average power, and it represents the power consumed by circuit. According to equation of its definition, we can get

$$P=\frac{1}{T}\int_0^T ui\,dt=\frac{1}{T}\int_0^T UI\left[\cos\varphi-\cos(2\omega t+\varphi)\right]dt=UI\cos\varphi=UI\lambda \qquad (3-80)$$

Where, $\lambda=\cos\varphi$ refers to the power factor of a two-terminal network. This formula shows the power factor of passive two-terminal network in sinusoidal circuit does not equal to the product of voltage effective value and current effective value all the time, and it is also related to power factor. Only when $\varphi=0$ and $\cos\varphi=1$, we can get $P=UI$.

The active power of resistor, inductor and capacitor is shown as follows respectively:

(1) Since the voltage and current of resistor are in the same phase, namely $\varphi=0°$, we can get $P_R=UI$;

(2) Since the voltage of inductor is ahead of current 90°, namely $\varphi=90°$, we can get $P_L=UI\cos 90°=0$;

(3) Since the voltage of capacitor is lagging behind current 90°, namely $\varphi=-90°$, we can get $P_C=UI\cos(-90°)=0$.

The active power absorbed by passive two-terminal network is actually the sum of active power consumed and absorbed by all resistors configured in the network since neither the inductor nor capacitor consumes active power.

Ⅲ. Reactive power

Though inductor and capacitor do not consume energy, they would exchange energy with external circuit, then the reactive power is a quantity used to reflect the magnitude of energy exchange. The reactive power is defined as

$$Q=UI\sin\varphi \qquad (3-81)$$

For two-terminal network with resistive character, $\varphi=0$ and $Q_R=0$; for that with inductive character, $\varphi>0$ and $Q_L>0$; and for that with capacitive character, $\varphi<0$ and

$Q_C<0$. For two-terminal network configured with both inductor and capacitor, its reactive power is the algebraic sum of both elements, namely $Q=Q_L+Q_C$.

Different from active power, the reactive power is not endowed with obvious physical meaning. The existence of reactive power only proves that the network is configured with inductor or capacitor, which exchange energy with external circuit. They are auxiliary computational quantities introduced by the circuit. Though the reactive power does not do work, on average, it is still regarded as a "generation" or "consumption" in electric power engineering. Customarily, the two-terminal network with inductor ($Q_L>0$) is regarded as absorbing or consuming reactive power; while a two-terminal network with capacitor ($Q_C<0$) is regarded as providing or generating reactive power. Q_L and Q_C have a prefix plus sign and minus sign respectively, showing that there exists a mutual compensation action between reactive powers of both elements, namely, the capacitor discharges electricity while the inductor is establishing a magnetic field, and the inductor discharges magnetic field energy while capacitor is establishing an electric field. The energy exchange between inductor and capacitor are mutually compensating.

The reactive power absorbed by the two-terminal network equals to the algebraic sum of reactive power absorbed by all parts.

Ⅳ. Apparent power

For a passive two-terminal network, the product of effective value of its port voltage and that of its port current is the apparent power, namely,

$$S=UI \tag{3-82}$$

The SI unit of the apparent power is V · A. In electric power engineering, motors, transformers and some other electric equipment are designed and used as per rated voltage and rated current; therefore, it is easier to represent equipment capacity with apparent power. Generally speaking, the capacity of motor and transformer refer to their apparent power.

Once apparent power is introduced, active power can be represented as

$$P=UI\cos\varphi=S\cos\varphi \tag{3-83}$$

and reactive power can be represented as

$$Q=UI\sin\varphi=S\sin\varphi \tag{3-84}$$

Apparent power, active power and reactive power together form a right triangle, which is also referred to as power triangle, as shown in Figure 3 - 39.

The relational expression among apparent power, active power and reactive power is shown as follows

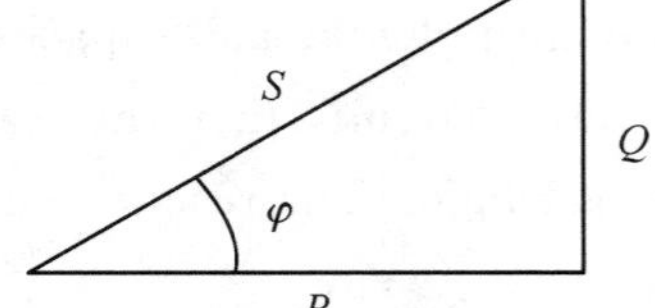

Figure 3 - 39 Power triangle

$$\begin{cases} S=\sqrt{P^2+Q^2} \\ \tan\varphi=\dfrac{Q}{P} \\ \lambda=\cos\varphi=\dfrac{P}{S} \end{cases} \tag{3-85}$$

【Example 3 - 20】 Connect the circuit, shown in Figure 3 - 40, to a 220V power source, if given $R_1=40\ \Omega$, $X_L=30\ \Omega$, $R_2=60\ \Omega$, and $X_C=60\ \Omega$, try to calculate the current in branch, as well as the total active power, reactive power and apparent power.

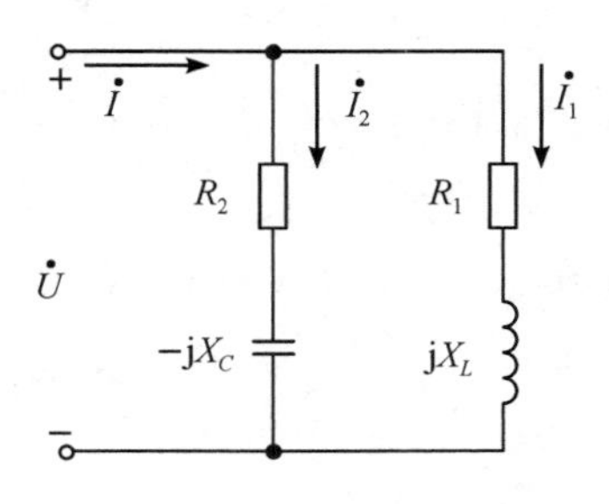

Figure 3 - 40 Diagram of Example 3 - 20

Solution Assume that $\dot{U}=220\angle 0°$ V, then we can get

$$\dot{I}_1=\frac{\dot{U}}{R_1+jX_L}=\frac{220\angle 0°\ \text{V}}{40\ \Omega+j30\ \Omega}=\frac{220\angle 0°\ \text{V}}{50\angle 36.9°\ \Omega}$$

$$=4.4\angle -36.9°\ \text{A}$$

so

$$I_1=4.4\ \text{A}$$

Current $\dot{I}_2$ in branch is

$$\dot{I}_2=\frac{\dot{U}}{R_2-jX_C}=\frac{220\angle 0°\ \text{V}}{60\ \Omega-j60\ \Omega}=\frac{220\angle 0°\ \text{V}}{60\sqrt{2}\angle -45°\ \Omega}=2.59\angle 45°\ \text{A}$$

$$I_2=2.59\ \text{A}$$

Total current is

$$\dot{I}=\dot{I}_1+\dot{I}_2=4.4\angle -36.9°\ \text{A}+2.59\angle 45°\ \text{A}$$

$$=(4.4\times\cos(-36.9°)+j4.4\times\sin(-36.9°)]\ \text{A}+$$

$$[2.59\times\cos 45°+j2.59\times\sin 45°]\ \text{A}$$

$$=(3.52-j2.64)\ \text{A}+(1.83+j1.83)\text{A}$$

$$=(5.35-j0.81)\ \text{A}=5.41\angle -8.6°\ \text{A}$$

Therefore $\varphi=\theta_u-\theta_i=0°-(-8.6°)=8.6°$, then

$$P=UI\cos\varphi=220\ \text{V}\times 5.41\ \text{A}\times\cos 8.6°=1176.8\ \text{W}$$

$$Q=UI\sin\varphi=220\ \text{V}\times 5.41\ \text{A}\times\sin 8.6°=178\ \text{var}$$

$$S=UI=220\ \text{V}\times 5.41\ \text{A}=1190.2\ \text{V}\cdot\text{A}$$

【Example 3 - 21】 The circuit shown in Figure 3 - 41 is the circuit diagram of parameters R and L of coil actually measured with voltmeter, ammeter and wattmeter. According to the measurement, the reading of voltmeter, ammeter and wattmeter is 50 V, 1A and 30 W respectively, and power frequency is 50 Hz, then, try to calculate R and L.

Solution The power 30 W measured with a wattmeter is the active power, which is the power consumed by resistor in the circuit, then, we can get

$$P = I^2 R$$

$$R = \frac{P}{I^2} = \frac{30}{1^2}\ \Omega = 30\ \Omega$$

Modulus of coil impedance is

$$|Z| = \frac{U}{I} = \frac{50}{1}\ \Omega = 50\ \Omega$$

Due to $|Z| = \sqrt{R^2 + X_L^2}$, we can get

$$X_L = \sqrt{|Z|^2 - R^2} = \sqrt{50^2 - 30^2}\ \Omega = 40\ \Omega$$

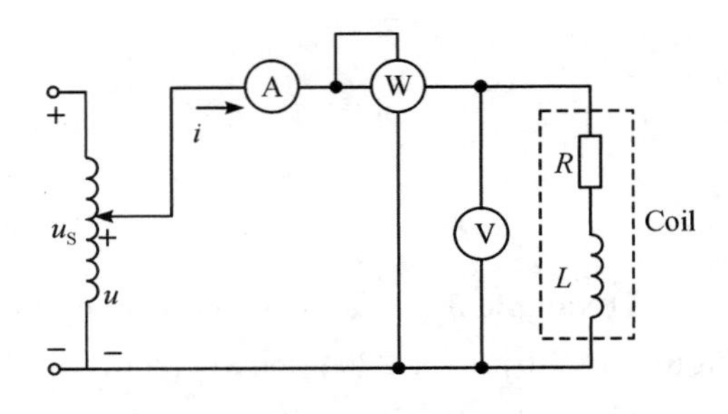

Figure 3 - 41 Diagram of Example 3 - 21

Due to $X_L = \omega L$, we can get

$$L = \frac{X_L}{\omega} = \frac{40}{2 \times \pi \times 50}\ \text{mH} = 127\ \text{mH}$$

Ⅴ. Increase of power factor

In a sinusoidal AC circuit, due to the active power is

$$P = UI\cos\varphi = S\cos\varphi = S\lambda$$

Therefore, the active power P output by power supply apparatus in a circuit is lower when the power factor λ of load is too low, making it impossible to fully utilize rated capacity of such apparatus. For example, for a transformer with the capacity being 1000 kV · A, its output power is 1000 kW if the power factor of the transformer is $\lambda = 1$; if the power factor is $\lambda = 0.5$, then its output power is 500 kW. In a real power circuit, the power factor of resistive load(such as incandescent lamp), which only occupies a small part, is $\lambda = 1$, and the majority of load is asynchronous motor, a kind of inductive load with a smaller power factor, which, generally, is within a range of 0.7 - 0.85. The power factor of load is $\lambda \neq 1$, so its reactive power is not equal to zero. This means that some of energy it receives from the power source is used for exchange instead of consumption, and the smaller the power factor is, the larger the ratio of exchanged energy will be.

In addition, the current of a power line I will be larger if the power factor of load λ is smaller on condition that the output power P and output voltage U are definite since the current is $I = \frac{P}{U\cos\varphi}$, thus increasing energy consumption and voltage drop of the line. The increase of voltage drop of a line will reduce the voltage drop of load, which would adversely affect normal operation of the load, such as making the lamplight dimming, reducing the motor rotating speed, etc.

Improving the power factor of a circuit makes it possible to take full advantage of power supply apparatus capacity, reduces electric energy loss during power transmission. It is economically important for electrical power system.

Normally, an electrical power system is configured with inductive loads. Therefore, capacitors are connected with such loads in parallel to increase power factor of the circuit on the basis of following theory.

An inductive load can be represented with RL series equivalent circuit as shown in Figure 3 - 42(a). To increase power factor of the circuit, capacitor is usually connected to both ends of an inductive load in parallel, as shown in Figure 3 - 42(b), and the phasor diagram of the circuit is shown in Figure 3 - 42(c). Before connecting the capacitor C in parallel, the port current $\dot{I}$ of the circuit equals to load current $\dot{I}_1$, and at this time, the power factor is $\cos\varphi$, and the power-factor angle is the phase difference angle φ between port voltage $\dot{U}$ and port current $\dot{I}$ (namely $\dot{I}_1$) of the passive two-terminal network; Once the capacitor C is connected in parallel, the port current of the circuit is $\dot{I}=\dot{I}_1+\dot{I}_2$, and the power-factor angle is the phase difference angle φ' between port voltage $\dot{U}$ and port current $\dot{I}$ of the passive two-terminal network. According to the phasor diagram in Figure 3 - 42(c), we can get $\cos\varphi'>\cos\varphi$ because $\varphi'<\varphi$, thus increasing the power factor of the circuit.

Here comes the question: why $\dot{I}_1$ in Figure 3 - 42(a) equals to $\dot{I}_1$ in Figure 3 - 42(b)?

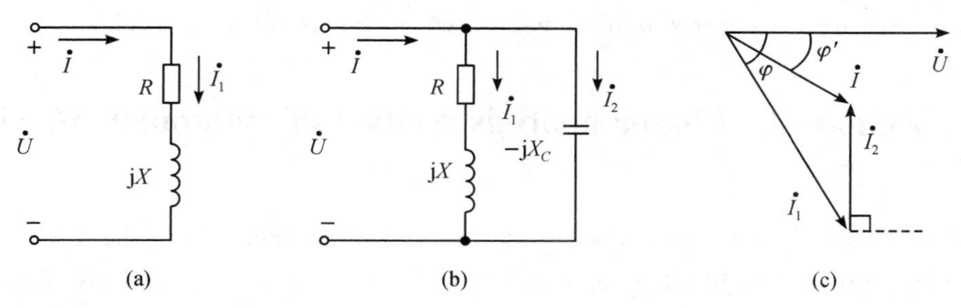

Figure 3 - 42 Increase of power factor

To increase the power factor of a circuit with the active power of its load being P and port voltage being U from $\cos\varphi$ to $\cos\varphi'$, the capacitor C connected to the circuit in parallel can be calculated as follows:

$$I_1=\frac{P}{U\cos\varphi},\qquad I=\frac{P}{U\cos\varphi'}$$

According to Figure 3 - 42(c), we can get

$$I_2=I_1\sin\varphi-I\sin\varphi'$$

Put I_1 and I_2 into the above formula, we can get

$$I_2=I_1\sin\varphi-I\sin\varphi'=\frac{P}{U}(\tan\varphi-\tan\varphi')$$

Since

$$I_2=\frac{U}{X_C}=\omega CU$$

then

$$\omega CU=\frac{P}{U}(\tan\varphi-\tan\varphi')$$

so we can get

$$C = \frac{P}{\omega U^2}(\tan\varphi - \tan\varphi') \tag{3-86}$$

【Example 3 - 23】 Connect an inductive load to a circuit with parameters of 50 Hz, 380 V the power being 20 kW, and the power factor being $\cos\varphi = 0.6$. Here comes the question: what kind of capacitor needs to be connected to the circuit in parallel for the purpose of increasing power factor of the circuit to $\cos\varphi' = 0.9$?

Solution Given that $U = 380$ V, $P = 20$ kW, $f = 50$ Hz, and $\omega = 2\pi f = 314$ rad/s. According to $\cos\varphi = 0.6$, we can get

$$\tan\varphi = 1.333$$

According to $\cos\varphi' = 0.9$, we can get

$$\tan\varphi' = 0.4843$$

Put above mentioned data into Equation(3 - 86), we can get

$$C = \frac{P}{\omega U^2}(\tan\varphi - \tan\varphi') = \frac{20 \times 10^3}{314 \times 380^2}(1.333 - 0.4843)\ \mu\text{F} = 375\ \mu\text{F}$$

therefore, a 375 μF capacitor should be connected to the circuit in parallel.

Section Ⅵ Phasor analysis method of sinusoidal AC circuit

The analysis and calculation of sinusoidal AC circuit are identical to that of DC circuit, both of which utilize Kirchhoff's laws and Ohm's law. In a sinusoidal AC circuit, the phasor expressions of $\sum \dot{I} = 0$, $\sum \dot{U} = 0$, $\dot{U} = Z\dot{I}$ and $\dot{I} = Y\dot{U}$ are similar to that of DC circuit, including $\sum I = 0$, $\sum U = 0$, $U = RI$, and $I = GU$, therefore, these laws can also be used to deduce the analysis and computation methods as well as theorem of circuits similar to the DC circuit, such as equivalent conversion method, branch method, node voltage method, superposition theorem and Thevenin's theorem, etc. All the methods for analyzing and calculating a DC circuit can be used to analyze and calculate sinusoidal AC circuit as long as replacing resistance R, conductance G, voltage U and current I in a DC circuit with impedance Z, admittance Y, voltage phasor $\dot{U}$ and current phasor $\dot{I}$ respectively.

The method of analyzing and calculating an AC circuit by replacing all excitations and responses of a sinusoidal AC circuit with phasor representations and using impedance or admittance to represent passive element is referred to as phasor method.

The solution steps with phasor method are shown as follows:

(1) Make a phasor model for the circuit. The so-called phasor model of a circuit refers to representing element parameters with impedance or admittance, and representing current and voltage with phasor on condition of keeping the way of connecting elements unchanged. Select the reference direction of current and voltage to be calculated, and mark them on the circuit diagram.

(2) Select a solution method. Using equivalent conversion method, branch method, node voltage method, superposition theorem and Thevenin's theorem, etc. , to obtain the phasor result of quantities to be calculated. It should be noted that sinusoidal quantity should be replaced with phasor, resistance and conductance should be replaced by impedance and admittance respectively during calculation.

(3) Write down the expressions of corresponding instantaneous values, by using the phasor results obtained.

During analysis and calculation process, it is required to take full advantage of phasor diagram, which, sometimes, can be used to simplify the calculation and help to analyze geometrical relationship via relations among phasor.

【Example 3 - 24】 In a RLC series circuit, given $R=27\ \Omega$, $X_L=90\ \Omega$, $X_C=60\ \Omega$ and the power source voltage as $u=220\sqrt{2}\sin(314t)$ V. (1) Find instantaneous current value i; (2) Find instantaneous voltage value of R, L and C elements; (3) Draw the phasor diagram.

Solution

(1) $Z=R+\mathrm{j}(X_L-X_C)=[27+\mathrm{j}(90-60)]\ \Omega=40.4\angle 48°\ \Omega$

$$\dot{I}=\frac{\dot{U}}{Z}=\frac{220\angle 0°}{40.4\angle 48°}\ \text{A}=5.45\angle -48°\ \text{A}$$

so the instantaneous current value is

$$i=5.45\sqrt{2}\sin(314t-48°)\ \text{A}$$

(2) To calculate instantaneous voltage value of elements as R, L and C, it is necessary to calculate voltage phasor of each element, namely

$$\dot{U}_R=R\dot{I}=27\ \Omega\times 5.45\angle -48°\ \text{A}=147.2\angle -48°\ \text{V}$$

$$\dot{U}_L=\mathrm{j}X_L\dot{I}=90\angle 90°\ \Omega\times 5.45\angle -48°\ \text{A}=490.5\angle 42°\ \text{V}$$

$$\dot{U}_C=-\mathrm{j}X_C\dot{I}=60\angle -90°\ \Omega\times 5.45\angle -48°\ \text{A}=327\angle -138°\ \text{V}$$

so we can get

$$u_R=147.2\sqrt{2}\sin(314t-48°)\ \text{V}$$

$$u_L=490.5\sqrt{2}\sin(314t-48°+90°)$$
$$=490.5\sqrt{2}\sin(314t+42°)\ \text{V}$$

$$u_C=327\sqrt{2}\sin(314t-48°-90°)$$
$$=327\sqrt{2}\sin(314t-138°)\ \text{V}$$

(3) Get the phasor diagram according to calculated result, as shown in Figure 3 - 43.

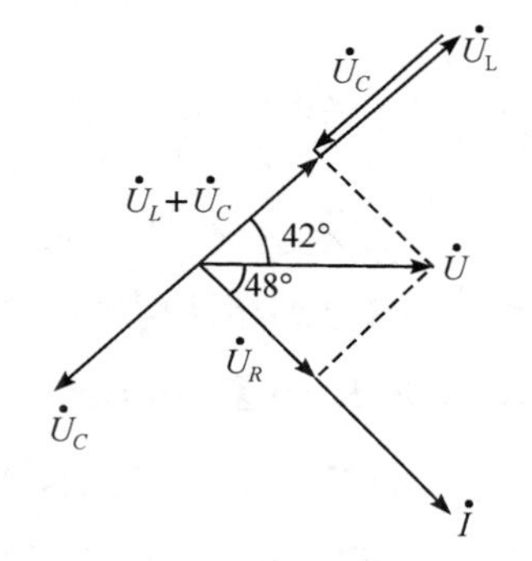

Figure 3 - 43 Diagram of Example 3 - 24

【Example 3 - 25】 In the circuit shown in Figure 3 - 44(a), given that $u=100\sqrt{2}\sin(\omega t)$ V, $R_1=20\ \Omega$, $R_2=\omega L=\dfrac{1}{\omega C}=60\ \Omega$, try to calculate the current phasor of each branch $\dot{I}_1$, $\dot{I}_2$ and $\dot{I}_3$.

Solution

The phasor model of Figure 3 - 44(a) is shown in Figure 3 - 44(b). Branch impedance is

$$Z_1 = R_1 = 20\ \Omega$$

$$Z_2 = R_2 - jX_C = (60 - j60)\ \Omega = 60\sqrt{2}\angle -45°\ \Omega$$

$$Z_3 = jX_L = j60\ \Omega = 60\angle 90°\ \Omega$$

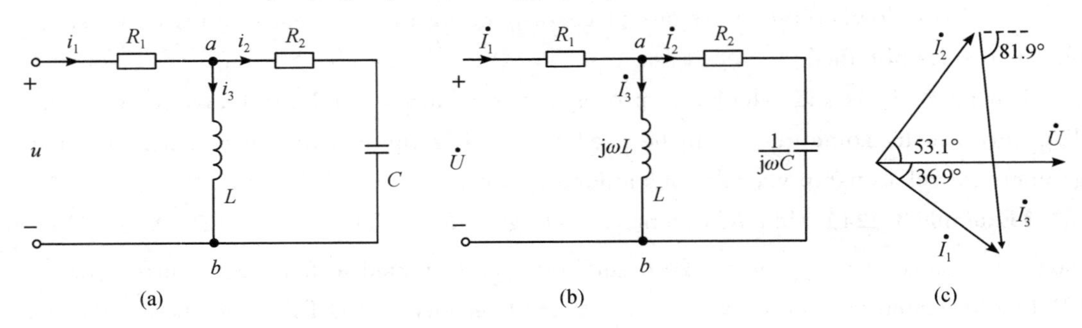

Figure 3 - 44 Diagram of Example 3 - 25

Parallel impedance is

$$Z_{ab} = \frac{Z_2 \times Z_3}{Z_2 + Z_3} = \frac{60\sqrt{2}\angle -45° \times 60\angle 90°}{60 - j60 + j60}\ \Omega$$

$$= 60\sqrt{2}\angle 45°\ \Omega = (60 + j60)\ \Omega$$

Total impedance is

$$Z = Z_1 + Z_{ab} = (20 + 60 + j60)\ \Omega = (80 + j60)\ \Omega = 100\angle 36.9°\ \Omega$$

Port current

$$\dot{I}_1 = \frac{\dot{U}}{Z} = \frac{100\angle 0°}{100\angle 36.9°}\ \text{A} = 1\angle -36.9°\text{A}$$

The current in branch connected in parallel can be obtained via the current divider rule, namely

$$\dot{I}_2 = \frac{Z_3}{Z_2 + Z_3}\dot{I}_1 = \frac{60\angle 90°}{60 - j60 + j60} \times 1\angle -36.9°\ \text{A} = 1\angle 53.1°\text{A}$$

$$\dot{I}_3 = \frac{Z_2}{Z_2 + Z_3}\dot{I}_1 = \frac{60\sqrt{2}\angle -45°}{60 - j60 + j60} \times 1\angle -36.9°\ \text{A} = \sqrt{2}\angle -81.9°\text{A}$$

The phasor diagram is shown in Figure 3 - 44(c).

【Example 3 - 26】 In the circuit shown in Figure 3 - 45, given that $\dot{U}_{S1} = 220\angle 0°$ V, $\dot{U}_{S2} = 220\angle -20°$V, $X_{L1} = 20\ \Omega$, $X_{L2} = 10\ \Omega$, and $R = 40\ \Omega$, try to calculate the current in each branch with node voltage method.

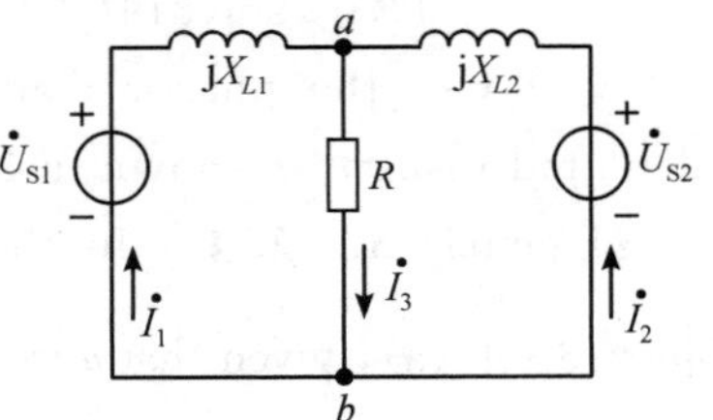

Figure 3 - 45 Diagram of Example 3 - 26

Solution According to the Figure 3 - 45, we can get $Z_1 = jX_{L1} = j20\Omega$, $Z_2 = jX_{L2} = j10\ \Omega$. According to Millman's theorem, we can also get

$$\dot{U}_{ab}=\frac{\frac{\dot{U}_{S1}}{Z_1}+\frac{\dot{U}_{S2}}{Z_2}}{\frac{1}{Z_1}+\frac{1}{Z_2}+\frac{1}{Z_3}}=\frac{\frac{220\angle 0^\circ}{j20}+\frac{220\angle -20^\circ}{j10}}{\frac{1}{j20}+\frac{1}{j10}+\frac{1}{40}}\text{ V}=213.8\angle -22.8^\circ\text{ V}$$

According to KVL, we can get the current in each branch as follows:

$$\dot{I}_1=\frac{\dot{U}_{S1}-\dot{U}_{ab}}{Z_1}=\frac{220\angle 0^\circ-213.8\angle -22.8^\circ}{j20}\text{ A}=4.31\angle -15.2^\circ\text{ A}$$

$$\dot{I}_2=\frac{\dot{U}_{S2}-\dot{U}_{ab}}{Z_2}=\frac{220\angle -20^\circ-213.8\angle -22.8^\circ}{j10}\text{ A}=1.22\angle -51^\circ\text{ A}$$

$$\dot{I}_3=\frac{\dot{U}_{ab}}{Z_3}=\frac{213.8\angle -22.8^\circ}{40}\text{ A}=5.35\angle -22.8^\circ\text{ A}$$

Section Ⅶ Resonance in circuit

Resonance is special phenomenon that happens due to certain conditions in a sinusoidal AC circuit comprised by R, L and C elements. When the imaginary part of equivalent impedance or admittance of a passive two-terminal network configured with inductor or capacitor is both zero, the phenomenon that the port voltage and port current are the same would happen, and this is the resonance phenomenon. Studying resonance phenomenon is of important practical significance since, on one hand, it has been widely applied to frequency selecting, wave filtering and other electronic technique; on the other hand, the resonance in a circuit could generate high voltage and larger current, which affects the normal operation status of the system, or even causes damage, so it should be avoided.

If the imaginary part of Z or Y is zero, namely $Z=R+jX=R$ or $Y=G+jB=G$, then we can get

$$\dot{U}=R\dot{I} \quad \text{or} \quad \dot{I}=G\dot{U}$$

so $\dot{U}$ and $\dot{I}$ are in phase.

This section will focus on analyzing series resonance circuit and parallel resonance circuit.

Ⅰ. Series resonance

1. Conditions for series resonance

For a RLC series sinusoidal circuit shown in Figure 3 - 46, its impedance is

$$Z=R+jX=R+j(X_L-X_C)$$

If the imaginary part is $X=0\ \Omega$, namely $X_L-X_C=0\ \Omega$ or $X_L=X_C$, that is $\omega L=\frac{1}{\omega C}$, resonance happens to the circuit. When resonance happens, the angular frequency is represented as ω_0, then we can get

$$\omega_0=\frac{1}{\sqrt{LC}} \tag{3-87}$$

The resonance frequency is represented as f_0, so

$$f_0=\frac{1}{2\pi\sqrt{LC}} \tag{3-88}$$

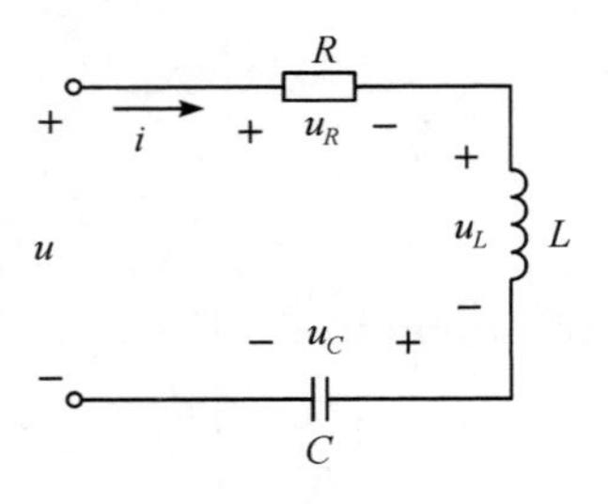

Figure 3 - 46 *RLC* series circuit

Resonance frequency is also referred to as inherent frequency of a circuit, and it is determined by structure parameters of the circuit. According to the Equation (3 - 88), series resonance frequency is determined by parameters of inductor and capacitor configured in the series circuit, and has nothing to do with the resistance in series. The occurrence of resonance needs to satisfy $\omega L=\frac{1}{\omega C}$. When the circuit parameters (L or C) are fixed, we can adjust the power source frequency; if the power source frequency is fixed, we can regulate circuit parameters as L or C.

2. Characteristics of series resonance

A series resonant circuit has the following characteristics during resonance:

(1) When resonance happens, the modulus of impedance $|Z|=\sqrt{R^2+X^2}=R$ is minimum due to $X=0\ \Omega$.

(2) If the effective value of port voltage U is constant, the current is

$$I=\frac{U}{|Z|}=\frac{U}{R}$$

The port current is minimum when resonance happens, and it is only determined by the resistance, having nothing to do with inductance or capacitance value.

(3) When resonance happens, since $X_L=X_C$, $\dot{U}_L=\mathrm{j}X_L\dot{I}$, $\dot{U}_C=-\mathrm{j}X_C\dot{I}$, so we can get

$$\dot{U}_L+\dot{U}_C=0$$

$$\dot{U}=\dot{U}_R+\dot{U}_L+\dot{U}_C=\dot{U}_R$$

At this point, the circuit is of resistive character. The phasor diagram is shown in Figure 3 - 47.

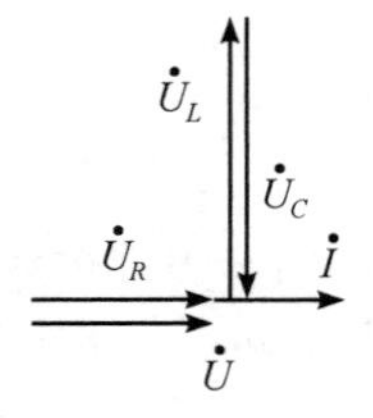

Figure 3 - 47 Phasor diagram of series resonance

3. Characteristic impedance and quality factor

When resonance happens, the inductive reactance X_L and capacitive reactance X_C of a circuit are identical, and they are referred to as characteristic impedance of the circuit and represented with ρ. Put $\omega_0=\frac{1}{\sqrt{LC}}$ into X_L and X_C respectively, and we can get

$$\rho = X_{L0} = \omega_0 L = \sqrt{\frac{L}{C}} \quad \text{or} \quad \rho = X_{C0} = \frac{1}{\omega_0 C} = \sqrt{\frac{L}{C}}$$

namely

$$\rho = \omega_0 L = \frac{1}{\omega_0 C} = \sqrt{\frac{L}{C}} \tag{3-89}$$

It can be seen that characteristic impedance is a constant quantity that only involves with circuit parameters, having nothing to do with frequency, and its SI unit is Ω.

The characteristics of a resonance circuit can be reflected by specific value between characteristic impedance of resonance circuit ρ and circuit resistance R, and this specific value is referred to quality factor of circuit, which is represented by Q, namely

$$Q = \frac{\rho}{R} = \frac{\omega_0 L}{R} = \frac{1}{\omega_0 CR} = \frac{1}{R}\sqrt{\frac{L}{C}} \tag{3-90}$$

In technical application, quality factor Q is also referred to as Q value. It is a quantity with the dimension of 1, and determined by circuit parameters of R, L and C. When resonance happens to the circuit as Q value is introduced, the voltage at both ends of inductor and capacitor can be expressed as follow

$$\begin{cases} U_{L0} = \omega_0 L I = \dfrac{\omega_0 L}{R} U = QU \\ U_{C0} = \dfrac{1}{\omega_0 C} I = \dfrac{1}{\omega_0 RC} U = QU \end{cases} \tag{3-91}$$

Series resonance is also referred to as voltage resonance because the high voltage(HV) values at both ends of inductor and capacitor are far larger than extraneous voltage U when resonance happens to the circuit since the Q value of the circuit is between a range of 50 - 200. This kind of HV would damage equipment sometimes, so resonance phenomenon should be avoided in electrical power system; however, for radio circuits, resonance is often used to increase the magnitude of weak signals.

【Example 3 - 27】 In a RLC series circuit, if the frequency of port sinusoidal voltage u is 79.6 kHz, resonance happens. Given that $L = 20$ mH, $R = 100$ Ω. (1) Try to calculate the capacitance C, characteristic impedance ρ and quality factor Q; (2) When $U = 100$ V, try to get U_{L0} and U_{C0} values in resonance phenomenon.

Solution (1) According to $f_0 = \dfrac{1}{2\pi\sqrt{LC}}$, we can get

$$C = \frac{1}{(2\pi f_0)^2 L} = \frac{1}{(2\pi \times 79.6 \times 10^3)^2 \times 20 \times 10^{-3}} \text{ pF} = 200 \text{ pF}$$

Impedance characteristic is

$$\rho = \sqrt{\frac{L}{C}} = \sqrt{\frac{20 \times 10^{-3}}{200 \times 10^{-12}}} \ \Omega = 10\ 000\ \Omega$$

Quality factor is

$$Q = \frac{\rho}{R} = \frac{10\ 000\ \Omega}{100\ \Omega} = 100$$

(2) When $U=100$ V, we can get

$$U_{L0}=U_{C0}=QU=100\times 100\text{ V}=10\ 000\text{ V}$$

4. Resonance curve of series resonance circuit

The effective current value of a RLC series circuit is

$$I=\frac{U}{|Z|}=\frac{U}{\sqrt{R^2+\left(\omega L-\frac{1}{\omega C}\right)^2}}=\frac{U}{\sqrt{R^2+R^2\left(\frac{\omega}{\omega_0}\times\frac{\omega_0 L}{R}-\frac{\omega_0}{\omega}\times\frac{1}{\omega_0 CR}\right)^2}}$$

$$=\frac{U}{R\sqrt{1+Q^2\left(\frac{\omega}{\omega_0}-\frac{\omega_0}{\omega}\right)^2}}$$

Since the resonance current is $I_0=U/R$, so we can get

$$\frac{I}{I_0}=\frac{1}{\sqrt{1+Q^2\left(\frac{\omega}{\omega_0}-\frac{\omega_0}{\omega}\right)^2}}=\frac{1}{\sqrt{1+Q^2\left(\eta-\frac{1}{\eta}\right)^2}} \tag{3-92}$$

Where $\eta=\frac{\omega}{\omega_0}$. If η is taken as the abscissa and current ratio $\frac{I}{I_0}$ is regarded as the ordinate, then, we can get a curve via different Q values. This kind of curve is referred to as the common curve of series resonance circuit, as shown in Figure 3 - 48.

When resonance happens, $\omega=\omega_0$ and $\eta=1$, then we can get $\frac{I}{I_0}=1$ and $I=I_0$. If ω deviates from ω_0, the effective current value starts declining. Under certain range of frequency deviation, the larger Q value is, the faster the declining speed of effective current value will be(showing that the curve will be narrower), and this shows that the circuit has stronger inhibiting ability over current that is not near resonance frequency points, or it can be said that it has better selectivity. On the contrary, if Q is quite small, the current near resonance frequency points does not change significantly, then it has poor selectivity at this time.

In a common resonance curve, the ordinate is $\frac{I}{I_0}=\frac{1}{\sqrt{2}}=0.707$, and the width between two frequency points corresponding to this value is referred to as passband (or bandwidth) in technical applications. Passband stipulates the frequency range of signals allowed to pass by the resonance circuit. According to Figure 3 - 48, it is known that the larger Q value is, the narrower both the resonance curve and passband will be; reversely, the smaller the Q value is, the flatter the resonance curve will be and the wider the

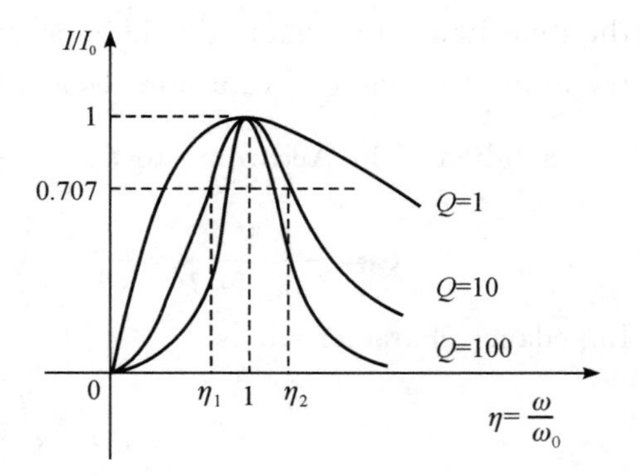

Figure 3 - 48 Common curve of series resonance circuit

passband will be.

Ⅱ. Parallel resonance

If the internal resistance of signal source in a series resonance circuit is relatively large, the quality factor of the series resonance circuit will be reduced, thus affecting the selectivity of the circuit. Under this circumstance, it is proper to adopt parallel resonant circuit.

1. Conditions for parallel resonance

If imaginary part of admittance in the circuit shown in Figure 3 - 49 is zero, the port voltage and total current of the two-terminal network are in the same phase, and the circuit is of resistive character, then, resonance happens to the circuit, which is referred to as parallel resonance. Conditions for occurrence of parallel resonance is $B=0$.

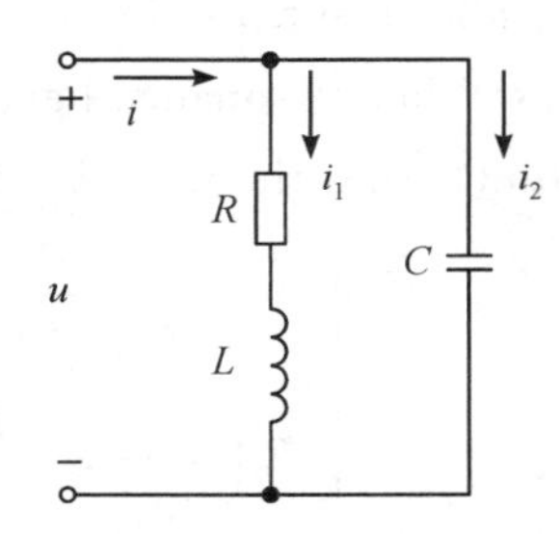

Figure 3 - 49 Parallel resonant circuit

In Figure 3 - 49, the admittance of the inductive branch is

$$Y_1=\frac{1}{R+\mathrm{j}\omega L}=\frac{R}{R^2+(\omega L)^2}-\mathrm{j}\frac{\omega L}{R^2+(\omega L)^2} \tag{3-93}$$

The admittance of the capacitive branch is

$$Y_2=\frac{1}{-\mathrm{j}\dfrac{1}{\omega C}}=\mathrm{j}\omega C \tag{3-94}$$

The total admittance is

$$Y=Y_1+Y_2=\frac{R}{R^2+(\omega L)^2}+\mathrm{j}\left[\omega C-\frac{\omega L}{R^2+(\omega L)^2}\right] \tag{3-95}$$

As long as the imaginary part of Equation (3 - 95) is zero, namely $\omega C=\frac{\omega L}{R^2+(\omega L)^2}$, resonance happens to the circuit. Then, we can get the angular resonant frequency, namely

$$\omega_0=\frac{1}{\sqrt{LC}}\sqrt{1-\frac{CR^2}{L}} \tag{3-96}$$

Resonance frequency is

$$f_0=\frac{1}{2\pi\sqrt{LC}}\sqrt{1-\frac{CR^2}{L}} \tag{3-97}$$

In addition, only by satisfying the condition of $1-\frac{CR^2}{L}>0$, namely $R<\sqrt{\frac{L}{C}}$, can we realize resonance by adjusting the power source frequency when the circuit parameters are definite.

Since it is generally that $\omega_0 L \gg R$, so

$$\omega_0 C = \frac{\omega_0 L}{R^2 + (\omega_0 L)^2} \approx \frac{1}{\omega_0 L}$$

then we can get

$$\omega_0 \approx \frac{1}{\sqrt{LC}}, \quad f_0 \approx \frac{1}{2\pi\sqrt{LC}} \tag{3-98}$$

2. Characteristics of parallel resonance

Parallel resonant circuit has the following characteristics during resonance:

(1) When resonance happens, the modulus of admittance is minimum(or close to be minimum), and the modulus of impedance is maximum(or close to be maximum), namely

$$\begin{cases} |Y| = \dfrac{R}{R^2 + (\omega_0 L)^2} \\ |Z| = \dfrac{1}{|Y|} = \dfrac{R^2 + (\omega_0 L)^2}{R} \approx \dfrac{(\omega_0 L)^2}{R} = \dfrac{L}{RC} = \dfrac{\rho^2}{R} = \dfrac{\rho}{R}\rho = Q\rho \end{cases} \tag{3-99}$$

Where, $\rho = \sqrt{\dfrac{L}{C}} \approx \omega_0 L \approx \dfrac{1}{\omega_0 C}$ is the characteristic impedance of parallel resonant circuit, and $Q = \dfrac{\rho}{R}$ is the quality factor of this circuit.

(2) When resonance happens, the current in inductive branch is

$$I_1 = \frac{U}{\sqrt{R^2 + (\omega_0 L)^2}} \approx \frac{U}{\omega_0 L} \tag{3-100}$$

The current in capacitive branch is

$$I_2 = \omega_0 CU \tag{3-101}$$

Since

$$U = I|Z| = IQ\rho \tag{3-102}$$

then we can get

$$\begin{cases} I_1 \approx \dfrac{IQ\rho}{\omega_0 L} = QI \\ I_2 = \omega_0 CIQ\rho = QI \end{cases} \tag{3-103}$$

This equation shows that when resonance happens, the magnitudes of current in two branches are approximately equal, which is Q times of total current. Therefore, parallel resonance is also referred to as current resonance. The phasor diagram is shown in Figure 3 - 50.

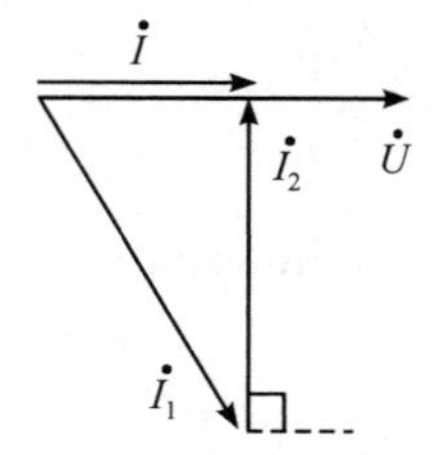

Figure 3 - 50 Phasor diagram of parallel resonance

Exercise Ⅲ

Ⅰ. Completion

3 - 1 The three elements of sinusoidal alternating current are ________, ________ and ________.

3 - 2 In a sinusoidal alternating current, given that $= 30\sin(314t + 30°)$A, try to calculate its maximum value $I_m =$ ________A, effective value $I =$ ________A, and initial phase angle $\theta =$ ________, frequency $f =$ ________, $\omega =$ ________rad/s, $T =$ ________S.

3 - 3 Phase difference refers to the difference between two sinusoidal quantities ________, and the value equals to the difference between ________.

3 - 4 For a sinusoidal alternating current with the initial phase angle being 60°, when $t = \frac{T}{2}$, the instantaneous value is $i = 0.8$ A, then, the effective value of this current is $I =$ ________, and its maximum value is $I_m =$ ________.

3 - 5 When a capacitor $C = 0.1$ μF is connected to a power source $f = 400$ Hz, given $I = 10$ mA, then the voltage at both ends of the capacitor is $U =$ ________, and its angular frequency is $\omega =$ ________.

3 - 6 In a AC series circuit, if inductive reactance is larger than capacitive reactance, then the total current is ________ φ compared with total voltage, and the circuit represents ________ character.

3 - 7 In a RLC circuit, given that $R = 3\ \Omega$, $X_L = 5\ \Omega$, and $X_C = 8\ \Omega$, then the circuit represents ________ character, and the total voltage is ________ compared with total current.

3 - 8 When exerting voltage $u = 100\sqrt{2}\sin(100\pi t + 30°)$ V to a circuit, we can get the current $i = 5\sqrt{2}\sin(100\pi t + 120°)$ A. Then, the element represents ________ character, and its active power is ________, reactive power is ________.

3 - 9 To make resonance happen, a RLC series circuit should satisfy the condition as ________, and resonance frequency of the circuit is $f_0 =$ ________. When series resonance happens, ________ reaches its maximum value.

Ⅱ. True(T) or false(F)

3 - 10 If the cycle of a sinusoidal alternating current is 0.04s, then its frequency is 25Hz. ( )

3 - 11 The maximum value and effective value of a sinusoidal alternating current is time-variant periodically. ( )

3 - 12 The AC readings of AC ammeter all are average values. ( )

3 - 13 For two sinusoidal alternating voltage u_1 and u_2 with different frequency and

initial phase angle, if their effective values are same, then their maximum values are identical as well. (   )

3 - 14 Given that $i_1 = 15\sin(100\pi t + 45°)$ A, and $i_2 = 15\sin(200\pi t - 30°)$ A, then i_1 is ahead of i_2 by 75°. (   )

3 - 15 A capacitor with voltage-withstanding value being 300V can operate normally under a sinusoidal alternating voltage with an effective value of 220V. (   )

3 - 16 In a RLC series circuit, since the ratio between effective value of total voltage and that of total current equals to total impedance, namely $\frac{U}{I} = Z$, then the total impedance is $Z = R + X_L + X_C$. (   )

3 - 17 As shown in Figure of question 3 - 17, given that readings of voltmeter V_1 and V_2 are 10V, then, the reading of voltmeter V should be $10\sqrt{2}$ V. (   )

3 - 18 As shown in Figure of question 3 - 18, given that readings of voltmeter V_1, V_2 and V_4 are 100V, 100V and 40V respectively, then, the reading of voltmeter V_3 should be 40V. (   )

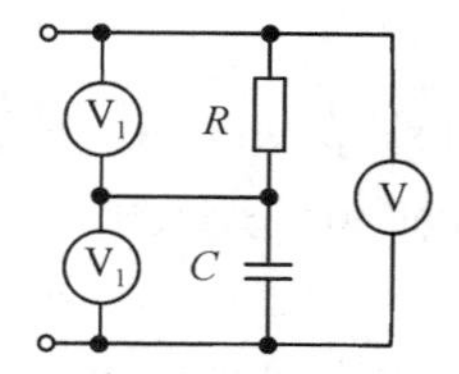

Figure of question 3 - 17

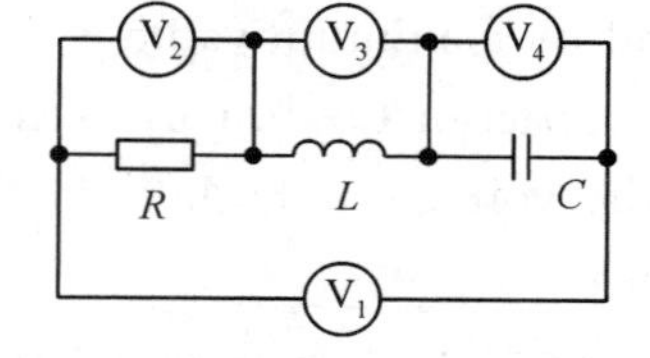

Figure of question 3 - 18

3 - 19 In an AC circuit, if the phase difference between voltage and current is zero, then it must be a resistive circuit. (   )

Ⅲ. Choice question

3 - 20 For a sinusoidal alternating voltage $u = 100\sin(\omega t - 30°)$ V with power-frequency, if $t = \frac{T}{6}$, the instantaneous voltage value is (   ).

A. 50 V B. 60 V C. 100 V D. 75 V

3 - 21 If a sinusoidal alternating voltage changes 5 cycles within 1/10 s, then its cycle, frequency and angular frequency are (   ).

A. 0.05 s, 60 Hz, 200 rad/s B. 0.025 s, 100 Hz, 30π rad/s

C. 0.02 s, 50 Hz, 314 rad/s D. 0.03 s, 50 Hz, 310 rad/s

3 - 22 The cycle and frequency of power-frequency alternating power source that China adopts for industrial and agricultural production as well as daily life are (   ).

A. 0.02 s, 50 Hz B. 0.2 s, 50 Hz C. 0.02 s, 60 Hz D. 5 s, 0.02 Hz

3 - 23 If the maximum values of two sinusoidal alternating current i_1 and i_2 are both 4 A, and the maximum value of current summation of the two is also 4 A, then the phase difference between them is (   ).

A. 30° B. 60° C. 120° D. 90°

3-24 If the analytic expression of three kinds of alternating voltage is $u_1 = 20\sin(\omega t + 30°)$ V, $u_2 = 30\sin(\omega t + 90°)$ V, and $u_1 = 50\sin(\omega t + 120°)$ V respectively, then, which one following options is correct. ( )

A. u_1 is lagging behind u_2 by 60° B. u_1 is ahead of u_2 by 60°

C. u_2 is ahead of u_3 by 20° D. u_3 is lagging behind u_1 by 150°

3-25 Normally, the alternating voltage 220 V or 380 V refers to the ( ) of the alternating voltage.

A. average value B. maximum value

C. instantaneous value D. effective value

3-26 For a pure resistive circuit, which one of following expressions is correct. ( )

A. $i=\frac{u_R}{R}$ B. $I=\frac{U_R}{R}$ C. $I=\frac{U_m}{R}$ D. $I=\frac{u_R}{R}$

3-27 In a pure inductive circuit, the relationship regarding magnitude of voltage and current is ( ).

A. $i=\frac{U}{L}$ B. $U=iX_L$ C. $I=\frac{U}{\omega L}$ D. $I=\frac{u}{\omega L}$

3-28 A capacitor with voltage-withstanding value of 500 V could be connected to AC power source of ( ).

A. $U=500$ V B. $U_m=500$ V C. $U=400$ V D. $U=500\sqrt{2}$ V

3-29 In a pure capacitive circuit with the capacitance being C, the relationship regarding magnitude of voltage and current is ( ).

A. $i=\frac{u}{C}$ B. $i=\frac{u}{\omega C}$ C. $I=\frac{U}{\omega C}$ D. $I=U\omega C$

3-30 In a RLC series AC circuit, the total voltage of the circuit is U, the total impedance is Z, the total active power is P, total reactive power is Q, total apparent power is S and total power factor is $\cos\varphi$ then, which one following expressions is correct? ( )

A. $P=\frac{U^2}{|Z|}$ B. $P=S\cos\varphi$ C. $Q=Q_L+Q_C$ D. $S=P+Q$

3-31 In a AC circuit, the purpose of increasing power factor is to ( ).

A. save energy and increase the output capacity of electric apparatus

B. improve the efficiency of electric apparatus

C. improve the utilization ratio of power source and reduce voltage loss and power loss of circuit

D. improve the active power of electric apparatus

3-32 For an inductive load, the most efficient and proper way of increasing its power factor is to ( ).

A. connect a resistor to the inductive load in series

B. connect a capacitor to the inductive load in series

C. connect inductive coil to the inductive load in parallel

D. connect pure inductive coil to the inductive load in series

3 - 33 The occurrence of series resonance depends on ( ).

A. power source frequency

B. circuit parameters

C. power source frequency and circuit parameters satisfy $\omega L = \omega C$

D. power source frequency and circuit parameters satisfy $\omega L = 1/\omega C$

Ⅳ. Analysis and calculation

3 - 34 Given that the power-frequency voltage is $U_m = 220$ V with initial phase being $\theta_u = 60°$; the power-frequency current is $I_m = 22$ A with the initial phase being $\theta_i = -30°$, then, try to get the instantaneous value expression, oscillograph and phase difference between them.

3 - 35 If the sinusoidal current satisfies $i_1 = 5\sqrt{2}\sin\left(\omega t + \frac{\pi}{6}\right)$ A, $i_2 = 5\sqrt{2}\sin\left(\omega t - \frac{2\pi}{3}\right)$ A, $i_3 = 5\sqrt{2}\sin\left(\omega t + \frac{2\pi}{3}\right)$ A, try to define the phase relation among them.

3 - 36 Given complex numbers $A = 4 + j5$, and $B = 6 - j2$, try to calculate $A + B$, $A - B$, AB, and $\frac{A}{B}$.

3 - 37 Try to represent all of following sinusoidal quantities by phasor, and get the phasor diagram.

(1) $i = 10\sin(\omega t - 45°)$ A;

(2) $u = 220\sqrt{2}\sin(\omega t + 60°)$ V;

(3) $i = -10\sin(\omega t)$ A;

(4) $u = 220\sqrt{2}\sin(\omega t + 230)$ V.

3 - 38 Try to write down analytic expression ($f = 50$ Hz) corresponding to each of following phasor.

(1) $\dot{I}_1 = 10\angle 30°$ A; (2) $\dot{I}_2 = j15$ A;

(3) $\dot{U}_1 = 220\angle 240°$ V; (4) $\dot{U}_2 = 10\sqrt{3} + j10$ V。

3 - 39 Given that $u_1 = 10\sqrt{2}\sin(\omega t + 60°)$ V, $u_2 = -10\sqrt{2}\sin(\omega t - 60°)$ V, try to calculate $u_1 + u_2$ and $u_1 - u_2$.

3 - 40 If a resistor R is connected to the power source with parameters of $\dot{U} = 100\angle 60°$ V, $f = 50$ Hz, and the power it consumes is 100 W. (1) Try to get resistance R; (2) Find current phasor $\dot{I}$ ($\dot{U}$ and $\dot{I}$ have the same reference direction); (3) Draw the phasor diagram of voltage and current.

3 - 41 Connect a 127 μF capacitor to power source ($u = 220\sqrt{2}\sin(314t + 30°)$ A). (1) Find current of the capacitor i; (2) Find reactive power; (3) Draw the phasor diagram

of voltage and current.

3 - 42 For an inductor $L=0.1$ H, given that its port voltage is $u=220\sqrt{2}\sin(1000t+45°)$ V. (1) Find current of the inductor i (associated reference direction of i and u is identical); (2) Find reactive power of the inductor Q_L; (3) Draw the phasor diagram of voltage and current.

3 - 43 For a daylight lamp with the circuit shown in Figure of question 3 - 47, given that $R_1=280\ \Omega$, $R_2=20\ \Omega$, $L=1.65$ H, the power voltage is $U=220$ V and frequency is $f=50$ Hz, then, try to calculate current of the circuit I, as well as voltage of lamp resistance and barretter.

3 - 44 In a metering circuit as shown in Figure or question 3 - 44, it is measured that $U=220$ V, $I=5$ A, $P=400$ W, the power frequency is $f=50$ Hz, then, try to calculate L and R.

3 - 45 The circuit as shown in Figure of question 3 - 45, it is measured that $U=200$ V, $I=2$ A in the circuit and the total power is $P=320$ W, given that $Z_1=(30+j40)\Omega$, try to calculate Z_2.

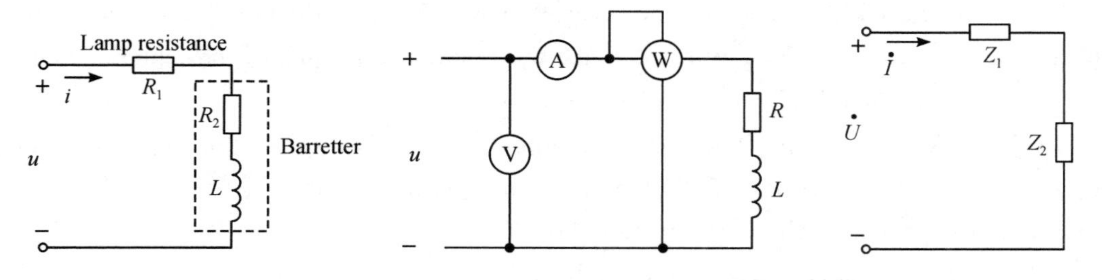

Figure of question 3 - 43 Figure of question 3 - 44 Figure of question 3 - 45

3 - 46 If the port voltage and current of a passive two-terminal network under associated reference direction is $u=220\sqrt{2}\sin(\omega t+60°)$ V, and $i=5\sqrt{2}\sin(\omega t-60°)$A, respectively, then, try to calculate equivalent impedance Z and equivalent admittance Y of the network.

3 - 47 As shown in Figure of question 3 - 47, for a RLC series circuit, given that the power voltage is $u=10\sqrt{2}\sin(5000t-30°)$ V, $R=7.5\ \Omega$, and $L=6$ mH, $C=5\ \mu$F. (1) Find impedance Z; (2) Find current $\dot{I}$ and voltage $\dot{U}_R$、$\dot{U}_L$ and $\dot{U}_C$; (3) Draw the phasor diagram of voltage and current.

3 - 48 As shown in Figure of question 3 - 48, for a RLC parallel circuit, given that $\dot{U}=200\angle 20°$ V, $R=X_C=10\ \Omega$, and $X_L=5\ \Omega$. (1) Find admittance Y; (2) Find $\dot{I}$、$\dot{I}_R$、$\dot{I}_L$ and $\dot{I}_C$; (3) Draw the phasor diagram of voltage and current.

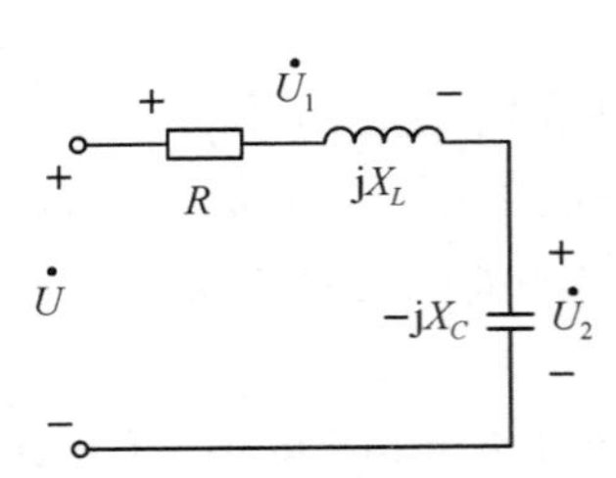

Figure of question 3 - 47

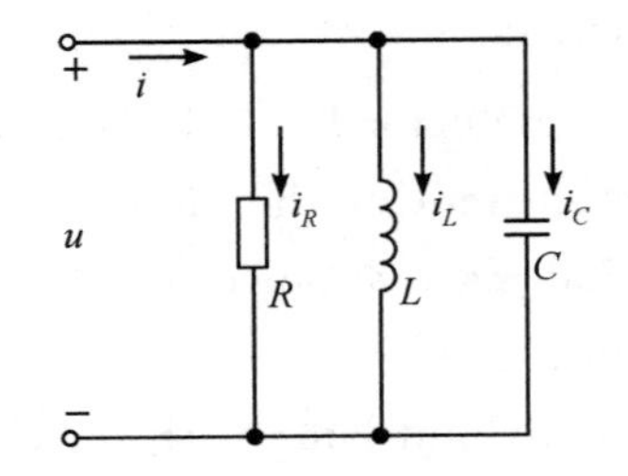

Figure of question 3 - 48

3 - 49 Connect inductive loads with active power being 100 kW to both terminals of a power source with the effective value being 220 V and frequency of 50 Hz for the purpose of increasing power factor from 0. 6 to 0. 9, then, try to calculate the magnitude of capacitor needs to be connected in parallel.

3 - 50 As shown in Figure of question 3 - 50, given that $R_1 = 200\ \Omega$, $X_C = 300\ \Omega$, $R_2 = 100\ \Omega$, $X_L = 200\ \Omega$, $\dot{U}_S = 220\angle 30°$ V, try to calculate the current and complex power of each branch.

3 - 51 For a *RLC* series circuit, given that $R = 50\ \Omega$, inductance is $L = 60$ mH and capacitance is $C = 0.053\ \mu$F, try to calculate the resonance frequency f_0, quality factor Q and resonance impedance Z_0 of the circuit.

3 - 52 As shown in Figure of question 3 - 52, given that the angular resonant frequency of the circuit is $\omega_0 = 5\times 10^6$ rad/s, the quality factor is $Q = 100$ and resonance impedance is $Z_0 = 2$ kΩ, then, try to calculate R, L and C.

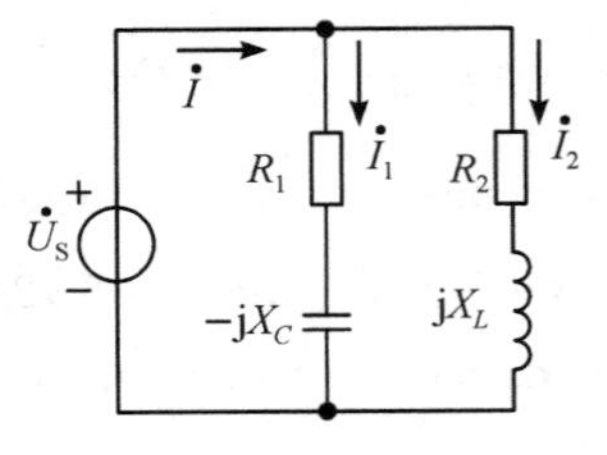

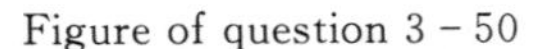

Figure of question 3 - 50

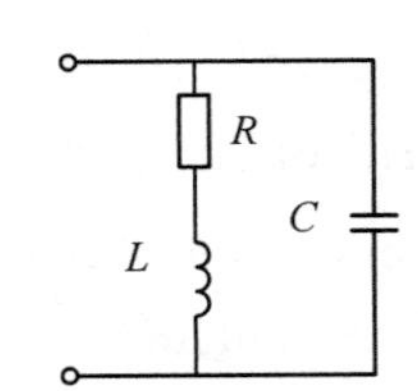

Figure of question 3 - 52

Chapter Ⅳ Three-phase sinusoidal AC circuit

At present, the generation, transmission and supply approaches of electricity used in electrical power system of all countries worldwide generally adopt three-phase system. The three-phase system refers to a three-phase power supply system comprised by three sinusoidal power sources satisfying certain requirements. The circuit adopting three-phase power supply system is referred to as a three-phase circuit, which consists of three-phase power source, three-phase load and three-phase line. A three-phase sinusoidal AC circuit is actually a circuit powered by three sinusoidal power sources with the same magnitude, same frequency and phase difference between every two being 120°. Three-phase sinusoidal AC power supply system has many advantages in power generation, transmission and distribution, therefore, it has been widely applied in production and daily life. The single-phase AC power source used in daily life is actually the one phase of the three-phase circuit.

A three-phase circuit can be regarded as a special form of multi-loop circuit among all single-phase circuits, so the aforementioned basic theories, fundamental rules and analytical methods about sinusoidal current circuit are completely applicable to three-phase sinusoidal current circuit. However, three-phase circuit also has its own characteristics.

This chapter mainly introduces the connection between three-phase power source and three-phase load, analysis and calculation of symmetrical and unsymmetrical three-phase circuits, power of three-phase circuits, etc.

Section Ⅰ Connection of three-phase power

Ⅰ. Symmetrical three-phase sinusoidal power

Three kinds of sinusoidal voltage (or current) with same frequency, same effective value and phase difference between every two kinds being 120° are referred to as symmetrical three-phase sinusoidal quantities. The power supply system constituted by the three kinds of three-phase sinusoidal quantities in Y connection or delta connection is referred to as symmetrical three-phase sinusoidal power source. The three-phase power source in this chapter all refer to symmetrical three-phase sinusoidal power source.

Normally, three-phase sinusoidal power is generated by of three-phase AC generators. Figure 4 - 1(a) is the schematic diagram of a three-phase AC generator whose stators are configured with three coil windings referred to as U_1U_2, V_1V_2, and W_1W_2 coil respectively. Where, U_1, V_1 and W_1 are the initial terminals of coils, while U_2, V_2 and W_2 are their rear terminals, and the angle between every two coils is 120°. When the rotor rotates anticlockwise with a uniform angular velocity ω, the sinusoidal alternating voltage as u_U, u_V, and u_W with the same magnitude, same frequency, and phase difference being 120° will be generated at both terminals of each coil accordingly, as shown in Figure 4 - 1(b).

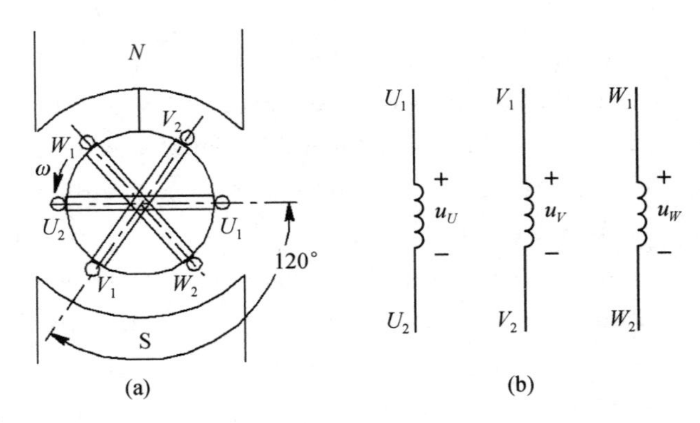

Figure 4 - 1 Schematic diagram of three-phase AC generator

If the reference direction is stipulated as the one from initial terminal to rear terminal of a coil, and regard u_U as a reference sinusoidal quantity, then the three kinds of voltage can be represented as follows

$$\begin{cases} u_U = \sqrt{2}U\sin(\omega t) \\ u_V = \sqrt{2}U\sin(\omega t - 120°) \\ u_W = \sqrt{2}U\sin(\omega t + 120°) \end{cases} \tag{4 - 1}$$

Its waveform is shown in Figure 4 - 2(a), and it can be represented with phasor as follows

$$\begin{cases} \dot{U}_U = U\angle 0° \\ \dot{U}_V = U\angle -120° \\ \dot{U}_W = U\angle 120° \end{cases} \tag{4 - 2}$$

The phasor diagram of Equation(4 - 2) is shown in Figure 4 - 2(b). When drawing phasor diagram of a three-phase circuit, the reference phasor is customarily drawn along vertical direction. Such three kinds of voltage with same frequency, same effective value and phase difference between every two kinds being 120° are referred to as symmetrical three-phase sinusoidal voltage, and the sum of them is

$$\dot{U}_U + \dot{U}_V + \dot{U}_W = 0 \text{ V} \tag{4 - 3}$$

The sum of instantaneous values of them is also zero, namely

$$u_U + u_V + u_W = 0 \tag{4 - 4}$$

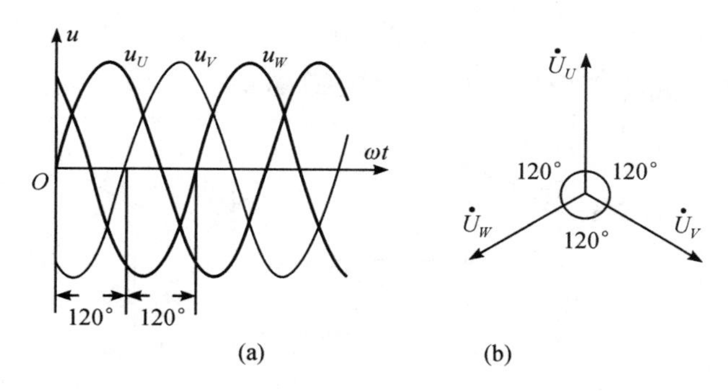

Figure 4 - 2 Symmetrical three-phase sinusoidal voltage

In technical application, each one of the three power sources is referred to as one phase or power, and they are called phase U, phase V and phase W in sequence. Phase sequence refers to the sequential order for the voltage of each phase to reach the same value, such as the maximum value. The phase sequence for aforementioned three kinds of voltage is U-V-W(or V-W-U, or W-U-V), namely phase U is ahead of phase V, phase V is ahead of W, and phase W is ahead of U, thus forming positive sequence. If the phase sequence for the three kinds of voltage is U-V-U(or V-U-W, or U-W-V), namely phase U is lagging behind phase V, phase V is lagging behind W, and phase W is lagging behind U, then this kind of sequence is referred to as negative sequence or reverse sequence.

Generally, the electrical power system adopts positive sequence, so the three-phase power sources discussed in this Chapter are all positive-sequence and symmetrical unless otherwise specified. In technical application, the three phases as U, V and W of a triple-phase power source are usually distinguished by different colors, namely yellow for phase U, green for phase V and red for phase W. The three phases of a three-phase power sources are sometimes represented by A, B and C.

Ⅱ. Connection of three-phase power

If the coil windings of a three-phase generator can be represented by three voltage sources, then a three-phase power source can be regarded as a three-phase power supply system consisting of three single-phase power sources connected in a certain way. In a three-phase circuit, the three phases of power source can be connected in two ways, namely Y connection(Y) and delta connection(△).

1. Three-phase power source in Y connection

Mark the common points formed by connecting three rear terminals (U_2, V_1 and W_2) of generator coils as N, which is referred to as the neutral point of the power source. The wire led from the neutral point is neutral line, which is also called earth wire or neutral wire when the neutral point is earthing. Three wires led out of three initial terminals (U_1, V_1 and W_1) respectively are connected to an external circuit, and referred to as port wire, which is commonly known as fire wire and represented by letter U, V, W. Figure 4 - 3 shows the three-phase power source in Y connection.

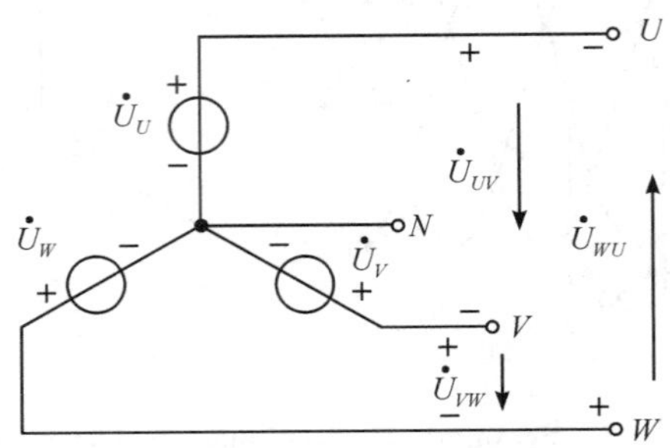

Figure 4 - 3 Y connection of three-phase power source

The voltage between port wire and neutral line is phase voltage, which is represented by double subscript under reference direction, and marked as $\dot{U}_{UN}$, $\dot{U}_{VN}$, $\dot{U}_{WN}$ or $\dot{U}_U$, $\dot{U}_V$, $\dot{U}_W$ for simple.

The voltage between two port wires is called line voltage, which is also represented by double subscript under reference direction; customarily, they are arranged as per the phase sequence, and marked as $\dot{U}_{UV}$, $\dot{U}_{VW}$, $\dot{U}_{WU}$ respectively.

For a circuit in Y connection, as shown in Figure 4 - 3, the relationship between line voltage and phase voltage can be determined as follows according to KVL:

$$\begin{cases} \dot{U}_{UV} = \dot{U}_U - \dot{U}_V \\ \dot{U}_{VW} = \dot{U}_V - \dot{U}_W \\ \dot{U}_{WU} = \dot{U}_W - \dot{U}_U \end{cases} \tag{4-5}$$

If three phases of power source are symmetrical, substituting Equation(4 - 2) into the above formula, we can get

$$\dot{U}_{UV} = \dot{U}_U - \dot{U}_V = U\angle 0^\circ - U\angle -120^\circ = \sqrt{3}\dot{U}_U\angle 30^\circ \tag{4-6}$$

similarly, we can get

$$\begin{cases} \dot{U}_{VW} = \sqrt{3}\dot{U}_V\angle 30^\circ \\ \dot{U}_{WU} = \sqrt{3}\dot{U}_W\angle 30^\circ \end{cases} \tag{4-7}$$

The result shows that if three phases of power source in Y connection are symmetrical, the three kinds of line voltage are symmetrical. Moreover, in terms of phase position, the line voltage is ahead of corresponding phase voltage by 30°; in terms of value, the effective value of line voltage is $\sqrt{3}$ times of that of phase voltage. If the effective value of each line voltage is collectively represented by U_l, and that of each phase voltage is collectively represented by U_p, then

$$U_l = \sqrt{3}U_p \tag{4-8}$$

The relationship above can also be obtained via the phasor diagram. Since $\dot{U}_{UV} = \dot{U}_U -$

$\dot{U}_V = \dot{U}_U + (-\dot{U}_V)$, so we can get $\dot{U}_{UV}$ via the triangle principle, just as shown in Figure 4-4(a). By translation motion of three line voltage phasor, we can get the diagram shown in Figure - 4(b). Mark three vertexes of the triangle as U, V and W, and mark the triangle's centroid as N, then, the three sides of the triangle are three kinds of line voltage, and the connecting lines from the centroid to vertexes are phase voltage. It should be noted that the voltage phasor in the diagram is drawn as per the reverse sequence of voltage subscript. For example, when drawing $\dot{U}_{UV}$, the line starts from point V to point U; however, when drawing $\dot{U}_U$, the line should starts from point N to point U. The points U, V, W and N represent the terminal corresponding to each voltage source. The phasor diagram obtained in this way is also referred to as a close phasor diagram.

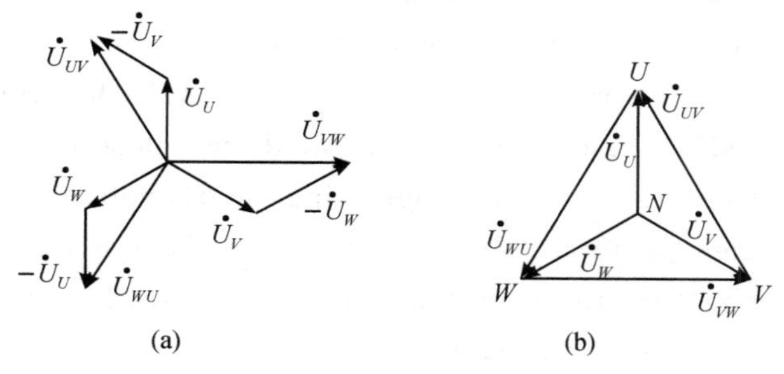

Figure 4-4 Voltage phasor diagram in Y connection

For a three-phase circuit, according to KVL, we can get

$$\dot{U}_{UV} + \dot{U}_{VW} + \dot{U}_{WU} = 0 \text{ V} \tag{4-9}$$

This shows that the phasor sum of three kinds of line voltage, meaning that the sum of three instantaneous values of line voltage is zero as well, namely

$$u_{UV} + u_{VW} + u_{WU} = 0 \text{ V} \tag{4-10}$$

For a power source in Y connection, if only three port wires are led out to supply power externally, then, this power source is of three-phase three-wire system, which is only used to supply line voltage to external circuits. However, if a neutral line is led out from the neutral point, then, this power source is of three-phase four-wire system, which can be used to supply both line voltage and phase voltage to external circuit.

2. Three-phase power in delta(△) connection

The delta connection of a three-phase power source refers to connecting the initial terminals of three voltage sources with corresponding rear terminals in sequence, namely connecting U_2 with V_1, V_2 with W_1, and W_2 with U_1 to form a closed loop, and then leading out a port wire from each point of connection, namely U, V and W, as shown in Figure 4-5.

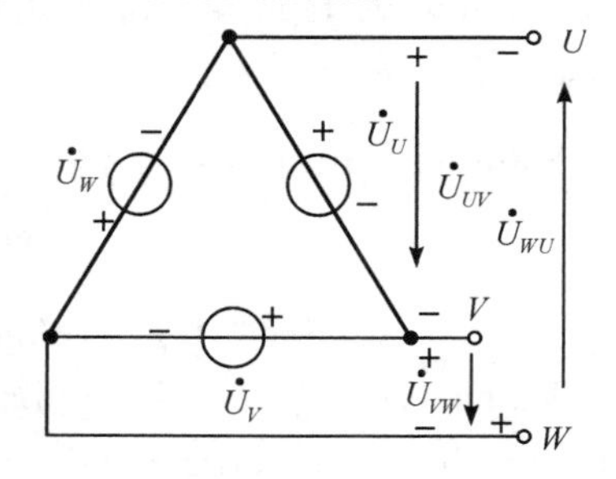

Figure 4-5 Delta connection of three-phase power

If the three-phase of power source are in delta

connection, then the line voltage equals to phase voltage. Due to the symmetry of phase voltage, namely, $\dot{U}_U+\dot{U}_V+\dot{U}_W=0$ V, so the total voltage of a power source loop in correct is zero, and there is no toroidal current inside such a power source. If one phase of voltage source (like phase U) is connected reversely, as shown in Figure 4 - 6(a), then the total voltage of the loop is $-\dot{U}_U+\dot{U}_V+\dot{U}_W=-2\dot{U}_U$ before closing, and the total voltage in the power source loop is two times of the voltage in a single phase at that time. This is quite dangerous for windings of generators with very small internal impedance, and would cause extremely large toroidal current $\dot{I}_S$ in the loop, we can get

$$\dot{I}_S=\frac{-\dot{U}_U+\dot{U}_V+\dot{U}_W}{3Z_0}=\frac{-2\dot{U}_U}{3Z_0} \tag{4-11}$$

then, overlarge current would severely damage the generator. The phasor diagram is shown in Figure 4 - 6(b). Therefore, reverse connection must be avoided. When a three-phase power source needs to be connected in delta, do not close the circuit completely by leaving one point disconnected, instead, connecting an AC voltmeter in the disconnected point to confirm whether the total voltage of the circuit is zero via measurement. If the voltage is zero, showing that the circuit is connected correctly; then, close the circuit completely to guarantee correct connection.

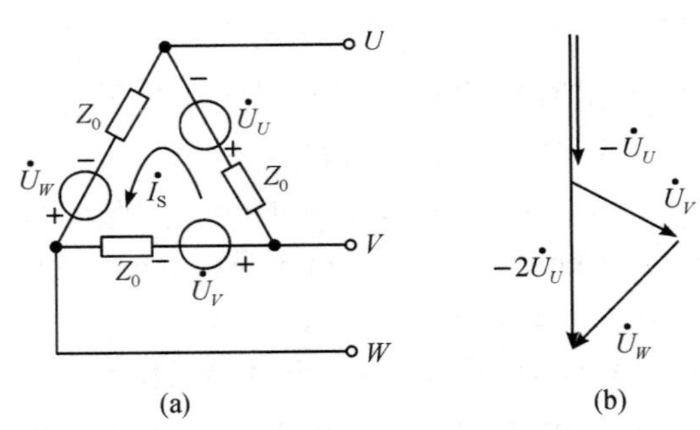

Figure 4 - 6 Circuit in delta connection with one phase connected reversely

【Example 4 - 1】 For a symmetrical three-phase power source in Y connection, given that the line voltage is $\dot{U}_{VW}=380\angle 30°$V, try to calculate other line voltage and voltage phasor of other phases.

Solution Since $\dot{U}_{VW}=380\angle 30°$ V, so

$$\dot{U}_{UV}=380\angle(30°+120°)\ \text{V}=380\angle 150°\ \text{V}$$

$$\dot{U}_{WU}=380\angle(30°-120°)\ \text{V}=380\angle -90°\ \text{V}$$

When symmetrical three phases of power source are in Y connection, the relationship between their line voltage and phase voltage is

$$\dot{U}_V=\frac{\dot{U}_{VW}}{\sqrt{3}}\angle -30°=\frac{380\angle 30°}{\sqrt{3}}\angle -30°\ \text{V}=220\angle 0°\ \text{V}$$

According to their symmetrical properties, we can get voltage of other phases as follows

$$\dot{U}_U = 220\angle 120°\ \text{V},\quad \dot{U}_W = 220\angle -120°\ \text{V}$$

Section Ⅱ Connection of three-phase load

A three-phase load consists of three parts, and each part is called as single-phase load. If the impedance of three single-phase loads are identical, the three-phase load is referred to as symmetrical three-phase load. Similar to three-phase power source, the three single-phase loads can be connected in two ways as well, and they are Y connection and delta connection.

Ⅰ. Star connection of three-phase load

As shown in Figure 4 - 1, Star connection of three-phase load refers to connecting one terminal of three single-phase loads together with the other terminal of each load connected to three port wires of the power source respectively. The common point formed by connecting one terminal of three single-phase loads together is represented by N', and is referred to as neutral point of the three-phase load. The other terminal of each load connected to three port wires of the power source respectively, and the neutral point of three-phase load is connected to that of the three-phase power source, as shown in Figure 4 - 7(a). This kind of three-phase circuit formed by connecting power source and load with four leads is called three-phase four-wire system, which can be used to supply both line voltage and phase voltage externally. If three phases of current are symmetrical, then the current of neutral line is zero and the neutral line can be omitted. This kind of three-phase circuit formed by connecting power source and load with three leads is called three-phase three-wire system circuit, as shown in Figure 4 - 7(b), which is only used to supply line voltage externally.

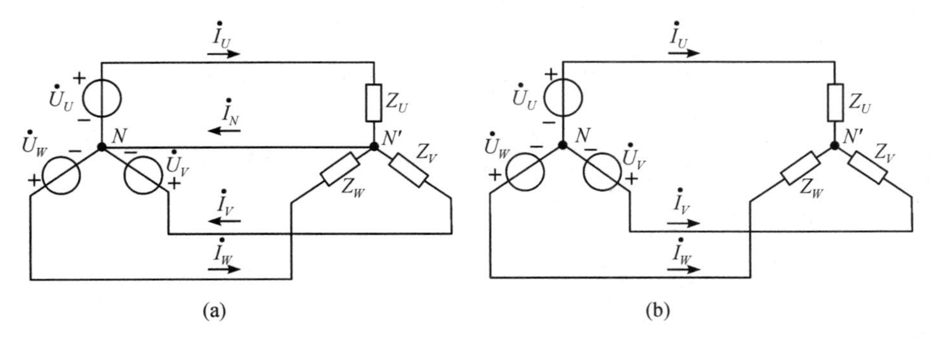

Figure 4 - 7 Three-phase circuit

For a three-phase circuit, the current passing through port wires is referred to as line current whose, customarily, reference direction is from power source to the load, as shown in $\dot{I}_U$, $\dot{I}_V$ and $\dot{I}_W$ in Figure 4 - 7. The current passing through each phase of load is referred to as phase current, and that passing through the neutral line is referred to as neutral current that is represented by $\dot{I}_N$. Customarily, the reference direction of neutral current is from load to power source. For a circuit with the load connected in Y shape, its line current equals to the phase current passing through three phases of load. For a circuit shown in Figure 4 - 7(a), the phase voltage of the load equals to corresponding phase voltage of power source. According to the Ohm's law in phasor form, it is easy to get the phase current of load in each phase, namely

$$\dot{I}_U = \frac{\dot{U}_U}{Z_U},\ \dot{I}_V = \frac{\dot{U}_V}{Z_V},\ \dot{I}_W = \frac{\dot{U}_W}{Z_W}$$

Then according to the KCL in phasor form, we can get the neutral current

$$\dot{I}_N = \dot{I}_U + \dot{I}_V + \dot{I}_W \tag{4-12}$$

For a circuit shown in Figure 4 - 7(b), it is obvious that, according to KCL law, the current in each line(phase) satisfies following relationship:

$$\dot{I}_U + \dot{I}_V + \dot{I}_W = 0\ \text{A} \tag{4-13}$$

【Example 4 - 2】 For a three-phase four-wire system circuit with symmetrical power source, the line voltage of power source is $U_l = 380$ V, and three phases of load are $Z_U = (8+\text{j}6)\Omega$, $Z_V = (3-\text{j}4)\ \Omega$, $Z_W = 10\ \Omega$, then, try to calculate each phase current and neutral current.

Solution According to meaning of question, we can get

$$U_p = \frac{U_l}{\sqrt{3}} = \frac{380}{\sqrt{3}}\ \text{V} = 220\ \text{V}$$

Assume that $\dot{U}_U = 220\angle 0°$ V, and it is known that the phase voltage of each load equals to corresponding phase voltage of power source according to KVL, then, each phase current can be obtained as per the Ohm's law in phasor form

$$\dot{I}_U = \frac{\dot{U}_U}{Z_U} = \frac{220\angle 0°}{8+\text{j}6}\ \text{A} = 22\angle -36.9°\text{A}$$

$$\dot{I}_V = \frac{\dot{U}_V}{Z_V} = \frac{220\angle -120°}{3-\text{j}4}\ \text{A} = 44\angle -66.9°\text{A}$$

$$\dot{I}_W = \frac{\dot{U}_W}{Z_W} = \frac{220\angle 120°}{10}\ \text{A} = 22\angle 120°\text{A}$$

So the neutral current is

$$\begin{aligned}\dot{I}_N &= \dot{I}_U + \dot{I}_V + \dot{I}_W = 22\angle -36.9°\ \text{A} + 44\angle -66.9°\ \text{A} + 22\angle 120°\ \text{A}\\ &= 42\angle -55.4°\text{A}\end{aligned}$$

Ⅱ. Delta connection of three-phase load

As shown in Figure 4 - 8, the delta connection of a three-phase load refers to connecting three single-phase loads Z_{UV}, Z_{VW}, Z_{WU} as a triangle. The current $\dot{I}_{UV}$, $\dot{I}_{VW}$, $\dot{I}_{WU}$ passing through each phase of load is referred to as phase current, and the current $\dot{I}_U$, $\dot{I}_V$, $\dot{I}_W$ passing through each port wire is referred to as line current. The voltage at both terminals of each phase of load is the phase voltage, and that between two port wires is called line voltage. Obviously, when the three-phase load is in delta connection, the phase voltage of each load equals to corresponding line voltage.

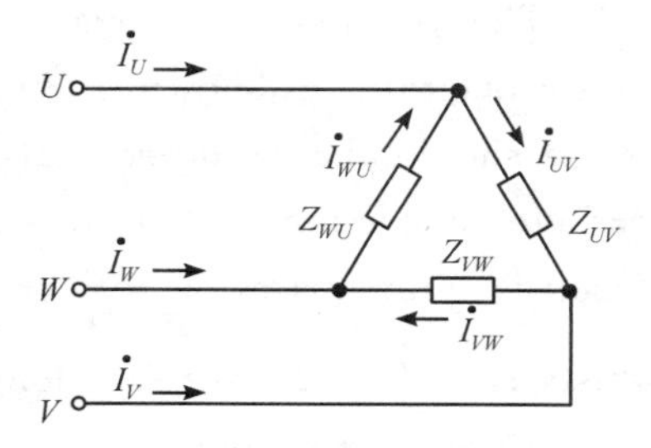

Figure 4 - 8 Delta connection of three-phase load

According to the Figure 4 - 8, it will be easy to get its phase current $\dot{I}_{UV}$, $\dot{I}_{VW}$ and $\dot{I}_{WU}$:

$$\begin{cases} \dot{I}_{UV} = \dfrac{\dot{U}_{UV}}{Z_{UV}} \\ \dot{I}_{VW} = \dfrac{\dot{U}_{VW}}{Z_{VW}} \\ \dot{I}_{WU} = \dfrac{\dot{U}_{WU}}{Z_{WU}} \end{cases} \tag{4-14}$$

According to KCL, we can get the line current respectively

$$\begin{cases} \dot{I}_U = \dot{I}_{UV} - \dot{I}_{WU} \\ \dot{I}_V = \dot{I}_{VW} - \dot{I}_{UV} \\ \dot{I}_W = \dot{I}_{WU} - \dot{I}_{VW} \end{cases} \tag{4-15}$$

When $\dot{U}_{UV}$, $\dot{U}_{VW}$, $\dot{U}_{WU}$ are symmetrical, and if three phases of load are symmetrical, namely $Z_{UV} = Z_{VW} = Z_{WU}$, then their phase current is symmetrical as well. Assume that $\dot{I}_{UV} = I\angle 0°$, then $\dot{I}_{VW} = I\angle -120°$, and $\dot{I}_{WU} = I\angle 120°$. According to Equation(4 - 15), we can get

$$\begin{cases} \dot{I}_U = I\angle 0° - I\angle 120° = \sqrt{3} I\angle -30° = \sqrt{3}\dot{I}_{UV}\angle -30° \\ \dot{I}_V = \sqrt{3}\dot{I}_{VW}\angle -30° \\ \dot{I}_W = \sqrt{3}\dot{I}_{WU}\angle -30° \end{cases} \tag{4-16}$$

The Equation(4 - 16) shows that if three kinds of phase current in delta connection are symmetrical, then the three kinds of line current are symmetrical as well. Moreover, in terms of phase position, the line current is lagging behind corresponding phase current by 30°; in terms of value, the effective value of line current is $\sqrt{3}$ times of that of phase current. If the effective value of each line current is collectively represented by I_l, and that of each phase current is collectively represented by I_p, then we can get

$$I_l = \sqrt{3} I_p \tag{4-17}$$

The relationship above can also be obtained via the phasor diagram, as shown in Figure 4 - 9.

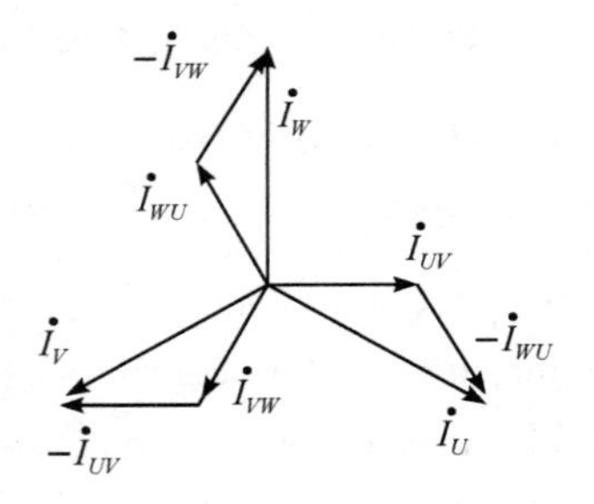

Figure 4 - 9 Phasor diagram in delta connection

It should also be noted that whether the three phases of load are connection in delta or in Y shape, and whether the circuit is symmetrical or not, the three kinds of line current satisfy $\dot{I}_U + \dot{I}_V + \dot{I}_W = 0$ A as long as the circuit adopts three-phase three-wire system.

A three-phase circuit is a system formed by connecting symmetrical the three-phase power source with three-phase load. In technical application, it is possible to adopt Y-Y, Y-△, △-Y and △-△ connection as needed. How the three-phase load is connected shall be determined by rated voltage of the load. If the rated voltage of three-phase load equals to line voltage of power source, then three-phase of load will be connected in delta; if the rated voltage equals to phase voltage of power source, then they will be connected in Y shape.

【Example 4 - 3】 As shown in Figure 4 - 8, the three-phase of voltage applied to the load in delta connection are symmetrical, the line voltage of power source is 380 V, and impedance of each phase is $Z = (10\sqrt{3} + \mathrm{j}10)\ \Omega$, then, try to calculate:

(1) each phase current and line current;

(2) each phase current and line current as load in VW is disconnected.

Solution Assume that the line voltage is $\dot{U}_{UV} = 380\angle 0°$ V, then each phase current is

$$\dot{I}_{UV} = \frac{\dot{U}_{UV}}{Z} = \frac{380\angle 0°}{10\sqrt{3} + \mathrm{j}10}\ \mathrm{A} = 19\angle -30°\mathrm{A}$$

$$\dot{I}_{VW} = \frac{\dot{U}_{VW}}{Z} = \frac{380\angle -120°}{10\sqrt{3} + \mathrm{j}10}\ \mathrm{A} = 19\angle -150°\mathrm{A}$$

$$\dot{I}_{WU} = \frac{\dot{U}_{WU}}{Z} = \frac{380\angle 120°}{10\sqrt{3} + \mathrm{j}10}\ \mathrm{A} = 19\angle 90°\mathrm{A}$$

and the line current is

$$\dot{I}_U = \sqrt{3}\dot{I}_{UV}\angle -30° = \sqrt{3} \times 19\angle(-30° - 30°)\ \mathrm{A} = 32.9\angle -60°\mathrm{A}$$

$$\dot{I}_V = \sqrt{3}\dot{I}_{VW}\angle -30° = \sqrt{3} \times 19\angle(-150° - 30°)\ \mathrm{A} = 32.9\angle -180°\mathrm{A}$$

$$\dot{I}_W = \sqrt{3}\dot{I}_{WU}\angle -30° = \sqrt{3} \times 19\angle(90° - 30°)\ \mathrm{A} = 32.9\angle 60°\mathrm{A}$$

If phase VW is disconnected, then $\dot{I}_{VW} = 0$ A; however, $\dot{I}_{UV}$ and $\dot{I}_{WU}$ are invariant, so

$$\dot{I}_U = \dot{I}_{UV} - \dot{I}_{WU} = 32.9\angle -60°\ \mathrm{A}$$

$$\dot{I}_W = \dot{I}_{WU} - \dot{I}_{VW} = \dot{I}_{WU} = 19\angle 90°\ \mathrm{A}$$

$$\dot{I}_V=\dot{I}_{VW}-\dot{I}_{UV}=-\dot{I}_{UV}=-19\angle-30^\circ\ \text{A}=19\angle(-30^\circ+180^\circ)\ \text{A}=19\angle150^\circ\text{A}$$

This example shows that the three-phase load in delta connection bears line voltage, and if the example of port wire is zero or too small, the load voltage will not be affected by the asymmetry or variation of the load.

【Example 4-4】 One of the approaches to starting a high-power three-phase motor is to adopt reduced voltage starting due to larger breakaway starting current, namely connecting the three-phase winding of the motor in Y shape during startup process while making it in delta connection during normal operation. Try to compare specific value of phase current and that of line current when the winding is in Y connection and delta connection respectively.

Solution

If the winding is in Y connection, then the line voltage is $\sqrt{3}$ times of phase voltage, and line current is equal to phase current, namely

$$U_{Yp}=\frac{U_l}{\sqrt{3}},\quad I_{Yl}=I_{Yp}=\frac{U_{Yp}}{|Z|}=\frac{U_l}{\sqrt{3}\,|Z|}$$

If the winding is in delta connection, then the line voltage is equal to phase voltage, and line current is $\sqrt{3}$ times of phase current, namely

$$U_{\triangle p}=U_l,\quad I_{\triangle p}=\frac{U_{\triangle p}}{|Z|}=\frac{U_l}{|Z|},\quad I_{\triangle l}=\sqrt{3}I_{\triangle p}=\frac{\sqrt{3}U_l}{|Z|}$$

Therefore, the specific value of phase current in two different connection ways is

$$\frac{I_{Yp}}{I_{\triangle p}}=\frac{\dfrac{U_l}{\sqrt{3}|Z|}}{\dfrac{U_l}{|Z|}}=\frac{1}{\sqrt{3}}$$

The specific value of line current is

$$\frac{I_{Yl}}{I_{\triangle l}}=\frac{\dfrac{U_l}{\sqrt{3}|Z|}}{\dfrac{\sqrt{3}U_l}{|Z|}}=\frac{1}{3}$$

Section Ⅲ Analysis of symmetrical three-phase circuit

A three-phase circuit consists of three-phase power source, three-phase load and three-phase line. If all of the three parts are symmetrical, then this three-phase circuit is a symmetrical circuit. Specifically, a symmetrical three-phase circuit essentially refers to a three-phase circuit formed by connecting one(or multiple) set(s) of symmetrical three-phase power source(s) to one(or multiple) set(s) of symmetrical three-phase load(s) via three phases of transmission lines.

Ⅰ. Characteristics of symmetrical three-phase circuit

We will take the most commonly adopted Y-Y connection of symmetrical three-phase four-wire system as an example for analyzing.

For a symmetrical three-phase four-wire system circuit shown in Figure 4 - 10, Z_l is transmission line impedance, Z_N is neutral line impedance, and Z is load impedance. With Millman's theorem, we can get the neutral-point voltage:

$$\dot{U}_{N'N}=\frac{\frac{1}{Z_l+Z}(\dot{U}_U+\dot{U}_V+\dot{U}_W)}{\frac{3}{Z_l+Z}+\frac{1}{Z_N}} \tag{4-18}$$

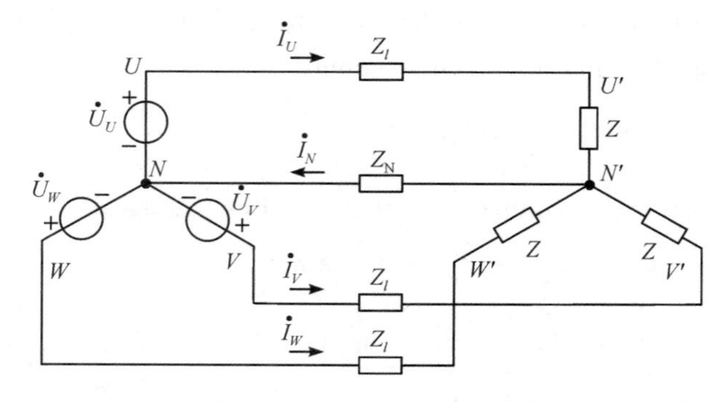

Figure 4 - 10 Symmetrical three-phase four-wire system circuit

Since the three-phase of circuit is symmetrical, then $\dot{U}_U+\dot{U}_V+\dot{U}_W=0$ V, so

$$\dot{U}_{N'N}=0\text{ V} \tag{4-19}$$

The neutral current is

$$\dot{I}_N=\frac{\dot{U}_{N'N}}{Z_N}=0\text{ A} \tag{4-20}$$

The current of each phase(namely the line current) are

$$\begin{cases}\dot{I}_U=\dfrac{\dot{U}_U-\dot{U}_{N'N}}{Z_l+Z}=\dfrac{\dot{U}_U}{Z_l+Z}\\ \dot{I}_V=\dfrac{\dot{U}_V-\dot{U}_{N'N}}{Z_l+Z}=\dfrac{\dot{U}_V}{Z_l+Z}=\dot{I}_U\angle-120^\circ\\ \dot{I}_W=\dfrac{\dot{U}_W-\dot{U}_{N'N}}{Z_l+Z}=\dfrac{\dot{U}_W}{Z_l+Z}=\dot{I}_U\angle 120^\circ\end{cases} \tag{4-21}$$

Voltage of each phase of load are

$$\begin{cases}\dot{U}_{U'N'}=Z\dot{I}_U\\ \dot{U}_{V'N'}=Z\dot{I}_V=\dot{U}_{U'N'}\angle-120^\circ\\ \dot{U}_{W'N'}=Z\dot{I}_W=\dot{U}_{U'N'}\angle 120^\circ\end{cases}\tag{4-22}$$

It can be seen that the phase current and phase voltage of each load is symmetrical respectively or independent mutually; moreover, the voltage and current are only related to corresponding power source and impedance of each phase. Similarly, line voltage at load end is symmetrical as well.

All of mentioned statements show that a symmetrical three-phase circuit in Y-Y connection has following characteristics:

(1) The neutral-point voltage $\dot{U}_{N'N'}=0$ V, neutral current $\dot{I}_N=0$ A, and the neutral line does not play any practical role.

For a symmetrical three-phase circuit, the circuit situation is invariant no matter if there is a neutral line or not, or regardless of the impedance value of the neutral line.

(2) All the three phases are independent mutually.

Since $\dot{U}_{N'N}=0$ V, the voltage and current of each phase are only determined by power source and impedance of corresponding phase without involving the other two phases.

(3) The voltage and current of each phase are the symmetrical quantities of supply voltage in the same phase, and they are symmetrical.

Ⅱ. Calculation of symmetrical three-phase circuit

The calculation regarding a symmetrical three-phase circuit in Y-Y connection can be performed by calculating one phase due to the characteristics of the circuit. Generally, the calculation methods of a symmetrical three-phase circuit can be concluded as follows:

(1) Convert all the three-phase power source and load into a circuit in Y-Y connection with equivalent value. If the circuit contains any load with Y connection, then, convert the connection type into Y shape equivalently.

(2) Draw the equivalent circuit of one phase (Normally, it is required to draw the circuit diagram of phase U), and get the voltage and current of one phase. When drawing the equivalent circuit, keep the power source, load and line impedance of this phase unchanged; then, connect the neutral point of each load with that of power source, and ignore the neutral line impedance, if any. The computing circuit (in Figure 4 - 10) of one phase in a symmetrical three-phase four-wire circuit is shown in Figure 4 - 11.

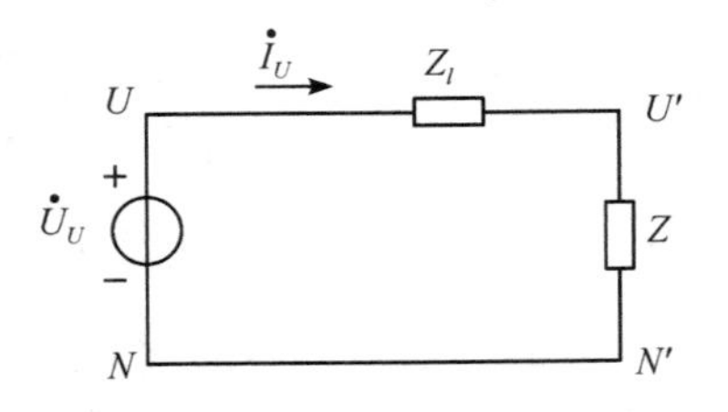

Figure 4 - 11 Computing circuit of one phase

Attention For a circuit in Y connection, the voltage of one phase is the phase voltage, and circuit of one phase is the line current.

(3) According to the relations among line voltage, phase voltage, line current and phase current of original circuit in delta connection and Y connection, try to get the current and voltage of the original circuit.

(4) Calculate the voltage and current of the other two phases according to the symmetrical character.

【Example 4 - 5】 For a symmetrical three-phase circuit shown in Figure 4 - 12(a), given that the load impedance in each phase is $Z=(6+\text{j}8)\ \Omega$, port wire impedance is $Z_l=(1+\text{j}1)\ \Omega$, and effective voltage value of power line is 380 V. Try to calculate each phase current and line current, as well as phase voltage of each load.

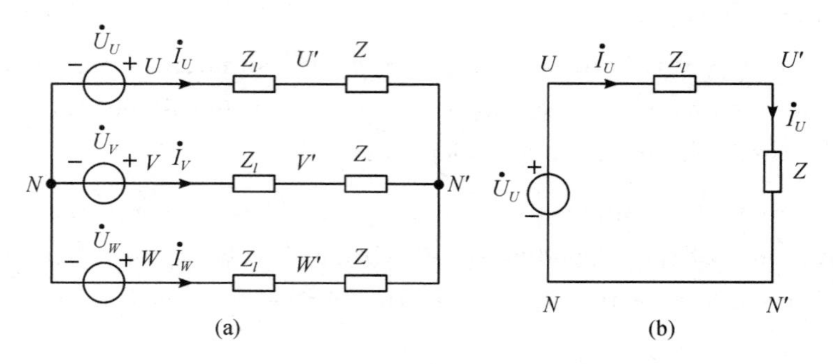

Figure 4 - 12 Diagram of Example 4 - 5

Solution Given that $U_l=380$ V, we can get

$$U_p=\frac{U_l}{\sqrt{3}}=\frac{380}{\sqrt{3}}\ \text{V}=220\ \text{V}$$

Draw the equivalent circuit of phase U, as shown in Figure 4 - 12(b). Assume that

$$\dot{U}_U=220\angle 0^\circ\ \text{V}$$

Since the three-phase of load is in Y connection, so the phase current and line current at load terminal are identical, namely

$$\dot{I}_U=\frac{\dot{U}_U}{Z_l+Z}=\frac{220\angle 0^\circ}{(1+\text{j}1)+(6+\text{j}8)}\ \text{A}=\frac{220\angle 0^\circ}{11.4\angle 52.1^\circ}\ \text{A}=19.3\angle -52.1^\circ\ \text{A}$$

$$\dot{I}_V=\dot{I}_U\angle -120^\circ=19.3\angle -172.1^\circ\text{A}$$

$$\dot{I}_W=\dot{I}_U\angle 120^\circ=19.3\angle 67.9^\circ\text{A}$$

Phase voltage of load are

$$\dot{U}_{U'N'}=Z\dot{I}_U=(6+\text{j}8)\times 19.3\angle -52.1^\circ\ \text{V}=10\angle 53.1^\circ\times 19.3\angle -52.1^\circ\ \text{V}=193\angle 1^\circ\ \text{V}$$

$$\dot{U}_{V'N'}=\dot{U}_{U'N'}\angle -120^\circ=193\angle -119^\circ\ \text{V}$$

$$\dot{U}_{W'N'}=\dot{U}_{U'N'}\angle 120^\circ=193\angle 121^\circ\ \text{V}$$

Section Ⅳ Analysis of unsymmetrical three-phase circuit

If any one of three components as three-phase power source, three-phase load and three-phase line of a three-phase circuit is unsymmetrical, then the circuit is an unsymmetrical three-phase circuit. There are many reasons that cause asymmetry in three-phase circuit. For example, a port wire in the symmetrical three-phase circuit is disconnected, or the load in certain phase is short-circuited or disconnected and so on. Normally, all three-phase power sources are symmetrical, and the common cause for asymmetry of a circuit is the unsymmetrical three-phase load. Since an unsymmetrical three-phase circuit has no symmetrical character, the analytical method for a symmetrical three-phase circuit is not applicable. For a circuit in Y-Y connection with unsymmetrical three-phase load, the common method for analysis and calculation is neutral point voltage method. This Section focuses on the discussion about unsymmetrical three-phase circuit in Y-Y connection with unsymmetrical three-phase load

Ⅰ. Neutral point voltage method

Neutral point voltage method refers to the method that adopts the Millman's theorem to calculate the neutral point voltage of the load, and then calculate the voltage and current in each phase of the load according to KVL and VCR.

For a circuit, as shown in Figure 4 - 13, with symmetrical power source, assume that the three-phase of load is unsymmetrical, then, we can get the neutral point voltage by applying the Millman's theorem:

$$\dot{U}_{N'N} = \frac{\dfrac{\dot{U}_U}{Z_U} + \dfrac{\dot{U}_V}{Z_V} + \dfrac{\dot{U}_W}{Z_W}}{\dfrac{1}{Z_U} + \dfrac{1}{Z_V} + \dfrac{1}{Z_W} + \dfrac{1}{Z_N}} \tag{4-23}$$

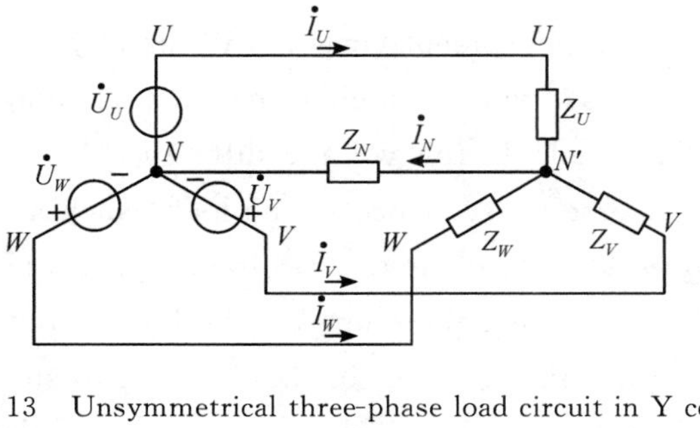

Figure 4 - 13 Unsymmetrical three-phase load circuit in Y connection

Since the three-phase of load is unsymmetrical, namely $Z_U \neq Z_V \neq Z_W$, then

$$\dot{U}_{N'N} \neq 0\ \text{V} \tag{4-24}$$

With KVL, we can get the phase voltage of each load as follows

$$\dot{U}_{UN'} = \dot{U}_U - \dot{U}_{N'N}$$

$$\dot{U}_{VN'} = \dot{U}_V - \dot{U}_{N'N}$$

$$\dot{U}_{WN'} = \dot{U}_W - \dot{U}_{N'N}$$

Since $\dot{U}_{N'N} \neq 0$ V, the phase voltage of the load is not equal to that of the power source, and the phase voltage of the load is unsymmetrical. With VCR, we can get the phase current of each load as follows

$$\dot{I}_U = \frac{\dot{U}_{UN'}}{Z_U}, \quad \dot{I}_V = \frac{\dot{U}_{VN'}}{Z_V}, \quad \dot{I}_W = \frac{\dot{U}_{WN'}}{Z_W}$$

The neutral current is

$$\dot{I}_N = \frac{\dot{U}_{N'N}}{Z_N} \tag{4-25}$$

or

$$\dot{I}_N = \dot{I}_U + \dot{I}_V + \dot{I}_W \tag{4-26}$$

It can be seen that the phase current of the load is unsymmetrical, and the neutral current is not zero.

Ⅱ. Neutral point displacement

Since three-phase of load is unsymmetrical, so the neutral point voltage is $\dot{U}_{N'N} \neq 0$ V. It shows that the electric potential at neutral point of power source is not equal to that of the load, meaning that there is misalignment and displacement between N and N' on the close phasor diagram; and the displacement is referred to as the neutral point displacement between load and power source, as shown in Figure 4 - 14.

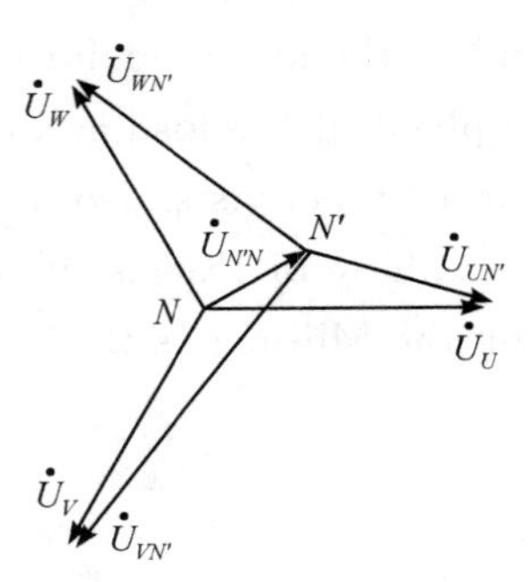

Figure 4 - 14 Neutral point displacement

The magnitude of neutral point displacement will directly affect the voltage of load in each phase, making some phase voltage higher than rated voltage of the load, or lower than that of corresponding load. If the voltage difference between every two phases is overlarge, it may cause adverse consequence to the load, such as malfunction or damage. For example, for a lighting load with the rated voltage of lamp being 220V, if the voltage in a certain phase is over-high, then the lamp will be burned out; but if the voltage in a certain phase is too low, the lamplight will be dim, failing to shine normally.

The neutral point displacement is caused by asymmetry of three-phase circuit, and its magnitude is only determined by the neutral line impedance. Actually, there is no need to configure a neutral line to a symmetrical three-phase circuit since it does not play any practical role in such a circuit. However, for a three-phase three-wire circuit with unsymmetrical load circuit, the neutral line impedance is infinitely great and the neutral point displacement is maximum since there is no neutral line, making the circuit faced with the most serious problem. Therefore, it is a must to configure a neutral line to unsymmetrical three-phase load in Y connection. Ideally, the neutral line impedance Z_N is zero, $\dot{U}_{N'N}=\dot{I}_N Z_N=0$ V and there is no neutral point displacement, making the phase voltage of the load equal to that of the power source. Generally, though a three-phase load is unsymmetrical, it is possible to try to minimize the neutral line impedance so as to make the load voltage in each phase approximately symmetrical by forcing the electric potential at neutral point of the load in close proximity to that of power source since the neutral line impedance is quite small. Therefore, the three-phase circuit connected with lighting equipment, household appliances or equipment of the same kind must adopt three-phase four-wire system, be connected reliably and provided with sufficient mechanical strength, namely the cross section of neutral line must be large enough, to make the neutral line impedance in close proximity to zero. Meanwhile, it is also stipulated that no switch or fuse should be connected to the neutral line.

In principle, the unsymmetrical three-phase load can be connected in delta connection, and the load voltage is proximate to line voltage of power source when the line impedance is smaller. However, the line voltage of most LV power source is 380V, and the rated voltage of all lamps, TVs, air conditioners and other electric equipment is 220V, so all such appliances adopt Y connection with a neutral line. As for three-phase motor, there is no need to set up a neutral line since all the three phases are symmetrical, so it can adopt both Y connection and delta connection according to power source voltage.

【Example 4 - 6】 In the unsymmetrical three-phase load circuit in Y connection shown in Figure 4 - 13, given that $\dot{U}_U=220\angle 0°$ V, $Z_U=(3+\mathrm{j}2)\ \Omega$, $Z_V=(4+\mathrm{j}4)\ \Omega$, and $Z_W=(2+\mathrm{j}1)\ \Omega$, try to analysis the line current when $Z_N=0\ \Omega$ and $Z_N=\infty$.

Solution

(1) When $Z_N=0\ \Omega$, then we can get $\dot{U}_{N'N}=0$ V, so

$$\dot{U}_{UN'}=\dot{U}_{UN}=220\angle 0°\ \mathrm{V}$$

$$\dot{U}_{VN'}=\dot{U}_{VN}=220\angle -120°\ \mathrm{V}$$

$$\dot{U}_{WN'}=\dot{U}_{WN}=220\angle 120°\ \mathrm{V}$$

$$\dot{I}_U=\frac{\dot{U}_{UN'}}{Z_U}=\frac{220\angle 0°}{3+\mathrm{j}2}\ \mathrm{A}=\frac{220\angle 0°}{3.61\angle 33.7°}\ \mathrm{A}=61\angle -33.7°\ \mathrm{A}$$

$$\dot{I}_V=\frac{\dot{U}_{VN'}}{Z_V}=\frac{220\angle -120°}{4+\mathrm{j}4}\ \mathrm{A}=\frac{220\angle -120°}{4\sqrt{2}\angle 45°}\ \mathrm{A}=38.9\angle -165°\ \mathrm{A}$$

$$\dot{I}_W=\frac{\dot{U}_{WN'}}{Z_W}=\frac{220\angle 120°}{2+\mathrm{j}1}\ \mathrm{A}=\frac{220\angle 120°}{2.24\angle 26.6°}\ \mathrm{A}=98.4\angle 93.4°\ \mathrm{A}$$

Though the current of loads is unsymmetrical at this moment, they are independent mutually without affecting others.

When $Z_N=\infty$, the neutral line is open-circuited and $\dot{I}_N=0$ A, since

$$\dot{U}_{N'N}=\frac{\dfrac{\dot{U}_{UN}}{Z_U}+\dfrac{\dot{U}_{VN}}{Z_V}+\dfrac{\dot{U}_{WN}}{Z_W}}{\dfrac{1}{Z_V}+\dfrac{1}{Z_W}+\dfrac{1}{Z_N}}=61.3\angle 115^\circ \text{ V}$$

so we can get

$$\dot{U}_{UN'}=\dot{U}_{UN}-\dot{U}_{N'N}=253\angle -13^\circ \text{ V}$$

$$\dot{U}_{VN'}=\dot{U}_{VN}-\dot{U}_{N'N}=260\angle -109^\circ \text{ V}$$

$$\dot{U}_{WN'}=\dot{U}_{WN}-\dot{U}_{N'N}=159\angle 122^\circ \text{ V}$$

$$\dot{I}_U=\frac{\dot{U}_{UN'}}{Z_U}=\frac{253\angle -13^\circ}{3+\text{j}2}\text{ A}=\frac{253\angle -13^\circ}{3.61\angle 33.7^\circ}\text{ A}=70.1\angle -46.7^\circ \text{ A}$$

$$\dot{I}_V=\frac{\dot{U}_{VN'}}{Z_V}=\frac{260\angle -109^\circ}{4+\text{j}4}\text{ A}=\frac{260\angle -109^\circ}{4\sqrt{2}\angle 45^\circ}\text{ A}=46\angle -154^\circ \text{ A}$$

$$\dot{I}_W=\frac{\dot{U}_{WN'}}{Z_W}=\frac{159\angle 122^\circ}{2+\text{j}1}\text{ A}=\frac{159\angle 122^\circ}{2.24\angle 26.6^\circ}\text{ A}=77.1\angle 95.4^\circ \text{ A}$$

Under such a circumstance, the voltage in all phases is unsymmetrical due to neutral point displacement, making the phase voltage of Z_U and Z_V higher than rated voltage of the load while making voltage of Z_W lower than rated voltage of the load. In addition, the current passing through the load is unsymmetrical at this moment, and they are mutually restraint affected.

【Example 4 - 7】 Phase-sequence indicator is used to measure the phase sequence of a three-phase power source. It is comprised by two incandescent lamps in Y connection and a capacitor bank, as shown in Figure 4 - 15(a), where $R=\frac{1}{\omega C}=\frac{1}{G}$. Consider that this is a symmetrical power source, and the phase to which the capacitor C is connected is specified as phase U, then, try to explain how to determine the phase sequence according to the luminance of two lamps.

Solution

Assume that $\dot{U}_U=U\angle 0^\circ$, then the neutral point voltage is

$$\dot{U}_{N'N}=\frac{\text{j}\omega C\dot{U}_U+G\dot{U}_V+G\dot{U}_W}{\text{j}\omega C+2G}=\frac{\text{j}+1\angle -120^\circ+1\angle 120^\circ}{2+\text{j}}U$$
$$=(-0.3+\text{j}0.6)U=0.63U\angle 108^\circ$$

The voltage of incandescent lamp in each phase is shown as follows:

$$\dot{U}_{VN'}=\dot{U}_V-\dot{U}_{N'N}=U\angle -120^\circ-0.63U\angle 108^\circ=1.5U\angle -102^\circ$$

$$\dot{U}_{WN'} = \dot{U}_W - \dot{U}_{N'N} = U\angle 120° - 0.63U\angle 108° = 0.4U\angle 138°$$

It can be seen that $U_{VN'} > U_{WN'}$ as shown in Figure 4 - 15(b). Therefore, the brighter lamp is connected to phase V, while the dimmer one is connected to phase W.

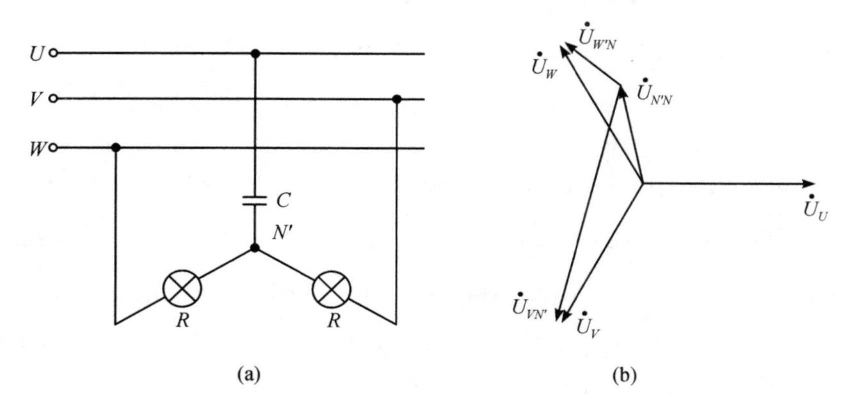

Figure 4 - 15 Diagram of Example 4 - 7

【Example 4 - 8】 If voltage in three phases of the power source is symmetrical, and the symmetrical three-phase load is in Y connection, then, try to analyze changes in phase voltage of the load when load in phase U is short-circuited or open-circuited.

Solution

The load in phase U is short-circuited, as shown in Figure 4 - 16(a). Assume $\dot{U}_U = U\angle 0°$, the load neutral point N' is connected to terminal U directly at this moment, so the neutral point voltage is

$$\dot{U}_{N'N} = \dot{U}_U = U\angle 0°$$

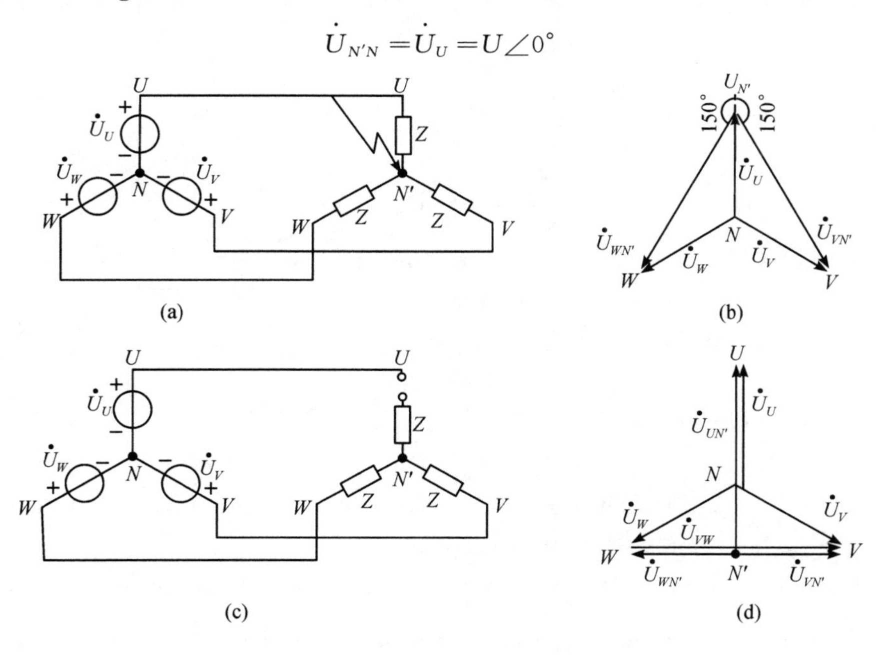

Figure 4 - 16 Diagram of Example 4 - 8

According to KVL, we can get the phase voltage of each load as follows:

$$\dot{U}_{UN'}=\dot{U}_U-\dot{U}_{N'N}=0\ \text{V}$$

$$\dot{U}_{VN}=\dot{U}_V-\dot{U}_{N'N}=\dot{U}_V-\dot{U}_U=U\angle-120°-U\angle0°=\sqrt{3}U\angle-150°$$

$$\dot{U}_{WN}=\dot{U}_W-\dot{U}_{N'N}=\dot{U}_W-\dot{U}_U=U\angle-120°-U\angle0°=\sqrt{3}U\angle150°$$

The same result can also be obtained via the close phasor diagram. Assume that $\dot{U}_U$ is the reference phasor. Normally, the close phasor diagram of three-phase voltage is an equilateral triangle with vertexes being U, V, W and the centroid being N. when the load in phase U is short-circuited, $\dot{U}_{UN'}=0$ V, $\dot{U}_{N'N}=\dot{U}_U$, N' and U are superposed, with $\dot{U}_{VN'}$ and $\dot{U}_{WN'}$ shown in Figure 4 - 16(b). It can be seen that when one phase is short-circuited, the phase voltage of the other two phases increases to a level that is $\sqrt{3}$ times of normal voltage. According to the close phasor diagram, we can get

$$\dot{U}_{VN'}=\sqrt{3}U\angle-150°$$

$$\dot{U}_{WN'}=\sqrt{3}U\angle150°$$

If load in phase U is open-circuited, as shown in Figure 4 - 16(c), then the load impedance in phases V and W is in a series relationship, and the line voltage $\dot{U}_{VW}$ acts on this phase since the load impedance values in phases V and W are identical, therefore, N' is at the midpoint of line VW on the close phasor diagram.

According to the close phasor diagram shown in Figure 4 - 16(d), when the load in phase U is open-circuited, each phase voltage of the load are

$$\dot{U}_{UN'}=1.5U\angle0°$$

$$\dot{U}_{VN'}=\frac{\sqrt{3}}{2}U\angle-90°$$

$$\dot{U}_{WN'}=\frac{\sqrt{3}}{2}U\angle90°$$

【Example 4 - 9】 According to the symmetrical three-phase power source shown in Figure 4 - 17, when the switch S is connected, reading of all ammeters is 10 A. Then, try to calculate the reading of each ammeter when switch S is disconnected.

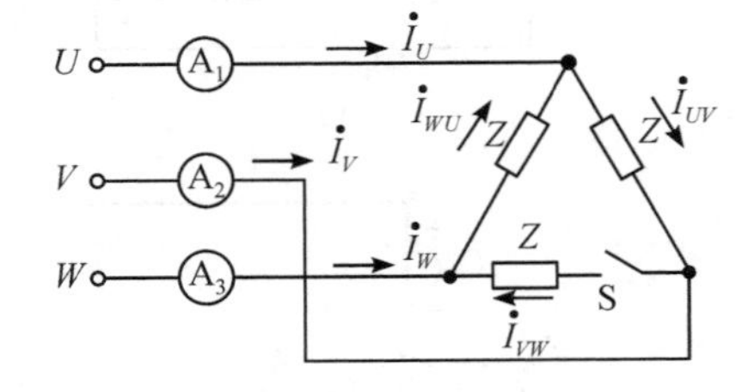

Figure 4 - 17 Diagram of Example 4 - 9

Solution Given a three-phase load in delta connection, as well as line voltage of each phase of load and the power source, When the switch S is connected, phase current of this phase is $\dot{I}_{VW}$, but that of the rest two phases can still be obtained via dividing port voltage(line voltage) by impedance of corresponding one-phase load without being affected, so $\dot{I}_{UV}$, $\dot{I}_{WU}$ is invariant.

With KCL, we can get $\dot{I}_U = \dot{I}_{UV} - \dot{I}_{WU}$, since $\dot{I}_{UV}$, $\dot{I}_{WU}$ is invariant, then $I_U = 10$ A is invariant; $\dot{I}_V = \dot{I}_{VW} - \dot{I}_{UV} = -\dot{I}_{UV}$, $\dot{I}_V$ equals to phase current, namely $I_V = \frac{10}{\sqrt{3}}$A; $\dot{I}_W = \dot{I}_{WU} - \dot{I}_{VW} = \dot{I}_{WU}$, $\dot{I}_W$ equals to phase current, namely $I_W = \frac{10}{\sqrt{3}}$ A.

The current in ammeter A_1 is identical to that when three phases of load are symmetrical, namely 10A. However, current in ammeter A_2 and A_3 equals to phase current when three phases of load are symmetrical, namely $\frac{10}{\sqrt{3}}$ A.

Section Ⅴ Power of three-phase circuit

Ⅰ. Active power, reactive power and apparent power

According to conservation of energy, the active power of a three-phase load in a three-phase circuit equals to the sum of active power of each phase, namely

$$P = P_U + P_V + P_W = U_U I_U \cos\varphi_U + U_V I_V \cos\varphi_V + U_W I_W \cos\varphi_W \qquad (4-27)$$

where, φ_U, φ_V and φ_W are the phase difference between phase voltages and phase current of corresponding phase. If a three-phase circuit is symmetrical, then the active power of load in each phase is identical. Assume that $U_U = U_V = U_W = U_p$, $I_U = I_V = I_W = I_p$ and $\varphi_U = \varphi_V = \varphi_W = \varphi$, we can get

$$P = 3U_p I_p \cos\varphi \qquad (4-28)$$

where, $U_p I_p \cos\varphi$ is the active power of one-phase load. The active power of a symmetrical three-phase circuit equals to three times of that of one-phase load.

When the power source or load is in Y connection, since

$$U_p = \frac{U_l}{\sqrt{3}}, \quad I_p = I_l$$

so we can get

$$P = 3U_p I_p \cos\varphi = 3\frac{U_l}{\sqrt{3}} I_l \cos\varphi = \sqrt{3} U_l I_l \cos\varphi$$

When the power source or load is in delta connection, it is known that

$$U_p = U_l, \quad I_p = \frac{I_l}{\sqrt{3}}$$

so we can get

$$P = 3U_p I_p \cos\varphi = 3U_l \frac{I_l}{\sqrt{3}} \cos\varphi = \sqrt{3} U_l I_l \cos\varphi$$

Therefore, whether the load in a three-phase circuit is in Y connection or delta connection, we can get

$$P = \sqrt{3} U_l I_l \cos\varphi \tag{4-29}$$

Attention φ in Equation(4 - 29) is also the phase difference between phase voltage and phase current of the load, as well as its angle of impedance; The Equation(4 - 29) is often used to analyze the total active power of a three-phase circuit since it is applicable for all three-phase load in Y connection or delta connection; The voltage and current marked on the three-phase equipment nameplate are line voltage and line current that can be measured easily in the three-phase circuit.

Similarly, the reactive power of the three-phase circuit is

$$Q = Q_U + Q_V + Q_W = U_U I_U \sin\varphi_U + U_V I_V \sin\varphi_V + U_W I_W \sin\varphi_W \tag{4-30}$$

When the circuit is symmetrical, it is

$$Q = 3U_p I_p \sin\varphi = \sqrt{3} U_l I_l \sin\varphi \tag{4-31}$$

The apparent power of the three-phase circuit is

$$S = \sqrt{P^2 + Q^2} \tag{4-32}$$

When the circuit is symmetrical, it is

$$S = 3U_p I_p = \sqrt{3} U_l I_l \tag{4-33}$$

Power factor of three-phase circuit is

$$\lambda = \cos\varphi = \frac{P}{S} \tag{4-34}$$

For a symmetrical three-phase circuit, its power factor equals to that of one of its phase, and its power factor angle φ is angle of impedance of the load.

【Example 4 - 10】 Given that the impedance of each phase of a symmetrical three-phase load is $Z=(30+\mathrm{j}40)\ \Omega$, and line voltage of the power source connected is $U_l = 380$ V, then try to calculate the active power and reactive power of the three-phase load when it is connected in Y shape and delta shape respectively.

Solution

When three-phase load in Y connection, since the impedance is

$$Z = (30 + \mathrm{j}40)\ \Omega = 50\angle 53.1^\circ\ \Omega$$

then we can get

$$I_l = I_p = \frac{U_p}{|Z|} = \frac{U_l}{\sqrt{3}|Z|} = \frac{380}{\sqrt{3} \times 50}\ \mathrm{A} = 4.4A$$

$$P = \sqrt{3} U_l I_l \cos\varphi = \sqrt{3} \times 380 \times 4.4\cos 53.1^\circ\ \mathrm{W} = 1740\ \mathrm{W}$$

$$Q = \sqrt{3} U_l I_l \sin\varphi = \sqrt{3} \times 380 \times 4.4\sin 53.1^\circ\ \mathrm{var} = 2320\ \mathrm{var}$$

When three-phase load in delta connection, we can get

$$I_l = \sqrt{3} I_p = \sqrt{3} \frac{U_p}{|Z|} = \sqrt{3} \frac{U_l}{|Z|} = \sqrt{3} \frac{380}{50} \text{ A} = 13.2 \text{ A}$$

$$P = \sqrt{3} U_l I_l \cos\varphi = \sqrt{3} \times 380 \times 13.2 \cos 53.1° \text{ W} = 5220 \text{ W}$$

$$Q = \sqrt{3} U_l I_l \sin\varphi = \sqrt{3} \times 380 \times 13.2 \sin 53.1° \text{ var} = 6960 \text{ var}$$

【Example 4 - 11】 It is measured that the current and input power of a running three-phase asynchronous induction motor connected to a symmetrical three-phase power source with the line voltage being 380V is 20 A and 11 kW, then, try to calculate power factor, reactive power and apparent power of the motor.

Solution

The three-phase asynchronous induction motor is a symmetrical load. Since $P = \sqrt{3} U_l I_l \cos\varphi$, so we can get

$$\cos\varphi = \frac{P}{\sqrt{3} U_l I_l} = \frac{11 \times 10^3}{\sqrt{3} \times 380 \times 20} = 0.84$$

$$S = \frac{P}{\cos\varphi} = \frac{11 \times 10^3 \text{ W}}{0.84} = 13.1 \text{ kV} \cdot \text{A}$$

$$Q = S \sin\varphi = S \times \sqrt{1 - \cos^2\varphi} = 13.1 \sqrt{1 - 0.84^2} \text{ kvar} = 7.11 \text{ kvar}$$

Ⅱ. Instantaneous power of symmetrical three-phase circuit

The instantaneous power of a symmetrical three-phase circuit equals to the sum of instantaneous power of three phases, namely

$$p = p_U + p_V + p_W = u_U i_U + u_V i_V + u_W i_W \tag{4-35}$$

For a symmetrical circuit, given that the three phase voltages are u_U, u_V, u_W, and the three phase currents are i_U, i_V, i_W, and they are all symmetrical. Assume that

$$\begin{cases} u_U = \sqrt{2} U_p \sin(\omega t), & i_U = \sqrt{2} I_p \sin(\omega t - \varphi) \\ u_V = \sqrt{2} U_p \sin(\omega t - 120°), & i_V = \sqrt{2} I_p \sin(\omega t - 120° - \varphi) \\ u_W = \sqrt{2} U_p \sin(\omega t + 120°), & i_W = \sqrt{2} I_p \sin(\omega t + 120° - \varphi) \end{cases} \tag{4-36}$$

Where, U_p, I_p are phase voltage and phase current of the load respectively, and φ is angle of impedance of the load. Put Equation (4 - 36) into Equation (4 - 35), we can get the instantaneous power of each phase as follows

$$\begin{cases} p_U = u_U i_U = \sqrt{2} U_p \sin\omega t \sqrt{2} I_p \sin(\omega t - \varphi) \\ \quad = U_p I_p [\cos\varphi - \cos(2\omega t - \varphi)] \\ p_V = u_V i_V = \sqrt{2} U_p \sin(\omega t - 120°) \sqrt{2} I_p \sin(\omega t - 120° - \varphi) \\ \quad = U_p I_p [\cos\varphi - \cos(2\omega t - 240° - \varphi)] \\ p_W = u_W i_W = \sqrt{2} U_p \sin(\omega t + 120°) \sqrt{2} I_p \sin(\omega t + 120° - \varphi) \\ \quad = U_p I_p [\cos\varphi - \cos(2\omega t + 240° - \varphi)] \end{cases} \tag{4-37}$$

The sum of them is

$$p = p_U + p_V + p_W = 3U_p I_p \cos\varphi \tag{4-38}$$

It can be seen that the instantaneous power p of a symmetrical three-phase circuit is time-invariant constant, and it equals to the total active power of three phases P. The mechanical torque output of the three-phase motor is a constant since the total instantaneous power of a symmetrical three-phase circuit is a constant, thus avoiding mechanical vibration. This is considered to be an excellent property of three-phase circuit, and it is customarily referred to as instantaneous power balance.

【Example 4 - 12】 For a circuit diagram as shown in Figure 4 - 18, given that the voltage of power source is $U_l = 380$ V, and the impedance of load in each phase is $R = X_L = X_C = 20\ \Omega$.

(1) Whether the three-phase load can be referred to as a symmetrical load? And why?

(2) Find neutral current and each phase current.

(3) Find the total power of three-phase circuit.

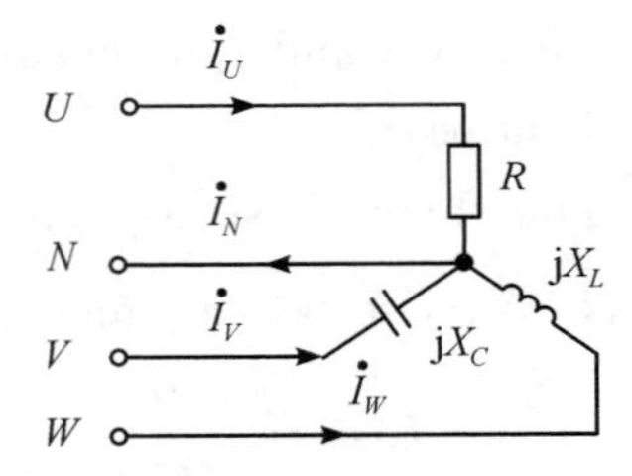

Figure 4 - 18 Diagram of Example 4 - 12

Solution

(1) A three-phase load is symmetrical only when the impedances of three load are equal. With the given conditions, we can get the impedances of three-phase of load, which are shown as follows

$$Z_U = 20\ \Omega,\ Z_V = -\mathrm{j}20\ \Omega,\ Z_W = \mathrm{j}20\ \Omega$$

It can be seen that this is an unsymmetrical three-phase load since parameters of each phase are different.

(2) Since $U_l = 380$ V, then $U_p = 220$ V. Assume that

$$\dot{U}_U = 220\angle 0°\ \mathrm{V},\ \dot{U}_V = 220\angle -120°\ \mathrm{V},\ \dot{U}_W = 220\angle 120°\ \mathrm{V}$$

then we can get

$$\dot{I}_U = \frac{\dot{U}_U}{Z_U} = \frac{220\angle 0°}{20}\ \mathrm{A} = 11\angle 0°\ \mathrm{A}$$

$$\dot{I}_V = \frac{\dot{U}_V}{Z_V} = \frac{220\angle -120°}{-\mathrm{j}20}\ \mathrm{A} = 11\angle -30°\ \mathrm{A}$$

$$\dot{I}_W = \frac{\dot{U}_W}{Z_W} = \frac{220\angle 120°}{\mathrm{j}20}\ \mathrm{A} = 11\angle 30°\ \mathrm{A}$$

With KCL, we can get the neutral current, it is

$$\begin{aligned}\dot{I}_N &= \dot{I}_U + \dot{I}_V + \dot{I}_W \\ &= 11\angle 0°\ \mathrm{A} + 11\angle -30°\ \mathrm{A} + 11\angle 30°\ \mathrm{A} \\ &= 11(1+\sqrt{3})\angle 0°\ \mathrm{A} \\ &= 30.1\angle 0°\mathrm{A}\end{aligned}$$

(3) Normally, power refers to active power, which is only assumed by resistors

unless otherwise specified.

Since the load in phase *V* is a capacitor and the load in phase *W* is an inductor with the active power being zero, so the total power of three-phase circuit is the active power of resistive load in phase *U*:

$$P = I^2R = (11^2 \times 20)\ \text{W} = 2420\ \text{W}$$

Ⅲ. Measurement of three-phase power

1. Three-wattmeter method

For a three-phase four-wire circuit in Y connection, symmetrically or unsymmetrically, the power of each phase can be measured with three wattmeters, which will be added together to obtain the three-phase active power. This method is called three-wattmeter method.

As shown in Figure 4 – 19 (a), the three wattmeters are connected in a way guaranteeing that the current of the phase passes through current coil of wattmeter in corresponding phase, two terminals of voltage coil are applied with phase voltage of corresponding phase, the current coil end " * " is connected with the voltage coil end " * ", thus making the wattmeter indicating average power of corresponding phase exactly; then, the sum of readings of three wattmeters is the power absorbed by the three-phase load, namely $P = P_U + P_V + P_W$. For a symmetrical three-phase circuit, it is only needed to use one wattmeter for measurement, and then calculate total power of the three-phase circuit by multiplying the reading by three.

The method of measuring the power of a three-phase circuit with one wattmeter is referred to as one-wattmeter method, as shown in Figure 4 – 19(b). For a symmetrical three-phase four-wire circuit in Y connection, the circuit power can be measure with one wattmeter, while for an unsymmetrical three-phase four-wire circuit in Y connection, the circuit power needs to be measures with three wattmeters.

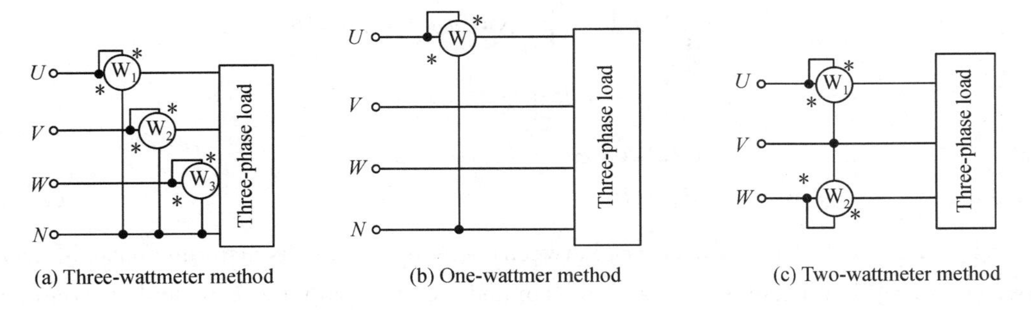

Figure 4 – 19 Measurement of three-phase power

When connecting wattmeters, it is emphasized to pay attention to connection of dotted terminals, namely the terminals with " * ", and make sure the polarity is correct; otherwise, the wattmeters would rotate reversely.

2. Two-wattmeter method

For a three-phase three-wire circuit, symmetrically or unsymmetrically, the three-phase active power can be measured with two wattmeters, which is referred to as dual-wattmeter method, or two-wattmeter method or double-wattmeter method instead. For this kind of measuring method, there are three connection modes of wattmeters, and the most common one is shown in Figure 4 - 19(c).

For the two-wattmeter measuring method, the two wattmeters should be connected in a way guaranteeing that current coils of two wattmeters are connected with any two phases in series, the dotted terminal of voltage coils should be connected with corresponding phase to which its current coil is connected, and the non-dotted terminal of the voltage coil is connected with the phase to which there is no wattmeter connected.

The algebraic sum of readings of two wattmeters equals to the three-phase active power, namely total power of three-phase circuit is.

$$P = P_1 + P_2 \tag{4-39}$$

Why it is possible to measure total power of a three-phase three-wire circuit with two wattmeters? And why the algebraic sum of two wattmeters precisely equals to the three-phase active power? It can be demonstrated that

The three-phase instantaneous power is

$$p = p_U + p_V + p_W = u_U i_U + u_V i_V + u_W i_W \tag{4-40}$$

All three-phase three-wire circuits, connected symmetrically or symmetrically, satisfy $i_U + i_V + i_W = 0$ A, then $i_V = -(i_U + i_W)$, so

$$\begin{aligned} p &= p_U + p_V + p_W = u_U i_U + u_V i_V + u_W i_W \\ &= u_U i_U - u_V (i_U + i_W) + u_W i_W \\ &= (u_U - u_V) i_U + (u_W - u_V) i_W \\ &= u_{UV} i_U + u_{WV} i_W \end{aligned} \tag{4-41}$$

The three-phase active power(average power of three-phase circuit) is

$$\begin{aligned} P &= \frac{1}{T}\int_0^T p\,dt = \frac{1}{T}\int_0^T (u_{UV} i_U + u_{WV} i_W)\,dt \\ &= \frac{1}{T}\int_0^T u_{UV} i_U\,dt + \frac{1}{T}\int_0^T u_{WV} i_W\,dt \\ &= U_{UV} I_U \cos\varphi_1 + U_{WV} I_W \cos\varphi_2 \\ &= P_1 + P_2 \end{aligned} \tag{4-42}$$

Where, φ_1 is the phase difference between $\dot{U}_{UV}$ and $\dot{I}_U$ which is also the phase difference between voltage and current that are applied to the voltage coil and current coil respectively; φ_2 is the phase difference between $\dot{U}_{WV}$ and $\dot{I}_W$; $P_1 = U_{UV} I_U \cos\varphi_1$, corresponds to the reading of wattmeter W_1; $P_2 = U_{WV} I_W \cos\varphi_2$, corresponds to that of wattmeter W_2. It can be seen that the algebraic sum of two wattmeter readings is the total three-phase power.

When measuring with two-wattmeter method, it should be noted that:

(1) The two-wattmeter method is applicable for three-phase three-wire circuit whether they are connected symmetrically or unsymmetrically, or no matter whether the load is in Y connection or delta connection. For three-phase four-wire circuits, if the neutral current is not zero, namely $i_U + i_V + i_W = i_N \neq 0$ A, then errors would be caused if adopting two-wattmeter method.

(2) The sum of two wattmeter readings is the total three-phase power, and the reading of a single wattmeter does not represent anything.

(3) Even though two wattmeters are connected correctly with polarity guaranteed, the reading of one would be negative, and the point of the wattmeter would slant anticlockwise; to obtain a correct reading, it is required to swap both terminals of current coil to make the point slant clockwise, but the reading should be recorded as negative at this point.

(4) The three-phase power measured with two-wattmeter can be connected in three ways, and the most commonly adopted one is to exert I_U and I_W to current coils of two wattmeters respectively. When connecting, please pay attention to dotted terminals of wattmeters.

【Example 4 - 13】 For the symmetrically three-phase circuit shown in Figure 4 - 20(a), given that $U_l = 380$ V, $Z_1 = (30 + \mathrm{j}40)$ Ω, power of motor is $P = 1700$ W, and power factor is $\cos\varphi = 0.8$ (inductive). (1) Try to get each line current $\dot{I}_{U1}$, $\dot{I}_{U2}$, $\dot{I}_U$ and total power output of the power source P; (2) If the power of motor load with two-wattmeter method, please draw the connection diagram; (3) Try to get the reading of two wattmeters.

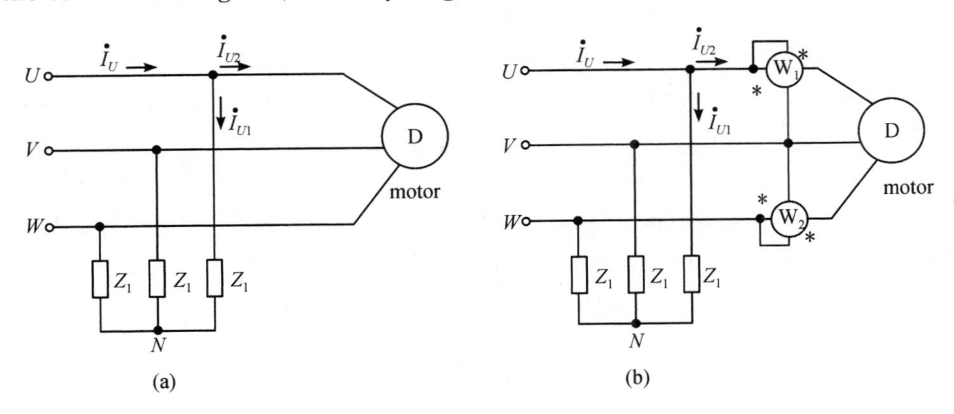

Figure 4 - 20 Diagram of Example 4 - 13

Solution

(1) If $U_p = \dfrac{U_l}{\sqrt{3}} = \dfrac{380}{\sqrt{3}}$ V$=220$ V, assuming that $\dot{U}_U = 220\angle 0°$ V, then we can get $\dot{U}_{UV} = 380\angle 30°$ V and $\dot{U}_{WV} = 380\angle 90°$ V.

Since the three-phase circuit is symmetrical, and the load Z_1 is applied with phase voltage at both terminals, so

$$\dot{I}_{U1} = \frac{\dot{U}_U}{Z_1} = \frac{220\angle 0^\circ}{30 + j40}\ \mathrm{A} = 4.4\angle -53.1^\circ\ \mathrm{A}$$

Since the power of motor is $P = 1700$ W, the power factor is $\cos\varphi = 0.8$ (inductive), and the power of symmetrical three-phase circuit is $P = \sqrt{3}U_l I_l \cos\varphi$, then we can get

$$I_{U2} = \frac{P}{\sqrt{3}U_1\cos\varphi} = \frac{1700}{\sqrt{3} \times 380 \times 0.8}\ \mathrm{A} = 3.23\ \mathrm{A}$$

Since $\cos\varphi = 0.8$(inductive), we can get $\varphi = 36.9^\circ$, so

$$\dot{I}_{U2} = 3.23\angle -36.9^\circ\ \mathrm{A}$$

According to their symmetrical properties, we can get

$$\dot{I}_{W2} = 3.23\angle 83.1^\circ\ \mathrm{A}$$

With KCL, we can get

$$\begin{aligned}\dot{I}_U &= \dot{I}_{U1} + \dot{I}_{U2} \\ &= 4.4\angle -53.1^\circ\ \mathrm{A} + 3.23\angle -36.9^\circ\ \mathrm{A} \\ &= 7.55\angle -46.2^\circ \mathrm{A}\end{aligned}$$

The power factor angle of the symmetrical three-phase circuit is angle of impedance of each phase, so

$$\varphi_{\text{total}} = 0 - (-46.2^\circ) = 46.2^\circ$$

The total output of the power source is

$$\begin{aligned}P &= \sqrt{3}U_l I_l \cos\varphi_{\text{total}} \\ &= \sqrt{3} \times 380\ \mathrm{V} \times 7.55\cos 46.2^\circ\ \mathrm{A} \\ &= 3.44\ \mathrm{kW}\end{aligned}$$

(2) The connection diagram of motor load with the power measured with two-wattmeters is shown in Figure 4 - 20(b).

(3) In Figure 4 - 20(b), the reading of wattmeter W_1 is

$$P_1 = U_{UV} I_{U2} \cos\varphi_1 = 380\ \mathrm{V} \times 3.23\ \mathrm{A} \times \cos[30^\circ - (-36.9^\circ)] = 481.6\ \mathrm{W}$$

The reading of wattmeter W_2 is

$$P_2 = U_{WV} I_{W2} \cos\varphi_2 = 380\ \mathrm{V} \times 3.23\ \mathrm{A} \times \cos[90^\circ - 83.1^\circ] = 1218.5\ \mathrm{W}$$

or

$$P_2 = P - P_1 = 1700\ \mathrm{W} - 481.6\ \mathrm{W} = 1218.4\ \mathrm{W}$$

Exercise Ⅳ

Ⅰ. Completion

4 - 1 The line voltage refers to the voltage between __________, and the voltage at both terminals of winding or load in each phase is referred to as __________; for the circuit

in Y connection, the reference direction of phase voltage is customarily specified from ________ to ________; however, for the circuit in delta connection, the reference direction of phase voltage is identical to that of corresponding line voltage.

4 - 2 For power source with symmetrical three-phase positive-sequence sinusoidal voltage in Y connection, its line voltage is $\dot{U}_{UV} = 380\angle 30°$ V, then $\dot{U}_{VW} =$ ________ and $\dot{U}_{WU} =$ ________

4 - 3 Symmetrical load refers to the one with equivalent ________ of each phase, and the symmetrical circuit refers to transmission lines with identical ________ of each phase. Three-phase symmetrical circuit refers to three-phase circuit with symmetrical ________, symmetrical ________ and symmetrical ________.

4 - 4 If a symmetrical three-phase load is in Y connection, then the total active power of three phases is 600W, if it is changed into delta connection with other condition being invariant, then the total active power of three phases should be ________.

4 - 5 For a symmetrical three-phase sinusoidal circuit in Y connection, the effective value of the line voltage is ________ times the effective value of the phase voltage, and the phase of the line voltage leads the corresponding phase voltage by ________ degrees.

4 - 6 Assume that a symmetric three-phase load in delta connection, the effective value of the line current is ________ times the effective value of the phase current, and the phase lag corresponds to ________ degrees of the phase current.

Ⅱ. Choice question

4 - 7 In the formula for calculating the power of three-phase circuits $P=\sqrt{3}U_l I_l \cos\varphi$, φ refers to ( ).

A. phase difference between line voltage and line current

B. phase difference between phase voltage and phase current

C. phase difference between line voltage and phase current

4 - 8 For a set of asymmetric three-phase load with rated voltage of single phase being 220V to be connected to a symmetric three-phase power source with line voltage being 380V, it could only be connected in a way of ( ) so as to operate normally.

A. Y connection with a neutral line

B. Y connection without a neutral line

C. delta connection

4 - 9 For a set of symmetric three-phase load with rated voltage of single phase being 380V to be connected to a symmetric three-phase power source with line voltage being 380V, it could only be connected in a way of ( ) so as to operate normally.

A. Y connection with a neutral line

B. Y connection without a neutral line

C. delta connection

4 - 10 The reason why the neutral line of a three-phase four-wire power supply

circuit should not be installed with a switch or fuse is that (　　).

A. current does not pass through the neutral current, so the fuse would not be broken

B. the circuit will not be affected whether the switch is connected or disconnected

C. the unsymmetrical three-phase load will fail to operate normally or even be burnt out since it needs to bear the force applied by unsymmetrical three-phase voltage when the switch is disconnected or the fuse is broken

D. the installation of a switch or fuse reduces the mechanical strength of neutral line

Ⅲ. Analysis and calculation

4 - 11 According to the symmetrical three-phase system sinusoidal circuit shown in Figure of question 4 - 11, given that $\dot{U}_{UN}=220$ V and $Z=(22+j22)$ Ω.

(1) In which way is the three-phase load shown in the Figure connected?

(2) Whether both terminals of Z bear line voltage or phase voltage of the power source?

(3) Find the current $\dot{I}_U$, $\dot{I}_V$, $\dot{I}_W$, $\dot{I}_N$, and draw the phasor diagram.

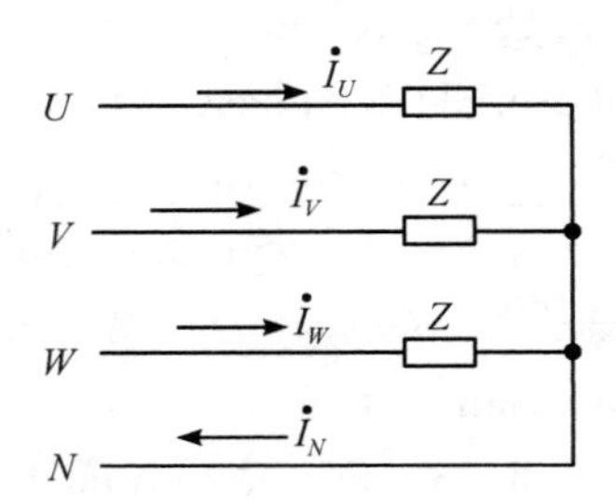

Figure of question 4 - 11

4 - 12 According to Figure of question 4 - 12, given that the symmetrical load corresponding to the complex impedance of each phase $Z=(200+j150)$ Ω is connected to a symmetrical three-phase power source with line voltage of 380 V. (1) In which way is the load shown in the Figure connected? (2) What is the maximum voltage value at both terminals of Z_{UV}? (3) Assume that $\dot{U}_U$ is the reference sinusoidal quantity, then what is current $\dot{I}_{UV}$ and $\dot{I}_W$?

4 - 13 For the circuit diagram shown in Figure of question 4 - 13, given that the voltage of power source is $\dot{U}_{UN}=220\angle°$V, $R_1=R_2=R_3=110$ Ω, $\omega L=\frac{1}{\omega C}=110\sqrt{3}$ Ω, then, try to calculate the current phasor of each line and that of the neutral line.

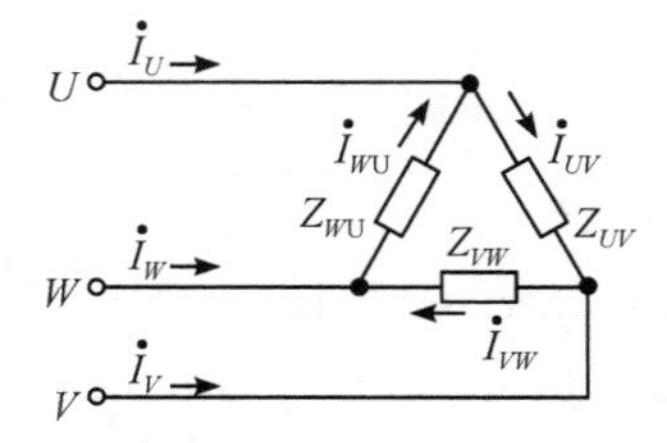

Figure of question 4 - 12

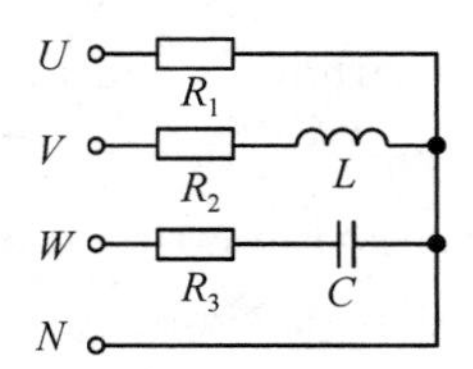

Figure of question 4 - 13

4 - 14 For a symmetrical three-phase circuit in Y connection, given that each phase impedance is $|Z|=10$ Ω, the power factor is $\cos\varphi=0.8$, and the effective value of line voltage of power source is 380V; then, try to calculate the total active power P, reactive

power Q and apparent power S of this three-phase circuit.

4 - 15 According to the circuit diagram shown in the Figure of question 4 - 15, given that the line voltage of symmetrical three-phase power is 380V, the load impedance is $Z=(15+j12)\ \Omega$ and the line impedance is $Z_l=(1+j2)\ \Omega$, then, try to calculate the phase voltage, phase current and line current of the load.

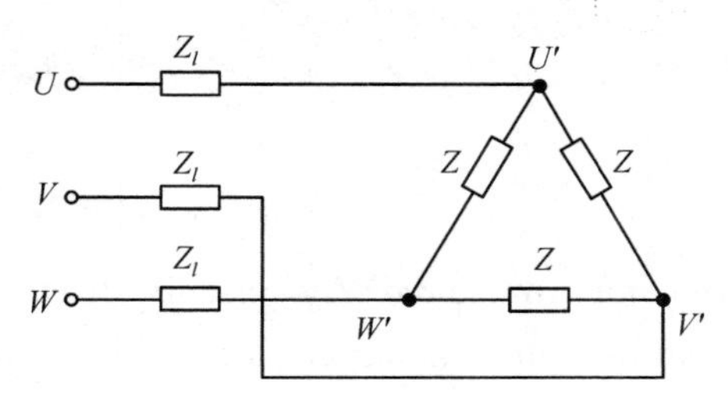

Figure of question 4 - 15

4 - 16 In a three-story building, if all single-phase lamps are connected to a three-phase four-wire system, assume that each floor is one phase configured with 20 lamps (220 V, 40 W) that are powered by symmetrical three-phase power source with the line voltage being 380 V, then, try to get:

(1) each phase current, line current and neutral current when all lamps are lightened;

(2) each phase current, line current and neutral current when half of lamps in phase U are lightened while all lamps in phases V and W are all lightened;

(3) the voltage of load in each phase under aforementioned two circumstances respectively if the neutral line is disconnected, and try to explain functions of the neutral line accordingly.

4 - 17 If a domestic 300 000 kW steam turbine generator is running in rated operation status, its line voltage is 18 kV, the power factor is 0. 85, and the generator stator winding is in Y connection, then, try to calculate the line current, reactive power output as well as apparent power of the generator at this point.

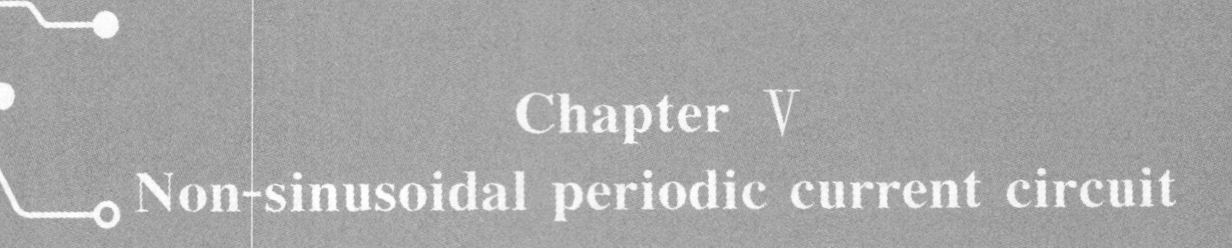

Chapter Ⅴ Non-sinusoidal periodic current circuit

The voltage and current of sinusoidal AC circuit discussed above are sinusoidal quantities. The non-sinusoidal periodic current circuit will be introduced in this chapter, in which both voltage and current are periodically time-variant as per non-sinusoidal law. The anglysis of this kind of circuit is based on Fourier series and superposition theorem that are generally referred to as harmonic analysis method on the basis of analysis method of sinusoidal AC circuits.

The main contents of this chapter include non-sinusoidal periodic signal; periodic function into Fourier series; effective value, average value and average power of periodic quantity; calculation of non-sinusoidal periodic current circuit; etc.

Section Ⅰ Non-sinusoidal periodic signal

1. Common non-sinusoidal periodic signal

Apart from sinusoidal periodic quantities, there are also various non-sinusoidal periodic quantities that change regularly in circuits. For example, the voltage shape sent by AC generators used in electrical power system is technically not ideal sinusoidal wave for the reasons related to design and fabrication; various signals transmitted in wireless communication systems, such as signals received by TVs and radio receivers, are generally non-sinusoidal signal; pulse signals used in automatic control systems and computer networks are also non-sinusoidal signal; signals generated by non-sinusoidal signal generators(such as the rectangular wave voltage generated by the square-wave generator, etc.) are all non-sinusoidal.

In addition, if there is non-linear element in circuits, there will be periodically variant non-sinusoidal voltage and current in such circuits even though there exists sinusoidal power source. If there are several kinds of sinusoidal voltage or current with different frequency in a circuit at the same time, then, the composite voltage or current waveform of the circuit will also be subject to non-sinusoidal law. Figure 5 - 1 illustrates the waveform of several common non-sinusoidal periodic signals.

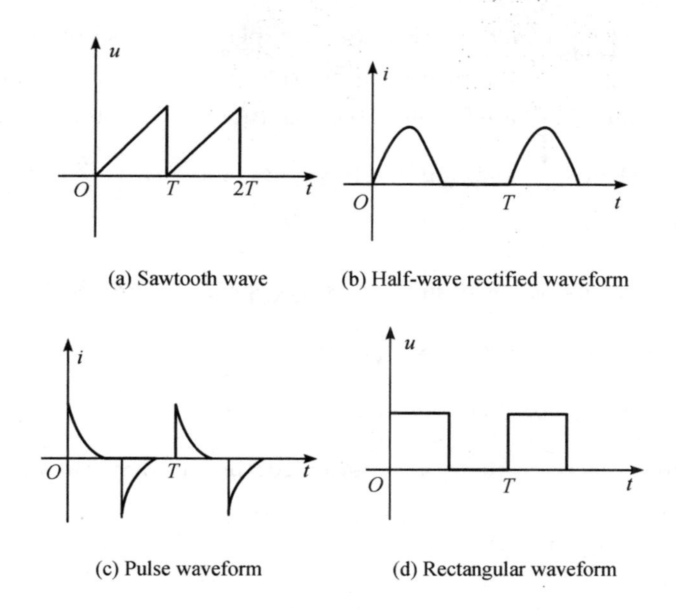

(a) Sawtooth wave (b) Half-wave rectified waveform

(c) Pulse waveform (d) Rectangular waveform

Figure 5-1 Common non-sinusoidal periodic signal

2. Analysis method of non-sinusoidal periodic current circuit

This chapter mainly describes the methods for analyzing and calculating steady-state linear circuits under the action of non-sinusoidal periodic signals. Firstly, we will learn to resolve non-sinusoidal periodic signals into a series of sinusoidal quantities with different frequencies by using the Fourier series in mathematical science, and calculate the sum respectively; and then, we will learn to calculate the response component of sinusoidal voltage or sinusoidal current with same frequency corresponding to each sinusoidal quantity under solo function of respective sinusoidal quantity with different frequency; finally, we will learn to superpose the instantaneous value of all components according to the superposition theorem of a linear circuit so as to get the steady-state voltage and current of the circuit under the function of non-sinusoidal periodic signal. This is the harmonic analysis method, an expansion of analytical method for sinusoidal AC circuit, and it converts the calculation of a non-sinusoidal periodic current circuit into that of a series of sinusoidal current circuit, thus analyzing the circuit with the phasor method.

Section Ⅱ Fourier series of periodic functions

Any periodic quantities such as periodic voltage and current can be represented by a periodic function $f(t)$, namely

$$f(t)=f(t+kT) \tag{5-1}$$

Where, T is the period, and $k=0, 1, 2, \cdots$.

According to the mathematical theory, any periodic function satisfying Dirichlet condition① can be expanded in a convergent Fourier series. Periodic functions commonly used in electrical engineering satisfy Dirichlet conditions. Therefore, periodic functions $f(t)$ with the period being T and angular frequency being $\omega=\frac{2\pi}{T}$ can be expanded in a Fourier series:

$$\begin{aligned} f(t) &= \frac{a_0}{2}+[a_1\cos(\omega t)+b_1\sin(\omega t)]+[a_2\cos(2\omega t)+b_2\sin(2\omega t)]+\cdots+ \\ &\quad [a_k\cos(k\omega t)+b_k\sin(k\omega t)]+\cdots \\ &= \frac{a_0}{2}+\sum_{k=1}^{\infty}[a_k\cos(k\omega t)+b_k\sin(k\omega t)] \end{aligned} \tag{5-2}$$

Where, a_0, a_k and b_k is referred to as Fourier coefficient that can be calculated as per following Formula:

$$\begin{cases} a_0=\dfrac{2}{T}\displaystyle\int_0^T f(t)\mathrm{d}t \\ a_k=\dfrac{2}{T}\displaystyle\int_0^T f(t)\cos(k\omega t)\mathrm{d}t=\dfrac{1}{\pi}\displaystyle\int_0^{2\pi} f(t)\cos(k\omega t)\mathrm{d}(\omega t) \\ b_k=\dfrac{2}{T}\displaystyle\int_0^T f(t)\sin(k\omega t)\mathrm{d}t=\dfrac{1}{\pi}\displaystyle\int_0^{2\pi} f(t)\sin(k\omega t)\mathrm{d}(\omega t) \end{cases} \tag{5-3}$$

If the sinusoidal function and cosine function with the same frequency in Equation(5-2) are combined together, the Fourier series of $f(t)$ can be expanded into another expression:

$$\begin{aligned} f(t) &= A_0+A_{1\mathrm{m}}\sin(\omega t+\theta_1)+A_{2\mathrm{m}}\sin(2\omega t+\theta_2)+\cdots+ \\ &\quad A_{k\mathrm{m}}\sin(k\omega t+\theta_k)+\cdots \\ &= A_0+\sum_{k=1}^{\infty}A_{k\mathrm{m}}\sin(k\omega t+\theta_k) \end{aligned} \tag{5-4}$$

Where, the first item A_0 is a time-invariant constant and the average value of $f(t)$ within the first period, and it is also referred to as the DC component of $f(t)$ as well as constant component; the frequency of second item, namely item $k=1$ with $A_{1\mathrm{m}}\sin(\omega t+\theta_1)$, is identical to that of original periodic function $f(t)$, and it is referred to as fundamental harmonic of $f(t)$ or first harmonic, where, $A_{1\mathrm{m}}$ is the amplitude of first harmonic and θ_1 is the initial phase of fundamental harmonic; the rest items $k\geqslant 2$ are collectively referred to as higher harmonic or k harmonic(such as second harmonic and third harmonic, etc.) since its frequency is k times of that of fundamental harmonic, where, $A_{k\mathrm{m}}$ is the magnitude of k harmonic and θ_k is the initial phase of k harmonic.

The relationship between coefficient A_0, $A_{k\mathrm{m}}$, θ_k in Equation(5-4) and a_0, a_k, b_k in

---

① Dirichlet condition: A periodic function is continuous or has only a finite number of first class breakpoints, a finite number of maximum and minimum values within a period, and the integral of the absolute value of the function is finite within a period.

Equation(5 - 2) is:

$$\begin{cases} A_0 = \dfrac{a_0}{2} \\ A_{km} = \sqrt{a_k^2 + b_k^2} \\ \tan\theta_k = \dfrac{a_k}{b_k} \end{cases} \tag{5-5}$$

In conclusion, this kind of form of using Fourier series to resolve a periodic function $f(t)$ into DC component, fundamental harmonic, as well as the sum of harmonics at all levels is referred to as harmonic analysis. With Equation(5 - 2) or Equation(5 - 4), it is possible to resolve a periodic function into Fourier series; however, the table check-up method is usually adopted in practical application. Table 5 - 1 illustrates Fourier series expansion equation of several common periodic functions in electrotechnics.

Fourier series is an infinite series, but only several items need to be taken to approximately represent the original periodic quantity as long as satisfying the precision requirements of the engineering since it converges swiftly.

Table 5 - 1 Fourier series of several periodic functions

Description	Waveform	Fourier series	Effective value	Average value
Sinusoid wave	$f(t)$, A_m, O, $\frac{T}{2}$, T, t	$f(t)=A_m\sin(\omega t)$	$\dfrac{A_m}{\sqrt{2}}$	$\dfrac{2A_m}{\pi}$
Trapezoidal wave	$f(t)$, A_m, O, t_0, $\frac{T}{2}$, T, t	$f(t)=\dfrac{4A_m}{\omega t_0\pi}\Big[\sin(\omega t_0)\sin(\omega t)+\dfrac{1}{9}\sin(3\omega t_0)\sin(3\omega t)+\dfrac{1}{25}\sin(5\omega t_0)\sin(5\omega t)+\cdots+\dfrac{1}{k^2}\sin(k\omega t_0)\sin(k\omega t)+\cdots\Big]$ $(k=1, 3, 5, \cdots)$	$A_m\sqrt{1-\dfrac{4\omega t_0}{3\pi}}$	$A_m\left(1-\dfrac{\omega t_0}{\pi}\right)$
Triangular wave	$f(t)$, A_m, O, $\frac{T}{2}$, T, t	$f(t)=\dfrac{8A_m}{\pi 2}\Big[\sin(\omega t)-\dfrac{1}{9}\sin(3\omega t)+\dfrac{1}{25}\sin(5\omega t)-\cdots+\dfrac{(-1)^{\frac{k-1}{2}}}{k^2}\sin(k\omega t)+\cdots\Big]$ $(k=1, 3, 5, \cdots)$	$\dfrac{A_m}{\sqrt{3}}$	$\dfrac{A_m}{2}$

Continued

Description	Waveform	Fourier series	Effective value	Average value
Rectangular wave	$f(t)$, A_m, O, $\frac{T}{2}$, T, t	$f(t)=\frac{4A_m}{\pi}\left[\sin(\omega t)+\frac{1}{3}\sin(3\omega t)+\frac{1}{5}\sin(5\omega t)+\cdots+\frac{1}{k}\sin(k\omega t)+\cdots\right]$ $(k=1, 3, 5, \cdots)$	A_m	A_m
Half-wave rectification wave	$f(t)$, A_m, O, $\frac{T}{4}$, T, t	$f(t)=\frac{2A_m}{\pi}\left[\frac{1}{2}+\frac{\pi}{4}\cos(\omega t)+\frac{1}{1\times3}\cos(2\omega t)-\frac{1}{3\times5}\cos(4\omega t)+\frac{1}{5\times7}\cos(6\omega t)-\cdots\right]$	$\frac{A_m}{2}$	$\frac{A_m}{\pi}$
Full-wave rectification wave	$f(t)$, A_m, O, $\frac{T}{4}$, $\frac{T}{2}$, t	$f(t)=\frac{4A_m}{\pi}\left[\frac{1}{2}+\frac{1}{1\times3}\cos(2\omega t)-\frac{1}{3\times5}\cos(4\omega t)+\frac{1}{5\times7}\cos(6\omega t)-\cdots\right]$	$\frac{A_m}{\sqrt{2}}$	$\frac{2A_m}{\pi}$
Sawtooth wave	$f(t)$, A_m, O, T, 2T, t	$f(t)=\frac{A_m}{2}-\frac{A_m}{\pi}\left[\sin(\omega t)+\frac{1}{2}\sin(2\omega t)+\frac{1}{3}\sin(3\omega t)+\cdots+\frac{1}{k}\sin(k\omega t)+\cdots\right]$ $(k=1, 2, 3, \cdots)$	$\frac{A_m}{\sqrt{3}}$	$\frac{A_m}{2}$

Section Ⅲ Effective value, average value and average power of non-sinusoidal periodic quantity

Ⅰ. Effective value

The effective value of non-sinusoidal periodic quantity equals to its root mean square

(RMS) value. According to this definition, the effective value I of non-sinusoidal periodic current i is

$$I=\sqrt{\frac{1}{T}\int_0^T i^2\mathrm{d}t} \tag{5-6}$$

According to the Equation(5 - 4), resolve i into Fourier series,

$$i=I_0+\sum_{k=1}^{\infty}I_{km}\sin(k\omega t+\theta_k) \tag{5-7}$$

Put Equation(5 - 7) into Equation(5 - 6) to get the effective current value i

$$I=\sqrt{\frac{1}{T}\int_0^T\left[I_0+\sum_{k=1}^{\infty}I_{km}\sin(k\omega t+\theta_k)\right]^2\mathrm{d}t} \tag{5-8}$$

When expanding the quadratic component $\left[I_0+\sum_{k=1}^{\infty}I_{km}\sin(k\omega t+\theta_k)\right]^2$ beneath the square-root sign of Equation(5 - 8), the average value of each item may contain following several factors:

(1) $\frac{1}{T}\int_0^T I_0^2\mathrm{d}t=I_0^2$;

(2) $\frac{1}{T}\int_0^T I_{km}^2\sin^2(k\omega t+\theta_k)\mathrm{d}t=\frac{I_{km}^2}{2}=I_k^2$;

(3) $\frac{1}{T}\int_0^T 2I_0I_{km}\sin(k\omega t+\theta_k)\mathrm{d}t=0$;

(4) $\frac{1}{T}\int_0^T 2I_{km}I_{lm}\sin(k\omega t+\theta_k)\sin(l\omega t+\theta_l)\mathrm{d}t=0$, $k\neq l$.

Therefore, the effective value I of non-sinusoidal periodic current i is

$$I=\sqrt{I_0^2+I_1^2+\cdots+I_k^2+\cdots}=\sqrt{I_0^2+\sum_{k=1}^{\infty}I_k^2} \tag{5-9}$$

In Equation(5 - 9), I_0 is the DC component, I_k is the effective value of k harmonic, and $I_{km}=\sqrt{2}I_k$ is its maximum value. According to the Equation(5 - 9), the effective value of non-sinusoidal periodic current is the square root of sum between square of DC component and square of effective value of all harmonics. This conclusion can be generalized and applied to other non-sinusoidal periodic quantities, such as the effective value of non-sinusoidal periodic voltage u, which is

$$U=\sqrt{U_0^2+U_1^2+\cdots+U_k^2+\cdots}=\sqrt{U_0^2+\sum_{k=1}^{\infty}U_k^2} \tag{5-10}$$

【Example 5 - 1】 Given that the non-sinusoidal periodic voltage and current are

$$u=[80+60\sin(\omega t-20°)-40\sin(3\omega t+35°)]\ \mathrm{V}$$

$$i=[3+50\sin(\omega t+20°)+20\sin(2\omega t+15°)+10\sin(3\omega t-40°)]\ \mathrm{A}$$

Then try to calculate the effective current value of the voltage and current.

Solution According to Equation(5 - 10), we can get the effective value of voltage

$$U=\sqrt{U_0^2+U_1^2+U_3^2}=\sqrt{80^2+\left(\frac{60}{\sqrt{2}}\right)^2+\left(\frac{40}{\sqrt{2}}\right)^2}\ \mathrm{V}=94.87\ \mathrm{V}$$

According to Equation(5 - 9), we can get the effective current value

$$I=\sqrt{I_0^2+I_1^2+I_2^2+I_3^2}=\sqrt{3^2+\left(\frac{50}{\sqrt{2}}\right)^2+\left(\frac{20}{\sqrt{2}}\right)^2+\left(\frac{10}{\sqrt{2}}\right)^2}\ \mathrm{A}=38.85\ \mathrm{A}$$

Ⅱ. Average value

Generally, the average value of absolute value of periodic quantities within a period is also defined as its average value, or its average rectified value. Take the periodic current i as an example, and its average value is

$$I_{\mathrm{av}}=\frac{1}{T}\int_0^T |i|\,\mathrm{d}t \tag{5-11}$$

Similarly, the average value of periodic voltage u is

$$U_{\mathrm{av}}=\frac{1}{T}\int_0^T |u|\,\mathrm{d}t \tag{5-12}$$

The effective value and average value of several common periodic functions are shown in Table 5 - 1.

【Example 5 - 2】 Try to calculate the average value of sinusoidal voltage $u=U_{\mathrm{m}}\sin(\omega t)$.

Solution According to the Equation(5 - 12), the average value of this sinusoidal voltage is

$$U_{\mathrm{av}}=\frac{1}{T}\int_0^T |U_{\mathrm{m}}\sin(\omega t)|\,\mathrm{d}t=\frac{2}{T}\int_0^{\frac{T}{2}} U_{\mathrm{m}}\sin(\omega t)\,\mathrm{d}t=\frac{2U_{\mathrm{m}}}{\omega T}[-\cos(\omega t)]_0^{\frac{T}{2}}=\frac{2}{\pi}U_{\mathrm{m}}$$

Ⅲ. Average power

Similar with the definition of average power of sinusoidal AC circuit, the average value of instantaneous power p in a non-sinusoidal periodic current circuit within one period is referred to as average power or active power, which can be represented by P, namely

$$P=\frac{1}{T}\int_0^T p\,\mathrm{d}t \tag{5-13}$$

If the port voltage and current of a branch or two-terminal network are shown as follows

$$u=U_0+\sum_{k=1}^{\infty}U_{k\mathrm{m}}\sin(k\omega t+\theta_{uk})$$

$$i=I_0+\sum_{k=1}^{\infty}I_{k\mathrm{m}}\sin(k\omega t+\theta_{ik})$$

When the reference direction of u and i is identical, the average power of the branch or two-terminal network should be

$$\begin{aligned}P&=\frac{1}{T}\int_0^T p\,\mathrm{d}t=\frac{1}{T}\int_0^T ui\,\mathrm{d}t\\&=\frac{1}{T}\int_0^T[U_0+\sum_{k=1}^{\infty}U_{k\mathrm{m}}\sin(k\omega t+\theta_{uk})]\times[I_0+\sum_{k=1}^{\infty}I_{k\mathrm{m}}\sin(k\omega t+\theta_{ik})]\mathrm{d}t\end{aligned} \tag{5-14}$$

If the right part of Equation(5 - 14) is expanded, there will be following five kinds of factors:

(1) $\frac{1}{T}\int_0^T U_0 I_0 \mathrm{d}t = U_0 I_0 = P_0$;

(2) $\frac{1}{T}\int_0^T U_0 I_{k\mathrm{m}} \sin(k\omega t + \theta_{ik})\mathrm{d}t = 0$;

(3) $\frac{1}{T}\int_0^T I_0 U_{k\mathrm{m}} \sin(k\omega t + \theta_{uk})\mathrm{d}t = 0$;

(4) $\frac{1}{T}\int_0^T U_{k\mathrm{m}} I_{n\mathrm{m}} \sin(k\omega t + \theta_{uk})\sin(n\omega t + \theta_{in})\mathrm{d}t = 0 \ (k \neq n)$;

(5) $\frac{1}{T}\int_0^T U_{k\mathrm{m}} I_{k\mathrm{m}} \sin(k\omega t + \theta_{uk})\sin(k\omega t + \theta_{ik})\mathrm{d}t = \frac{1}{2}U_{k\mathrm{m}} I_{k\mathrm{m}}\cos(\theta_{uk} - \theta_{ik}) = U_k I_k \cos\varphi_k = P_k$.

so the average power is

$$P = P_0 + P_1 + \cdots + P_k + \cdots = U_0 I_0 + \sum_{k=1}^{\infty} U_k I_k \cos\varphi_k \tag{5-15}$$

The Equation (5 - 15) shows that the average power of a non-sinusoidal periodic current circuit equals to the sum of average power of DC components and that of all harmonic components. Where, U_k, I_k are the effective values of k harmonic voltage u and current i; φ_k is the phase difference between k harmonic voltage and k harmonic current

$$\varphi_k = \theta_{uk} - \theta_{ik} \tag{5-16}$$

Meanwhile, Equation(5 - 15) also shows that only harmonic voltage and current with same frequency (including DC component) can generate average power; those harmonic voltage and current with different frequencies could only generate instantaneous power instead of average power.

【Example 5 - 3】 The voltage and current at the port of a two-terminal network are configured as follows

$$u = [40 + 180\sin(\omega t) + 60\sin(3\omega t - 30^\circ) + 10\sin(5\omega t + 20^\circ)]\ \mathrm{V}$$

$$i = [1 + 3\sin(\omega t - 21^\circ) + 6\sin(2\omega t + 5^\circ) + 2\sin(3\omega t - 43^\circ)]\ \mathrm{A}$$

Try to calculate average power of this two-terminal network under reference direction.

Solution Since average power generated by DC components is

$$P_0 = U_0 I_0 = 40\ \mathrm{V} \times 1\ \mathrm{A} = 40\ \mathrm{W}$$

average power generated by fundamental harmonics is

$$P_1 = U_1 I_1 \cos\varphi_1 = \frac{180}{\sqrt{2}}\ \mathrm{V} \times \frac{3}{\sqrt{2}}\mathrm{A} \times \cos(0^\circ + 21^\circ) = 252.1\ \mathrm{W}$$

average power generated by third harmonic is

$$P_3 = U_3 I_3 \cos\varphi_3 = \frac{60}{\sqrt{2}}\ \mathrm{V} \times \frac{2}{\sqrt{2}}\ \mathrm{A} \times \cos(-30^\circ + 43^\circ) = 58.5\ \mathrm{W}$$

so the average power of this two-terminal network is

$$P = P_0 + P_1 + P_3 = 40\ \mathrm{W} + 252.1\ \mathrm{W} + 58.5\ \mathrm{W} = 350.6\ \mathrm{W}$$

Ⅳ. Equivalent sinusoidal quantity

In technical applications, non-sinusoidal periodic current and voltage are usually replaced by equivalent sinusoidal quantities within a certain range of allowable error for the purpose of simplifying analysis and calculation, and the three equivalent conditions are as follows:

(1) The frequency of equivalent sinusoidal quantities should be identical to the fundamental frequency of non-sinusoidal periodic quantities;

(2) The effective value of equivalent sinusoidal quantities should be identical to that of non-sinusoidal periodic quantities;

(3) The active power of the circuit should be kept invariant when equivalent sinusoidal quantities are used to replace non-sinusoidal periodic voltage and current.

Then, according to these three conditions, the non-sinusoidal periodic voltage and current can be replaced by equivalent sinusoidal voltage and equivalent sinusoidal current respectively, with corresponding expression being u_e and i_e. Among aforementioned conditions, conditions (1) and (2) are used to determine the frequency and effective value of equivalent sinusoidal quantities; condition (3) is applied to determine the phase difference φ between equivalent sinusoidal voltage and current. φ can be determined with following formula:

$$\cos\varphi = \frac{P}{UI} \tag{5-17}$$

where, P is the average power of non-sinusoidal periodic current circuit, U and I are the effective value of non-sinusoidal periodic voltage and current, and the positive or negative sign of φ is determined by the waveform of voltage and current in actual circuit.

【Example 5 - 4】 The voltage and current at the port of a two-terminal network are configured as follows

$$u = [10 + 20\sin(\omega t - 30°) + 8\sin(3\omega t - 30°)]\ \text{V}$$

$$i = [3 + 6\sin(\omega t + 30°) + 2\sin(2\omega t)]\ \text{A}$$

When the reference direction of u and i is identical, try to calculate: (1) average power of this two-terminal network; (2) equivalent sinusoidal quantity of the port voltage and port current.

Solution (1) Since average power generated by DC components is

$$P_0 = U_0 I_0 = 10\ \text{V} \times 3\ \text{A} = 30\ \text{W}$$

average power generated by fundamental harmonics is

$$P_1 = U_1 I_1 \cos\varphi_1 = \frac{20}{\sqrt{2}}\text{V} \times \frac{6}{\sqrt{2}}\ \text{A} \times \cos(-30° - 30°) = 30\ \text{W}$$

so the average power of this two-terminal network is

$$P = P_0 + P_1 = 30\ \text{W} + 30\ \text{W} = 60\ \text{W}$$

(2) Effective voltage value u is

$$U=\sqrt{U_0^2+U_1^2+U_3^2}=\sqrt{10^2+\left(\frac{20}{\sqrt{2}}\right)^2+\left(\frac{8}{\sqrt{2}}\right)^2}\ \mathrm{V}=18.2\ \mathrm{V}$$

The effective current value i is

$$I=\sqrt{I_0^2+I_1^2+I_2^2}=\sqrt{3^2+\left(\frac{6}{\sqrt{2}}\right)^2+\left(\frac{2}{\sqrt{2}}\right)^2}\ \mathrm{A}=5.4\ \mathrm{A}$$

According to Equation(5 - 17), we can get that the phase difference between equivalent sinusoidal voltage and equivalent sinusoidal current is

$$\varphi=\pm\arccos\frac{P}{UI}=\pm\arccos\frac{60}{18.2\times 5.4}=\pm 52^\circ$$

Since the initial phase of fundamental harmonic of voltage u is lagging behind that of current i, so the initial phase of equivalent sinusoidal voltage u_e is also lagging behind that of equivalent sinusoidal current i_e; therefore, the phase difference is $\varphi=-52^\circ$. Assume that the initial phase of equivalent sinusoidal voltage is zero, then equivalent sinusoidal quantity of voltage u is

$$u_e=18.2\sqrt{2}\sin(\omega t)\ \mathrm{V}$$

equivalent sinusoidal quantity of current i is

$$i_e=5.4\sqrt{2}\sin(\omega t+52^\circ)\ \mathrm{A}$$

【Example 5 - 5】 If a sinusoidal voltage $u=200\sin(\omega t+30^\circ)$ V is applied to a non-linear element with the current being $i=[2+5\sin(\omega t-10^\circ)+3\sin(3\omega t)]$A, try to get the equivalent sinusoidal quantity of this current under associated reference direction.

Solution The effective current value i is

$$I=\sqrt{I_0^2+I_1^2+I_3^2}=\sqrt{2^2+\left(\frac{5}{\sqrt{2}}\right)^2+\left(\frac{3}{\sqrt{2}}\right)^2}\ \mathrm{A}=4.6\ \mathrm{A}$$

therefore, the effective value of equivalent sinusoidal current i_e is

$$I_e=4.6\ \mathrm{A}$$

The effective value of sinusoidal voltage u is

$$U=U_1=\frac{200}{\sqrt{2}}\ \mathrm{V}=141.4\ \mathrm{V}$$

The average power of this element is

$$P=P_1=U_1I_1\cos\varphi_1=\frac{200}{\sqrt{2}}\ \mathrm{V}\times\frac{5}{\sqrt{2}}\ \mathrm{A}\times\cos(30^\circ+10^\circ)=383\ \mathrm{W}$$

If the initial phase of equivalent sinusoidal current i_e is determined as θ_{i_e}, with Equation(5 - 17), we can get that the phase difference between u and equivalent sinusoidal current i_e is as following since the initial phase of voltage u at both terminals of the element is ahead of that of fundamental harmonics of current i:

$$\varphi=\theta_u-\theta_{i_e}=\arccos\frac{P}{UI}=\arccos\frac{383}{141.4\times 4.6}=54^\circ$$

we can get

$$\theta_{i_e} = \theta_u - \varphi = 30° - 54° = -24°$$

Since the frequency of equivalent sinusoidal current i_e is identical to that of i fundamental harmonic, so the frequency of i_e is still ω. Then, the equivalent sinusoidal current of current i is

$$i_e = 4.6\sqrt{2}\sin(\omega t - 24°)\ \text{A}$$

Section Ⅳ Calculation of non-sinusoidal periodic current circuit

Generally, harmonic analysis method is adopted for analyzing and calculating steady-state linear circuits under the action of non-sinusoidal periodic voltage or current according to following steps:

(1) Resolve the voltage or current of given non-sinusoidal periodic power source into Fourier series, and take finite items as per the precision requirements.

(2) Calculate the DC component and each response component under the action of every single harmonic after the resolution accordingly. Specifically, when the DC component acts along, the inductor can be regarded as being short-circuited and the capacitor can be regarded as open-circuited; then, perform the analysis and calculation with the method applicable to DC resistive circuit.

When each harmonic acts along, the phasor method applicable to sinusoidal AC circuit can be adopted for analysis and calculation. Please pay attention to the relations between resistance R, inductance L, capacitance C and frequency. It is generally recognized that the resistance R is irrelevant to frequency, but the inductance L and capacitance C would lead to different inductance reactance and capacitive reactance accordingly when the harmonic frequency is different.

For fundamental harmonics, the inductance reactance of inductor is $X_{L1} = \omega L$ and capacitive reactance of capacitor is $X_{C1} = \dfrac{1}{\omega C}$.

For k harmonics, the inductance reactance of inductor is $X_{Lk} = k\omega L = kX_{L1}$ and capacitive reactance of capacitor is $X_{Ck} = \dfrac{1}{k\omega C} = \dfrac{1}{k}X_{C1}$.

It can be seen that inductive reactance and capacitive reactance are both related to frequency; specifically, the larger the harmonic frequency is, the bigger the inductive reactance of inductor will be, and the smaller the capacitive reactance of capacitor will be.

(3) Superpose all response components according to the superposition theorem to get the result as needed. It should be specially noted that phasor of voltage harmonics (or current harmonics) with different frequencies should not be added directly; instead, each response component under the action of every single harmonic should be represented in time-domain form, namely in the form as $u(t)$, $i(t)$ or u, i, before superposition, and

the final result should also be represented as time function.

【Example 5 - 6】 In the circuit shown in Figure 5 - 2(a), given that $\omega L = 2\ \Omega$, $\dfrac{1}{\omega C} = 15\ \Omega$, $R_1 = 10\ \Omega$, $R_2 = 5\ \Omega$, and $u = [10 + 100\sqrt{2}\sin(\omega t) + 50\sqrt{2}\sin(3\omega t + 30°)]$ V, try to calculate each branch current i_1, i_2 and i_3, as well as the average power of branch R_2.

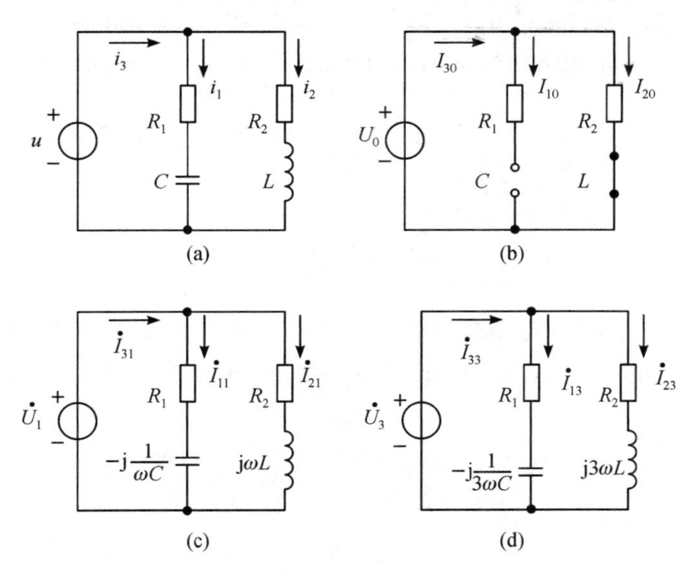

Figure 5 - 2 Diagram of Example 5 - 6

Solution (1) When the DC component $U_0 = 10$ V of voltage u acts along, the equivalent circuit is shown in Figure 5 - 2(b), the inductor can be regarded as short-circuited, and the capacitor can be regarded as open-circuited. From circuit, we can get

$$I_{10} = 0\ \text{A}$$

$$I_{20} = \frac{U_0}{R_2} = \frac{10}{5}\ \text{A} = 2\ \text{A}$$

$$I_{30} = I_{20} = 2\ \text{A}$$

(2) When the fundamental harmonic $u_1 = 100\sqrt{2}\sin(\omega t)$V of voltage u functions along, the phasor model of equivalent circuit is shown in Figure 5 - 2(c). With phasor method, we can get

$$\dot{I}_{11} = \frac{\dot{U}_1}{R_1 - \mathrm{j}\dfrac{1}{\omega C}} = \frac{100\angle 0°}{10 - \mathrm{j}15}\ \text{A} = 5.55\angle 56.3°\ \text{A}$$

$$\dot{I}_{21} = \frac{\dot{U}_1}{R_2 + \mathrm{j}\omega L} = \frac{100\angle 0°}{5 + \mathrm{j}2}\ \text{A} = 18.6\angle -21.8°\ \text{A}$$

$$\dot{I}_{31} = \dot{I}_{11} + \dot{I}_{21} = 5.55\angle 56.3°\ \text{A} + 18.6\angle -21.8°\ \text{A} = 20.5\angle -6.38°\ \text{A}$$

So the analytic expression of fundamental component of current in each branch is shown as follows

$$i_{11} = 5.55\sqrt{2}\sin(\omega t + 56.3°)\ \text{A}$$

$$i_{21} = 18.6\sqrt{2}\sin(\omega t - 21.8°)\ \text{A}$$

$$i_{31} = 20.5\sqrt{2}\sin(\omega t - 6.38°)\ \text{A}$$

(3) When the third harmonic $u_3 = 50\sqrt{2}\sin(3\omega t + 30°)$ V of voltage u functions along, the phasor model of equivalent circuit is shown in Figure 5 - 2(d). With phasor method, we can get

$$\dot{I}_{13} = \frac{\dot{U}_3}{R_1 - \mathrm{j}\dfrac{1}{3\omega C}} = \frac{50\angle 30°}{10 - \mathrm{j}5}\ \text{A} = 4.47\angle 56.57\ \text{A}$$

$$\dot{I}_{23} = \frac{\dot{U}_3}{R_2 + \mathrm{j}3\omega L} = \frac{50\angle 30°}{5 + \mathrm{j}6}\text{A} = 6.4\angle -20.19°\ \text{A}$$

$$\dot{I}_{33} = \dot{I}_{13} + \dot{I}_{23} = 4.47\angle 56.57°\ \text{A} + 6.4\angle -20.19°\ \text{A} = 8.62\angle 10.17°\ \text{A}$$

The analytic expression of third harmonic component of current in each branch is shown as follows:

$$i_{13} = 4.47\sqrt{2}\sin(3\omega t + 56.57°)\text{A}$$

$$i_{23} = 6.4\sqrt{2}\sin(3\omega t - 20.19°)\ \text{A}$$

$$i_{33} = 8.62\sqrt{2}\sin(3\omega t + 10.17°)\text{A}$$

(4) By adding the analytic expression of all components according to the superposition theorem, we can get

$$i_1 = I_{10} + i_{11} + i_{13} = [5.55\sqrt{2}\sin(\omega t + 56.3°) + 4.47\sqrt{2}\sin(3\omega t + 56.57°)]\text{A}$$

$$i_2 = I_{20} + i_{21} + i_{23} = [2 + 18.6\sqrt{2}\sin(\omega t - 21.8°) + 6.4\sqrt{2}\sin(3\omega t - 20.19°)]\text{A}$$

$$i_3 = I_{30} + i_{31} + i_{33} = [2 + 20.5\sqrt{2}\sin(\omega t - 6.38°) + 8.62\sqrt{2}\sin(3\omega t + 10.17°)]\text{A}$$

(5) The voltage and current of branch R_2 are as follows

$$u = [10 + 100\sqrt{2}\sin(\omega t) + 50\sqrt{2}\sin(3\omega t + 30°)]\ \text{V}$$

$$i_2 = [2 + 18.6\sqrt{2}\sin(\omega t - 21.8°) + 6.4\sqrt{2}\sin(3\omega t - 20.19°)]\ \text{A}$$

With Equation(5 - 15), we can get that the average power of branch R_2 is

$$\begin{aligned} P_2 &= P_0 + P_1 + P_3 \\ &= [10 \times 2 + 100 \times 18.6\cos(0° + 21.8°) + 50 \times 6.4\cos(30° + 20.19°)]\ \text{W} \\ &= (20 + 1727 + 204.8)\ \text{W} \\ &= 1951.8\ \text{W} \end{aligned}$$

【Example 5 - 7】 For a RLC series circuit shown in Figure 5 - 3, given that $R = 10\ \Omega$, $L = 0.1$ H, $C = 50\ \mu$F and $u = [50 + 80\sqrt{2}\sin(\omega t) + 60\sqrt{2}\sin(3\omega t + 20°)]$ V, try to calculate the current i in the circuit and effective current value when the fundamental frequency is $\omega = 314$ rad/s.

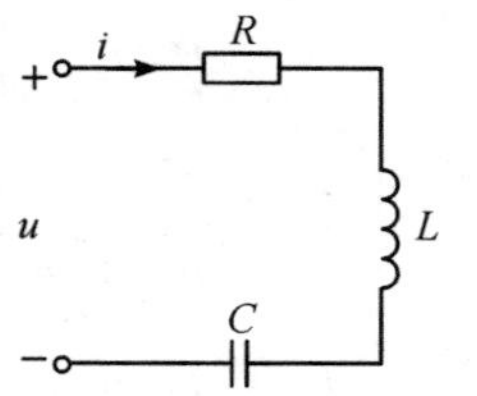

Figure 5 - 3 Diagram of Example 5 - 7

Solution (1) When the DC component $U_0 = 50$ V of voltage

u acts along, the capacitor can be regarded as open-circuited, and the inductor can be regarded as short-circuited, so

$$I_0 = 0\ \text{A}$$

(2) When the fundamental harmonic $u_1 = 80\sqrt{2}\sin(\omega t)$ V of voltage u acts along, the phasor of fundamental harmonic i_1 of current i is

$$\dot{I}_1 = \frac{\dot{U}_1}{R + \text{j}(\omega L - \frac{1}{\omega C})} = \frac{80\angle 0^\circ}{10 + \text{j}(314 \times 0.1 - \frac{1}{314 \times 50 \times 10^{-6}})}\ \text{A}$$

$$= \frac{80\angle 0^\circ}{10 - \text{j}32.3}\ \text{A} = 2.37\angle 72.8^\circ\ \text{A}$$

so we can get

$$i_1 = 2.37\sqrt{2}\sin(\omega t + 72.8^\circ)\text{A}$$

(3) When the third harmonic $u_3 = 60\sqrt{2}\sin(3\omega t + 20^\circ)$ V of voltage u acts along, the phasor of third harmonic i_3 of current i is

$$\dot{I}_3 = \frac{\dot{U}_3}{R + \text{j}(3\omega L - \frac{1}{3\omega C})} = \frac{60\angle 20^\circ}{10 + \text{j}(3 \times 314 \times 0.1 - \frac{1}{3 \times 314 \times 50 \times 10^{-6}})}\ \text{A}$$

$$= \frac{60\angle 20^\circ}{10 + \text{j}73}\ \text{A} = 0.81\angle -62.2^\circ\ \text{A}$$

so we can get

$$i_3 = 0.81\sqrt{2}\sin(3\omega t - 62.2^\circ)\text{A}$$

(4) By adding the analytic expression of all components, we can get

$$i = I_0 + i_1 + i_3$$
$$= [2.37\sqrt{2}\sin(\omega t + 72.8^\circ) + 0.81\sqrt{2}\sin(3\omega t - 62.2^\circ)]\ \text{A}$$

so the effective current value i is

$$I = \sqrt{I_1{}^2 + I_3{}^2} = \sqrt{2.37^2 + 0.81^2}\ \text{A} = 2.5\ \text{A}$$

【Example 5-8】 In the circuit shown in Figure 5-4, given that $R_1 = R_2 = 10\ \Omega$, $\omega L = 30\ \Omega$, $\frac{1}{\omega C} = 90\ \Omega$, and $u_S = [10 + 50\sqrt{2}\sin(\omega t)]$ V, try to get i_1, i_2 and u_C.

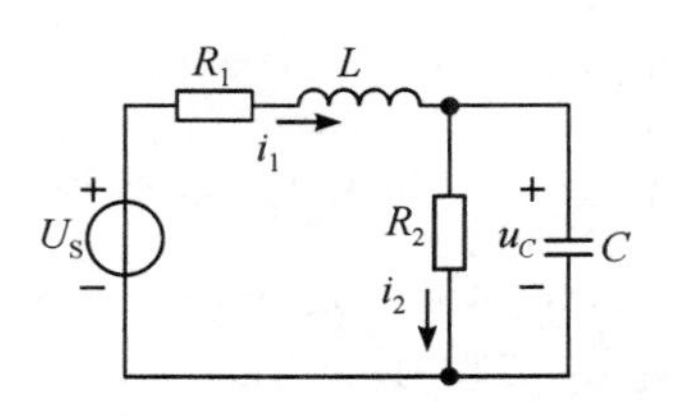

Figure 5-4 Diagram of Example 5-8

Solution (1) When the DC component $U_{S0} = 10$ V of voltage u_S acts along, the capacitor can be regarded as open-circuited, and the inductor can be regarded as short-circuited, so we can get

$$I_{10} = \frac{U_{S0}}{R_1 + R_2} = \frac{10}{10 + 10}\ \text{A} = 0.5\ \text{A}$$

$$I_{20} = I_{10} = 0.5\ \text{A}$$

$$U_{C0}=I_{20}R_2=10\times 0.5=5\ \text{V}$$

(2) When the fundamental component of $u_{S1}=50\sqrt{2}\sin(\omega t)$ V of voltage u_S acts along, then the total impedance of the circuit is

$$Z=R_1+\text{j}\omega L+\frac{R_2(-\text{j}\frac{1}{\omega C})}{R_2-\text{j}\frac{1}{\omega C}}=\left[10+\text{j}30+\frac{10\times(-\text{j}90)}{10-\text{j}90}\right]\ \Omega$$

$$=(10+\text{j}30+9.8-\text{j}1.1)\ \Omega=35\angle 55.6^\circ\ \Omega$$

The fundamental harmonic phasor of current i_1, voltage u_C and current i_2 is as follows

$$\dot{I}_{11}=\frac{\dot{U}_{S1}}{Z}=\frac{50\angle 0^\circ}{35\angle 55.6^\circ}\ \text{A}=1.43\angle -55.6^\circ\ \text{A}$$

$$\dot{U}_{C1}=\dot{I}_{11}\times\frac{R_2\left(-\text{j}\frac{1}{\omega C}\right)}{R_2-\text{j}\frac{1}{\omega C}}=1.43\angle -55.6^\circ\ \text{A}\times(9.8-\text{j}1.1)\ \Omega=14.1\angle -62^\circ\ \text{V}$$

$$\dot{I}_{21}=\frac{\dot{U}_{C1}}{R_2}=\frac{14.1\angle -62^\circ}{10}\ \text{A}=1.41\angle -62^\circ\ \text{A}$$

so we can get

$$i_{11}=1.43\sqrt{2}\sin(\omega t-55.6^\circ)\ \text{A}$$

$$i_{21}=1.41\sqrt{2}\sin(\omega t-62^\circ)\ \text{A}$$

$$u_{C1}=14.1\sqrt{2}\sin(\omega t-62^\circ)\ \text{V}$$

(3) By superposing the analytic expression of all components, we can get

$$i_1=I_{10}+i_{11}=[0.5+1.43\sqrt{2}\sin(\omega t-55.6^\circ)]\ \text{A}$$

$$i_2=I_{20}+i_{21}=[0.5+1.41\sqrt{2}\sin(\omega t-62^\circ)]\ \text{A}$$

$$u_C=U_{C0}+u_{C1}=[5+14.1\sqrt{2}\sin(\omega t-62^\circ)]\ \text{V}$$

Since that the impedance of inductor and capacitor changes along with variation of harmonic frequency, so for k harmonics, the inductance reactance of inductor is $X_{Lk}=k\omega L=kX_{L1}$, and capacitive reactance of capacitor is $X_{Ck}=\frac{1}{k\omega C}=\frac{1}{k}X_{C1}$. Therefore, the inductor has suppression effect on high sub-harmonic current, while capacitor allows high sub-harmonic current to pass through smoothly. This kind of characteristic of inductor and capacitor has been widely applied to actual engineering. For example, filters that have been widely used in technology of electronics and telecommunications engineering are a special circuit configured by connecting the inductor and capacitor in a certain way according to aforementioned characteristics of inductance reactance and capacitive reactance. If filters are connected between power source and load, the harmonic components needed could pass through smoothly with those unnecessary components suppressed. Figure 5 - 5 illustrates two kinds of simplest filters. Specifically, Figure 5 - 5(a) illustrates low pass filter, which allows low-frequency current components to pass through smoothly while suppressing high-frequency current components. However, Figure 5 - 5(b) illustrates high pass filter, which allows high-frequency current components to pass through smoothly while suppressing low-frequency ones.

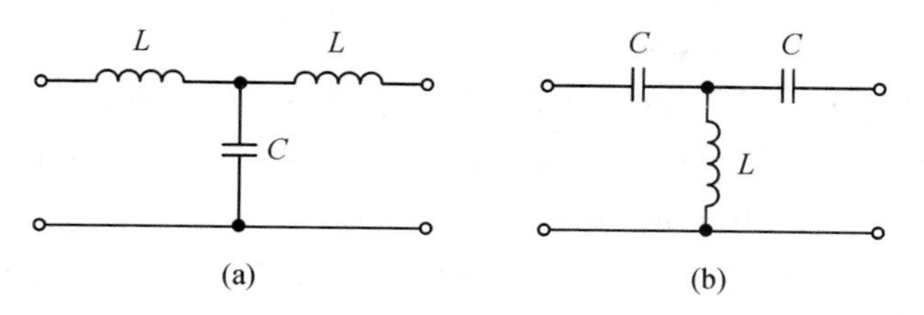

Figure 5 - 5 Simple filter circuit

Exercise Ⅴ

Ⅰ. Completion

5 - 1 In technical application, the common non-sinusoidal periodic quantities can be resolved into Fourier series, namely the superposition of DC components and all ________.

5 - 2 Given that the fundamental frequency of sawtooth wave is 100 Hz, then the period of this sawtooth wave is ________, the frequency of its second and third harmonic should be ________ and ________ respectively.

5 - 3 Given that a non-sinusoidal periodic current is resolved into Fourier series as $u=[40+22\sqrt{2}\sin(314t+60°)+2\sqrt{2}\sin(942t-30°)]$ V, where, the DC component is ________, the angular frequency of fundamental harmonic is ________, and the higher harmonic is ________.

5 - 4 Given that the non-sinusoidal periodic voltage is $u=[20+30\sqrt{2}\sin(\omega t-120°)+10\sqrt{2}\sin(3\omega t-45°)]$ V, then its effective value is ________.

5 - 5 Given that the non-sinusoidal periodic current is $i=[8+4\sqrt{2}\sin(314t-45°)]$A, then its effective value is ________.

5 - 6 The average power of non-sinusoidal periodic current circuit is equals to the sum of________.

5 - 7 There will be________ power generated between current and voltage with same harmonic only, and ________ power will be generated between current and voltage with different harmonics.

5 - 8 When calculating non-sinusoidal periodic current with harmonic analysis method, it is required to superpose the ________ value of all harmonic currents.

Ⅱ. True (T) or false (F)

5 - 9 The linear circuits could only generate non-sinusoidal current when the power source is a non-sinusoidal quantity. ( )

5 - 10 When electromagnetic instruments or electrodynamometers are used to measure a non-sinusoidal periodic current, the reading of such meters is the effective value of the non-sinusoidal quantity. ( )

5 - 11 The maximum value of every harmonic of a non-sinusoidal periodic quantity equals to $\sqrt{2}$ times of its effective value. ( )

5 - 12 For non-sinusoidal periodic current circuits, the inductance L and capacitance C would lead to different inductance reactance and capacitive reactance accordingly when the harmonic frequency is different. ( )

5 - 13 Parallel capacitance of a circuit could filter out high sub-harmonic current. ( )

Ⅲ. Analysis and calculation

5 - 14 Look up into Table 5 - 1, then write down the expansion equation of Fourier series of voltage u with several waveforms (until the third harmonic) in Figure of question 5 - 14.

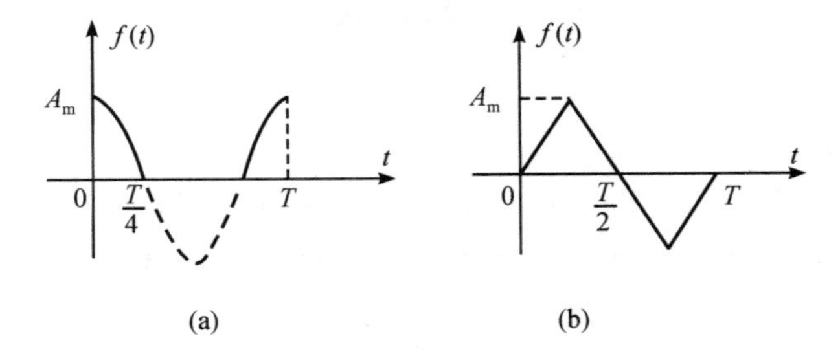

Figure of question 5 - 14

5 - 15 Given that the DC component of a periodic current is $I_0=2$ A, the fundamental component is $\dot{I}_1=5\angle 20°$ A, and the third harmonic component is $\dot{I}_3=3\angle 45°$ A, then, try to write down the analytic expression of this periodic current.

5 - 16 If the port voltage and current of a passive two-terminal network under associated reference direction is $u=[220\sqrt{2}\sin(100\pi t)]$ V and $i=[0.8\sin(100\pi t-25°)+0.25\sin(300\pi t-100°)]$A respectively, then, try to calculate the power absorbed by the network.

5 - 17 According to Figure of question 5 - 17(a), given that $R=10\ \Omega$, $L=0.1$ H and u_S are the voltage after full-wave rectification, with the waveform shown in Figure of

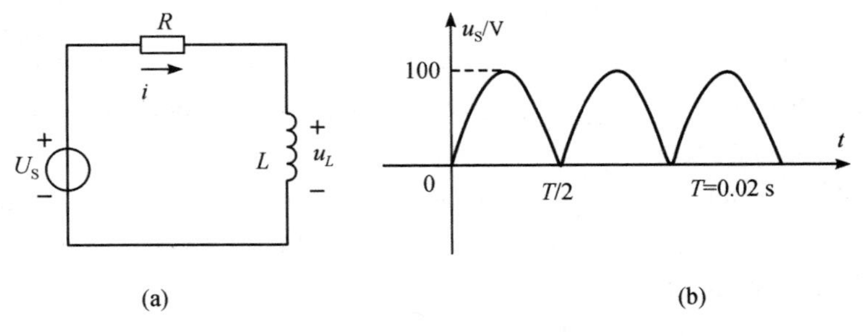

Figure of question 5 - 17

question 5 - 17 (b). Try to calculate the current i and voltage u_L (until the third harmonic).

5 - 18 For the circuit shown in the Figure, given that $R = 1\ \text{k}\Omega$, $C = 50\ \mu\text{F}$, $i_S = [3.6 + 2\sqrt{2}\sin(2000\pi t)]\text{A}$, try to calculate the voltage u, i_R and i_C.

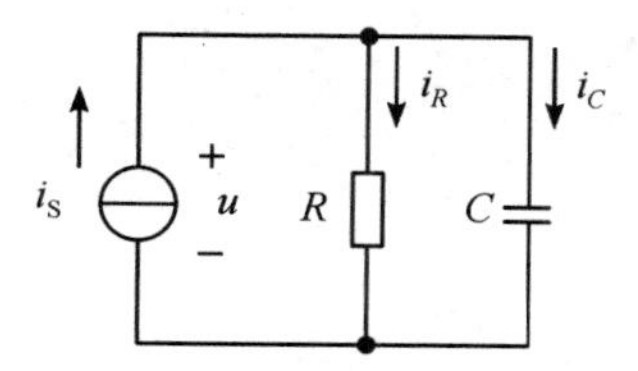

Figure of question 5 - 18

5 - 19 If a resistor $R=9\ \Omega$ is connected with a capacitor with the capacitive reactance being $\frac{1}{\omega C} = 36\ \Omega$ in series, and it is given that the current is $i = [2\sqrt{2}\sin(\omega t) + 3\sqrt{2}\sin(3\omega t - 90°)]\text{A}$, then try to calculate the port voltage of the circuit.

5 - 20 The circuit shown in the Figure of question 5 - 20, given that $u = [200 + 100\sin(3\omega t)]\ \text{V}$, $R = 50\ \Omega$, $\omega L = 5\ \Omega$, and $\frac{1}{\omega C} = 45\ \Omega$, try to calculate the current i and voltage u_C.

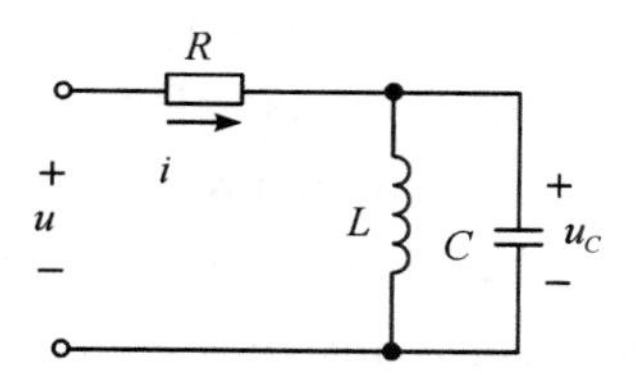

Figure of question 5 - 20

5 - 21 Given that the port voltage and current of a RL series circuit under the associated reference direction is shown as follows

$$u = [200 + 100\sin(100\pi t + 200) + 50\sin(300\pi t - 30°)]\ \text{V}$$

$$i = [2 + 10\sin(100\pi t - 300) + 1.755\sin(300\pi t + 10°)]\text{A}$$

Try to get: (1) the effective values of U, I, and power P; (2) equivalent sinusoidal quantity u_e, i_e; (3) circuit power.

5 - 22 In a RLC series circuit, given that $R=5\ \Omega$, $\omega L=12\ \Omega$, $\frac{1}{\omega C}=30\ \Omega$, and voltage of power source is $u = [100+300\sin\omega t + 150\sin(3\omega t + 20°)]\ \text{V}$, then try to calculate current in the circuit and the total power.

Chapter Ⅵ Time-domain analysis of transition process in linear circuit

All the responses of DC circuits and sinusoidal AC circuits analyzed above are either invariant constantly or variant periodically, and this kind of operation status of a circuit is referred to as steady operation state, or steady state for short. When the connection mode or any element parameter of a circuit changes, the operation status of the circuit would change along, namely from original stable status to another steady state, and this kind of variation is completed within a process(not instantaneously), which is referred to as the transition process. The transition process of a circuit is usually transient, and since the operation status of the circuit during this process is referred to as transient state, therefore, the transition process is also called the transient process.

For steady-state analysis of a circuit with direct current or alternating current, the relationship between voltage and current of all elements is represented by an algebraic equation; however, for analysis of transition process, all the equations of a circuit are differential equations with variables being voltage and current. Therefore, the analysis of transition process of a linear circuit is actually to establish and resolve differential equations of the circuit in transition process.

Since a differential equation can be resolved with different methods, so the transition process can also be analyzed with two methods. The first one is the time-domain analysis method, which is used to resolve the differential equation directly and takes time t as independent variable. The second one is complex frequency-domain analysis method that converts the independent variable-time into complex-frequency independent variable and utilizes integral transformation to resolve the differential equation. The complex frequency-domain analysis method is used to resolve a differential equation by converting it so as to resolve the algebraic equation, so it is also referred to as operation method. In addition, the transient process can also be analyzed with experimental method.

This chapter simply introduces the time-domain analysis during linear circuit transition process, the major contents include transformation theorem and calculation of initial values, zero-input response of first-order circuit, zero-state response of first-order circuit and complete response.

Section Ⅰ Transformation theorem and calculation of initial value

Ⅰ. Circuit transformation and transformation theorem

Among circuit theories, the abrupt variation of circuit structure or element parameters is usually referred to as the circuit transformation. The variation of circuit structure refers to the change in connection, disconnection and short-circuited of a circuit; the variation of element parameters refers to changes in parameters of power source or resistor, inductor or capacitor. It is generally acknowledged that the circuit transformation is completed instantaneously.

Circuit transformation is the external cause for transient process, which is internally caused by energy-storing elements such as capacitors or inductors configured in the circuit.

The energy stored in such elements needs some time to convert instead of jumping instantaneously, namely one quantity value cannot just become another one instantaneously. Because with the formula $p=\frac{dW}{dt}$, we can get an infinitely large power p, which is impossible in practical applications, if the energy has a finite changing value (namely $dW\neq 0$) when the time is infinitely short or changes towards zero(namely $dt\rightarrow 0$).

The common energy-storing elements used in circuits include capacitor and inductor. The capacitor stores electric energy with the magnitude of $W_C=\frac{1}{2}Cu_C^2$, which cannot jump during circuit transformation, so the voltage u_C of capacitors cannot jump either. The inductor stores magnetic field energy with the magnitude being $W_L=\frac{1}{2}Li_L^2$, which, similarly, cannot jump during circuit transformation, so the current i_L of inductor cannot jump either. In general, we can conclude the transformation theorem as follows: at the moment of circuit transformation, when the capacitor current is a finite value, the capacitor voltage u_C cannot jump; when the inductor voltage is a finite value, its current i_L cannot jump either.

If the moment when the circuit transformation occurs is regarded as the time zero and represented by $t=0$, the last moment before transformation is represented by $t=0_-$, the initial moment after transformation is represented by $t=0_+$, the period after completion of circuit transformation is represented by $t=\infty$, both $t=0_-$ and $t=0_+$ are 0, and the time interval between them and $t=0$ is tending to zero. Then, the transformation theorem can be represented as

$$\begin{cases} u_C(0_+)=u_C(0_-) \\ i_L(0_+)=i_L(0_-) \end{cases} \tag{6-1}$$

The transformation theorem is applicable for the moment when circuit transformation happens. It can be used to determine the capacitor voltage $u_C(0_+)$ and inductor current value $i_L(0_+)$ when $t=0_+$, but it cannot be used to calculate other current or voltage values. The reason is that apart from the quantity of voltage and electric charge of capacitors as well as current and flux linkage of inductor, other parameters like capacitor current, inductor voltage, current and voltage of resistors, as well as current and voltage of power source can jump at the moment when circuit transformation occurs.

Ⅱ. Calculation of initial value

1. Definition of initial value

The initial moment right after the circuit transformation, namely the value of physical quantities as voltage and current of the circuit obtained when $t=0_+$ is referred to as initial value of transition process, or the initial condition.

Initial value can be classified as independent initial value and relative initial value. When $t=0_+$ both of the capacitor voltage $u_C(0_-)$ and inductor current $i_L(0_+)$ are referred to as independent initial value. Apart from $u_C(0_+)$ and $i_L(0_+)$ all the other initial values are referred to as non-independent initial value, or relative initial value.

2. Calculation of initial value

Independent initial value can be obtained with values of $u_C(0_-)$ and $i_L(0_-)$ at the moment when $t=0_-$ according to the transformation theorem; however, the calculation of relevant initial values can be realized according to equivalent circuit obtained at the moment when $t=0_+$. The specific steps are as follows:

(1) Draw the equivalent circuit at the moment when $t=0_-$ before circuit transformation to get $u_C(0_-)$ and $i_L(0_-)$. If it is a steady-state DC current before the circuit transformation, then the capacitor can be regarded as open-circuited and inductor can be regarded as short-circuited in the circuit diagram at the moment of $t=0_-$.

(2) Calculate the initial value $u_C(0_+)$ of capacitor current and that $i_L(0_+)$ of inductor current at the moment of $t=0_+$ according to transformation theorem, both of which are independent initial values.

(3) Draw the equivalent circuit at the moment of $t=0_+$ after the circuit transformation. The methods adopted are as follows:

① Replace the capacitor in original circuit with a voltage source whose voltage value is identical to the initial value $u_C(0_+)$, and make sure the reference direction of voltage source is identical to that of $u_C(0_+)$. If $u_C(0_+)=0$ V, then the capacitor can be regarded as short-circuited;

② Replace the inductor in original circuit with a current source whose current value is identical to the initial value $i_L(0_+)$, and make sure the reference direction of current source is identical to that of $i_L L(0_+)$. If $i_L(0_+)=0$ A, then the inductor can be regarded as open-circuited.

③ Keep the resistor of original circuit in the place, with its resistance value being invariant, however, replace the value of power source of original circuit with its value obtained at the moment of $t=0_+$.

With this kind of replacement, the changed circuit is referred to as equivalent circuit of original circuit at the moment of $t=0_+$.

(4) With the equivalent circuit at the moment of $t=0_+$, we can get its relevant initial values.

【Example 6 - 1】 The circuit shown in Figure 6 - 1(a) is already in steady state before the switch S is disconnected. When $t=0$, disconnect the switch S, and try to calculate initial values $i(0_+)$ and $u_C(0_+)$.

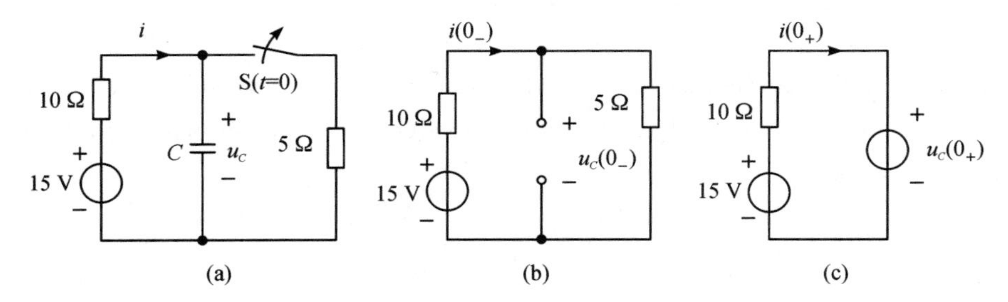

Figure 6 - 1 Diagram of Example 6 - 1

Solution Before the circuit transformation, this is a steady-state DC circuit where the capacitor can be regarded as open-circuited, so the equivalent circuit of $t=0_-$ can be shown in Figure 6 - 1(b), with which we can get the capacitor voltage

$$u_C(0_-)=\frac{5\ \Omega}{10\ \Omega+5\ \Omega}\times 15\ \text{V}=5\ \text{V}$$

With transformation theorem, we can get

$$u_C(0_+)=u_C(0_-)=5\ \text{V}$$

Draw the equivalent circuit for the moment of $t=0_+$ which is shown in Figure 6 - 1(c). At this moment, the capacitor can be regarded as a voltage source with the voltage being $u_C(0_+)=5$ V. With KVL, we can get

$$10i(0_+)+u_C(0_+)-15\ \text{V}=0\ \text{V}$$

namely

$$i(0_+)=\frac{15\ \text{V}-u_C(0_+)}{10\ \Omega}=\frac{15-5}{10}\ \text{A}=1\ \text{A}$$

【Example 6 - 2】 The circuit shown in Figure 6 - 2(a) is already in steady state before the circuit transformation. When $t=0$, connect the switch S, and try to calculate initial values $i(0_+)$, $i_S(0_+)$ and $i_L(0_+)$ of all currents.

Solution Before the circuit transformation, this is a steady-state circuit where the inductor can be regarded as short-circuited, so the equivalent circuit of $t=0_-$ can be shown

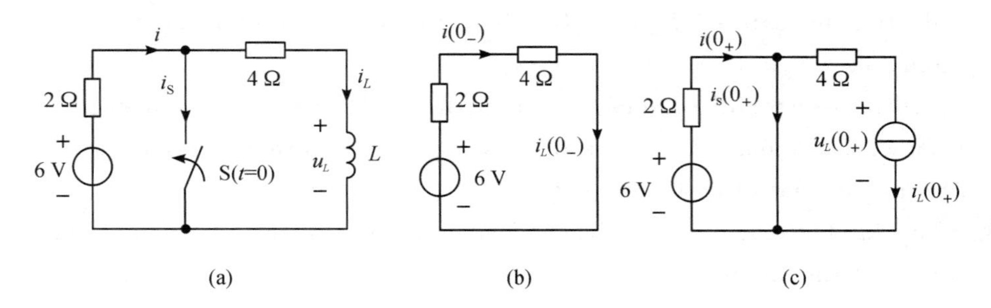

Figure 6 - 2 Diagram of Example 6 - 2

in Figure 6 - 2(b), with which we can get the inductor current

$$i_L(0_-)=\frac{6}{2+4}\text{ A}=1\text{ A}$$

With transformation theorem, we can get

$$i_L(0_+)=i_L(0_-)=1\text{ A}$$

Therefore, at the moment of $t=0_+$, the inductor can be regarded as a current source with the current being $i_L(0_+)=1$ A, and the equivalent circuit is shown in Figure 6 - 2(c), with which we can get

$$u_L(0_+)=-i_L(0_+)\times 4=-1\text{ A}\times 4\ \Omega=-4\text{ V}$$

$$i(0_+)=\frac{6}{2}\text{ A}=3\text{ A}$$

With KCL, we can get

$$i_S(0_+)=i(0_+)-i_L(0_+)=3\text{ A}-1\text{ A}=2\text{ A}$$

【Example 6 - 3】 The circuit shown in Figure 6 - 3(a) is already in steady state before the circuit transformation. When $t=0$, connect the switch S, and try to calculate initial values $i_C(0_+)$, $i_1(0_+)$ and $i_L(0_+)$.

Solution For the circuit shown in Figure 6 - 3(a), it is a steady-state DC circuit before the switch is connected, so the capacitor is open-circuited and inductor is short-circuited. With the equivalent circuit for the moment of $t=0_-$ shown in Figure 6 - 3(b), we can get

$$i_L(0_-)=\frac{16}{10+4+6}\text{ A}=0.8\text{ A}$$

$$u_C(0_-)=i_L(0_-)\times 6\ \Omega=0.8\ \Omega\times 6\ \Omega=4.8\text{ V}$$

According to transformation theorem, we can get

$$i_L(0_+)=i_L(0_-)=0.8\text{ A}$$

$$u_C(0_+)=u_C(0_-)=4.8\text{ V}$$

The equivalent circuit for the moment of $t=0_+$ is shown in Figure 6 - 3(c), and the left part of imaginary line after equivalent transformation is shown in Figure 6 - 3(d), and according to KVL, we can get

$$-i_1(0_+)\times(4+6)\ \Omega+9.6\text{ V}=4.8\text{ V}$$

$$i_1(0_+)=0.48\text{ A}$$

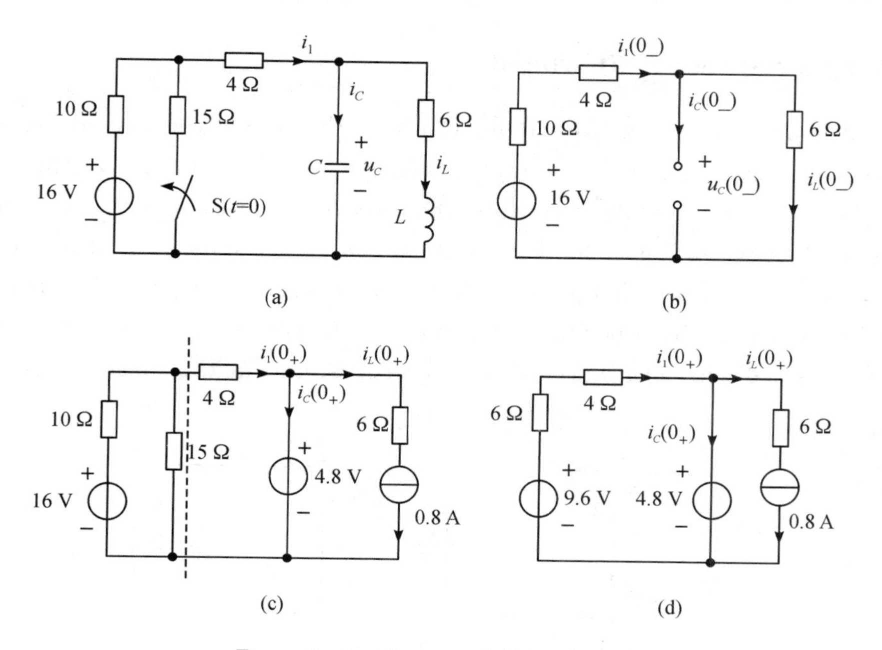

Figure 6 - 3 Diagram of Example 6 - 3

With KCL, we can get

$$i_C(0_+)=i_1(0_+)-i_L(0_+)=0.48\ \text{A}-0.8\ \text{A}=-0.32\ \text{A}$$

Section Ⅱ Zero-input response of first-order circuit

All the circuits with circuit equation being represented by linear first-order ordinary differential equation are collectively referred to as first-order linear circuit. Apart from power source and resistor, all circuits that only contain or are equivalent to an energy-storing element are collectively first-order linear circuit. All the first-order circuits discussed hereinafter refer to first-order linear circuit.

First-order circuit can be classified into two categories. The first one is first-order resistance-capacitance circuit(*RC* circuit for short); the other one is first-order resistance-inductance circuit(*RL* circuit for short).

If there is no independent source to act on a resistive circuit, then there will be no response in the circuit. However, the circuit containing energy-storing element is different from resistive circuit. Even if there is no independent source, the initial energy stored could trigger response as long as the initial value as $u_C(0_+)$ or $i_L(0_+)$ of energy-storing element are not zero. This kind of response(voltage or circuit) triggered by initial energy stored by energy-storing element in the circuit without power source excitation, namely with zero input, is referred to as zero-input response of the circuit.

Ⅰ. Zero-input response of *RC* circuit

The zero-input response of *RC* circuit refers to the response triggered by the initial value $u_C(0_+)$ of a capacitor with the input signal being zero. To analyze the zero-input response of *RC* circuit is actually to analyze the discharging process of the capacitor

The circuit shown in Figure 6 - 4(a) is already in steady state when the switch S is in position 1, and the capacitor charges with the voltage being $u_C(0_-)=U_0=U_S$. If the switch S is turned to position 2 from position 1 when $t=0$, the power source is disconnected, but the resistor starts discharging since there is energy stored in the capacitor as shown in Figure 6 - 4(b).

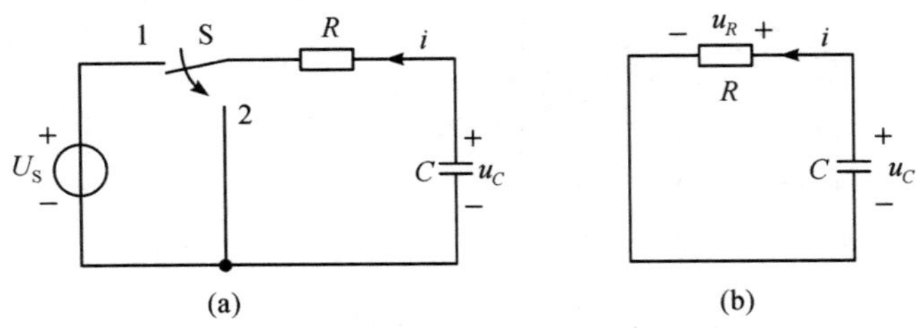

Figure 6 - 4 Zero-input response of *RC* circuit

When $t=0_+$, the capacitor voltage cannot jump, namely $u_C(0_+)=u_C(0_-)=U_0$, so the current in the circuit is $i(0_+)=\dfrac{u_C(0_+)}{R}=\dfrac{U_0}{R}$ when $t=0_+$. Subsequently, the capacitor keeps discharging when $t\geqslant 0_+$, and as the capacitor voltage drops gradually, all the electric energy stored in the capacitor is finally converted into thermal energy and released by the resistor R. If the circuit is in clockwise direction, the according to KVL, we can get the equation of voltage after the circuit transformation:

$$u_C-u_R=0\ \text{V} \tag{6-2}$$

Due to $u_R=iR$ and $i=-C\dfrac{\mathrm{d}u_C}{\mathrm{d}t}$, so put them into Equation(6 - 2), we can get

$$RC\frac{\mathrm{d}u_C}{\mathrm{d}t}+u_C=0\ \text{V} \tag{6-3}$$

Equation(6 - 3) is the linear constant-coefficient first-order homogeneous differential equation, with the complete solution being

$$u_C=A\mathrm{e}^{pt} \tag{6-4}$$

Put Equation(6 - 4) into Equation(6 - 3), we can get

$$RCpA\mathrm{e}^{pt}+A\mathrm{e}^{pt}=0$$

The characteristic equation is

$$RCp+1=0 \tag{6-5}$$

Get the characteristic root $p=-\dfrac{1}{RC}$ and put it into Equation(6 - 4), then we can get

$$u_C=A\mathrm{e}^{pt}=A\mathrm{e}^{-\frac{t}{RC}} \tag{6-6}$$

Due to $u_C(0_+) = u_C(0_-) = U_0$, so put it into Equation(6 - 6), then we can get $u_C(0_+) = Ae^{-\frac{0}{RC}} = Ae^0 = A$. We can also get the integral constant $A = u_C(0_+) = U_0$, which can be put into Equation(6 - 6) to get the solution of the Equation(6 - 3), namely

$$u_C = u_C(0_+)e^{-\frac{t}{RC}} = U_0 e^{-\frac{t}{RC}} \quad (t \geqslant 0) \qquad (6-7)$$

In above equation, assume that $\tau = RC$, which is the time constant of RC circuit. If both of R and C adopt a SI unit, then the unit of τ is s, which is identical to that of time. Therefore, the Equation(6 - 7) can be represented as

$$u_C = u_C(0_+)e^{-\frac{t}{\tau}} = U_0 e^{-\frac{t}{\tau}} \quad (t \geqslant 0) \qquad (6-8)$$

Equation(6 - 8) is the analytic expression for voltage u_C of capacitor in the RC circuit with zero-input response. Meanwhile, it also indicates that the initial value of capacitor voltage is $u_C(0_+) = U_0$ and keeps attenuating as per exponential law during the discharging process, and the attenuation speed depends on the magnitude of time constant τ among the exponents. The larger τ is, the slower the attenuation will be and the longer the transition process lasts; reversely, the shorter the transition process will be.

Attention R in the time constant $\tau = RC$ is the equivalent resistance, namely Thevenin's equivalent resistance, when the two-terminal network connected with the capacitor changes the power source input into zero after the circuit transformation. The magnitude of τ only depends on the circuit structure and element parameters as R and C, and has nothing to do with initial state of the circuit.

During the discharging process of capacitor($t \geqslant 0$), the current in circuit and resistor voltage are respectively shown as follows

$$i = -C\frac{du_C}{dt} = -C\frac{d}{dt}(U_0 e^{-\frac{t}{\tau}}) = \frac{U_0}{R}e^{-\frac{t}{\tau}} \qquad (6-9)$$

$$u_R = u_C = iR = U_0 e^{-\frac{t}{\tau}} \qquad (6-10)$$

Both of u_C and i keep attenuating as per the exponential law, with the waveform shown in Figure 6 - 5.

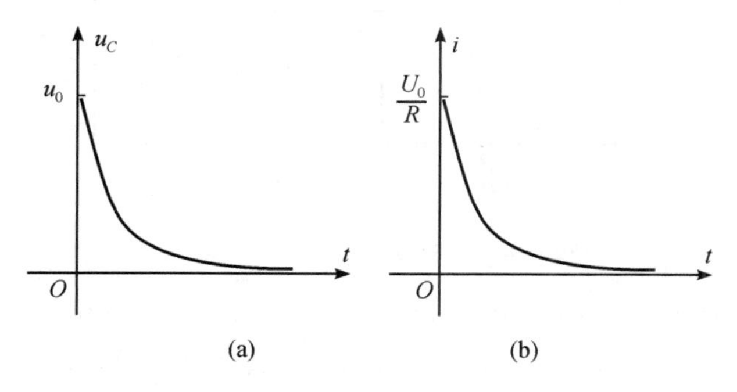

Figure 6 - 5 Zero-input response waveform of first-order RC circuit

According to Equation(6 - 8), we know that when $t = \tau$, the time constant τ is actually the time required for capacitor voltage attenuation from u_C to $0.368U_0$ during discharging process since $u_C(\tau)=U_0 e^{-1}=0.368U_0$. For the convenience of calculation, u_C values corresponding to $t=0$, $t=\tau$, $t=2\tau$, etc. should all be listed in Table 6 - 1. Theoretically, the capacitor voltage attenuation from u_C to zero requires a time period of $t=\infty$ before, the circuit reaches a new steady state. But practically, it is generally recognized that the transition process is completed and the circuit reaches a steady state after a time period of $t=(3-5)\tau$ since completion of circuit transformation.

Table 6 - 1 The u_C at different times

t	0	τ	2τ	3τ	4τ	5τ	6τ	...	∞
u_C	U_0	$0.368U_0$	$0.135U_0$	$0.05U_0$	$0.018U_0$	$0.0067U_0$	$0.002U_0$	...	0

The time constant τ can also be calculated with geometric methods according to u_C or i_C curve. It can be proved that the subtangent length $\overline{AB}$ of any point on u_C or i_C exponential curve is equal to τ as shown in Figure 6 - 6.

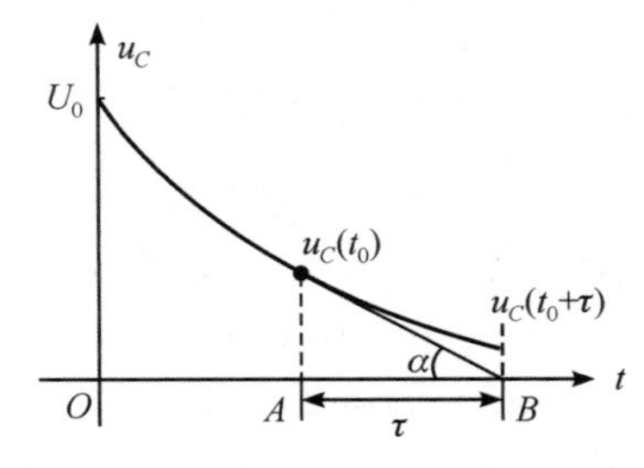

Figure 6 - 6 Estimation of time constant τ

【Example 6 - 4】 The circuit shown in Figure 6 - 7(a) is already in steady state before the circuit transformation, and the switch S is disconnected at the moment of $t=0$. Try to calculate u_C and i after the circuit transformation($t\geqslant 0$).

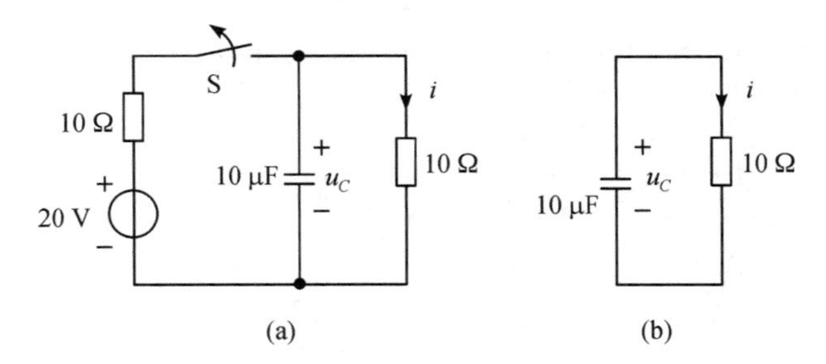

Figure 6 - 7 Diagram of Example 6 - 4

Solution The circuit shown in Figure 6 - 7(a) is already in steady state before disconnecting the switch S, so the capacitor can be regarded as open-circuited when $t=0_-$, then we can get

$$u_C(0_-)=\frac{10\ \Omega}{10\ \Omega+10\ \Omega}\times 20\ \text{V}=10\ \text{V}$$

According to transformation theorem, we can get

$$u_C(0_+)=u_C(0_-)=10\ \text{V}$$

Upon completion of circuit transformation, the circuit is shown in Figure 6 - 7(b), and the time constant is

$$\tau=RC=10\ \Omega\times 10\times 10^{-6}\ \text{F}=1\times 10^{-4}\ \text{s}$$

According to Equation(6 - 8), we can get

$$u_C=u_C(0_+)\text{e}^{-\frac{t}{\tau}}=10\text{e}^{-\frac{t}{1\times 10^{-4}}}\ \text{V}=10\times\text{e}^{-10^4 t}\ \text{V}$$

Current in Figure 6 - 7(b) is

$$i=\frac{u_C}{10\ \Omega}=\frac{10\text{e}^{-10^4 t}\ \text{V}}{10\ \Omega}=\text{e}^{-10^4 t}\ \text{A}$$

【Example 6 - 5】 The circuit shown in Figure 6 - 8(a) is already in steady state, and connect the switch S when $t=0$, then try to calculate: (1) u_C, i_C, i_1 and i_2 when $t\geqslant 0$; (2) u_C and i_C when $t=5\tau$.

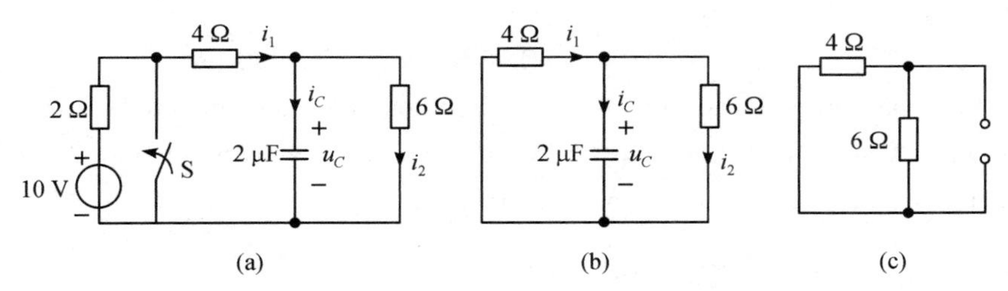

Figure 6 - 8 Diagram of Example 6 - 5

Solution

(1) The circuit shown in Figure 6 - 8(a) is already in steady state before connecting the switch S, so the capacitor can be regarded as open-circuited when $t=0_-$, then we can get

$$u_C(0_-)=\frac{6\ \Omega}{2\ \Omega+4\ \Omega+6\ \Omega}\times 10\ \text{V}=5\ \text{V}$$

According to transformation theorem, we can get

$$u_C(0_+)=u_C(0_-)=5\ \text{V}$$

When $t\geqslant 0$, the circuit is shown in Figure 6 - 8(b), and the two-terminal network connected to the capacitor (zero setting of voltage source) is shown in Figure 6 - 8(c). Then, the equivalent resistance is

$$R=\frac{4\times 6}{4+6}\ \Omega=2.4\ \Omega$$

The time constant is

$$\tau=RC=2.4\ \Omega\times 2\times 10^{-6}\ \text{F}=4.8\times 10^{-6}\ \text{s}$$

From the Equation(6 - 8), we can get

$$u_C=u_C(0_+)\text{e}^{-\frac{t}{\tau}}=5\text{e}^{-\frac{t}{4.8\times 10^{-6}}}\ \text{V}=5\text{e}^{-2\times 10^5 t}\ \text{V}$$

According to the reference direction shown in Figure 6 - 8(b), we can get

$$i_C = C\frac{du_C}{dt} = [2\times10^{-6}\times5e^{-2\times10^5 t}\times(-2\times10^5)]\ \text{A} = -2e^{-2\times10^5 t}\ \text{A}$$

$$i_2 = \frac{u_C}{6\ \Omega} = 0.83e^{-2\times10^5 t}\ \text{A}$$

$$i_1 = i_2 + i_C = -2e^{-2\times10^5 t}\ \text{A} + 0.83e^{-2\times10^5 t}\ \text{A} = -1.17e^{-2\times10^5 t}\ \text{A}$$

(2) When $t=5\tau$, by putting u_C and i_C expressions, we can get

$$u_C = 5e^{-5}\ \text{V} = 5\times0.007\ \text{V} = 0.035\ \text{V}$$

$$i_C = -2e^{-2\times10^5\times5\times4.8\times10^{-6}}\ \text{A} = -0.016\ \text{A}$$

【Example 6 - 6】 Before disconnecting a set of capacitors $C=20\ \mu\text{F}$ from a HV circuit, the capacitor voltage is $U_0=4.6\ \text{kV}$; after the disconnection, the capacitor discharges via its internal electric leakage resistor. If the internal electric leakage resistor of the capacitor is $R=200\ \text{M}\Omega$, try to answer how long will it take the capacitor voltage to attenuate to 1 kV after the disconnection?

Solution The time constant of the circuit is

$$\tau = RC = 200\times10^6\ \Omega\times20\times10^{-6}\ \text{F} = 4000\ \text{s}$$

Since the capacitor voltage is $U_0=4.6\ \text{kV}$ when it is disconnected from the circuit, namely $u_C(0_+)=4.6\ \text{kV}$, so according to Equation(6 - 8), we can get that the voltage is as follows during the discharge process of capacitor:

$$u_C = u_C(0_+)e^{-\frac{t}{\tau}} = 4.6e^{-\frac{t}{4000}}\ \text{kV}$$

When $u_C=1\ \text{kV}$, according to above equation, we can get

$$1 = 4.6e^{-\frac{t}{4000}}$$

After resolution, we can get the time as

$$t = 4000\ln4.6\ \text{s} = 6104\ \text{s}$$

According to aforementioned analysis, it can be seen that the voltage is still as high as 1 kV after 1.7 hours since the capacitor is disconnected from the circuit. The reason is that both C and R are relatively large and the discharging process lasts a period of time. Therefore, when overhauling large-capacity capacitive equipment, it is a must to de-energize such equipment, and make them short-circuited and discharged beforehand.

Ⅱ. Zero-input response of *RL* circuit

The zero-input response of RL circuit refers to the response triggered by the initial value $i_L(0_+)$ of an inductor with the input signal being zero.

The circuit shown in Figure 6 - 9(a) is already in steady state before the switch S is connected, so the inductor can be regarded as short-circuited, and then, when $t=0_-$, the inductor current is $i_L(0_-)=\dfrac{U_S}{R_1+R}=I_0$. Connect the switch S when $t=0$ to make the power source short-circuited, then the inductor and resistor form a closed circuit, as shown in Figure 6 - 9(b).

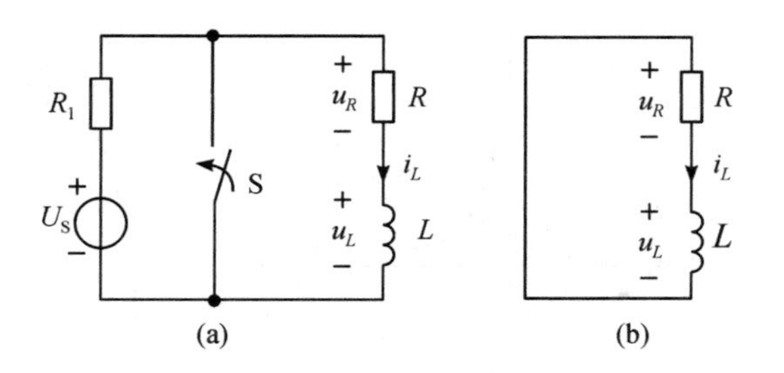

Figure 6 - 9 Zero-input response of first-order RL circuit

When $t=0_+$, we can get $i_L(0_+)=i_L(0_-)=\dfrac{U_S}{R_1+R}$ since the inductor current cannot jump. When $t\geqslant 0$, assuming that the reference direction of all parameters is shown in Figure 6 - 9(b), so with KVL, we can get

$$u_R+u_L=0\ \text{V} \tag{6-11}$$

Due to $u_R=i_LR$ and $u_L=L\dfrac{\mathrm{d}i_L}{\mathrm{d}t}$, so put them into Equation(6 - 11), then we can get

$$i_LR+L\frac{\mathrm{d}i_L}{\mathrm{d}t}=0\ \text{V} \tag{6-12}$$

Equation(6 - 12) is the linear constant-coefficient first-order homogeneous differential equation, with the solving process being identical to that of Equation(6 - 3) and shown as follows:

$$i_L=I_0\mathrm{e}^{-\frac{t}{\frac{L}{R}}}=I_0\mathrm{e}^{-\frac{t}{\tau}}=i_L(0_+)\mathrm{e}^{-\frac{t}{\tau}} \tag{6-13}$$

Equation(6 - 13) is the analytic expression of inductor current i_L in RL circuit with zero-input response. Where, $\tau=\dfrac{L}{R}$ is referred to as the time constant of RL circuit, and the magnitude of τ reflects the attenuation speed of RL circuit with zero-input response; specifically, the larger τ is, the slower the attenuation will be, otherwise, the faster the attenuation will be.

Attention R in the time constant $\tau=\dfrac{L}{R}$ is the equivalent resistance, namely Thevenin's equivalent resistance, when the two-terminal network connected with the capacitor changes the power source input into zero after the circuit transformation. The magnitude of τ only depends on the circuit structure and element parameters as R and L, and has nothing to do with initial state of the circuit.

The resistor voltage and inductor voltage are respectively shown as follows

$$u_R=i_LR=RI_0\mathrm{e}^{-\frac{t}{\tau}} \tag{6-14}$$

$$u_L=L\frac{\mathrm{d}i_L}{\mathrm{d}t}=-RI_0\mathrm{e}^{-\frac{t}{\tau}} \tag{6-15}$$

i_L, u_R and u_L curves are shown in Figure 6 - 10.

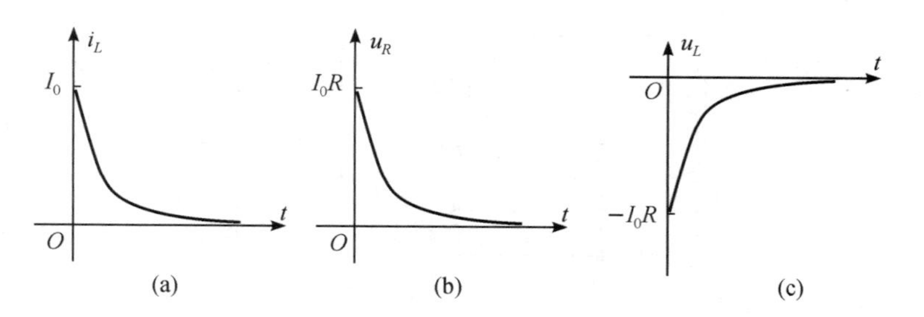

Figure 6 - 10 Zero-input response waveform of first-order RL circuit

【Example 6 - 7】 The circuit shown in Figure 6 - 11(a) is already in steady state before the circuit transformation, and the switch S is disconnected at the moment of $t=0$. Try to get: (1) the initial value $u_L(0_+)$ of inductor voltage when $t=0_+$; (2) the expression of i_L and u_L when the switch is disconnected, namely when $t \geqslant 0$.

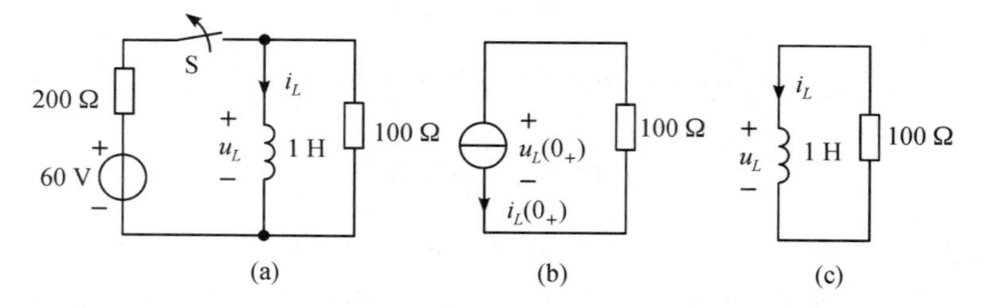

Figure 6 - 11 Diagram of Example 6 - 7

Solution (1) Before circuit transformation, the inductor current is

$$i_L(0_-)=\frac{60}{200}\text{ A}=0.3\text{ A}$$

According to transformation theorem, we get that $i_L(0_+)=i_L(0_-)=0.3$ A, so the inductor can be regarded as a steady current source with the current being $i_L(0_+)=0.3$ A when $t=0_+$. The equivalent circuit of $t=0_+$ is shown in Figure 6 - 11(b), and the voltage at both terminals of inductor is

$$u_L(0_+)=-i_L(0_+)\times 100\ \Omega=-0.3\text{ A}\times 100\ \Omega=-30\text{ V}$$

(2) When $t \geqslant 0$, the circuit is shown in Figure 6 - 11(c), and the time constant of the circuit is

$$\tau=\frac{L}{R}=\frac{1}{100}\text{ s}$$

With Equation(6 - 13), we can get

$$i_L=i_L(0_+)\text{e}^{-\frac{t}{\tau}}=0.3\text{e}^{-100t}\text{ A}$$

Then we can get

$$u_L=L\frac{\text{d}i_L}{\text{d}t}=L\times i_L(0_+)\times\left(-\frac{1}{\tau}\right)\text{e}^{-\frac{t}{\tau}}=-0.3\times 100\text{e}^{-100t}\text{ V}=-30\text{e}^{-100t}\text{ V}$$

【Example 6 - 8】 As shown in Figure 6 - 12, the switch S has been kept in position 1 for long time, and turn it to position 2 when $t=0$, and then, try to calculate i and u after circuit transformation.

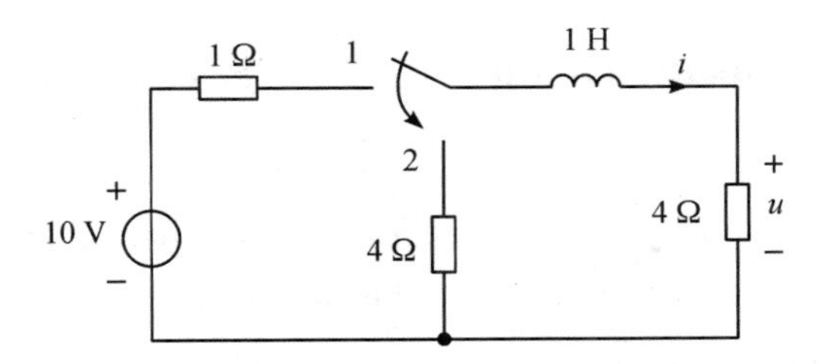

Figure 6 - 12 Diagram of Example 6 - 8

Solution According to description in the example, it is known that there will be zero-input response in the circuit after circuit transformation.

The switch S has been kept in position 1 for a long time, showing that the circuit has been in steady state, and the inductor can be regarded as short-circuited, then when $t=0_-$, the current in the circuit is

$$i(0_-)=\frac{10}{1+4}\ \text{A}=2\ \text{A}$$

With transformation theorem, we can get

$$i(0_+)=i(0_-)=2\ \text{A}$$

Upon completion of circuit transformation, namely when $t\geqslant 0$, the equivalent resistance of the two-terminal network connected to the inductor (zero setting of voltage source) is

$$R=4\ \Omega+4\ \Omega=8\ \Omega$$

The time constant of the circuit is

$$\tau=\frac{L}{R}=\frac{1}{8}\ \text{s}$$

With Equation (6 - 13), we can get the current in the circuit after circuit transformation

$$i=i(0_+)\text{e}^{-\frac{t}{\tau}}=2\text{e}^{-8t}\ \text{A}$$

According to Ohm's law, we can get

$$u=4i=8\text{e}^{-8t}\ \text{V}$$

Section Ⅲ Zero-state response of first-order circuit

The state in which the initial values of all energy-storing elements in a circuit are zero is referred to as zero initial state, or zero state for short. It also refers to the state in which all capacitors are $u_C(0_+)=0$ and all inductors are $i_L(0_+)=0$. The response of first-order circuit in zero state triggered by extraneous by power source excitation is referred to as the zero-state response of first-order circuit. The extraneous excitation can be classified into DC excitation and AC excitation. In this Section, we shall mainly discuss the zero-state response of RC circuit and RL circuit triggered by DC excitation.

Ⅰ. Zero-state response of *RC* circuit

The zero-state response of RC circuit refers to the response triggered by extraneous power source excitation before circuit transformation when there is no electric energy stored in capacitors, namely the circuit is in the zero state in which $u_C(0_-)=0$.

For the circuit shown in Figure 6 - 13, the capacitor is not charged before the switch S is connected, namely $u_C(0_-)=0$ V. Connect the switch when $t=0$. When $t\geqslant 0$, with the reference direction shown in the figure and the circuit connected clockwise, and according to KVL, we can get

$$u_R+u_C=U_S \qquad (6-16)$$

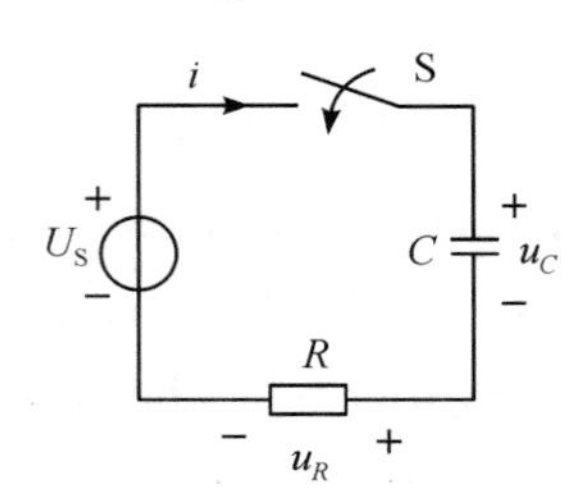

Figure 6 - 13 Zero-state response of RC circuit

Since $u_R=iR$, and $i=C\dfrac{du_C}{dt}$, so putting them into Equation(6 - 16), we can get

$$RC\frac{du_C}{dt}+u_C=U_S \qquad (6-17)$$

Equation (6 - 17) is a first-order linear constant-coefficient non-homogeneous differential equation. According to mathematical analysis, we can get that the solution of this equation consists of two parts, namely

$$u_C=u_C'+u_C'' \qquad (6-18)$$

where, u_C' is the particular solution of Equation(6 - 17), and u_C'' is complete solution of this equation when $U_S=0$ V. As the transition process of the circuit is over, namely there is steady-state value $U_C(\infty)=U_S$ when $t=\infty$, we can get the particular solution $u'_C=U_S$; however, when $U_S=0$ V, the complete solution to equation $RC\dfrac{du_C}{dt}+u_C=0$ V is shown in the form of $u''_C=Ae^{-\frac{t}{\tau}}(\tau=RC)$. Then, by putting the particular solution and complete solution into Equation(6 - 18), we can get

$$u_C=u_C'+u_C''=U_S+Ae^{-\frac{t}{\tau}} \qquad (6-19)$$

The coefficient A in Equation(6 - 19) is determined according to initial conditions, and due to $u_C(0_+)=u_C(0_-)=0$ V, we can get

$$0\text{ V}=U_S+Ae^{-\frac{0}{\tau}}=U_S+Ae^0=U_S+A$$

$$A=-U_S \qquad (6-20)$$

And finally, by putting $A=-U_S$ into Equation(6 - 19), we can get

$$u_C=U_S-U_Se^{-\frac{t}{\tau}}=U_S(1-e^{-\frac{t}{\tau}})$$

$$=u_C(\infty)(1-e^{-\frac{t}{\tau}}) \qquad (6-21)$$

Equation(6 - 21) is the analytic expression of capacitor voltage u_C of RC circuit with zero-state response, where, the time constant is $\tau = RC$. u_C consists of two parts: the first part $u'_C = u_C(\infty) = U_S$ is the capacitor voltage when the circuit is in steady state, which is also referred to as steady-state component; the second part $u''_C = -u_C(\infty)e^{-\frac{t}{\tau}} = -U_S e^{-\frac{t}{\tau}}$ is related to time and exists in transient process, so it is also referred to as transient-state component.

The voltage and current of resistor in the RC circuit are respectively shown as follows

$$u_R = U_S - u_C = U_S e^{-\frac{t}{\tau}} \tag{6-22}$$

$$i = \frac{u_R}{R} = \frac{U_S}{R} e^{-\frac{t}{\tau}} \tag{6-23}$$

u_C, u_R and i curves are shown in Figure 6 - 14.

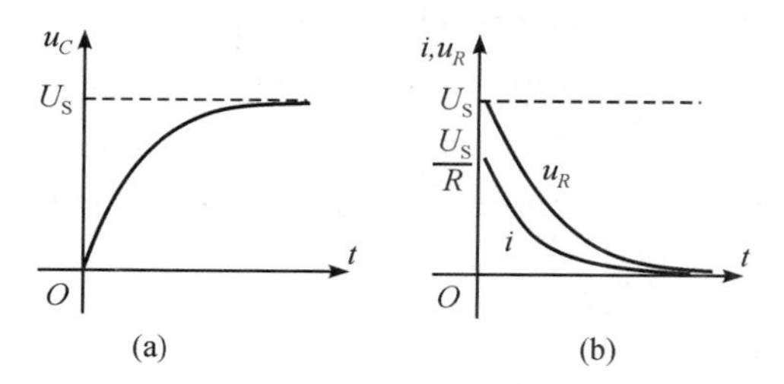

Figure 6 - 14 Zero-state response curve of RC circuit

The zero-state response process of RC circuit is actually the charging process of capacitor. During this charging process, a part of electric power supplied by the power source is converted into field energy and stored in capacitor, the other part is absorbed and converted into thermal energy and then consumed by resistor. The electric energy consumed by resistor is

$$W_R = \int_0^\infty Ri^2 dt = \int_0^\infty R\left(\frac{U_S}{R} e^{-\frac{t}{\tau}}\right)^2 dt = \frac{1}{2} CU_S^2 = W_C \tag{6-24}$$

Therefore, it can be seen that no matter what the resistance and capacitance values are, a half of electric energy supplied by the power source is consumed by resistor, and only the rest half part is converted into field energy and stored in capacitor, therefore, the charging efficiency is just 50%.

【Example 6 - 9】 The circuit shown in Figure 6 - 13 is already in steady state before the switch is connected, namely $u_C(0_-) = 0$ V. Given the $U_S = 220$ V, $C = 100$ μF and $R = 2$ kΩ, try to calculate the time period needed for capacitor voltage to reach 100 V when the switch is connected.

Solution

When the switch is connected, namely when $t \geqslant 0$, with the Equation(6 - 21), we can get the expression of capacitor voltage

$$u_C = u_C(\infty)(1 - e^{-\frac{t}{\tau}})$$

When the transition process is over, namely when $t=\infty$, the capacitor can be regarded as open-circuited, and the steady-state voltage is

$$u_C(\infty)=U_S=220\ \text{V}$$

After circuit transformation, the time constant of the circuit is

$$\tau=RC=2\times10^3\ \Omega\times100\times10^{-6}\ \text{F}=0.2\ \text{s}$$

Put $u_C(\infty)$ and τ into u_C expression, we can get

$$u_C=u_C(\infty)(1-\mathrm{e}^{-\frac{t}{\tau}})=220\times(1-\mathrm{e}^{-\frac{t}{0.2}})\ \text{V}=220\times(1-\mathrm{e}^{-5t})\ \text{V}$$

When the capacitor voltage is $u_C=100$ V, namely

$$100=220\times(1-\mathrm{e}^{-5t})$$

we get

$$t=0.12\ \text{s}$$

It means that the capacitor voltage can reach 100 V just after 0.12 s.

【Example 6 - 10】 As shown in Figure 6 - 15(a), the initial value of capacitor voltage is $u_C(0_-)=0$ V. Connect the switch when $t=0$, and then try to calculate the voltage u_C and current i_1 when the switch is connected, namely when $t\geqslant0$.

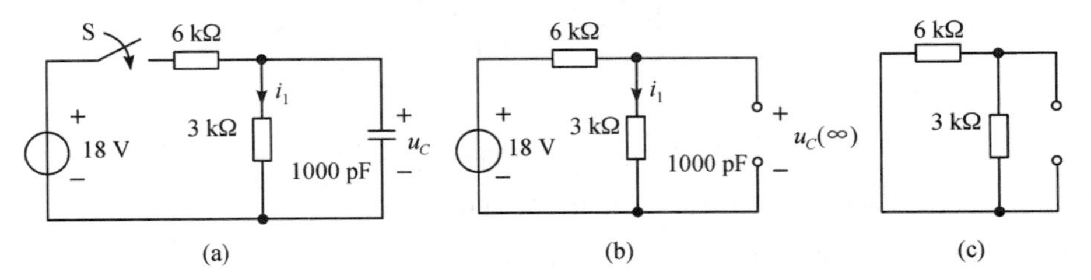

Figure 6 - 15 Diagram of Example 6 - 10

Solution (1) According to given conditions, it is known that this is to calculate the zero-state response of *RC* circuit. Therefore, after the circuit transformation, namely when $t\geqslant0$, we can get capacitor voltage as follows

$$u_C=u_C(\infty)(1-\mathrm{e}^{-\frac{t}{\tau}})$$

When $t=\infty$ after circuit transformation, the circuit reaches a new steady state and the capacitor can be regarded as open-circuited, as shown in Figure 6 - 15(b), then we can get the steady-state capacitor voltage as follows

$$u_C(\infty)=\frac{3\ \Omega}{3\ \Omega+6\ \Omega}\times18\ \text{V}=6\ \text{V}$$

Upon completion of circuit transformation, the equivalent circuit of the two-terminal network connected to the capacitor (zero setting of voltage source) is shown in Figure 6 - 15(c), so the equivalent resistance R is

$$R=\frac{6\times3}{6+3}\ \text{k}\Omega=2\ \text{k}\Omega$$

The time constant of the circuit is

$$\tau=RC=2\times10^3\ \Omega\times1000\times10^{-12}\ \text{F}=2\times10^{-6}\ \text{s}$$

Put $u_C(\infty)$ and τ into u_C expression, we can get

$$u_C = u_C(\infty)(1-e^{-\frac{t}{\tau}}) = 6(1-e^{-\frac{t}{2\times10^{-6}}})\ \text{V} = 6(1-e^{-5\times10^5 t})\ \text{V}$$

Current in branch is

$$i_1 = \frac{u_C}{3\times10^3\ \Omega} = \frac{6(1-e^{-5\times10^5 t})\ \text{V}}{3\times10^3\ \Omega} = 2\times10^{-3}(1-e^{-5\times10^5 t})\ \text{A}$$

Ⅱ. Zero-state response of *RL* circuit

The zero-state response of *RL* circuit refers to the response triggered by extraneous power source excitation before circuit transformation when there is no electric energy stored in inductor, namely the circuit is in the zero state in which the initial current is $i_L(0_+)=0$ A.

For the circuit shown in Figure 6 - 16, it is known that $i_L(0_-)=0$ A before the switch is connected, and connected the switch when $t=0$. When $t\geqslant0$, with the reference direction shown in the figure and the circuit connected clockwise, and according to KVL, we can get the circuit equation

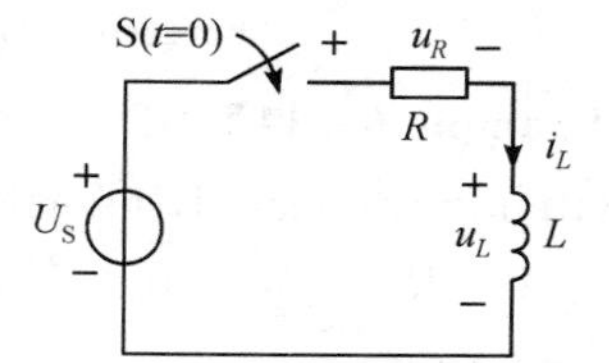

Figure 6 - 16 Zero-state response of *RL* circuit

$$u_R + u_L = U_S \tag{6-25}$$

Since $u_R = i_L R$ and $u_L = L\frac{di_L}{dt}$, so putting them into Equation(6 - 25), we can get

$$i_L R + L\frac{di_L}{dt} = U_S$$

After calculation, we get

$$\frac{L}{R}\frac{di_L}{dt} + i_L = \frac{U_S}{R} \tag{6-26}$$

Equation(6 - 26) is the linear constant-coefficient first-order non-homogeneous differential equation, with the solving process being identical to that of aforementioned *RC* circuit and shown as follows

$$i_L = \frac{U_S}{R}(1-e^{-\frac{t}{\tau}}) = i_L(\infty)(1-e^{-\frac{t}{\tau}}) \tag{6-27}$$

Equation(6 - 27) is the analytic expression for current i_L of inductor in *RL* circuit with zero-state response. Where, $\tau=\frac{L}{R}$ is the time constant of *RL* circuit. i_L consists of two parts: the first part $\frac{U_S}{R}=i_L(\infty)$ is the steady-state current of inductor after circuit transformation and referred to as steady-state component; the second part $-i_L(\infty)e^{-\frac{t}{\tau}} = \frac{U_S}{R}e^{-\frac{t}{\tau}}$ is transient-state component.

The voltage of resistor and inductor is shown as follows respectively

$$u_R = i_L R = U_S(1 - e^{-\frac{t}{\tau}}) \tag{6-28}$$

$$u_L = U_S - u_R = U_S e^{-\frac{t}{\tau}} \tag{6-29}$$

i_L, u_R and u_L curves are shown in Figure 6 - 17.

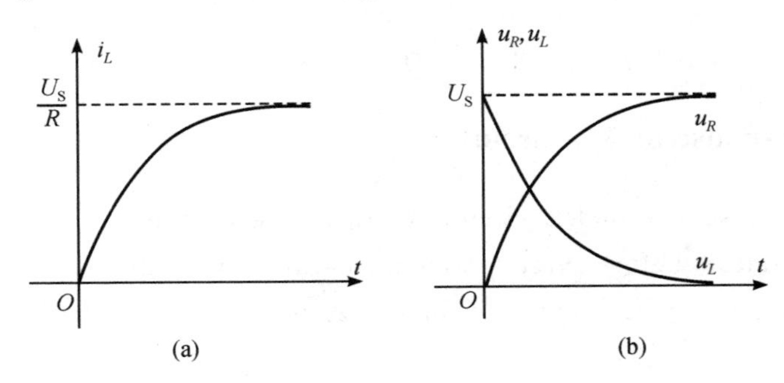

Figure 6 - 17 Zero-state response waveform of RL circuit

【Example 6 - 11】 The circuit shown in Figure 6 - 16 is already in steady state before the switch is connected, namely $i_L(0_-)=0$ A. If the switch is connected when $U_S=100$ V, $L=0.5$ H, $R=100$ Ω and $t=0$. Try to calculate the current i_L when $t\geqslant 0$ after the circuit transformation.

Solution According to given conditions, it is known that this is to calculate the zero-state response of first-order RL circuit. From the Equation(6 - 27), we can get

$$i_L = i_L(\infty)(1 - e^{-\frac{t}{\tau}})$$

When $t=\infty$, the inductor can be regarded as short-circuited, and the steady-state current of the circuit is

$$i_L(\infty) = \frac{U_S}{R} = \frac{100}{100} = 1 \text{ A}$$

After circuit transformation, the time constant of the circuit is

$$\tau = \frac{L}{R} = \frac{0.5}{100} \text{ s} = 5 \times 10^{-3} \text{ s}$$

Therefore, when $t\geqslant 0$, the inductor current is

$$i_L = i_L(\infty)(1 - e^{-\frac{t}{\tau}}) = (1 - e^{-200t}) \text{ A}$$

【Example 6 - 12】 The circuit shown in Figure 6 - 18 is already in steady state before the switch is connected, namely $i_L(0_-)=0$ A. When $t=0$, connect switch S, and try to get current i_L and i at the moment of $t\geqslant 0$.

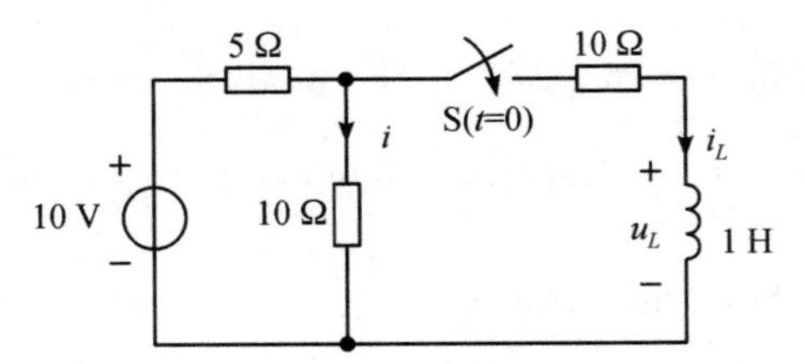

Figure 6 - 18 Diagram of Example 6 - 12

Solution According to description in the question, it is required to calculate the zero-state response of RL.

When $t=\infty$, the stable-state value of inductor current is as follows after the circuit transformation is

$$i_L(\infty)=\frac{10\ \text{V}}{\left(5+\frac{10}{2}\right)\ \Omega}\times\frac{1}{2}=\frac{1}{2}\ \text{A}$$

After circuit transformation, the equivalent resistance and the time constant of the circuit are

$$R=10\ \Omega+\frac{5\times 10}{5+10}\ \Omega=13.3\ \Omega$$

$$\tau=\frac{L}{R}=\frac{1}{13.3}\ \text{S}=0.075\ \text{s}$$

When $t\geqslant 0$, we can get that the inductor current is as follows according to the Equation(6 - 27):

$$i_L=i_L(\infty)(1-\text{e}^{-\frac{t}{\tau}})=\frac{1}{2}(1-\text{e}^{-\frac{t}{0.075}})\ \text{A}=\frac{1}{2}(1-\text{e}^{-13.3t})\ \text{A}$$

With the relationship between voltage and current in branches, we can get

$$u_L=L\frac{\text{d}i_L}{\text{d}t}=6.7\text{e}^{-13.3t}\ \text{V}$$

$$i=\frac{i_L\times 10\ \Omega+u_L}{10\ \Omega}=\frac{1}{2}(1-\text{e}^{-13.3t})\text{A}+(0.1\times 6.7\text{e}^{-13.3t})\text{A}=(0.5+0.17\text{e}^{-13.3t})\text{A}$$

【Example 6 - 13】 Figure 6 - 19 illustrates the excitation circuit diagram of a DC generator. Given that the excitation resistance is $R=20\ \Omega$, excitation inductance is $L=20$ H, and applied voltage is $U_S=200$ V. (1) When the switch S is connected, try to get the change law of excitation current and time period needed for it to reach the steady-state value; (2) Find the time period needed for excitation current to reach the rated value when the voltage of power source is increased to 250 V.

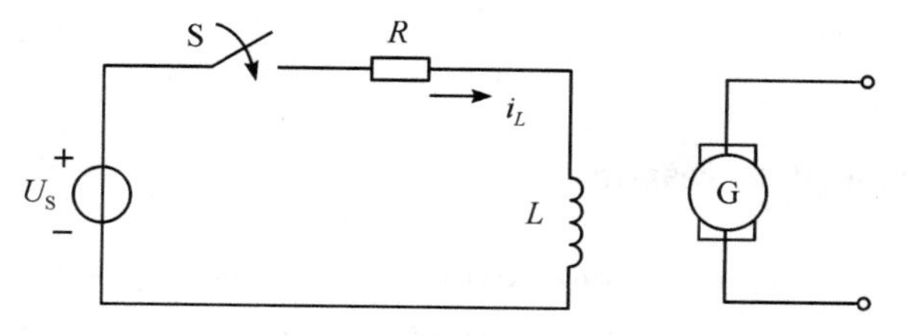

Figure 6 - 19 Diagram of Example 6 - 13

Solution

(1) It is required to calculate the zero-state response of RL circuit. With Equation (6 - 27), we can get the expression of inductor current shown as follows

$$i_L=i_L(\infty)(1-\text{e}^{-\frac{t}{\tau}})$$

When $t=\infty$, the stable-state value of inductor current is as follows after the circuit transformation

$$i_L(\infty)=\frac{U_S}{R}=\frac{200}{20}\ \text{A}=10\ \text{A}$$

The time constant is

$$\tau = \frac{L}{R} = \frac{20}{20}\ \text{s} = 1\ \text{s}$$

Therefore, the inductor current is

$$i_L = 10(1 - e^{-t})\text{A}$$

Once the switch S is connected, it is considered that the transition process when $t=(3-5)\tau$ is basically completed. When assuming that $t=5\tau$, then it takes $t = 5\tau = 5\times 1 = 5$ s to reach the steady-state value, which is 10 A.

(2) When the voltage of power source is increased to $U'_S=250$ V, the stable-state value of inductor current after the circuit transformation is as follows

$$i'_L(\infty) = \frac{U'_S}{R} = \frac{250}{20}\ \text{A} = 12.5\ \text{A}$$

When $t \geqslant 0$, the circuit i'_L in the circuit is

$$i'_L = 12.5(1 - e^{-t})\ \text{A}$$

When the current is 10 A, we can get that

$$10 = 12.5(1 - e^{-t})$$

$$t = 1.6\ \text{s}$$

Obviously, the time needed for this is shorter than that needed for the voltage of power source to reach its steady-state value(namely 10 A) when it is 200 V. Therefore, the voltage of power source is usually increased at the beginning when the excitation starts, and regulated back to rated value when the current in circuit reaches its rated value after circuit transformation. This method is referred to as "forced exciting method".

Section Ⅳ Complete response of first-order circuit

Ⅰ. Resolution of complete response

When a first-order circuit in nonzero initial state is externally applied with power source forcing, then a response will be triggered, and it is referred to as complete response of first-order circuit.

The *RC* circuit shown in Figure 6 - 20 has been in steady state when switch S is in position 1, and the capacitor has been charged with voltage U_0, namely $u_C(0_-) = U_0$. When $t=0$, turn the switch S to position 2. With the reference direction of voltage and current shown in the figure, and according to KVL, we can get

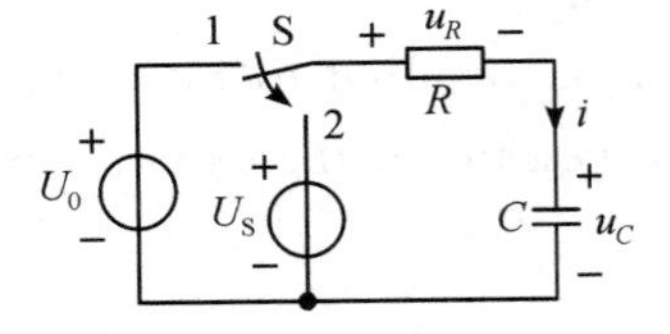

Figure 6 - 20 Complete response of first-order *RC* circuit

$$u_R + u_C = U_S$$

Since $u_R = iR$ and $i = C\dfrac{du_C}{dt}$, by putting them into above equation, we can get

$$RC\frac{du_C}{dt} + u_C = U_S$$

According to the analysis on zero-state response of RC circuit discussed, we can get that the resolution to this equation consists of two parts, which are shown as follows:

$$u_C = u'_C + u''_C = U_S + Ae^{-\frac{t}{RC}}$$

In the equation, $u'_C = U_S = u_C(\infty)$ is the steady-state value, namely the particular solution, for the moment of completion of transient process; $u''_C = Ae^{-\frac{t}{RC}}$ is the complete solution. Since the initial value is $u_C(0_+) = u_C(0_-) = U_0$, and put it into above equation, we can get

$$U_0 = U_S + A$$

$$A = U_0 - U_S \tag{6-30}$$

Finally, we can get

$$u_C = U_S + (U_0 - U_S)e^{-\frac{t}{\tau}}$$

$$= u_C(\infty) + [u_C(0_+) - u_C(\infty)]e^{-\frac{t}{\tau}} \tag{6-31}$$

Equation(6 - 31) is the complete response analytic expression of capacitor voltage u_C in first-order RC circuit; where, the time constant is $\tau = RC$. In Equation (6 - 31), $U_S = u_C(\infty)$ is the steady-state component of u_C; $U_0 = u_C(0_+)$ is the initial value of u_C; $(U_0 - U_S)e^{-\frac{t}{\tau}}$ is the time function and transient-state component of u_C. So the complete response of first-order RC circuit can be represented as

Complete response = steady-state component + transient-state component

u_C waveform is shown in Figure 6 - 21, which only reflects the situation of $U_0 < U_S$.

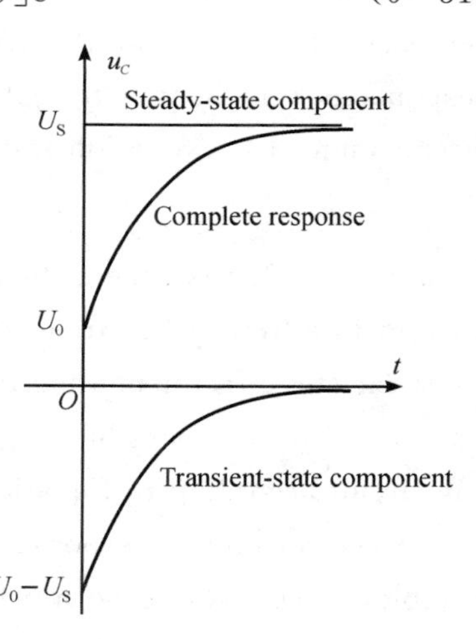

Figure 6 - 21 Complete response curve of u_C in RC circuit

When rewriting the Equation(6 - 31) into

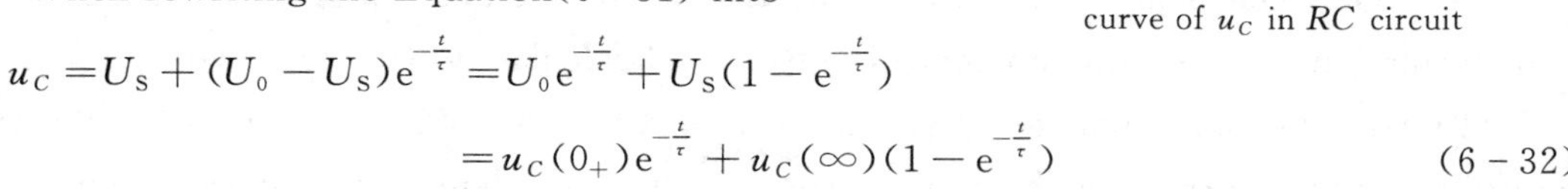

$$u_C = U_S + (U_0 - U_S)e^{-\frac{t}{\tau}} = U_0 e^{-\frac{t}{\tau}} + U_S(1 - e^{-\frac{t}{\tau}})$$

$$= u_C(0_+)e^{-\frac{t}{\tau}} + u_C(\infty)(1 - e^{-\frac{t}{\tau}}) \tag{6-32}$$

Where, the first item $u_C(0_+)e^{-\frac{t}{\tau}}$ is the zero-input response when the initial voltage of capacitor is $u_C(0_+) = U_0$; the second item $u_C(\infty)(1 - e^{-\frac{t}{\tau}})$ is the zero-state response when the initial voltage of capacitor is $u_C(0_+) = 0$ V. So the complete response of first-order circuit can also be represented as

Complete response = zero-input response + zero-state response

After getting u_C, the expression of complete response of current and that of resistance voltage can be represented as

$$i = C\frac{du_C}{dt} = -C\times(U_0 - U_S)\frac{1}{\tau}e^{-\frac{t}{\tau}} = \frac{U_S - U_0}{R}e^{-\frac{t}{\tau}} \quad (6-33)$$

$$u_R = iR = R\frac{U_S - U_0}{R}e^{-\frac{t}{\tau}} = (U_S - U_0)e^{-\frac{t}{\tau}} \quad (6-34)$$

Ⅱ. Three-factor method for analyzing first-order circuit

According to the complete response expression of *RC* circuit, it can be seen that no matter whether it is the superposition of steady-state component and transient-state component, or the superposition of zero-input response and zero-state response, the complete response expression of a first-order circuit only depends on three quantities, namely initial value, steady-state value and time constant, which are, generally and collectively, called three factors of a first-order circuit, and can be used to get the complete response expression of a first-order circuit under DC excitation. This is the three-factor method.

If the initial value of response is represented by $f(0_+)$ and its steady-state value is represented by $f(\infty)$, the time constant of circuit is represented by τ, and complete response is represented by $f(t)$, then the complete response expression of first-order circuit under DC excitation should be

$$f(t) = f(\infty) + [f(0_+) - f(\infty)]e^{-\frac{t}{\tau}} \quad (6-35)$$

Equation(6 - 35) is general formula used for analyzing complete response of any voltage or current in a first-order circuit during its complete response process, and it is also referred to as the three-factor method formula. As long as we calculate the three factors as $f(0_+)$, $f(\infty)$ and τ, it is possible to get the complete response expression of voltage or current in the circuit according to Equation(6 - 35).

Since zero-input response or zero-state response can be regarded as an exception of complete response, so both of them can be calculated with Equation(6 - 35).

The general steps of three-factor method can be concluded as follows:

(1) Get the equivalent circuit at the right moment just before the circuit transformation, namely the moment of $t=0_-$, and calculate $u_C(0_-)$ or $i_L(0_-)$.

(2) Get the independent initial values as $u_C(0_+) = u_C(0_-)$ and $i_L(0_+) = i_L(0_-)$ according to transformation theorem; then, get the equivalent circuit at the moment just after completion of the circuit transformation, namely the moment of $t=0_+$, and try to get the initial value of quantity to be calculated, namely $f(0_+)$.

(3) Get the steady-state equivalent circuit when $t=\infty$. If it is a DC steady-state circuit, the capacitor can be regarded as open-circuited and the inductor can be regarded as short-circuited. Then, calculate the steady state response of quantity to be calculated,

namely $f(\infty)$, according to the steady-state equivalent circuit.

(4) The time constant of the circuit τ. If it is a RC circuit, then $\tau=RC$; if it is a RL circuit, then $\tau=\frac{L}{R}$. Where, R refers to the equivalent resistance of two-terminal network with zero setting of power source and connected to energy-storing element (capacitor or inductor) after the circuit transformation. It is the Thevenin's equivalent resistance.

(5) Put the three factors ($f(0_+)$, $f(\infty)$ and τ) into Equation(6 - 35), and we can get the complete response expression of voltage or current in the circuit as required.

【Example 6 - 14】 The circuit shown in Figure 6 - 22(a) is already in steady state since the switch is in position 1. When $t=0$, turn the switch S to position 2 from position 1, and given that $U_{S1}=15$ V, $U_{S2}=20$ V, $R_1=100\ \Omega$, $R_2=50\ \Omega$ and $C=30\ \mu$F, try to calculate the voltage u_C at the moment of $t\geqslant 0$ after circuit transformation.

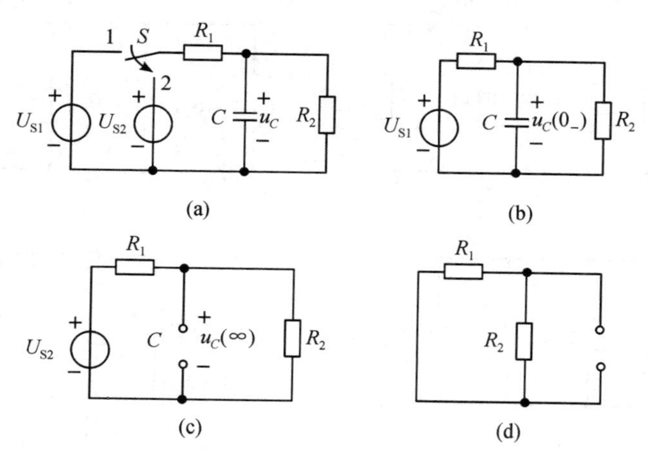

Figure 6 - 22 Diagram of example 6 - 14

Solution It is required to calculate the complete response of RL cricuit. The circuit at the right moment of turning switch S to position 2(namely the moment of $t=0_-$) is shown in Figure 6 - 22(b), then, the voltage at both terminals of capacitor is

$$u_C(0_-)=\frac{U_{S1}}{R_1+R_2}R_2=\frac{15\ \text{V}}{(100+50)\Omega}\times 50\ \Omega=5\ \text{V}$$

According to transformation theorem, we can get

$$u_C(0_+)=u_C(0_-)=5\ \text{V}$$

When $t=\infty$ after the circuit transformation, the capacitor can be regarded as open-circuited, and the equivalent circuit is shown in Figure 6 - 22(c), then we can get

$$u_C(\infty)=\frac{U_{S2}}{R_1+R_2}R_2=\frac{20\ \text{V}}{(100+50)\Omega}\times 50\ \Omega=6.7\ \text{V}$$

To get the equivalent circuit of equivalent resistance R, as shown in Figurer 6 - 22(d), we can get

$$R=\frac{R_1R_2}{R_1+R_2}=\frac{100\times 50}{100+50}\ \Omega=\frac{100}{3}\ \Omega$$

Then the time constant is

$$\tau = RC = \frac{100}{3}\Omega \times 30 \times 10^{-6}\ \text{F} = 1 \times 10^{-3}\ \text{s}$$

With Equation(6 - 35), we can get the complete response of u_C

$$u_C = u_C(\infty) + [u_C(0_+) - u_C(\infty)]e^{-\frac{t}{\tau}}$$

$$= [6.7 + (5 - 6.7)e^{-\frac{t}{1\times10^{-3}}}]\ \text{V}$$

$$= (6.7 - 1.7e^{-1000t})\ \text{V}$$

【Example 6 - 15】 The circuit shown in Figure 6 - 23(a) is already in steady state before the switch is connected. Then, connect the switch S when $t=0$, and try to calculate the voltage u after circuit transformation.

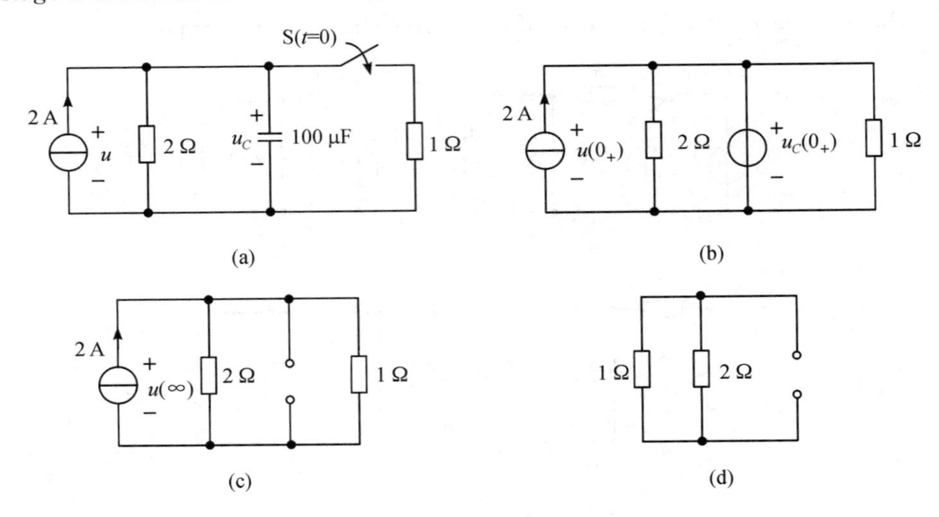

Figure 6 - 23 Diagram of Example 6 - 15

Solution According to description in the example, we know that this is to get the complete response of first-order *RC* circuit, so we can calculate the voltage u with the three-factor method.

Since the circuit is already in steady state before the switch is connected, so that the capacitor can be regarded as open-circuited. Then we can get the voltage at both terminals of the capacitor as follows when $t=0_-$

$$u_C(0_-) = 2\ \text{A} \times 2\ \Omega = 4\ \text{V}$$

According to transformation theorem, we can get

$$u_C(0_+) = u_C(0_-) = 4\ \text{V}$$

At the moment of $t=0_+$, the capacitor can be regarded as a voltage source with the voltage being $u_C(0_+) = 4$ V, and the equivalent circuit is shown in Figure 6 - 23(b), with which we can get

$$u(0_+) = u_C(0_+) = 4\ \text{V}$$

When $t=\infty$ after the circuit transformation, the capacitor can be regarded as open-circuited, and the equivalent circuit is shown in Figure 6 - 23(c), then we can get

$$u(\infty)=2\ \text{A}\times\frac{2\times1}{2+1}\ \Omega=1.3\ \text{V}$$

To get the equivalent circuit of equivalent resistance R, as shown in Figurer 6 - 23(d), we can get

$$R=\frac{2\times1}{2+1}\ \Omega=0.67\ \Omega$$

After circuit transformation, the time constant of the circuit is

$$\tau=RC=0.67\ \Omega\times100\times10^{-6}\ \text{F}=6.7\times10^{-5}\ \text{s}$$

With Equation(6 - 35), we can get the complete response of u

$$u=u(\infty)+[u(0_+)-u(\infty)]\text{e}^{-\frac{t}{\tau}}=[1.3+(4-1.3)\text{e}^{-\frac{t}{6.7\times10^{-5}}}]\ \text{V}$$
$$=(1.3+2.7\text{e}^{-1.5\times10^4t})\ \text{V}$$

【Example 6 - 16】 The circuit shown in Figure 6 - 24(a) is already in steady state before the switch is connected. When $t=0$, disconnect the switch S, and try to calculate the current i_L and voltage u_L when $t\geqslant0$.

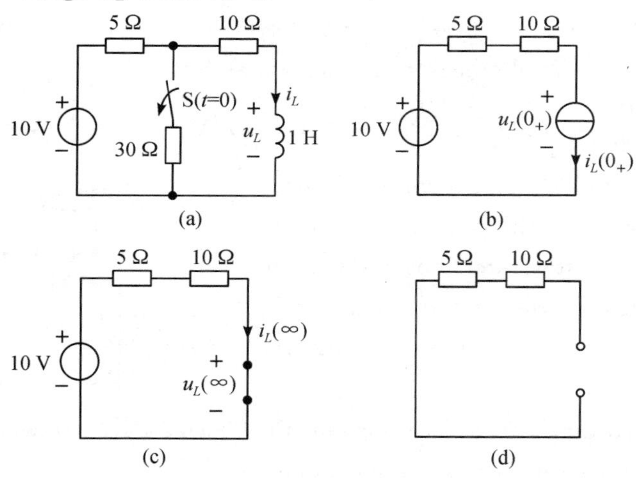

Figure 6 - 24 Diagram of Example 6 - 16

Solution It is required to calculate the complete response of first-order RL circuit. The circuit has been in steady state before the switch is connected, showing that the inductor is kind of short-circuited. At the moment of $t=0_-$, we can get the inductor current as follows according to the current divider rule

$$i_L(0_-)=\left(\frac{10}{5+\dfrac{10\times30}{10+30}}\times\frac{30}{10+30}\right)\text{A}=0.6\ \text{A}$$

According to transformation theorem, we can get

$$i_L(0_+)=i_L(0_-)=0.6\ \text{A}$$

At the moment of $t=0_+$, the inductor can be regarded as a current source with the current being $i_L(0_+)=0.6$ A, and the equivalent circuit is shown in Figure 6 - 24(b), with which we can get

$$u_L(0_+) = -i_L(0_+) \times (5+10)\ \Omega + 10\ \text{V} = 1\ \text{V}$$

When $t=\infty$ after the circuit transformation, the circuit reaches a new steady state, and the equivalent circuit is shown in Figure 6 - 24(c). Then the steady-state current and steady-state voltage of the inductor are as follows

$$i_L(\infty) = \frac{10}{15}\ \text{A} = 0.67\ \text{A}$$

$$u_L(\infty) = 0$$

To get the circuit of equivalent resistance, as shown in Figurer 6 - 24(d), we can get

$$R = 5\ \Omega + 10\ \Omega = 15\ \Omega$$

Then the time constant is

$$\tau = \frac{L}{R} = \frac{1}{15}\ \text{s}$$

With Equation(6 - 35), we can get the complete response of i_L and u_L.

$$i_L = i_L(\infty) + [i_L(0_+) - i_L(\infty)]\text{e}^{-\frac{t}{\tau}} = 0.67\ \text{A} + (0.6 - 0.67)\text{e}^{-15t}\ \text{A} = (0.67 - 0.07\text{e}^{-15t})\ \text{A}$$

$$u_L = u_L(\infty) + [u_L(0_+) - u_L(\infty)]\text{e}^{-\frac{t}{\tau}} = 0\ \text{V} + (1-0)\text{e}^{-15t}\ \text{V} = \text{e}^{-15t}\ \text{V}$$

In addition, u_L can also be obtained in way shown as follows:

$$u_L = L\frac{\text{d}i_L}{\text{d}t} = [1 \times (-0.07)\text{e}^{-15t} \times (-15)]\text{V} = 1.05\text{e}^{-15t}\ \text{V} \approx \text{e}^{-15t}\ \text{V}$$

【Example 6 - 17】 As shown in Figure 6 - 25, it is assumed that the original circuit has already been in steady state and it is required to disconnect the switch S when $t=0$, then try to calculate the current i after disconnecting the switch.

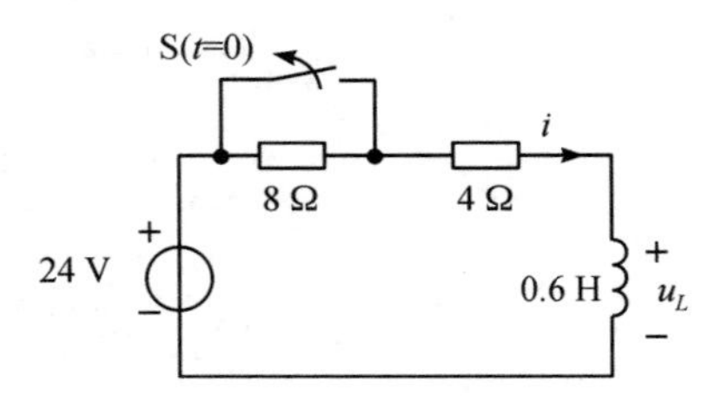

Figure 6 - 25 Diagram of Example 6 - 17

Solution According to description in the example, we know that this is to get the complete response of first-order RL circuit, so we can calculate the current i with the three-factor method.

The circuit has been in steady state before the switch is disconnected, showing that the inductor is kind of short-circuited. So when $t=0_-$, the inductor current is

$$i(0_-) = \frac{24}{4}\ \text{A} = 6\ \text{A}$$

According to transformation theorem, we can get

$$i(0_+) = i(0_-) = 6\ \text{A}$$

When $t=\infty$ after circuit transformation, the circuit reaches a new steady state, and the inductor can be regarded as short-circuited. Then the steady-state current of inductor is

$$i(\infty) = \frac{24}{8+4}\ \text{A} = 2\ \text{A}$$

Upon completion of circuit transformation, the equivalent resistance of the two-terminal network connected to the inductor is

$$R=8\ \Omega+4\ \Omega=12\ \Omega$$

The time constant is

$$\tau=\frac{L}{R}=\frac{0.6}{12}\ \text{s}=0.05\ \text{s}$$

With Equation(6 - 35), we can get the complete response of i

$$i=i(\infty)+[i(0_+)-i(\infty)]e^{-\frac{t}{\tau}}=2\ \text{A}+(6-2)e^{-\frac{t}{0.05}}\ \text{A}=(2+4e^{-20t})\ \text{A}$$

Exercise Ⅵ

Ⅰ. Completion

6 - 1 All the changes like connection, disconnection and short-circuited of branches, abrupt change in power source excitation or other circuit parameters, change in connection mode of circuit are collectively referred to as __________.

6 - 2 The external cause for transition process is ________, and the internal cause is ____________.

6 - 3 According to the transformation theorem, we can get that when the capacitor current is finite, __________ cannot jump; if inductor voltage is finite, __________ cannot jump. If the moment when the circuit transformation occurs is determined as the time zero, then the mathematical expression of transformation theorem should be ________________ and ________________.

6 - 4 If the capacitor voltage is zero when $t=0_+$, then the capacitor can be regarded as __________ at the moment of circuit transformation (namely $t=0_+$); if the inductor current is zero when $t=0_-$, then the inductor can be regarded as __________ at the moment of circuit transformation (namely $t=0_+$).

6 - 5 For transient-state RC circuit, the larger the time constant is, the __________ the charging or discharging speed will be. If the charging time constant of transient-state RC circuit is $\tau=0.2$ ms, then the entire charging process will occupy a period of __________.

6 - 6 For a RC circuit, given that the zero-input response of capacitor voltage $u_C(t)$ is $5e^{-100t}$ V, and its zero-state response is $100(1-e^{-100t})$ V, then the complete response $u_C(t)$ should equal to ________________.

Ⅱ. Choice question

6 - 7 According to transformation theorem, we know that (   ) of a circuit with energy-storing element cannot jump at the moment of circuit transformation.

A. capacitor current and inductor current

B. capacitor voltage and inductor current

C. capacitor voltage and inductor voltage

D. voltage and current of all elements

6 - 8 Which one of following descriptions about time constant τ is wrong? ( )

A. The magnitude of time constant τ reflects the speed of transient process of first-order circuits.

B. The larger the time constant τ is, the slower the transient process is; reversely, the faster the transient process is.

C. For a circuit with RC and RL connected in series, if the resistance R is larger, then their time constant τ will be larger as well.

D. It is generally recognized that the transition process is basically completed after a time period of $(3-5)\tau$.

Ⅲ. Analysis and calculation

6 - 9 How to get the $t=0_+$ equivalent circuit? Is the 0_+ equivalent circuit applicable for any moment when $t>0$?

6 - 10 As shown in Figure of question 6 - 10, it is known that the circuit is already in steady state before the switch S disconnected and it is required to disconnect the switch S when $t=0$. Then try to get the initial values $i(0_+)$, $u(0_+)$, $u_C(0_+)$ and $i_C(0_+)$.

6 - 11 As shown in Figure of question 6 - 11, it is known that the circuit is already in steady state before the switch S connected. Then try to get the initial values $i(0_+)$, $u(0_+)$ and $i_L(0_+)$ after the connection of switch S.

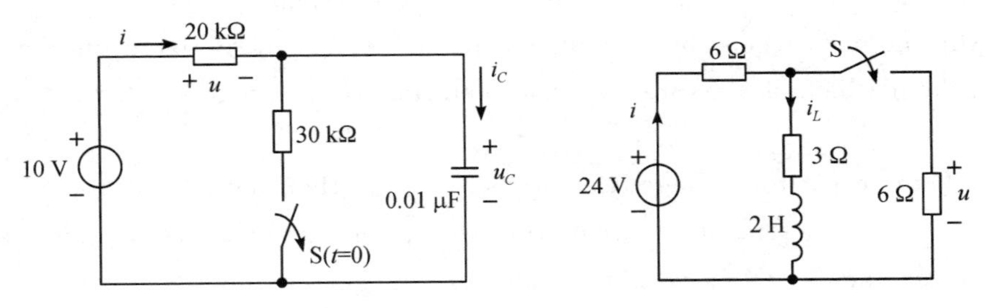

Figure of question 6 - 10 Figure of question 6 - 11

6 - 12 As shown in Figure of question 6 - 12, it is known that the circuit is already in steady state before the switch S connected. Then try to get the initial values $u_1(0_+)$ and $i_C(0_+)$ after the connection of switch S.

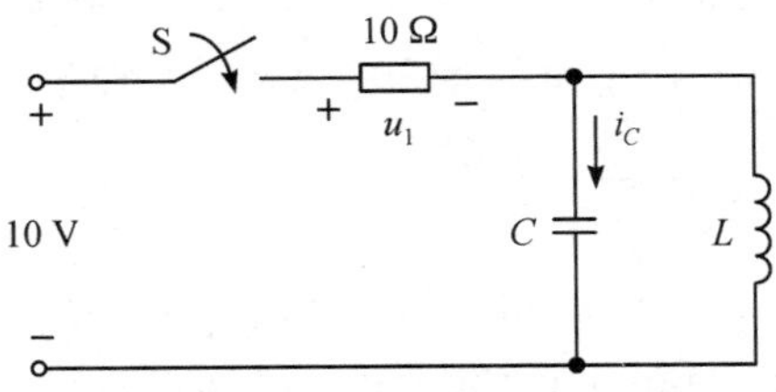

Figure of question 6 - 12

6 - 13 Try to calculate the time constant of all circuits shown in Figure of question 6 - 13.

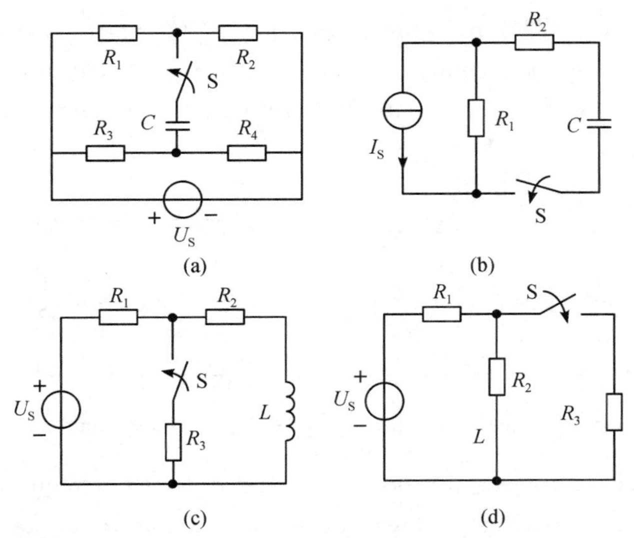

Figure of question 6 - 13

6 - 14 The circuit shown in Figure of question 6 - 14 is already in steady state before the circuit transformation, and disconnect the switch when $t=0$. Given that $R_1=5\ \Omega$, $R_2=10\ \Omega$, $C=20\ \mu\text{F}$ and $U_S=20\ \text{V}$, try to calculate u_C and i after the circuit transformation (namely $t\geqslant 0$).

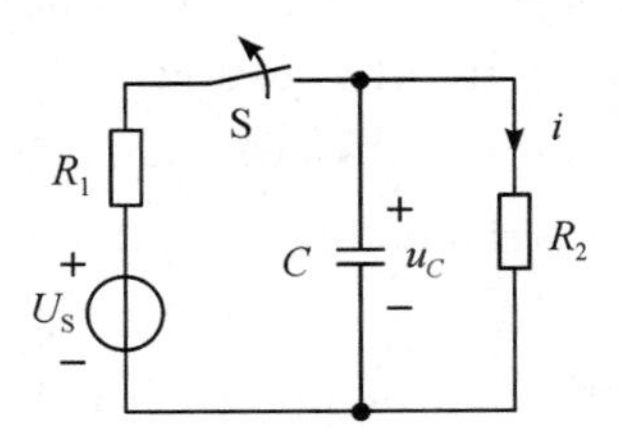

Figure of question 6 - 14

6 - 15 The circuit shown in Figure of question 6 - 15 is already in steady state before the circuit transformation, and disconnect the switch when $t=0$. Given that $R_1=5\ \Omega$, $R_2=R_3=10\ \Omega$, $L=2\ \text{H}$ and $U_S=100\ \text{V}$, try to calculate u and i_L after the circuit transformation (namely $t\geqslant 0$).

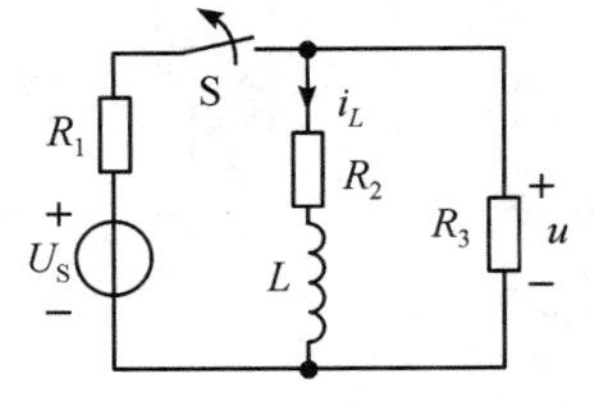

Figure of question 6 - 15

6 - 16 Get the zero-state response i_L of the circuit shown in following Figure of question 6 - 16.

6 - 17 The circuit shown in Figure of question 6 - 17 is already in steady state before the circuit transformation, and connect the switch when $t=0$. Given that $R_1=R_2=10\ \Omega$, $C=20\ \mu\text{F}$ and $U_S=20$ V, try to calculate u_C and i after the circuit transformation (namely $t\geqslant 0$).

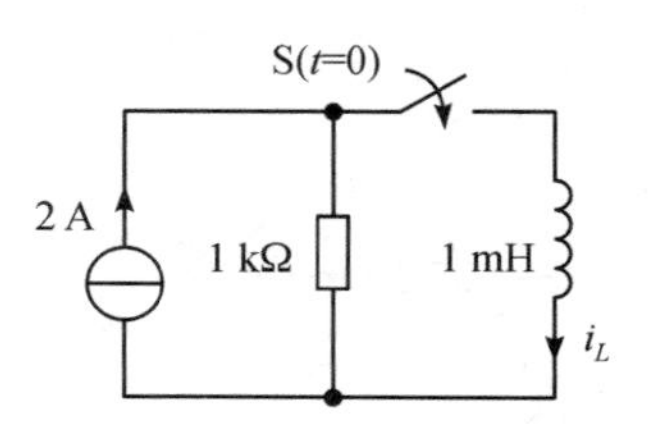

Figure of question 6 - 16

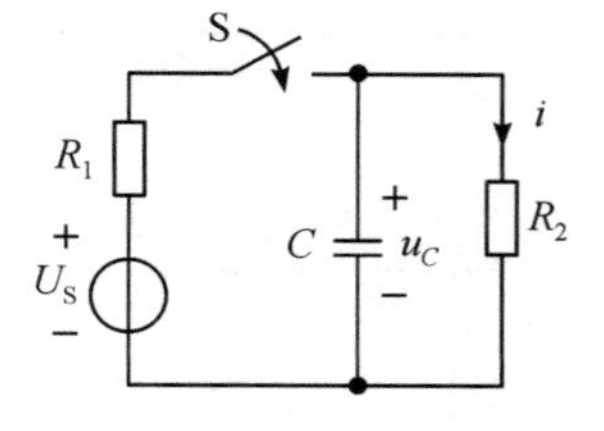

Figure of question 6 - 17

6 - 18 There is the transition process of a first-order RC circuit. (1) Given that the complete response of capacitor voltage under the excitation of DC power source is represented by the sum of its zero-input response and zero-state response, namely $u_C = A(1-e^{-\frac{t}{\tau}})+Be^{-\frac{t}{\tau}}$, then is it possible to get the steady-state component and transient-state component? (2) Given that the capacitor voltage is represented by the sum of its steady-state component and transient-state component, namely $u_C=A+Be^{-\frac{t}{\tau}}$, then is it possible to get its zero-input response and zero-state response?

6 - 19 The circuit shown in Figure of question 6 - 19 is already in steady state before the circuit transformation, and connect the switch when $t=0$. Given that $R_1=R_2=5\ \Omega$, $C=10\ \mu\text{F}$ and $U_S = 20$ V, try to calculate u_C and i_1 after the circuit transformation (namely $t\geqslant 0$).

6 - 20 As shown in Figure of question 6 - 20, it is known that the original circuit has already been in steady state and it is required to disconnect the switch S when $t=0$. (1) Try to calculate $i(0_+)$, $u(0_+)$, $u_C(0_+)$, and $i_C(0_+)$; (2) Try to calculate the voltage u_C, i_C and u after the disconnection of switch S.

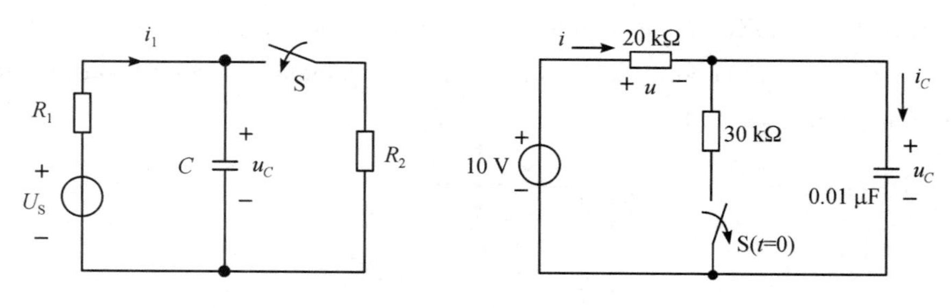

Figure of question 6 - 19 Figure of question 6 - 20

6 - 21 As shown in Figure of question 6 - 21, it is known that the original circuit has already been in steady state and it is required to connect the switch S when $t=0$. Then try

to calculate u and i after the circuit transformation with three-factor method.

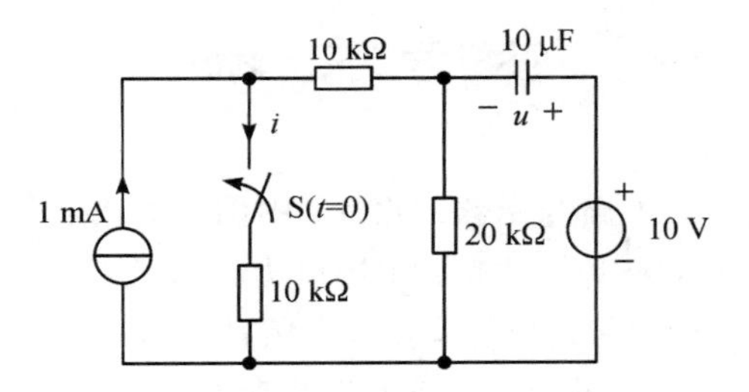

Figure of question 6 - 21

6 - 22 As shown in Figure of question 6 - 22, it is known that the original circuit has already been in steady state and it is required to connect the switch S when $t=0$. Then try to calculate the current i after the circuit transformation with three-factor method.

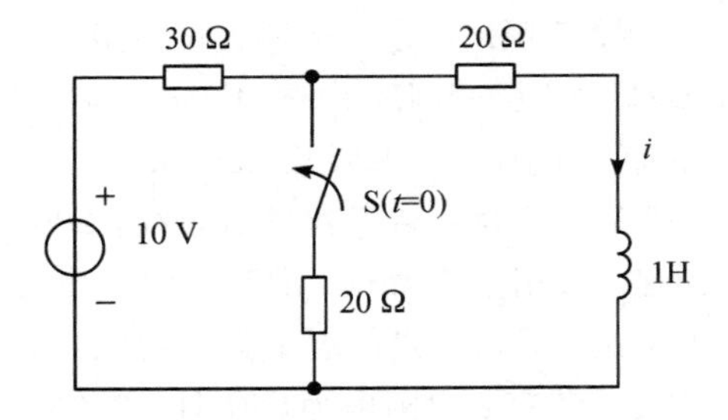

Figure of question 6 - 22

6 - 23 The circuit shown in Figure of question 6 - 23 is already in steady state before the circuit transformation, and connect the switch when $t=0$. Then, try to calculate u_L and i_1 after the circuit transformation with three-factor method.

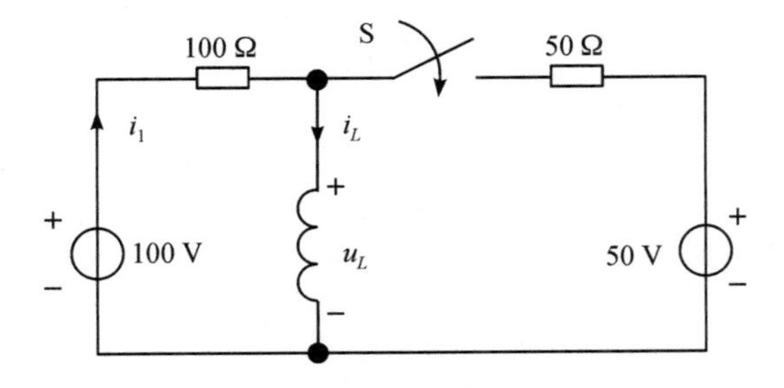

Figure of question 6 - 23

6 - 24 Given that a HV capacitor has been charged and its voltage is 10 kV, which starts to drop to 3.2 kV after 15 min since disconnection of the circuit, then please answer following questions: (1) what is the voltage value after another 15 min? (2) what is the insulation resistance value if the capacitance is $C=15\ \mu$F? (3) how long does it take the capacitor voltage to drop below 30 V?

参 考 文 献

[1] 蒲晓湘，石红，牛均莲. 电路与磁路. 北京：中国电力出版社，2019.
[2] 王敬镕. 牛均莲. 电路与磁路. 北京：中国电力出版社，2006.
[3] 江泽佳. 电路原理. 3 版. 北京：高等教育出版社，1992.
[4] 周守昌 . 电路原理：上册. 北京：高等教育出版社，1999.
[5] 邱关源. 电路. 5 版. 北京：高等教育出版社，2006.
[6] 张洪让. 电工基础. 2 版. 北京：高等教育出版社，1990.
[7] 蔡元宇，朱晓萍，霍龙. 电路及磁路. 4 版. 北京：高等教育出版社，2013.
[8] 石生. 电路基本分析. 北京：高等教育出版社，2000.
[9] 秦增煌. 电工学：电工技术. 5 版. 北京：高等教育出版社，1999.
[10] 王世才. 电工基础及测量. 2 版. 北京：中国电力出版社，2006.
[11] 周南星 . 电工基础. 北京：中国电力出版社，2006.
[12] 周绍敏. 电工基础：简明版. 北京：高等教育出版社，2007.
[13] 项仁寿，段友池，王新建. 实用电工基础. 北京：中国建材工业出版社，1997.
[14] 王继达，罗贵隆. 电工基础. 武汉：武汉理工大学出版社，2006.
[15] 韩肖宁. 电路分析及磁路，北京：中国电力出版社，2006.
[16] 赵宝华. 新编大学物理教程. 北京：冶金工业出版社，2004.
[17] 沈临江，蔡永明，周宏宇. 大学物理简明教程. 北京：化学工业出版社，2003.
[18] 梁励芬，蒋平. 大学物理简明教程. 4 版. 上海：复旦大学出版社，2022.